"十二五"普通高等教育本科规划教材
全国本科院校机械类创新型应用人才培养规划教材

机械设计基础

主　编　苗淑杰　刘喜平
副主编　段成燕　苗志滨
参　编　刘春香　王　金　张春福
　　　　赵慧杰　刘小勇

北京大学出版社
PEKING UNIVERSITY PRESS

内容简介

本书是根据“高等教育面向21世纪教学内容和课程体系改革计划”要求，结合CDIO提出的教学模式，针对普通高等院校应用型工程技术人才培养需要而编写的。

本书按照常用机构及其各通用零部件在机械中所起的作用不同，将全书归纳为机械设计基础知识、常用机构及其设计、机械动力学基础、机械传动设计总论、传动零件及其设计、支承件及其设计、联接件及其设计7个模块，主要内容包括机械设计基础知识、平面机构分析基础、平面连杆机构及其设计、凸轮机构及其设计、齿轮机构、其他常用机构、机械运转速度波动及其调节、回转件的平衡、机械传动设计总论、带传动与链传动设计、齿轮传动设计、蜗杆传动设计、轴、轴承、螺纹联接、轴毂联接、联轴器和离合器、弹簧共18章。每章后均附有一定数量的习题。每模块前安排有工程实际案例导入，模块后附有综合实训项目任务书，以满足学生掌握所学基本知识及综合设计训练的需求。

本书可作为高等本科院校机械类和近机械类各专业机械设计基础课程的教材，也可供有关工程技术人员和大、中专学生参考使用。

图书在版编目(CIP)数据

机械设计基础/苗淑杰，刘喜平主编. —北京：北京大学出版社，2012.12
(全国本科院校机械类创新型应用人才培养规划教材)
ISBN 978-7-301-22011-5

Ⅰ.①机… Ⅱ.①苗…②刘… Ⅲ.①机械设计—高等学校—教材 Ⅳ.①TH122

中国版本图书馆CIP数据核字(2013)第016373号

书　　名：机械设计基础
著作责任者：苗淑杰　刘喜平　主编
策 划 编 辑：童君鑫　宋亚玲
责 任 编 辑：宋亚玲
标 准 书 号：ISBN 978-7-301-22011-5/TH·0333
出 版 发 行：北京大学出版社
地　　址：北京市海淀区成府路205号　100871
网　　址：http://www.pup.cn　新浪官方微博：@北京大学出版社
电 子 信 箱：pup_6@163.com
电　　话：邮购部62752015　发行部62750672　编辑部62750667　出版部62754962
印 刷 者：北京虎彩文化传播有限公司
经 销 者：新华书店
787毫米×1092毫米　16开本　25.75印张　597千字
2012年12月第1版　2019年7月第5次印刷
定　　价：49.00元

前　言

本书是在满足高等学校机械类专业机械设计基础课程教学基本要求的前提下，以培养应用型人才为目标，结合教育部“卓越工程师教育培养计划”及CDIO工程教育模式，在积累多年教学改革与课程建设的成功经验，认真吸取其他高等院校机械设计基础课程教学改革成果的基础上，认真组织教学内容，精心编写而成的。

本书的主要特点如下：

(1) 本书主要面向应用型人才培养，加强基本知识、基本理论、基本技能的掌握，精选教学内容，不强调理论分析，淡化过程推导，突出工程应用。

(2) 以培养学生工程实践能力、综合机械设计能力和创新能力为核心，在突出应用能力的培养和训练宗旨指导下，突出教学内容的实用性和实践性，注意现代技术的应用及新标准的贯彻实施。

(3) 教学内容按模块设置，按照常用机构及其各通用零部件在机械中所起的作用不同，将全部内容归纳为7个模块。每一模块以二程应用案例导入，使读者了解本模块的主要教学内容及其在工程实际机械中的整体概念。

(4) 按照CDIO工程教育模式，以项目为牵引，在机械设计部分以典型机械——带式输送机设计项目为主线，围绕其结构组成逐一展开教学内容，介绍其中各组成零部件的基本知识、基本理论和设计方法。最终通过各零部件的设计例题，系统地完成带式输送机项目的设计，有利于学生掌握整部机械的设计过程，以便理论教学和课程设计同步进行。

(5) 各章开始安排有教学提纲和教学目标；各模块结束后安排有实训项目任务书，加强机械设计能力的训练。

(6) 各章安排有结合工程实际应用的阅读材料，以便开阔学生的工程视野。

(7) 本书大量采用零部件实体图，增强读者对其结构的直观认识。

本书由苗淑杰、刘喜平担任主编，段成燕、苗志滨担任副主编。参加编写的人员有：段成燕(第1(除1.3、1.4节)、14章)，刘小勇(第2章)，刘春香(第3、4章)，刘喜平(第5(除5.10节)、7、8章)，苗志滨(第6、12、13章，第5.10节)，张春福(第9、17章)，赵慧杰(第1.3、1.4节)，苗淑杰(第10、11章及各模块教学导入、实训)，王金(第15、16、18章)。

由于编者水平有限，因而疏漏欠妥之处在所难免，恳请同行专家和广大读者给予批评指正。

编　者

2012年10月

前言

目　　录

模块一

机械设计基础知识

第1章 机械设计基础知识

教学提纲

本章主要介绍机械设计基础的研究对象、性质和任务；机械设计的基本要求和一般过程；机械零件的强度、失效形式和设计准则；机械中的摩擦、磨损与润滑；机械创新设计方法等。

教学目标

1. 掌握机械、机器、机构、构件、零件等名词的含义及机器的组成。
2. 了解机械设计的基本要求和一般设计过程。
3. 了解机械零件的工作能力及设计准则。
4. 了解机械中的摩擦与润滑。
5. 了解机械创新设计方法。

1.1 机械设计基础概述

1.1.1 机械的组成

在人们的生产和生活中，广泛使用着各种机器。机器可以减轻或代替人的体力劳动，并大大提高劳动生产率和产品质量。随着科学技术的发展，生产的机械化和自动化已经成为衡量一个国家社会生产力发展水平的重要标志之一。

1. 机器、机构、机械

尽管机器的用途和性能千差万别，但它们的组成却有共同之处，总的来说机器有三个共同的特征：

① 都是一种人为的实物组合。

② 各部分形成运动单元，各运动单元之间具有确定的相对运动。

③ 能实现能量转换或完成有用的机械功。

同时具备这三个特征的称为机器，仅具备前两个特征的称为机构。若抛开其在做功和转换能量方面所起的作用，仅从结构和运动观点来看两者并无差别，因此，工程上把机器和机构统称为“机械”。以单缸内燃机(图 1.1)为例，它是由气缸体 1、活塞 2、进气阀 3、排气阀 4、连杆 5、曲轴 6、顶杆 7、凸轮 8、齿轮 9 和 10 等组成的。通过燃气在气缸内的进气—压缩—做功—排气过程，使其燃烧的热能转变为曲轴转动的机械能。单缸内燃机作为一台机器，是由连杆机构、凸轮机构和齿轮机构组成的。由气缸体、活塞、连杆、曲轴组成的连杆机构，把燃气推动的活塞往复运动，经连杆转变为曲轴的连续转动；气缸体、齿轮组成的齿轮机构将曲轴的转动传递给凸轮轴；而由凸轮、顶杆、气缸体组成的凸轮机构又将凸轮轴的转动变换为顶杆的直线往复运动，进而保证进、排气阀有规律的启闭。可见，机器由机构组成，简单的机器也可只有一个机构。

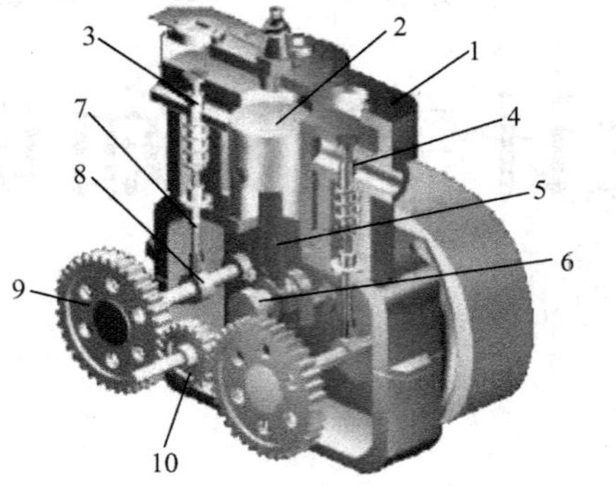

图 1.1　单缸内燃机

1—气缸体；2—活塞；3—进气阀；4—排气阀；5—连杆；6—曲轴；7—顶杆；8—凸轮；9、10—齿轮

2. 构件、零件、部件

组成机器的运动单元称为构件，组成机器的制造单元称为零件。构件可以是单一的零件，如齿轮轴、蜗杆轴等；也可以是由几个零件刚性组合在一起，如图 1.2 所示的连杆，是由连杆体、连杆盖、螺栓、衬套、轴瓦、定位销、垫片等几个零件组成的，这些零件形成一个整体而进行运动，所以称为一个构件。在机械中还把为完成同一功能、彼此协同工作的一系列零件或构件所组成的组合体称为部件，如滚动轴承、联轴器、减速器等。

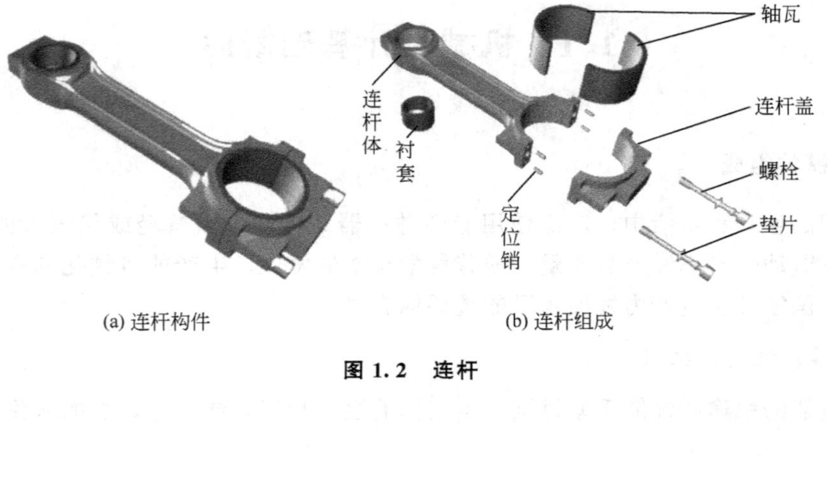

(a) 连杆构件　　(b) 连杆组成

图 1.2　连杆

随着近代科学技术的发展，人类应用新知识和新技术不断创造出各种新型的机器，因此“机器”也有了新的含义。更广泛意义上的机器定义是：一种用来转换或传递能量、物料和信息的，能执行机械运动的装置。

3. 机器的基本组成部分

一部完整的机器就其基本组成来讲，一般都有下列三个主要部分：原动机、工作机和传动装置。

原动机：驱动整个机器完成预定功能的动力源。常用的有电动机(交流和直流)、内燃机等。

工作机：机器中具体完成工作任务的部分。其运动形式及运动和动力参数依据机器的用途不同而不同，执行构件有的做直线运动，有的做回转运动或间歇运动等。

传动装置：在机器中介于原动机和工作机之间，用来实现减速、增速、调速、改变运动形式或方位，从而使原动机传递过来的运动和动力满足工作机的各种要求。

1.1.2 本课程的性质、内容和任务

随着科学技术的进步和生产过程的机械化、自动化水平的不断提高，除机械制造部门外，在动力、采矿、冶金、石油、化工、土建、轻纺、食品行业等各部门工作的工程技术人员，也常会遇到机械设备的使用、维护、管理问题和机械产品的研制与开发问题。这就要求各个专业的工程技术人员都应具有一定的机械设计基础知识，这样才能更好地为国民经济现代化服务。“机械设计基础”是一门重要的技术基础课。因此本课程在机械类或近机械类专业教学计划中具有承前启后的重要作用，是一门主干课程。它将为这些专业的学生学习专业机械设备课程提供必要的理论基础，使其在了解各种机械的传动原理、设备的正确使用和维护及故障分析等方面获得必要的基本知识。通过本课程的学习和课程设计实践，培养学生初步具备运用设计手册设计机械传动装置和简单机械的能力，对机械设计的新发展有所了解，为日后从事机械创新设计创造条件。

本课程的主要研究内容涉及机械系统中常用机构和通用零部件的基本概念、基本理论、基本方法和设计计算，以及与此相关的标准、规范、手册、图表等技术资料的运用。具体包括以下内容：

(1) 常用机构及其设计：平面机构分析基础、平面连杆机构、凸轮机构、齿轮机构、其他常用机构。

(2) 机械动力学基础：机械运转速度波动及其调节、回转件的平衡。

(3) 传动零件及其设计：带传动、链传动、齿轮传动、蜗杆传动。

(4) 支承件及其设计：轴、轴承。

(5) 联接件及其设计：螺纹联接、轴毂联接、联轴器和离合器。

本课程需要综合应用许多先修课程的知识，如机械制图、工程力学、金属工艺学、机械工程材料与热处理、互换性与测量技术基础等先修课程的知识和生产实践经验，解决常用机构和通用零部件的设计问题。

本课程的主要任务是培养学生以下几方面的能力：

(1) 初步树立正确的设计思想。

(2) 掌握常用机构和通用机械零部件的设计或选用理论与方法，了解机械设计的一般

规律，具备设计机械系统方案、机械传动装置和简单机械的能力。

(3) 具备计算能力、绘图能力和综合运用标准、规范、手册、图册及查阅有关技术资料的能力。

(4) 掌握本课程实验的基本知识，获得实验技能的基本训练。

(5) 对机械设计的新发展有所了解。

1.2 机械设计的基本要求和设计过程

1.2.1 机械设计的基本要求

机械设计就是根据生产及生活上的某种需要，规划和设计出能实现预期功能的新机械或对原有机械进行改进的创造性工作过程。机械设计是机械生产的第一步，是影响机械产品制造过程和产品性能的重要环节。因此，尽管设计的机械种类繁多，但设计时都应满足下列基本要求。

1. 使用功能要求

要求所设计的机械应具有预期的使用功能，既能保证执行机构实现所需的运动(包括运动形式、速度、运动精度和平稳性等)，又能保证组成机械的零部件工作可靠，有足够的强度和使用寿命，而且使用、维护方便。这是机械设计的基本出发点。

2. 工艺性要求

所设计的机械无论总体方案还是各部分结构方案，在满足使用功能要求的前提下，应尽量简单、实用，在毛坯制造、机械加工与热处理、装配与维修各方面都具有良好的工艺性。

3. 经济性要求

设计机械时，一定要反对单纯追求技术指标而不顾经济成本的倾向。经济性要求是一个综合指标，它体现于机械的设计、制造和使用的全过程中。因此，设计机械时，应全面综合地进行考虑。

提高设计、制造经济性的措施主要有：运用现代设计方法，使设计参数最优化；推广标准化、通用化和系列化；采用新工艺、新材料、新结构；改善零部件的结构工艺性；合理地规定制造精度和表面粗糙度等。

提高使用经济性的措施主要有：选用效率高的传动系统和支承装置，以降低能源消耗；提高机械的自动化程度，以提高生产率；采用适当的防护及润滑，以延长机械的使用寿命等。

4. 安全性和实用性

在设计机械产品时，必须考虑操作方便，力求改善使用条件和减轻劳动强度。同时注意安全，加强劳动保护。

另外，设计机械产品还要考虑美观，便于搬运和拆卸，保持清洁不污染环境等。

1.2.2 机械设计一般过程

设计机械时，应按实际情况确定设计方法和步骤，但是通常都按下列一般程序进行。

1. 确定设计任务书

根据生产或市场的需求，在调查研究的基础上，确定设计任务书，对所设计机械的功能要求、性能指标、结构形式、主要技术参数、工作条件、生产批量等作出明确的规定。设计任务书是进行设计、调试和验收机械的主要依据。

2. 总体方案设计

根据设计任务书的规定，本着技术先进、使用可靠、经济合理的原则，拟定出一种能够实现机械功能要求的总体方案。其主要内容有：对机械功能进行设计研究，确定工作机的运动和阻力，拟定从原动机到工作机的传动系统，选择原动机，绘制整机的运动简图，并判断其是否有确定的运动，初步进行运动学和动力学分析，确定各级传动比和各轴的运动和动力参数，合理安排各部件间的相互位置等。总体方案设计是最能体现机械设计具有多个解(方案)的特点和创新精神的设计阶段，设计时常需作出几个方案，然后就功能、尺寸、寿命、工艺性、成本、使用与维护等方面进行分析比较，择优选定。

3. 技术设计

根据总体设计方案的要求，对其主要零部件进行工作能力计算，或与同类相近机械进行类比，并考虑结构设计上的需要，确定主要零部件的几何参数和基本尺寸。然后根据已确定的结构方案和主要零部件的基本尺寸，绘制机械的装配图、部件装配图和零件工作图。在这一阶段中，设计者既要重视理论设计计算，更要注重结构设计。

4. 编制技术文件

在完成技术设计后，应编制技术文件，主要有：设计计算说明书、使用说明书、标准件明细表等，这是对机械进行生产、检验、安装、调试、运行和维护的依据。

5. 技术审定和产品鉴定

组织专家和有关部门对设计资料进行审定，认可后即可进行样机试制，并对样机进行技术审定。技术审定通过后可投入小批量生产，经过一段时间的使用实践再作产品鉴定，鉴定通过后即可根据市场需求组织生产。至此，机械设计工作才告完成。

1.2.3 机械创新设计

机械系统的创新在很大程度上取决于机构的创新，创新设计的方法有两类：一类是首创、突破及发明；另一类是选择常用机构，并按某种方式进行组合，综合出可实现或相近功能的众多机构，为创新设计开辟切实可行的途径。

常用机构既包括简单机构，如齿轮机构、凸轮机构、连杆机构、槽轮机构和棘轮机构等，也包括组合机构，如齿轮连杆机构、凸轮连杆机构等。常用机构在技术上比较成熟，应用范围比较广，人们对其性能与优缺点比较了解，在设计与制作上比较有经验。优先选用常用机构，有利于提高设计的可靠性。

由于机械的功能是千差万别的，其执行机构的运动形式和运动规律也是多种多样的，而实现同一功能的机构又有许多种，所以机构的选型是一个复杂的问题，通常需要综合考虑执行机构的运动形式以及执行机构的传动功能。表 1－1 和表 1－2 对常用机构的运动特性及其基本功能进行了概括性分析和比较，以供选型时参考。

表 1－1　变传动比常用机构的特点与应用

类型	特点	应用
连杆机构	结构简单，制造容易。工作可靠，传动距离较远，传动载荷较大，可实现急回运动规律，但不易获得匀速运动或其他任意运动规律，传动不平稳，冲击与振动较大	用于从动件行程较大或承受重载的工作场合，可以实现移动、摆动等复杂的运动规律或运动轨迹
凸轮机构	结构紧凑，工作可靠，调整方便，可获得任意运动规律，但传动效率较低	用于从动件行程较小和载荷不大以及有特定运动规律的场合
非圆齿轮机构	结构简单，工作可靠，从动件可实现任意转动规律，但齿轮制造困难	用于从动件作连续转动和要求有特殊运动规律的场合
棘轮机构	结构简单，从动件可获得较小角度的可调间歇转动，但转动不平稳，冲击很大	多用于进给系统，以实现送进转位、分度、超越等
槽轮机构	结构简单，从动件转位较平稳，而且可实现任意等时单向间歇转动，但当拨盘转速较高时，动载荷较大	常用作自动转位机构，特别适用于转位角在 45°以上的低速转动
凸轮式间歇机构	结构简单，传动平稳，动载荷较小，从动件可实现任何预期的单向间歇转动，但凸轮制造困难	用作高速分度机构或自动转位机构
不完全齿轮机构	结构简单，制造容易，从动件可实现较大范围的单向间歇转动，但啮合开始和终止时有冲击，转动不平稳	多用作轻工机械的间歇转动机构

表 1－2　定传动比常用机构的特点与应用

类型	特点	应用
螺旋机构	传动平稳无噪声，减速比大，可实现转动与直线移动，传动平稳，滑动螺旋可做成自锁螺旋机构，工作速度一般很低，适合小功率传动	多用于要求微动或增力的场合，如仪器、仪表、机床夹具等
摩擦轮机构	有过载保护作用；轴和轴承受力较大，工作表面有滑动，而且磨损较快，高速传动时寿命较低	用于仪器及手动装置以传递回转运动
圆柱齿轮机构	载荷和速度的许用范围大，传动比恒定，外廓尺寸小，工作可靠，效率高；制造、安装精度要求高，直齿圆柱齿轮传动噪声大，无过载保护；斜齿圆柱齿轮机构运动平稳，承载能力强，但在传动中会产生轴向力，在使用时必须安装推力轴承或角接触球轴承	广泛应用于各种传动系统，传递回转运动，实现减速或增速、变速及换向等

（续）

类型	特点	应用
齿轮齿条机构	结构简单，成本低，传动效率高，易于实现较长的运动行程；当运动速度较高或提高运动平稳时，可采用斜齿或人字齿条机构	广泛应用于各种机器的传动系统，变速操纵装置，自动机的输送、转向、进给机构以及直动与转动的运动转换装置
锥齿轮机构	用来传递两相交轴的运动，直齿锥齿轮传递的圆周速度较低，曲齿用于圆周速度较高的场合	用于减速、转换轴的方向以及反向的场合
螺旋齿轮机构	常用于传递既不平行又不相交的两轴之间的运动，但其齿面为点啮合，且沿齿高和齿长方向均有滑动，容易磨损，只适用于轻载传动	用于传递空间交错轴之间的运动
蜗轮蜗杆机构	传动平稳无噪声，结构简单，传动比大，可做成自锁蜗杆，中高速传动的蜗轮齿圈需用贵重的减摩材料（青铜），制造精度要求较高，刀具费用昂贵	用于大传动比减速装置、增速装置、分度机构、起重机构、微调进给机构、省力传动装置
行星齿轮机构	传动比大，结构紧凑，工作可靠，制造安装精度要求高，其他特点同普通齿轮传动，主要有渐开线齿轮、摆线针轮、谐波齿轮3种行星传动	常作为大速比的减速装置、增速装置、变速装置，可实现运动的合成与分解
带传动机构	中心距较大，工作平稳，无噪声，能缓冲吸振；有过载保护作用；结构简单，外廓尺寸较大；传动带寿命较短	用于传递较远距离的两轴的回转运动或动力
链传动机构	中心距较大，平均传动比为常数，轴向载荷较小，瞬时运转速度不均匀，高速时传动不平稳；链条工作时因磨损伸长后容易引起跳齿和脱链，一般需增设张紧和减振装置	用于传递较远距离的两轴的回转运动或动力

常用的基本机构如齿轮机构、凸轮机构、四杆机构和间歇机构等，可以胜任一般性的设计要求。随着生产的发展，以及机械化、自动化程度的提高，对其运动规律和动力特性都提出了更高的要求。这些常用的基本机构往往不能满足要求。为解决这些问题，可以将两种以上的基本机构进行组合，充分利用各自的良好性能，改善其不良特性，创造出能够满足原理方案要求的、具有良好运动和动力特性的新型机构。

机构的组合是将几个基本机构按一定的原则或规律组合成一个复杂的机构，这个复杂的机构一般有两种形式，一种是几种基本机构融合，成为性能更加完善、运动形式更加多样化的新机构，成为组合机构；另一种则是几种基本机构组合在一起，组合体的各基本机构还保持各自特征，但需要各个机构的运动和动作协调配合，以实现组合的目的，这种形式被称为机构的组合。

机构的组合方式主要有：串联机构组合和并联机构组合。由两个以上的基本机构以串联组合而成的，前一机构的输出构件和输出运动为后一机构的输入构件和输入运动，从而成为得到满足工作要求的机构。连接点可以设在前置机构中作简单运动的连架杆上，称为Ⅰ型串联；连接点也可以设在前置机构中作复杂运动的连杆上，称为Ⅱ型串联。两个或多个基本机构并列布置，称为机构并联式组合。每个基本机构具有各自的输入构件，而共有一个输出构件，称为Ⅰ型并联；各个基本机构有共用的输入和输出构件，称为Ⅱ型并联；各个机构有共同的输入构件，但却有各自的输出构件，称为Ⅲ型并联。在机械创新设计过程中，要选择适合的基本机构和相应的设计方法，以达到机械的功能设计要求。

1.3 机械零件设计

1.3.1 机械零件的强度

1. 载荷的分类

作用在机械零件上的载荷可分为静载荷和变载荷两类。不随时间变化或变化较缓慢的载荷称为静载荷；随时间变化的载荷称为变载荷。实际工作中大多数机械零件是在变载荷的条件下工作的。在机械设计与计算中，还常把载荷分为名义载荷与计算载荷。根据额定功率和转速，用力学公式计算出的作用在零件上的载荷称为名义载荷。名义载荷不反映载荷随时间作用的不均匀性、载荷在零件上分布的不均匀性及其他影响零件的受载情况等因素。为此，常引入载荷因数($K\geqslant1$)来大致估计这些因素的综合影响。载荷因数与名义载荷的乘积称为计算载荷。

2. 应力的分类

按应力随时间变化特性的不同，可将其分为静应力和变应力。不随时间变化或变化缓慢的应力称为静应力，如图 1.3(a)所示。随时间变化的应力称为变应力。变应力又可分为稳定循环变应力(图 1.3(b))、不稳定循环变应力(图 1.3(c))和随机变应力(图 1.3(d))。

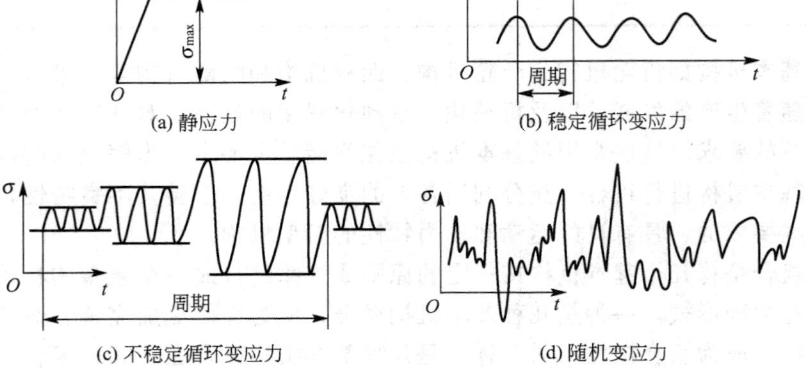

图 1.3 应力的种类

稳定循环变应力可分为三种基本类型：非对称循环变应力(图1.4(a))、脉动循环变应力(图1.4(b))和对称循环变应力(图1.4(c))。表示稳定循环变应力的参数有5个：最大应力σ_{max}表示应力的最大值；最小应力σ_{min}表示应力的最小值；平均应力$\sigma_m=(\sigma_{max}+\sigma_{min})/2$；应力幅$\sigma_a=(\sigma_{max}-\sigma_{min})/2$；循环特性$r=\sigma_{min}/\sigma_{max}=(\sigma_m-\sigma_a)/(\sigma_m+\sigma_a)$。

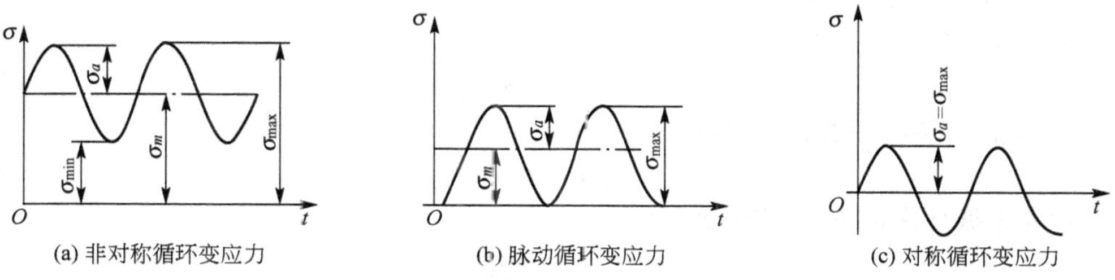

图1.4　稳定循环变应力

用循环特性r的数值可判断应力的种类：$r=1$时为静应力；$r=-1$时为对称循环变应力；$r=0$时为脉动循环变应力；r等于任意值(除±1和0外)时为非对称循环变应力。

循环特性的变化范围为$-1\leqslant r\leqslant 1$。

3. 机械零件的疲劳强度概述

机械零件在静应力作用下其强度失效是塑性变形或断裂。

机械零件在变应力作用下的损坏形式主要是疲劳断裂(疲劳破坏)。疲劳断裂产生的过程是在变应力的反复作用下，零件表面首先产生初始裂纹，形成一个或数个疲劳源。之后，初始裂纹处的应力集中又促使裂纹扩展，使零件的实际承载面积逐渐减小，直至不能承受外载荷时，导致零件发生脆性断裂。疲劳断裂具有以下特点：

(1) 疲劳断裂是损伤的积累，是在某种变应力多次作用后的突然断裂。

(2) 疲劳断裂时变应力的最大值远小于材料的屈服极限。

(3) 即使是塑性材料，断裂时也无明显的塑性变形。

可见，疲劳断裂不仅仅与应力的大小有关，同时还与应力的循环次数和循环特性有关。疲劳断裂时的极限应力称为疲劳极限。

1) 疲劳极限与疲劳曲线

在循环特性为r的变应力作用下，经过N次循环后，材料不发生疲劳破坏的最大应力称为该循环下的疲劳极限，用σ_{rN}表示。在给定循环特性的条件下，应力循环次数与疲劳极限之间的关系曲线($\sigma-N$曲线)称为疲劳曲线。典型的疲劳曲线如图1.5所示。

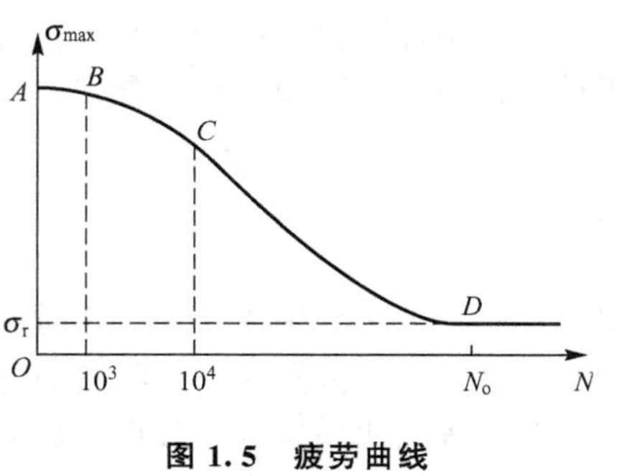

图1.5　疲劳曲线

疲劳曲线主要分为三个区：静应力区、有限寿命区和无限寿命区。当变应力的作用次数小于10^3时，可按静应力来处理(AB段)；BC段的疲劳破坏常伴有材料的塑性变形，称为应变疲劳；CD段为有限寿命区。在此范围内，材料试件经过一定次数的变应力作用后总会发生疲劳破坏，CD段上任一点所代表的疲劳极限称为有限寿命疲劳极限，用σ_{rN}

表示；当应力循环次数 N 大于 N_0 时，曲线将趋于水平，只要应力不超过某一个值，不管变应力再作用多少次，材料试件都不会发生疲劳破坏，即进入无限寿命区。这个 N_0 称为循环基数，对应的疲劳极限称为材料的持久疲劳极限(简称疲劳极限)，用 σ_r 来表示。N_0 和 σ_r 的值可从有关设计手册中查出。

2）不同循环次数下的疲劳极限计算

有限寿命区的疲劳曲线方程为

$$\sigma_{rN}^{m}=\text{常数} \tag{1-1}$$

由于 D 点的参数可查出，固有

$$\sigma_{rN}^{m}N=\sigma_r^{m}N_0 \tag{1-2}$$

即对应于循环次数 N 的疲劳极限为

$$\sigma_{rN}=\sigma_r\sqrt[m]{\frac{N_0}{N}} \tag{1-3}$$

式中　m——与应力状态有关的指数，可查有关资料得出。

3）影响疲劳强度的因素

前面讲到的疲劳极限均指材料标准试件的疲劳极限。由于零件的实际尺寸、形状和表面质量等因素的影响，零件的疲劳极限要低于材料试件的疲劳极限。这些影响因素常用相应的应力集中因数、尺寸因数和表面质量因数来计入，需要时可查阅相关设计手册。

1.3.2 机械零件的失效形式和设计准则

机械零件在预定的时间内和规定的条件下，不能完成正常的功能，称为失效。机械零件的失效形式主要有断裂、过大的残余变形、表面磨损、腐蚀、零件表面的接触疲劳和共振等。

机械零件的失效形式与许多因素有关，具体取决于该零件的工作条件、材质、受载状态及其所产生的应力性质等多种因素。即使是同一种零件，由于材质及工作情况不同，也可能出现各种不同的失效形式。如轴工作时，由于受载情况不同，可能出现断裂、过大塑性变形、磨损等失效形式。

为了使设计零件能在预定时间内和规定工作条件下正常工作，设计机械零件时应满足下面的基本要求：

1. 强度

强度是保证机械零件正常工作的基本要求。为了避免零件在工作中发生断裂，必须使零件工作时满足下面的设计准则：

$$\sigma\leqslant[\sigma] \tag{1-4}$$

或

$$\tau\leqslant[\tau] \tag{1-5}$$

式中　σ、τ——分别为零件工作时的正应力和剪应力；

$[\sigma]$、$[\tau]$——分别为零件材料的许用正应力和许用剪应力。

为了提高机械零件的强度，设计时可采用下列措施：

(1) 采用强度高的材料。

(2) 使零件具有足够的截面尺寸。

(3) 合理设计机械零件的截面形状，以增大截面的惯性矩。

(4) 采用各种热处理和化学处理方法来提高材料的机械强度特性。

(5) 合理进行结构设计，以降低作用于零件上的载荷等。

2. 刚度

刚度是指零件在载荷作用下抵抗弹性变形的能力。若零件刚度不够，将产生过大的挠度或转角而影响机器正常工作，例如，若车床主轴的弹性变形过大，会影响加工精度。为了使零件具有足够的刚度，设计时必须满足下面的设计准则：

$$y \leqslant [y], \quad \theta \leqslant [\theta], \quad \varphi \leqslant [\varphi] \tag{1-6}$$

式中 y、θ、φ——分别为零件工作时的挠度、偏转角和扭转角；

$[y]$、$[\theta]$、$[\varphi]$——分别为零件的许用挠度、许用偏转角和许用扭转角。

3. 寿命

机械零件应有足够的寿命。影响零件寿命的主要因素有腐蚀、磨损和疲劳。但至今还没有提出实用且有效的腐蚀寿命计算方法，因此，也无法列出腐蚀寿命的计算准则。而磨损的计算目前也没有简单、可靠的定量计算方法，因此，只能采用条件性的计算。至于疲劳寿命，通常是算出使用寿命时的疲劳极限来作为计算的依据。

4. 可靠性

满足强度和刚度要求的一批相同的零件，由于零件的工作应力是随机变量，故在规定的工作条件下和规定的使用期限内，并非所有的零件都能完成规定的功能，零件在规定的工作条件下和规定的使用时间内完成规定功能的概率称为该零件的可靠度。可靠度是衡量零件工作可靠性的一个特征量，不同零件的可靠度要求是不同的。设计时应根据具体零件的重要程度选择适当的可靠度。

1.4 机械中的摩擦、磨损与润滑

机械的特点是其各机构的构件之间通过有序的运动和动力传递来实现工作要求。因此，它的各个零部件之间由于力的作用和相对运动就会产生摩擦和磨损。润滑则是降低摩擦和减少磨损的最有效和最常用的方法。

1.4.1 摩擦

可根据以下标准对摩擦进行分类。

1. 按摩擦副运动状态分

静摩擦：两物体表面产生接触，有相对运动趋势但尚未产生相对运动时的摩擦。

动摩擦：两相对运动表面之间的摩擦。

2. 按相对运动的位移特征分

滑动摩擦：两接触物体接触点具有不同速度和(或)方向(即具有相对滑动或有相对滑

动的趋势)时的摩擦。

滚动摩擦：两接触物体接触点的速度的大小和方向相同(即具有相对滚动或有相对滚动趋势)时的摩擦。

自旋摩擦：两接触物体环绕其接触点处的公法线相对旋转时的摩擦。

上述摩擦方式(即运动方式)的叠加，就构成了复合方式的摩擦，如滑动滚动摩擦。

3. 按表面润滑状态分

干摩擦：两摩擦表面之间既无润滑剂又无湿气的摩擦，如图1.6(a)所示。在工程实际中，并不存在真正的干摩擦，因为在任何零件的表面上，不仅会因为氧化而形成氧化膜，而且会被润滑油污染而形成脏污膜，因此它们的摩擦系数要比真空下测定的纯净金属表面的摩擦系数小得多。在机械设计中，通常把人们无意加以润滑而又无明显润滑现象的摩擦当做干摩擦处理。

干摩擦的摩擦阻力最大，摩擦最严重，零件使用寿命最短。

边界摩擦(即边界润滑)：具有边界膜隔开相对运动表面时的摩擦，如图1.6(b)所示。边界膜有两类：吸附膜和化学反应膜。由分子吸引力形成的吸附膜称为化学吸附膜，后者强度比前者高，适用于速度、载荷、温度较高的场合。化学反应膜是在润滑油中加入硫、磷、氯等元素的化合物(添加剂)与金属表面进行化学反应而生成的膜，这种膜熔点高、剪切强度低，适用于重载、高速和高温的摩擦副。

合理选择摩擦副材料和润滑剂，降低表面粗糙度，在润滑剂中加入添加剂，能提高边界膜的强度。

流体摩擦(即流体润滑)：以流体层隔开相对运动表面时的摩擦，即由流体的黏性阻力或流变阻力引起的摩擦，如图1.6(c)所示。流体摩擦的摩擦阻力小，没有磨损，使用寿命长，是理想的摩擦状态。但必须在一定工况下才能存在。

混合摩擦(即混合润滑)：半干摩擦和半流体摩擦的统称，如图1.6(d)所示。在这种状态下，摩擦副仍有磨损存在，但摩擦系数比边界摩擦小得多。

半干摩擦：边界摩擦和干摩擦同时发生的摩擦。

半流体摩擦：流体摩擦和边界摩擦，或流体摩擦和干摩擦同时发生的摩擦。

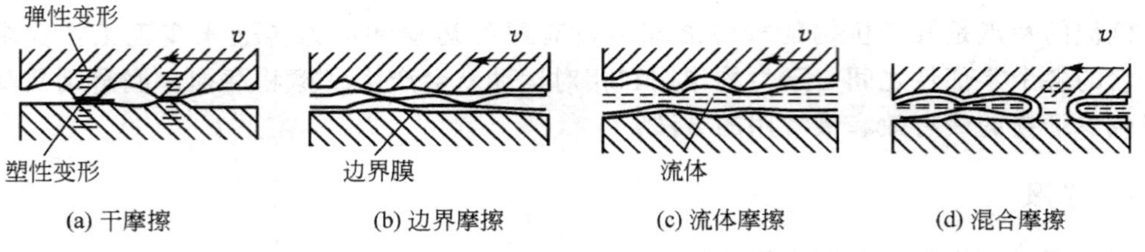

图1.6　摩擦的种类

1.4.2　磨损

磨损的表现：磨损表现为松脱的细小颗粒(磨屑)的出现，以及为受摩擦表面材料的性质(化学的、物理的、金相组织的、机械工艺的)和形状(形状、尺寸、粗糙度、表面层厚度)的变化。

磨损的作用：磨损通常是不希望出现的，即它是消极的、不利的。但在某些例外情况下，例如在磨合过程中，磨损也可能是有益的；加工过程可认为是创造价值的工艺过程，此时虽然在刀具和工件表面之间也发生与磨损过程同样的摩擦学过程，但对于被加工的工件来说，不能认为遇到磨损。

由磨损引起的材料损失的量称为磨损量，它的倒数称为耐磨性。对于耐磨性，常常有人把它看做材料的固有性质——“耐磨强度”，这是一种误解。一个作为材料固有性质的“耐磨强度”是不存在的。磨损或耐磨性是与很多因素有关的系统特性。对磨损过程进行系统分析才是科学的研究和处理磨损问题的方法。

机械零件的磨损过程：机械零件的磨损过程通常经历不同的磨损阶段，直至失效。一般机器的磨损过程分为三个阶段：跑合磨损，一个零件加工后，由于表面存在不平度，在运动的初期接触面积小、接触应力大，所以磨损速度快，如果设计合理，润滑良好，随着跑合的进行磨损速度趋向稳定；稳定磨损阶段，磨损以平稳而缓慢的速度进行。标志磨损条件保持相对稳定，这是零件整个寿命范围内的工作过程；剧烈磨损阶段，经过稳定磨损阶段，零件表面失效或运动副间隙增大，使正常工作条件破坏，引起动载荷，出现冲击振动，温升加大，磨损速度加快。

磨损的主要类型：

根据磨损机理不同，磨损主要有四种基本类型：粘着磨损、磨粒磨损、接触疲劳磨损和腐蚀磨损。磨损常以复合形式存在。

1. 粘着磨损

当摩擦表面的微凸体在相互作用的各点处发生“冷焊”后，由于相对滑动，产生材料从一个表面转移到另一个表面的现象，即这种由于两表面粘着作用而引起的磨损，称为粘着磨损。

粘着磨损一般有轻微磨损、涂抹、擦伤、撕脱、咬死等形式。如气缸套与活塞环；曲轴与轴瓦；轮齿啮合表面及滚动轴承中钢球与滚道间皆可能出现粘着程度不同的磨损，涂抹、擦伤、撕脱通常称为胶合。它是高速重载接触的常见的破坏形式。

2. 磨粒磨损

由摩擦表面上的硬质突出物或从外部进入摩擦表面的游离硬质颗粒在切削或刮擦过程中，引起零件表面材料脱落的现象称为磨粒磨损。

磨粒磨损是一种最常见的磨损形式，如工程机械、农业机械、铁路机车、交通车辆中许多部件皆是磨粒磨损，占整个工业范围内总磨损的50%，因而减少磨粒磨损有着重要的经济意义。

3. 疲劳磨损

由于交变应力使表面材料疲劳而产生物质的转移现象，称为疲劳磨损，也称为接触疲劳或点蚀。

4. 腐蚀磨损

在摩擦过程中，与周围介质发生化学或电化学反应而产生物质损失的现象，称为腐蚀磨损。

腐蚀磨损分为氧化磨损、特殊介质腐蚀磨损、气蚀磨损等类型。分别发生在钢铁类零件，化工管道、泵类零件、水轮机转轮、柴油机缸套及船用螺旋桨等零部件上（详情可见相关资料）。

1.4.3 润滑

润滑是减少摩擦、磨损所造成的能量和材料损耗的最重要手段。为了控制摩擦与磨损，在摩擦副间加入某种物质，使其摩擦阻力降低，此种措施称为润滑。这些被加入用以降低摩擦阻力的介质称为润滑剂。

1. 润滑剂

润滑剂的作用：润滑剂的主要作用是降低摩擦，减轻磨损，保护零件不遭受锈蚀。当采用循环润滑时还能起到散热、降温的作用。此外，润滑剂还有防锈、传递动力、清除污物、减振、密封等作用。

润滑剂的种类：工程中使用的润滑剂主要有以下四种基本类型：液体润滑剂，如矿物油、合成润滑油、有机润滑剂、水及液态金属等。矿物油是石油制品，品种多，挥发性低，惰性良好，防腐性强，价格便宜，应用最广。合成润滑油是针对某些特定需要制定的，使用面窄且费用极高，故应用甚少。动物油和植物油是最早使用的润滑油，油性好但容易变质，常作添加剂使用；半固体润滑剂，如润滑脂，它是在液态润滑剂中加入稠化剂而成的。稠化剂多是金属皂类，也有非皂类如石墨、二硫化钼、硅石粉等。此外，还常加入一些添加剂，以增加抗氧化能力及油膜强度。润滑脂常用于在低速下工作、受冲击载荷或间歇运动零件的润滑；固体润滑剂是在摩擦表面间加入固体粉末代替流体膜来润滑。固体润滑剂包括无机化合物、有机化合物和金属等。无机化合物有石墨、二硫化钼等，它们稳定性好。有机化合物有金属皂、动物蜡、油脂等。软金属有铅、锡、铟等。固体润滑剂可用于极高负荷和极低速度工况，它的使用温度范围广，但润滑膜不易保持；气体润滑剂，如氮气、氨气及一些惰性气体等。

在一般情况下可用润滑油或润滑脂作为各种机械设备的润滑剂。

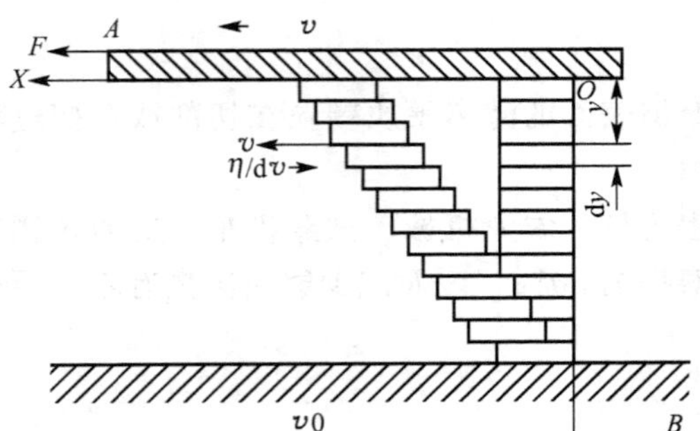

图 1.7 油膜中黏性液体流动的动力黏度

润滑剂的性能：液体润滑剂的主要性能指标有黏度、凝点、闪点、油性等。润滑脂的性能指标为滴点和针入度。

1) 黏度

黏度是润滑油最主要的性能指标，是选择润滑油的主要依据。它表示液体润滑油流动时内部摩擦阻力的大小，如图 1.7 所示。也即可定性地定义为润滑油的流动阻力。黏度越大，内摩擦阻力越大，液体流动性越差。

黏度的大小可用动力黏度、运动黏度、条件黏度(恩氏黏度)等分别表示。

(1) 动力黏度 η。牛顿液体流动定律表明：在黏性液体中任何一点的切应力 τ 与剪切率 dv/dy(即速度梯度)成正比。即

$$\tau=-\eta\frac{dv}{dy} \tag{1-7}$$

式中 τ——流体单位面积上的剪切阻力，即剪应力(N)；

$\frac{dv}{dy}$——流体沿垂直运动方向的速度梯度；

η——比例系数，称为液体的动力黏度。

式中“—”号表示 v 随 y 的增大而减小。

动力黏度的单位在国际单位制(SI)中为 $N\cdot s/m^2$(即 $Pa\cdot s$)，它表示长、宽、高各为1m的液体，当上、下两平行平面发生1m/s的相对滑动速度需要的切向力为1N时，则该流体的黏度为 $1Pa\cdot s$(帕·秒)，即 $1Pa\cdot s=1N\cdot s/m^2$。

(2) 运动黏度 v：动力黏度 η 与同温度下该液体密度 ρ 的比值。在国际单位制中，主单位为 m^2/s。我国石油产品是用运动黏度(单位为 mm^2/s)标定的，见表1-3。

表1-3 常用润滑油的性质和用途

名称	代号	运动黏度/(mm^2/s) 40℃	运动黏度/(mm^2/s) 50℃	闪点开口/℃ 不低于	凝点/℃ 不高于	主要用途
机械油 (GB 443—1989)	N5 N7 N10 N15 N22 N32 N46 N68 N100 N150	4.14~5.06 6.12~7.48 9.00~11.00 13.5~16.5 19.8~24.2 28.8~35.2 41.4~50.6 61.2~74.8 90.0~110 135~165	(3.27~3.91) (4.63~5.52) 6.53~7.83 9.43~11.3 13.6~16.3 19.0~22.6 26.1~31.3 37.1~44.4 52.4~63.0 75.9~91.2	110 125 165 170 180 190 210 220	−10 −15 −10 0	对润滑油无特殊要求的锭子、轴承、齿轮和其他低负荷机械
抗氧防锈工业齿轮油 08-2711YS	N68 N100 N150 N220 N320 N460 N680	61.2~74.8 90~110 135~165 198~242 288~352 414~506 612~748	37.1~44.4 52.4~63.0 75.9~91.2 108~129 151~182 210~252 300~360	170 200	−8	一般齿轮，齿面应力小于350～500N/mm^2时的润滑
重负荷工业齿轮油 GB 3095—1968	N68 N100 N150 N220 N320 N460 N680	61.2~74.8 90~110 135~165 198~242 288~352 414~506 612~748	37.1~44.4 52.4~63.0 75.9~91.2 108~129 151~182 210~252 300~360	170 200 220	−8	有冲击的低负荷齿轮及中负荷齿轮，齿面应力为500～1000N/mm^2，如化工、冶金、矿山等机械的齿轮

（续）

名称	代号	运动黏度/(mm^2/s)		闪点开口/℃不低于	凝点/℃不高于	主要用途
		40℃	50℃			
重负荷工业齿轮油 GB 1413	N68 N100 N150 N220 N320 N460 N680	61.2～74.8 90～110 135～165 198～242 288～352 414～506 612～748	37.1～44.4 52.4～63.0 75.9～91.2 108～129 151～182 210～252 300～360	170 200 220	−8	高负荷齿轮，齿面应力大于 1100N/mm^2，冶金、轧钢、井下采掘机械的齿轮
蜗轮蜗杆油	N220 N320 N460 N680 N1000	198～242 288～352 414～506 612～748 900～1100	108～129 151～182 210～252 300～360 425～509			用于蜗杆蜗轮传动的润滑

(3) 条件黏度：用条件数值表示的黏度，是采用特定黏度计即恩氏黏度计测定的。在规定温度下，从恩氏黏度计流出 200ml 样品油，所需秒数与同体积蒸馏水在 20℃流出所需秒数的比值，以$°E_t$表示。规定温度一般是 20℃、50℃、100℃，因此常用$°E_{20}$、$°E_{50}$、$°E_{100}$表示。

2) 凝点

润滑油冷却到不能自由流动时的最高温度，称为油的凝点。它是润滑油在低温下工作的一个重要指标。直接影响到机器在低温下的起动性能和磨损情况。低温润滑时，应选用凝点低的油。

3) 闪点和燃点

闪点是润滑油在火焰下闪烁时的最低温度。闪烁持续 5s 以上时的最低温度称为燃点。对在高温下工作的机器，应用闪点较高的润滑油，通常润滑油的闪点比设备工作温度高 30～40℃。

4) 油性

油性是润滑油湿润或吸附于摩擦表面的性能。油性越好，吸附能力越强。对低速、重载或润滑不充分的场合，油性就具有极重要的意义。

5) 滴点

滴点表示润滑脂受热后从标准测量杯的孔口滴下第一滴时的温度。它标志润滑脂耐高温的能力。润滑脂能够使用的工作温度应低于油点 20～30℃，低 40～60℃更好。

6) 针入度

针入度是表征润滑脂稀稠度的指标，重量为 1.5N 的标准圆锥体在 5s 内沉入温度为 25℃的润滑脂内的深度(以 0.1mm 计)，即为其针入度。它表明润滑脂内阻力的大小和流动性的强弱。针入度越小，表示润滑脂越稠，承载能力强，密封性好，但摩擦阻力大，流动性差。不易充填较小摩擦间隙。

润滑剂的选用原则：重载、低速、高温、间隙大时，应选择黏度较大的润滑油；轻载、高速、低温、间隙小时应选黏度较小的润滑油。润滑脂主要用于速度低、载荷大、不经常加油、使用要求不高或灰尘较多的场合。气体、固体润滑剂主要用于高温、高压、防止污染等一般润滑剂不能适应的场合。对于润滑剂的具体选用，可参阅有关手册、资料，这里不再赘述。

2. 添加剂

普通润滑油和润滑脂用在十分恶劣的工作条件(如高温、低温、重载、真空等)下会很快劣化变质，失去润滑能力。为了改善润滑剂的性能，现代广泛采用的方法是在润滑剂中加入具有某种独特性能的物质，以适应某种特定需要。加进润滑剂中用以改善其性能的这些物质就称为添加剂。

添加剂的种类很多，有油性添加剂、抗蚀添加剂、消泡添加剂、抗氧化添加剂、降凝剂、防锈剂等。由于使用添加剂是现代改善润滑功能的重要手段，所以，其品种与产量皆发展很快。如：在润滑油中加入0.25%～0.5%的抗氧化剂(硫磷化烯烃钙盐、油溶性酚醛、芳香胺等)即可达到防止润滑油氧化变质、腐蚀零件的目的。因此，可根据不同的工作条件及要求，参阅有关资料选择有相应添加剂的润滑油，以满足使用需要。

习　题

1. 机器的特征是什么?
2. 家用缝纫机和机械式手表是机器还是机构?
3. 机器的基本组成部分有哪些?
4. 举例说明常见的摩擦类型。

模块二

常用机构及其设计

教学导入

如模块二图所示为冲压式蜂窝煤成型机。冲压式蜂窝煤成型机可以将煤粉加入模筒转盘 11 上的模筒内，经冲头 7 冲压制成圆柱形带蜂窝孔的煤饼，是我国城镇蜂窝煤生产厂的主要生产设备。为了实现蜂窝煤冲压成型的功能，冲压式蜂窝煤成型机必须完成以下几个动作：

（1）煤粉加料；

（2）冲头将蜂窝煤压制成型；

（3）冲头和脱模盘上的扫屑运动；

（4）将模筒内冲压后的蜂窝煤脱模；

（5）将冲压成型的蜂窝煤输送装箱。

以上 5 个动作，加料和输送动作不予考虑，则蜂窝煤成型机机械系统主要由减速机构、冲压和脱模机构、模筒转盘机构及扫屑机构组成。

（1）减速机构：由带传动 2、圆柱齿轮机构 3 和锥齿轮机构 13 组成，将电动机 1 的运动和动力降速传递给工作装置。

（2）冲压和脱模机构：曲柄滑块机构 4，冲头 7 和脱模盘 9 都与滑梁 8 连成一体上下往复移动，当滑梁下冲时，针状冲头将位于模筒转盘 11 模筒中的煤粉压实成型；脱模盘将已冲压成型的煤饼压下去而脱离模筒。

（3）模筒转盘机构：由槽轮间歇运动机构 12 和模筒转盘 11 组成，槽轮机构使加料的模筒进入冲压位置、成型后的模筒进入脱模位置、空模筒进入加料位置，完成加料、冲压和脱模三个工位的转换。

（4）扫屑机构：由固定凸轮移动从动件机构 5 和扫屑刷 6 组成。固定凸轮采用斜面形状，在滑梁带动冲头、脱模盘向上移动过程中用扫屑刷将附着的煤粉刷除。

冲压式蜂窝煤成型机中采用的曲柄滑块机构、凸轮机构、齿轮机构及槽轮机构均为常用机构，在机械中用于传递运动和力或改变运动状态。本模块主要介绍平面连杆机构、凸轮机构、齿轮机构和其他常用机构的类型、基本特性、结构分析、机构设计等有关基本知识。

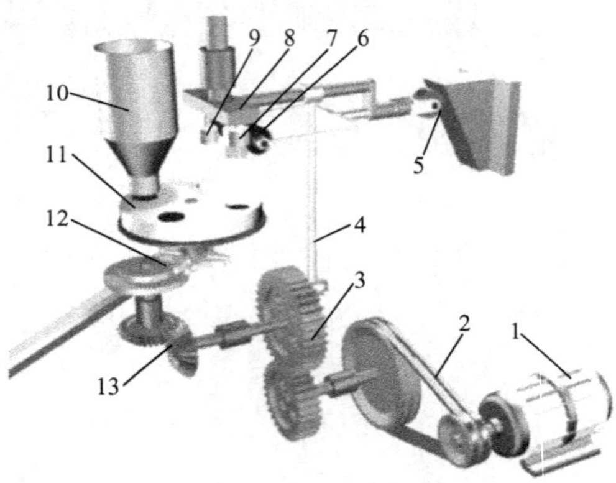

模块二图　冲压式蜂窝煤成型机模型图

1—电动机；2—带传动；3—圆柱齿轮机构；4—曲柄滑块机构；5—凸轮机构；6—扫屑刷；7—冲头；8—滑梁；9—脱模盘；10—加料筒；11—模筒转盘；12—槽轮机构；13—锥齿轮机构

第2章 平面机构分析基础

教学提纲

本章主要介绍平面机构的组成；平面机构运动简图的绘制；平面机构自由度的计算以及机构具有确定运动的条件；平面机构的组成原理。

教学目标

1. 了解机构的组成、运动副的概念及分类。
2. 掌握平面运动副和构件的一般表示方法，能绘制平面机构运动简图。
3. 能够正确识别和处理复合铰链、局部自由度和虚约束，掌握平面机构自由度的计算，并判断其运动是否确定。
4. 了解平面机构的组成原理。

2.1 平面机构的组成

对机构的研究一般可以概括为两个方面：一是对已有机构的分析，即结构分析、动力分析和运动分析；二是对新机构进行设计，包括机构选型、运动和动力设计。根据组成机构的各构件之间的相对运动为平面运动或空间运动，机构可分为平面机构和空间机构两类，其中平面机构应用较为广泛。

虽然各种机构的形式、结构不同，但通过大量的分析可以看出：机构是具有相对运动的构件组合体，实际上是各构件按照一定的方式联接而成的。总体看来，机构是由构件和运动副两个要素构成的。

2.1.1 运动副

在机构中，每个构件都是以一定的方式与其他构件相互联接起来的，这种联接是可动的，但其相对运动又受到一定的约束，以保证两构件间具有确定的相对运动。两构件之间这种直接接触而又能产生一定相对运动的可动联接称为运动副。根据组成运动副两构件之间的接触特性，运动副可分为低副和高副。

1. 低副

两构件通过面接触形成的运动副称为低副，根据它们之间的相对运动是转动或移动分为转动副和移动副。

(1) 转动副。若组成运动副的两构件之间只能绕某一轴线做相对转动，这种运动副称为转动副。由圆柱销和销孔及其两端面所构成的转动副称为铰链，如图 2.1 所示。如果有一个构件是固定的，称为固定铰链；若没有构件固定，则称为活动铰链。它们皆为转动副的一种具体形式。

(2) 移动副。若组成运动副的两构件只能沿某一轴线相对直线移动，这种运动副称为移动副，如图 2.2 所示。活塞与气缸体所组成的运动副即为移动副(参见图 1.1)。

图 2.1　转动副

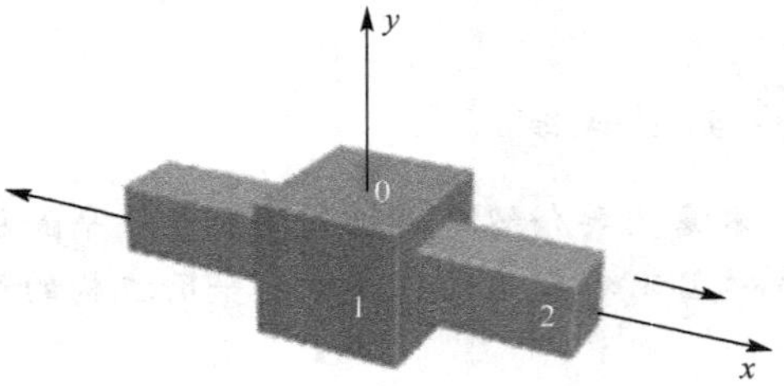

图 2.2　移动副

构件所具有的独立运动的数目称为自由度，但是，当这一构件与其他构件组成运动副后，构件的运动就要受到其他构件的限制，自由度减少，这种对构件独立运动所加的限制称为约束。由上述可知，平面机构中一个低副引入两个约束而仅保留一个自由度。

2. 高副

两构件之间通过点或线接触组成的运动副，称为高副。如图 2.3 所示，凸轮与从动件(图 2.3(a))，两轮齿(图 2.3(b))皆在其接触处组成高副。

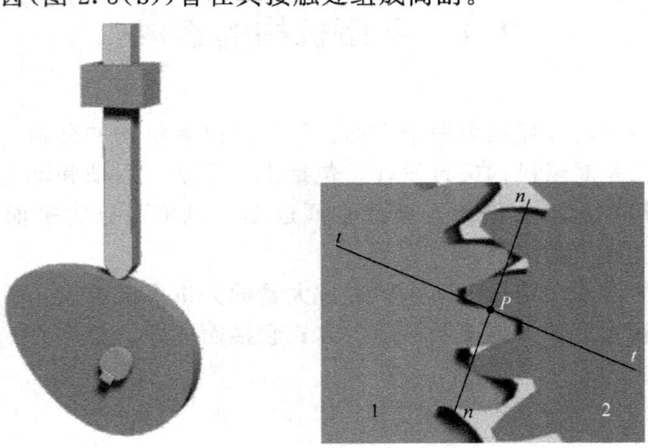

(a) 凸轮副　　(b) 齿轮副

图 2.3　高副

在平面机构中两构件组成高副后，保留的自由度为 2。如图 2.3(b)所示，两轮齿组成的高副中，轮齿 1 沿公法线 $n-n$ 方向的移动受到约束，而轮齿 1 相对于轮齿 2 则既可沿接触点 P 的切线 $t-t$ 方向移动，同时还可绕 P 点转动。图 2.3(a)中的尖顶从动件与凸轮组成的高副，也可如此分析。由此可知，平面机构中的高副引入一个约束，而保留两个自由度。

2.1.2 运动链

若干个构件通过运动副联接组成的构件系统称为运动链(图 2.4)。如果运动链中的各构件构成首尾封闭的系统则称为闭式运动链(图 2.4(a))，否则为开式运动链(图 2.4(b))。在一般机械中，大多采用闭式运动链，而在机器人中大多采用开式运动链，如图 2.4(c)所示的机器人，手和脚处均构成开式运动链。

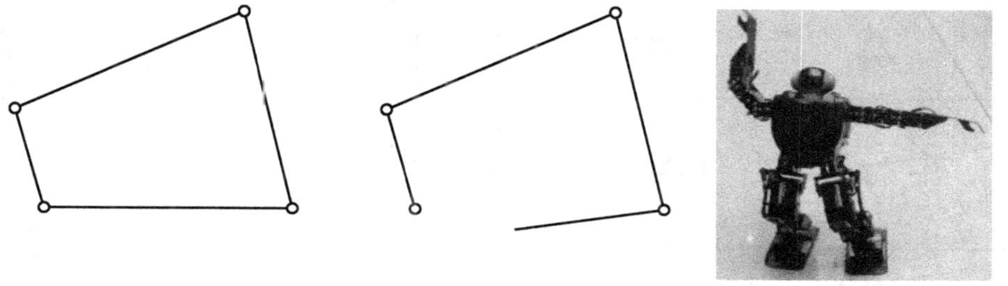

(a) 闭式运动链　(b) 开式运动链　(c) 机器人

图 2.4 运动链

2.1.3 机构

图 2.5 所示为平面四杆机构，若将闭式链的一个构件固定为机架，并且各构件之间具有确定的相对运动，则运动链便成为机构。机构中按照给定的已知运动规律独立运动的构件称为原动件(主动件)，其余随原动构件运动的构件称为从动件。当确定原动件后，其余从动件随之做确定的运动，此时构件的运动即确定。

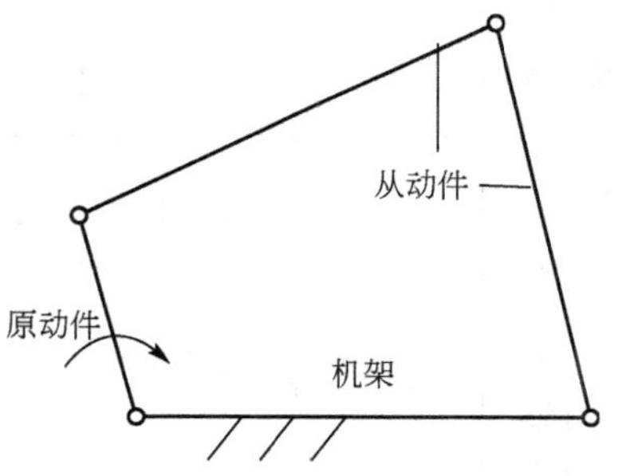

图 2.5 平面四杆机构

2.2 平面机构运动简图

实际机构往往是由外形和结构都很复杂的构件组成的。但从运动的观点来看，各种机构都是由构件通过运动副的联接而构成的，构件的运动决定于运动副的类型和机构的运动尺寸，而与构件的外形、断面尺寸、组成构件的零件数目、固联方式及运动副的具体结构等无关。

因此，在设计新机械或分析研究现有机械的运动时，为了使问题简化，常用一些简单的线条和规定的符号来表示构件和运动副，并按确定的比例定出各运动副的位置。这种说明机构各构件间相对运动关系的简单图形，称为机构运动简图。该简图具有与原机构相同的运动特性，所以，可根据该图对机构进行运动和动力分析。若图形不按精确的比例绘制，仅仅表达机械的结构特征，则这种简图称为机构示意图。运动简图中构件及运动副的表示方法见表 2－1。

表 2－1　构件及运动副表示方法

名称	符号
活动构件	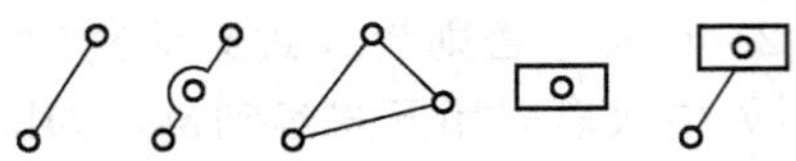
固定构件	
转动副	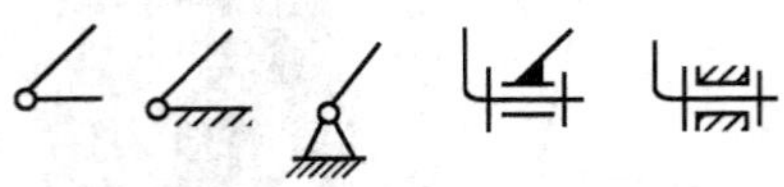
移动副	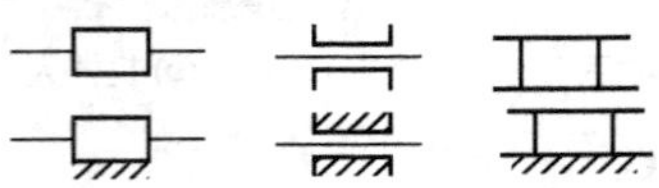
球面副	
螺旋副	
零件与轴连接	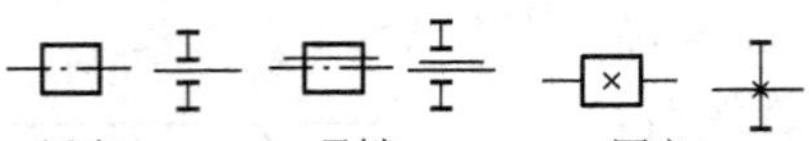 活套连接　导键连接　固定连接
凸轮与从动件	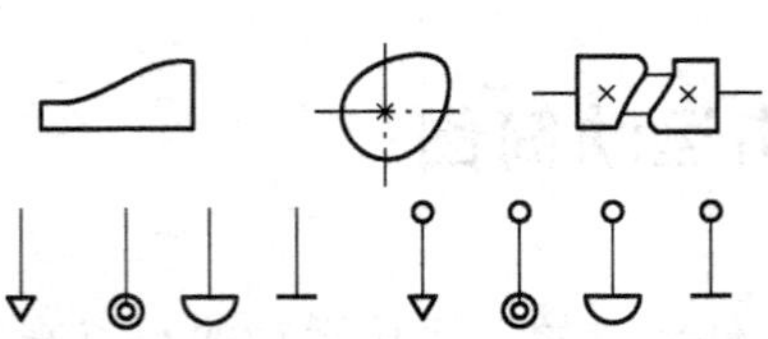
槽轮传动	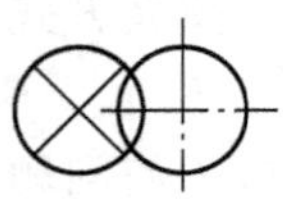

名称		符号
齿轮传动	圆柱齿轮	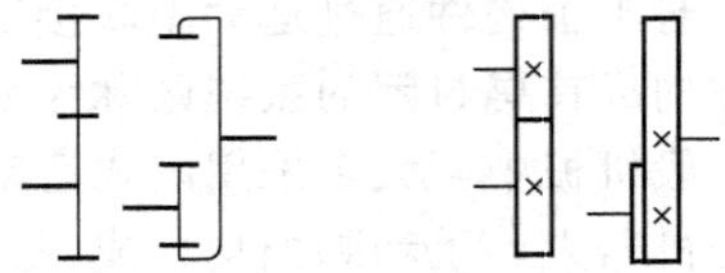
	锥齿轮	
	齿轮齿条	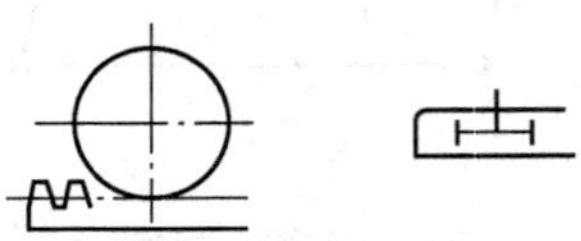
	蜗轮与圆柱蜗杆	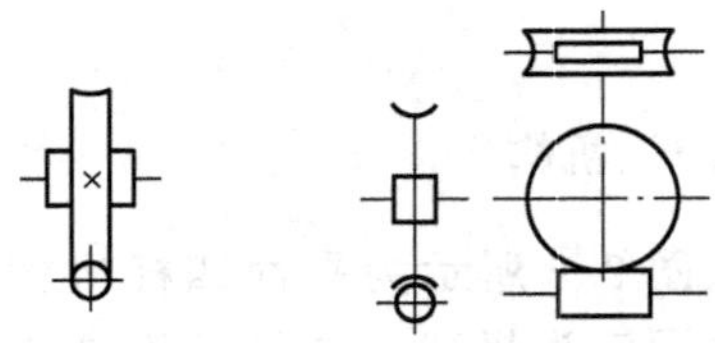
轴承	向心轴承	 普通轴承　滚动轴承
	推力轴承	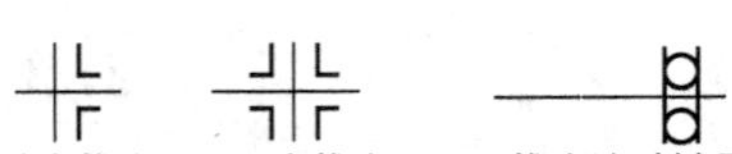 单向推力　双向推力　推力滚动轴承
	向心推力轴承	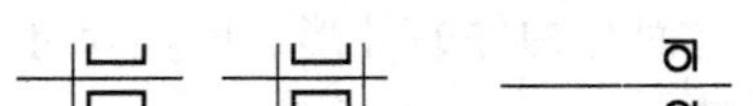 单向向心推力轴承　双向向心推力轴承　向心推力滚动轴承

1. 绘制平面机构运动简图的步骤

(1) 确定要绘制机构的结构及运动情况。找出机架及原动件，按照运动的传递路线分析机构原动部分的运动如何经过传动部分传递到工作部分。

(2) 确定该机构由多少个构件组成，并根据相联接的两构件间的接触情况及运动的性质，确定各个运动副的类型。

(3) 选择与机构的多数构件运动平面相平行的平面作为绘制机构运动简图的投影面。

(4) 选择恰当的长度比例尺，确定各运动副之间的相对位置，以规定的简单符号将各运动副表示出来，用直线或曲线将同一构件上各运动副符号联接起来。其中，比例尺为

$$\mu_L = \frac{\text{构件实际长度(m)}}{\text{构件图示长度(mm)}}$$

[例 2-1] 绘制内燃机机构运动简图(图 2.6)。

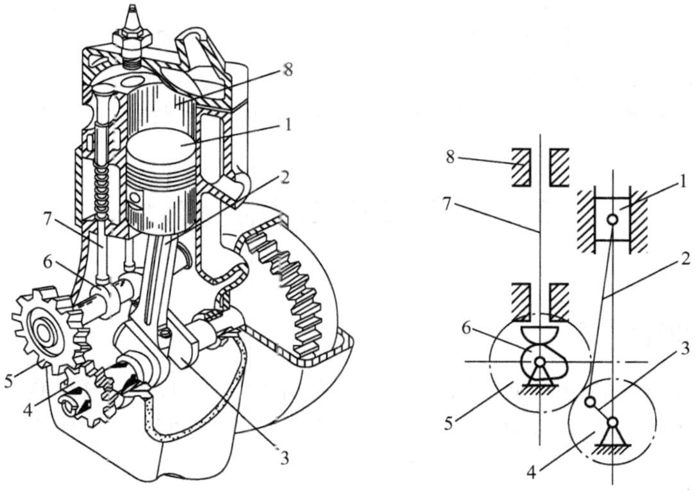

(a) 内燃机　　(b) 内燃机机构运动简图

图 2.6 内燃机结构及机构运动简图

1—活塞；2—连杆；3—曲轴；4—小齿轮；5—大齿轮；6—凸轮；7—气阀顶杆；8—气缸体

如图 2.6(a)所示，该内燃机是由曲柄滑块机构、凸轮机构和齿轮机构等组成的。其机构运动简图的绘制步骤如下：

(1) 确定构件的类型和数目。

① 曲柄滑块机构：活塞 1 为原动件，连杆 2、曲轴 3 为从动件，气缸体 8 为机架。

② 齿轮机构：与曲轴相固连的小齿轮 4 为输入构件，大齿轮 5 为从动件，气缸体为机架。

③ 凸轮机构：与大齿轮 5 固连的凸轮 6 为输入件，气阀顶杆 7 为从动件，气缸体为机架。

以上组成内燃机的三个机构因其运动平面平行，故可视为一个平面机构。此机构共有 6 个构件(小齿轮与曲轴、大齿轮与凸轮皆因分别固连，可各视为 1 个构件)，其中可动构

件为 5 个，机架为 1 个。活塞为原动件，其余为从动件。

(2) 确定运动副的种类和数目。根据组成运动副构件相对运动关系可知，活塞与气缸体组成移动副；活塞与连杆组成转动副；连杆与曲轴组成转动副；曲轴与小齿轮固连成一个构件，与气缸体组成一个转动副。凸轮与大齿轮固连成 1 个构件，它与气缸体组成一个转动副。而小齿轮与大齿轮组成齿轮副，凸轮与气阀顶杆组成凸轮副，它们皆为高副。气阀顶杆与气缸体为移动副。所以内燃机主体机构共有 8 个运动副，其中移动副 2 个，转动副 4 个，高副 2 个。

(3) 合理选择视图。因整个主体机构为平面机构，故取连杆运动平面为视图平面。

(4) 选定比例尺绘制机构运动简图。三个机构皆选定相同比例尺 μ_L(m/mm)，然后以相应构件和运动副符号绘出机构运动简图，如图 2.6(b)图所示。

在机构简图绘制完成后，还应注意，对较复杂的机构需要校核其机构的自由度，以判定它是否具有确定的相对运动和所绘制的简图是否正确。

2. 绘制机构运动简图的注意事项

(1) 构件数不变。简图中构件的数目与实际机构中构件数应一致。

(2) 运动副的个数及类型不变。

(3) 机构的自由度数应不变，简图中的自由度数应与实际自由度数一致。

2.3 平面机构自由度的计算

2.3.1 平面机构的自由度

任何一个构件在空间自由运动时皆有六个自由度。它可表示为在直角坐标系内沿着三个坐标轴的移动和绕三个坐标轴的转动。而对于一个作平面运动的构件，则只有三个自由度，如图 2.7 所示，即沿 x 轴和 y 轴移动，以及在 xOy 平面内的转动。为了使组合起来的构件能产生确定的相对运动，有必要探讨平面机构自由度和平面机构具有确定运动的条件。

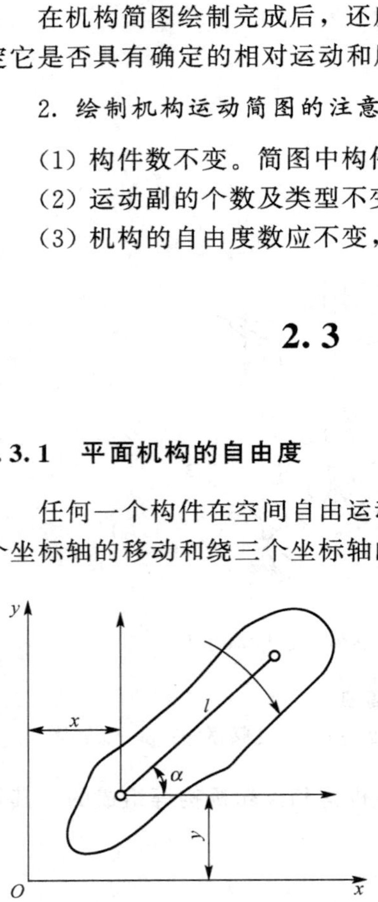

图 2.7 构件的自由度

在平面机构中，各构件只作平面运动。一个不受任何约束的构件在平面中运动只有三个自由度，具有 n 个活动构件的平面机构，若各活动构件完全不受约束时，则整个机构相对于机架共有 $3n$ 个自由度。但在运动链中，每个构件至少必须与另一个构件联接成运动副，当两构件联接成运动副时，其运动就受到约束，自由度将减少。自由度减少的数目，应等于运动副引入的约束数目。由于平面机构中的运动副只可能是转动副、移动副或平面高副，其中每个低副(转动副、移动副)引入的约束数为 2，每个平面高副引入的约束数为 1。因此对于平面机构，若各构件之间构成了 p_l 个低副和 p_h 个高副，则它们共引入 $(2p_l + p_h)$ 个约束。机构的自由度 F 应为

$$F=3n-(2p_l+p_h)=3n-2p_l-p_h \tag{2-1}$$

[例 2-2] 试计算图 2.6 所示内燃机机构的自由度。

解：图中曲轴 3 与小齿轮 4；大齿轮 5 与凸轮 6 固连一起，故可分别视为一个构件。因此：$n=5$，$p_l=6$(有 2 个移动副，4 个转动副)$p_h=2$，所以，该机构的自由度为

$$F=3n-2p_l-p_h=3\times5-2\times6-2=1$$

2.3.2 机构具有确定运动的条件

机构的自由度即机构所具有的独立运动的个数。由上述可知，从动件是不具有独立运动的，只有原动件才能独立运动。

图 2.8(a)所示的五杆机构中，原动件数等于 1，而机构的自由度

$$F=3n-2p_l-p_h=3\times4-2\times5=2$$

由于原动件数小于 F，显然，当只给定原动件 1 的位置角 φ_1 时，从动件 2、3、4 的位置即可为实线位置，也可为双点划线所处的位置，因此其运动是不确定的。只有给出两个原动件，使构件 1、4 都处于给定位置，才能使从动件获得确定运动。

图 2.8(b)所示的四杆机构中，由于原动件数(为 2)大于机构自由度数

$$F=3\times3-2\times4=1$$

因此原动件 1 和原动件 3 不可能同时按图中给定方式运动。

图 2.8(c)所示的五杆机构中，机构自由度 $F=3\times4-2\times6=0$，它的各杆件之间不可能产生相对运动。

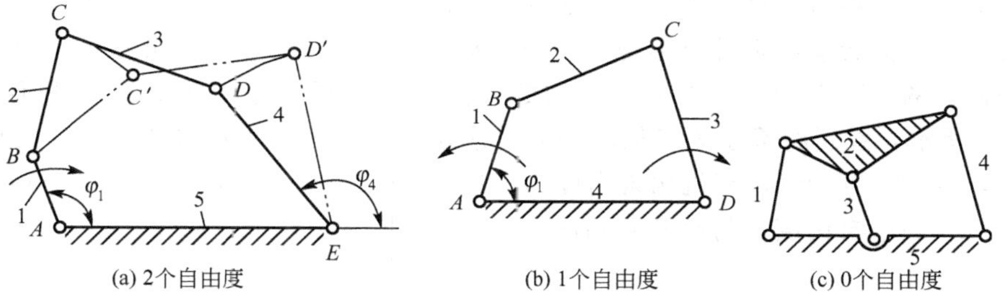

图 2.8 不同自由度机构的运动

综上所述，机构具有确定运动的条件是：机构自由度必须大于零，且原动件数与其自由度数相等。当 $F\leqslant0$ 时，机构蜕变为刚性桁架，构件之间没有相对运动；当 $F>0$ 时，若原动件数小于机构的自由度数，各构件没有确定的相对运动；若原动件数大于机构的自由度数，则在机构的薄弱处遭到破坏。

2.3.3 计算机构自由度时应注意的事项

在计算机构自由度时，应注意以下一些情况，否则计算结果往往会发生错误。

1. 复合铰链

两个以上构件组成两个或更多个共轴线的转动副，即为复合铰链，如图 2.9(a)所示，三构件在 A 处构成的复合铰链。由其示意图(图 2.9(b))可知此三构件共组成两个共轴线转动副。当由 k 个构件组成复合铰链时，则应当组成($k-1$)个共轴线转动副。在计算机构

自由度时，应仔细观察是否有复合铰链存在，以免算错运动副的数目。

［例 2-3］ 图 2.10 所示为一机构运动简图，试计算该机构的自由度。

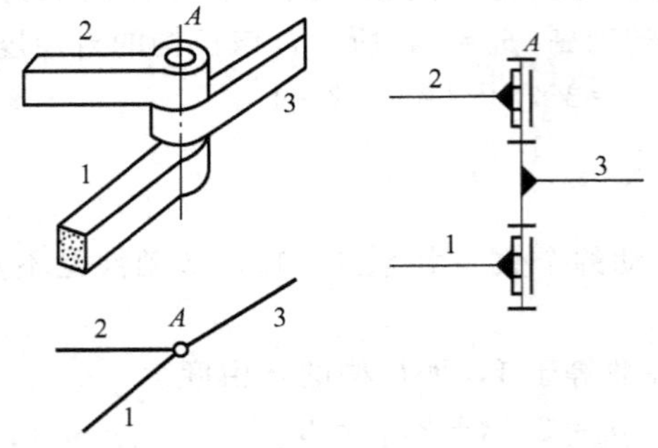

(a) 复合铰链简图　　(b) 复合铰链示意图

图 2.9　复合铰链

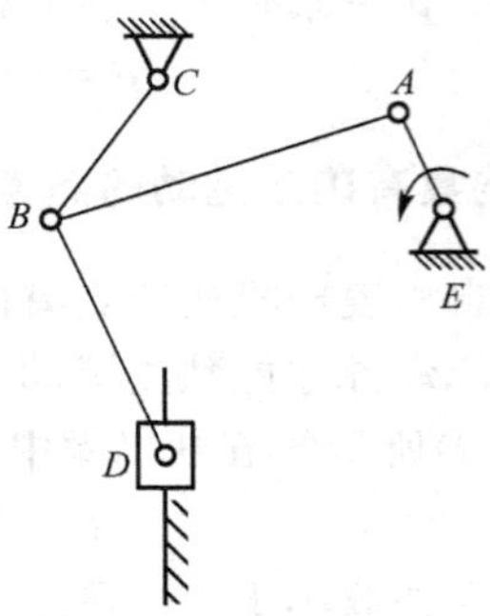

图 2.10　机构

解： 该机构中，$n=5$，$p_l=7$（B 处为复合铰链），$p_h=0$，所以自由度为

$$F=3n-2p_l-p_h=3\times5-2\times7=1$$

2. *局部自由度*

机构中不影响输出与输入运动关系的个别构件的独立运动自由度，称为机构的局部自由度。在计算机构自由度时，可预先排除。如图 2.11(a)所示的平面凸轮机构中，为减少高副元素的磨损，在从动件上安装了一个滚子 3，使其与凸轮轮廓线滚动接触。显然，滚子绕其自身轴线的转动与否并不影响凸轮与从动件间的相对运动，因此滚子绕其自身轴线的转动为机构的局部自由度，在计算机构的自由度时应预先将转动副 C 除去不计，或如图 2.11(b)所示，设想将滚子 3 与从动件 2 固连在一起作为一个构件来考虑。此时该机构中，$n=2$，$p_l=2$，$p_h=1$，其机构自由度为：$F=3n-2p_l-p_h=3\times2-2\times2-1=1$，即此凸轮机构只有一个自由度，符合实际情况。

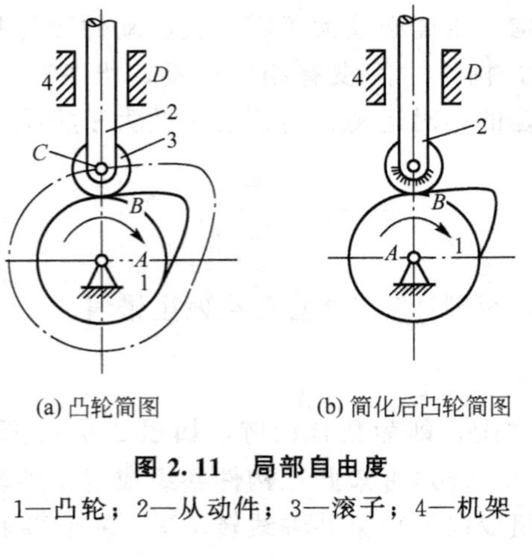

(a) 凸轮简图　　(b) 简化后凸轮简图

图 2.11　局部自由度

1—凸轮；2—从动件；3—滚子；4—机架

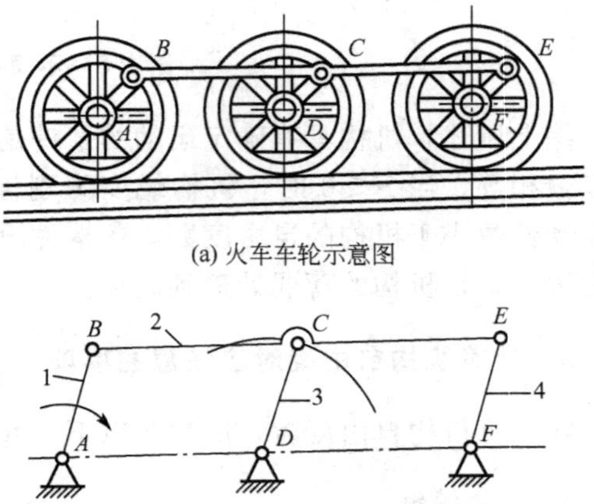

(a) 火车车轮示意图

(b) 火车车轮机构运动简图

图 2.12　机车车轮联动机构

3. 虚约束

在运动副所加的约束中，有些约束所起的限制作用可能是重复的，这种起重复限制作用的约束称为虚约束。如图 2.12(a)所示的机车车轮联动机构中，连杆 2 做平面运动，其上各点的轨迹均为圆心在 AF 线上，半径等于 AB 的圆。若在该机构中再加一个构件 3，使其与构件 1、4 相互平行，且长度相等，如图 2.12(b)所示。由于杆 3 上 C 点的运动轨迹与 BE 杆上的 C 点的轨迹是相互重合的，因此加上杆 3 并不影响机构的运动，但此时若按式(2-1)计算自由度为 $F=3n-2p_l-p_h=3\times4-2\times6=0$，这个结果与实际情况不符。造成这个结果的原因是加入了一个构件 3，引入了 3 个自由度，但同时又增加了 2 个转动副，形式上引入了 4 个约束，即多引入了 1 个约束。但实际上这个约束对机构的运动起重复限制作用，因而它是一个虚约束。由此可以看出，在利用公式计算机构自由度时，应先将产生虚约束的构件和运动副去掉，然后再进行计算。

平面机构中的虚约束通常发生在以下情况：

(1) 机构中某两构件用转动副相联的联接点，在未组成转动副以前，其各自的轨迹已重合为一，则组成转动副以后必将存在虚约束，这类虚约束有时需要经过几何论证才能判定。如图 2.12 所示的情况。

(2) 两构件构成若干移动副，其导路均相互平行或重合时，则只有一个移动副起约束作用，其余为虚约束。如图 2.13 所示的缝纫机走针机构中，装针杆 3 在 A、B 处分别与机架组成其导路重合的两移动副，计算机构自由度时只能算一个移动副，另一个为虚约束。

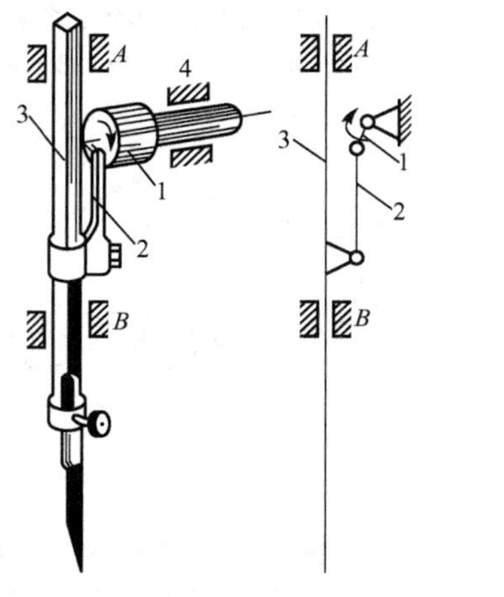

(a) 走针机构　　(b) 走针机构运动简图

图 2.13　导路重合的虚约束

(3) 两构件构成若干转动副且轴线重合，则计算机构自由度时只算一个转动副，其余为虚约束，如图 2.14 所示。此种情况较常见，因为轴类零件一般皆由两个轴承支承。

(4) 机构中对传递运动不起独立作用的对称部分，如图 2.15 所示的轮系中，中心轮 1 经过两个对称布置的小齿轮 2 和 2′驱动内齿轮 3，其中有一个小齿轮对传递运动不起独立作用，因此是虚约束。

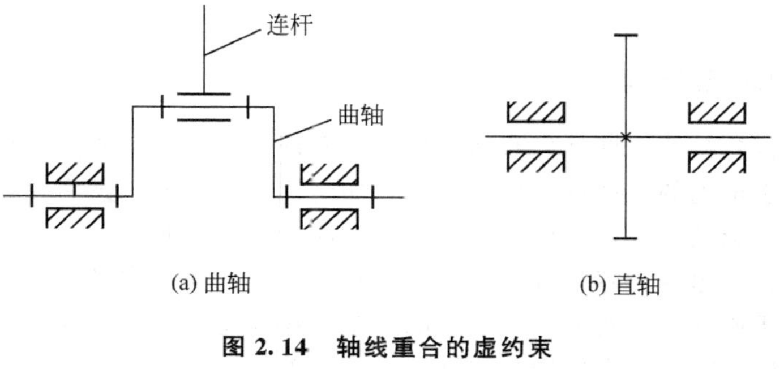

(a) 曲轴　　(b) 直轴

图 2.14　轴线重合的虚约束

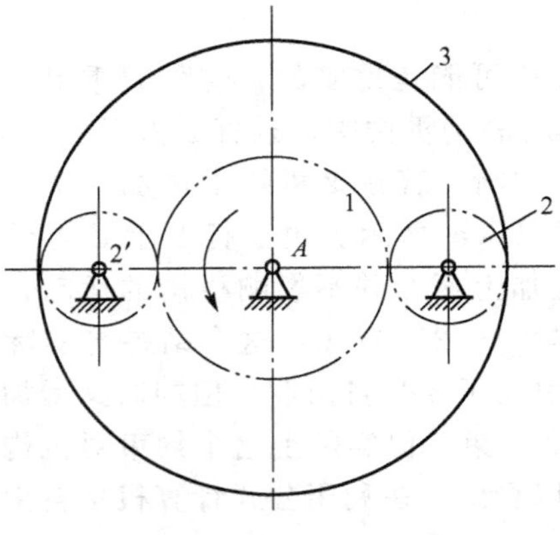

图 2.15 对称结构的虚约束

1—中心轮；2、2′—小齿轮；3—内齿轮

综上所述，在计算平面机构自由度时必须考虑是否存在复合铰链，并应将局部自由度和虚约束除去不计，才能得到正确结果。

应当注意：对于虚约束，从机构的运动观点看是多余的，但从增强构件刚度、改善机构受力状况等方面看，却是必需的。同时机构中的虚约束是在一些特定的几何条件下引入的，如果这些几何条件不能满足，虚约束将会转化为有效约束，从而改变机构的自由度，因此，机构引入虚约束后，其制造与装配精度要求更高。虚约束发生的情况较复杂，应具体情况具体分析，以免造成计算错误。

[例 2-4] 试计算图 2.16 所示大筛机构的自由度，并判定是否有确定的运动。

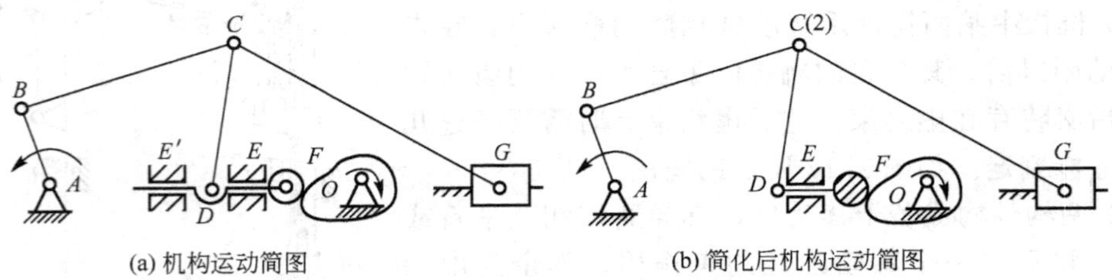

图 2.16 大筛机构

解：如图 2.16(a)所示，机构中的滚子 F 处有一个局部自由度。顶杆与机架在 E 和 E' 组成两个导路平行的移动副，其中之一为虚约束。C 处是复合铰链。为了正确计算机构的自由度，可作图 2.16(b)处理，可视为滚子与顶杆焊成一体，去掉移动副 E'，并在 C 点注明转动副的个数，由此得：$n=7$，$p_l=9$，$p_h=1$。则机构的自由度 F 为

$$F=3n-2p_l-p_h=3\times7-2\times9-1=2$$

由于机构具有两个原动件，所以该机构具有确定的运动。

2.4 平面机构组成原理简介

2.4.1 平面机构的组成原理

任何机构都包含机架、原动件和从动件系统三部分。由于机构具有确定运动的条件是原动件的数目等于机构的自由度数目，因此，如将机构的机架以及和机架相连的原动件与从动件系统分开，则余下的从动件系统的自由度应为零。有时这种从动件系统还可分解为若干个更简单的、自由度为零的构件组称为基本杆组。任何机构都可以看作是由若干个基本杆组依次联接于原动件和机架上所组成的系统，这就是机构的组成原理。

根据式(2-1)，组成平面机构基本杆组应满足条件

$$F=3n-2p_l-p_h=0$$

如果基本杆组的运动副全为低副(高副低代)，则上式可变为

$$F=3n-2p_l=0 \quad 或 \quad n=\frac{2}{3}p_l$$

由于活动构件数 n 和低副数 p_l 都必须是整数，所以，根据上式，n 应是 2 的倍数，p_l 应是 3 的倍数，它们的组合有 $n=2$，$p_l=3$；$n=4$，$p_l=6$；…。由此可见，最简单的平面基本杆组是由两个构件三个低副构成的杆组，称之为Ⅱ级杆组。它是应用最广的基本杆组。除Ⅱ级杆组外，还有Ⅲ级、Ⅳ级等较高级的基本杆组，在实际机构中，这些比较复杂的基本杆组应用较少。

在同一机构中可包含不同级别的基本杆组，机构中所包含的基本杆组的最高级数作为机构的级数，如由最高级别为Ⅱ级基本杆组组成的机构称为Ⅱ级机构；如机构中既有Ⅱ级杆组，又有Ⅲ级杆组，则称其为Ⅲ级机构；而把由原动件和机架组成的机构(如杠杆机构、斜面机构、电动机等)称为Ⅰ级机构。这就是机构的结构分类方法。

2.4.2 平面机构的结构分析

机构的结构分析是机构进行运动和动力分析的前提，其目的是为了解机构的组成，方法是先将已知机构分解为原动件、机架和若干个基本杆组，然后确定机构的级别。通常从远离原动件的构件开始拆基本杆组。对于只含有低副的机构，其机构结构分析的步骤如下：

(1) 除去虚约束和局部自由度，计算机构的自由度并确定原动件。

(2) 拆杆组。从远离原动件的构件开始拆分，按基本杆组的特征，首先试拆Ⅱ级杆组。必须注意，每拆出一个杆组后，剩下部分仍组成机构，且自由度数与原机构相同，直至全部拆分成杆组最后只剩下Ⅰ级机构。

(3) 确定机构的级别。

如图 2.17 所示，对双滑块曲柄机构进行结构分析时，取构件 2 为原动件，可依次拆出构件 3 与 6 和构件 4 与 5 两个Ⅱ级杆组，最后剩下原动件 2 和机架 1(图 2.17(b))。由于拆出的最高级别杆组为Ⅱ级杆组，故该机构为Ⅱ级机构。

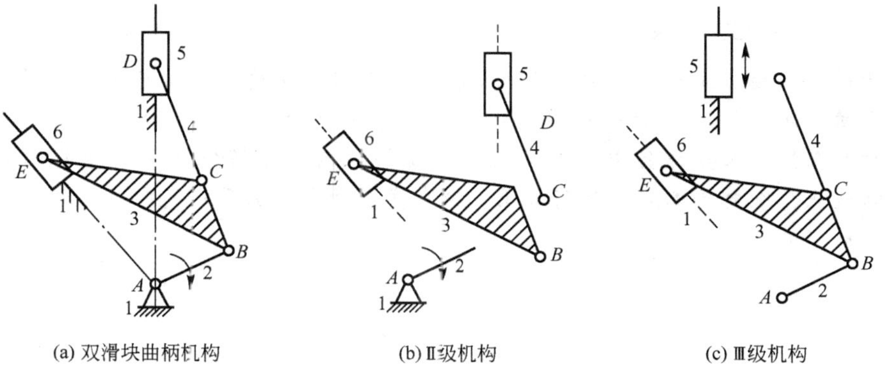

(a) 双滑块曲柄机构　　(b) Ⅱ级机构　　(c) Ⅲ级机构

图 2.17 机构分析

此外，机构中原动件的位置不同，拆除的杆组的顺序及拆出的结果也可能不同。如图 2.17(c)所示，若以构件 5 为原动件时，则只可拆出一个由构件 2、3、4 和 6 组成的Ⅲ

级杆组，最后剩下原动件5，此时机构成为Ⅲ级机构。

对于含有高副的机构进行结构分析，可通过平面高副元素和平面低副元素之间的内在联系，把机构中的高副根据一定的条件用虚拟的低副来等效地代替，将机构转化成只含有低副的等效机构，并利用上述步骤进行分析。

阅读材料

开式运动链在机器人中的应用

随着科学技术的迅速发展，机器人技术趋于成熟，各种类型的机器人应运而生，甚至可以代替人类完成各种高难度的工作，有着广阔的发展前景和价值。从机构学角度来看，人和很多动物的肢体都是开式链系统，机器人是以人或动物为原型设计的仿生机械。

如图2.18所示的契贝谢夫四足机器人，可实现不平地面及复杂地面上的行走，在抢险救灾及探险等方面有应用前景。其执行机构的主要组成部分为四组相同的连杆机构*ABCDE*，是利用连杆曲线特性，当一对角足运动处在曲线的直线段时则着地静止不动，而另一对角足则处在曲线段作迈足运动，从而可实现类似动物的足行运动。行走中，*AB*杆为曲柄，*CD*杆为摇杆，*AD*为机架，*CDE*为一个开式运动链。图2.19所示为一个机器马，其行走机构为四组四杆机构，均为开式链在实际中的典型应用。

图2.18 契贝谢夫四足机器人

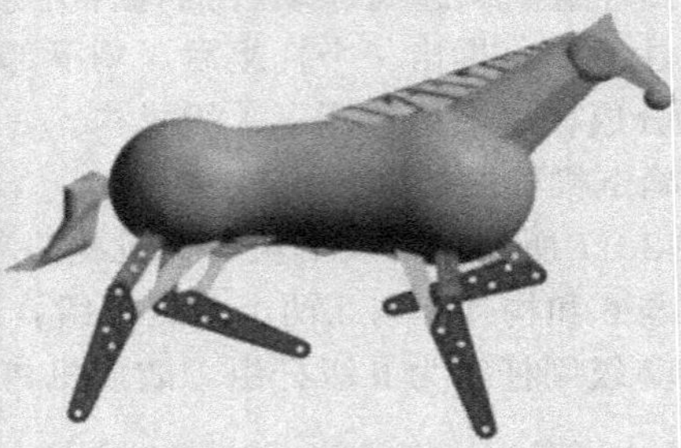

图2.19 机器马

由开式运动链组成的机构称为开式链机构，其末端构建的运动与闭式运动链中任何构件的运动相比，更为灵活和复杂多样，运动分析更为复杂，每个关节都需要有驱动源。由于其在机器人操作器中的广泛应用，使得机器人能够完成更为多样的高难度动作，在制造业、微电子工业、制药工业、深水资源开发、卫星空间回收及外星空间活动中不可或缺。

习　题

2-1 填空题

(1) 机构中的相对静止构件称为________，机构中按给定运动规律运动的构件称为________。

（2）两构件通过______或______接触组成的运动副称为高副，通过____接触组成的运动副称为低副。

（3）在平面机构中，若有一个高副就引入____个约束，若有一个低副就引入____个约束。

（4）机构的自由度为2，则机构需______原动件，机构才具有确定的运动。

（5）机构具有确定运动的条件是其自由度数____________。

（6）运动副是指能使两构件之间既能保持________接触，而又能产生一定形式的相对运动的________。

2－2　选择题

（1）一个低副引入的约束数为______。

A. 1个　　B. 2个　　C. 3个　　D. 4个

（2）高副是指两构件之间是______。

A. 移动副接触　　B. 转动副接触　　C. 面接触　　D. 点、线接触

（3）构件是组成机器的__________。

A. 制造单元　　B. 基本运动单元

C. 原动件　　D. 从动件

（4）用简单的线条和规定的符号代表构件和运动副所绘制的机构简图称为______。

A. 机构运动简图　　B. 机构示意图

C. 运动线图

（5）当机构的自由度 $F>0$，且______原动件数时，则该机构具有确定的相对运动。

A. 小于　　B. 等于　　C. 大于　　D. 大于或等于

（6）计算机构自由度时，若计入虚约束，则计算所得结果与机构的实际自由度数目相比______。

A. 增多了　　B. 减少了

C. 相等　　D. 可能增多也可能减少

（7）由 m 个构件所构成的复合铰链包含的转动副个数为______。

A. $m-1$　　B. $m+1$　　C. m　　D. 1

2－3　绘图及计算题

（1）试绘制图2.20所示冲床和颚式破碎机的机构运动简图。

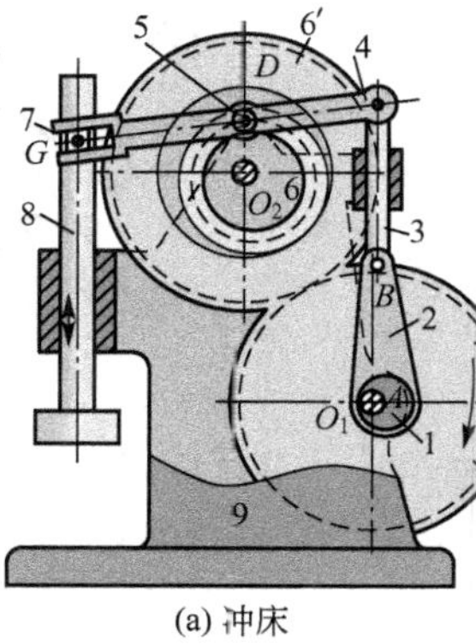

(a) 冲床

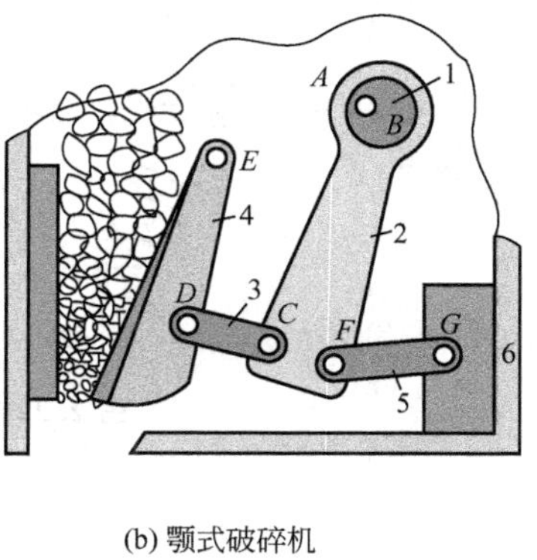

(b) 颚式破碎机

图2.20　题2－3(1)图

(2) 试计算图 2.21 所示各机构的自由度，并判断机构是否有确定运动，如有复合铰链、局部自由度、虚约束明确指出(图中绘有箭头的构件为主动件)。

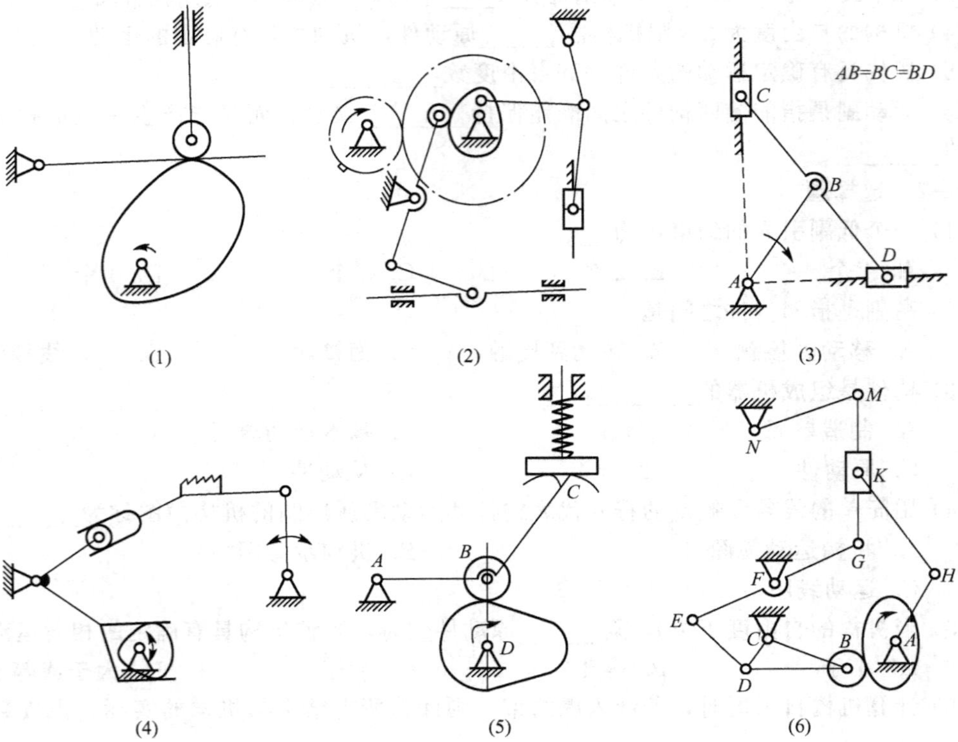

图 2.21　题 2-3(2)图

(3) 计算图 2.22 所示机构的自由度，并进行杆组拆分，指出机构的级别。

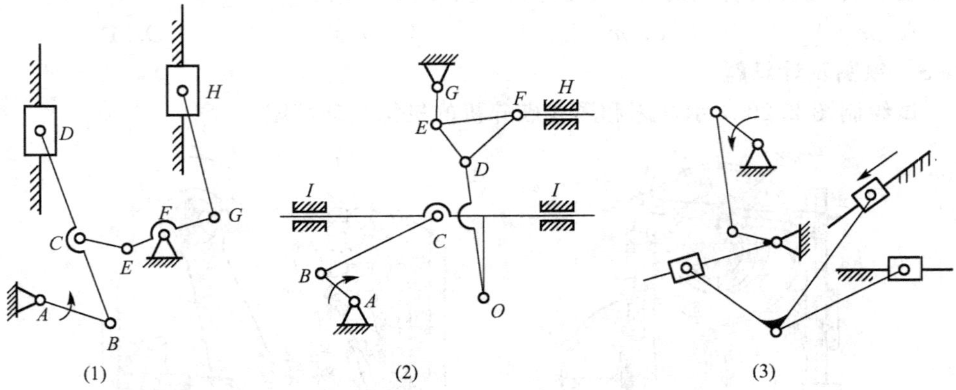

图 2.22　题 2-3(3)图

第3章 平面连杆机构及其设计

教学提纲

本章主要介绍速度瞬心及其在机构速度分析中的应用；平面四杆机构的基本形式、应用及其演化；平面四杆机构的基本工作特性；平面四杆机构的图解法及解析法设计。

教学目标

1. 掌握平面四杆机构的基本形式及其演化。
2. 掌握平面四杆机构的一些基本工作特性：曲柄存在条件、急回特性、压力角与传动角、机构的死点位置。
3. 掌握图解法设计平面四杆机构。
4. 能够利用速度瞬心法对简单平面机构进行速度分析。

3.1 概　　述

连杆机构是用低副联接若干构件而成的，故连杆机构又称为低副机构。连杆机构中各构件间的相对运动为平面运动时，称为平面连杆机构；为空间运动时则称为空间连杆机构。平面连杆机构广泛应用于各种机器、仪表及操纵控制设备中。本章主要介绍平面连杆机构。

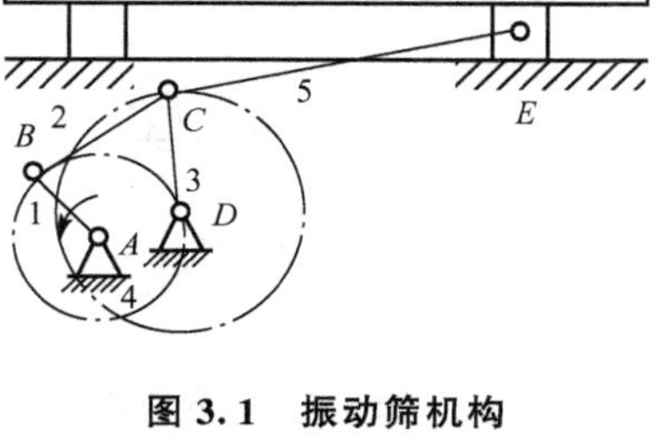

图 3.1　振动筛机构

图 3.1 所示为振动筛机构，它将原动件 1 的回转运动转变为筛子 6 的水平变速运动。

图 3.2 所示为雷达天线调整机构。当主动曲柄 1 回转时，从动摇杆 3 做往复摆动，使固定于其上的雷

达天线做俯仰运动，以进行搜索。

图 3.3 所示为电风扇摆动机构。该机构可将连杆 AB 相对于连架杆 AD 的转动转换为连架杆的往复摆动，实现风扇的摇头动作。

图 3.4 所示为牛头刨床主运动机构。该机构将曲柄 2 的连续转动变换成导杆 4 的摆动，并将运动传递给滑枕 5，实现往复移动。

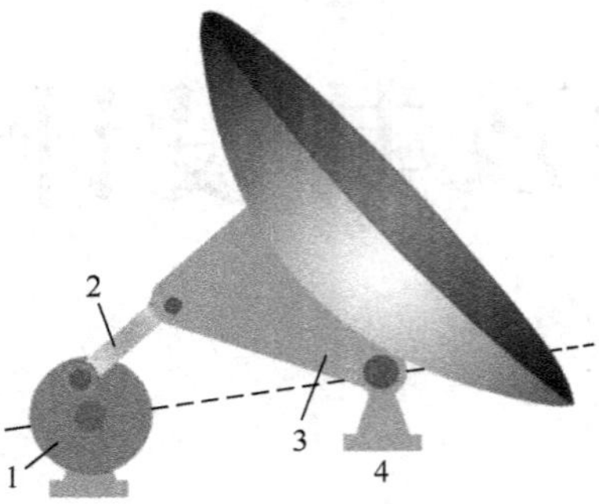

图 3.2 雷达天线调整机构

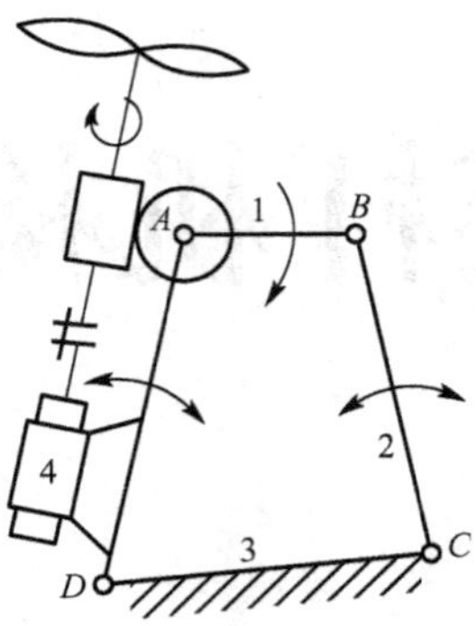

图 3.3 电风扇摆动机构

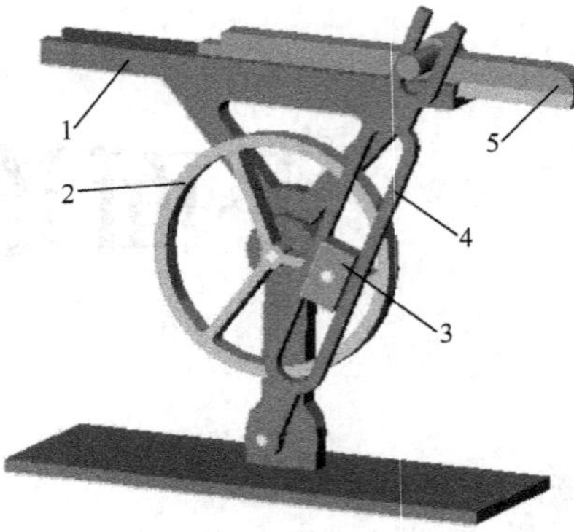

图 3.4 牛头刨床机构

平面连杆机构中构件的基本形状是杆状，故将构件称为杆。含有四个构件的机构称为平面四杆机构，含有六个构件的机构称为平面六杆机构等。平面四杆机构的组成构件最少，结构最简单，且是构成多杆机构的基础，因此在机械中应用特别广泛。本章将重点讨论平面四杆机构的应用、基本类型、特性及其设计方法等方面的内容。

平面连杆机构一般具有以下特点：

(1) 连杆机构各构件间以低副相连。低副元素为面接触，在承受同样载荷的情况下压强低，因而可用来传递比较大的动力，又由于低副元素的几何形状比较简单(如平面、圆柱面)，因此容易加工。

(2) 构件运动形式具有多样性。连杆机构中既有绕定轴转动的曲柄、绕定轴往复摆动的摇杆，又有做平面运动的连杆、做往复直线运动的滑块等。利用连杆机构可以获得各种形式的运动，这在工程实际中具有重要的应用价值。

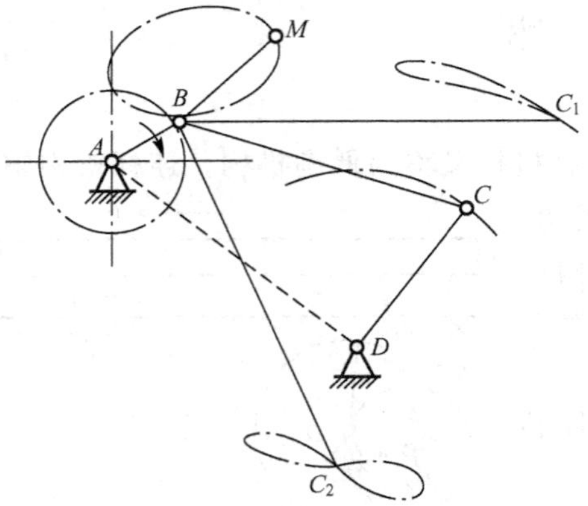

图 3.5 连杆曲线

(3) 在主动件运动规律不变的情况下，只要改变连杆机构各构件的相对尺寸，就可以使从动件实现不同的运动规律和运动要求。

(4) 连杆曲线具有多样性。连杆机构中的连杆可以看作在所有方向上无限扩展的一个平面，该平面称为连杆平面。在机构的运动过程中，固结在连杆平面上的各点将描绘出不同形状的曲线，这些曲线称为连杆曲线，如图 3.5 所示。连杆上的位置不同，曲线形状也不同；改变构件的相对尺寸，曲线形状也随之变化。这些千变万化、丰富多彩的连杆曲线可用来满足不同的轨迹设计要求，在机械工程中得到了广泛的应用。

(5) 由于组成平面连杆机构的构件多，设计中待定尺寸参数多，若已知条件较多时，一般难于求出精确的设计结果。运动副磨损后运动副间隙难以补偿。连杆机构的连杆做平面复合运动，其惯性力(矩)不易平衡，所以平面连杆机构只适用于运动要求不太严格的场合。

3.2 速度瞬心及其在机构速度分析中的应用

速度分析是机构运动分析的重要内容，是加速度分析及确定机器动能和功率的基础，通过速度分析还可了解从动件速度的变化能否满足工作要求。例如，要求刨床刨刀在切削行程中接近于等速运动，以保证加工表面质量和延长刀具寿命；而刨刀的空回行程则要求快速退回，以提高生产率。为了解所设计的刨床是否满足这些要求，就需要对它进行速度分析。运动分析的方法可以分为图解法和解析法两种。图解法又可分为速度瞬心法和矢量方程图解法等。对简单平面机构(如四杆机构、齿轮机构等)，构件数目较少时对其运动构件进行速度分析，应用速度瞬心法分析往往非常简便清晰。本节仅介绍速度瞬心法的基本知识及其应用。

3.2.1 速度瞬心及机构中瞬心的数目

1. 速度瞬心

当两构件(即两刚体)作平面相对运动时(图 3.6)，在任一瞬时，都可以认为它们是绕某一重合点作相对转动，而该重合点则称为瞬时速度中心，简称瞬心。

显然，两构件在其瞬心处没有相对速度，所以瞬心是指互相作平面相对运动的两构件在任一瞬时，其相对速度为零的重合点，或者是作平面相对运动的两构件在任一瞬时，其速度相等的重合点(即等速重合点)。若该点的绝对速度为零，则为绝对瞬心；若不等于零则为相对瞬心。用符号 P_{ij} 表示构件 i 和 j 的瞬心。

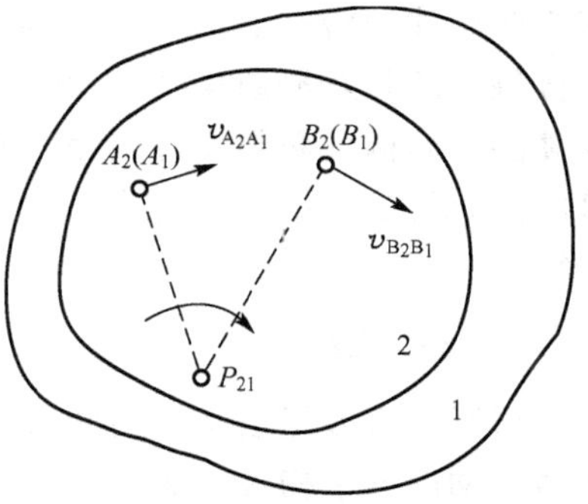

图 3.6 刚体运动速度瞬心

2. 机构中瞬心的数目

由于任何两个构件之间都存在一个瞬心，根据排列组合原理，由 n 个构件(包括机架)组成的机构，其总的瞬心数 N 应为

$$N=\frac{n(n-1)}{2} \tag{3-1}$$

3.2.2 机构中瞬心位置的确定及应用

如上所述，机构中每两个构件之间就有一个瞬心，如果两个构件是通过运动副直接联接在一起的，那么其瞬心位置可以很容易地通过直接观察加以确定；如两构件并非直接联接形成运动副，则它们的瞬心位置需要用“三心定理”来确定。

1. 通过运动副直接相联接的两构件的瞬心

(1) 以转动副联接的两构件的瞬心。当两构件 1、2 以转动副联接时，转动副中心即为其瞬心 P_{12}。图 3.7(a)、(b)中的 P_{12} 分别为绝对瞬心和相对瞬心。

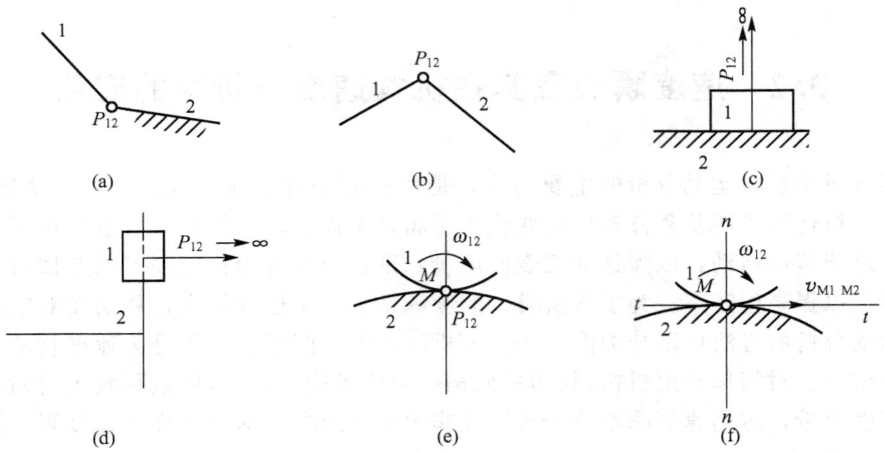

图 3.7　两构件的瞬心

(2) 以移动副联接的两构件的瞬心。当两构件以移动副联接时，构件 1 相对构件 2 移动的速度平行于导路方向，因此瞬心 P_{12} 应位于移动副导路方向的垂线上无穷远处。图 3.7(c)、(d)中的 P_{12} 分别为绝对瞬心和相对瞬心。

(3) 以平面高副联接的两构件的瞬心。如图 3.7(e)、(f)所示，当两构件以平面高副联接时，如果高副两元素之间为纯滚动(ω_{12} 为相对滚动的角速度)，则两元素的接触点 M 即为两构件的瞬心 P_{12}；如果高副两元素之间既做相对滚动，又有相对滑动($v_{M_1M_2}$ 为两元素接触点的相对滑动速度)，则不能直接定出两构件的瞬心 P_{12} 的具体位置。但是，因为构成高副的两构件必须保持接触，而且两构件在接触点 M 处的相对移动速度必定沿着高副接触点处的公切线 $t-t$ 方向，由此可知，两构件的瞬心 P_{12} 必位于高副元素在接触处的公法线 $n-n$ 上。

2. 三心定理

对于不直接组成运动副的两构件的瞬心，可应用三心定理来求。所谓三心定理就是做平面运动的三个构件组成的三个瞬心，必位于同一直线上。现证明如下：

如图 3.8 所示，设构件 1、2、3 彼此作平面运动，根据式(3-1)，它们共有三个瞬心，即 P_{12}、P_{13}、P_{23}。其中 P_{12}、P_{13} 分别位于构件 2 与构件 1 及构件 3 与构件 1 所构成的转动副的中心处，故可直接求出。现证明 P_{23} 必定位于 P_{12} 和 P_{13} 的连线上。

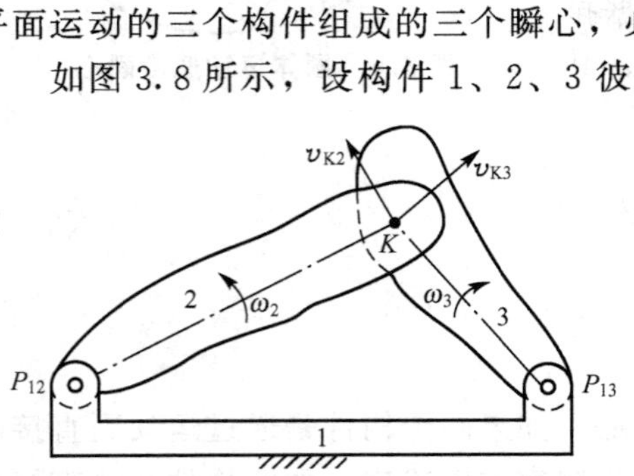

图 3.8　三心定理

为方便起见，假定构件 1 是固定不动的。因瞬心为两构件上绝对速度(大小和方向)相等的重合点，如果 P_{23} 不在 P_{12} 和 P_{13} 的连线上，而在图示的点 K，则其绝对速度 v_{K2} 和 v_{K3} 在方向上就不可能相同。显然，只有当 P_{23} 位于 P_{12} 和 P_{13} 的连线上时，构件 2 和 3 重合点绝对速度的方向才能一致，故知 P_{23} 必定位于 P_{12} 和 P_{13} 的连线上。

利用瞬心法进行速度分析，可求出两构件的角速度比、构件的角速度及构件上某点的线速度。

[例 3-1] 在图 3.9 所示的平面四杆机构中，已知：各构件的尺寸，主动件 2 以角速度 ω_2 等速回转，求从动件 4 的角速度 ω_4、ω_3/ω_4 及点 C 速度的大小 v_c。

解：由式(3-1)求出瞬心的个数 $N=(4\times3)/2=6$。其中，P_{12}、P_{14}、P_{23} 及 P_{34} 可直接在图中标出。利用三心定理，P_{24} 应在 P_{12}、P_{14} 的连线上，同时也应在 P_{23} 及 P_{34} 的连线上，两线交点即为 P_{24}；同理可找出 P_{13}。

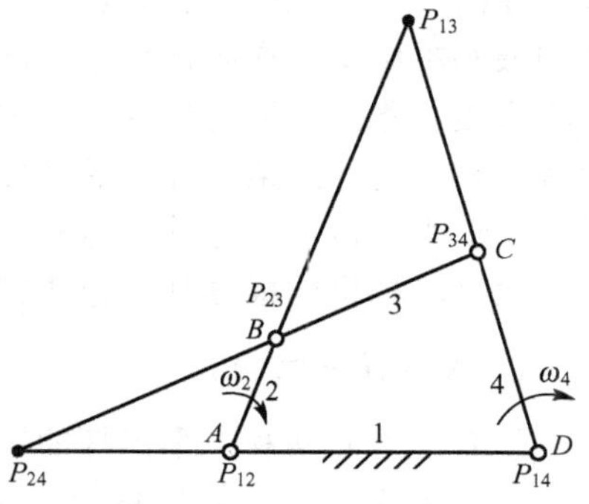

图 3.9 平面四杆机构

因为 P_{24} 为构件 2 和构件 4 的等速重合点，故得

$$\omega_2\overline{p_{12}p_{24}}\mu_L=\omega_4\overline{P_{14}P_{24}}\mu_L$$

式中 μ_L——机构的尺寸比例尺，它是构件的真实长度与图示长度之比(m/mm)。

由上式可得

$$\frac{\omega_2}{\omega_4}=\overline{P_{14}P_{24}}/\overline{P_{12}P_{24}} \quad 故 \quad \omega_4=\omega_2\frac{\overline{P_{12}P_{24}}}{\overline{P_{14}P_{24}}}$$

式中 ω_2/ω_4——该机构的主动件 2 与从动件 4 的瞬时角速度之比，即机构的传动比。

传动比等于两构件的绝对瞬心(P_{12}，P_{14})至相对瞬心(P_{24})的距离的反比，此关系可以推广到平面机构中任意两构件 i 与 j 的角速度之间的关系中，即

$$\frac{\omega_i}{\omega_j}=\overline{P_{1j}P_{ij}}/\overline{P_{1i}P_{ij}} \tag{3-2}$$

式中 ω_i，ω_j——构件 i 与构件 j 的瞬时角速度；

P_{1i}，P_{1j}—构件 i 与构件 j 的绝对瞬心；

P_{ij}——两构件的相对瞬心。

因此，在已知 P_{1i}、P_{1j} 及构件 i 的角速度 ω_i 的条件下，只要定出 P_{ij} 的位置，便可求得构件 j 的角速度 ω_j，由此可得

$$\frac{\omega_3}{\omega_4}=\frac{\overline{P_{14}P_{34}}}{\overline{P_{13}P_{34}}}$$

点 C 的速度即为瞬心 P_{34} 的速度，则有

$$v_c=\omega_3\overline{P_{13}P_{34}}\mu_L=\omega_4\overline{P_{14}P_{34}}\mu_L=\omega_2\frac{\overline{P_{12}P_{24}}}{\overline{P_{14}P_{24}}}\overline{P_{14}P_{34}}\mu_L$$

由例题可见，利用速度瞬心法对平面四杆机构进行速度分析较方便。但对于瞬心数目多的多杆机构的速度分析，就显得很烦琐，且因图解法精确度较低，作图时常有某些瞬心落在图纸之外，因此具有很大的局限性。

另外，速度瞬心法除对平面四杆机构进行速度分析较方便外，对平面高副机构的运动分析也很适用。

3.3 平面四杆机构的基本形式及其演化

3.3.1 平面四杆机构的基本形式及应用

如图 3.10 所示，全部运动副均为转动副的四杆机构称为铰链四杆机构，它是四杆机构的最基本型式。在此机构中，固定不动的杆件 4 为机架，杆 1、杆 3 分别与机架以转动副相联接，称它们为连架杆，其中能做整周回转运动的连架杆称为曲柄，只能在一定范围内做往复运动的连架杆称为摇杆(或摆杆)；机架对面的杆 2 与两个连架杆相联接，以实现运动和动力的传递，称其为连杆，连杆做平面运动。

铰链四杆机构根据其两连架杆的不同运动情况，又可分为以下三种类型。

1. 曲柄摇杆机构

具有一个曲柄和一个摇杆的铰链四杆机构称为曲柄摇杆机构。

曲柄摇杆机构一般以曲柄为主动件，做等速转动，摇杆为从动件做往复摆动，如图 3.2 所示的雷达天线俯仰角调整机构。也有以摇杆为主动件，曲柄为从动件的情况，如图 3.11 所示的缝纫机踏板机构。

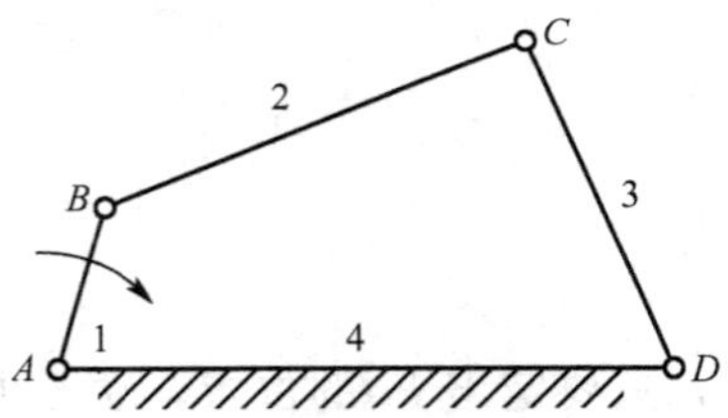

图 3.10　铰链四杆机构

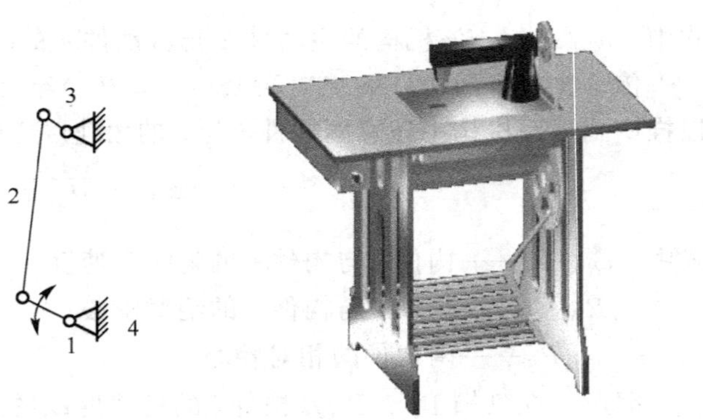

图 3.11　缝纫机踏板机构

2. 双曲柄机构

具有两个曲柄的铰链四杆机构称为双曲柄机构。在双曲柄机构中，通常主动曲柄做等速转动，从动曲柄做变速转动。

图 3.1 所示的振动筛中的四杆机构 $ABCD$ 为一双曲柄机构，当主动曲柄 1 等速转动，从动曲柄 3 做变速转动时，通过杆 5 带动滑块 6 上的筛子，使其具有所需的加速度，从而使筛子中颗粒物料因惯性作用而达到筛分的目的。

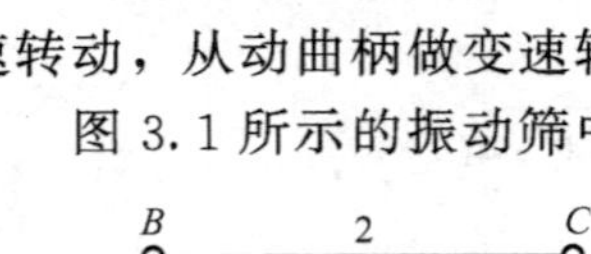

图 3.12　平行四边形机构

在双曲柄机构中，若连杆与机架的长度相等，且两曲柄的转向相同、长度也相等时则称为平行四边形机构，如图 3.12 所示。由于这种机构两曲柄的角速度始终保持相等且连杆始终做平动，故应用较广，如图 3.13 所示的机车车轮联动机构和健身器材机构。又如图 3.14 所示的摄影车升降机构，其升降高度的变化采用两组平行四边形机构来实现，且利用连杆 7 始终做平动这一特点，可使与连杆固连一体的座椅始终保持水平位置，以保证摄影人员安全可靠地摄影。

(a) 机车车轮联动机构

(b) 健身器材

图 3.13 平行四边形机构应用

对于两个曲柄转向相反的情况，即连杆与机架的长度相等，两个曲柄长度相等组成转向相反的双曲柄机构，则称为逆平行四边形机构，如图 3.15 所示，车门启闭机构为其应用实例，如图 3.16 所示。当主动曲柄 AB 转动时，从动曲柄 CD 做相反方向转动，从而使两扇车门同时开启或同时关闭。

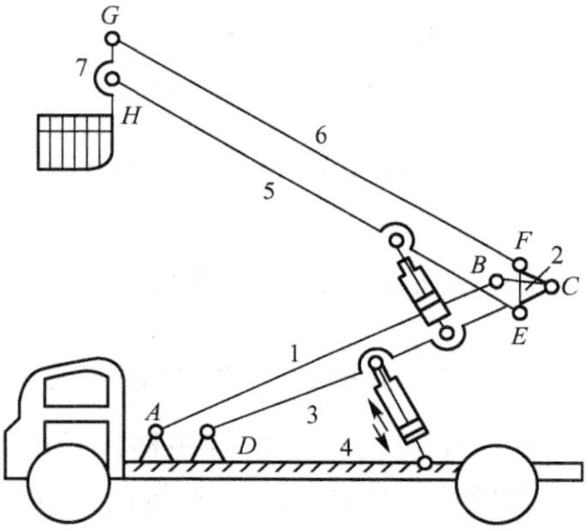

图 3.14 摄影车升降机构

3. 双摇杆机构

具有两个摇杆的铰链四杆机构称为双摇杆机构，它常用于操纵机构、仪表机构等。

图 3.17 所示为铸造用大型造型机的翻箱机构，摇杆 AB、CD 以不同角速度摆动时，使得连杆 BC 上的沙箱完成 180°翻转。

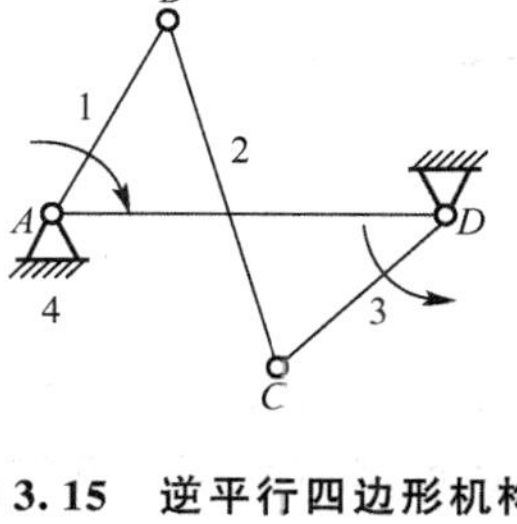

图 3.15 逆平行四边形机构

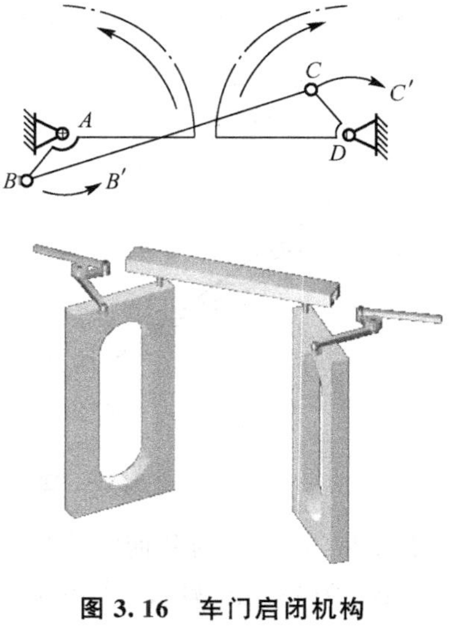

图 3.16 车门启闭机构

在双摇杆机构中，若两摇杆长度相等，则称为等腰梯形机构。如图 3.18 所示的汽车、拖拉机前轮转向机构，当汽车或拖拉机转弯时，为了保证轮胎与地面之间为纯滚动，以减轻轮胎磨损，希望两前轮转动轴线与后轮转动轴线交于一点 P(P 为瞬时回转中心)。为达到这一要求，显然在右转弯时右前轮摆角 α 应大于左前轮摆角 β，采用等腰梯形机构操纵前轮转向，即可实现上述要求。

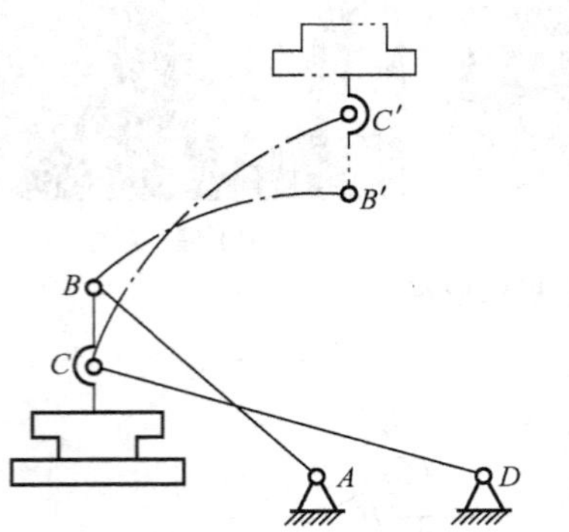

图 3.17　造型机翻箱机构

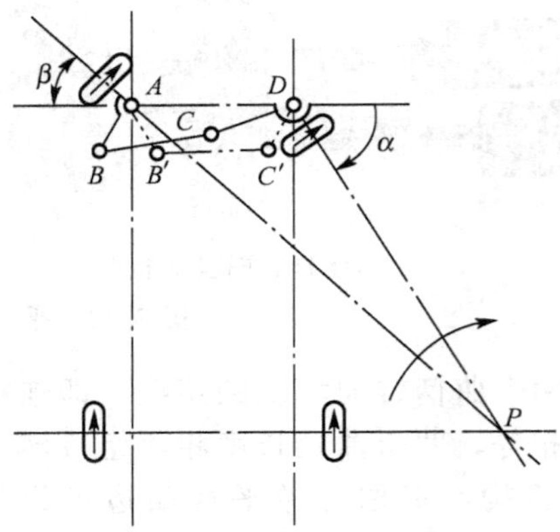

图 3.18　车辆前轮转向机构

3.3.2　平面连杆机构的演化

1. 改变构件尺寸，转动副演变成移动副

在一个机构中，当某些构件长度改变时，从动件的运动就会改变。

如图 3.19(a)所示，若将曲柄摇杆机构中摇杆 3 的长度增至无穷大，则铰链 C 的运动轨迹$\overset{\frown}{mm}$将变成直线，如图 3.19(b)所示，摇杆 3 演化成直线运动的滑块，转动副 D 转化成移动副，曲柄摇杆机构则演化成为如图 3.20 所示的曲柄滑块机构。其中图 3.20(a)所示机构中滑块导路通过曲柄转动中心 A，称为对心曲柄滑块机构；图 3.20(b)所示机构中滑块导路至曲柄回转中心有一偏距 $e(e\neq 0)$，则称为偏置曲柄滑块机构。

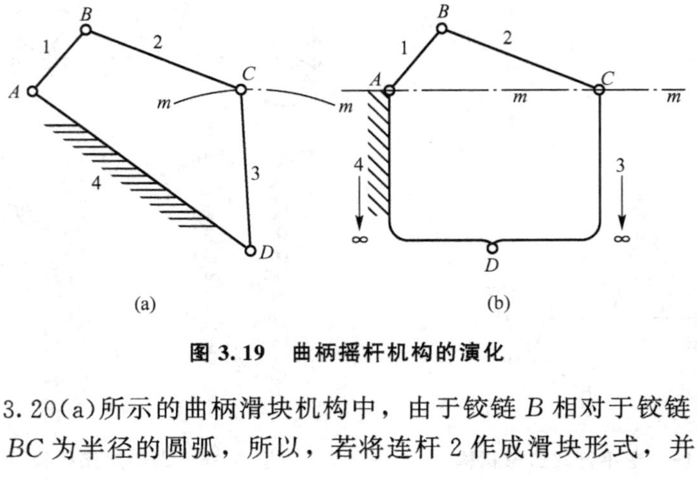

图 3.19　曲柄摇杆机构的演化

此外，在图 3.20(a)所示的曲柄滑块机构中，由于铰链 B 相对于铰链 C 的运动轨迹为以 C 为圆心，以 BC 为半径的圆弧，所以，若将连杆 2 作成滑块形式，并使之沿圆弧导轨

$\widehat{\alpha\alpha}$运动，如图 3.21(a)所示，显然，其运动性质仍未发生改变，所生成的机构称为双滑块机构。若将图 3.21(a)所示的双滑块机构中圆弧导轨$\widehat{\alpha\alpha}$曲率半径增至无穷大，则圆弧导轨$\widehat{\alpha\alpha}$将成为一直线，于是该机构将演化成双滑块机构中的一个特殊机构——正弦机构，如图 3.21(b)所示。在此机构中，从动件 3 的位移 S 与原动件 1 的转角 φ 的正弦成正比，即 $S=l_{AB}\sin\varphi$。

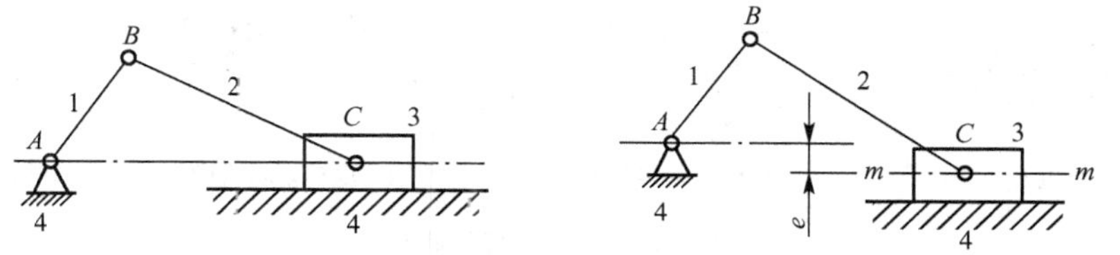

(a) 对心曲柄滑块机构　　(b) 偏置曲柄滑块机构

图 3.20　曲柄滑块机构

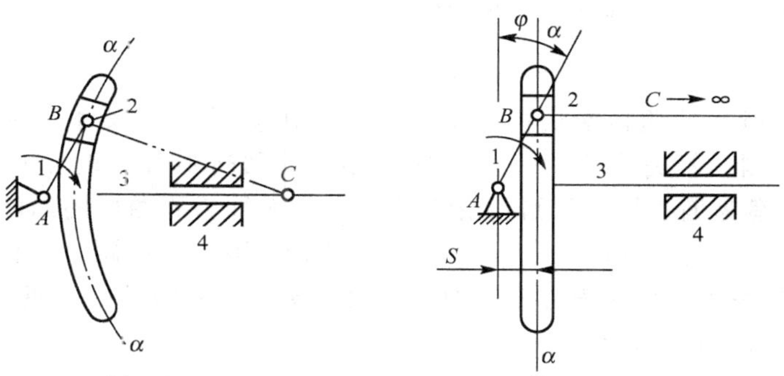

(a)　　(b)

图 3.21　双滑块机构

2. 机架置换

对连杆机构而言，若组成转动副的两构件之间能做整周相对转动，则该转动副称为周转副，而不能做整周相对转动的则称为摆转副。转动副是周转副还是摆转副，只与组成铰链四杆机构的构件尺寸有关，而与哪一个构件为机架无关。图 3.22(a)所示的曲柄摇杆机构，若取 AB 杆为机架，由于 A、B 为周转副，则该机构演变成为图 3.22(b)所示的双曲柄机构；若取 CD 杆为机架，由于 C、D 为摆转副，则该机构演变成为图 3.22(c)所示的双摇杆机构。

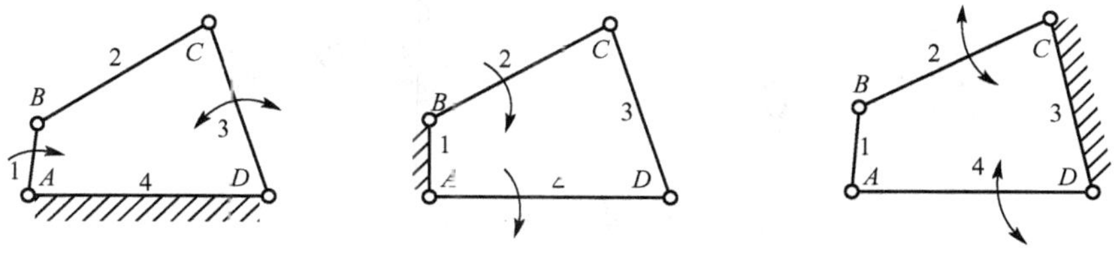

(a) 曲柄摇杆机构　　(b) 双曲柄机构　　(c) 双摇杆机构

图 3.22　四杆机构的三种形式

如图 3.23(a)所示的曲柄滑块机构，*AB* 杆为曲柄，*A*、*B* 两转动副是周转副，*C* 为摆转副。若取 *AB* 为机架，则机构演变成为图 3.23(b)所示的转动导杆机构；若取 *BC* 杆为机架，则机构演变成为图 3.23(c)所示的曲柄摆块机构；若取构件 3(滑块)为机架，则机构演变成为图 3.23(d)所示的移动导杆机构。

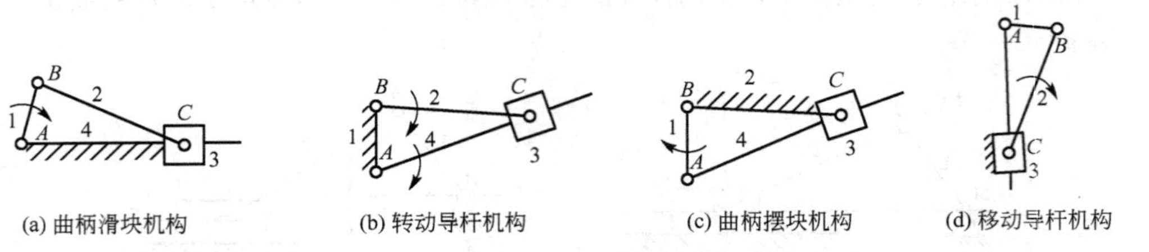

图 3.23　四杆转化机构

可见，对同一个闭式运动链，若取不同的构件为机架，可获得不同的机构。这种利用改变机架而演化的机构称为原机构的倒置机构。机构置换后，机构中各构件的绝对运动随之而改变，但各构件的相对运动仍保持不变。

3. 扩大转动副

如图 3.24(a)所示的曲柄滑块机构中，若增大转动副 *B* 的尺寸，使其半径大于曲柄 *AB* 的长度尺寸，则曲柄将变成为一个几何中心与其回转中心不重合的圆盘，如图 3.24(b)所示，称此圆盘为偏心轮。此偏心轮的回转中心 *A* 即为原曲柄的回转中心，而其几何中心 *B* 则为铰链 *B* 的几何中心。*A*、*B* 两中心的距离 e 称为偏心距，此偏心距实际上就是原曲柄的长度，这种机构称为偏心轮机构。显然，演化生成的偏心轮机构与图 3.24(a)所示的原曲柄滑块机构的运动特性相同。

同理，曲柄摇杆机构也可演化生成偏心轮机构，如图 3.24(c)、(d)所示。

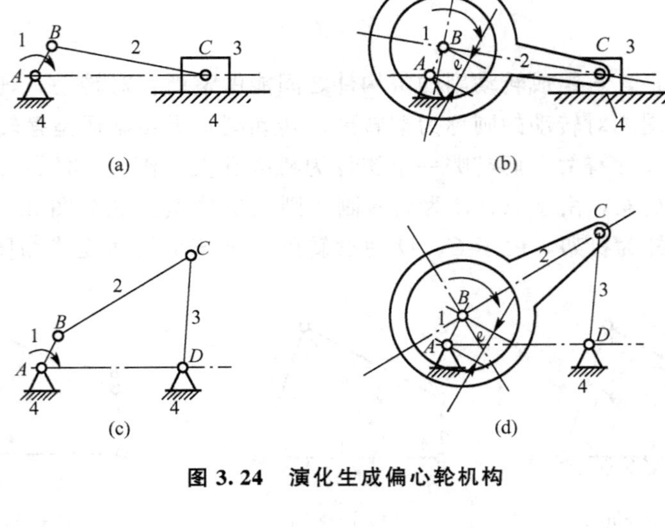

图 3.24　演化生成偏心轮机构

3.3.3 铰链四杆机构曲柄存在的条件

平面连杆机构中，是否存在曲柄，取决于机构中各构件间的相对尺寸关系和机架的选择，下面对常用机构进行分析。

图 3.25 所示为铰链四杆机构，图中各杆长度分别为 a、b、c、d。杆 1 为曲柄，杆 4 为机架。当曲柄转动一周时，曲柄与连杆出现两次共线，其相应机构位置分别为 AB_1C_1D 和 AB_2C_2D，根据三角形的边长关系能得出机构各杆长度之间的关系。

在$\triangle AC_1D$ 中，　　$(b-a)+d\geqslant c$ 及 $(b-a)+c\geqslant d$

即
$$\left.\begin{aligned}c+a\leqslant b+d\\d+a\leqslant b+c\end{aligned}\right\}\tag{3-3}$$

在$\triangle AC_2D$ 中，有　　$$b+a\leqslant c+d\tag{3-4}$$

根据式(3-3)、式(3-4)化简得

$$\left.\begin{aligned}a\leqslant b\\a\leqslant c\\a\leqslant d\end{aligned}\right\}\tag{3-5}$$

因此，可以得出曲柄摇杆机构中各杆长度应满足的条件：

(1) 曲柄为最短杆。

(2) 最短杆与最长杆长度之和小于或等于其余两杆长度之和。此条件又称为杆长和条件。

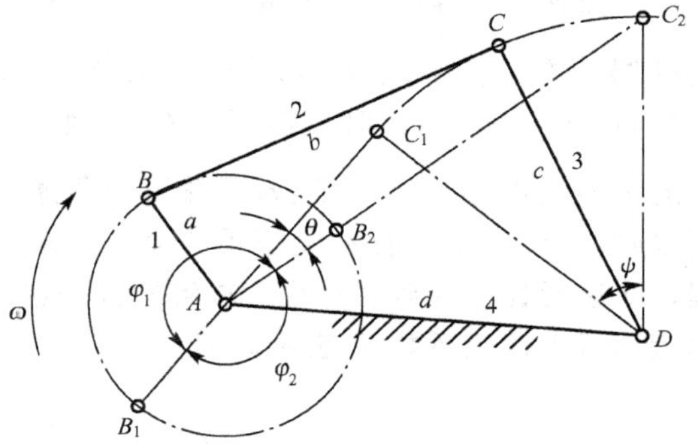

图 3.25 曲柄存在条件

满足杆长和条件的铰链四杆机构：

(1) 当最短杆为连架杆时，最短杆即为曲柄，另一连架杆为摇杆，得曲柄摇杆机构；

(2) 当最短杆为机架时，两固定铰链均为周转副，两连架杆均为曲柄，得双曲柄机构；

(3) 当最短杆为连杆时，两固定铰链均为摆动副，即两连架杆均为摇杆，得双摇杆机构。

当最短杆长度与最长杆长度之和大于其他两杆长度之和时，无论取何构件为机架都不会有曲柄存在，只能构成双摇杆机构。

如图 3.26(a)所示的曲柄滑块机构，若 AB 为曲柄，曲柄滑块机构的曲柄存在条件是：$a+e\leqslant b$。当 $a+e>b$ 时，则为摇杆滑块机构，如图 3.26(b)所示；当 $e=0$ 时得对心滑块机构，存在曲柄的条件即 $b\geqslant a$。

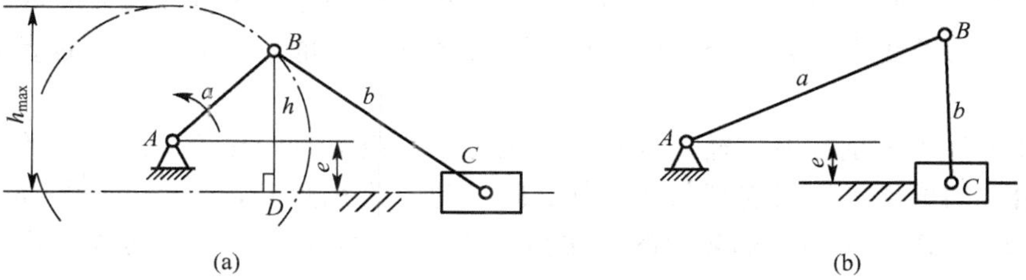

图 3.26 曲柄滑块与摇杆滑块机构杆长条件

3.4 平面四杆机构的基本工作特性

3.4.1 急回特性

如图 3.25 所示的曲柄摇杆机构中，曲柄 AB 在转动一周的过程中，有两次与连杆 BC 共线，即在曲柄处于 AB_1 和 AB_2 位置时，铰链中心 A 至 C 点的距离 AC_1 和 AC_2 为最短和最长，并使摇杆分别处于极限位置 C_1D 和 C_2D。摇杆在两极限位置之间做往复摆动的角 ψ 称为工作摆角。曲柄在两相应位置 AB_1 和 AB_2 之间所夹的锐角 θ 称为极位夹角。

当曲柄 AB 等速顺时针由位置 AB_1 转动角度 $\varphi_1(\varphi_1=180°+\theta)$ 至 AB_2 时，摇杆 CD 由 C_1D 摆过角度 ψ 至 C_2D，对应的时间为 t_1，则 C 点的平均速度 $v_1=\overset{\frown}{C_1C_2}/t_1$；当曲柄继续转过 $\varphi_2(\varphi_2=180°-\theta)$ 时，摇杆自 C_2D 摆回到 C_1D，摆角仍为 ψ，对应的时间为 t_2，而 C 点的平均速度为 $\nu_2=\overset{\frown}{C_1C_2}/t_2$。由于等角速度转动的曲柄所对应的转角不等，即 $\varphi_1>\varphi_2$，所以必然有 $t_1>t_2$。而往复摆动的摇杆摆角相同，则 $v_2>v_1$。一般用慢速行程作为工作行程，快速行程作为返回行程，输出构件的这种快速返回的运动特性称为急回特性。急回的程度用行程速比系数 K 表示，即

$$K=\frac{v_2}{v_1}=\frac{\overset{\frown}{C_1C_2}/t_2}{\overset{\frown}{C_1C_2}/t_1}=\frac{t_1}{t_2}=\frac{\varphi_1}{\varphi_2}=\frac{180°+\theta}{180°-\theta} \tag{3-6}$$

式(3-6)表明，曲柄摇杆机构是否存在急回特性，取决于它是否存在极位夹角 θ，角 θ 越大，K 值越大，急回特性越明显，但从动件加速度越大，惯性力越大，机构振动稳定性差。一般机械 $K\leqslant 2$。当 $\theta=0$ 时，$K=1$，则 $v_1=v_2$，机构无急回特性。

偏置曲柄滑块机构和摆动导杆机构均有急回特性。

3.4.2 压力角和传动角

图 3.27 所示的曲柄摇杆机构中，曲柄 AB 为原动件，若不计各构件的重力、惯性力和运动副中的摩擦力，则连杆 BC 为二力杆。通过连杆作用于从动摇杆上的力 F 的作用线是沿着 BC 方向，此力 F 的作用线与力的作用点的速度 v_c 方向之间所夹锐角 α 称为压力角。F 力在 v_c 方向上的分力 $F_t=F\cos\alpha$，是推动摇杆 CD 绕点 D 转动的有效分力；而 F 力沿从动摇杆 CD 方向上的分力 $F_r=F\sin\alpha$，它只能增加铰链中的约束反力，因此是有害分力。显然，压力角越大，有效分力就越小，而有害分力就越大，机构传动越费劲，效率就越低。

在设计中为了度量方便，连杆机构常用压力角的余角即传动角 γ 来衡量传力性能的好坏。传动角 γ 的取值为：当连杆与从动件之间夹角 δ 为锐角时，$\gamma=\delta=90°-\alpha$；当 δ 为钝角时，$\gamma=180°-\delta$，δ 角随曲柄转角的变化而变化。同理，α 越小，γ 越大，机构的传力性能越好。

为了保证机构具有良好的传动性能，规定最小传动角的下限 $[\gamma]$，设计时通常应使

$\gamma_{min} \geqslant [\gamma]$。对于一般机械，取$[\gamma]=40°$；对于传递力矩较大的重载机械，如颚式破碎机、冲床、剪床等取$[\gamma]=50°$。对于最小传动角γ_{min}所在位置，通过计算或由机构运动简图可以直观地判定。对于曲柄摇杆机构，如图3.27所示，最小传动角γ_{min}出现在机构处于曲柄AB与机架AD两次共线之一的位置，不是$\angle B_2C_2D$最小，就是$\angle B_1C_1D$的补角最小。图3.28所示的偏置曲柄滑块机构，当曲柄为原动件时，机构的最小传动角γ_{min}出现在图中虚线$AB'C'$位置。

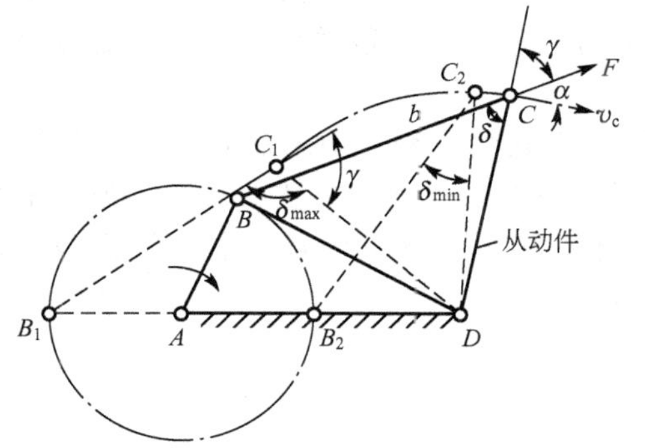

图3.27 曲柄摇杆机构中压力角与传动角

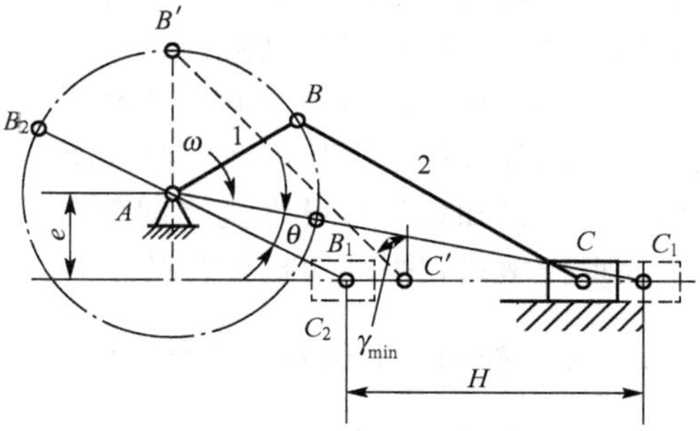

图3.28 曲柄滑块机构中最小传动角

3.4.3 机构的死点位置

对于图3.25所示的曲柄摇杆机构，如以摇杆3为原动件，而曲柄1为从动件，则当摇杆摆到极限位置C_1D和C_2D时，连杆2与曲柄1共线。若不计各杆的质量，则这时连杆加给曲柄的力将通过铰链中心A，此力对A点不产生力矩，因此不能使曲柄转动。机构的这种位置称为死点位置。死点位置会使机构的从动件出现卡死或运动不确定现象。为了消除死点位置的不良影响，可以对从动曲柄施加外力，或利用飞轮及构件自身的惯性作用，使机构通过死点位置。

如图3.11所示的缝纫机踏板机构，在实际使用中，缝纫机有时会出现踏不动或倒车现象，这就是由于机构处于死点位置引起的。在正常运转时，借助安装在机头主轴上的飞轮(带轮)的惯性作用，可以使缝纫机踏板机构的曲柄冲过死点位置。机构具有死点位置对传动是有害的，应设法避免。

机构静止于死点位置时，若不改变原动件，机构具有保持原位置永远不变的特性。机构的这一特性常被用来实现一定的工作要求。图3.29所示为机床夹具的夹紧机构。图示位置为夹紧状态，机构$ABCD$处于死点位置，工件反力F_Q不能使机构运动，故工件不会松脱。当需要放开时，在连杆BC的手柄上加一反力F_P即可。

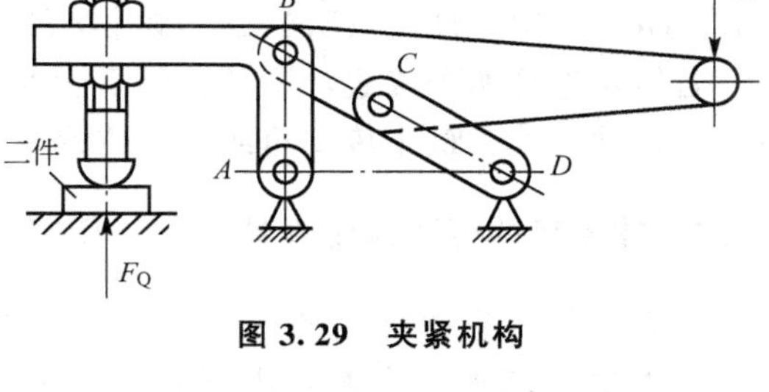

图3.29 夹紧机构

具有死点位置的机构，多数在改变原动件时，机构死点位置随之消失，所以机构是否具有死点位置一般取决于原动件的选择。

3.5 平面四杆机构的设计

平面四杆机构设计，主要是根据给定的运动条件，确定机构简图尺寸参数。有时为了使机构设计的可靠、合理，还要考虑几何条件和动力条件等。一般来讲，连杆机构的设计常常遇到两类问题：一是按给定运动规律设计四杆机构，给定的运动规律一般是指主动件与输出构件之间的运动关系或对应位置关系、行程和行程速比系数的要求等；二是按照给定点的运动轨迹设计四杆机构。

平面四杆机构的设计方法有图解法、解析法和实验法三种。图解法直观，实验法简便，但这两种方法精度都不高。随着计算机的普及，解析法是设计方法的方向。但图解法求解过程中已知条件与设计量之间清晰的几何关系，将为计算机求解建立数学模型时采用。因此图解法在平面四杆机构设计中仍起着重要作用。

3.5.1 按连杆的给定位置设计平面四杆机构

按给定连杆位置设计四杆机构的实质在于确定连架杆与机架组成的转动副中心的位置。

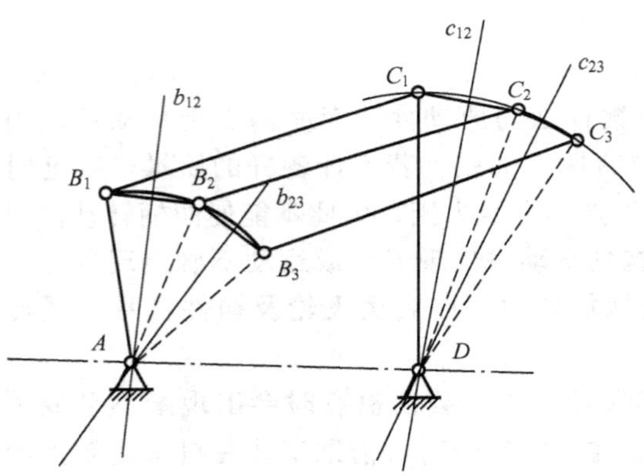

图 3.30 按连杆的给定位置设计平面四杆机构

如图 3.30 所示，已知连杆长度 BC 及连杆的三个给定位置 B_1C_1、B_2C_2、B_3C_3，设计四杆机构。

由于连杆 BC 上的两个活动铰链中心 B 及 C 的位置已被确定，只需确定它的两个固定铰链中心 A 及 D 的位置。由于四杆机构的铰链中心 B 和 C 的运动轨迹分别是以 A 和 D 为圆心的圆弧，所以由 B_1、B_2、B_3 可求 A 点；由 C_1、C_2、C_3 可求 D 点。为此，连接 B_1 与 B_2、B_2 与 B_3、C_1 与 C_2、C_2 与 C_3，分别作$\overline{B_1B_2}$、$\overline{B_2B_3}$的垂直平分线 b_{12} 及 b_{23}，其交点就是固定铰链 A 点的位置；同样，作出$\overline{C_1C_2}$、$\overline{C_2C_3}$的垂直平分线 c_{12} 及 c_{23}，交点为固定铰链中心 D，连接 AB_1、DC_1 得设计机构 AB_1C_1D，设计结果是唯一的。

若给定连杆两个位置，则 A、D 不能唯一确定，设计结果有无穷多。必须给定辅助条件，如构件尺寸、最小传动角或机架位置等，才能唯一确定 A、D 的位置。

3.5.2 按给定的行程速比系数 K 设计四杆机构

在设计具有急回特性的四杆机构时，通常按实际需要先给定行程速比系数 K 的数值，根据机构在极限位置的几何关系，再结合有关辅助条件，以确定机构运动的尺寸参数。

1. 曲柄摇杆机构

已知行程速比系数 K，摇杆长度 CD 及其摆角 ψ，试设计四杆机构。

设计的实质是确定曲柄 AB 的固定铰链中心 A 点的位置，然后确定其余三杆的长度。设计步骤如下：

（1）由给定的行程速比系数 K，计算极位夹角 θ

$$\theta=180°\frac{K-1}{K+1}$$

（2）如图 3.31 所示，确定比例尺 μ_L。按角 ψ 和 CD 杆长作出摇杆的两极限位置 C_1D 和 C_2D。

（3）连接 C_1 和 C_2，并过 C_1 点作$\overline{C_1C_2}$的垂线$\overline{C_1M}$，过 C_2 点作与$\overline{C_1C_2}$成$\angle C_1C_2N=90°-\theta$ 的直线$\overline{C_2N}$，交$\overline{C_1M}$于点 P，则$\angle C_1PC_2=\theta$。

（4）作$\triangle C_1PC_2$ 的外接圆，在圆上任选一点 A 作为曲柄与机架的固定铰链中心，并分别与 C_1、C_2 点相连，得$\angle C_1AC_2=\angle C_1PC_2=\theta$。

（5）由在极限位置时曲柄与连杆共线的关系可知：$\overline{AC_1}=\overline{B_1C_1}-\overline{AB_1}$，$\overline{AC_2}=\overline{B_2C_2}+\overline{AB_2}$，从而得 $L_{AB}=\frac{1}{2}\mu_L(\overline{AC_2}-\overline{AC_1})$，$L_{BC}=\frac{1}{2}\mu_L(\overline{AC_1}+\overline{AC_2})$。

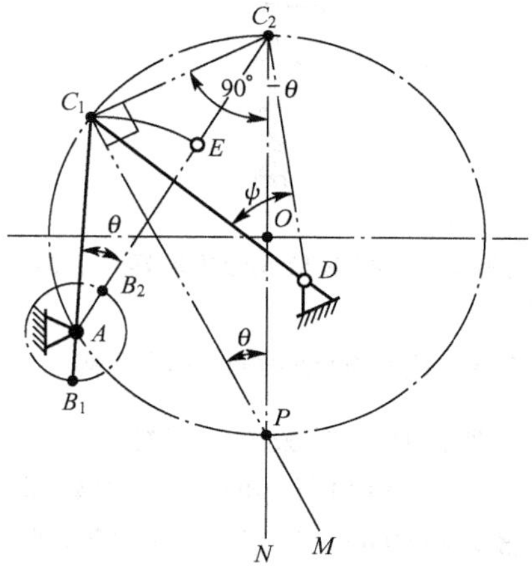

图 3.31 按 K 值设计曲柄摇杆机构

由于 A 点是任选的，所以有无穷多解，为了获得良好的传动性能，可按照最小传动角或其他辅助条件，使其设计具有确定解。

2. 曲柄滑块机构

已知行程速比系数 K，滑块的行程 H，偏距 e。

设计步骤如图 3.32 所示：

（1）由已知条件 K 可求得 θ

$$\theta=180°\frac{K-1}{K+1}$$

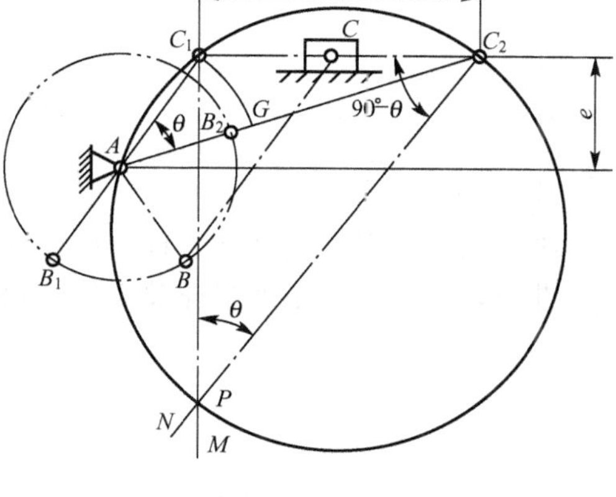

图 3.32 按 K 值设计曲柄滑块机构

（2）确定比例尺 μ_L 作直线$\overline{C_1C_2}=H$，并过 C_1 点作$\overline{C_1C_2}$的垂线$\overline{C_1M}$，过 C_2 点作与$\overline{C_1C_2}$成$\angle C_1C_2N=90°-\theta$ 的直线$\overline{C_2N}$，交$\overline{C_1M}$于点 P，则$\angle C_1PC_2=\theta$。作$\triangle C_1PC_2$ 的外接圆。

（3）作一直线平行直线 C_1C_2，且距离为 e，此直线交外接圆于点 A，则$\angle C_1AC_2=\theta$。

（4）因两极限位置曲柄与连杆共线，故有$\overline{AC_1}=\overline{B_1C_1}-\overline{AB_1}$，$\overline{AC_2}=\overline{B_2C_2}+\overline{AB_2}$，从而得 $L_{AB}=\frac{1}{2}\mu_L(\overline{AC_2}-\overline{AC_1})$，$L_{BC}=\frac{1}{2}\mu_L(\overline{AC_1}+\overline{AC_2})$。得曲柄滑块机构 ABC。

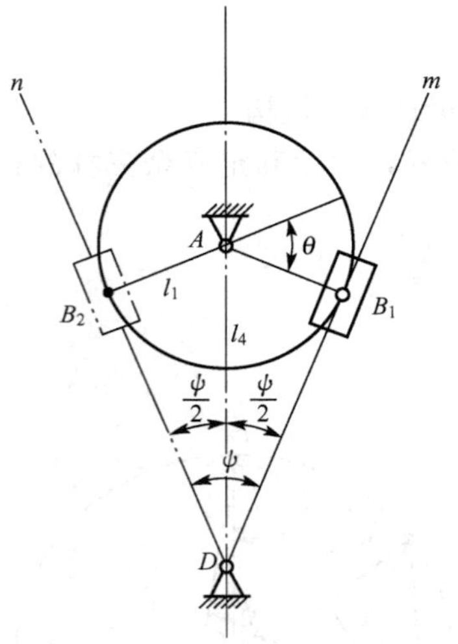

图 3.33 按 K 值设计摆动导杆机构

3. 导杆机构

已知条件：机架长度 l_4、行程速比系数 K。

由图 3.33 可知，导杆机构的极位夹角 θ 等于导杆摆角 ψ，所需确定的尺寸是曲柄长度。

设计步骤如下：

(1) 由已知条件 K 可求得 θ

$$\theta=\psi=180^\circ\frac{K-1}{K+1}$$

(2) 任选固定铰链中心 D，以夹角 ψ 作出导杆两极限位置 Dn 和 Dm。

(3) 作摆角 ψ 的平分线 AD，并在线上取 $AD=l_4$，得固定铰链中心 A 点的位置。

(4) 过 A 点作导杆极限位置的垂线 AB_1（或 AB_2）即得曲柄长度 $l_1=\overline{AB_1}\mu_L$。

3.5.3 用解析法设计四杆机构

所谓用解析法设计四杆机构，就是要建立包含机构的尺寸参数和运动参数的数学方程式，然后再根据已知的运动参数求解所需机构的尺寸参数。但是，由于四杆机构待定尺寸参数是有限的，所以用四杆机构来实现预期的运动规律或运动轨迹，只是在某些个别的情况下才有可能准确实现，而在多数情况下，只能近似地得到满足。

如图 3.34 所示铰链四杆机构中，各杆长度分别用 a、b、c、d 表示，连架杆 AB 和 CD 的转角分别为 ϕ 和 ψ，建立如图所示的坐标系，各矢量在 x 和 y 轴上的投影有如下关系式：

$$\left.\begin{aligned}a\cos\phi+b\cos\delta&=d+c\cos\psi\\a\sin\phi+b\sin\delta&=c\sin\psi\end{aligned}\right\}\qquad(3-7)$$

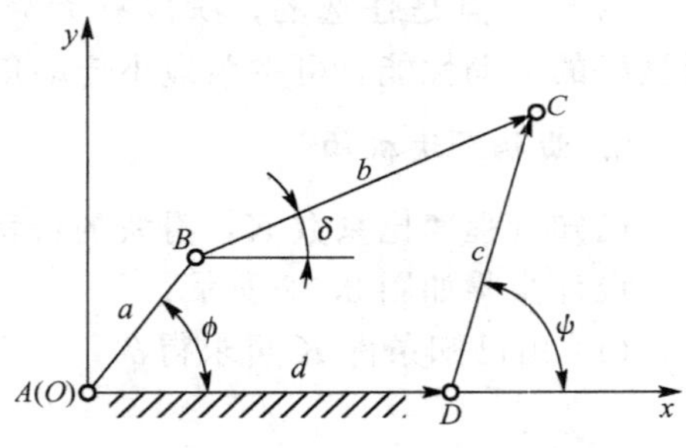

图 3.34 解析法求四杆机构尺寸

设各杆的相对长度为：$a/a=1$、$b/a=m$、$c/a=n$、$d/a=l$，代入式(3－7)，得

$$\left.\begin{aligned}m\cos\delta&=l+n\cos\psi-\cos\phi\\m\sin\delta&=n\sin\psi-\sin\phi\end{aligned}\right\}\qquad(3-8)$$

消去 δ 角，整理得

$$\cos\phi=P_1\cos\psi+P_2\cos(\psi-\phi)+P_3\qquad(3-9)$$

其中，
$$P_1=n,\ P_2=-\frac{n}{l},\ P_3=\frac{l^2+n^2+1-m^2}{2l}\qquad(3-10)$$

式(3－9)即为铰链四杆机构中待定尺寸参数与杆 AB、CD 的运动关系，即对应位置之间的方程式，它包含三个待定参数 P_1、P_2 和 P_3。若给定 ϕ 与 ψ 的三对对应关系值，则代入式(3－9)，可得

$$\left.\begin{aligned}\cos\phi_1&=P_1\cos\psi_1+P_2\cos(\psi_1-\phi_1)+P_3\\\cos\phi_2&=P_1\cos\psi_2+P_2\cos(\psi_2-\phi_2)+P_3\\\cos\phi_3&=P_1\cos\psi_3+P_2\cos(\psi_3-\phi_3)+P_3\end{aligned}\right\}\qquad(3-11)$$

解式(3-11)，可得 P_1、P_2、P_3，再由式(3-10)可求得各杆相对长度 m、n 和 l。然后根据使用需要选定连架杆 AB 的长度 a 后，则机构其他杆的长度 b、c、d 便可确定。

如果给定两连架杆的两组对应位置，则在待定参数 P_1、P_2、P_3 中有一个可以任意选定，因此这种给定条件下有无穷多解，这时可再考虑其他辅助条件以定出机构待定尺寸参数。

如果给定两连架杆的 n 对对应位置，初始角度为 ϕ_0 和 ψ_0，可得一般表达式：

$$\cos(\phi_i-\phi_0)=P_1\cos(\psi_i+\psi_0)+P_2[(\psi_i+\psi_0)-(\phi_i+\phi_0)]+P_3$$

$$(i=1,2,3,\cdots,n) \tag{3-12}$$

则据此建立的方程式数目多于机构待定尺寸参数数目，而使设计问题成为不可解或只有近似解。若给定两连架杆之间某种连续的运动规律，如 $\psi=f(\phi)$，用连杆机构一般是不能精确实现的，只能将 $\psi=f(\phi)$ 关系中选定 n 组 $\psi_i\sim\phi_i$ 对值，即将该关系离散为 $\psi_i=f(\phi_i)$ $(i=1,2,\cdots,n)$，$n\leqslant 5$，将其代入式(3-12)，求解出的机构在这 n 个位置上能精确实现给定的运动规律，在其余位置上将存在一定误差。

总之，在给定连续运动规律或多于五组连架杆的对应位置时，可以采用近似逼近理论和最优化方法，获得最优的近似解。

曲柄滑块机构等机构的待定尺寸参数与构件运动参数之间的方程式的建立原理与铰链四杆机构类似，这里不再介绍。

阅读材料

连杆机构在健身器材中的应用

近年来，随着生活水平的逐渐提高，人们的自我保健意识逐渐增强，小区广场上也设置了种类繁多的健身器材，在丰富广大市民业余生活的同时增强了人们的体质。由于连杆机构运动形式多样，加工较为简单，可实现不同的运动规律和运动要求，故健身器材中有较大部分由连杆机构组成。如图3.35所示的简易跑步机，即为曲柄摇杆机构的应用实例。其中，AB 杆与机架铰接，能够做整周运转为曲柄；踩踏板 BC 为连杆，做平面运动；CD 杆在 D 点与机架铰接，并带有手柄，可供人手抓握，其运动形式为一定角度的摆动，工作中为主动件。用此连杆模拟人的跑步动作，从而达到锻炼身体的目的。

图3.35 跑步机

习　　题

3-1 填空题

(1) 满足曲柄存在条件的铰链四杆机构，取与最短杆相邻的杆为机架时，为______机构；取最短杆为机架时，为______机构。

(2) 在______条件下，曲柄滑块机构具有急回运动。

(3) 在曲柄摇杆机构中，当______与________两次共线位置时出现最小传动角。

(4) 机构的压力角是指______，压力角越大，则机构______。

(5) 平面连杆机构是由若干个刚性构件通过______联接而成的机构。

(6) 机构处于死点位置时，其传动角为______，压力角为________。

(7) 铰链四杆机构分为______、________、________三种类型。

(8) 将铰链四杆机构中一杆件转化为块，铰链四杆机构演化成四种含一个移动副的四杆机构，分别是______、______、______、______。

(9) 在铰链四杆机构中，当最短杆和最长杆长度之和大于其他两杆长度之和时，只能获得________机构。

(10) 在摆动导杆机构中，导杆摆角 $\varphi=30°$，其行程速比系数 K 的值为______。

3-2 选择题

(1) 曲柄摇杆机构中，摇杆为主动件时，____死点位置。

A. 不存在　　B. 曲柄与连杆共线时为

C. 摇杆与连杆共线时为

(2) 为保证四杆机构良好的机械性能，____不应小于最小许用值。

A. 压力角　　B. 传动角　　C. 极位夹角

(3) 曲柄摇杆机构中，当曲柄与____处于两次共线位置之一时出现最小传动角。

A. 连杆　　B. 摇杆　　C. 机架

(4) 平面铰链四杆机构 $ABCD$ 中，AD 为机架，$L_{AB}=40\text{mm}$，$L_{BC}=60\text{mm}$，$L_{CD}=110\text{mm}$，$L_{AD}=120\text{mm}$，那么____。

A. AB 杆为曲柄，CD 杆为摇杆　　B. CD 与 AB 杆均为曲柄

C. AB 与 CD 均为摇杆

(5) 在铰链四杆机构中，有可能出现死点的机构是____机构。

A. 双曲柄　　B. 双摇杆　　C. 曲柄摇杆

(6) 一对心曲柄滑块机构，曲柄长度为 100mm，则滑块的行程是____。

A. 50mm　　B. 100mm　　C. 200mm　　D. 150mm

3-3 思考题

(1) 平面四杆机构分为哪些基本类型？应用在哪些机械中？

(2) 何谓曲柄？不同型式的平面四杆机构具有曲柄的条件是否相同？试举例说明。

(3) 具有行程速比系数 K 的机构有什么特性？试分析 K 值大小对机构工作的影响。

(4) 压力角、传动角表示机构的什么特性？铰链四杆机构、曲柄滑块机构的最小传动角出现在机构的什么位置？机构的原动件改变时，最小传动角的大小是否变化？举例说明。

(5) 在曲柄摇杆机构和摆动导杆机构中，当以曲柄为原动件时，两机构是否都一定存在急回运动？

(6) 在铰链四杆机构中，存在曲柄的条件是什么？什么条件下四个转动副都是周转副？

(7) 什么叫速度瞬心？相对瞬心与绝对瞬心的区别是什么？

(8) 一个机构全部速度瞬心的数目如何计算?

3-4 分析、设计计算题

(1) 如图3.36所示的铰链四杆机构中，已知 $l_{BC}=55mm$，$l_{CD}=40mm$，$l_{AD}=35mm$。求：①若此机构为曲柄摇杆机构，且 AB 杆为曲柄，求 l_{AB} 的最大值；②若此机构为双曲柄机构，求 l_{AB} 的取值范围；③若此机构为双摇杆机构，求 l_{AB} 的取值范围。

(2) 按图3.37所注出的各构件尺寸，分析确定机构的名称。

(3) 试求出图3.38所示各机构在图示位置时的全部速度瞬心。

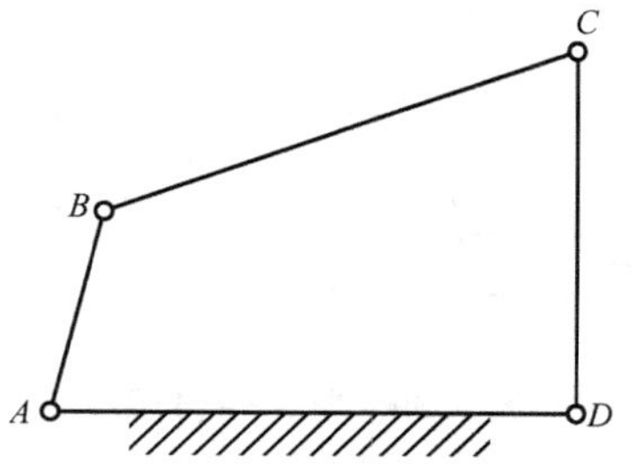

图 3.36 题 3-4(1)图

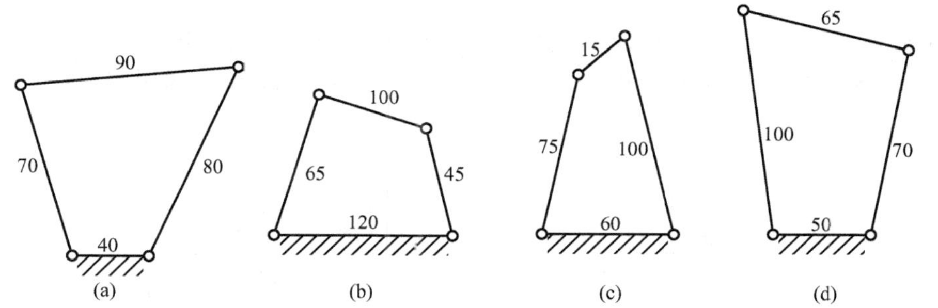

图 3.37 题 3-4(2)图

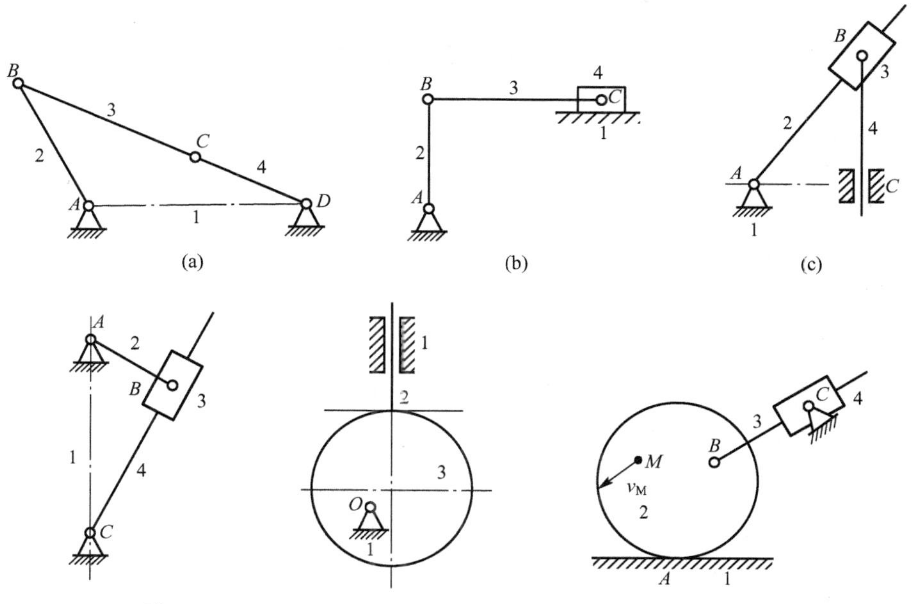

图 3.38 题 3-4(3)图

(4) 已知图 3.39 所示机构的尺寸及曲柄 1 的角速度 ω_1。试确定图示机构的全部速度瞬心；并用瞬心法求图示位置滑块 3 的速度 v_3 及构件 2 的角速度 ω_2 的大小和方向(用字母表示)。

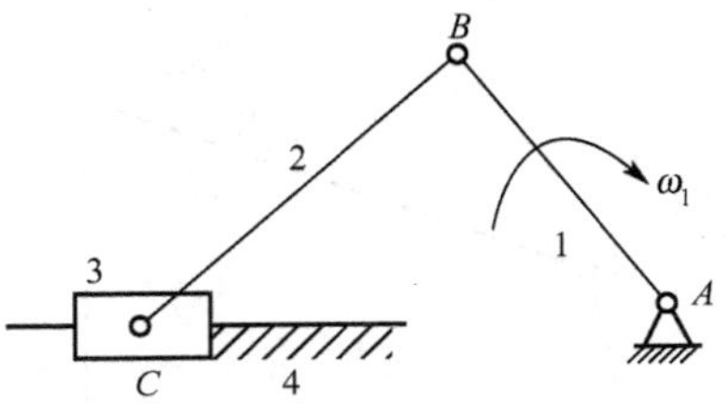

图 3.39 题 3-4(4)图

(5) 一偏置曲柄滑块机构的曲柄 $l_{AB}=25$mm，连杆 $l_{BC}=75$mm，偏距 $e=10$mm，试作图求：

① 滑块行程 H 和极位夹角 θ，并计算机构行程速比系数 K 值。

② 曲柄为原动件时，机构的最小传动角 γ_{min}。

(6) 试用图解法设计曲柄滑块机构。已知滑块的行程 $H=50$mm，偏距 $e=20$mm，行程速比系数 $K=1.5$，试确定 l_{AB}和 l_{BC}的长度。

(7) 用图解法设计一摆动导杆机构。已知机架长度 80mm，行程速比系数 $K=1.5$，求曲柄长度。

(8) 如图 3.40 所示，铰链四杆机构中要求两连架杆的对应位置为 $\varphi_1=40°$，$\psi_1=45°$；$\varphi_2=90°$，$\psi_2=70°$；$\varphi_3=120°$，$\psi_3=100°$，机架长度 $l_{AD}=50$mm，试用解析法求其余三杆长度。

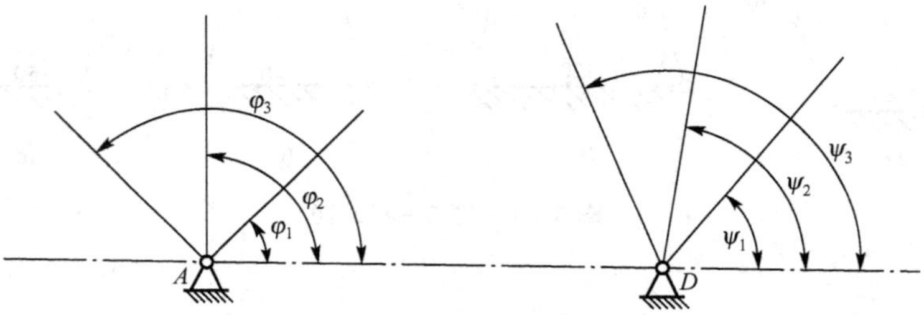

图 3.40 题 3-4(8)图

第4章 凸轮机构及其设计

教学提纲

本章主要介绍凸轮机构的组成、特点、应用和分类；从动件的常用运动规律；盘形凸轮轮廓曲线设计的基本原理和方法；凸轮机构基本尺寸的确定。

教学目标

1. 了解凸轮机构的应用和类型。

2. 熟悉从动件的常用运动规律及其特性。

3. 掌握盘形凸轮轮廓曲线的设计原理及图解法设计，了解盘形凸轮轮廓曲线的解析法设计。

4. 掌握机构压力角、基圆半径及滚子半径的确定原则。

4.1 凸轮机构的应用及分类

凸轮机构是由具有某种曲线轮廓或凹槽的构件，通过高副接触带动从动件实现预期运动规律的传动机构。凸轮机构广泛应用于各种机械，特别是自动机械、自动控制装置和装配生产线中。

4.1.1 凸轮机构的应用

图 4.1 所示为铣削加工给定廓线的靠模凸轮机构。靠模凸轮 2 绕 O_1 做等角速度转动时，它的廓线推动与齿轮固接在一起的从动件 3 以一定运动规律绕轴 O_2 摆动，再通过齿轮与齿条传动，驱动做转动的铣刀 5 的轴 4，这样便在绕轴 O_3 转动的构件 6 上铣出所给定的廓线，显然给定廓线的形状与靠模凸轮的轮廓有关。

图 4.2 所示为绕线机中用于排线的凸轮机构。当绕线轴 3 快速转动时，绕线轴上的齿轮带动凸轮 1 缓慢地转动，通过凸轮轮廓与尖顶 A 之间的作用，驱使从动件 2 往复摆动，因而使线均匀地绕在绕线轴上。

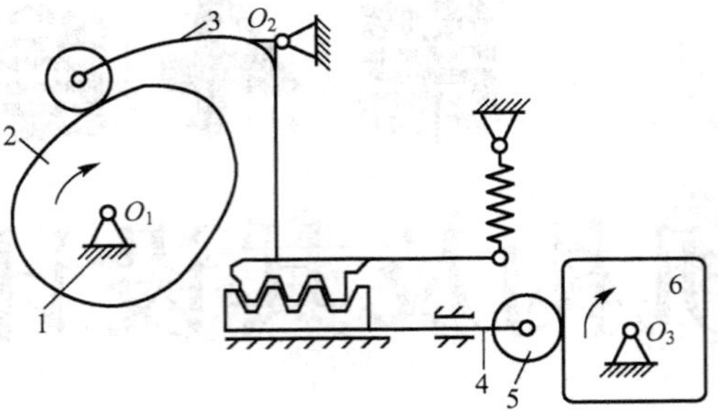

图 4.1　靠模凸轮机构

1—机架；2—凸轮；3—从动件；4—轴；5—铣刀；6—构件

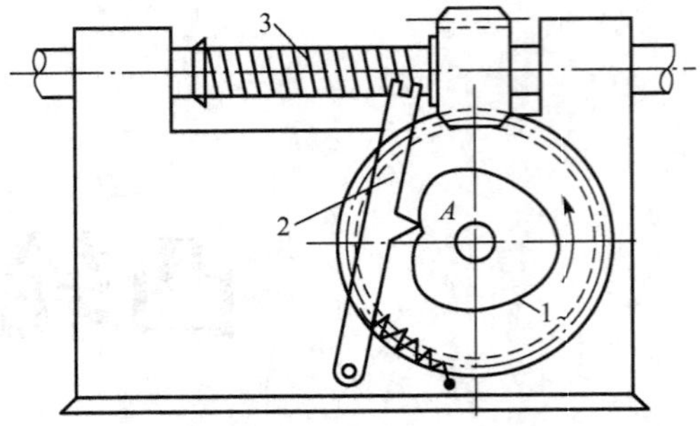

图 4.2　绕线机中排线凸轮机构

1—凸轮；2—从动件；3—绕线轴

图 4.3 所示为驱动动力头在机架上移动的凸轮机构。圆柱凸轮 1 与动力头连接在一起，它们可以在机架 3 上做往复移动，滚子 2 的轴固定在机架 3 上，滚子 2 放在圆柱凸轮的凹槽中。凸轮转动时，由于滚子 2 的轴是固定在机架上的，故凸轮转动时带动动力头在机架 3 上做往复移动，以实现对工件的钻削。动力头的快速前进—等速进给—快速退回—静止等动作均取决于凸轮上凹槽的曲线形状。

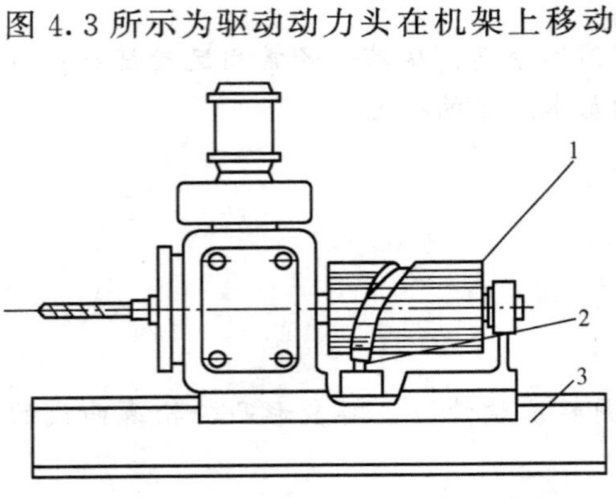

图 4.3　动力头用凸轮机构

1—圆柱凸轮；2—滚子；3—机架

由上述可知，凸轮机构一般由凸轮、从动件和机架组成。其优点是选择适当的凸轮轮廓，能使从动件获得任意预期的运动规律，机构结构紧凑；凸轮机构的缺点是凸轮与从动件是高副接触，易磨损，凸轮机构多用于传递动力不大的场合。

4.1.2　凸轮机构的分类

凸轮机构的类型很多，通常按凸轮和从动件几何形状及运动类型分类。

1. 按凸轮形状分

(1) 盘形凸轮。仅具有径向轮廓尺寸变化的盘形零件称为盘形凸轮(图 4.4(a))。图 4.4(b)所示为内燃机配气机构。盘形凸轮是主动件，气阀 2 为从动件，机架 3 为气阀上下运动的导路。当凸轮做连续等速回转时，迫使从动件按一定的运动规律有节奏地启闭气门。盘形凸轮结构简单、应用广泛，但从动件行程不宜过大，否则凸轮径向尺寸变化太大，不利于工作。

(2) 圆柱凸轮。圆柱凸轮是一个具有曲线凹槽或凸缘的圆柱形构件(图 4.5(a))。图 4.5(b) 所示为缝纫机拉线机构，圆柱凸轮回转时，凹槽侧面推动从动件绕固定轴 O 摆动，使 B 点挑动，从而拉紧缝线。圆柱凸轮可使从动件有较大的行程，但制造较困难。

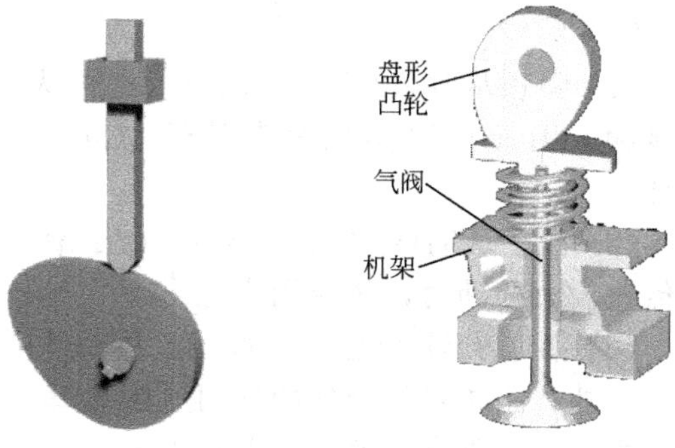

(a) (b)

图 4.4　盘形凸轮

(3) 移动凸轮。移动凸轮沿机架做直线移动(图 4.6(a))。图 4.6(b)所示为冲床送料机构，工作时，移动凸轮在曲柄和连杆的带动下，做上下往复移动。凸轮上的斜槽通过滚子推动从动件左右运动。当凸轮下移时，滚子沿斜槽带动从动件向左移动，把工件送到冲头下面的工作位置；当凸轮上移时，从动件从冲头下右移退出；滚子进入直档部分时，从动件停止不动，冲头进行冲压。移动凸轮可视为回转轴线在无穷远处的盘形凸轮演变而来的。

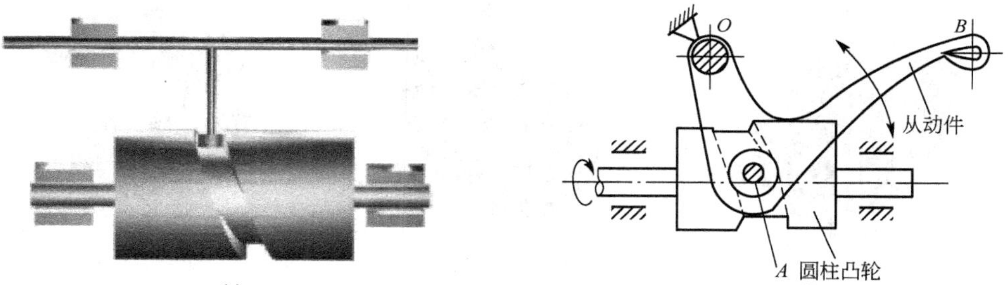

(a) (b)

图 4.5　圆柱凸轮

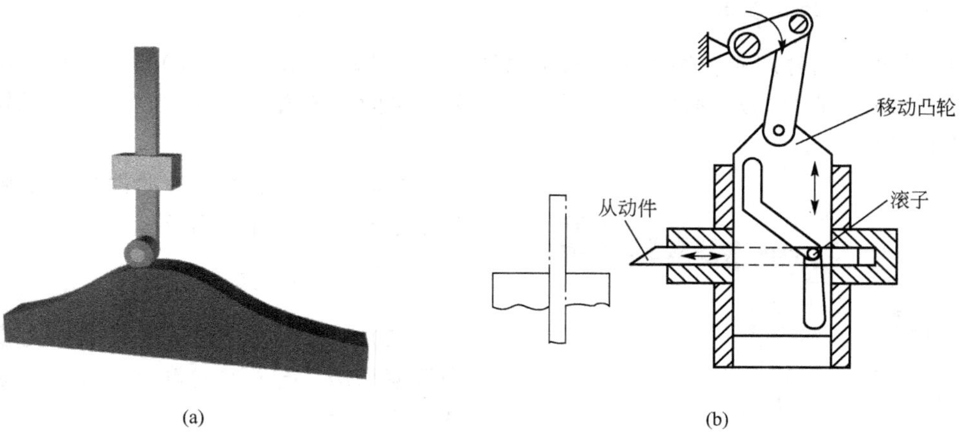

(a) (b)

图 4.6　移动凸轮

2. 按从动件端部结构分

(1) 尖顶从动件(图 4.7(a))，这种从动件结构最简单，且能与任意复杂的凸轮轮廓相接触，因而可以实现复杂的运动规律，但因尖端易磨损，故只适用于传力不大的场合。

(2) 滚子从动件(图 4.7(b))，由于滚子与凸轮间为滚动摩擦，因而摩擦损失小，可用来传递较大的动力，故应用广泛。

(3) 平底从动件(图 4.7 (c))，从动件的平底与凸轮间形成楔形油膜，可减少摩擦、磨损。另外，凸轮对从动件的作用力始终垂直于平底，故受力平稳、效率较高，所以，高速凸轮机构多用平底从动件。但它不能用于有内凹轮廓的凸轮机构中。

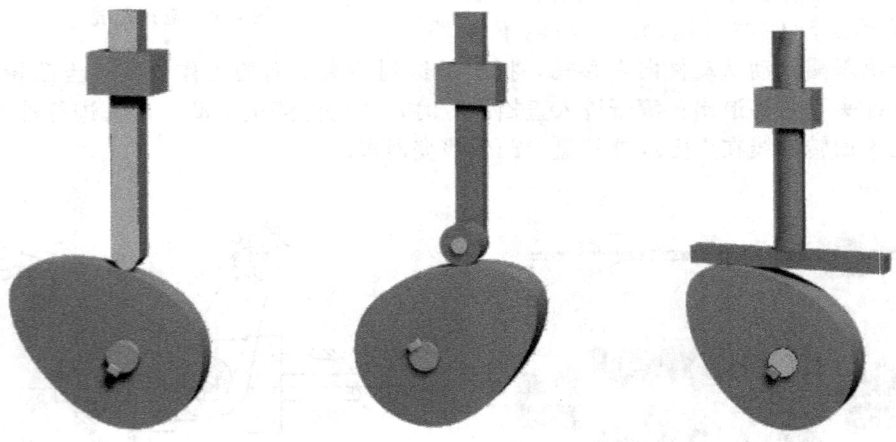

(a) 尖顶从动件　　(b) 滚子从动件　　(c) 平底从动件

图 4.7　从动件端部结构形式

3. 按从动件的运动形式分

(1) 直动从动件。从动件相对于机架做往复直线移动。如图 4.7(a)所示，导路通过凸轮轴心，称为对心直动从动件盘形凸轮机构，否则称为偏置直动从动件盘形凸轮机构，如图 4.7(b)所示。

(2) 摆动从动件。从动件相对于机架做往复摆动，如图 4.8 所示。

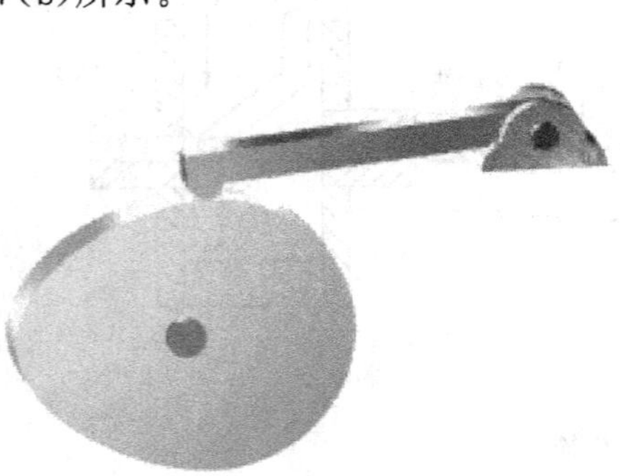

图 4.8　摆动从动件

4. 按锁合方式分

(1) 力锁合。利用从动件的重力或弹簧力等使从动件与凸轮轮廓始终保持接触，如图 4.9 所示。

(2) 形锁合。依靠凸轮与从动件的特殊几何结构来保持两者始终接触，如图 4.10 所示。

图 4.9 力封闭凸轮机构

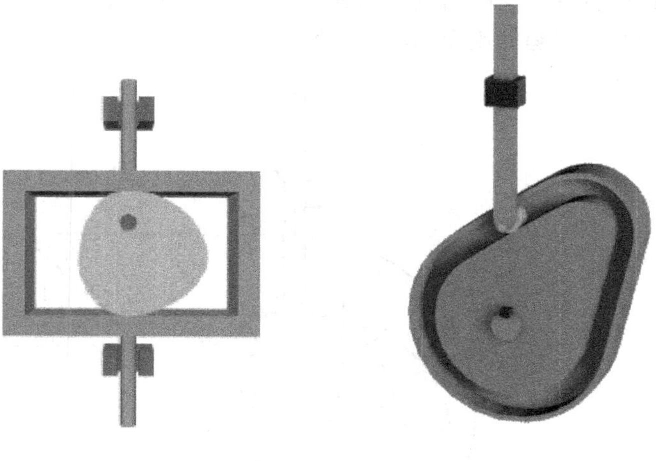

(a) 等宽凸轮机构　　(b) 槽凸轮机构

图 4.10 形封闭凸轮机构

4.2 从动件的常用运动规律

4.2.1 凸轮的运动过程和基本参数

图 4.11(a)所示为对心尖顶直动从动件盘形凸轮机构，凸轮的轮廓由非圆曲线 BC、DE 和圆弧曲线 CD 和 EB 组成。以凸轮轮廓上最小向径 r_b 为半径所画的圆称为凸轮的基圆，r_b 为基圆半径。当从动件尖顶与凸轮轮廓曲线在 B 点接触时，从动件处于最低位置。

(1) 推程和推程运动角 φ_0。当凸轮以等角速度 ω 顺时针转动时，从动件由最低位置 B 开始首先与凸轮廓线 BC 段接触，此时从动件由 B 被推至最高位置 C，这一过程称为推程；它所上升的距离称为行程，以 h 表示；凸轮对应的转角称为推程运动角，以 φ_0 表示。

(2) 远休止角 φ_s。当凸轮以 CD 圆弧段与尖顶接触时，从动件处于最高位置而静止不动，这一过程称为远休止，相应的凸轮转角 φ_s 称为远休止角。

(3) 回程和回程运动角 φ_0'。当凸轮继续转动，从动件与凸轮于 DE 曲线段接触时，从动件由最高位置 D 回到最低位置 E 的过程为回程，凸轮相应的转角 φ_0' 称为回程运动角。

(4) 近休止角 φ_s'。从动件与凸轮在曲线 EB 段接触时，从动件在最低位置静止不动，这一过程称为近休止，凸轮相应的转角 φ_s' 称为近休止角。当凸轮继续转动时，从动件重复上述升—停—回—停的循环运动。

从动件的位移 s、速度 v 和加速度 a 与凸轮转角 φ(或时间 t)的变化规律称为从动件的运动规律。图 4.11(b)所示为从动件位移曲线图，其纵坐标代表位移 s，横坐标代表转角 φ。凸轮轮廓曲线取决于从动件的运动规律，而从动件的运动规律又取决于工艺动作的要求。所以，设计凸轮轮廓之前，首先要根据工艺要求确定运动规律，然后根据运动规律设计凸轮轮廓曲线。

在推程和回程中，规定以行程的最近位置作为位移 s 的度量基准。而凸轮转角 φ 则分别以各行程开始时凸轮的向径作为转角的度量基准。如图 4.11 所示，推程时 φ 由 OB 开始度量，回程时则由 OD 开始度量。

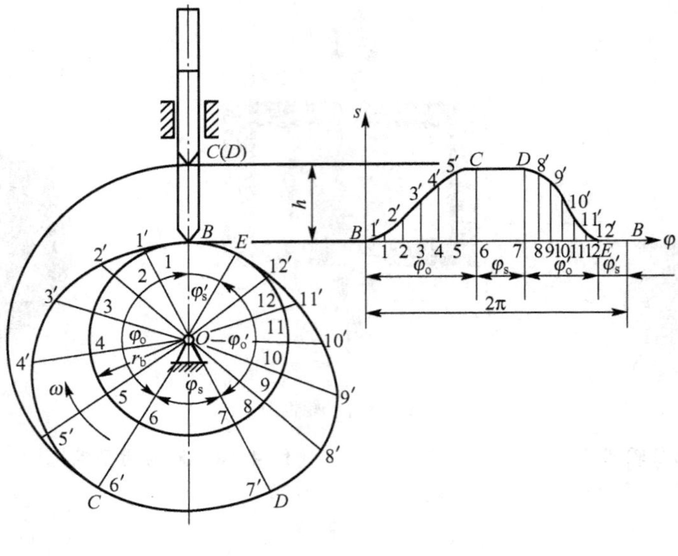

(a) 凸轮机构　　(b) 位移线图

图 4.11　对心尖顶直动从动件盘形凸轮机构

4.2.2　从动件的常用运动规律

1. 等速运动规律

从动件运动的速度为常数时的运动规律，称为等速运动规律。在推程阶段，凸轮以等角速度 ω 转动，经过时间 t_0，凸轮转过的推程运动角为 φ_0，行程为 h，则从动件的速度为常数，即 $v=v_0=h/t_0$，从动件位移 $s=v_0t$，从动件加速度 $a=0$。由于从动件的移动与凸轮的转动是同时进行的，因此有 $\varphi=\omega t$、$\varphi_0=\omega t_0$，将其代入式 $v=v_0=h/t_0$ 及 $s=v_0t$，便可推得从动件推程时运动方程为

$$\left.\begin{aligned} s&=\frac{h}{\varphi_0}\varphi \\ v=v_0&=\frac{h}{\varphi_0}\omega \\ a&=\frac{dv}{dt}=0 \end{aligned}\right\} \tag{4-1}$$

图 4.12 所示为等速运动规律线图，由图可知，从动件在运动开始和终止的瞬间，速度有突变，而这时的加速度在理论上为无穷大，致使从动件突然产生非常大的惯性力，因而使凸轮机构受到极大的冲击，这种冲击称为刚性冲击。刚性冲击会引起机械的振动，加速凸轮的磨损，损坏构件。因此，如果单独采用这种运动规律，只宜用于低速轻载的场合。

2. 等加速等减速运动规律

所谓等加速等减速运动，是指从动件在一个推程中，前半程做等加速运动，后半程做等减速运动，且通常加速度与减速度的绝对值相等。

前半个推程时，从动件等加速运动段，加速度为正值常数，$a=a_0=$常数。当$t=t_0/2$时，$s=h/2$，将这些参数代入运动方程$s=\frac{1}{2}a_0t^2$，$v=a_0t$中可得

$$\left.\begin{aligned} s&=\frac{2h}{\varphi_0^2}\varphi^2 \\ v&=\frac{4h\omega}{\varphi_0^2}\varphi \\ a&=\frac{4h\omega^2}{\varphi_0^2} \end{aligned}\right\} \tag{4-2}$$

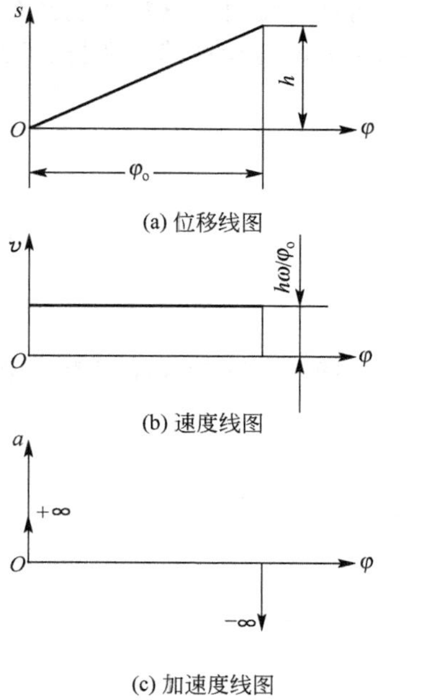

(a) 位移线图

(b) 速度线图

(c) 加速度线图

图 4.12　等速运动规律线图

同理，可推出从动件后半个推程等减速段的运动方程为

$$\left.\begin{aligned} s&=h-\frac{2h}{\varphi_0^2}(\varphi_0-\varphi)^2 \\ v&=\frac{4h\omega}{\varphi_0^2}(\varphi_0-\varphi) \\ a&=-\frac{4h\omega^2}{\varphi_0^2} \end{aligned}\right\} \tag{4-3}$$

图 4.13 所示为推程等加速等减速运动规律的运动线图。由图可知，这种运动规律的速度曲线是连续的，不会产生刚性冲击，但加速度有突变，这种加速度有限值的突变，表明所产生的惯性力突变也是有限值的，由此引起的冲击称为柔性冲击。因此，这种运动规律可用于中速轻载的场合。

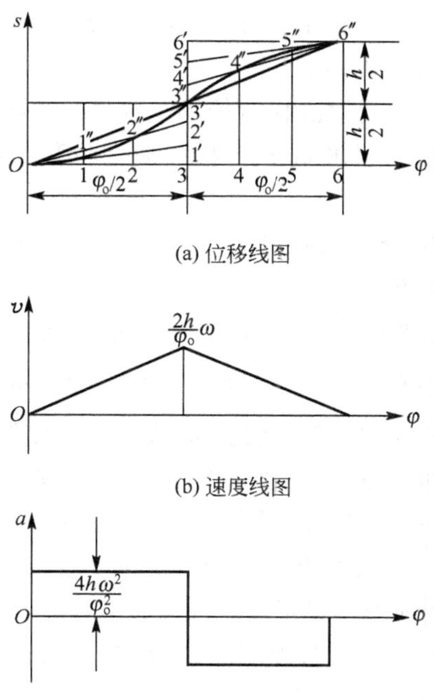

(a) 位移线图

(b) 速度线图

(c) 加速度线图

图 4.13　等加速等减速运动规律线图

现以图 4.13 (a)为例，当已知推程角φ_0和升程h时，位移曲线作法如下：

(1) 选取横坐标轴代表凸轮转角φ，纵坐标轴代表从动件位移s。

(2) 选择适当的角度比例尺μ_φ(°/mm)和长度比例尺μ_L(m/mm)，分别在φ轴上量取线段$\overline{03}$代表$\varphi_0/2$，在s轴上量取线段$\overline{33'}$代表$h/2$。

(3) 将$\varphi_0/2$和$h/2$对应等分为相同份数，得分点 1、2、3 和 1′、2′、3′(等分数视具体情况而定)。

(4) 由原点 0 向 1′、2′、3′作射线，与过同名点 1、2、3 所作纵轴平行线相交，得交点 1″、2″、3″。将各交点与原点 0 用光滑曲线连接即得等加速位移曲线。

同法可得推程等减速段的位移曲线。

3. 余弦加速度运动规律

质点在圆周上做等速运动时，它在这个圆直径上的投影所构成的运动称为简谐运动。从动件

做简谐运动时，其加速度按余弦规律变化，故这种运动规律称为余弦加速度运动规律，也称为简谐运动规律。在推程阶段，从动件的运动方程式为

$$\left.\begin{aligned} s&=\frac{h}{2}\left[1-\cos\left(\frac{\pi}{\varphi_0}\varphi\right)\right] \\ v&=\frac{\pi h\omega}{2\varphi_0}\sin\left(\frac{\pi}{\varphi_0}\varphi\right) \\ a&=\frac{\pi^2 h\omega^2}{2\varphi_0^2}\cos\left(\frac{\pi}{\varphi_0}\varphi\right) \end{aligned}\right\} \tag{4-4}$$

同理，从动件在回程阶段运动方程式为

$$\left.\begin{aligned} s&=\frac{h}{2}\left[1+\cos\left(\frac{\pi}{\varphi'_0}\varphi\right)\right] \\ v&=-\frac{\pi h\omega}{2\varphi'_0}\sin\left(\frac{\pi}{\varphi'_0}\varphi\right) \\ a&=-\frac{\pi^2 h\omega^2}{2\varphi'^2_0}\cos\left(\frac{\pi}{\varphi'_0}\varphi\right) \end{aligned}\right\} \tag{4-5}$$

图 4.14 所示为推程按余弦加速度运动规律的运动线图。由图可见，这种运动规律在始末两点加速度有突变，故引起柔性冲击，一般情况下只适用于中速中载场合。当从动件作升—降—升连续运动循环时，若在推程和回程中都采用这种运动规律，则可获得除了启动、制动时有柔性冲击外，全程光滑连续的加速度曲线。在这种情况下不会产生冲击，故可用于高速凸轮机构。

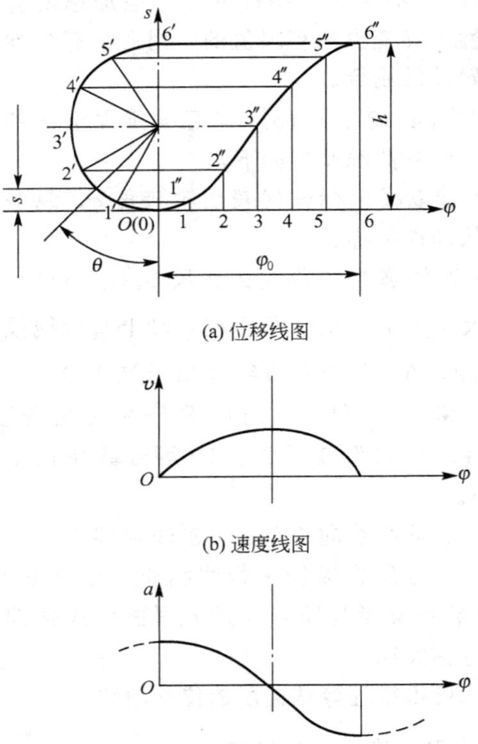

(a) 位移线图

(b) 速度线图

(c) 加速度线图

图 4.14　余弦加速度运动规律线图

这种运动规律位移曲线画法如图 4.14(a)所示。当已知推程角 φ_0 和升程 h 时，位移曲线作法如下：

(1) 选取横坐标轴代表凸轮转角 φ，纵坐标轴代表从动件位移 s。

(2) 选择适当的角度比例尺 μ_φ(°/mm)和长度比例尺 μ_L(m/mm)，分别在 φ 轴上量取线段 $\overline{06}$ 代表 φ_0，在 s 轴上量取线段 $\overline{06'}$ 代表 h。以坐标点(0，$h/2$)为圆心，$h/2$ 为半径画辅助半圆，并将半圆弧分为与横坐标相同的份数，由分点 1，2，3…分别引平行于纵轴的直线与过同名点 1′，2′，3′…所作横轴平行线相交，得交点 1″，2″，3″…。

(3) 将各交点与原点 O 用光滑曲线连接即得余弦加速度位移曲线。

4.3 凸轮轮廓曲线的设计

凸轮轮廓曲线设计的主要任务是根据选定的从动件运动规律和其他必要的初始给定条件，设计出凸轮的轮廓曲线。凸轮轮廓曲线设计主要有图解法和解析法两种。

4.3.1 图解法设计凸轮轮廓

凸轮机构的形式很多，从动件的运动规律也各不相同，但用作图法设计凸轮轮廓线的基本原理却相同。以对心尖顶直动从动件盘形凸轮为例，凸轮机构工作时，凸轮和从动件都在运动，为了在图纸上画出凸轮轮廓，应当使凸轮与图纸平面相对静止，为此，一般采用反转法：使整个机构以与凸轮转动的角速度 ω_1 大小相等，转向相反的角速度 $-\omega_1$ 绕 O 点转动，其结果是从动件与凸轮的相对运动并不改变，但凸轮固定不动，机架和导路以角速度 $-\omega_1$ 绕 O 点转动，同时从动件又以原有运动规律相对机架往复运动。由于尖顶始终与凸轮轮廓接触，所以反转后尖顶的运动轨迹就构成凸轮轮廓曲线，如图 4.15 所示。

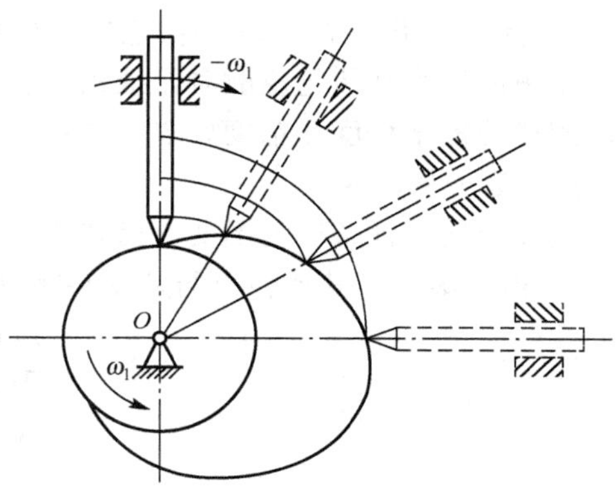

图 4.15 反转法原理

1. 对心直动从动件盘形凸轮轮廓的设计

已知基圆半径 r_b、凸轮转向(假设顺时针)和从动件位移曲线(图 4.16(b))。

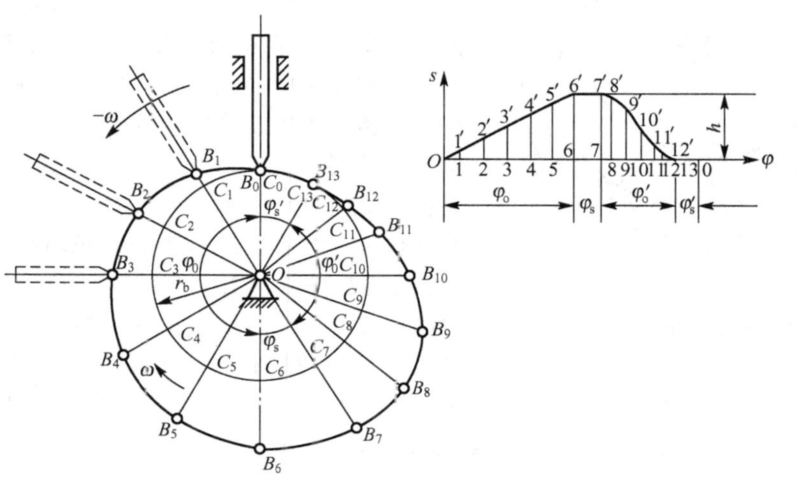

(a) 凸轮机构　　(b) 位移线图

图 4.16 对心尖顶直动从动件盘形凸轮轮廓的绘制

(1) 尖顶从动件。作图步骤如下(图 4.16(a)):

① 选定长度比例尺 μ_L,画出基圆及从动件最低位置 B_0。

② 根据位移曲线的复杂程度和作图精度要求,将位移曲线横坐标轴上代表推程角 φ_0 和回程角 φ_0' 的两段各分为若干等分(这里各分为 6 等分),并过这些等分点作垂线与位移曲线相交,得到线段$\overline{11'}$、$\overline{22'}$、$\overline{33'}$、…,即代表相应位置的从动件位移量。

③ 自 $OB_0(OC_0)$开始,沿$(-\omega)$方向按位移曲线横坐标轴上对应区间的角度在基圆上得分点 C_0、C_1、C_2、…,连接 OC_0、OC_1、OC_2、…,即得代表机构反转后各瞬时位置的从动件导路中心线。

④ 在各从动件导路中心线上,自基圆向外量取相应的位移量,$\overline{C_1B_1}=\overline{11'}$,$\overline{C_2B_2}=\overline{22'}$,$\overline{C_3B_3}=\overline{33'}$,…,得到反转后从动件尖顶的一系列位置 B_0、B_1、B_2、…。

⑤ 将 B_0、B_1、B_2、…顺次连成光滑曲线,即得所求的凸轮廓线。

用图解法绘制凸轮轮廓时,推程运动角和回程运动角的等分数目不一定相同,需根据运动规律的复杂程度和精度要求来决定,等分数目越多,绘制的凸轮轮廓精度就越高。

(2) 滚子从动件。

假设上述设计条件均不变,已知滚子半径 r_r。

① 由于滚子上其他各点与从动件的运动规律都不同,只有滚子中心与从动件的运动规律相同,所以把滚子中心看作尖顶从动件的尖顶,按上述方法得到的滚子中心轨迹称为理论廓线,如图 4.17 所示。

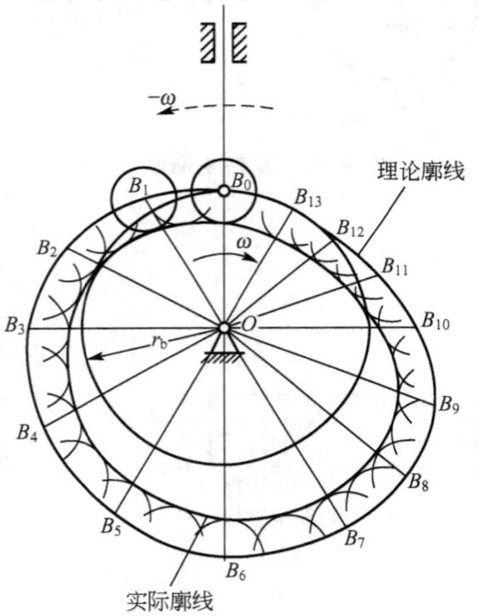

图 4.17　滚子从动件盘形凸轮

② 以理论廓线上一系列的点为圆心,以滚子半径 r_r 为半径画一族滚子圆,再作这一族圆的包络线,便是凸轮的实际廓线。由作图过程可知,滚子从动件凸轮的基圆半径和压力角均应在理论轮廓曲线上度量。

(3) 平底从动件。平底从动件的凸轮轮廓的绘制方法也与上述相似。如图 4.18 所示,将从动件的平底与导路中心线的交点 A_0 看作从动件的尖顶,按照尖顶从动件凸轮轮廓的绘制方法,求出理论轮廓上一系列点 A_1、A_2、A_3、…。其次,过这些点画出各个位置的平底 A_1B_1、A_2B_2、A_3B_3、…与导路中心线垂直,然后作这些平底的包络线,便得到凸轮的实际轮廓曲线。图中位置 1、6 是平底分别与凸轮轮廓相切于平底的最左位置和最右位置。为了保证平底始终与轮廓接触,平底左侧的长度应大于 m,右侧长度应大于 l。一般取平底的长度 $L=2l_{max}+(5\sim7)$mm。l_{max}是 m 和 l 中的较大者。

2. *偏置尖顶直动从动件盘形凸轮轮廓的设计*

由于从动件导路的轴线不通过凸轮的转动中心,其偏距为 e。所以,从动件在反转过程中,其导路轴线始终与以偏距 e 为半径所作的偏距圆相切,因此,从动件的位移应沿这些切线量取。已知从动件的运动规律,如图 4.19(a)所示,凸轮以等角速度 ω 顺时针方向转动,基圆半径为 r_b,偏距为 e。凸轮轮廓作图方法如下:

(1) 选取适当比例尺，画基圆、偏距圆及从动件起始位置 B_0。

(2) 自 OB_0 开始沿 $-\omega$ 方向，在基圆上量取推程运动角、远休止角、回程运动角和近休止角分别为 φ_0、φ_s、φ_0'、φ_s'，并将基圆分成与位移线图相同的等分，得各等分点 B_1'、B_2'、B_3'、…，过 B_1'、B_2'、B_3'、…各点作偏距圆的切线并延长，则这些切线即为从动件在反转过程中依次占据的位置。

(3) 在各条切线上自 B_1'、B_2'、B_3'、…截取 $B_1'B_1=11'$，$B'_2B_2=22'$，$B'_3B_3=33'$，…，得 B_1、B_2、B_3、…各点。将 B_0、B_1、B_2、…各点连成光滑曲线，即为凸轮轮廓曲线，如图 4.19(b)所示。

偏置滚子从动件和平底从动件的绘图方法同上，不再赘述。

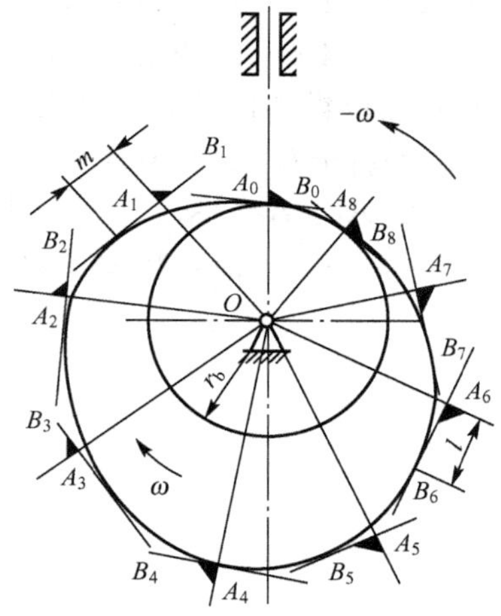

图 4.18 平底直动从动件盘形凸轮

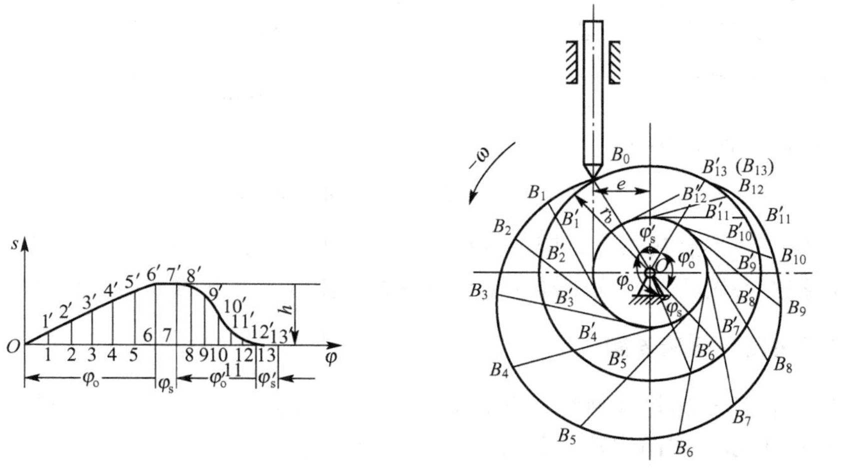

(a) 从动件位移线图 (b) 凸轮机构

图 4.19 偏置尖顶直动从动件盘形凸轮

3. 摆动从动件盘形凸轮轮廓的设计

对于尖顶摆动从动件，如图 4.20 所示，已知凸轮基圆半径 r_b，凸轮与摆动从动件轴心间距离 L_{OA}，摆杆长度 L_{AB}，凸轮逆时针转动，推程时从动件顺时针摆动，从动件角位移线图如图 4.20(a)所示。要求绘出该凸轮轮廓。

作图原理仍用反转法，即令凸轮不动，从动件一方面与机架以角速度($-\omega$)绕凸轮轴心 O 回转，另一方面又绕其转动中心 A_0 摆动。其设计步骤如下(图 4.20(b))：

(1) 根据给定的 L_{OA}、r_b、L_{AB}，按比例尺 μ_L 画出凸轮基圆，确定从动件轴心 A_0 及起始位置 B_0 点，B_0 点即为从动件尖顶的起始位置，ψ_0 为从动件的起始角。

(2) 以 O 为圆心，OA_0 为半径画圆，由 OA_0 开始按($-\omega$)方向量取角 φ_0、φ_0' 和 φ_s'。再将 φ_0、φ_0' 角各分为与图 4.20(a)相对应的若干等分，得 OA_1、OA_2、OA_3、…，这就是机

架 OA_0 反转过程中所处的各个位置。

(3) 由图 4.20(a)按角度比例尺量得从动件摆角 ψ 在不同位置的数值并加上起始角 ψ_0，然后在对应位置画出从动件相对机架摆动后的一系列位置 A_1B_1、A_2B_2、A_3B_3、…，使 $\angle OA_1B_1=\psi_1+\psi_0$，$\angle OA_2B_2=\psi_2+\psi_0$，$\angle OA_3B_3=\psi_3+\psi_0$，…。

(4) 以 A_1、A_2、A_3、…点为圆心，L_{AB} 为半径画弧分别截 A_1B_1、A_2B_2、A_3B_3、…，得 B_1、B_2、B_3、…点，将 B_1、B_2、B_3、…点连成光滑曲线，即为所求的凸轮廓线。

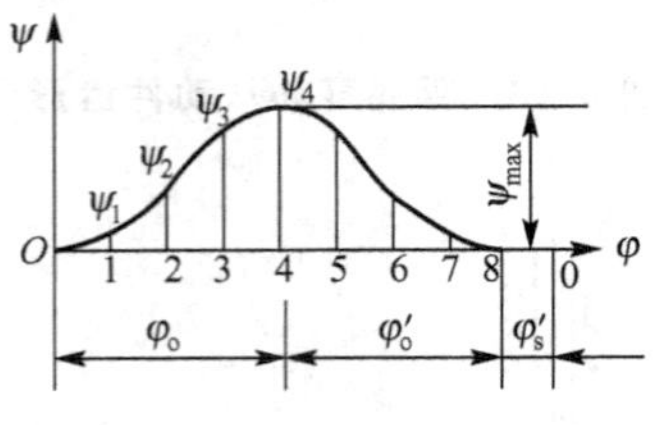

(a) 从动件的角位移线图

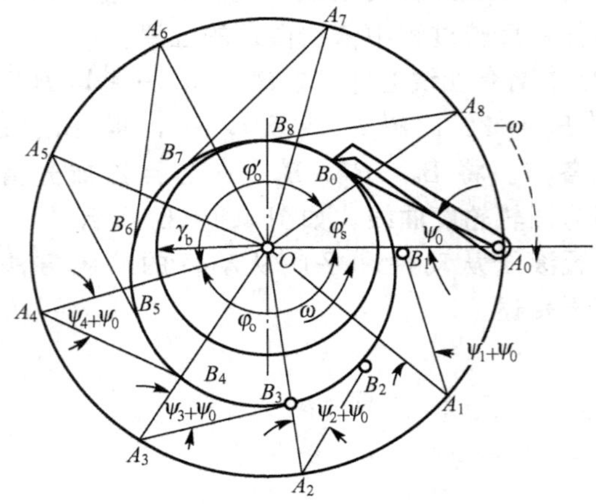

(b) 凸轮机构

图 4.20　尖顶摆动从动件盘形凸轮

若采用滚子或平底从动件，则上述所得凸轮轮廓曲线即为理论轮廓曲线，其实际工作轮廓曲线可按对心滚子或平底直动从动件盘形凸轮实际工作轮廓曲线的绘制方法作出。

4.3.2　解析法设计凸轮轮廓

用图解法设计凸轮轮廓曲线简便、直观，但作图误差较大，难以获得凸轮轮廓曲线上各点的精确坐标。按图解法所设计的凸轮只能用于低速或不重要的场合，对于精度较高的高速凸轮，检验用的样板凸轮等需要用解析法设计，以适合数控机床加工。用解析法设计凸轮轮廓曲线的实质是建立凸轮的理论轮廓曲线方程和实际工作轮廓曲线方程。

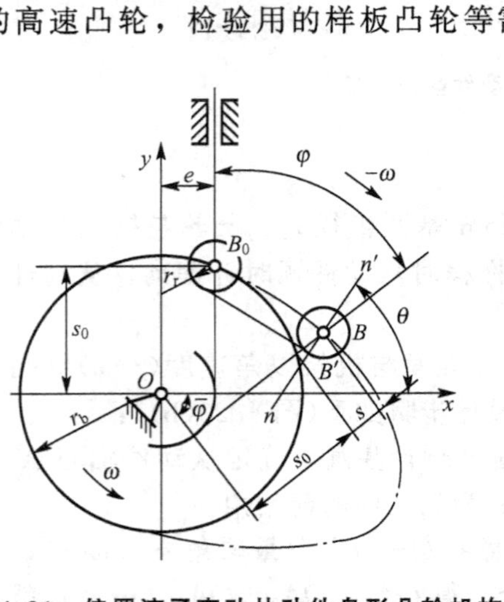

图 4.21　偏置滚子直动从动件盘形凸轮机构

如图 4.21 所示的偏置滚子直动从动件盘形凸轮机构。已知：凸轮以等角速度 ω 逆时针转动，基圆半径 r_b、偏距 e、滚子半径 r_r 和从动件的运动规律 $s=s(\varphi)$。

1. 理论轮廓曲线方程

以凸轮的回转中心 O 为原点，建立图 4.21 所示的坐标系 xOy。B_0 点为凸轮推程段轮廓线的起始点。当凸轮自初始位置转过角 φ 时，从动件上升位移 s，这时滚子中心将从 $B_0(e, s_0)$ 外移 s 到达 B 点。根据"反转法"原理，此时滚子中心 B 点的坐标(x, y)即

为凸轮理论轮廓曲线上的对应点的坐标，为

$$\begin{cases} x=(s_0+s)\sin\varphi+e\cos\varphi \\ y=(s_0+s)\cos\varphi-e\sin\varphi \end{cases} \tag{4-6}$$

式(4-6)即为滚子直动从动件盘形凸轮理论轮廓曲线的直角坐标参数方程，其中$s_0=\sqrt{r_b^2-e^2}$。对于尖顶直动从动件盘形凸轮，式(4-6)即为其实际工作轮廓曲线的直角坐标参数方程。

2. 实际工作轮廓曲线方程

对于滚子直动从动件凸轮机构，其实际工作轮廓曲线是滚子圆族的包络线。其实际工作轮廓曲线是理论轮廓曲线的法向等距曲线，且距离为滚子的半径 r_r。因此如果已知理论轮廓曲线上的任一点 $B(x, y)$，沿理论轮廓曲线在该点处法线 $n'n$ 上取距离 r_r，即可得实际工作轮廓曲线上相应点 $B'(X, Y)$，则可得凸轮实际工作轮廓曲线方程：

$$\begin{cases} X=x\pm r_r\cos\theta \\ Y=y\pm r_r\sin\theta \end{cases} \tag{4-7}$$

式中 θ——法线 $n'n$ 与 X 轴的夹角；

X、Y——包络线上点的直角坐标，“+”表示外包络线，“-”表示内包络线。

由高等数学的理论知识可知，过理论轮廓曲线 B 点处所作的法线 nn'，其斜率为 $\tan\theta$，与该点处的切线的斜率互为负倒数，即

$$\tan\theta=-\frac{dx}{dy}=-\frac{dx/d\varphi}{dy/d\varphi}=\frac{\sin\theta}{\cos\theta}$$

根据式(4-6)有

$$\begin{cases} \dfrac{dx}{d\varphi}=\left(\dfrac{ds}{d\varphi}-e\right)\sin\varphi+(s_0+s)\cos\varphi \\ \dfrac{dy}{d\varphi}=\left(\dfrac{ds}{d\varphi}-e\right)\cos\varphi-(s_0+s)\sin\varphi \end{cases} \tag{4-8}$$

可得

$$\begin{cases} \sin\theta=\dfrac{dx/d\varphi}{\sqrt{(dx/d\varphi)^2+(dy/d\varphi)^2}} \\ \cos\theta=\dfrac{-dy/d\varphi}{\sqrt{(dx/d\varphi)^2+(dy/d\varphi)^2}} \end{cases} \tag{4-9}$$

将式(4-9)代入式(4-7)，即可得凸轮实际轮廓线的直角坐标参数方程。另外，以上各式中 e 为代数值，当凸轮逆时针旋转时，若从动件位于凸轮回转中心的右侧，e 为正，反之为负；当凸轮顺时针旋转时，若从动件位于凸轮回转中心的左侧，e 为正，反之为负。

4.4 凸轮机构基本尺寸的确定

在用图解法和解析法设计凸轮轮廓时，凸轮的基圆半径、滚子从动件的滚子半径等都是事先给定的，而实际上这些尺寸及其他一些参数，是要考虑机构的受力情况是否良好、动作是否灵活、结构是否紧凑等因素而确定的，下面就这些尺寸的确定问题加以讨论。

4.4.1 压力角

图 4.22 所示为对心尖顶直动从动件盘形凸轮机构，从动件与凸轮在点 B 接触，W 为

作用在从动件上的载荷，F 为凸轮作用在从动件上的推动力，当不计摩擦时，力 F 必须沿接触点处凸轮廓线的法线 $n-n$ 方向。将该力分别沿从动件运动方向和垂直于运动方向分解得有效分力和有害分力为 $\begin{cases}F_y=F\cos\alpha\\F_x=F\sin\alpha\end{cases}$，式中 α 为从动件上所受法向力的方向与受力点速度方向之间所夹的锐角，称为凸轮机构的压力角。显然，当推动从动件运动的有效分力 F_y 一定时，压力角 α 越大，则有害分力 F_x 就越大，凸轮推动从动件就越费力。从而使凸轮机构运动不灵活，效率低。当 α 增大到某一数值时，机构将处于自锁状态。为了保证在载荷 W 一定的条件下，使凸轮机构中的作用力 F 不至过大，必须对压力角 α 的最大值给予限制，使其不超过某一许用值 $[\alpha]$。一般推荐许用压力角的数值为：对于直动从动件推程取 $[\alpha]=30°$，摆动从动件推程取 $[\alpha]=35°\sim45°$。若在回程时，从动件是在重力或弹簧力的作用下返回，一般不会出现自锁现象，则回程的许用压力角 $[\alpha]=70°\sim80°$。

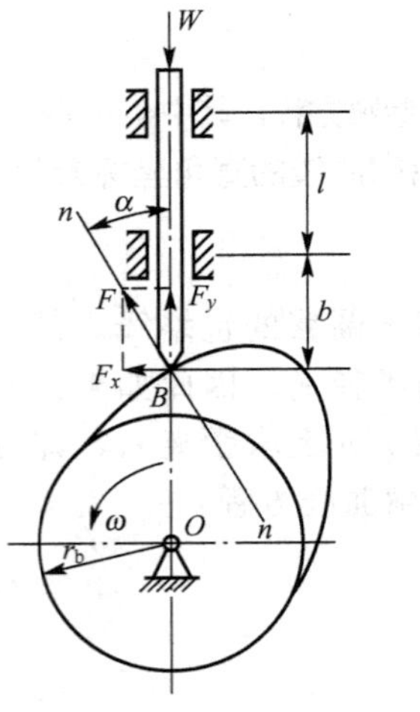

图 4.22　凸轮机构的受力分析

由以上分析可知，从减小机构受力方面考虑，希望压力角越小越好。

4.4.2　基圆半径

图 4.23 所示为偏置尖顶直动从动件盘形凸轮机构推程的一个任意位置。从动件和凸轮在接触点 B 处公法线 nn，与过凸轮轴 O 且垂直于从动件导路的直线相交于 P 点，P 点就是凸轮和从动件的相对速度瞬心。

由速度瞬心的定义可知

$$\overline{OP}=\frac{v_2}{\omega}=\frac{ds}{d\varphi}\qquad(4-10)$$

$$\tan\alpha=\frac{\frac{ds}{d\varphi}\mp e}{s_2+\sqrt{r_b^2-e^2}}\qquad(4-11)$$

式中　r_b——凸轮的基圆半径；

s_2——从动件对应凸轮转角 φ 的位移量；

e——偏距。

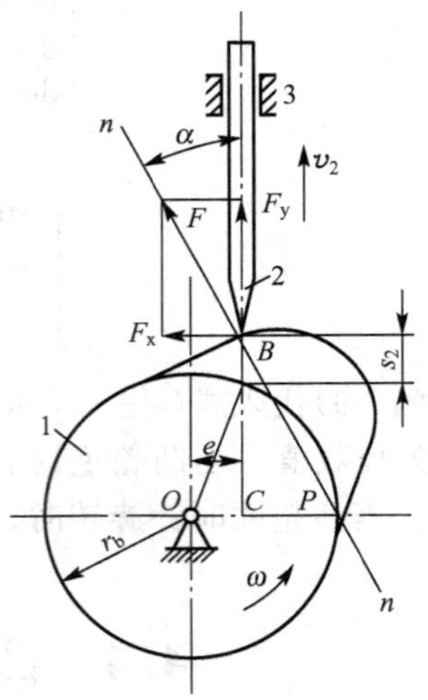

图 4.23　凸轮机构压力角与基圆半径的关系

式中正负号与偏置方向有关，当凸轮顺时针转动时，从动件偏置在凸轮回转中心的左侧时，为正偏置，取“－”，反之为负偏置，取“＋”；当凸轮逆时针转动时，从动件偏置在凸轮回转中心的右侧时为正偏置，反之为负偏置。

显然，在其他条件都不变时，基圆半径越小，压力角越大。基圆半径越小，机构的尺寸越紧凑。但如果因此而使机构的压力角过大，甚至超过许用值 $[\alpha]$，则使机构效率太低，甚至发生自锁。因此，设计时通常是在保证凸轮轮廓的最大压力角不超过许用值的前提下，考虑缩小凸轮的尺寸。

4.4.3 滚子半径

当采用滚子从动件时，应注意滚子半径的选择，如滚子半径选择不当，从动件有可能实现不了预期的运动规律。设滚子半径为 r_r，理论廓线最小曲率半径为 ρ，实际廓线曲率半径为 ρ_a，对于外凸的凸轮廓线，有 $\rho_a=\rho-r_r$。当 $\rho=r_r$时，则 $\rho_a=0$，在凸轮实际轮廓上出现尖点，这种现象为变尖现象，如图 4.24(b)所示，尖点很容易被磨损；当 $\rho<r_r$时，则 $\rho_a<0$，实际廓线发生自交现象，交叉线的上一部分在实际加工中将被切掉(称为过切)，使得从动件在这一部分的运动规律无法实现，这种现象称为运动失真，如图 4.24(c)所示。为了避免以上两种情况的产生，就必须保证 $\rho_{amin}>0$，即必须保证 $\rho_{min}>r_r$。但滚子半径也不宜过小，因过小的滚子将会使滚子与凸轮之间的接触应力增大，且滚子本身的强度不足，所以通常取 $r_r\leqslant 0.8\rho_{min}$。从强度方面考虑，滚子半径应该满足以下条件：$r_r\geqslant(0.1\sim0.5)r_b$。对于内凹的凸轮廓线，滚子半径的选择无此影响。

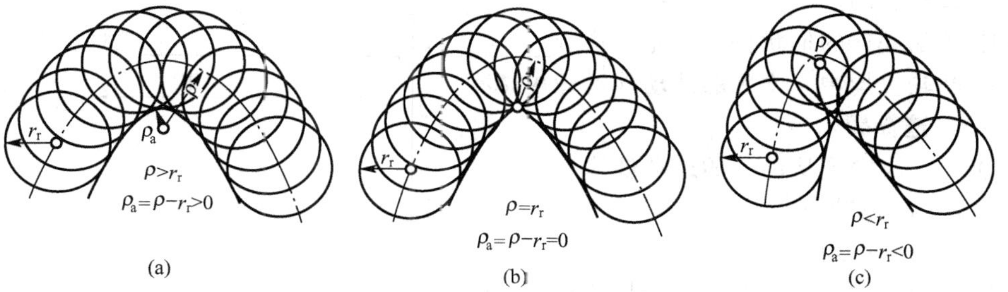

图 4.24 滚子半径与实际廓线的关系

阅读材料

凸轮机构在印刷机中的应用

中国是世界四大文明古国之一，其中具有代表性的发明就是印刷术，而印刷机的发明无疑就是一次质的飞跃。在印刷机的送纸机构中广泛地应用着凸轮机构。凸轮机构是高副机构，结构紧凑、轻便，常用于印刷机、闹钟和各种电器开关等机械和自动控制装置中。

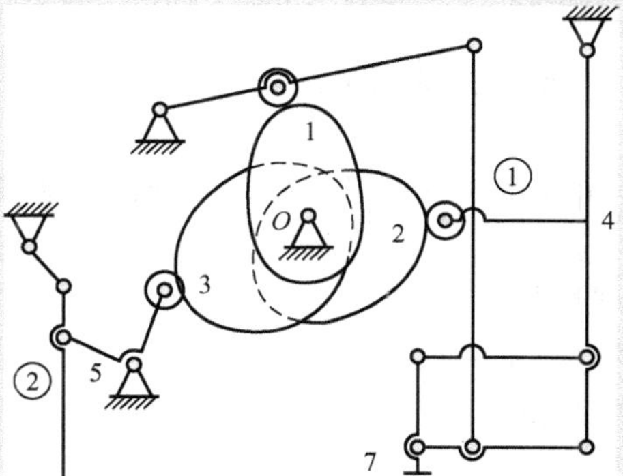

图 4.25 送纸机构

1、2、3—凸轮；4—七杆机构；5—四杆机构；6—压脚；7—提纸吸盘

送纸机构是印刷机的一个重要组成部分，如图 4.25 所示为一种实际应用的印刷机送纸机构的运动简图。凸轮轴 O 上安装有三个凸轮：凸轮 1 及凸轮 2 与七杆机构 4 组成组合机构①，凸轮 3 与四杆机构 5 组成组合机构②。凸轮 1 主要负责运动轨迹的上升段，凸轮 2 负责水平段，凸轮 1、2 共同负责运动轨迹的返回段。组合机构②完成对第二张以下纸张的压紧功能。组合机构①与②之间具有确定的运动

配合关系，即在最上面的一张纸被机构①吸起时，同时机构②的压脚压住下面的一叠纸张，以防被吸起的纸张将下面的带走。

习　题

4－1　填空题

(1) 在凸轮机构从动件的几种常用运动规律中，________运动规律有刚性冲击；________、________运动规律有柔性冲击。

(2) 在设计凸轮机构中，凸轮基圆半径取得越________，所设计的机构越紧凑，但压力角________，使机构的工作情况变坏。

(3) 按凸轮的形状分，凸轮机构分________、________、________三种。

(4) 按从动件的形状分，凸轮机构分________、________、________三种。

(5) 凸轮机构中，常用的从动件运动规律有________、________和________三种。

4－2　选择题

(1) ____决定了从动件的运动规律。

A. 凸轮转速　　B. 凸轮轮廓曲线

C. 凸轮形状

(2) 凸轮机构中，基圆半径是指凸轮转动中心到____半径。

A. 理论轮廓线上的最大　　B. 实际轮廓线上的最大

C. 实际轮廓线上的最小　　D. 理论轮廓线上的最小

(3) 凸轮机构中的压力角是指____间的夹角。

A. 凸轮上接触点的法线与从动件的运动方向

B. 凸轮上接触点的法线与该点线速度

C. 凸轮上接触点的切线与从动件的运动方向

(4) 凸轮机构的压力角大小与____有关。

A. 从动件的位移　　B. 凸轮的基圆半径

C. 凸轮的转动速度

(5) 对于外凸的理论曲线，____，凸轮的实际轮廓曲线总可以作出，不会出现变尖或交叉现象。

A. 当滚子半径大于理论轮廓曲线最小曲率半径时

B. 当滚子半径等于理论轮廓曲线最小曲率半径时

C. 当滚子半径小于理论轮廓曲线最小曲率半径时

D. 无论滚子半径为多大

4－3　思考题

(1) 从动件的常用运动规律有哪几种？它们各有什么特点？各适用什么场合？

(2) 凸轮机构的类型有哪些？

(3) 在用反转法设计盘形凸轮的轮廓线时，应注意哪些问题？

(4) 何谓凸轮机构的理论廓线？何谓凸轮机构的实际廓线？两者有何区别与

联系？

(5) 在直动滚子从动件盘形凸轮机构中，若凸轮实际廓线保持不变，增大或减小滚子半径，从动件运动规律是否发生变化？

(6) 何谓凸轮机构的压力角？当凸轮廓线设计完成后，如何检查凸轮转角为 φ 时机构的压力角 α？若发现压力角超过许用值，可采取什么措施减小推程压力角？

4-4 分析、设计题

(1) 试标明图 4.26 中各凸轮机构在图示位置时的压力角。

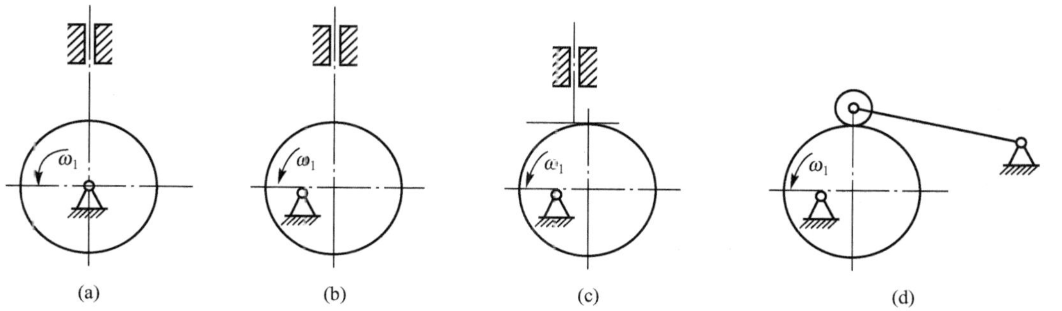

图 4.26 题 4-4(1)图

(2) 在图 4.27 所示的凸轮机构中，凸轮实际轮廓为以 $R=60\text{mm}$ 为半径的圆，其回转轴心 O 到圆心 O'的距离 $e=30\text{mm}$，滚子半径 $r_r=10\text{mm}$。

① 给出该凸轮机构的名称。

② 在图上画出凸轮基圆，并求其半径 r_b。

③ 在图上标出机构位于图示位置时从动件位移 s 及机构压力角 α，并求其大小。

④ 当凸轮由图示位置沿 ω 方向转过 90°后，标出从动件此时的位移 s'及压力角 α'。

⑤ 标出从动件最大位移 h 及从动件处于最大位移时的压力角 α_h。

(3) 摆动滚子从动件盘形凸轮机构如图 4.28 所示。已知凸轮基圆半径 $r_b=30\text{mm}$，凸轮回转中心 O 到从动件的摆动中心 A 的距离 $L_{OA}=75\text{mm}$，从动件长度 $L_{AB}=58\text{mm}$，滚子

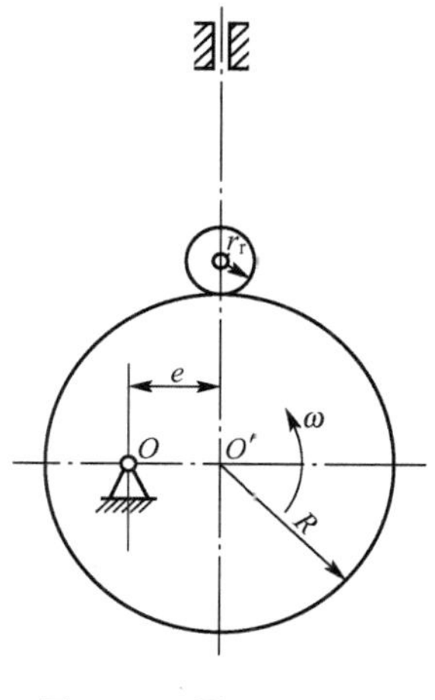

图 4.27 题 4-4(2)图

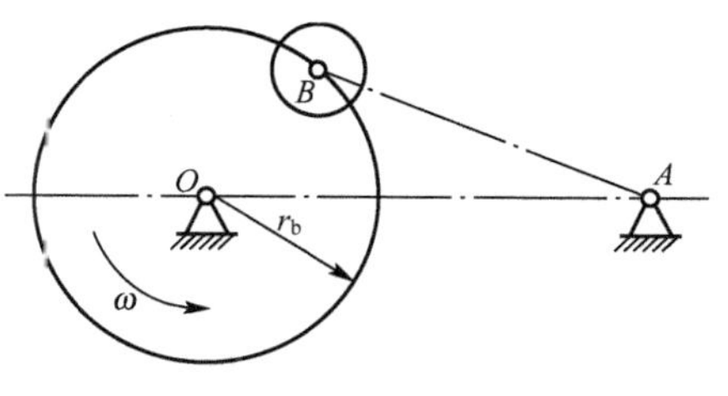

图 4.28 题 4-4(3)图

半径 $r_r=10mm$，凸轮以等角速度 ω 逆时针转动，摆动从动件与凸轮初始位置如图所示，从动件运动规律为：

凸轮转角 φ/(°)	0～180	180～ 300	300～360
从动件摆角 ψ	简谐运动上摆 30°	等加速等减速摆回原处	停止不动

试绘制凸轮轮廓曲线。

第5章 齿轮机构

教学提纲

本章主要介绍齿轮机构的特点及类型；齿廓啮合基本定律；渐开线的形成、性质及渐开线齿廓的啮合特性；渐开线标准直齿圆柱齿轮各部分名称、基本参数和基本尺寸计算；渐开线标准直齿圆柱齿轮的啮合传动：正确啮合条件、连续传动条件、中心距和啮合角；渐开线齿轮的加工、根切现象及变位齿轮；平行轴斜齿圆柱齿轮机构；直齿锥齿轮机构；蜗杆蜗轮机构；齿轮系的类型、功用及各种轮系传动比计算方法等。

教学目标

1. 了解齿轮机构的特点和类型。
2. 掌握齿廓啮合基本定律、渐开线的性质及渐开线齿廓的啮合特性。
3. 掌握渐开线标准直齿圆柱齿轮、平行轴斜齿圆柱齿轮和直齿锥齿轮的各部分名称、基本参数和几何尺寸计算。
4. 掌握渐开线标准直齿圆柱齿轮、平行轴斜齿圆柱齿轮和直齿锥齿轮的啮合特性。
5. 了解渐开线齿廓的切制原理：仿形法和展成法。
6. 掌握渐开线齿轮的根切现象及不根切的最少齿数。
7. 了解变位齿轮的概念。
8. 了解蜗杆传动的特点，掌握圆柱蜗杆传动的基本参数、几何尺寸计算及正确啮合条件。
9. 了解轮系的分类和应用，能正确计算定轴轮系、周转轮系及简单复合轮系的传动比，并能判断从动轮的转向。

5.1 齿轮机构的特点及类型

齿轮机构是现代机械中广泛应用的一种传动机构，是一种高副机构，通过两齿轮齿廓曲面接触来传递空间任意两轴之间的运动和动力，并可改变转动速度和转动方向。

5.1.1 齿轮机构的特点

齿轮机构的优点和缺点分别如下。

优点：

(1) 圆形齿轮机构能保证瞬时传动比恒定不变。

(2) 适用的功率和速度范围广，传递的功率可达到 10^5kW，圆周速度可达 300m/s。

(3) 结构紧凑。

(4) 效率高，$\eta=0.94\sim0.99$。

(5) 工作可靠且寿命长。

缺点：

(1) 需要制造齿轮的专用设备和刀具，成本较高。

(2) 对制造及安装精度要求较高。精度低时，传动的噪声和振动较大。

(3) 不宜用于轴间距离较大的传动。

(4) 无过载保护作用。

正由于齿轮机构有这样的优点，才成为现代机器中应用最广泛的机构之一，也是历史上应用最早的传动机构。

5.1.2 齿轮机构的类型

齿轮机构的类型很多，根据一对齿轮在啮合过程中其传动比($i_{12}=\omega_1/\omega_2$)是否恒定，将齿轮机构分为圆形(圆柱形或圆锥形)齿轮机构(i_{12}为常数)和非圆形(如椭圆形和三角形)齿轮机构(如图 5.1 所示，i_{12}不为常数)两大类。在各种机械中应用最为广泛的是圆形齿轮机构，本章主要研究圆形齿轮机构。

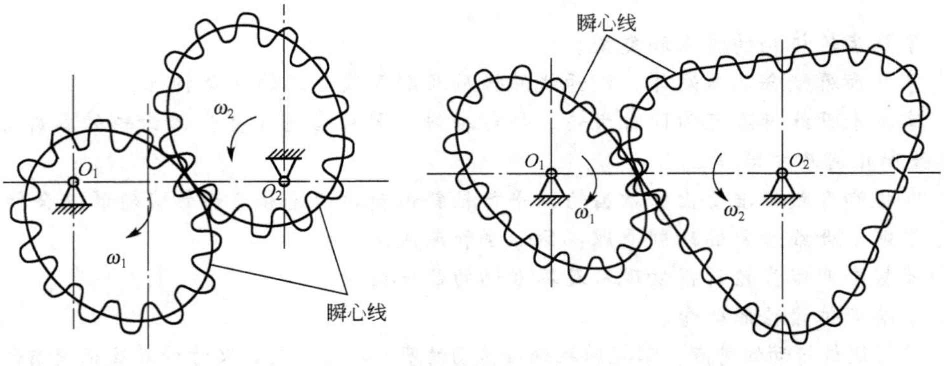

图 5.1 非圆形齿轮机构

圆形齿轮机构的类型也很多，根据两齿轮啮合传动时其相对运动是平面运动还是空间运动，可将其分为平面齿轮机构和空间齿轮机构两类。平面齿轮机构中两齿轮的轴线相互平行；空间齿轮机构中两齿轮轴线相交或空间交错。

在几何体内加工的齿轮叫做内齿轮(也叫齿圈)，在几何体外加工出的齿轮叫外齿轮；在圆柱体上加工的齿轮称为圆柱齿轮，根据轮齿方向不同，圆柱齿轮分为直齿圆柱齿轮(齿轮轮齿方向与齿轮轴线平行)、斜齿圆柱齿轮(齿轮轮齿方向与齿轮轴线倾斜一定角度)，当齿轮半径无穷大时，齿轮就变成齿条；在圆锥体上加工的齿轮称为锥齿轮。

表 5－1 为圆形齿轮机构类型、特点及应用。

表 5－1　圆形齿轮机构类型、特点及应用

<table>
<tr><th colspan="3">齿轮机构类型</th><th>图例</th><th>特点及应用</th></tr>
<tr><td rowspan="6">平面齿轮机构（两齿轮轴线平行）</td><td rowspan="3">直齿圆柱齿轮机构</td><td>外啮合</td><td></td><td>两齿轮的转向相反，结构较为简单，制造工艺成熟，使用寿命较长
该类型是使用场合最多、用量最大的机构，可用于各种减速器、变速器、机床、内燃机、车辆中</td></tr>
<tr><td>内啮合</td><td></td><td>两齿轮中一个是外齿轮，另一个是内齿轮，两齿轮的转向相同
该类型使用较少，可用于行星齿轮减速器中</td></tr>
<tr><td>齿轮齿条啮合</td><td></td><td>可以将直线运动转变为旋转运动或相反，齿条位移有限
该类型可用于有运动转换要求的场合，如普通车床的进给传动系统等</td></tr>
<tr><td rowspan="2">斜齿圆柱齿轮机构</td><td>外啮合</td><td></td><td rowspan="2">不发生根切的齿数较少，重合度较大，相同体积时比直齿圆柱齿轮传递的功率大，有附加轴向力
应用范围较广，可用于各种减速器、变速器、机床、汽车、船只等机械中</td></tr>
<tr><td>内啮合</td><td></td></tr>
<tr><td colspan="2">人字齿轮机构</td><td></td><td>齿形如“人”字，相当于由两个螺旋线方向相反的斜齿轮拼接而成
常用于大功率的传动装置中，但加工困难，制造成本高</td></tr>
</table>

（续）

齿轮机构类型			图　例	特点及应用
空间齿轮机构（两齿轮轴线不平行）	锥齿轮机构（两齿轮轴线相交）	直齿锥齿轮		制造安装方便，传动平稳性差，承载能力低，有轴向力 应用于汽车差速器等需要改变两轴空间位置的机构中，应用较广泛
		曲线齿锥齿轮		轮齿沿母线成弯曲的弧面，传动平稳，承载能力高。常用于高速、重载场合
	两齿轮轴线空间交错	准双曲面齿轮机构		就单个齿轮而言，其外形和参数与曲线齿锥齿轮相同，但此机构的两轴线是空间交错的
		交错轴斜齿圆柱齿轮机构		由两个斜齿圆柱齿轮组成，其齿面为点接触，承载能力较小，两轮齿相对滑动速度较大，效率低。可用于两轴在空间成任意交错角，且轻载低速的场合
		蜗杆蜗轮机构		传动比大，传动平稳，具有自锁性，但效率较低，制造成本高。多用于两轴的交错角为 90°、传动比大、结构较为紧凑的场合，也可用于有自锁要求的场合

按轮齿齿廓曲线的不同，齿轮又可分为渐开线齿轮、圆弧齿轮和摆线齿轮等。其中渐开线齿轮的制造及安装均较方便，故其应用最广泛。

5.2 齿廓啮合基本定律

齿轮是通过齿廓表面的接触来传递运动和动力的，齿廓表面的接触称为啮合。构成齿廓表面的曲线有许多种，无论两齿轮的齿廓形状如何，齿轮传动的瞬时传动比是两个齿轮的瞬时角速度之比，即

$$i_{12}=\frac{\omega_1}{\omega_2} \tag{5-1}$$

齿轮传动的基本要求之一是保证瞬时传动比恒定不变。下面讨论瞬时传动比不变应满足的条件。

如图5.2所示，齿轮机构中一对啮合的轮齿 E_1、E_2，设主动轮1以角速度 ω_1 绕 O_1 轴顺时针方向回转，推动从动轮2以角速度 ω_2 绕 O_2 轴逆时针方向回转，两齿廓在任意点 K 接触。由速度瞬心法三心定理知，过接触点 K 所做的两齿廓公法线 nn 与两齿轮的连心线 O_1O_2 的交点 P 为两齿轮的速度瞬心，有

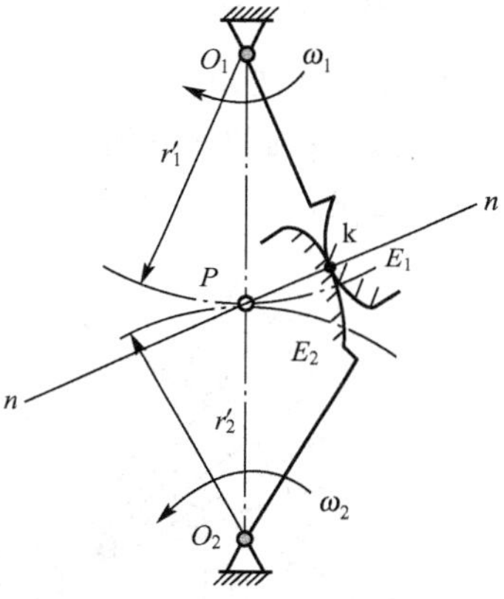

图5.2 齿廓啮合基本定律

$$v_{P1}=v_{P2}$$

则 $$\omega_1\cdot\overline{O_1P}=\omega_2\cdot\overline{O_2P}$$

得传动比 $$i_{12}=\frac{\omega_1}{\omega_2}=\frac{\overline{O_2P}}{\overline{O_1P}} \tag{5-2}$$

可见齿轮传动的瞬时传动比，等于两轮连心线被齿廓接触点的公法线所分成的两段长度的反比，即为齿廓啮合基本定律。

齿轮传动中，连心线长度不变，欲使传动比 i_{12} 为常数，则必须使点 P 为一定点。因此，要使齿轮啮合传动的瞬时传动比恒定不变，则其齿廓应满足的条件是：在啮合传动的任一瞬时，过接触点 K 所做两轮齿廓的公法线交连心线于一定点 P。

点 P 为该对齿轮传动的节点。两齿轮作定传动比传动时，节点 P 为定点，则 O_1P 和 O_2P 为定长。经过 P 点所作的圆为节圆，节点 P 是两节圆的切点，而且两轮在节点 P 处的线速度相等，故齿轮传动时两轮节圆相切做纯滚动。需要注意的是，节点和节圆不是齿轮所固有的，只有两齿轮相啮合时才存在。

设两节圆半径为 r'_1、r'_2，有

$$i_{12}=\frac{\omega_1}{\omega_2}=\frac{\overline{O_2P}}{\overline{O_1P}}=\frac{r'_2}{r'_1} \tag{5-3}$$

满足齿廓啮合基本定律的一对相互啮合的齿廓称为共轭齿廓。理论上，满足齿廓啮合基本定律的曲线有很多，但考虑到便于制造和检测等因素，工程上只有极少数几种曲线可

作为齿廓曲线。其中应用最广的是渐开线，其次是摆线(仅用于钟表)，近年来提出了圆弧曲线和抛物线。

渐开线齿廓的提出已有近两百多年的历史，目前还没有其他曲线可以替代。主要在于它具有很好的传动性能，而且便于制造、安装、测量和互换使用等。本章只研究渐开线齿廓的齿轮。

5.3 渐开线及渐开线齿廓啮合特性

5.3.1 渐开线的形成及性质

1. 渐开线的形成

如图5.3所示，当一直线 $n-n$ 沿一个圆的圆周做纯滚动时，直线上任一点 K 的轨迹 AK，就是该圆的渐开线。这个被滚过的圆叫做基圆，半径用 r_b 表示；直线 $n-n$ 称为渐开线的发生线；θ_k 为渐开线 AK 段的展角。

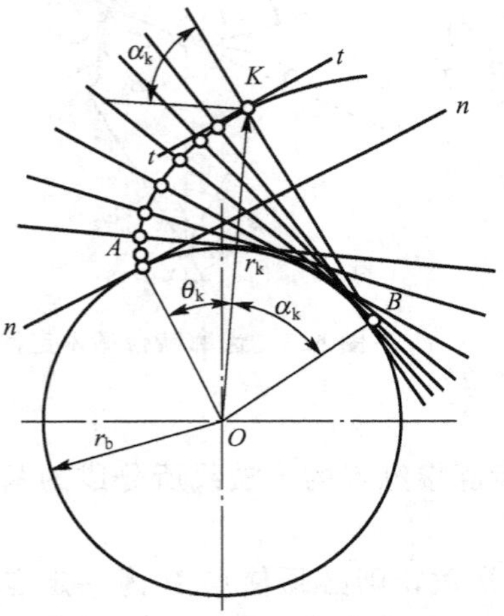

图5.3 渐开线的形成

2. 渐开线的性质

根据渐开线的形成过程，渐开线具有如下性质：

(1) 由于发生线在基圆上做纯滚动，所以发生线沿基圆滚过的直线长度等于基圆上被滚过的弧长，即

$$\overline{KB}=\widehat{AB}$$

(2) 由于发生线在基圆上做纯滚动，发生线与基圆的切点 B 即为发生线和基圆的速度瞬心，发生线上 K 点的速度方向与 BK 垂直，即为渐开线上 K 点的切线方向，则发生线 BK 为渐开线在 K 点的法线。渐开线上任一点的法线必与基圆相切。

(3) 发生线与基圆的切点 B 也是渐开线 K 点的曲率中心，BK 为渐开线在 K 点的曲率半径。由图5.3可知，渐开线离基圆越远，曲率半径越大。基圆上的曲率半径为零。

(4) 渐开线的形状取决于基圆大小(图5.4)。基圆半径越大，其曲率半径越大，渐开线越平直。当基圆半径无穷大时，渐开线就变成一条直线，齿轮也就演变成齿条。

(5) 因渐开线从基圆开始向外展开，故基圆内无渐开线。

(6)同一基圆上的任意两条渐开线，无论是同向的还是反向的，沿公法线方向对应点之间的距离处处相等，如图5.5所示，可以证明 $A_1B_1=A_2B_2$，$B_1E_1=B_2E_2$。

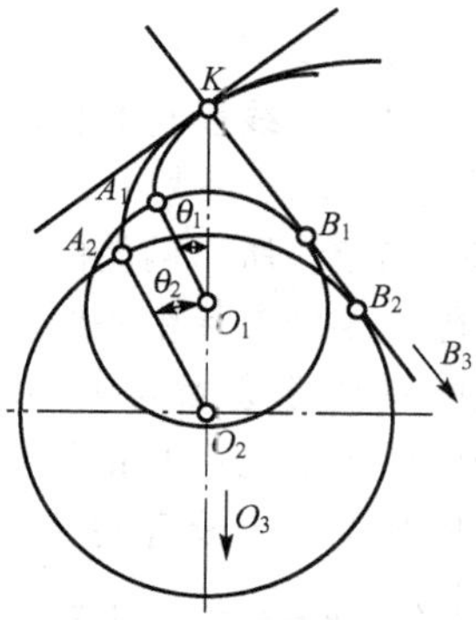

图 5.4 渐开线的形状取决于基圆的大小

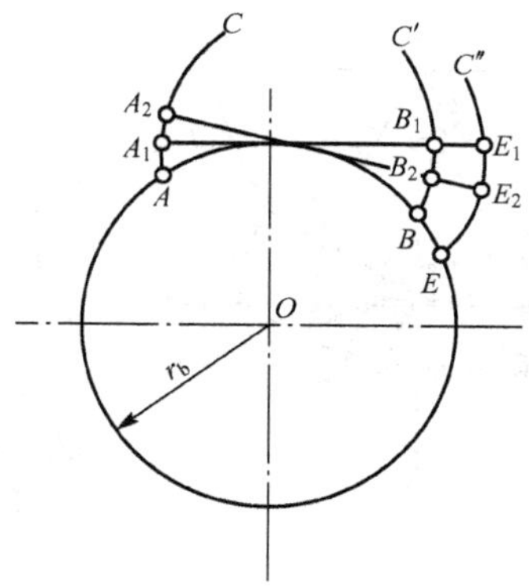

图 5.5 两渐开线之间的公法线

5.3.2 渐开线函数及渐开线方程

如图5.3所示，以O为极点，以OA为极坐标，渐开线上任意一点K的极坐标可以用向径r_k和展角θ_k来表示。当以此渐开线作为齿轮的齿廓，并两齿轮啮合传动时，该齿廓在接触点K所受正压力方向(是法线KB方向)与该点速度方向(垂直于直线OK方向)之间所夹的锐角称为渐开线上K点的压力角，用α_k表示。图中$\alpha_k=\angle BOK$。

在$\triangle OBK$中：

$$r_k=\frac{r_b}{\cos\alpha_k} \tag{5-4}$$

$$\tan\alpha_k=\frac{\overline{BK}}{r_b}=\frac{\overset{\frown}{AB}}{r_b}=\frac{r_b(\alpha_k+\theta_k)}{r_b}=\alpha_k+\theta_k$$

即$\theta_k=\tan\alpha_k-\alpha_k$。

展角θ_k称为压力角α_k的渐开线函数，工程上常用$inv\alpha_k$来表示，即

$$\theta_k=inv\alpha_k=\tan\alpha_k-\alpha_k$$

综上所述，渐开线的极坐标方程式为

$$\begin{cases} r_k=\dfrac{r_b}{\cos\alpha_k} \\ \theta_k=inv\alpha_k=\tan\alpha_k-\alpha_k \end{cases} \tag{5-5}$$

5.3.3 渐开线齿廓的啮合特性

1. 渐开线齿廓满足啮合基本定律

如图5.6所示，由渐开线上任意一点法线必与基圆相切的性质可知，无论两齿廓在任何位置啮合，过接触点的公法线是相互啮合的两齿轮基圆的内公切线。当两齿轮啮合传动时，两齿轮位置不变，两齿轮基圆位置不变，这一方向的内公切线有且只有这一条。所以该直线是一条定直线，与连心线O_1O_2的交点P是固定点，满足啮合基本定律。因此，一对渐开线齿廓能实现定传动比传动。即

$$i_{12}=\frac{\omega_1}{\omega_2}=\frac{O_2P}{O_1P}=常数$$

2. 渐开线齿廓传动具有中心距可分性

如图5.6所示，由于$\triangle O_1N_1P$相似$\triangle O_2N_2P$，所以两轮的传动比可以写成

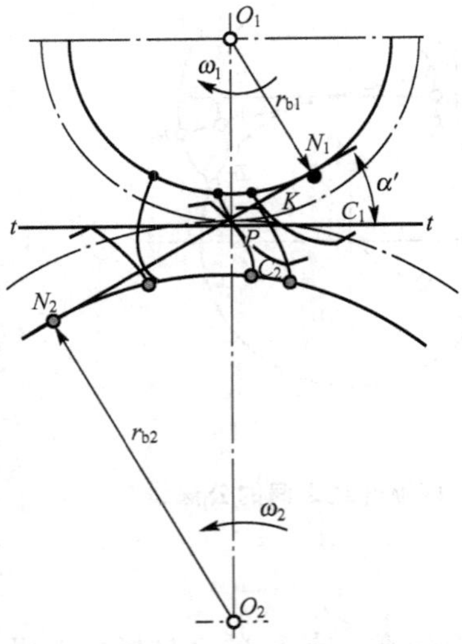

图 5.6 渐开线齿廓的啮合特性

$$i_{12}=\frac{\omega_1}{\omega_2}=\frac{O_2P}{O_1P}=\frac{r'_2}{r'_1}=\frac{r_{b2}}{r_{b1}} \tag{5-6}$$

式(5-6)说明，一对渐开线齿轮的传动比等于两轮基圆半径的反比，而 i_{12} 决定于基圆的大小。当两个齿轮加工完成后，其基圆大小完全确定，所以两轮的传动比也就完全确定。因此，即使两齿轮安装的实际中心距与设计中心距略有偏差，两齿轮之间的传动比不会因为中心距的改变而改变。这一特性称为渐开线齿轮传动的中心距可分性。这一特点对渐开线齿轮的制造、安装都是十分有利的。

3. 渐开线齿廓啮合的啮合线为定直线

一对齿轮啮合传动时，两轮齿廓接触点的运动轨迹称为啮合线。由于啮合点 P 在公法线上，所以公法线即为啮合线。而公法线是一条定直线，所以渐开线齿廓的啮合线也为一定直线。在渐开线齿轮啮合传动中，过齿廓接触点的公法线、渐开线齿廓的啮合线、两齿轮基圆的内公切线和齿轮传动的正压力作用线为同一条直线，即四线合一。

4. 渐开线齿廓啮合的啮合角不变

如图 5.6 所示，啮合线 N_1N_2 与两节圆的公切线 tt 所夹的锐角称为啮合角，用 α' 表示。由于 N_1N_2 这条线是作用力的方向线，所以啮合角等于节点处的压力角。由于作用力的方向不变，所以啮合角也就不变。这一特性对提高齿轮传动的平稳性十分有利。

5.4 渐开线标准直齿圆柱齿轮的基本参数及几何尺寸

5.4.1 齿轮各部分名称和符号

图 5.7 所示为一标准直齿圆柱外齿轮的一部分，齿轮各部分名称、符号和含义见表 5-2。

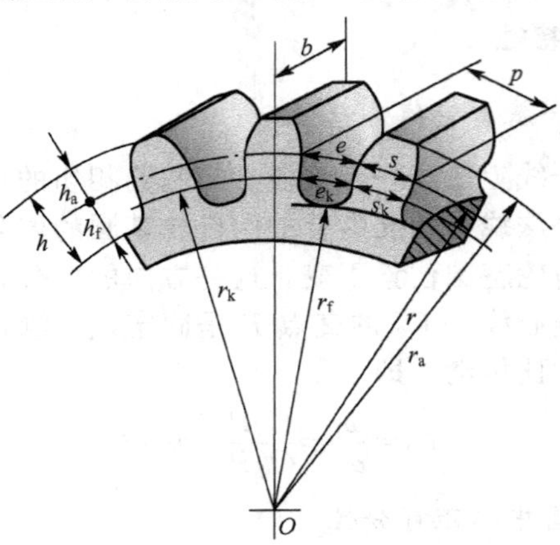

图 5.7 齿轮各部分名称和符号

表 5-2 齿轮各部分名称、符号及含义

名称	符号	含义
轮齿		齿轮上的每一个用于啮合的凸起部分
齿槽		轮齿之间的空间部分
齿顶圆	直径 d_a、半径 r_a	以齿轮轴心 O 为圆心，过齿轮各轮齿顶端所作的圆
齿根圆	直径 d_f、半径 r_f	以齿轮轴心 O 为圆心，过齿轮各齿槽底部所作的圆
齿厚	s_k	在半径为 r_k 的任意圆周上，一个轮齿两侧齿廓间的弧长为该圆上的齿厚。从齿顶圆到齿根圆之间，不同圆上的齿厚是不等的
齿槽宽	e_k	在半径为 r_k 的任意圆周上，相邻两轮齿之间的弧长为该圆上的齿槽宽。从齿顶圆到齿根圆之间，不同圆上的齿槽宽是不等的
齿距	p_k	在半径为 r_k 的任意圆周上，相邻两轮齿同侧齿廓间的弧长为该圆上的齿距。在同一圆上，齿距等于齿厚与齿槽宽之和，即 $p_k=s_k+e_k$
分度圆	直径 d、半径 r	在齿轮上取一个特定圆作为齿轮尺寸计算的基准，使这个圆上有标准模数和压力角。该圆上的所有尺寸和参数符号不带下标。其分度圆上的齿距、齿厚和齿槽宽的关系为：$p=s+e$
齿顶高	h_a	轮齿介于分度圆与齿顶圆之间的部分称为齿顶，其径向高度为齿顶高
齿根高	h_f	轮齿介于分度圆与齿根圆之间的部分称为齿根，其径向高度为齿根高
齿全高	h	齿顶圆与齿根圆之间的径向高度为齿全高，即 $h=h_a+h_f$
齿宽	b(B)	齿轮的有齿部分沿齿轮轴线方向度量的宽度

5.4.2 齿轮的基本参数

1. 齿数

在齿轮圆周上均匀分布的轮齿总数称为齿数，用 z 表示。

2. 模数和标准模数

由于齿轮任意圆的周长等于 zp_k，故有 $\pi d_k=zp_k$

所以任意圆周的直径 d_k 为

$$d_k=\frac{p_k}{\pi}z \tag{5-7}$$

由于 π 是无理数，不便于计算和测量，所以定义 $m_k=\frac{p_k}{\pi}$ 为简单的有理数列，称为模数，则 $d_k=m_kz$。由于齿轮不同圆上的模数不相等，为了便于设计、制造和互换，规定一

个特定圆上的模数为标准值，称为标准模数 m。这一特定圆为分度圆。标准模数系列值见表 5-3。则

$$m=\frac{p}{\pi} \text{ 或 } p=\pi m \tag{5-8}$$

分度圆直径：

$$d=mz \tag{5-9}$$

表 5-3　圆柱齿轮标准模数系列表(GB/T 1357—2008)　　(单位：mm)

第一系列	…1　1.25　1.5　2　2.5　3　4　5　6　8　10　12　16　20　25　32　40
第二系列	…1.75　2.25　2.75　(3.25)　3.5　(3.75)　4.5　5.5　(6.5)　7　9　(11)　14　18　22　28　36　45

注：1. 选用模数时，应优先采用第一系列，其次是第二系列，括号内的模数尽可能不用。
2. 本标准适用于渐开线圆柱齿轮，对于斜齿轮是指法向模数。

模数的单位为 mm。由式(5-8)、式(5-9)可知，模数 m 越大，齿距越大，齿轮的分度圆直径也越大(图 5.8)。故模数是设计和制造齿轮的一个重要参数，模数的大小直接决定齿轮的大小。

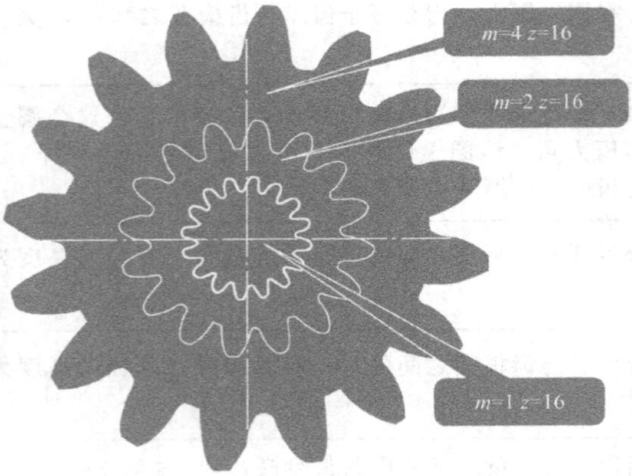

图 5.8　不同模数齿轮尺寸的比较

3. 压力角 α

由式(5-4)可知，渐开线上任一点的压力角 α_k 为

$$\cos\alpha_k=\frac{r_b}{r_k} \tag{5-10}$$

渐开线齿廓上各点的压力角是不同的，离基圆越近的点压力角越小，基圆上的压力角为零。将分度圆上的压力角规定为标准值，称为标准压力角，用 α 表示。则有

$$\alpha=\arccos\left(\frac{r_b}{r}\right)$$

可得基圆半径计算公式为

$$r_b=r\cos\alpha=\frac{mz}{2}\cos\alpha \tag{5-11}$$

国家标准规定，分度圆上压力角的标准值为 20°。在某些特殊场合，α 也可采用其他值，如 15°和 25°等。

4. 齿顶高系数和顶隙系数

因为齿轮轮齿的齿顶高和齿根高都与模数 m 成正比，所以齿顶高和齿根高可表示为

$$\begin{cases} h_a = h_a^* m \\ h_f = (h_a^* + c^*)m \end{cases} \tag{5-12}$$

式中 h_a^*、c^*——齿顶高系数和顶隙系数，均为标准值，见表5-4。

表5-4 齿顶高系数和顶隙系数(GB/T 1357—2008)

	正常齿制	短齿制
齿顶高系数 h_a^*	1	0.8
顶隙系数 c^*	0.25	0.3

从式(5-12)可以看出，齿根高与齿顶高有 c^*m 间隙，称为顶隙。如图5.9所示，顶隙是一对齿轮啮合时，一个齿轮的齿顶圆与另一个齿轮的齿根圆之间的径向距离，用 c 表示。顶隙的存在可以存储润滑油，也可以防止轮齿干涉。

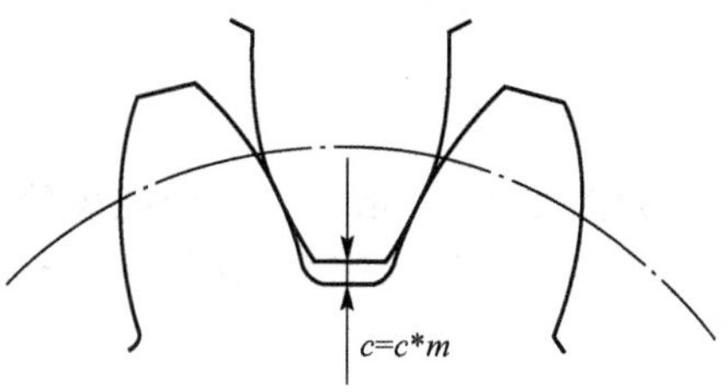

图5.9 齿轮之间的顶隙

5.4.3 标准直齿圆柱齿轮的几何尺寸计算

若齿轮的基本参数中的 m、α、h_a^*、c^* 均为标准值，而且分度圆的齿厚等于齿槽宽，这样的齿轮称为渐开线标准齿轮。标准直齿圆柱齿轮的几何尺寸计算公式列于表5-5中。

表5-5 渐开线标准直齿圆柱齿轮几何尺寸计算公式

名称	符号	计算公式	
		小齿轮	大齿轮
模数	m	根据齿轮的结构和受力情况，选取标准值	
压力角	α	选取标准值20°	
分度圆直径	d	$d_1 = mz_1$	$d_2 = mz_2$
齿顶高	h_a	$h_{a1} = h_{a2} = h_a^* m$	
齿根高	h_f	$h_{f1} = h_{f2} = (h_a^* + c^*)m$	
齿全高	h	$h_1 = h_2 = (2h_a^* + c^*)m$	
齿顶圆直径	d_a	$d_{a1} = (z_1 \pm 2h_a^*)m$	$d_{a2} = (z_2 \pm 2h_a^*)m$
齿根圆直径	d_f	$d_{f1} = (z_1 \mp 2h_a^* \mp 2c^*)m$	$d_{f2} = (z_2 \mp 2h_a^* \mp 2c^*)m$
基圆直径	d_b	$d_{b1} = z_1 m\cos\alpha$	$d_{b2} = z_2 m\cos\alpha$
齿距	p	$p = m\pi$	
基圆齿距	p_b	$p_b = m\pi\cos\alpha$	
分度圆齿厚	s	$s = p/2 = m\pi/2$	

（续）

名称	符号	计算公式	
		小齿轮	大齿轮
分度圆齿槽宽	e	$e=p/2=m\pi/2$	
标准中心距	a	$a=\frac{1}{2}(d_2\pm d_1)=\frac{1}{2}(z_2\pm z_1)m$	

注：含有“±”或“∓”的公式，上面的符号用于外齿轮（或外啮合），下面的符号用于内齿轮（或内啮合）。

5.4.4 内齿轮和齿条

1. 内齿轮

如图5.10所示，内齿圆柱齿轮的轮齿分布在空心圆柱内表面上，相同基圆的内、外齿轮的齿廓曲线为完全相同的渐开线，但轮齿的形状不同。与外齿轮相比内齿轮有以下不同点：

(1) 外齿轮轮齿是外凸的，而内齿轮的轮齿是内凹的。所以内齿轮的齿厚相当于外齿轮的齿槽宽，内齿轮的齿槽宽相当于外齿轮的齿厚。

(2) 内齿轮的齿顶圆小于齿根圆，而外齿轮的齿顶圆大于齿根圆。

(3) 为保证内齿轮的齿顶部分全部为渐开线，齿顶圆必须大于基圆。

2. 齿条

图5.11所示为一标准齿条。当齿轮齿数增大到无穷多时，基圆半径为无穷大，渐开线齿廓曲线变为直线，齿轮演变为齿条。同时，齿顶圆、齿根圆、分度圆也变为相应的齿顶线、齿根线、分度线(也称为齿条中线)。齿条与齿轮相比有以下两点不同：

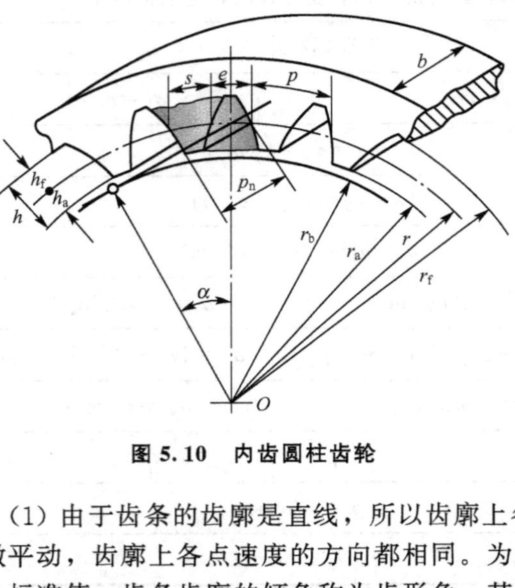

图5.10 内齿圆柱齿轮

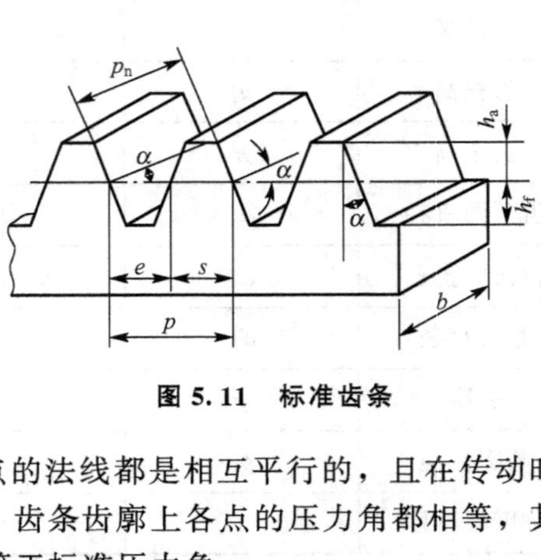

图5.11 标准齿条

(1) 由于齿条的齿廓是直线，所以齿廓上各点的法线都是相互平行的，且在传动时齿条做平动，齿廓上各点速度的方向都相同。为此，齿条齿廓上各点的压力角都相等，其大小为标准值。齿条齿廓的倾角称为齿形角，其值等于标准压力角。

(2) 由于齿条的各同侧齿廓都是平行的，所以在与分度线相平行的任一直线上的齿距处处相等，即 $p_k = p = m\pi$($p_b = p\cos\alpha$ 例外)，使齿廓不同高度线上的模数均相等，都等于标准模数。

齿条的基本尺寸计算可参照表 5-5 中外齿轮的尺寸计算公式。

5.5 渐开线标准直齿圆柱齿轮的啮合传动

不是任意两个齿轮组装在一起就可以正常工作的，要实现一对齿轮的正常工作还需要满足一些基本条件。

5.5.1 渐开线齿轮的正确啮合条件

如图 5.12 所示，齿轮相邻两齿同侧齿廓间沿公法线所量得的距离称为齿轮的法向齿距，用 p_n 表示。根据渐开线性质 1，法向齿距 p_n 应等于基圆上的齿距 p_b，即

$$p_n = p_b = \pi d_b / z = \pi m\cos\alpha = p\cos\alpha \tag{5-13}$$

如果两个齿轮能够正确啮合传动，则必须使一个齿轮的轮齿能够顺利地进入到另一个齿轮的齿槽中，并且应使相互啮合的一对齿廓的接触点在啮合线 N_1N_2 上，否则，将无法进行正确的啮合传动。图 5.12 所示为齿轮啮合传动的三种情况，N_1N_2 线是啮合线。图 5.12(a)中 $p_{b1} < p_{b2}$，两齿轮啮合时可能被卡住，不能正确啮合；图 5.12(b)中 $p_{b1} = p_{b2}$，两齿轮能正确啮合；图 5.12(c)中 $p_{b1} > p_{b2}$，两齿轮啮合时传动中断不连续，也不能正确啮合。故为了保证前后两对轮齿能在啮合线上同时接触而又不产生干涉，必须使两齿轮的法向齿距 p_n 相等，即 $p_{n1} = p_{n2}$ 或 $p_{b1} = p_{b2}$，则有

$$m_1\cos\alpha_1 = m_2\cos\alpha_2$$

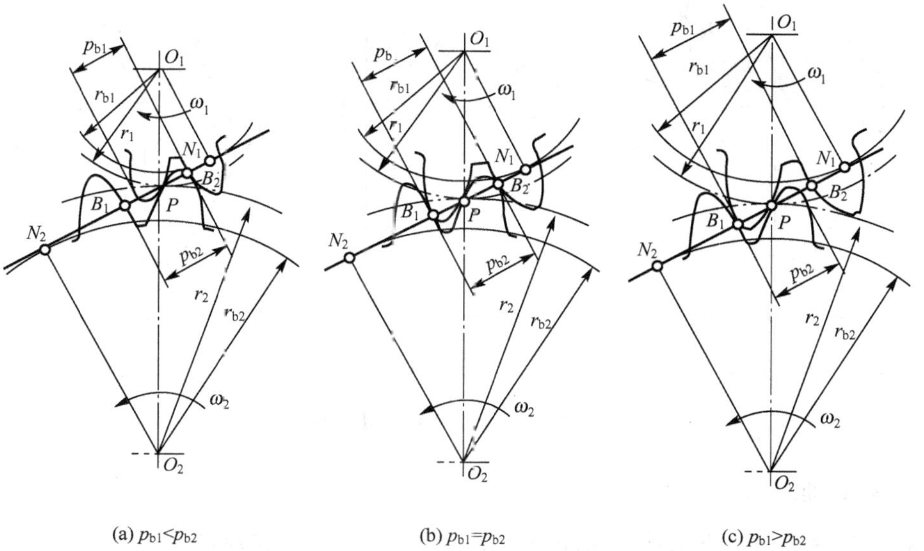

(a) $p_{b1}<p_{b2}$　　(b) $p_{b1}=p_{b2}$　　(c) $p_{b1}>p_{b2}$

图 5.12 齿轮正确啮合条件

由于齿轮的模数、压力角都是标准值，则渐开线直齿圆柱齿轮的正确啮合条件为：两齿轮的模数和压力角必须分别相等，即

$$\begin{cases} m_1 = m_2 = m \\ \alpha_1 = \alpha_2 = \alpha \end{cases} \tag{5-14}$$

则一对渐开线直齿圆柱齿轮的传动比为

$$i_{12} = \frac{\omega_1}{\omega_2} = \frac{r_{b2}}{r_{b1}} = \frac{r_2 \cos\alpha}{r_1 \cos\alpha} = \frac{r_2}{r_1} = \frac{z_2}{z_1} \tag{5-15}$$

即传动比不仅等于两轮的基圆、节圆、分度圆半径的反比，而且等于两轮齿数的反比。

5.5.2 渐开线齿轮连续传动的条件

1. 齿轮啮合传动的过程

如图 5.13(a)所示，齿轮开始进入啮合时，主动轮 1 的齿根部分齿廓与从动轮的齿顶在 B_2 点接触，该点为啮合起始点，为从动轮的齿顶圆与啮合线 N_1N_2 的交点；当啮合传动到主动轮的齿顶与从动轮的齿根处，齿廓在 B_1 点接触时，两轮齿即将脱离啮合，则 B_1 点为啮合终止点，为主动轮的齿顶圆与啮合线 N_1N_2 的交点。线段$\overline{B_1B_2}$为啮合点的实际运动轨迹，称为实际啮合线。由于基圆内无渐开线，故啮合线$\overline{N_1N_2}$是理论上最长的啮合线，为理论啮合线，N_1、N_2 点称为啮合极限点。

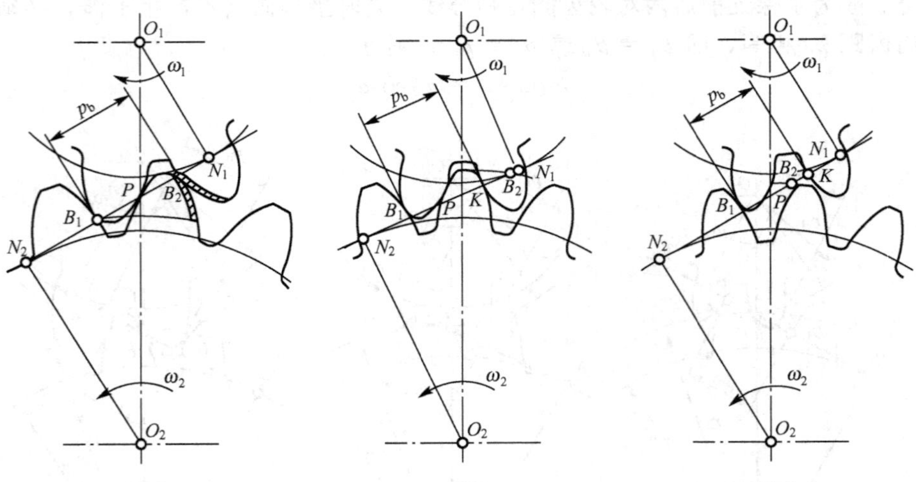

(a) $\overline{B_1B_2}=p_b$　(b) $\overline{B_1B_2}>p_b$　(c) $\overline{B_1B_2}<p_b$

图 5.13 齿轮连续传动条件

2. 齿轮连续传动的条件

一对齿轮除了满足正确啮合条件外，还必须保证传动是连续的。下面进一步研究一对齿轮连续正确传动的条件。从上述轮齿啮合过程可以看出，为了使齿轮能连续传动，必须保证在前一对轮齿尚未脱离啮合时，后一对轮齿就应及时地进入啮合。如图 5.13 所示，

当$\overline{B_1B_2}=p_b$时(图5.13(a))，表示在B_1、B_2点接触的瞬间是两对轮齿接触外，始终有一对轮齿处于啮合状态，传动刚好连续；当$\overline{B_1B_2}>p_b$时(图5.13(b))，表示除了节点附近是一对齿啮合外，多数时候是两对齿啮合，传动连续；若$\overline{B_1B_2}<p_b$(图5.13(c))，则表示当前一对轮齿在B_1点要终止啮合时，后一对轮齿尚未进入啮合，啮合传动没有连续，不能保证原有的定传动比传动。

由此可见，齿轮连续传动的条件是

$$\overline{B_1B_2}\geqslant p_b$$

实际啮合线$\overline{B_1B_2}$与齿距p_b的比值称为齿轮传动的重合度，用ε_α表示，则渐开线齿轮连续传动的条件为

$$\varepsilon_c=\frac{\overline{B_1B_2}}{p_b}\geqslant 1 \tag{5-16}$$

理论上讲，重合度$\varepsilon_\alpha=1$就能保证齿轮连续传动。但因齿轮的制造、安装有误差，为确保齿轮的连续传动，应使重合度大于1。在实际应用中，ε_α应大于或等于一定的许用值$[\varepsilon_\alpha]$，即$\varepsilon_\alpha\geqslant[\varepsilon_\alpha]$。$[\varepsilon_\alpha]$值是由齿轮传动的使用要求和制造精度而定的，常用的$[\varepsilon_\alpha]$推荐值见表5-6。

表5-6 $[\varepsilon_\alpha]$的推荐值

适用场合	一般机械制造业	汽车、拖拉机	金属切削机床
$[\varepsilon_\alpha]$	1.4	1.1～1.2	1.3

重合度表示一对齿轮在啮合过程中，同时参与啮合的轮齿对数的多少。其意义为：

(1) $\varepsilon_\alpha=1$，表示在齿轮啮合的全过程，始终只有一对轮齿在啮合。

(2) $\varepsilon_\alpha=1.4$，如图5.14所示，由于$\overline{B_1B_2}=1.4p_b$，所以实际啮合线B_2B_1线段上，前后$0.4p_b$两线段内，均为两对轮齿参与啮合，为双齿啮合区；而中间$0.6p_b$线段内，只有一对齿啮合，为单齿啮合区。在齿轮转过一个齿距p_b的时间内，有40%的时间是两对齿啮合，60%的时间是一对齿啮合。

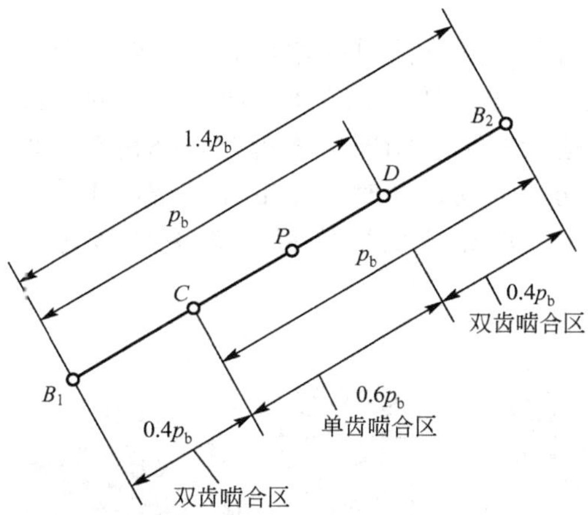

图5.14 重合度的意义

重合度不仅是齿轮传动的连续性条件，而且是衡量齿轮承载能力和传动平稳性的重要指标，重合度越大，同时参与啮合的轮齿对数越多，传动越平稳，承载能力越大。

5.5.3 渐开线标准齿轮传动的中心距

在齿轮啮合传动时，为了避免齿轮反转时发生冲击和出现空程，理论上要求无齿侧间隙啮合，即相互啮合两齿轮中一轮节圆齿厚应等于另一轮节圆齿槽宽($s_1'=e_2'$且$e_1'=s_2'$)。

当两齿轮标准安装时，使两齿轮分度圆与节圆重合，则有

$$\begin{cases} s_1 = e_1 = \dfrac{\pi m}{2} = s_2 = e_2 \\ s_1' = s_1 = e_2 = e_2' \end{cases}$$

可实现无侧隙啮合要求。标准安装时，分度圆直径与节圆直径相等：$d=d'$，两齿轮分度圆相切做纯滚动，且 $\alpha'=\alpha$。此时中心距为标准中心距，即

$$a = r_1' + r_2' = r_1 + r_2 = \frac{m(z_1+z_2)}{2} \tag{5-17}$$

当实际中心距与标准中心距不相等时，两齿轮分度圆与节圆不再重合，两齿轮分度圆不相切而是分离，其安装为非标准安装。此时啮合角不再等于分度圆上的压力角。中心距为

$$a' = r_1' + r_2' = (r_1 + r_2)\frac{\cos\alpha}{\cos\alpha'} = a\frac{\cos\alpha}{\cos\alpha'} \tag{5-18}$$

5.6 渐开线齿轮的加工及根切现象

5.6.1 渐开线齿轮加工原理

齿轮的加工方法有铸造法、热轧法、切削法等，最常用的是切削法。渐开线齿轮的切削加工方法按其原理不同分为仿形法和展成法两种。

1. *仿形法*

仿形法是最简单的切齿方法。轮齿是在普通铣床上用盘状齿轮铣刀(图 5.15(a))或指状齿轮铣刀(图 5.15(b))加工出来的。铣刀为成形铣刀，即刀具的轴剖面形状与齿轮的齿槽齿廓形状相同。铣齿时，把齿轮毛坯安装在铣床工作台上，铣刀绕自身的轴线做旋转切削运动，同时齿轮毛坯随铣床工作台沿齿轮轴线方向做直线进给运动。铣出一个齿槽后，机床分度机构将齿轮毛坯转过 $360°/z$，再铣第二个齿槽，直至加工出全部轮齿。

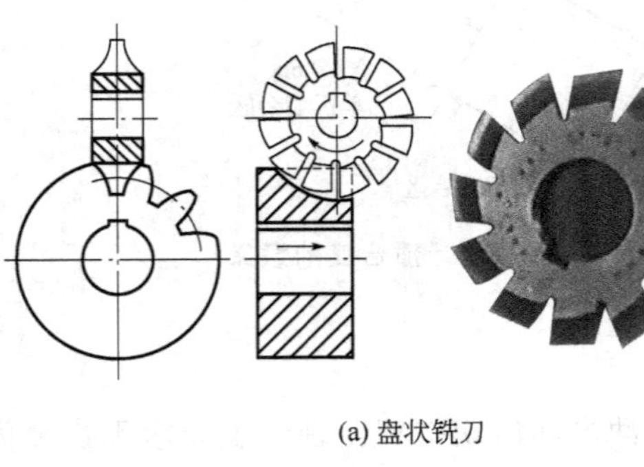

(a) 盘状铣刀

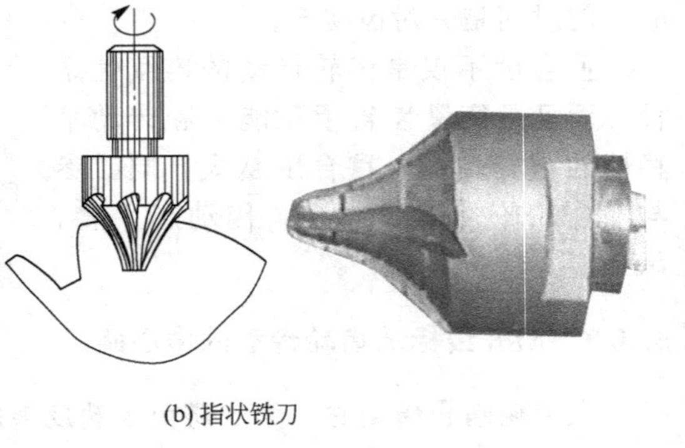

(b) 指状铣刀

图 5.15 仿形法加工齿轮

仿形法加工齿轮的特点：

优点：加工方法简单，不需要专门的齿轮加工设备，在普通铣床上即可进行。

缺点：理论上，用仿形法加工齿轮时，一把铣刀只能精确地加工出模数和压力角与刀具相同的一种齿数的齿轮，该齿轮被称为精确齿轮。要保证加工出的渐开线齿形都精确，就要求同一模数下，不同的齿数各有一把刀具，会使铣刀的数量过多。而实际生产中，为减少刀具的数量，同一模数和压力角的铣刀通常有8把，因此，加工出的齿形不够准确。轮齿的分度误差也会造成齿轮加工精度低。由于加工不连续，生产效率也低。

因此，仿形法只适用于修配、单件生产以及对齿轮精度要求不高的齿轮加工。

2. *展成法*

展成法也称为范成法，是利用一对齿轮无侧隙啮合时，两轮的齿廓互为包络线的原理加工齿轮的一种加工方法。这种方法采用的刀具主要有插齿刀和滚刀。由于加工精度较高，所以是目前轮齿切削加工的主要方法。

1）插齿加工

机床：插齿机(图 5.16(c)、(d)和图 5.17(c))。

(a) 齿轮插齿刀

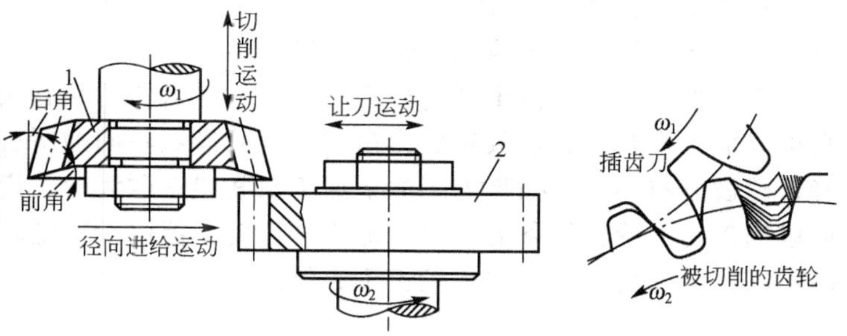

(b) 加工时产生的运动

(c) 插齿机加工外齿轮

(d) 插齿机加工内齿轮

图 5.16 用齿轮插刀加工齿轮

1—齿轮插齿刀；2—齿轮轮坯

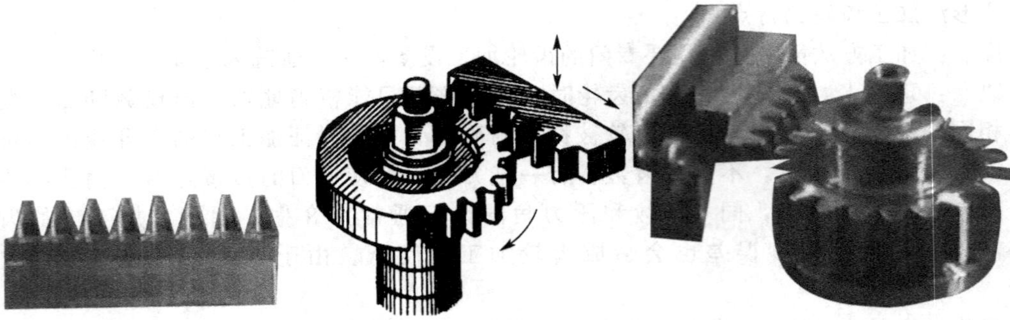

(a) 齿条插刀　　(b) 加工时产生的运动　　(c) 齿轮加工

图 5.17　用齿条插刀加工齿轮

刀具：齿轮插齿刀(图 5.16(a))或齿条插刀(图 5.17(a))。插齿刀实际上是一个具有刀刃的渐开线直齿圆柱外齿轮(或齿条)，只是刀具齿顶比传动齿轮(或齿条)高出顶隙 c 的距离，以保证切制的齿轮在传动时具有顶隙。

加工时产生的运动(图 5.16(b) 和图 5.17(b))：①插齿刀沿齿坯轴线做上下往复切削运动；②通过机床传动系统，迫使刀具与被加工齿轮齿坯以一定传动比模仿一对齿轮的啮合传动做相对转动(即展成运动)，直至切出全部齿槽；③让刀运动，避免插齿刀在空行程时与齿轮轮坯齿面产生摩擦；④径向进给运动。

插齿加工特点：由于插齿加工是应用一对齿轮的啮合关系切出齿廓，所以用同一把刀具可以加工出与刀具模数和压力角相等，而齿数不同的所有齿轮，并且加工出来的齿形准确，轮齿分布均匀。插齿加工适于加工双联或三联齿轮。齿轮插刀不仅能加工外齿轮，也可以加工内齿轮，齿条插刀只能加工外齿轮。但由于有空行程，是间断切削，所以生产效率不高。用插齿刀加工斜齿轮也不方便。

2) 滚齿加工

机床：滚齿机(图 5.18(c))。

刀具：滚刀(图 5.18(a))。滚刀的形状像个螺杆，在与螺旋线垂直的方向上开有若干个槽，从而形成刀刃。其轴平面为一齿条。

滚齿加工产生的运动(图 5.18(b))：①滚刀绕自己轴线的旋转切削运动；②通过机床传动系统，迫使刀具与被加工齿轮轮坯以一定传动比模仿一对齿轮啮合传动作相对转动(即展成运动)，直至切出全部齿槽；③滚刀沿齿轮轮坯轴向作进给运动，从而切出整个齿宽。

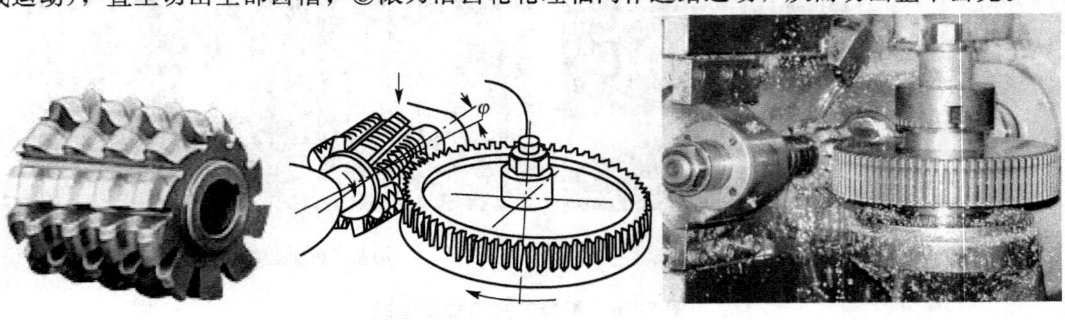

(a) 齿轮滚刀　　(b) 滚齿加工过程　　(c) 滚齿机加工直齿轮

图 5.18　用齿轮滚刀加工齿轮

滚齿加工特点：用滚刀加工齿轮本质与用齿条插刀加工齿轮相同，所以加工精度高，而且滚刀连续切削，没有空行程，因此生产率高，目前应用较广。应用滚刀还可以加工斜齿轮，但不能切削双联或三联齿轮，也不能切削内齿轮。滚刀加工也可以用一把刀具加工出模数和压力角与刀具相同的任意齿数的齿轮。

5.6.2 渐开线齿轮的根切及最少齿数

用展成法加工齿轮时，有时被加工齿轮齿根附近的渐开线齿廓被刀具的齿顶切去一部分，这种现象称为轮齿的根切，如图 5.19 所示。根切后轮齿的根部变薄，削弱了齿根强度，减少了使用寿命，甚至会降低重合度，影响传动质量，应尽量避免。

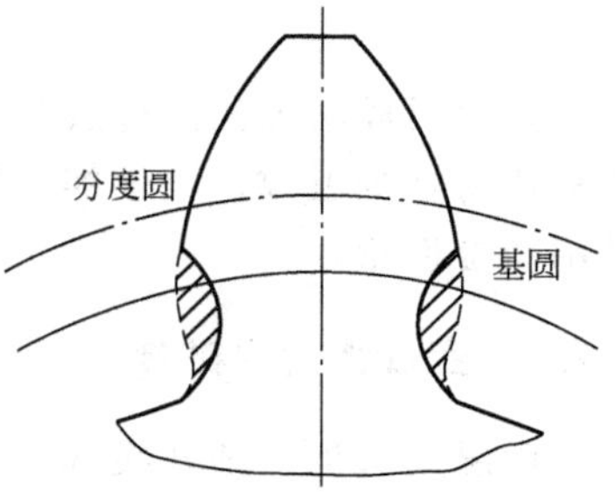

图 5.19 齿轮的根切现象

图 5.20 所示是用标准齿条型刀具切制标准齿轮的三种情况，通过该图说明产生根切的原因。用齿条插刀加工标准外齿轮时，插刀的分度线与齿轮的分度圆相切。B_1B_2 是实际啮合线。刀具的切削刃从啮合线上的 B_1 点开始切削齿轮齿廓，切削到啮合线与刀具齿顶线的交点 B_2 处时，被切齿轮齿廓的渐开线部分即被全部切出。若 B_2 点位于啮合极限点 N_1 以下或相重合(图 5.20(a)、(b))，被切齿轮的齿廓从 B_2 点开始至齿顶为渐开线，不发生根切；若 B_2 点位于啮合极限点 N_1 上方(图 5.20(c))，当刀具移动到 N_1 点 3 位置时，理论上刀具与齿坯啮合结束，加工也结束，已形成完整的渐开线齿形，但实际上由于刀具的齿顶还没有进入啮合，故当刀具继续移动时切削继续进行，即将齿根部已加工好的渐开线齿廓又切去一部分而产生根切。所以，产生根切的原因是：刀具的齿顶线超过了啮合极限点 N_1。

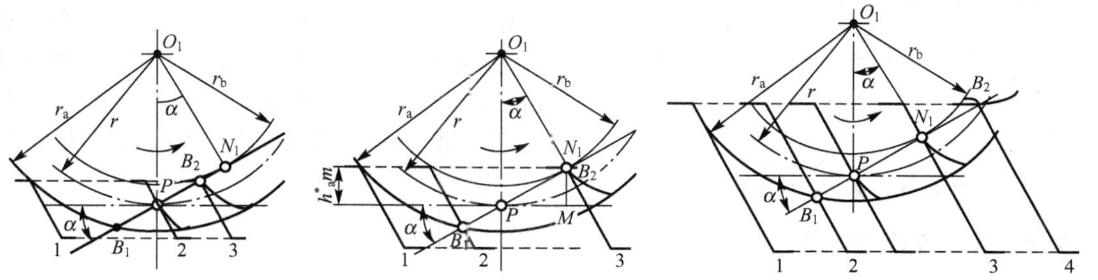

(a) $PB_2<PN_1$　(b) $PB_2=PN_1$　(c) $PB_2>PN_1$

图 5.20 产生根切的原因

要使被加工齿轮不产生根切，刀具的齿顶线不得超过啮合极限点 N_1。如图 5.20(b)所示，即

$$h_a^* m \leqslant MN_1$$

对于标准齿轮，$MN_1=PN_1\sin\alpha$，而 $PN_1=r\sin\alpha=\frac{1}{2}mz\sin\alpha$，整理得

$$z \geqslant \frac{2h_a^*}{\sin^2\alpha}$$

所以，加工标准齿轮不发生根切的最少齿数为

$$z_{\min}=\frac{2h_a^*}{\sin^2\alpha} \tag{5-19}$$

标准直齿圆柱齿轮，当 $\alpha=20°$，$h_a^*=1$ 时，$z_{\min}=17$。设计齿轮时，应使齿轮的实际齿数 $z\geqslant z_{\min}$。

5.7 变位齿轮简介

当用展成法加工渐开线标准齿轮时，为了避免根切，应使被加工齿轮的齿数多于不发生根切的最少齿数。当被加工齿轮的齿数小于最少齿数时，为了不使齿轮发生根切，可以采用变位齿轮。

5.7.1 变位齿轮的概念

用展成法加工渐开线标准齿轮时，齿条刀具的分度线与标准齿轮的分度圆相切。如果改变刀具与齿坯的径向相对位置来加工齿轮，此方法称为径向变位法，加工出来的齿轮为变位齿轮。如图 5.21 所示，刀具移动的距离 xm 称为变位量，x 为变位系数。刀具远离齿坯中心的变位为正变位，$x>0$ 为正变位系数；刀具靠近齿坯中心的变位为负变位，$x<0$ 为负变位系数。

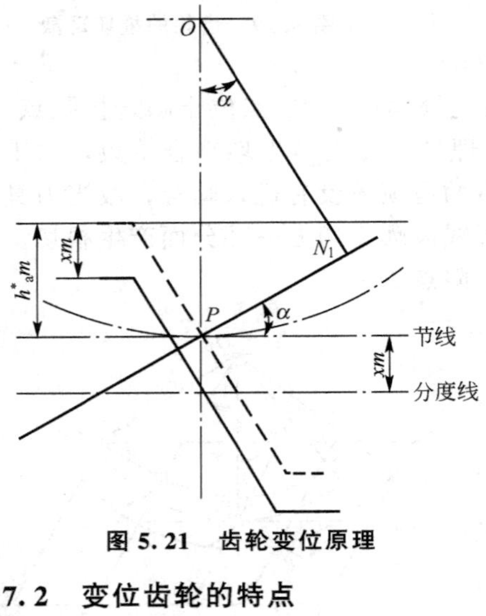

图 5.21 齿轮变位原理

当被加工齿轮的齿数少于不发生根切的最少齿数时，采用正变位，将齿条刀具向远离齿坯中心方向移动，使齿条刀具的齿顶线低于啮合极限点 N_1，则可以避免根切。变位后，刀具的分度线与齿坯的分度圆不再相切，加工出来的齿轮分度圆上的齿厚不等于齿槽宽，故齿轮不是标准齿轮。

5.7.2 变位齿轮的特点

加工变位齿轮时，由于采用的刀具没变，所以变位齿轮的模数 m、压力角 α、齿数 z 以及齿距、分度圆、基圆均与标准齿轮相同。在齿形方面，变位齿轮和标准齿轮的齿廓曲线相同，是由相同基圆展成的渐开线，如图 5.22 所示。

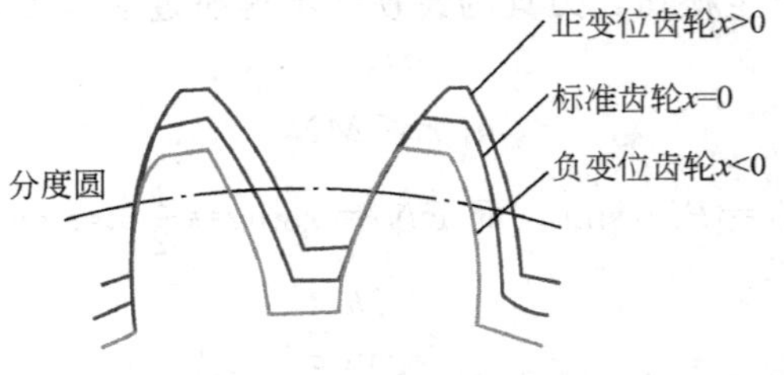

图 5.22 变位齿轮与标准齿轮比较

在保证齿全高不变的情况下，变位齿轮与标准齿轮的不同见表 5-7。

表 5-7 标准齿轮与变位齿轮的不同

	标准齿轮	正变位齿轮	负变位齿轮
分度圆齿厚	$s=m\pi/2$	变大	变小
分度圆齿槽宽	$e=m\pi/2$	变小	变大
齿顶圆	$d_{a1}=(z_1+2h_a^*)m$	变大	变小
齿根圆	$d_{f1}=(z_1-2h_a^*-2c^*)m$	变大	变小

标准齿轮具有设计简单，互换性好等优点，被广泛使用。但标准齿轮也存在以下缺点：

(1) 标准齿轮的齿数必须大于或等于不发生根切的最少齿数，否则会产生根切，齿轮的最小尺寸受到限制。

(2) 不适用于实际中心距 a' 不等于标准中心距 a 的场合。当 $a'>a$ 时，虽然可以安装，但会出现过大的齿侧间隙，使重合度降低；当 $a'<a$ 时，齿轮无法安装。

(3) 一对相互啮合的标准齿轮，小齿轮齿根厚度小于大齿轮齿根厚度，抗弯能力有明显差别，小齿轮容易损坏。

采用变位齿轮，可以弥补标准齿轮的不足。变位齿轮有以下优点：

(1) 切削 $z<z_{min}$ 的齿轮可以不发生根切。

(2) 配凑中心距。一对齿轮在非标准中心距的情况下，不仅能安装，而且能满足无侧隙传动。

(3) 采用正变位，可以改善小齿轮的抗弯强度，提高齿轮机构的承载能力。

总之，采用变位修正法来制造渐开线齿轮，不仅当被切齿轮的齿数少于最少齿数时可以避免根切，而且与标准齿轮相比，这样切出的齿轮除了分度圆、基圆及齿距不变外，其齿厚、齿槽宽、齿廓曲线的工作段、齿顶高和齿根高等都发生了变化。因此，可以运用这种方法来提高齿轮机构的承载能力、配凑中心距和减小机构的几何尺寸等，而且在切制这种齿轮时，仍使用标准刀具，并不增加制造的困难，所以在机械中广泛应用变位齿轮传动。

5.8 平行轴斜齿圆柱齿轮机构

5.8.1 斜齿轮齿廓曲面的形成与啮合特点

1. 直齿轮

如图 5.23 所示，直齿轮的齿廓曲面是发生面在基圆柱面上做纯滚动时，发生面 S 上一条与齿轮轴相平行的直线 KK 所展成的渐开线曲面。

直齿轮啮合的特点：

(1) 如图 5.24 所示，齿面上的接触线都平行于轴线。

(2) 当齿轮传递载荷时，沿全齿宽同时进入啮合，同时退出啮合，受力是突然加载又突然卸载。故传动平稳性较差，噪声较大，不适用于高速和重载的传动中。

2. 斜齿轮

如图 5.25 所示，斜齿轮齿廓形成时，发生面 S 上的直线 KK 不平行于基圆柱的母线

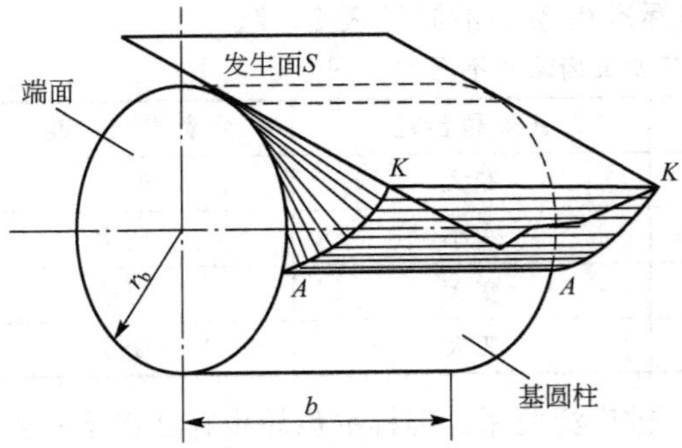

图 5.23 渐开线直齿轮齿面的形成

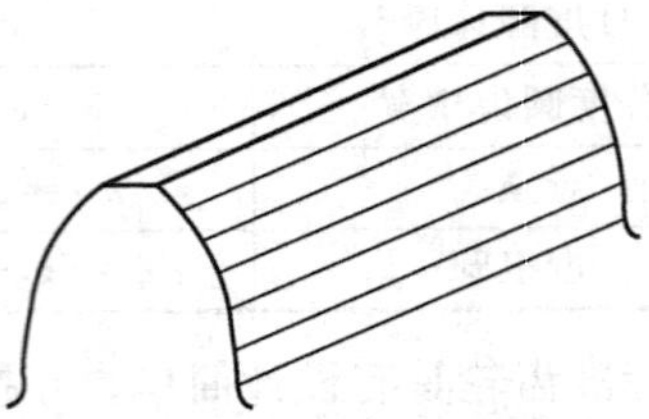

图 5.24 直齿轮的齿廓接触线

NN，KK 与母线 NN 有一夹角 β_b。当发生面沿基圆柱面做纯滚动时，直线 KK 的轨迹即为斜齿轮的齿廓曲面，为渐开线螺旋面，其轮齿齿向与轴线倾斜。该齿廓曲面与基圆柱面的交线 AA 是一条螺旋线，其夹角 β_b 为斜齿轮基圆柱上的螺旋角。斜齿轮的齿廓曲面与其分度圆柱面相交的螺旋线的切线与齿轮轴线之间所夹的锐角 β 为斜齿轮分度圆柱上的螺旋角。根据斜齿轮齿廓螺旋线在圆柱体上的绕行方向，斜齿轮分为左旋和右旋，如图 5.26 所示。

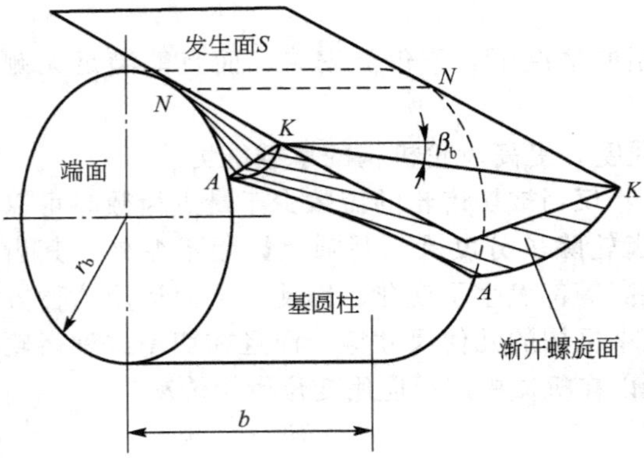

图 5.25 渐开线斜齿轮齿面的形成

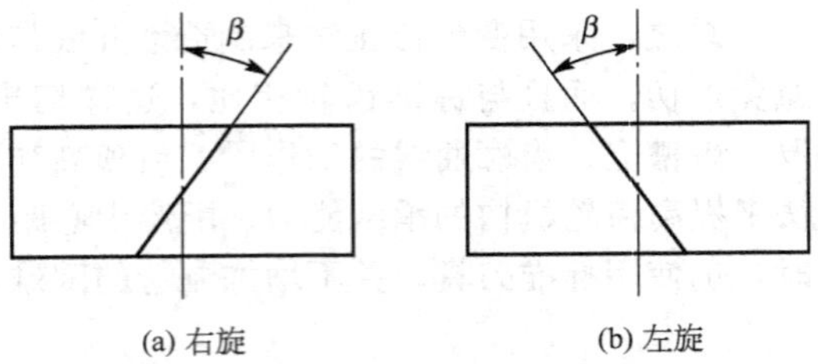

图 5.26 斜齿轮轮齿旋向

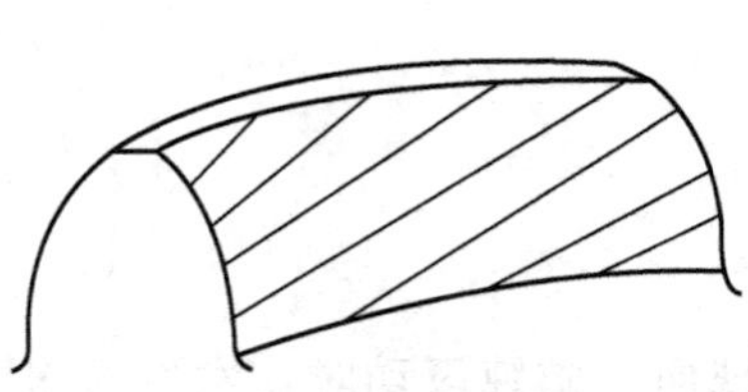

图 5.27 斜齿轮的齿廓接触线

斜齿轮啮合传动的特点：

(1) 如图 5.27 所示，两齿廓啮合的接触线是与轴线倾斜的直线。

(2) 啮合时，一对轮齿沿齿宽逐渐进入啮合，又逐渐退出啮合，其接触线由短变长，又由长变短。因此，传动平稳，承载能力大。

5.8.2 斜齿轮的基本参数

斜齿轮的轮齿与齿轮的轴线倾斜，故斜齿轮有法面和端面之分。法面是垂直于分度圆柱面上螺旋线的齿向的平面；端面是垂直于齿轮轴线的平面，在端面内有与直齿轮相同的渐开线齿廓。

斜齿轮的端面参数与法面参数不同，端面与法面参数分别用下标 t 和 n 表示。用仿形法加工斜齿轮时，铣刀是沿齿槽的螺旋线方向进刀的，进刀方向与齿轮法面垂直，则齿轮法面齿形与刀具齿形相同，法面上的参数与刀具的参数相同，均为标准值。故规定斜齿轮的法面模数和压力角为标准值。但在计算斜齿轮的几何尺寸时需按端面的参数进行。因此需要建立法面参数与端面参数的换算关系。

1. 螺旋角 β

如图5.28所示，分度圆柱上展开的螺旋线是一条斜直线，它与齿轮轴线间的夹角，就是分度圆柱上的螺旋角，简称螺旋角，用 β 表示。螺旋角 β 反映轮齿相对于齿轮轴线的倾斜程度。在斜齿轮中，不同直径圆柱面上的螺旋角不同。基圆柱上的螺旋角为 β_b，与分度圆柱上的螺旋角 β 的关系为：

$$\tan\beta=\frac{\pi d}{L} \qquad \tan\beta_b=\frac{\pi d_b}{L}$$

因 $d_b=d\cos\alpha_t$，所以有

$$\tan\beta_b=\frac{d_b}{d}\tan\beta=\tan\beta\cos\alpha_t \tag{5-20}$$

式中 α_t——斜齿轮端面压力角。

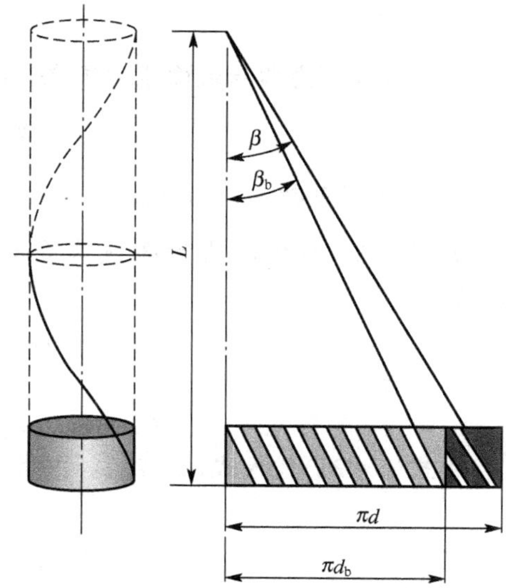

图5.28 斜齿轮的螺旋角 β

2. 模数

如图5.29所示，斜齿轮法面齿距 p_r 与端面齿距 p_t 之间的关系为

$$p_n=p_t\cos\beta$$

由于 $p_t=\pi m_t$，$p_n=\pi m_n$，所以法面模数 m_n 与端面模数 m_t 之间的关系为

$$m_n=m_t\cos\beta \tag{5-21}$$

法面模数为标准值，其值见表5-3。

3. 压力角

图5.30所示为斜齿条，平面 abc 为端面，α_t 为端面压力角；平面 $a'b'c$ 为法面，α_n 为法面压力角是标准值，$\alpha_n=20°$。

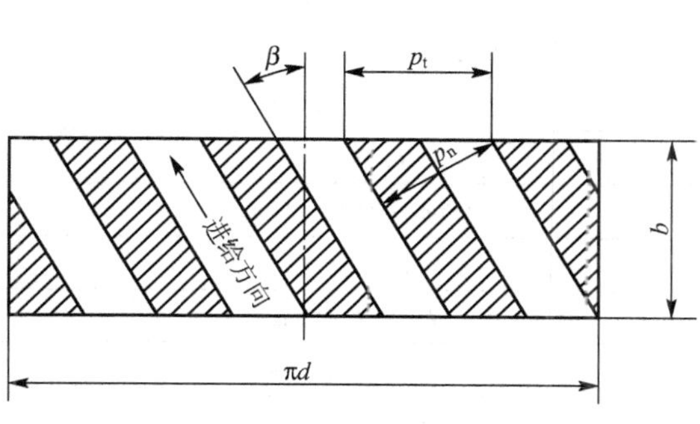

图5.29 法面齿距与端面齿距的关系

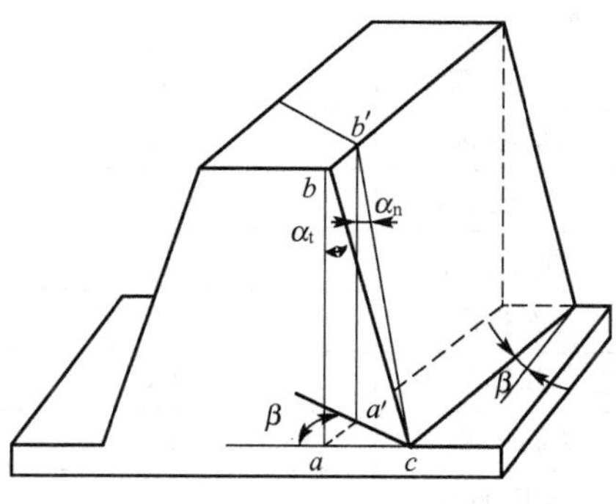

图5.30 法面压力角与端面压力角

在△abc 中，有

$$\tan\alpha_t = \frac{ac}{ab}$$

在$\triangle a'b'c$中，有

$$\tan\alpha_n = \frac{a'c}{a'b'}$$

在$\triangle aca'$中，有

$$\cos\beta = \frac{a'c}{ac}$$

所以法面压力角与端面压力角之间的关系为

$$\tan\alpha_n = \tan\alpha_t \cos\beta \tag{5-22}$$

4. 齿顶高系数和顶隙系数

如图5.30所示，从端面或法面看，斜齿轮的齿顶高是相同的，齿根高也是相同的，即

$$h_{an} = h_{at} \qquad h_{fn} = h_{ft}$$

所以有

$$h_{an}^* \cdot m_n = h_{at}^* \cdot m_t \qquad c_n^* m_n = c_t^* m_t \tag{5-23}$$

将式(5-21)代入式(5-23)，可得

$$\begin{cases} h_{at}^* = h_{an}^* \cos\beta \\ c_t^* = c_n^* \cos\beta \end{cases} \tag{5-24}$$

法面齿顶高系数和法面顶隙系数为标准值，且$h_{an}^*=1$，$c_n^*=0.25$。

5.8.3 斜齿轮的几何尺寸计算

由于一对平行轴斜齿轮传动在端面上相当于一对直齿轮传动，故斜齿轮的几何尺寸计算，只要将其端面参数代入直齿轮的尺寸计算公式即可，见表5-8。

表5-8 斜齿圆柱齿轮的参数及几何尺寸计算

名　称	符号	计算公式
螺旋角	β	一般取8°～20°
基圆柱螺旋角	β_b	$\tan\beta_b = \tan\beta\cos\alpha_t$
法面模数	m_n	按表5-3选取标准值
端面模数	m_t	$m_t = m_n/\cos\beta$
法面压力角	α_n	$\alpha_n = 20°$
端面压力角	α_t	$\tan\alpha_t = \tan\alpha_n/\cos\beta$
法面齿距	p_n	$p_n = m_n\pi$
法面基圆齿距	p_{nb}	$p_{nb} = p_n\cos\alpha_n$
端面齿距	p_t	$p_t = m_t\pi = p_n/\cos\beta$
分度圆直径	d	$d = m_t z = m_n z/\cos\beta$
法面齿顶高系数	h_{an}^*	$h_{an}^* = 1$
法面顶隙系数	c_n^*	$c_n^* = 0.25$

（续）

名　称	符号	计算公式
齿顶高	h_a	$h_a=h_{an}^*m_n$
齿根高	h_f	$h_f=(h_{an}^*+c_n^*)m_n$
齿全高	h	$h=(2h_{an}^*+c_n^*)m_n$
齿顶圆直径	d_a	$d_a=\dfrac{zm_n}{\cos\beta}\pm 2h_{an}^*m_n$
齿根圆直径	d_f	$d_f=\dfrac{zm_n}{\cos\beta}\mp(2h_{an}^*+2c_n^*)m_n$
基圆直径	d_b	$d_b=d\cos\alpha_t$
标准中心距	a	$a=\dfrac{1}{2}(d_1\pm d_2)=\dfrac{1}{2\cos\beta}(z_2\pm z_1)m_n$

注：含有“±”或“∓”的公式，“+”用于外啮合(或外齿轮)，“−”用于内啮合(或内齿轮)。

5.8.4 平行轴斜齿轮传动的正确啮合条件和重合度

1. 正确啮合条件

斜齿轮在端面内的啮合相当于两直齿轮的啮合，则一对斜齿轮正确啮合时，除保证两齿轮在端面正确啮合满足直齿轮正确啮合条件，即两齿轮的端面模数及端面压力角分别相等外，它们的螺旋角还必须相匹配，即两轮的螺旋角还必须大小相等而旋向相反(外啮合)或相同(内啮合)。因此，斜齿轮正确啮合条件为

$$\left.\begin{matrix} m_{t1}=m_{t2} \\ \alpha_{t1}=\alpha_{t2} \end{matrix}\right\} 或 \left\{\begin{matrix} m_{n1}=m_{n2} \\ \alpha_{n1}=\alpha_{n2} \end{matrix}\right.$$

$$|\beta_1|=|\beta_2|\Rightarrow\beta_1=\pm\beta_2$$

“+”号为内啮合，“−”为外啮合。

2. 斜齿轮传动的重合度

图5.31所示为一对斜齿圆柱齿轮与一对直齿圆柱齿轮基圆柱面的展开图，两对齿轮的端面参数完全相同。对于直齿圆柱齿轮传动来说，轮齿在 B_2B_2 处进入啮合，沿整个齿宽接触；在 B_1B_1 处脱离啮合时，也是沿整个齿宽同时分开，B_2B_2 与 B_1B_1 之间的区域为轮齿的啮合区，故直齿圆柱齿轮传动的重合度为

$$\varepsilon_\alpha=\frac{L}{p_{bt}}$$

式中　p_{bt}——端面上的基圆齿距，对于直齿圆柱齿轮也是法面基圆齿距。

对于斜齿圆柱齿轮传动，轮齿也是在 B_2B_2 处进入啮合，不过不是沿整个齿宽同时进入啮合，而是由齿轮的一端先进入啮合；在 B_1B_1 处脱离啮合时也是轮齿的一端先脱离啮合，直到该轮齿的另一端转到 B_1B_1 位置时，这个轮齿才完全脱离啮合。

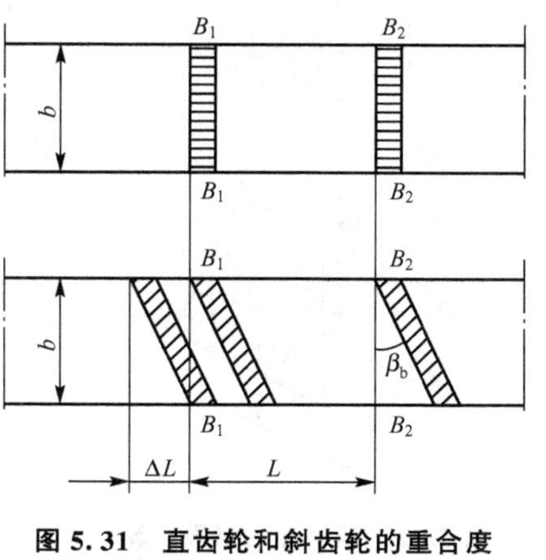

图5.31　直齿轮和斜齿轮的重合度

这样，斜齿圆柱齿轮的实际啮合区就比直齿圆柱齿轮传动增大了 $\Delta L=b\tan\beta_b$一段，这部分的重合度用 ε_β表示。

$$\varepsilon_\beta=\frac{\Delta L}{p_{bt}}=\frac{b\tan\beta_b}{p_{bt}} \tag{5-25}$$

由于 ε_β与斜齿轮的轴向宽度 b 有关，故称为轴向重合度。

将式(5-20)及 $p_{bt}=p_t\cos\alpha_t=m_t\pi\cos\alpha_t=\frac{\pi m_n\cos\alpha_t}{\cos\beta}$代入式(5-25)，得

$$\varepsilon_\beta=\frac{b\sin\beta}{\pi m_n} \tag{5-26}$$

所以，斜齿圆柱齿轮传动的总重合度 ε_r为 ε_α与 ε_β两部分之和，即

$$\varepsilon_r=\varepsilon_\alpha+\varepsilon_\beta \tag{5-27}$$

式中 ε_α——端面重合度，相当于相应的直齿轮的重合度。

在参数相同的情况下，斜齿轮比直齿轮增加了轴向重合度 ε_β，并且轴向重合度随齿宽和螺旋角 β 的增大而增大，因此，斜齿轮比直齿轮工作更加平稳，传动性能更加可靠，噪声小，承载能力大，适用于高速重载的传动中。

5.8.5 斜齿轮的当量齿数

如上所述，用仿形法加工斜齿轮时，刀具的齿形与斜齿轮的法面齿形相同，需按斜齿轮法面齿形来选择铣刀；在进行斜齿轮强度计算时，因为力作用在法面内，也需按法面齿形进行计算。但在法面，斜齿轮的分度圆变为椭圆，法面齿形已经变形，要精确求出法面齿形比较困难，所以要研究具有和斜齿轮法面齿形相当齿形的斜齿轮当量齿轮和当量齿数。

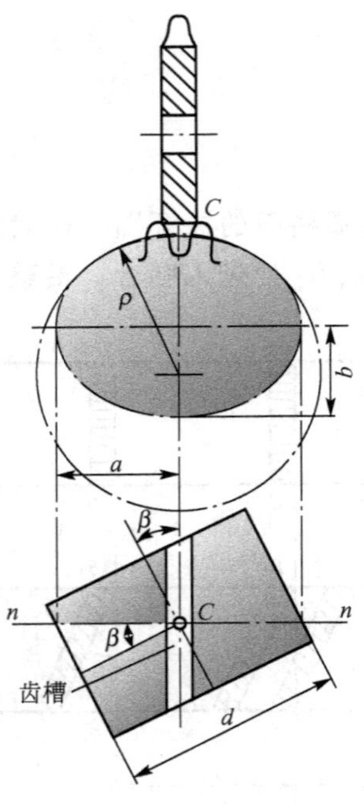

图 5.32 斜齿轮的当量齿轮

如图 5.32 所示，过斜齿圆柱齿轮分度圆柱上 C 点做轮齿的法面 $n-n$，将斜齿轮的分度圆柱剖开，其截面为一椭圆。在此截面上，点 C 附近的齿形近似认为斜齿圆柱齿轮法面上的齿形，仿形铣刀齿形应与该齿形相同。以椭圆 C 点处曲率半径 ρ 为分度圆半径，用斜齿轮的 m_n 和 α_n作为模数和压力角作一虚拟的直齿轮，其齿形与斜齿轮的法面齿形最接近。这个虚拟直齿圆柱齿轮称为该斜齿轮的当量齿轮，而其齿数即为当量齿数，用 z_V表示。

由图 5.32 可知，椭圆的长半轴 $a=\frac{r}{\cos\beta}$，短半轴 $b=r$。由高等数学可知，椭圆上 C 点的曲率半径为

$$\rho=\frac{a^2}{b}=\frac{(r/\cos\beta)^2}{r}=\frac{r}{\cos^2\beta}=\frac{m_n z}{2\cos^3\beta}$$

当量齿轮的分度圆半径 $\rho=\frac{m_n z_V}{2}$，整理得当量齿数为

$$z_V=\frac{z}{\cos^3\beta} \tag{5-28}$$

由于 $\cos^3\beta\leqslant1$，故当量齿数 z_V必定大于等于斜齿轮

实际齿数 z，z_V 通常不为整数。由于当量齿轮是直齿圆柱齿轮，所以正常齿标准斜齿圆柱齿轮不发生根切的最少齿数为

$$z_{min}=z_{Vmin}\cos^3\beta<17 \tag{5-29}$$

因此，斜齿轮不发生根切的最少齿数要小于直齿轮不发生根切的最少齿数，故结构更紧凑。

5.9 直齿锥齿轮机构

5.9.1 锥齿轮机构的特点

锥齿轮机构是用来传递两相交轴之间的运动和动力的(如图 5.33 所示)。两轴之间的夹角(轴交角 Σ)可以根据结构需要而定，可为任意角，在一般机械中多采用轴交角为 $\Sigma=90°$的传动。由于锥齿轮是一个锥体，所以轮齿是分布在圆锥面上的，与圆柱齿轮相对应，在锥齿轮上有齿顶圆锥、分度圆锥和齿根圆锥等。一对标准直齿锥齿轮传动时，分度圆锥与节圆锥重合，两节圆锥相对做纯滚动。圆柱齿轮在垂直于轴线的各截面上齿形相同，但锥齿轮的齿形从大端到小端逐渐减小。为了计算和测量的方便，通常取锥齿轮大端的参数为标准值，尺寸计算也以大端为基准。大端的标准模数按表 5－9 选取，压力角 $\alpha=20°$，齿顶高系数 $h_a^*=1$，顶隙系数 $c^*=0.2$。

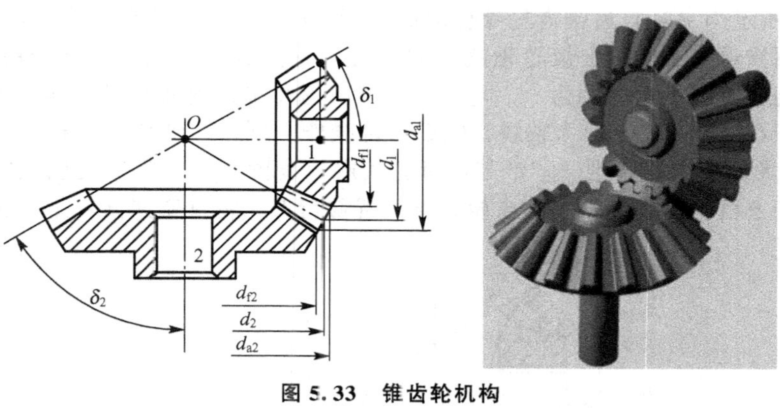

图 5.33 锥齿轮机构

表 5－9 圆锥齿轮标准模数

…	1	1.125	1.25	1.375	1.5	1.75	2	2.25	2.5	2.75	3	
3.25	3.5	3.75	4	4.5	5	5.5	6	6.5	7	8	9	10 …

前面讲过锥齿轮分为直齿锥齿轮、斜齿锥齿轮、曲齿锥齿轮等多种形式。由于直齿锥齿轮的设计、制造和安装均较简便，故应用最为广泛。这里只讨论直齿锥齿轮机构。

5.9.2 直齿渐开线锥齿轮齿廓曲面的形成

直齿渐开线锥齿轮齿廓曲面与直齿渐开线圆柱齿轮齿廓曲面的形成相似。如图 5.34 所示，一个半径与基圆锥母线相等的圆平面(发生面)，圆平面的圆心与基圆锥的

锥顶重合，且与基圆锥相切。当圆平面沿基圆锥做纯滚动时，圆平面圆周上一点的轨迹形成了球面渐开线。锥齿轮的齿廓曲面理论上是球面渐开面(图 5.35)。球面无法展开成平面，因而给锥齿轮的设计、制造和检测带来不便，通常采用近似的方法来研究锥齿轮的齿廓曲线。

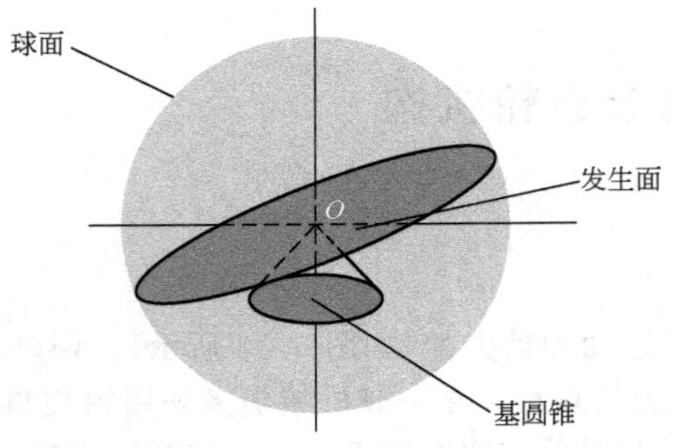

图 5.34　球面渐开线的形成

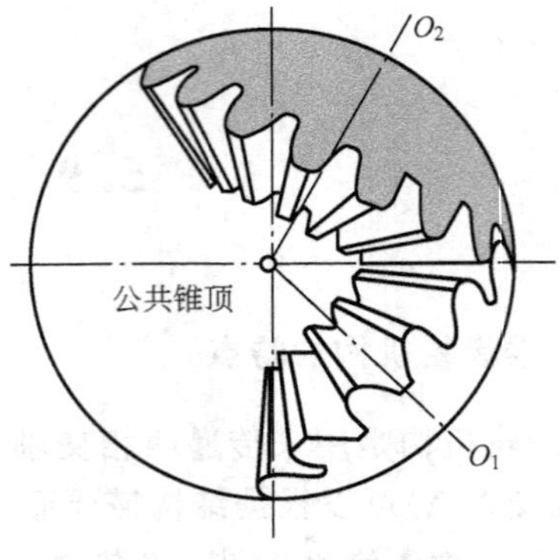

图 5.35　锥齿轮齿廓曲面

5.9.3　锥齿轮的背锥和当量齿数

锥齿轮的齿廓曲面是由球面渐开线组成的，因球面不能展成平面，给锥齿轮的设计和制造带来很大困难，常借助当量齿轮来研究。

图 5.36 所示为一对直齿锥齿轮啮合的剖面图。OAC 和 OBC 分别为齿轮 1、2 的分度圆锥。分度圆锥母线 OC 与锥齿轮轴线之间的夹角称为分度圆锥角，分别用 δ_1、δ_2 表示。两锥齿轮大端分度圆半径分别为 r_1、r_2。过小锥齿轮大端分度圆上 C 点作球面的切线 O_1C 与其轴线交于 O_1 点，以 OO_1 为轴线，O_1C 为母线作一圆锥，这个圆锥称为小锥齿轮的背锥。O_2BC 为大锥齿轮的背锥。背锥与锥齿轮大端分度圆相切。将锥齿轮大端的球面渐开线齿廓向背锥上投影，即可得到锥齿轮大端的近似齿形。将背锥连同其上的齿形投影一同

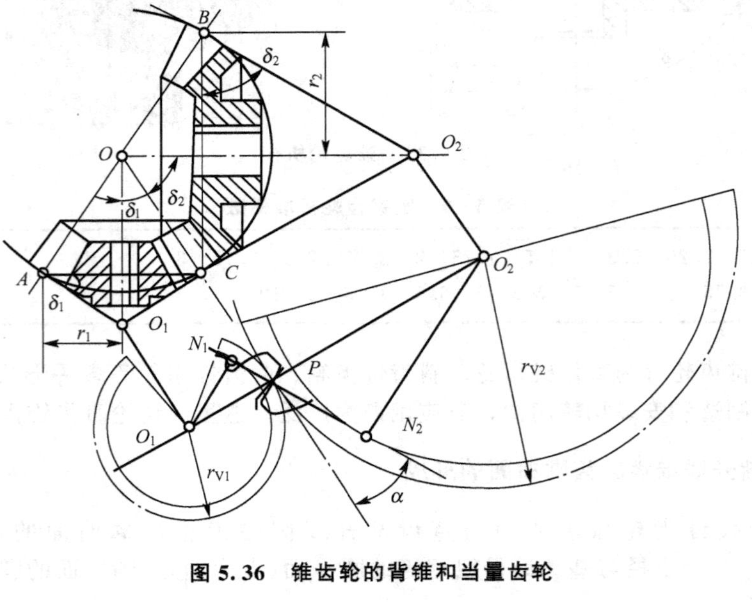

图 5.36　锥齿轮的背锥和当量齿轮

展开后就形成了一个扇形齿轮，该扇形齿轮的齿形就是以锥齿轮大端模数和压力角为标准参数形成的近似齿形，扇形齿轮的分度圆半径为 r_{V1}、r_{V2}，为背锥母线长。

设想把背锥展开形成的扇形齿轮的缺口补满，则将获得一个直齿圆柱齿轮。这个假想的圆柱齿轮称为锥齿轮的当量齿轮，其齿数 z_{V1}、z_{V2} 称为锥齿轮的当量齿数。当量齿轮的齿形和锥齿轮在背锥上的齿形是一致的，也就是其模数和压力角与锥齿轮大端的模数和压力角是一致的。

由图 5.36 可知，当量齿轮分度圆半径为

$$r_{V1}=O_1C=\frac{r_1}{\cos\delta_1}=\frac{z_1 m}{2\cos\delta_1} \qquad r_{V2}=O_2C=\frac{r_2}{\cos\delta_2}=\frac{z_2 m}{2\cos\delta_2}$$

而

$$r_{V1}=\frac{mz_{V1}}{2} \qquad r_{V2}=\frac{mz_{V2}}{2}$$

得当量齿数

$$\left.\begin{aligned} z_{V1}&=\frac{z_1}{\cos\delta_1}\\ z_{V2}&=\frac{z_2}{\cos\delta_2}\end{aligned}\right\} \tag{5-30}$$

由式(5－30)得标准直齿锥齿轮不发生根切的最少齿数为

$$z_{min}=z_{Vmin}\cos\delta=17\cos\delta \tag{5-31}$$

5.9.4 直齿锥齿轮的基本参数及几何尺寸计算

一对直齿锥齿轮的啮合，相当于一对当量直齿圆柱齿轮的啮合。故一对直齿锥齿轮的正确啮合条件是：两锥齿轮大端的模数和压力角分别相等，且锥距相等。

计算锥齿轮的几何尺寸时，是以大端为基准的。两锥齿轮的分度圆直径分别为

$$d_1=mz_1 \qquad d_2=mz_2$$

分度圆锥的母线长称为锥距，用 R 表示。由图 5.37 可知，锥距 R 为

$$R=\sqrt{\left(\frac{d_1}{2}\right)^2+\left(\frac{d_2}{2}\right)^2}=\frac{m}{2}\sqrt{z_1^2+z_2^2} \tag{5-32}$$

一对轴交角 $\Sigma=90°$ 的标准直齿锥齿轮啮合传动时，其分度圆直径还可用下式计算

$$d_1=2R\sin\delta_1 \qquad d_2=2R\sin\delta_2 \tag{5-33}$$

所以，一对直齿锥齿轮传动的传动比为

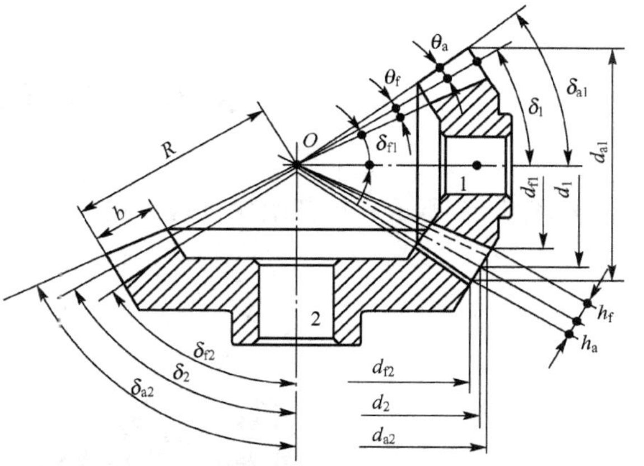

图 5.37 锥齿轮的几何尺寸

$$i=\frac{n_1}{n_2}=\frac{z_2}{z_1}=\frac{d_2}{d_1}=\frac{\sin\delta_2}{\sin\delta_1}=\tan\delta_2=\cot\delta_1 \tag{5-34}$$

轴交角 $\Sigma=90°$ 的标准直齿锥齿轮机构的几何参数及尺寸计算见表 5－10。

表 5-10 标准直齿锥齿轮机构的几何参数及尺寸计算($\boldsymbol{\Sigma}=90°$)

名称	符号	计算公式	
		小齿轮	大齿轮
分度圆锥角	δ	$\delta_1=\arctan(z_1/z_2)$	$\delta_2=90°-\delta_1$
压力角	α	选取标准值	
齿顶高	h_a	$h_{a1}=h_{a2}=h_a^* m=m$	
齿根高	h_f	$h_{f1}=h_{f2}=(h_a^*+c^*)m=1.2m$	
齿全高	h	$h_1=h_2=(2h_a^*+c^*)m$	
分度圆直径	d	$d_1=mz_1=2R\sin\delta_1$	$d_2=mz_2=2R\sin\delta_2$
齿顶圆直径	d_a	$d_{a1}=d_1+2h_a\cos\delta_1$	$d_{a2}=d_2+2h_a\cos\delta_2$
齿根圆直径	d_f	$d_{f1}=d_1-2h_f\cos\delta_1$	$d_{f2}=d_2-2h_f\cos\delta_2$
锥距	R	$R=\frac{m}{2}\sqrt{z_1^2+z_2^2}$	
齿顶角	θ_a	$\tan\theta_a=h_a/R$	
齿根角	θ_f	$\tan\theta_f=h_f/R$	
顶锥角	δ_a	$\delta_{a1}=\delta_1+\theta_a$	$\delta_{a2}=\delta_2+\theta_a$
根锥角	δ_f	$\delta_{f1}=\delta_1-\theta_f$	$\delta_{f2}=\delta_2-\theta_f$
顶隙	c	$c=c^* m$(一般取 $c^*=0.2$)	
分度圆齿厚	s	$s=p/2=m\pi/2$	
当量齿数	z_V	$z_{V1}=z_1/\cos\delta_1$	$z_{V2}=z_2/\cos\delta_2$
齿宽	b	$b\leqslant R/3$	

注：1. 当 $m\leqslant 1$mm 时，$c^*=0.25$，$h_f=1.25$m；

2. 各角度计算应精确到××°××′。

5.10 蜗杆蜗轮机构

如图 5.38 所示，蜗杆蜗轮机构由蜗杆 1 和蜗轮 2 组成，常用于空间交错轴为 90°的两

图 5.38 蜗杆蜗轮机构

1—蜗杆；2—蜗轮

轴间运动和动力的传递。一般蜗杆为主动件，做减速运动。蜗杆蜗轮机构具有传动比大而结构紧凑等优点，所以在各类机械，如机床、冶金、矿山、起重运输机械等中得到广泛应用。

5.10.1 蜗杆蜗轮机构的特点及类型

1. 蜗杆蜗轮机构的特点

蜗杆的形状像圆柱形螺杆；蜗轮形状像斜齿轮，它的齿顶沿齿宽方向弯曲成圆弧形，以便与蜗杆更好地啮合。

蜗杆蜗轮机构与齿轮机构相比，具有以下特点：

(1) 传动比大，结构紧凑。一般在动力传动中，传动比 $i_{12}=5\sim80$；在传递运动中，其传动比可达1000，因而结构紧凑，体积小，重量轻。

(2) 传动平稳，噪声低。因为蜗杆齿是连续不间断的螺旋齿，它与蜗轮的啮合是连续不断的，蜗杆齿没有进入和退出啮合的过程，所以工作平稳，振动、噪声小。

(3) 具有自锁性能。当蜗杆的导程角小于啮合面的当量摩擦角时，蜗杆传动可实现自锁。此时蜗杆只能带动蜗轮转动，而蜗轮不能带动蜗杆转动。手动葫芦和起重机械等常采用蜗杆传动满足自锁要求。

(4) 传动效率低。蜗杆蜗轮在啮合处有很大的相对滑动，会产生较严重的摩擦和磨损，所以其传动效率较低，并引起过分发热。尤其是具有自锁性的蜗杆蜗轮机构，其效率在0.5以下，一般蜗杆蜗轮机构效率只有0.7～0.9。

(5) 蜗轮成本较高。为了减轻齿面的摩擦与磨损，且使蜗轮有较好的耐磨性，蜗轮齿圈常用贵重的青铜制造，故材料成本较高。

2. 蜗杆蜗轮机构的类型

蜗杆和螺杆一样有右旋和左旋之分，分别称为右旋蜗杆和左旋蜗杆，通常应用右旋蜗杆；蜗杆上只有一条螺旋线的称为单头蜗杆，若蜗杆上有两条螺旋线则称为双头蜗杆；根据蜗杆的形状，蜗杆可分为圆柱蜗杆(图5.39(a))、环面蜗杆(图5.39(b))及锥面蜗杆(图5.39(c))。圆柱蜗杆制造简单，应用广泛；环面蜗杆传动润滑状态较好，有利于提高效率，承载能力强，但制造较复杂，主要用于大功率的传动；锥面蜗杆传动的重合度大，效率较高，传动比范围较大，应用较少。

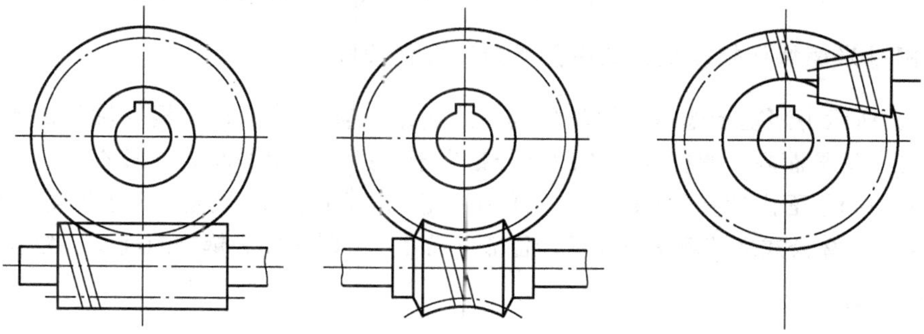

(a) 圆柱蜗杆　(b) 环面蜗杆　(c) 锥面蜗杆

图5.39 蜗杆蜗轮机构的类型

圆柱蜗杆按其齿廓曲线形状的不同，又可分为普通圆柱蜗杆和圆弧圆柱蜗杆。

(1) 普通圆柱蜗杆。普通圆柱蜗杆目前应用最为广泛。这种蜗杆的加工可以用直线刀刃车刀在车床上加工。由于刀具相对于蜗杆毛坯的加工位置不同，加工出的蜗杆齿廓曲线形状不同，普通圆柱蜗杆又分为阿基米德蜗杆(ZA 型)、渐开线蜗杆(ZI 型)、法向直廓蜗杆(ZN 型)和锥面包络圆柱蜗杆(ZK 型)等几种。

车制阿基米德蜗杆时，将车刀的刀刃水平放置在蜗杆轴线所在的平面内(图 5.40)，刀刃夹角 $2\alpha=40°$。这样车出的蜗杆在轴向剖面上的齿形相当于齿条齿形，在垂直于蜗杆轴线端面上的齿廓是阿基米德螺旋线。与之相啮合的蜗轮一般是在滚齿机上用蜗轮滚刀展成切制的。滚刀形状和尺寸必须与所切制蜗轮相啮合的蜗杆相当，只是滚刀外径要比实际蜗杆大 2 倍顶隙，以使蜗杆与蜗轮啮合时有齿顶间隙，这样加工出来的蜗轮在中间平面上的齿形是渐开线齿形。阿基米德蜗杆易车削难磨削，通常在无需磨削加工情况下被采用，广泛用于转速较低的场合。

(2) 圆弧圆柱蜗杆(ZC 型)。圆弧圆柱蜗杆与普通圆柱蜗杆的齿廓形状不同。如图 5.41 所示，圆弧圆柱蜗杆轴向截面上的齿形为内凹圆弧线，而配对蜗轮的齿廓为凸弧形。由于圆弧圆柱蜗杆传动的接触应力小，承载能力大，传动效率高，结构紧凑，适用于重载传动。因此，目前动力传动的标准蜗杆减速器多采用圆弧圆柱蜗杆蜗轮机构。

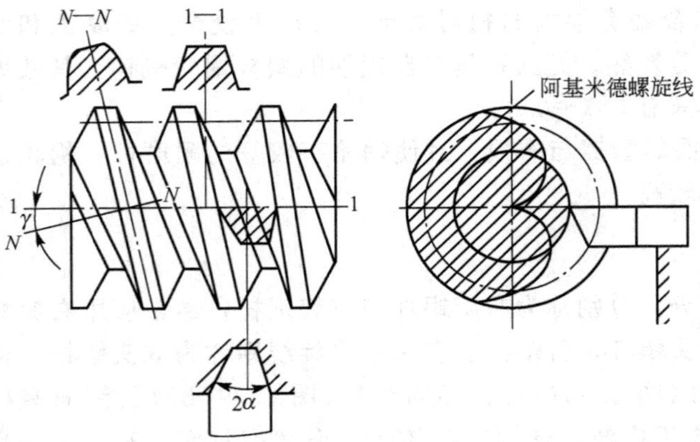

图 5.40　阿基米德蜗杆

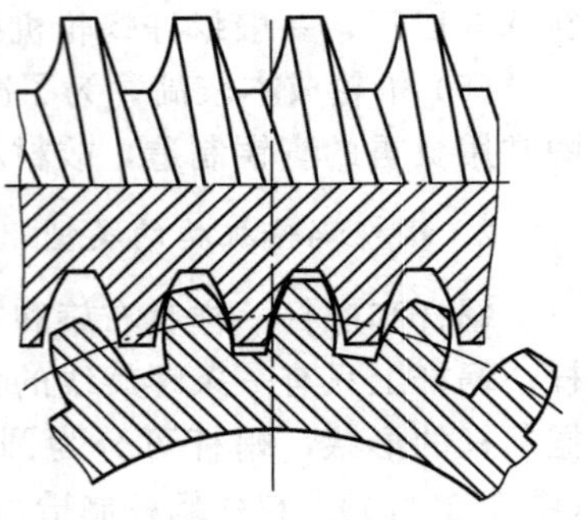

图 5.41　圆弧圆柱蜗杆

由于阿基米德蜗杆容易加工制造，应用最广，故本章主要讨论阿基米德蜗杆蜗轮机构。

5.10.2　阿基米德蜗杆蜗轮机构的主要参数和几何尺寸

图 5.42 所示为阿基米德蜗杆蜗轮机构。通过蜗杆轴线并垂直于蜗轮轴线的平面称为中间平面。在中间平面内，蜗杆与蜗轮的啮合相当于齿条与齿轮的啮合。故在设计蜗杆蜗轮机构时，均取中间平面内的参数(如模数、压力角等)和尺寸(如齿顶圆、分度圆等)为基准，并用齿轮机构的计算公式来计算蜗杆和蜗轮各部分尺寸。中间平面为蜗杆的轴面，为蜗轮的端面。

1. 主要参数

1) 模数 m 和压力角 α

为了加工方便，规定中间平面的参数为标准值。标准模数系列见表 5-11，标准压力

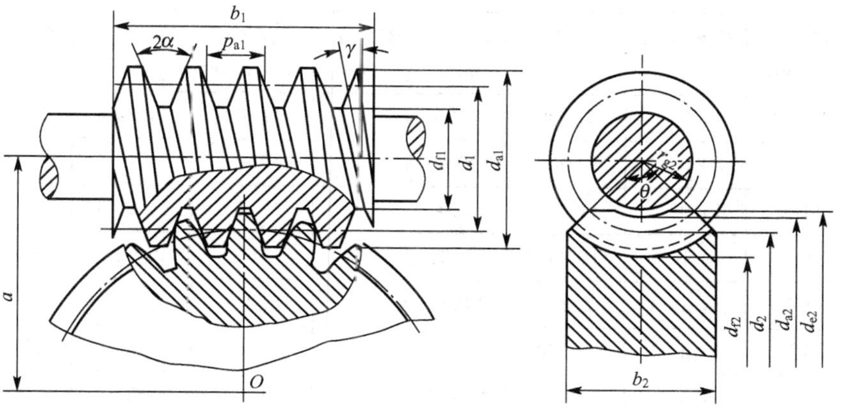

图 5.42　阿基米德蜗杆蜗轮主要参数

角 $\alpha=20°$。与齿轮机构相同，在中间平面上蜗杆与蜗轮正确啮合时，蜗杆的轴向模数 m_{a1} 与蜗轮的端面模数 m_{t2} 必须相等；蜗杆的轴向压力角 α_{a1} 与蜗轮的端面压力角 α_{t2} 必须相等，即 $m_{a1}=m_{t2}=m$，$\alpha_{a1}=\alpha_{t2}=\alpha$。

表 5-11　普通圆柱蜗杆蜗轮机构的基本尺寸和参数($\Sigma=90°$)

模数 m/mm	分度圆直径 d_1/mm	蜗杆头数 z_1	直径系数 q	m^2d_1/mm³
1	18	1	18.000	18
1.25	20	1	16.000	31.25
	22.4	1	17.920	35
1.6	20	1，2，4	12.500	51.2
	28	1	17.500	71.68
2	(18)	1，2，4	9.000	72
	22.4	1，2，4，6	11.200	89.6
	(28)	1，2，4	14.000	112
	35.5	1	17.750	142
2.5	(22.4)	1，2，4	8.960	140
	28	1，2，4，6	11.200	175
	(35.5)	1，2，4	14.200	221.9
	45	1	18.000	281
3.15	(28)	1，2，4	8.889	278
	35.5	1，2，4，6	11.270	352
	(45)	1，2，4	14.286	447.5
	56	1	17.778	556

模数 m/mm	分度圆直径 d_1/mm	蜗杆头数 z_1	直径系数 q	m^2d_1/mm³
4	(31.5)	1，2，4	7.875	504
	40	1，2，4，6	10.000	640
	(50)	1，2，4	12.500	800
	71	1	17.750	1136
5	(40)	1，2，4	8.000	1000
	50	1，2，4，6	10.000	1250
	(63)	1，2，4	12.600	1575
	90	1	18.000	2250
6.3	(50)	1，2，4	7.936	1985
	63	1，2，4，6	10.000	2500
	(80)	1，2，4	12.698	3175
	112	1	17.778	4445
8	(63)	1，2，4	7.875	4032
	80	1，2，4，6	10.000	5120
	(100)	1，2，4	12.500	6400
	140	1	17.500	8960

（续）

模数 m/mm	分度圆直径 d_1/mm	蜗杆头数 z_1	直径系数 q	m^2d_1/mm^3	模数 m/mm	分度圆直径 d_1/mm	蜗杆头数 z_1	直径系数 q	m^2d_1/mm^3
10	(71)	1，2，4	7.100	7100	16	(180)	1，2，4	11.250	46080
	90	1，2，4，6	9.000	9000		250	1	15.625	64000
	(112)	1，2，4	11.200	11200	20	(140)	1，2，4	7.000	56000
	160	1	16.000	16000		160	1，2，4	8.000	64000
12.5	(90)	1，2，4	7.200	14062		(224)	1，2，4	11.200	89600
	112	1，2，4	8.960	17500		315	1	15.750	126000
	(140)	1，2，4	11.200	21875	25	(180)	1，2，4	7.200	112500
	200	1	16.000	31250		200	1，2，4	8.000	125000
16	(112)	1，2，4	7.000	28672		(280)	1，2，4	11.200	175000
	140	1，2，4	8.750	35840		400	1	16.000	250000

注：1. 表中模数和分度圆直径仅列出了第一系列的较常用数据。
2. 括号内的数字尽可能不用。

2）蜗杆头数 z_1、蜗轮齿数 z_2 及传动比 i

蜗杆头数（齿数）z_1 即为蜗杆螺旋线数目。选择蜗杆头数时，主要考虑传动比、效率及加工等因素。通常蜗杆头数 $z_1=1$、2、4。若要得到大的传动比或要求自锁时，可取 $z_1=1$；当传递功率较大时，为提高传动效率，可采用多头蜗杆，通常取 $z_1=2$ 或 4。但蜗杆头数过多时，加工困难。

蜗轮齿数 z_2，为了避免蜗轮轮齿发生根切，z_2 不应小于 26，但不宜大于 80。因为 z_2 过大，会使结构尺寸增大，蜗杆长度也随之增加，致使蜗杆刚度降低而影响啮合精度。

当蜗杆回转一圈时，蜗轮被蜗杆推动转过 z_1 个齿，因此蜗杆蜗轮机构的传动比为

$$i=\frac{n_1}{n_2}=\frac{z_2}{z_1} \tag{5-35}$$

式中 n_1、n_2——分别为蜗杆和蜗轮的转速（r/min）。

3）蜗杆分度圆柱导程角 γ 和蜗轮螺旋角 β

蜗杆分度圆柱螺旋线上任一点的切线与端面之间所夹的锐角称为蜗杆分度圆柱导程角，用 γ 表示。如图 5.43 所示，蜗杆分度圆柱上的导程 p_z 与导程角 γ 的关系为

$$\tan\gamma=\frac{p_z}{\pi d_1}=\frac{z_1\pi m}{\pi d_1}=m\frac{z_1}{d_1} \tag{5-36}$$

式中 d_1——蜗杆分度圆直径（mm）。

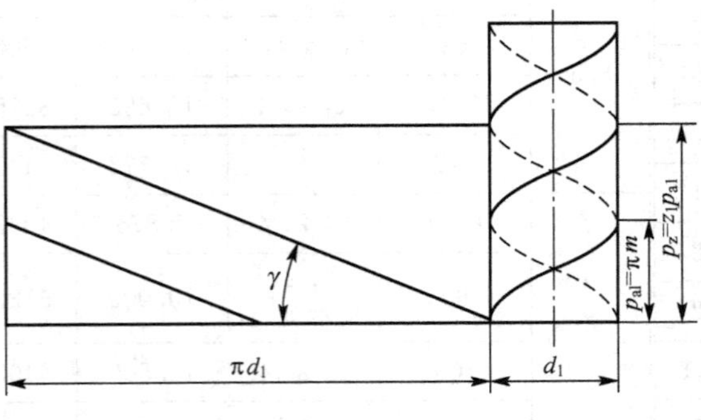

图 5.43 蜗杆分度圆柱导程角 γ

蜗轮的螺旋角 β 和蜗杆的导程角 γ

应数值相等，旋向相同。所以，蜗杆蜗轮机构的正确啮合条件为

$$\left.\begin{aligned}&m_{a1}=m_{t2}=m\\&\alpha_{a1}=\alpha_{t2}=\alpha\\&\gamma=\beta\end{aligned}\right\}\tag{5-37}$$

4）蜗杆分度圆直径 d_1 和直径系数 q

由式(5－36)可知，蜗杆分度圆直径 $d_1=mz_1/\tan\gamma$。这表明 d_1 不仅与模数 m 有关，还与 $z_1/\tan\gamma$ 有关。当 m 一定时，改变蜗杆头数 z_1 或导程角 γ，蜗杆分度圆直径 d_1 也随之改变。若用与蜗杆尺寸相同的滚刀加工蜗轮，则同一模数就需配备许多把滚刀。为减少滚刀数量，便于刀具的标准化，规定蜗杆分度圆直径为标准值，且对于每一标准模数，规定蜗杆分度圆直径不多于4个。蜗杆分度圆直径标准系列见表5－11。

蜗杆分度圆直径与模数的比值称为蜗杆直径系数，即

$$q=\frac{d_1}{m}\tag{5-38}$$

因 d_1 和 m 均为标准值，故 q 为导出值(表5－11)，可以不为整数。因 $\tan\gamma=\frac{mz_1}{d_1}=\frac{z_1}{q}$，当 z_1 一定时，q 减小，γ 增大，效率 η 随之提高；而当 m 一定时，q 增大，则 d_1 变大，蜗杆的刚度和强度相应提高。所以，在蜗杆轴刚度允许的情况下，应尽可能选用较小的 q 值。

2. 几何尺寸计算

基本几何尺寸计算公式可参考图5.42和表5－12。

表5－12 普通圆柱蜗杆蜗轮机构的几何尺寸计算

名称	符号	计算公式	
		蜗杆	蜗轮
分度圆直径	d	$d_1=mq$	$d_2=mz_2$
齿顶高	h_a	$h_a=h_a^*m=m\quad(h_a^*=1)$	
齿根高	h_f	$h_f=(h_a^*+c^*)m=1.2m\quad(c^*=0.2)$	
齿顶圆直径	d_a	$d_{a1}=d_1+2h_a$	$d_{a2}=d_2+2h_a$
齿根圆直径	d_f	$d_{f1}=d_1-2h_f$	$d_{f2}=d_2-2h_f$
蜗杆分度圆导程角	γ	$\tan\gamma=\frac{mz_1}{d_1}=\frac{z_1}{q}$	
径向间隙	c	$c=c^*m=0.2m$	
中心距	a	$a=\frac{1}{2}(d_1+d_2)=\frac{1}{2}m(q+z_2)$	
蜗杆蜗轮齿距	p	$p_{a1}=p_{t2}=\pi m$	
传动比	i	$i=\frac{z_2}{z_1}$	

3. 蜗轮转动方向的判定

蜗杆蜗轮机构中，一般蜗杆为主动件。蜗轮的转向取决于蜗杆的转向与螺旋线方向以及蜗杆与蜗轮的相对位置，用“左、右手定则”判定。即当蜗杆为右(左)旋时，用右(左)手，四指弯曲的方向代表蜗杆的旋转方向，拇指与蜗杆轴线平行，蜗轮的节点速度 v_2 的方向与大拇指指向相反，从而确定蜗轮的转向，如图 5.44 所示。

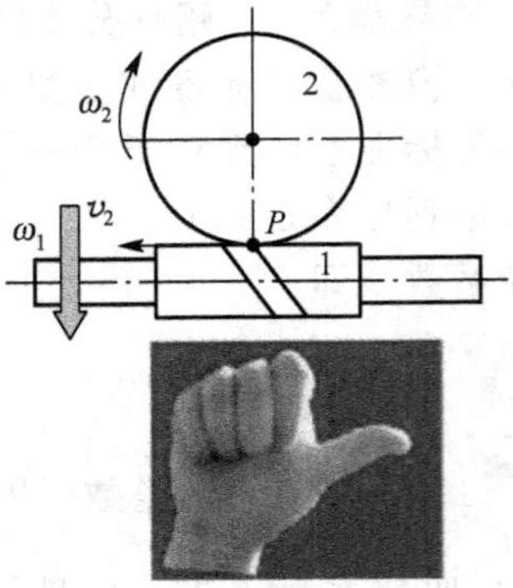

(a) 右旋蜗杆

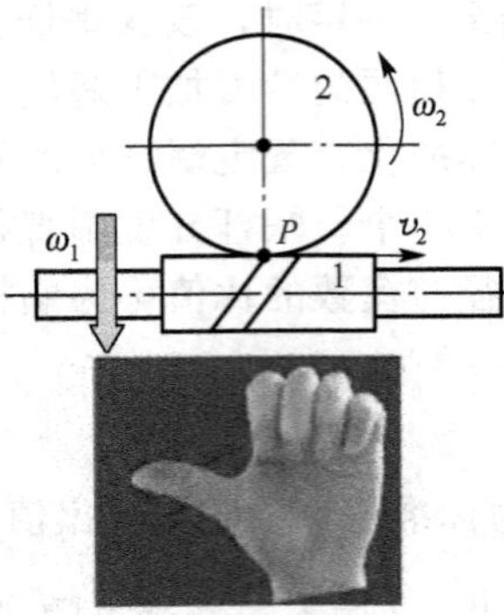

(b) 左旋蜗杆

图 5.44　蜗轮转动方向的判定

5.11　齿　轮　系

5.11.1　轮系及其分类

在机械设备中，只用一对齿轮传动很难满足所有工作要求。为了满足机械中要求的大传动比、变速、换向等要求，一般需要采用多对齿轮进行传动。用一系列互相啮合的齿轮将主动轴和从动轴连接起来，这种多齿轮的传动装置称为轮系。一对相互啮合的齿轮是最简单的轮系。

在轮系中，按轮系运转时各齿轮轴线位置相对机架是否固定，轮系分为定轴轮系和周转轮系。

在轮系运转过程中，所有齿轮轴线位置相对机架都是固定不动的轮系为定轴轮系(图 5.45)。图 5.45(a)中所有齿轮的轴线都是平行的，由平面齿轮机构组成，为平面定轴轮系；图 5.45(b)中不是所有齿轮的轴线都平行，轮系中含有轴线相交的锥齿轮或轴线空间交错的蜗轮蜗杆空间齿轮机构，为空间定轴轮系。

如图 5.46 所示，在轮系运转过程中，至少有一个齿轮的几何轴线位置相对于机架不固定，而是绕着其他齿轮的固定几何轴线回转的轮系为周转轮系。在图 5.46(a)中，机构的自由度为 $F=3\times4-2\times4-2=2$，这种周转轮系为差动轮系；图 5.46(b)中，机构的自由度为 $F=3\times3-2\times3-2=1$，这种周转轮系为行星轮系。同样在周转轮系中，如果所有齿轮的轴线都是平行的为平面周转轮系(图 5.46)，若不是都平行则为空间周转轮系(图 5.47)。

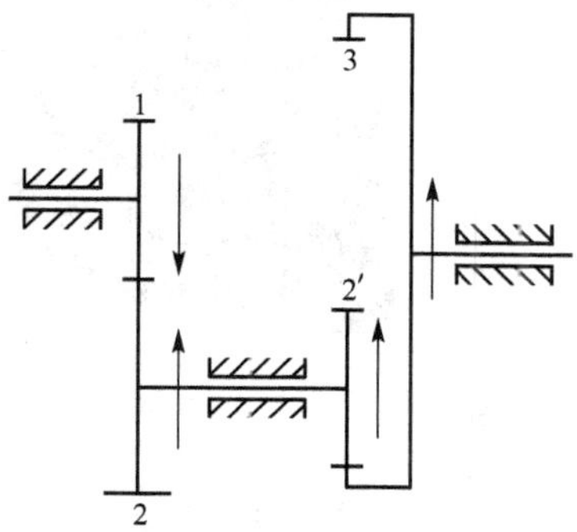

(a) 平面定轴轮系

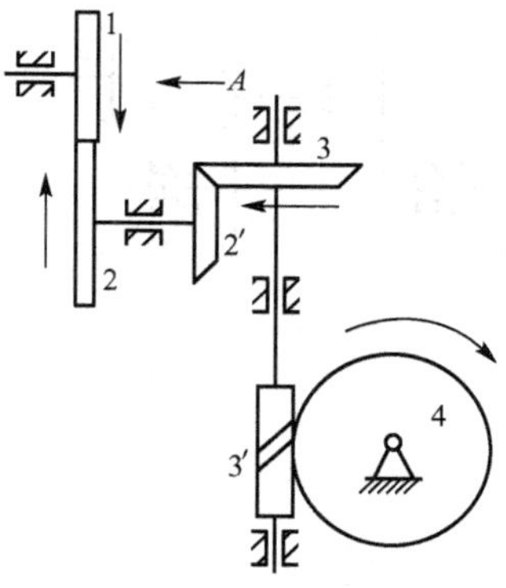

(b) 空间定轴轮系

图 5.45　定轴轮系

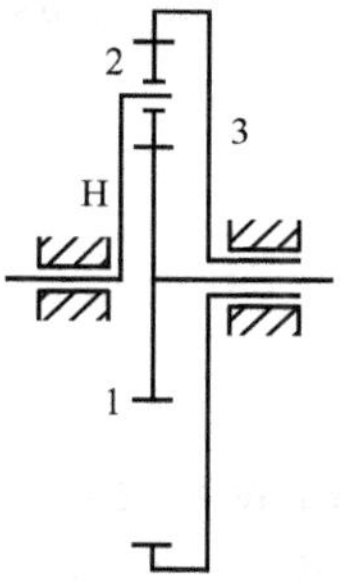

(a) 差动轮系

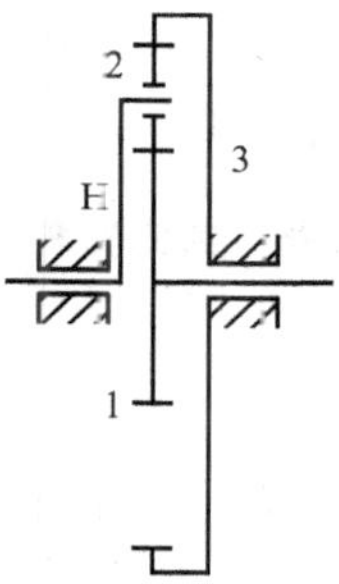

(b) 行星轮系

图 5.46　周转轮系

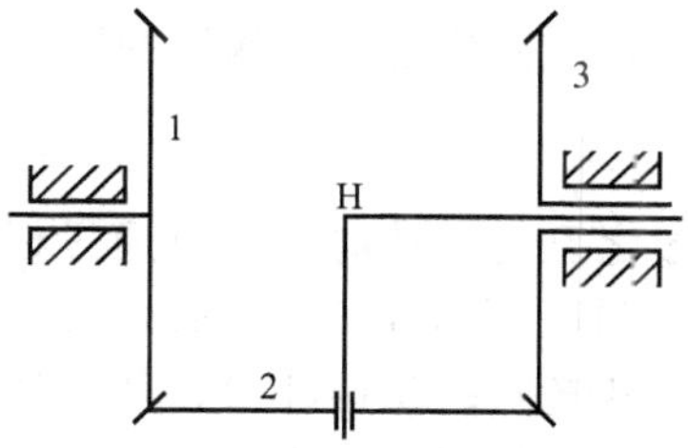

图 5.47　空间周转轮系

实际机械传动系统中，不仅只有基本的定轴轮系或基本的周转轮系，还会根据需要设计成较复杂的轮系。把由基本的定轴轮系与基本的周转轮系组合而成的或由两个以上基本周转轮系组合而成的轮系称为复合轮系(图 5.48)。

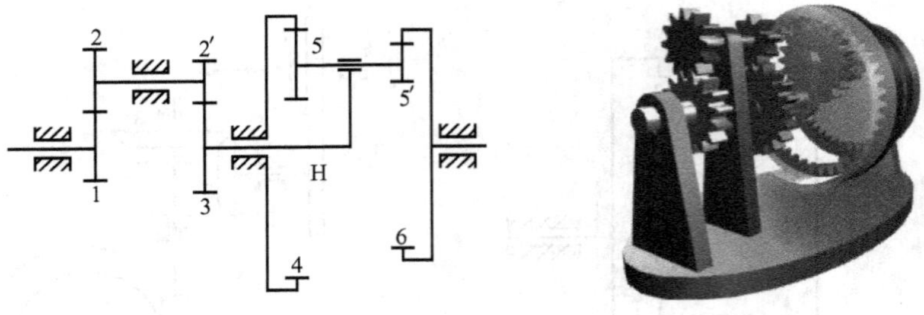

(a) 平面复合轮系

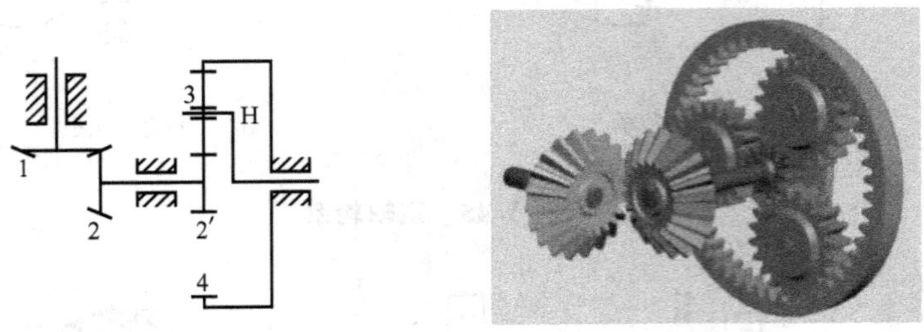

(b) 空间复合轮系

图 5.48 复合轮系

5.11.2 定轴轮系的传动比计算

一对齿轮传动的传动比是指主动轮与从动轮的角速度(或转速)之比。而轮系的传动比，则是指首、末两轮角速度(或转速)之比，设 A 为轮系首轮，B 为轮系末轮，则轮系的传动比为

$$i_{AB}=\frac{\omega_A}{\omega_B}=\frac{n_A}{n_B} \tag{5-39}$$

式中 ω_A、ω_B——首、末两轮的角速度；

n_A、n_B——首、末两轮的转速。

在计算轮系传动比时，既要确定传动比的大小，又要确定首末两轮的转向关系。

1. 一对齿轮传动比的计算

一对相互啮合的齿轮其传动比大小等于其齿数之反比，转向关系可通过标注箭头的方法确定出来，如图 5.49 所示。一对平行轴外啮合圆柱齿轮(图 5.49(a))，两轮转向相反，可用方向相反的箭头表示；一对平行轴内啮合圆柱齿轮(图 5.49(b))，两轮转向相同，可用方向相同的箭头表示；一对锥齿轮传动，在节点具有相同的速度，故二者的转动方向要么同时指向节点(图 5.49(c)中实线箭头所示)，要么同时背离节点(图 5.49(c)中虚线箭头所示)；蜗杆蜗轮传动时，蜗轮转向可按照蜗杆的转向及螺旋线的旋向，应用左、右手定则确定(图 5.49(d))。

对于轴线平行的一对圆柱齿轮传动，两轮转向的同异也可用传动比的正负表达。两轮转向相同时，传动比为“+”；两轮转向相反，传动比为“－”。一对外啮合圆柱齿轮传动比可表示为

$$i_{12}=\frac{\omega_1}{\omega_2}=\frac{n_1}{n_2}=(-)\frac{z_2}{z_1}$$

一对内啮合圆柱齿轮传动比可表示为

$$i_{12}=\frac{\omega_1}{\omega_2}=\frac{n_1}{n_2}=(+)\frac{z_2}{z_1}$$

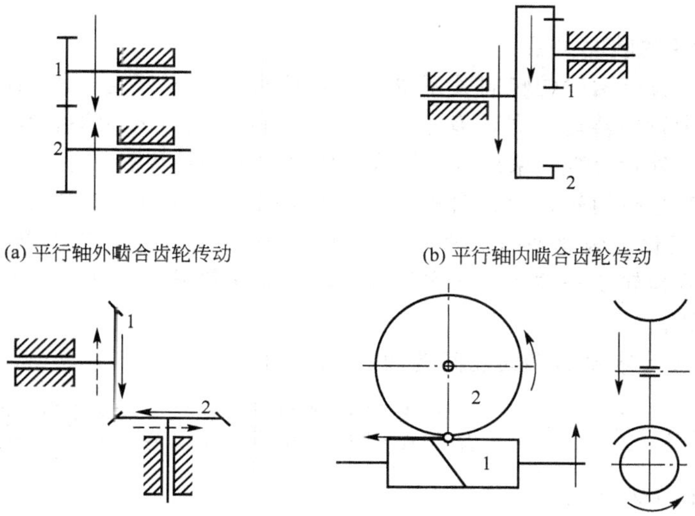

(a) 平行轴外啮合齿轮传动　(b) 平行轴内啮合齿轮传动

(c) 锥齿轮传动　(d) 蜗杆蜗轮传动

图 5.49　一对齿轮传动的转向关系

2. 平面定轴轮系传动比的计算

定轴轮系中，从输入轴到输出轴间的运动是通过逐对啮合的齿轮依次传动来实现的。根据一对齿轮传动比的计算，可推出定轴轮系的传动比计算。

1）传动比的大小

如图 5.50 所示，运动从齿轮 1 输入，通过齿轮传动，从齿轮 5 输出，则该轮系传动比为

$$i_{15}=\frac{\omega_1}{\omega_5}$$

轮系中各齿轮的齿数分别用 z_1、z_2、z_2'、z_3、z_3'、z_4 及 z_5 表示，各轮角速度分别为 ω_1、ω_2、ω_2'、ω_3、ω_3'、ω_4 及 ω_5。则组成轮系的相互啮合的各对齿轮的传动比大小为

$$i_{12}=\frac{\omega_1}{\omega_2}=\frac{z_2}{z_1}\qquad i_{2'3}=\frac{\omega_2'}{\omega_3}=\frac{z_3}{z_2'}$$

$$i_{3'4}=\frac{\omega_{3'}}{\omega_4}=\frac{z_4}{z_{3'}}\qquad i_{45}=\frac{\omega_4}{\omega_5}=\frac{z_5}{z_4}$$

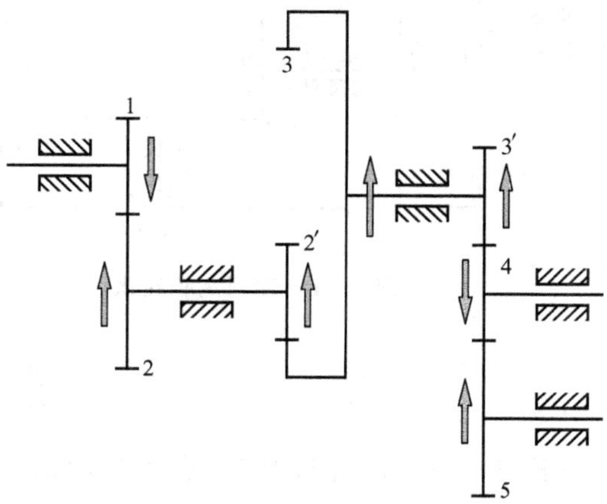

图 5.50　平面定轴轮系

因 $\omega_2=\omega_{2'}$，$\omega_3=\omega_{3'}$，故将以上各式两边分别连乘后得

$$i_{12}i_{2'3}i_{3'4}i_{45}=\frac{\omega_1\omega_{2'}\omega_{3'}\omega_4}{\omega_2\omega_3\omega_4\omega_5}=\frac{\omega_1}{\omega_5}=i_{15}=\frac{z_2z_3z_4z_5}{z_1z_{2'}z_{3'}z_4}$$

所以，平面定轴轮系传动比的大小等于首末两齿轮之间各级啮合齿轮副的传动比之积，其值等于各级啮合齿轮副中从动轮齿数的连乘积与各级啮合齿轮副中主动轮齿数的连乘积之比。

2）首、末两轮的转向关系

平面定轴轮系首末两轮的转向关系也可以用两种方法来确定：①如图 5.50 所示，在图中用箭头表示齿轮的转动方向，齿轮 1 与齿轮 5 的转动方向箭头相反，传动比 i_{15} 为负号；②利用轮系中外啮合次数来确定。因为内啮合的两圆柱齿轮转动方向相同，不影响传动比符号。而外啮合时两轮转动方向相反，如果轮系中有 m 对外啮合时，由首轮到末轮转动方向经过 m 次变化，因此平面定轴轮系传动比符号可用$(-1)^m$ 来判断。图 5.50 所示轮系中，从齿轮 1 到齿轮 5 一共经过 3 次外啮合，传动比符号计算用$(-1)^3$，为负，与用箭头表示的结果一致。

所以，首轮 A 与末轮 B 两齿轮间传动比 i_{AB}的计算通式为

$$i_{AB}=\frac{\omega_A}{\omega_B}=(-1)^m\frac{\text{齿轮 A 到 B 之间所有从动轮齿数的乘积}}{\text{齿轮 A 到 B 之间所有主动轮齿数的乘积}} \tag{5-40}$$

式中　m——外啮合次数。

图 5.50 所示轮系中，齿轮 4 作为从动轮与齿轮 3′进行啮合，又作为主动轮与齿轮 5 啮合，其齿数 z_4 在传动比计算公式的分子、分母中同时出现可约去，说明齿数 z_4 不影响传动比 i_{15}的大小，但齿轮 4 可改变从动轮的转向。这种齿轮叫做惰轮或过桥轮。

3. 空间定轴轮系传动比的计算

图 5.51 所示为空间定轴轮系。空间定轴轮系的传动比大小仍用式(5-40)计算。但由于轮系中空间齿轮机构的几何轴线不平行，它们的转向无所谓相同或相反，所以转向关系不能用$(-1)^m$ 来确定，只能在图上用画箭头的方法表示各轮的转向关系。

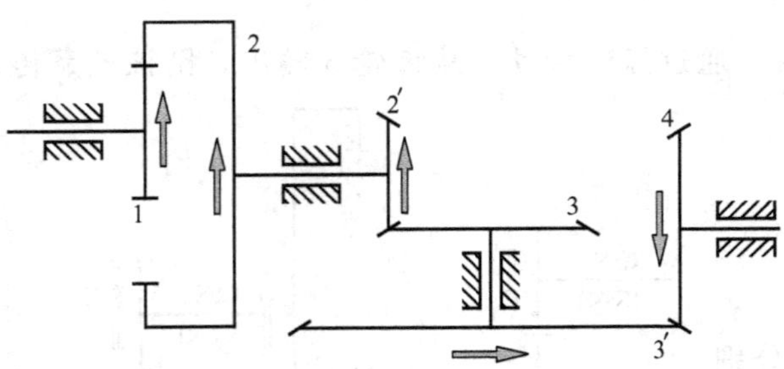

图 5.51　空间定轴轮系

但若空间定轴轮系中首、末两轮的轴线互相平行，则仍可在计算结果中加上“＋”、“－”来表示首、末轮的转向关系。如图 5.51 中，齿轮 1 和齿轮 4 的轴线互相平行，按照画箭头的方法可确定两轮的转向相反，故其传动比为

$$i_{14}=\frac{\omega_1}{\omega_4}=-\frac{z_2z_3z_4}{z_1z_2'z_3'}$$

[例 5-1]　在图 5.45(b)所示的轮系中，已知各齿轮的齿数分别为 $z_1=18$，$z_2=20$，$z_{2'}=25$，$z_3=36$，$z_{3'}=2$(右旋蜗杆)，$z_4=40$(蜗轮)，且已知 $n_1=640$r/min(A 向看为逆时针)，求蜗轮 4 的转速及其转向。

解：轮系中包含锥齿轮 2′和 3 及蜗杆 3′和蜗轮 4，为空间定轴轮系。其轮系的传动比为

$$i_{14}=\frac{\omega_1}{\omega_4}=\frac{n_1}{n_4}=\frac{z_2 z_3 z_4}{z_1 z_{2'} z_{3'}}=\frac{20\times36\times40}{18\times25\times2}=32$$

蜗轮 4 的转速为：

$$n_4=\frac{n_1}{i_{14}}=\frac{640}{32}=20\text{r/min}$$

首轮 1、末轮 4 轴线不平行，各轮的转向关系用箭头表示，蜗轮转动方向为顺时针。

5.11.3 周转轮系传动比计算

1. 周转轮系的组成

在图 5.52 所示的周转轮系中，轮系运转时，活套在构件 H 上的齿轮 2，一方面绕自身轴线 O_2 回转，另一方面又随构件 H 绕固定轴线 O_H 回转，如天体中的行星，既自转又公转，故把既自转又公转的齿轮 2 称为行星轮。支撑行星轮的构件 H 称为行星架。与行星轮相啮合且轴线固定的齿轮 1 和 3 称为中心轮或太阳轮。一个基本的周转轮系就是由一个行星架、若干个行星轮、太阳轮及机架组成的。

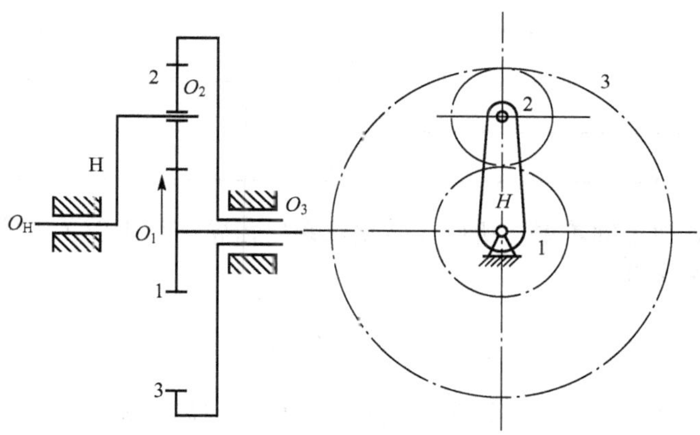

图 5.52 周转轮系

2. 周转轮系传动比计算

周转轮系与定轴轮系的主要区别就是至少有一个齿轮的轴线是绕着其他齿轮的回转轴线运动的，所以周转轮系传动比不能直接用定轴轮系传动比的计算公式计算。可以利用相对运动原理，将周转轮系转化为假想的定轴轮系，然后利用定轴轮系传动比的计算公式计算周转轮系传动比。这就是反转法或转化机构法。

如图 5.53 所示，给整个周转轮系加上一个绕行星架的固定轴线转动，与行星架 H 转动的角速度 ω_H 大小相等、方向相反的公共角速度“$-\omega_H$”，并不改变周转轮系中各构件之间的相对运动，但可使行星架 H 变为相对固定，从而周转轮系转换成一个假想的定轴轮系。这一假想的定轴轮系称为原周转轮系的转化轮系。

周转轮系加上一公共角速度“$-\omega_H$”后，各构件的角速度是相对于行星架 H 固定时

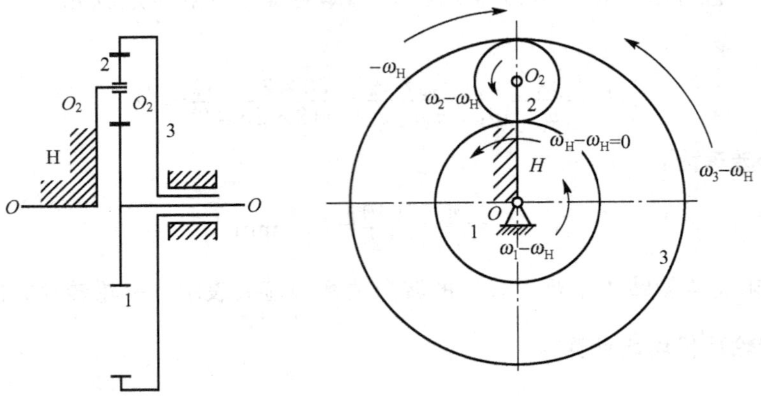

图 5.53　转化轮系

的相对角速度，分别记为 ω_1^H、ω_2^H、ω_3^H 及 ω_H^H。轮系转化前、后各构件的角速度见表 5-13。

表 5-13　轮系转化前、后各构件的角速度

构件	周转轮系角速度	转化轮系角速度
1	ω_1	$\omega_1-\omega_H=\omega_1^H$
2	ω_2	$\omega_2-\omega_H=\omega_2^H$
3	ω_3	$\omega_3-\omega_H=\omega_3^H$
H	ω_H	$\omega_H-\omega_H=\omega_H^H=0$

由于转化轮系为定轴轮系，所以在转化轮系中齿轮 1 与齿轮 3 的传动比 i_{13}^H 可按定轴轮系传动比计算方法求得

$$i_{13}^H=\frac{\omega_1^H}{\omega_3^H}=\frac{\omega_1-\omega_H}{\omega_3-\omega_H}=(-1)^1\frac{z_2z_3}{z_1z_2}=-\frac{z_3}{z_1} \tag{5-41}$$

齿数比前面的“－”表示在转化轮系中，齿轮 1 和齿轮 3 的转向相反，即 ω_1^H 与 ω_3^H 的方向相反。若已知各轮的齿数，当已知 ω_1、ω_3、ω_H 三个运动参数中的任意两个(包括大小和方向)时，通过式(5-41)就可确定第三个，从而求出周转轮系中任意两轮的传动比(大小和方向)。

推广到一般情况。设 ω_A、ω_B 为周转轮系中任意两个齿轮 A、B 的角速度，ω_H 为行星架的角速度，它们之间的角速度关系为

$$i_{AB}^H=\frac{\omega_A^H}{\omega_B^H}=\frac{\omega_A-\omega_H}{\omega_B-\omega_H}=(-1)^m\frac{\text{从齿轮 A 到 B 所有从动轮齿数的乘积}}{\text{从齿轮 A 到 B 所有主动轮齿数的乘积}} \tag{5-42}$$

应用式(5-42)时应注意以下几点：

(1) 该式适用于周转轮系中齿轮 A、B 的轴线与行星架轴线平行的情况，这样，两轴之间的角速度才能用代数差表示。

(2) 该式也适用于由锥齿轮组成的周转轮系，不过齿轮 A、B 和行星架 H 的轴线必须互相平行，且转化轮系传动比 i_{AB}^H 的正、负号不能用 $(-1)^m$ 来判定，必须用在图中画箭头

的方法来决定。

(3) 将 ω_A、ω_B、ω_H 的已知数值代入公式时，必须考虑其正、负号。若假定其中某已知角速度的转向为正，则其他角速度的转向与其同向时取正，与其反向时取负。

(4) $i_{AB}^H \neq i_{AB}$。i_{AB}^H为转化轮系中齿轮 A 与齿轮 B 的角速度之比，为相对角速度之比；而 i_{AB}是周转轮系中齿轮 A 与 B 的角速度之比，为绝对角速度之比。

[例 5-2] 在图 5.54 所示轮系中，已知各齿轮齿数为：$z_1=15$，$z_2=25$，$z_3=20$，$z_4=60$。转速 $n_1=200\text{r/min}$(顺时针)，$n_4=50\text{r/min}$(逆时针)，试求行星架 H 的转速。

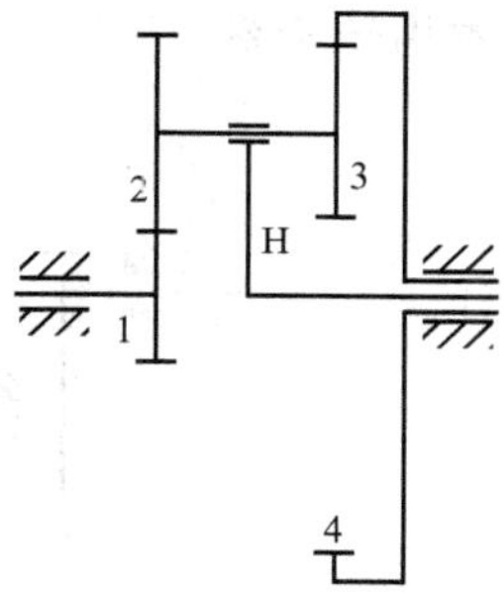

图 5.54 周转轮系

解：该轮系为简单的周转轮系，两个太阳轮在转化轮系中的传动比为

$$i_{14}^H=\frac{\omega_1^H}{\omega_4^H}=\frac{n_1^H}{n_4^H}=\frac{n_1-n_H}{n_4-n_H}=-\frac{z_2 z_4}{z_1 z_3}$$

假设转速顺时针为正，则

$$i_{14}^H=\frac{200-n_H}{-50-n_H}=-\frac{25\times60}{15\times20}=-5$$

解得：$n_H=-\dfrac{50}{6}\approx-8.33\text{r/min}$，为逆时针转动(与齿轮 1 转动方向相反)。

[例 5-3] 图 5.55(a)所示的锥齿轮组成的周转轮系，已知各轮齿数 $z_1=z_2=60$，$z_{2'}=20$，$z_3=30$，$n_1=60\text{r/min}$，$n_H=180\text{r/min}$，n_1、n_H 转向相同，求 n_3 的大小和方向。

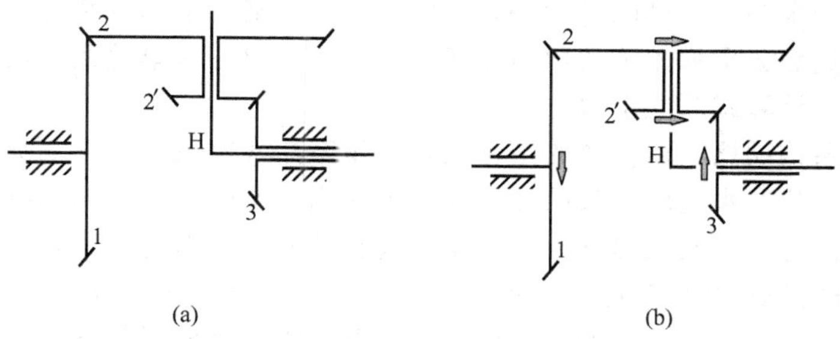

图 5.55 空间周转轮系

解：由于两个太阳轮 1 和 3 的轴线与行星架 H 的轴线互相平行，所以它们在转化轮系中的传动比为

$$i_{13}^H=\frac{n_1^H}{n_3^H}=\frac{n_1-n_H}{n_3-n_H}=-\frac{z_2 z_3}{z_1 z_{2'}}$$

传动比 i_{13}^H中的负号由图 5.55(b)判断。假设齿轮 1 转动方向向下，经过画箭头方法判定可知，齿轮 3 的转动方向向上，与齿轮 1 的假设转动方向相反，所以传动比 i_{13}^H为负。依题意，齿轮 1 与行星架 H 的转动方向相同，所以带入公式时都为正，则

$$i_{13}^H=\frac{60-180}{n_3-180}=-\frac{60\times30}{60\times20}=-\frac{3}{2}$$

解得：$n_3=260\text{r/min}$，齿轮 3 的转动方向与齿轮 1 相同。

3. 复合轮系传动比计算

图 5.56(a)所示为复合轮系，齿轮 3 为行星轮，构件 H 为行星架，齿轮 2′、4 为太阳轮，则由行星轮 3、行星架 H、太阳轮 2′、4 组成一个基本周转轮系；而齿轮 1、2 组成定轴传动部分。图 5.56(b)所示也为复合轮系，包含由行星轮 2、行星架 H_1、太阳轮 1 和 3 组成的一个基本周转轮系，以及由行星轮 5-5′、行星架 H_2、太阳轮 4 和 6 组成的另一个基本周转轮系。

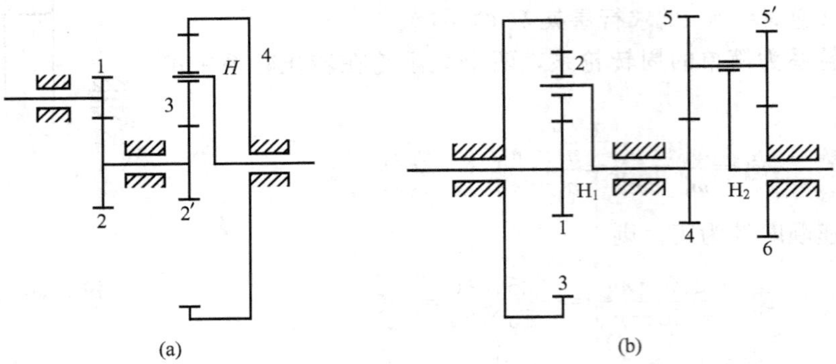

图 5.56　复合轮系

基本周转轮系，通过一次反转可以得到一个定轴轮系(转化轮系)。而对于既包含定轴轮系又包含基本周转轮系的复合轮系，不能通过一次反转得到一个定轴轮系。所以对于复合轮系传动比的求解的关键问题就是如何拆分轮系，把复杂的轮系拆分成定轴轮系与简单的周转轮系，然后分别列出传动比的计算公式，并找出各简单轮系之间联接构件的转速关系，将各传动比计算式联立求解。

计算复合轮系传动比，最重要的是正确划分轮系的各组成部分，划分的关键是划出各个基本周转轮系。找基本周转轮系的方法为：先找出行星轮，即找出那些几何轴线绕另一几何轴线转动的齿轮；其次找出支撑行星轮作公转的构件，即行星架；然后找出与该行星轮相啮合的作定轴旋转的太阳轮。行星轮、行星架、太阳轮及机架组成一个基本周转轮系。找出各个周转轮系后，余下的定轴运转的轮系便为定轴轮系部分。

[例 5-4]　图 5.56(a)所示的轮系中，设已知各轮齿数 $z_1=20$，$z_2=40$，$z'_2=20$，$z_3=30$，$z_4=80$，试求其传动比 i_{1H}。

解：1) 划分轮系

齿轮 1-2 组成定轴轮系部分

齿轮 2′-3-4-H 组成周转轮系部分

2) 计算各轮系传动比

定轴轮系部分　$i_{12}=\dfrac{n_1}{n_2}=-\dfrac{z_2}{z_1}=-\dfrac{40}{20}=-2$

整理得

$$n_1=-2n_2 \tag{1}$$

周转轮系部分　$i^{H}_{2'4}=\dfrac{n_{2'}-n_H}{n_4-n_H}=-\dfrac{z_4}{z_{2'}}$

由 $n_4=0$，$n'_2=n_2$，$z'_2=20$，$z_4=80$，整理得

$$n_2 = 5n_H \tag{2}$$

3）联立求解

联立式(1)和式(2)，轮系传动比为

$$i_{1H} = i_{12} \cdot i_{2'H} = (-2) \times 5 = -10$$

负号表示齿轮 1 与行星架 H 转向相反。

[例 5-5] 图 5.57(a)所示为一电动卷扬机的减速器运动简图，已知各轮齿数，试求传动比 i_{15}。

解：该轮系为复合轮系

1）齿轮 1、3、2-2′、5 组成周转轮系(图 5.57(b))，有

$$i_{13}^{H} = \frac{\omega_1^H}{\omega_3^H} = \frac{\omega_1 - \omega_H}{\omega_3 - \omega_H} = -\frac{z_2 z_3}{z_1 z_{2'}} \tag{1}$$

2）齿轮 3′、4、5 组成定轴轮系(图 5.57(c))，有

$$i_{3'5} = \frac{\omega_{3'}}{\omega_5} = -\frac{z_5}{z_{3'}} \tag{2}$$

3）联立求解

由于 $n_3 = n_{3'}$，$n_H = n_5$，联立式(1)和式(2)，则传动比为

$$i_{15} = \frac{\omega_1}{\omega_5} = 28.24$$

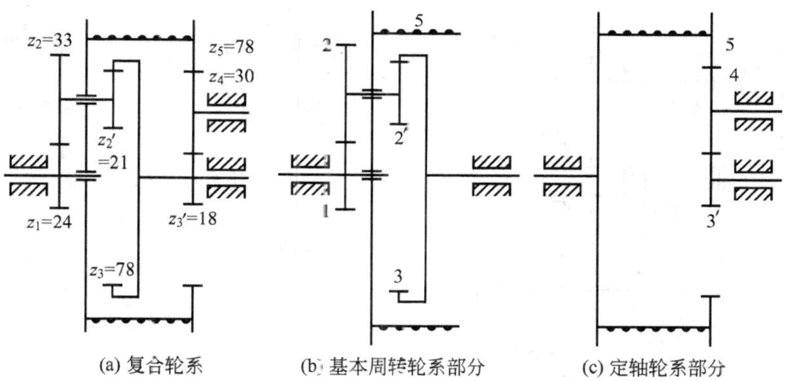

图 5.57 复合轮系分析

5.11.4 轮系的功用

轮系在各种机械中得到了广泛应用，其主要功用有获得较大的传动比、实现分路传动、实现变速换向传动、实现运动的合成与分解。

1. 实现大传动比传动

当两轮之间需要大的传动比时，若仅用一对齿轮传动，将使两轮的尺寸相差悬殊，这不仅使传动机构尺寸庞大，而且使小齿轮因轮齿工作次数过多而过早失效。当需要较大传动比时，应采用轮系来实现，如图 5.58 所示。当要求传动比很大时，可以采用周转轮系。如图 5.59 所示的行星轮系，当 $z_1 = 100$，$z_2 = 101$，$z_{2'} = 100$，$z_3 = 99$ 时，其传动比 $i_{H1} =$

10000。可以在使用很少的齿轮并且结构也很紧凑的条件下，得到很大的传动比。

图 5.58　实现较大传动比的定轴轮系

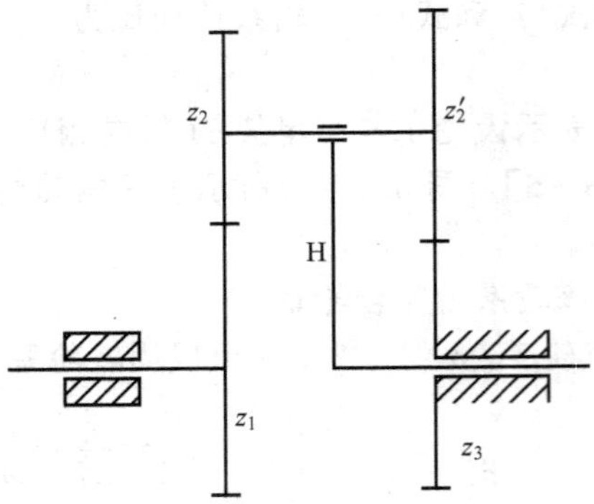

图 5.59　大传动比行星轮系

2. 实现分路传动

利用轮系可以使一个主动轴带动若干个从动轴同时旋转，并获得不同的转速。如图 5.60 所示的某航空发动机附件传动系统的运动示意图，它通过定轴轮系将主动轮的运动分成 6 路传出，带动各附件以不同的转速同时工作。

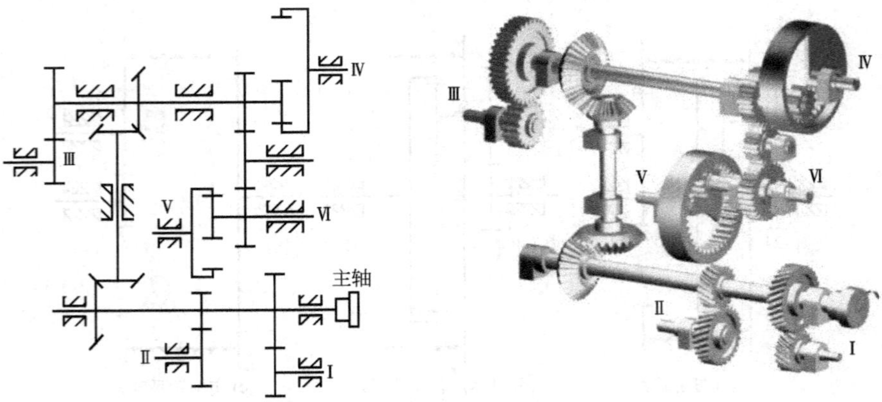

图 5.60　实现分路传动的定轴轮系

3. 实现变速和换向传动

在主动轴转速和转向不变的情况下，利用轮系可使从动轴获得不同转速和转向。如图 5.61 所示，当滑移齿轮 1－2 处于实线或虚线位置时，可以实现从动轴Ⅱ变速传动。在图 5.62 所示的轮系中，当齿轮 1、2、3、4 相互啮合时，经过 3 次外啮合，齿轮 1、4 的转动方向相反；通过转动刚性框架，使齿轮 1、3、4 相互啮合时，经过 2 次外啮合，齿轮 1、4 的转动方向相同。即当主动轮转向一定时，通过改变齿轮的啮合，可实现从动轮换向。

图 5.63 所示为汽车变速器传动简图，图中Ⅰ轴为动力输入轴，Ⅱ轴为输出轴，齿轮 4、6 为滑移齿轮，A－B 为牙嵌离合器。通过齿轮 1、2、3、4、5、6、7、8 及离合器 A、B 的不同组合，可使从动轴Ⅱ得到三挡不同的前进转速和一挡倒车转速。

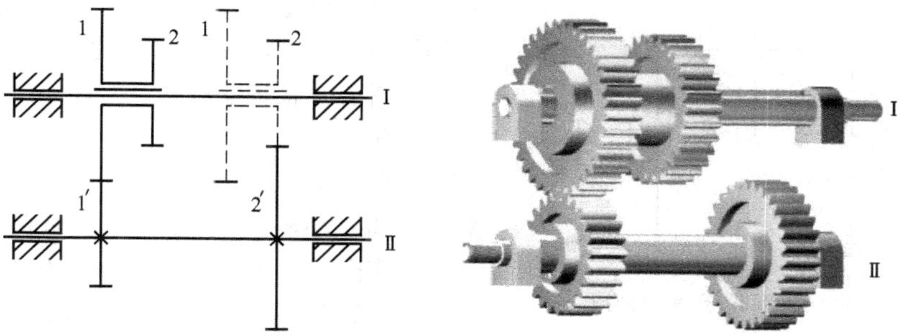

图 5.61　实现变速传动

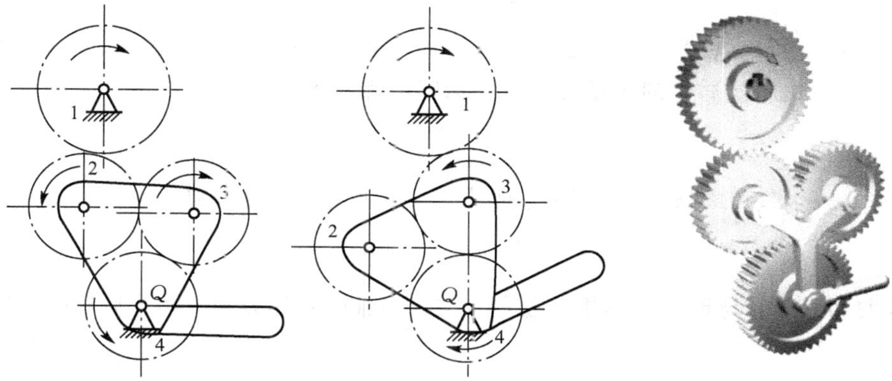

图 5.62　实现换向传动

4. 实现运动的合成与分解

利用差动轮系具有两个自由度的特性，可以将两个输入运动合成一个输出运动，即运动的合成；也可以将一个输入运动分解为两个输出运动，即运动的分解。

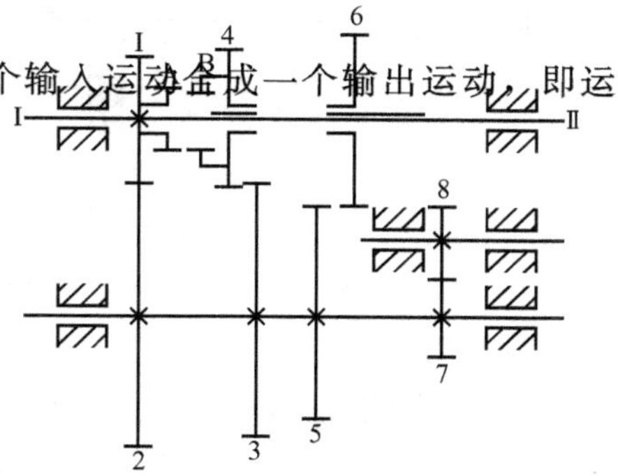

图 5.63　汽车变速器传动简图

在图 5.64 所示的圆锥齿轮差动轮系中，齿数 $z_a = z_b$，如以齿轮 a 和齿轮 b 为输入件，则行星架 H 的转速计算为

$$i_{ab}^{H} = \frac{n_a^H}{n_b^H} = \frac{n_a - n_H}{n_b - n_H} = -\frac{z_b}{z_a} = -1$$

可得

$$2n_H = n_a + n_b$$

行星架 H 的转速是齿轮 a 和齿轮 b 转速的合成。这种合成作用在机床、计算机和补偿装置中得到广泛应用。

图 5.65(a)所示为汽车后桥上的差速器简图。发动机的运动通过传动轴传给齿轮 1，再带动齿轮 2 及固接在齿轮 2 上的行星架 H。当汽车直线行驶时，前轮的转向机构通过地面的约束作用，要求两后轮有相同的转速，即要求齿轮 a 和齿轮 b 转速相等。由于在差动轮系中有 $2n_H = n_a + n_b$，故 $n_a = n_b = n_H = n_2$，即齿轮 a、b、2 和行星架 H 之间没有相对运

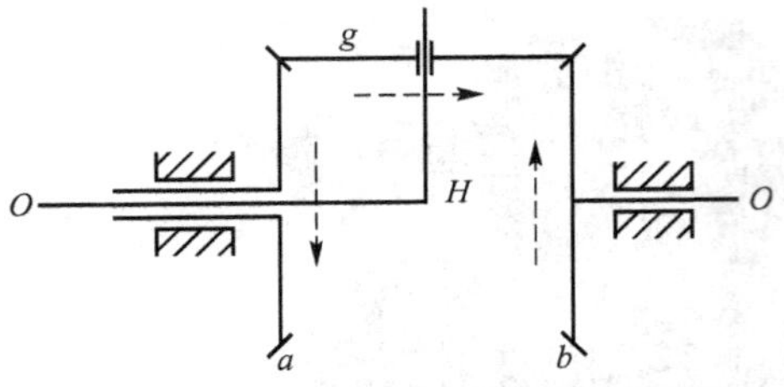

图 5.64 差动轮系用于运动合成

动，整个差动轮系相当于同齿轮 2 固接在一起的一个刚体，随齿轮 2 一起转动，此时行星轮 g 相对于行星架没有转动。

当汽车向左转弯时，由于右侧车轮的转弯半径比左侧的大，为了使车轮与地面间不发生滑动，以减小轮胎磨损，要求右侧车轮比左侧车轮转的快，这时齿轮 a 和 b 发生相对转动。齿轮 g 除了随着齿轮 2 绕后轮轴线公转外，还要绕自己的轴线自转，由齿轮 a、b、g、2(H)组成的差动轮系便发挥作用。故有

$$2n_H = n_a + n_b \tag{5-43}$$

由图 5.65(a)可见，当车身绕瞬时转弯中心 O 点转动时，设两后轮中心距为 $2L$，弯道平均半径为 r，由于两后轮的转速与弯道半径成正比，故有

$$\frac{n_a}{n_b} = \frac{r-L}{r+L} \tag{5-44}$$

联立式(5-43)和式(5-44)，可得此时汽车两后轮的转速分别为

$$n_a = \frac{r-L}{r} n_H \qquad n_b = \frac{r+L}{r} n_H$$

这说明当汽车转弯时，可利用差速器自动将主轴的转速分解为两个后轮的不同转速。

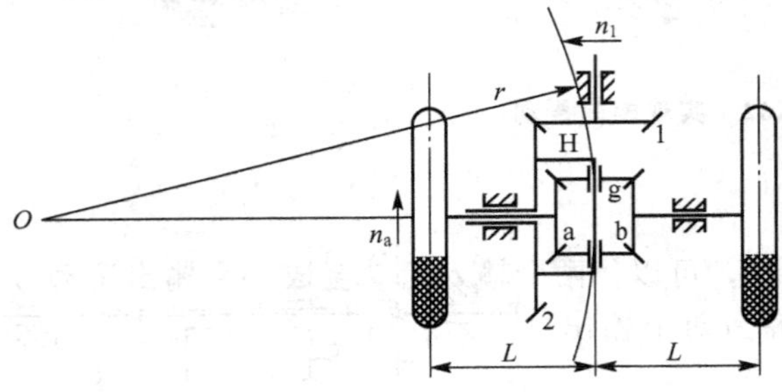

(a)

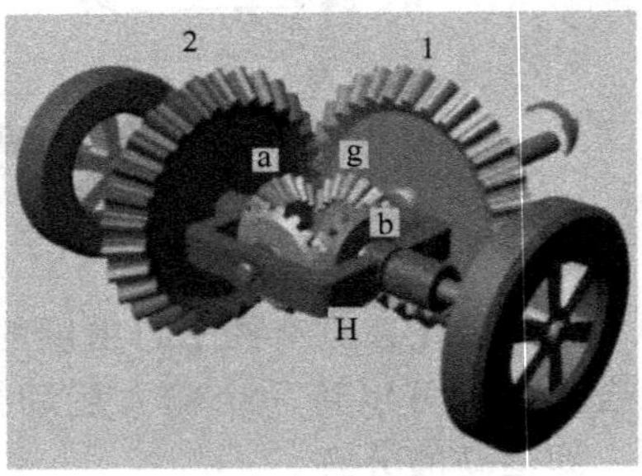

(b)

图 5.65 汽车后桥差速器

阅读材料

非圆齿轮在液压马达中的应用

非圆齿轮也叫异形齿轮，如图 5.66 所示的分度曲面齿轮就是非圆齿轮。它和另一个齿轮组成的齿轮副在啮合时，两轮做纯滚动，当主动轮等速回转时，从动轮角速度周期性地按某种既定的运动规律而变化。

非圆齿轮在液压马达中的应用如图 5.67 所示。非圆行星齿轮液压马达的核心是一个变中心距的非圆行星齿轮机构，是由非圆外齿轮、圆柱行星轮和非圆内齿轮一起组成

的行星轮系。工作时压力推动圆柱行星轮产生公转和自传，并带动非圆外齿轮旋转。当行星轮公转时，行星轮各自依次封闭或接通流孔，使密闭工作腔进、排液循环变化，从而使输出轴不间断地旋转。若改变配液盘进、排液方向，输出轴可以实现顺时针或逆时针方向旋转。

非圆行星齿轮液压马达是一种新型低速大转矩液压马达。低速大转矩液压马达由于转速低、输出转矩大，使用时一般可以直接驱动负载，而不用减速装置，具有低速运转平稳、启动效率高、转动惯量小、加速和制动时间短、机构紧凑、布置灵活等优点，因而在工程设备中得到越来越广泛的应用。

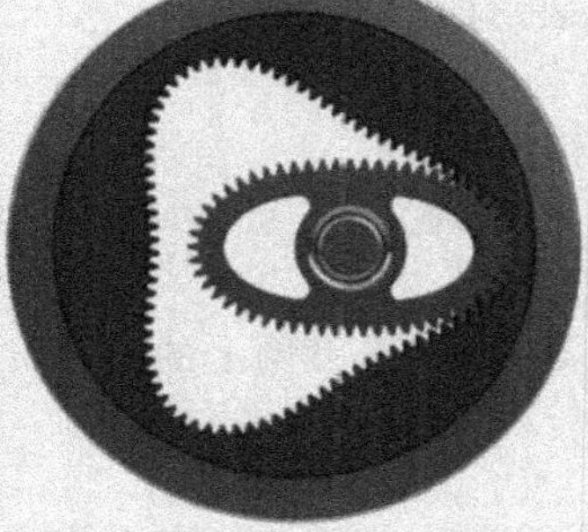

图 5.66 非圆齿轮

图 5.67 非圆行星齿轮液压马达

习 题

5-1 填空题

(1) 渐开线上任一点的法线与基圆________。

(2) 由于渐开线齿轮的传动比等于________，所以即使两轮的安装中心距略有偏差，也不影响两轮的传动比。

(3) 渐开线直齿圆柱齿轮上具有标准________和标准________的圆，称为分度圆。

(4) 渐开线上各点的压力角________等。

(5) 一标准直齿圆柱齿轮的齿距为 15.7mm，齿顶圆直径为 400mm，则该齿轮的齿数为________。

(6) 齿轮要连续传动，其重合度 ε_α ________。

(7) 齿轮传动的重合度越大，表示同时参与啮合的轮齿对数________，齿轮传动也越________。

(8) 斜齿圆柱齿轮的标准模数是指________模数，直齿锥齿轮的标准模数是指________模数。

(9) 平行轴斜齿圆柱齿轮机构的正确啮合条件是______________。

(10) 直齿锥齿轮机构的背锥是与________相切的圆锥，把背锥展开补齐的齿轮称为________，其齿数称为________。

(11) 阿基米德蜗杆蜗轮机构的正确啮合条件是：蜗杆的轴向模数应等于蜗轮的________，蜗杆的________应等于蜗轮的端面压力角，蜗杆分度圆导程角应等于蜗轮________角，且两者旋向________。

(12) 在蜗杆蜗轮机构中，蜗杆头数越少，则传动的效率越________，自锁性越________。一般蜗杆头数常取________。

(13) 所谓定轴轮系是指________，而周转轮系是指________。

(14) 周转轮系是由________、________、________和机架组成。

(15) 惰轮对________并无影响，但却能改变从动轮的________。

(16) 若周转轮系的自由度是2，则称其为________；若周转轮系的自由度为1，则称其为________。

(17)周转轮系中，i_{13}^{H}表示的意思是________，i_{13}表示的意思是________。

5-2 选择题

(1) 一对齿轮啮合时，两齿轮的____始终相切做纯滚动。

A. 分度圆　B. 基圆　C. 节圆　D. 齿根圆

(2) 渐开线齿轮基圆上的压力角是____。

A. 10°　B. 0°　C. 大于分度圆上的压力角

D. 大于零但小于分度圆上的压力角

(3) 渐开线齿轮的标准压力角为____。

A. 20°　B. 30°　C. 60°　D. 40°

(4) 渐开线齿轮齿顶圆的压力角____。

A. 小于分度圆压力角　B. 大于分度圆压力角

C. 等于分度圆的压力角　D. 不确定

(5) 在齿轮机构设计和计算中，对于下列参数和尺寸应标准化的有____。

A. 斜齿圆柱齿轮的法面模数 m_n　B. 斜齿圆柱齿轮的端面模数 m_t

C. 分度圆直径 d　D. 齿顶圆直径 d_a

E. 齿轮宽度 B　F. 分度圆压力角 α

G. 斜齿轮螺旋角 β　H. 中心距 a

(6) 齿轮机构的中心距略大于标准中心距时，其传动比____。

A. 增大　B. 减小　C. 不变　D. 不确定

(7) 一对齿轮要正确啮合，它们的____和压力角必须分别相等。

A. 直径　B. 宽度　C. 模数　D. 齿距

(8) 在蜗杆蜗轮机构中，通常____为主动件。

A. 蜗杆　B. 蜗轮　C. 蜗杆或蜗轮都可以

(9) 在蜗杆蜗轮机构中，应用比较广泛的是____。

A. 圆柱蜗杆　B. 环面蜗杆　C. 锥蜗杆

(10) 计算蜗杆蜗轮机构的传动比时，公式____是错误的。

A. $i=\omega_1/\omega_2$　B. $i=n_1/n_2$

C. $i=d_2/d_1$　D. $i=z_2/z_1$

(11) 蜗杆蜗轮机构正确啮合条件中，蜗杆分度圆柱导程角与蜗轮螺旋角关系为____。

A. 大小相等且方向相同　B. 大小相等且方向相反

C. 都可以

(12) 蜗杆蜗轮机构中，将蜗杆分度圆直径标准化是为了____。

A. 中心距标准化　　B. 减少蜗轮滚刀数量

C. 提高效率　　D. 保证蜗杆刚度

(13) 阿基米德蜗杆的____模数，应符合标准数值。

A. 端面　　B. 法面　　C. 轴向

(14) 蜗杆直径系数 q 的定义是____。

A. $q=d_1/m$　　B. $q=d_1m$

C. $q=a/d_1$　　D. $q=a/m$

(15) 蜗杆蜗轮机构中，如果蜗杆的螺旋线方向为右旋，则蜗轮的螺旋线方向应为____。

A. 左旋　　B. 右旋　　C. 左旋、右旋都可以

(16) 阿基米德圆柱蜗杆传动在____内相当于齿条和齿轮啮合传动。

A. 端面　　B. 中间平面　　C. 轴面

(17) 为提高蜗杆蜗轮机构效率，在保证润滑的条件下，最有效的措施是____。

A. 采用单头蜗杆

B. 采用多头蜗杆

C. 采用大直径系数蜗杆

D. 提高蜗杆转速

(18) 定轴轮系有下列情况：①所有齿轮轴线都平行；②首、末两轮轴线平行；③首、末两轮轴线不平行；④所有齿轮轴线都不平行。其中，有____情况的传动比可以冠以正负号。

A. 1种　　B. 2种　　C. 3种　　D. 4种

(19) 某人总结惰轮在轮系中作用如下：①改变从动轮转向；②改变从动轮转速；③调节齿轮轴间距离；④提高齿轮强度。其中有____是正确的。

A. 1条　　B. 2条　　C. 3条　　D. 4条

(20) 周转轮系的传动比计算应用了转化轮系的概念，周转轮系的转化轮系是________。

A. 定轴轮系　　B. 行星轮系

C. 复合轮系　　D. 差动轮系

(21) 周转轮系的转化轮系其传动比 $i_{AB}^{H}=\frac{n_A-n_H}{n_B-n_H}$ 若为负值，则齿轮A与齿轮B转向____。

A. 一定相同　　B. 一定相反　　C. 不确定

(22) 轮系的下列功用中，____功用必须依靠周转轮系实现。

A. 实现变速传动　　B. 实现大的传动比

C. 实现分路传动　　D. 实现运动的合成与分解

5-3　思考题

(1) 满足定传动比的齿轮机构，其齿廓曲线应满足什么条件？

(2) 渐开线性质有哪些？

(3) 何谓齿轮中的分度圆？何谓节圆？二者的直径是否一定相等或一定不相等？

(4) 当$\alpha=20°$的渐开线标准齿轮的齿根圆和基圆相重合时，其齿数为多少？若齿数大于求出的数值，则基圆和齿根圆哪一个大一些？

(5) 斜齿轮的当量齿轮是如何作出的？锥齿轮的背锥是如何作出的？

(6) 蜗杆蜗轮机构有哪些基本特点？

(7) 蜗杆蜗轮机构以哪一个平面内的参数和尺寸为基准？这样做有什么好处？

(8) 周转轮系中，主、从动件的转向关系用什么方法确定？

(9) 如何划分一个复合轮系的定轴轮系部分和各基本周转轮系部分？

(10) 什么是轮系？它有哪些类型和功用？

5-4 计算题

(1) 如图 5.68 所示，一个渐开线标准正常直齿圆柱齿轮，齿轮的齿数$z=17$，压力角$\alpha=20°$，模数$m=3\text{mm}$。试求在齿轮分度圆和齿顶圆上齿廓的曲率半径和齿顶圆压力角。

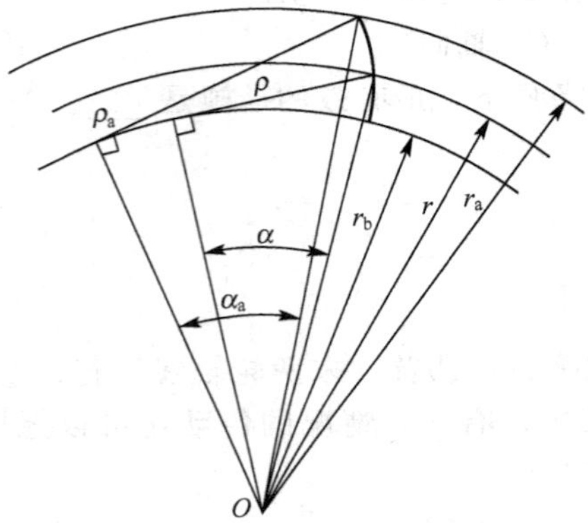

图 5.68 题 5-4(1)图

(2) 已知一对外啮合标准直齿圆柱齿轮的标准中心距$a=160\text{mm}$，齿数$z_1=20$，$z_2=60$，求模数和分度圆直径d_1、d_2。

(3) 设计一对渐开线外啮合标准直齿圆柱齿轮机构。已知$z_1=18$，$z_2=37$，$m=5\text{mm}$，$\alpha=20°$，$h_a^*=1$。试求：两轮几何尺寸及中心距。

(4) 斜齿轮机构，已知$m_n=1.5\text{mm}$，$z_1=z_2=18$，$\beta=15°$，$\alpha_n=20°$。求：齿距p_n和p_t；分度圆半径r_1和r_2及中心距a；当量齿数Z_{v1}和Z_{v2}。

(5) 某设备上有一对斜齿轮传动。已知$z_1=18$，$z_2=36$，$m_n=2.5\text{mm}$，中心距$a=70\text{mm}$，$\alpha_n=20°$，求这对斜齿轮的螺旋角应为多少？

(6) 试设计一对外啮合圆柱齿轮，已知$z_1=21$，$z_2=32$，$m_n=2\text{mm}$，实际中心距为55mm，问：①该对齿轮能否采用标准直齿圆柱齿轮传动？②若采用标准斜齿圆柱齿轮传动来满足中心距要求，其分度圆螺旋角β、分度圆直径d_1、d_2各为多少？

(7) 有一对标准直齿锥齿轮。已知$m=3\text{mm}$，$z_1=24$，$z_2=32$，$\alpha=20°$及$\Sigma=90°$。试计算该对锥齿轮的几何尺寸。

(8) 设蜗轮的齿数$z_2=40$，分度圆直径$d_2=252\text{mm}$，与一个单头蜗杆啮合。求：①蜗轮的端面模数m_{t2}和蜗杆的轴向模数m_{a1}；②蜗杆的分度圆直径d_1和导程角γ；③中心距a。

(9) 一蜗杆蜗轮机构的参数如下：蜗杆$z_1=2$，$q=8$，蜗轮$z_2=46$，模数$m=8\text{mm}$。求：传动比i_{12}；中心距a；蜗杆和蜗轮的分度圆直径d_1和d_2。

(10) 在图 5.69 所示的轮系中，已知：蜗杆为单头且右旋，转速$n_1=1440\text{r/min}$，转动方向如图所示，其余各轮齿数为：$z_2=40$，$z_{2'}=20$，$z_3=30$，$z_{3'}=18$，$z_4=54$，试：①说明轮系属于何种类型；②计算齿轮 4 的转速n_4；③在图中标出齿轮 4 的转动方向。

(11) 图 5.70 所示为一手摇提升装置，其中各轮齿数均为已知，试求传动比i_{15}，并指出当提升重物时手柄的转向。

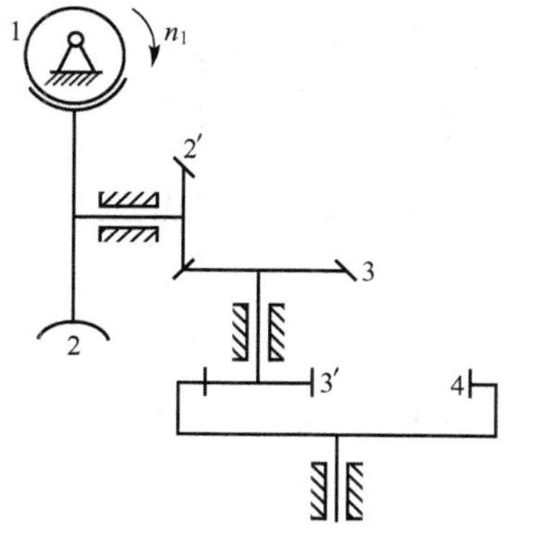

图 5.69　题 5-4(10)图

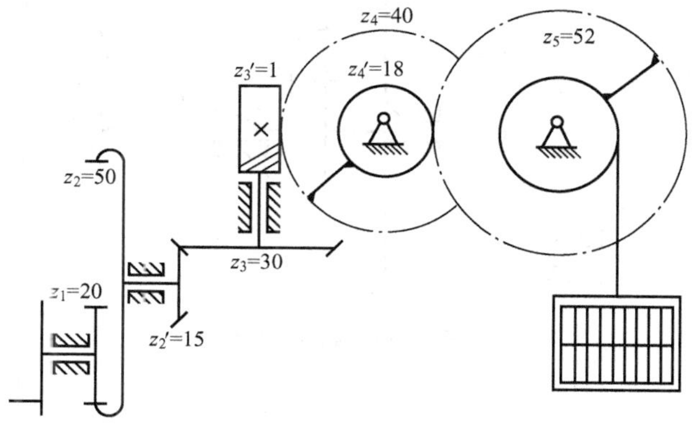

图 5.70　题 5-4(11)图

(12) 在图 5.71 所示的轮系中，已知各齿轮的齿数分别为 $z_1=20$，$z_2=18$，$z_3=56$。求传动比 i_{1H}。

(13) 图 5.72 所示为由锥齿轮组成的周转轮系。已知 $z_1=60$，$z_2=40$，$z_{2'}=z_3=20$，$n_1=n_3=120\mathrm{r/min}$。设中心轮 1、3 的转向相反，试求 n_H 的大小与方向。

(14) 在图 5.73 所示的输送带行星轮系中，已知各齿轮的齿数分别为 $z_1=12$，$z_2=33$，$z_{2'}=30$，$z_3=78$，$z_4=75$。电动机的转速 $n_1=1450\mathrm{r/min}$。试求输出轴转速 n_4 的大小与方向。

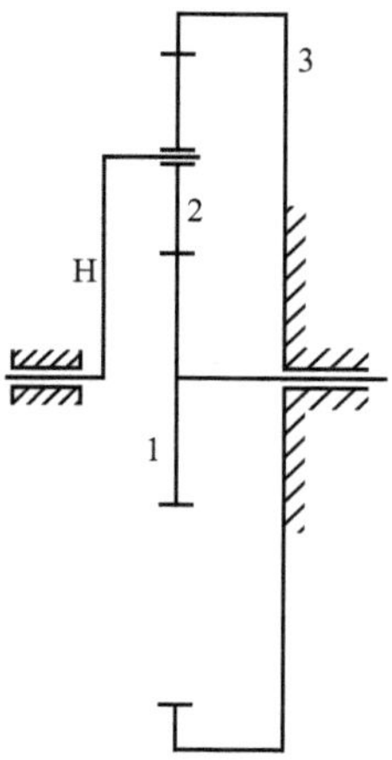

图 5.71　题 5-4(12)图

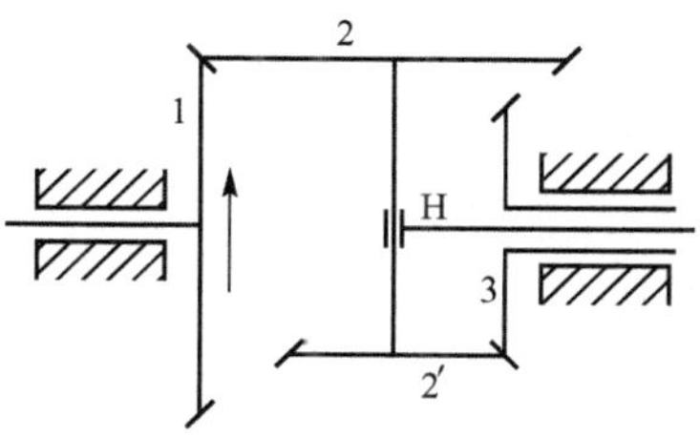

图 5.72　题 5-4(13)图

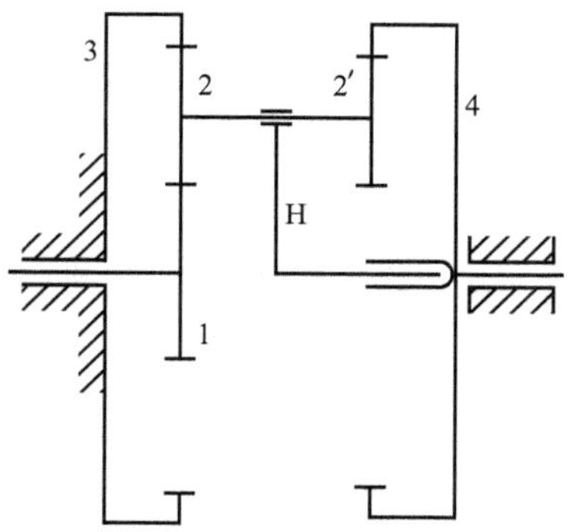

图 5.73　题 5-4(14)图

(15) 在图 5.74 所示的轮系中，已知各轮齿数 $z_1=30$，$z_2=90$，$z_{2'}=45$，$z_3=27$，$z_4=90$，$z_5=30$，$z_6=60$，$z_{6'}=25$，$z_7=50$，求传动比 i_{1A}。

(16) 在图 5.75 所示的自行车里程表机构中，C 为车轮轴。已知 $z_1=17$，$z_3=23$，$z_4=19$，$z_{4'}=20$，$z_5=24$。设轮胎受压变形后使 28in(英寸)的车轮有效直径为 0.7m。当车行 1km 时，表上的指针 P 刚好回转一周，求齿轮 2 的齿数。

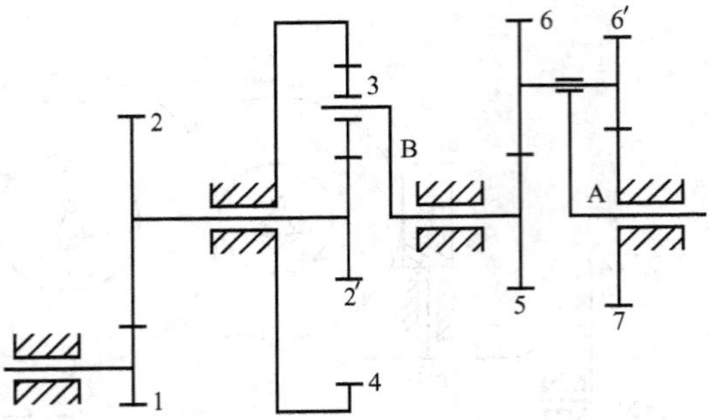

图 5.74　题 5-4(15)图

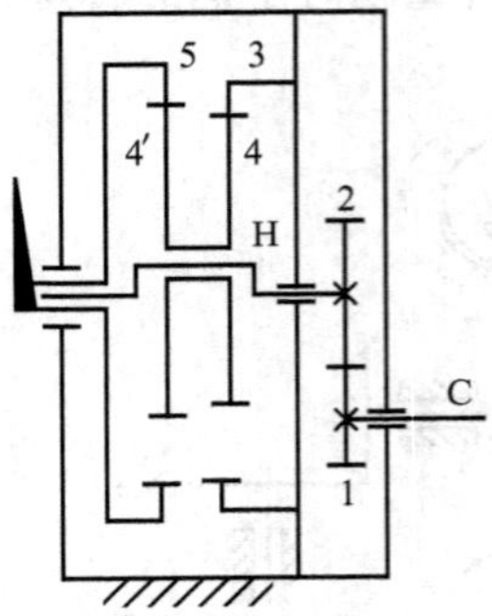

图 5.75　题 5-4(16)图

第6章 其他常用机构

教学提纲

本章主要介绍棘轮机构、槽轮机构、不完全齿轮机构、螺旋机构、凸轮间歇运动机构及组合机构的工作原理、特点及应用。

教学目标

了解各种间歇运动机构的组成、工作原理、传动特点及应用场合。

除了前几章讲过的平面四杆机构、齿轮机构和凸轮机构等典型机构，还有一些其他常用机构。其中间歇运动机构应用较广。能够将原动件的连续运动转变为从动件的周期性间歇运动的机构称为间歇运动机构。在机械中，特别是在各种自动和半自动机械中，间歇运动机构有广泛的应用，例如机床的进给机构、分度机构、自动进料机构、电影放映机的送片机构及计数器的进位机构等。

6.1 棘轮机构

6.1.1 棘轮机构的工作原理和类型

如图 6.1(a) 所示，棘轮机构是由棘轮、棘爪及机架所组成。主动件 1 空套在与棘轮 2 固连的从动轴上。驱动棘爪 3 与主动件 1 用转动副相联。当主动件 1 逆时针方向转动时，驱动棘爪 3 便插入棘轮 2 的齿槽，使棘轮跟着转过某一角度。这时止回棘爪 4 在棘轮的齿背上滑过。当主动件 1 顺时针方向转动时，止回棘爪 4 阻止棘轮发生顺时针方向转动，棘爪 3 在棘轮的齿背上滑过。这样，当主动件 1 做连续的往复摆动时，棘轮 2 和从动轴便做单向的间歇转动。主动件 1 的摆动可由凸轮机构、连杆机构或电磁装置等驱动。

按照结构特点，常用的棘轮机构有下列两大类：

1. 轮齿式棘轮机构

轮齿式棘轮机构有外啮合(图 6.1(a))、内啮合(图 6.1(b))两种形式。当棘轮的直径为无穷大时，变为棘条(图 6.1(c))，此时棘轮的单向转动变为棘条的单向移动。

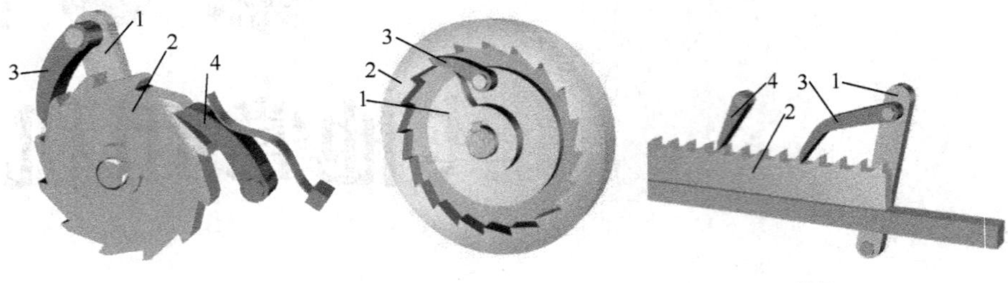

(a) 外啮合　(b) 内啮合　(c) 棘条

图 6.1　轮齿式棘轮机构

1—主动件；2—棘轮；3—驱动棘爪；4—止回棘爪

在轮齿式棘轮机构中，根据棘轮的运动可分为单向式棘轮机构和双向式棘轮机构。单向式棘轮机构又可分为单动式和双动式两种：

图 6.2　双动式棘轮机构

(1) 图 6.1 所示为单动式棘轮机构，它的特点是摇杆向一个方向摆动时，棘轮沿同方向转过某一角度；而摇杆反向摆动时，棘轮静止不动。图 6.2 所示为双动式棘轮机构，当摇杆往复摆动时，均能使棘轮沿单一方向转动。单向式棘轮采用的是不对称齿形，常用的有锯齿形齿(图 6.3(a))、直线形三角齿(图 6.3(b))及圆弧形三角齿(图 6.3(c))。

(2) 双向式棘轮机构(图 6.4)，它的特点是当棘爪 1 在图示位置时，棘轮 2 沿逆时针方向间歇运动；若将棘爪提起(销子拔出)，并绕本身轴线转 180°后放下（销子插入)，则可实现棘轮沿顺时针方向间歇运动。双向式的棘轮一般采用矩形齿(图 6.3(d))。

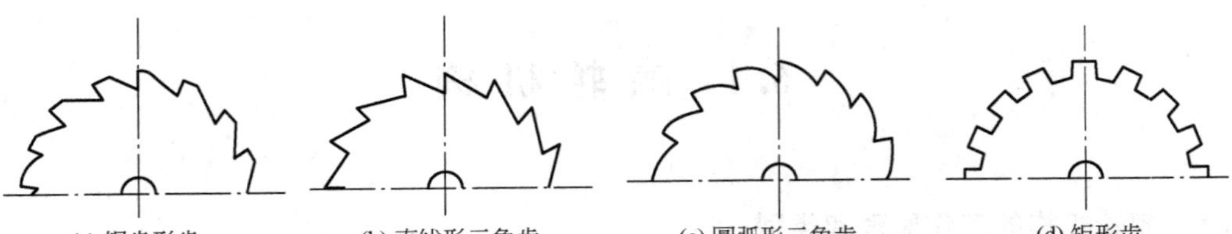

(a) 锯齿形齿　(b) 直线形三角齿　(c) 圆弧形三角齿　(d) 矩形齿

图 6.3　棘轮齿形

轮齿式棘轮机构在回程时，棘爪在齿面上滑过，故有噪声，平稳性较差，且棘轮的步进转角又较小。如要调节棘轮的转角，可以改变棘爪的摆角或改变拨过棘轮齿数的多少。如图 6.5 所示，在棘轮上加一遮板，变更遮板的位置，即可使棘爪行程的一部分在遮板上滑过，不与棘轮的齿接触，从而改变棘轮转角的大小。

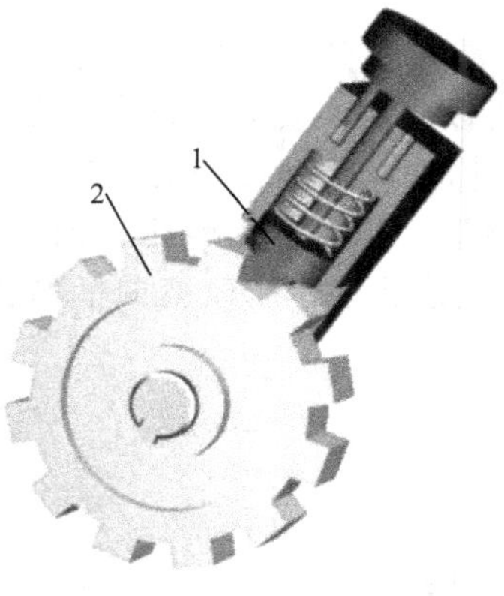

图 6.4 双向式棘轮机构

1—棘爪；2—棘轮

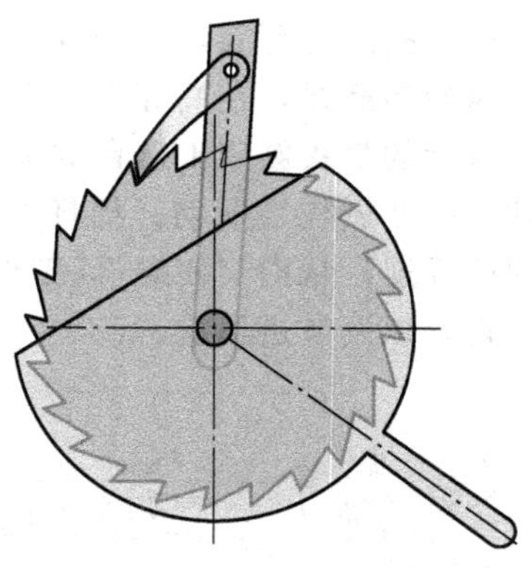

图 6.5 轮齿式棘轮机构

2. 摩擦式棘轮机构

图 6.6 所示为摩擦式棘轮机构，它的工作原理与轮齿式棘轮机构相同，只不过用偏心扇形块代替棘爪，用摩擦轮代替棘轮。当杆 1 逆时针方向摆动时，扇形块 2 楔紧摩擦轮 3 成为一体，使摩擦轮 3 也一同逆时针方向转动，这时止回扇形块 4 打滑；当杆 1 顺时针方向转动时，扇形块 2 在摩擦轮 3 上打滑，这时止回扇形块 4 楔紧，以防止摩擦轮 3 倒转。这样当杆 1 做连续反复摆动时，摩擦轮 3 便得到单向的间歇运动。

如图 6.7 所示，当主动件 1 顺时针方向转动时，由于摩擦力的作用使滚子 2 楔紧在主动件 1、从动件 3 的狭隙处，从而带动从动件 3 一起转动；当主动件 1 逆时针方向转动时，滚子松开，从动件 3 静止不动。这种结构应用在超越离合器上。

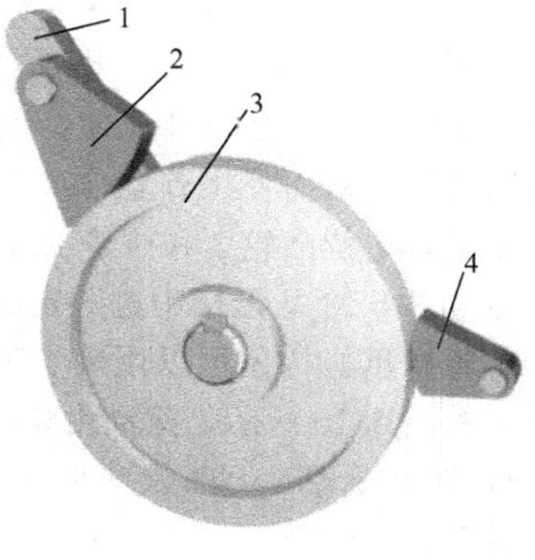

图 6.6 摩擦式棘轮机构

1—杆；2—扇形块；3—摩擦轮；4—止回扇形块

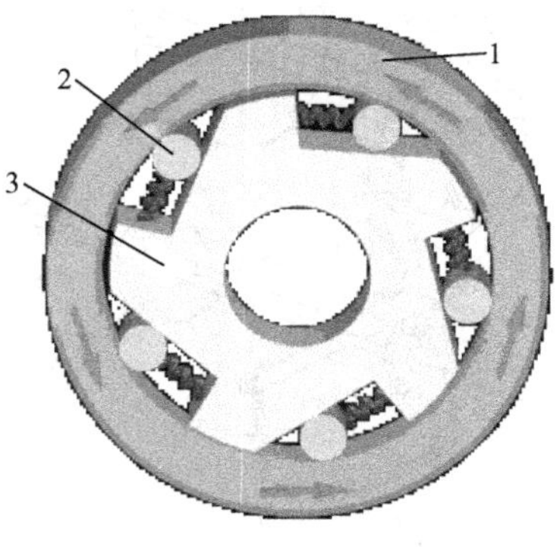

图 6.7 超越离合器棘轮机构

1—主动件；2—滚子；3—从动件

摩擦式棘轮机构传递运动较平稳，无噪声，从动构件的转角可作无级调节，常用来做超越离合器，在各种机械中实现进给或传递运动。但运动准确性差，不宜用于运动精度要求高的场合。

6.1.2 棘轮机构的优、缺点和应用

轮齿式棘轮机构运动可靠，从动棘轮的转角容易实现有级的调节，但在工作过程中有噪声和冲击，棘齿易磨损，在高速时尤其严重，所以常用在低速、轻载下实现间歇运动。例如在图 6.8 所示的牛头刨床工作台的横向进给机构中，运动由一对齿轮传到曲柄 1，再经连杆 2 带动摇杆 3 做往复摆动；摇杆 3 上装有棘爪，从而推动棘轮 4 做单向间歇转动；由于棘轮与螺杆固连，从而又使螺母(工作台 5)做进给运动。若改变曲柄的长度，就可以改变棘爪的摆角，以调节进给量。

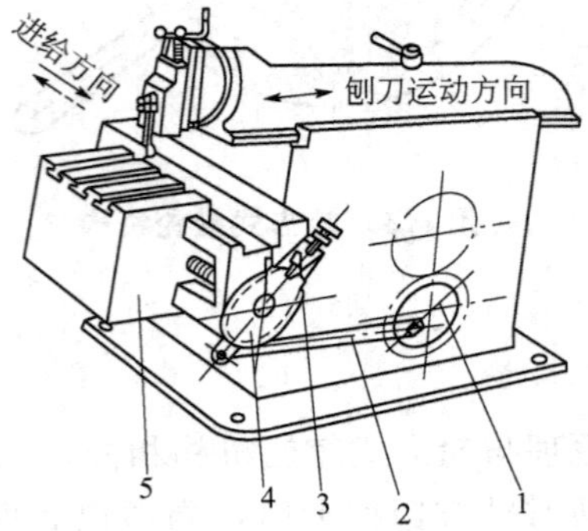

(a)

(b)

图 6.8　牛头刨床工作台

1—曲柄；2—连杆；3—摇杆；4—棘轮；5—工作台

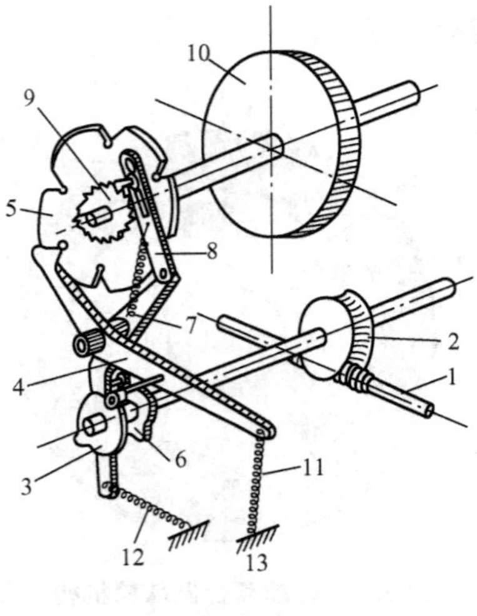

图 6.9　Z7105 钻孔攻丝机的棘轮转位机构

1—蜗杆；2—蜗轮；3—定位凸轮；
4—摆杆；5—定位盘；6—分度凸轮；
7—杠杆；8—连杆；9—棘轮；10—工作盘；
11、12—拉簧；13—机架

图 6.9 所示为 Z7105 钻孔攻丝机的棘轮转位机构。蜗杆 1 经蜗轮 2 带动分配轴上的定位凸轮 3，使摆杆 4 上的定位块离开定位盘 5 上的 V 形槽，这时分度凸轮 6 推动杠杆 7 带动连杆 8，装在连杆 8 上的棘爪便推动棘轮 9 顺时针方向转动，从而使工作盘 10 实现转位运动。转位完毕，定位凸轮 3 和拉簧 11 使定位块再次插入定位盘 5 的 V 形槽中进行定位。

棘轮棘爪机构还可以用来实现快速的超越运动。如图 6.10 所示，运动由蜗杆 1 传到蜗轮 2，通过装在蜗轮 2 上的棘爪 3 使棘轮 4 逆时针方向转动，棘轮与输出轴 5 固连，由此得到输出轴 5 的慢速转动。当需要输出轴 5 快速转动时，可逆时针转动手轮，这时由于手动速度大于由蜗轮蜗杆传动的速度，所以棘爪在棘轮上打滑，从而在蜗杆蜗轮继续转动的情况下，可用快速手动来实现超越运动。

此外，棘轮机构还可以用来做计数器。如图6.11所示，当电磁铁1的线圈通入脉冲直流信号电流时，电磁铁吸动衔铁2，把棘爪3向右拉动，棘爪在棘轮5的齿上滑过；当断开信号电流时，借助弹簧4的回复力作用，将棘爪向左推动，这时棘轮转过一个齿，表示计入一个数字，重复上述动作，便可实现数字计入运动。

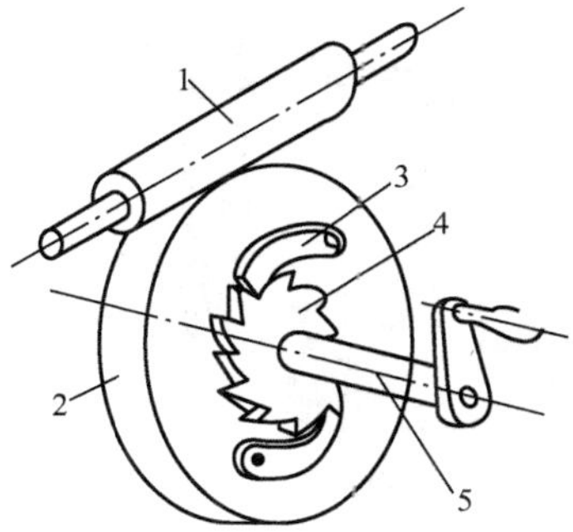

图6.10 超越棘轮棘爪机构

1—蜗杆；2—蜗轮；3—棘爪；4—棘轮；5—输出轴

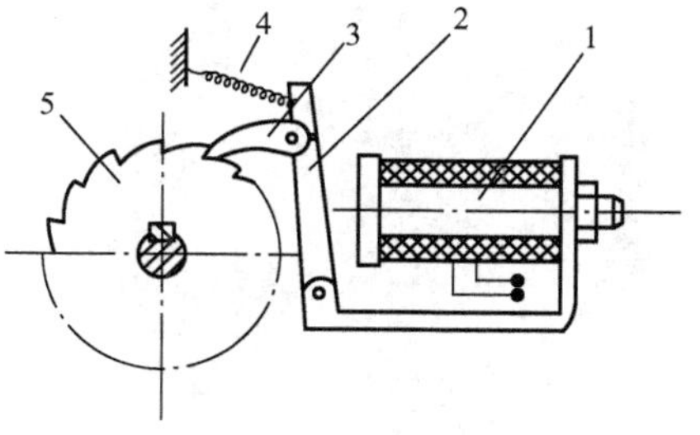

图6.11 计数器棘轮机构

1—电磁铁；2—衔铁；3—棘爪；4—弹簧；5—棘轮

在起重机、绞盘等机械装置中，还常利用棘轮机构使提升的重物能停止在任何位置上，以防止由于停电等原因造成事故。

6.2 槽轮机构

6.2.1 槽轮机构的工作原理和类型

如图6.12所示，槽轮机构由具有径向槽的槽轮2和具有圆销的主动件1以及机架所组成。当主动件的圆销G未进入槽轮的径向槽时，由于槽轮的内凹锁住弧S_2被构件的外凸圆弧S_1卡住，故槽轮静止不动。当圆销G开始进入槽轮的径向槽时，锁住弧S_2被松开，因而圆销G能驱使槽轮沿与主动件相反的方向转动。当圆销G开始脱出槽轮的径向槽时，槽轮的另一内凹锁住弧又被主动构件的外凸圆弧卡住，致使槽轮又静止不动，直至主动构件的圆销G再进入槽轮的另一径向槽时，两者又重复上述的运动循环。这样，当主动构件做连续转动时，槽轮便得到单向的间歇转动。

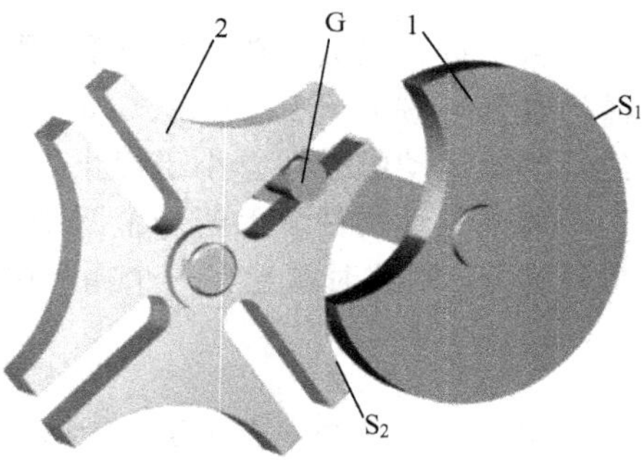

图6.12 槽轮机构

1—主动构件；2—槽轮；G—圆销

平面槽轮机构有两种形式：一种是外槽轮机构，如图6.12所示，其槽轮上径向槽的开口是自圆心向外，主动构件与槽轮转向相反；另一种是内槽轮机构，如图6.13所示，其槽轮上径向槽的开口是向着圆心的，主动构件与槽轮的转向相同。这两种槽轮机构都用于传递平行轴的运动。

图 6.14 所示为球面槽轮机构，它是用于传递两垂直相交轴的间歇运动机构，从动槽轮 2 呈半球形，主动构件 1 的轴线与销 3 的轴线都通过球心，当主动构件连续转动时，球面槽轮得到间歇转动。

图 6.13　内槽轮机构

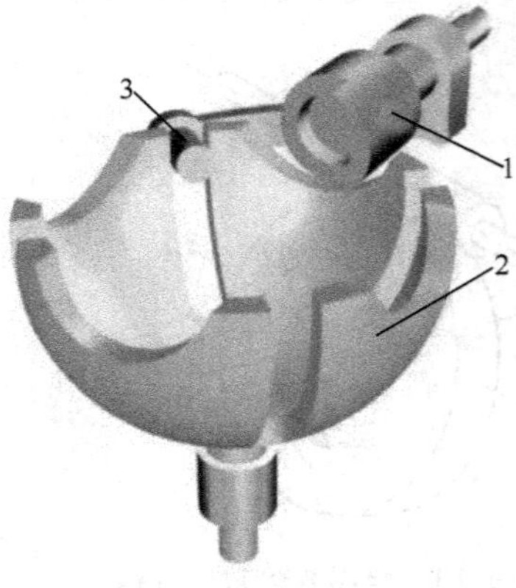

图 6.14　球面槽轮机构

1—主动件；2—从动槽轮；3—销

6.2.2　槽轮机构的运动系数

在图 6.12 所示的外槽轮机构中，为了使槽轮开始转动瞬时和终止转动瞬时的角速度为零，以避免刚性冲击，圆销开始进入径向槽或自径向槽脱出时，径向槽的中心线应切于圆销中心运动的圆周，因此，设 z 为均匀分布的径向槽数，则由图 6.12 得槽轮 2 转动时主动构件 1 的转角 $2\phi_1$ 为

$$2\phi_1=\pi-2\phi_2=\pi-\frac{2\pi}{z} \tag{6-1}$$

在一个运动循环内，槽轮的运动时间 t_d 与构件的运动时间 t 之比称为运动系数 τ。当主动构件等速转动时，这个时间比可以用转角比来表示。对于只有一个圆销的槽轮机构，t_d 和 t 各对应于主动构件回转 $2\phi_1$ 和 2π，因此，槽轮机构的运动系数 τ 为

$$\tau=\frac{t_d}{t}=\frac{2\phi_1}{2\pi}=\frac{\pi-\frac{2\pi}{z}}{2\pi}=\frac{z-2}{2z} \tag{6-2}$$

由于运动系数 τ 必须大于零(因 $\tau=0$ 表示槽轮始终不动)，所以由式(6-2)可知，径向槽的数目 z 应大于 2。又由式(6-1)可知，这种槽轮机构的运动系数总小于 0.5，也就是说，槽轮运动的时间总小于静止的时间。

如果主动构件装上若干个圆销，则可以得到 $\tau>0.5$ 的槽轮机构。设均匀分布的圆销数目为 k，则此时槽轮在一个循环中的运动时间比只有一个圆销时增加 k 倍，因此

$$\tau=\frac{kt_d}{t}=\frac{k(z-2)}{2z} \tag{6-3}$$

由于运动系数 τ 应小于 1(因 $\tau=1$ 表示槽轮与主动构件一样做连续转动，不能实现间歇运动)，所以由式(6-3)得

$$k<\frac{2z}{z-2} \tag{6-4}$$

由式(6－3)可算出槽轮槽数确定后所允许的圆销数。例如当 $z=3$ 时，圆销的数目可为1～5；当 $z=4$ 或5时，圆销的数目可为1～3；又当 $z\geqslant 6$ 时，圆销的数目可为1～2。

图6.15所示为 $z=4$ 及 $k=2$ 的外槽轮机构，它的运动系数 $\tau=0.5$，即槽轮运动的时间与静止的时间相等。这时，除了径向槽和圆销都是均匀分布外，两圆销至轴的距离也是相等的。

在主动构件等速转动期间，如果要使槽轮每次停歇的时间不相等，则主动构件上的圆销应作不均匀分布；如果要使槽轮每次运动时间不相等，则应使圆销的回转半径不相等。图6.16所示为在主动构件等速转动时槽轮每次停歇和运动的时间均不相等的槽轮机构。

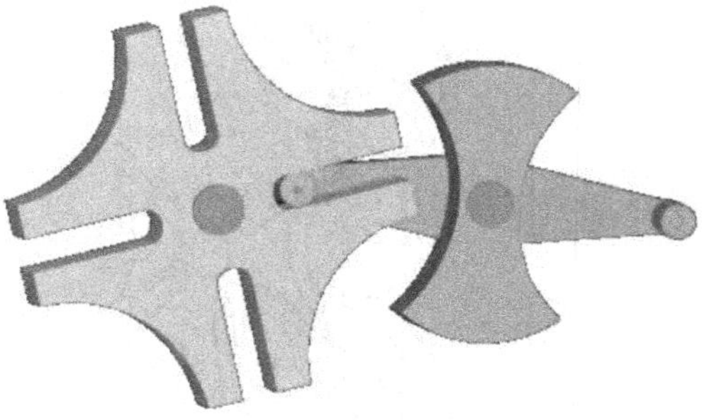

图6.15 外槽轮机构

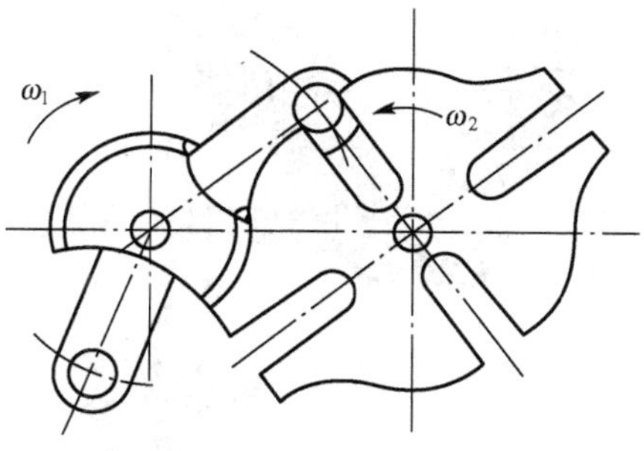

图6.16 时间不等槽轮机构

对于图6.13所示的内槽轮机构，当槽轮运动时，主动构件所转过角度 $2\phi_1'$ 为

$$2\phi_1'=2\pi-2\phi_1=2\pi-(\pi-2\phi_2)=\pi+2\phi_2=\pi+\frac{2\pi}{z} \tag{6-5}$$

所以运动系数 τ 为

$$\tau=\frac{2\phi_1'}{2\pi}=\frac{z+2}{2z}=\frac{1}{2}+\frac{1}{z} \tag{6-6}$$

由式(6－6)可知，内槽轮机构的运动系数总大于0.5。又因 τ 应小于1，所以 $z>2$，也就是说径向槽的数目最少应为3，内槽轮机构永远只可以用一个圆销，因为根据

$$\tau=\frac{2\phi_1'}{2\pi}k=\frac{k(z+2)}{2z}<1,\quad k<\frac{2z}{z+2} \tag{6-7}$$

则当 z 等于或大于3时，k 总小于2。

6.2.3 槽轮机构的优、缺点和应用

槽轮机构结构简单，工作可靠，在进入和脱离啮合时运动较平稳，能准确控制转动的角度。但槽轮的转角大小不能调节，而且在槽轮转动的始、末位置加速度变化较大，所以有冲击。

槽轮机构一般应用在转速不高的间歇转动装置中。例如在电影放映机中，用槽轮间歇地移动影片。图6.17所示为电影放片机的送片机构。

在自动机中，槽轮机构用以间歇地转动工作台或刀架。图6.18所示为自动传送链装置。运动由主动构件1传给槽轮2，再经一对齿轮3、4使与齿轮4固连的链轮5做间歇转动，从而得到传送链6的间歇移动，传送链上装有装配夹具的安装支架7，故可满足自动线上的流水装配作业要求。

在实际应用中，常常需要槽轮轴转角大于或小于 $2\pi/z$，这时可在槽轮轴与输出轴之间增加一级齿轮传动，如图 6.18 所示。如果是减速齿轮传动，则输出轴每次转角小于 $2\pi/z$；如果是增速齿轮传动，则输出轴每次转角大于 $2\pi/z$，改变齿轮的传动比就可以改变输出轴的转角。同时，增加一级齿轮传动还可以使槽轮转位所产生的冲击主要由中间轴吸收，使运转更为平稳。

图 6.17　电影放片机的送片机构

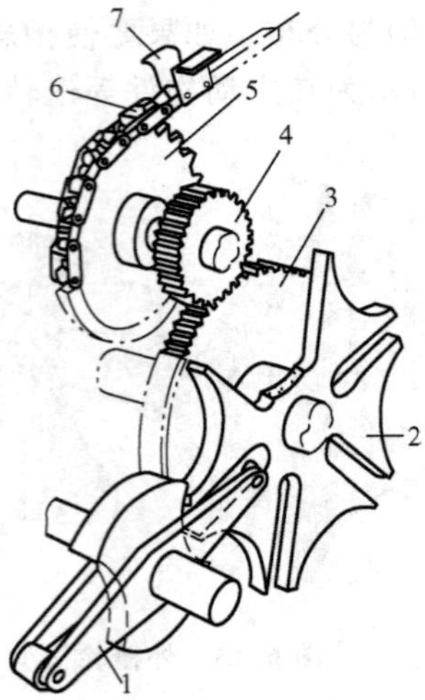

图 6.18　自动传送链装置

1—主动件；2—槽轮；3、4—齿轮；5—链轮；6—链；7—支架

6.3　不完全齿轮机构

6.3.1　不完全齿轮机构的组成

不完全齿轮机构由主动轮 1、从动轮 2 和机架组成，如图 6.19 所示。

图 6.19　不完全齿轮机构

1—主动轮；2—从动轮

实际上不完全齿轮机构是由普通齿轮机构转化而成的一种间歇运动机构。它与普通齿轮的不同之处是轮齿不布满整个圆周。不完全齿轮机构的主动轮上只有一个或几个轮齿，并根据运动时间与停歇时间的要求，在从动轮上有与主动轮轮齿相啮合的齿间。两轮轮缘上各有锁止弧，在从动轮停歇期间，用来防止从动轮游动，并起定位作用。

6.3.2　不完全齿轮机构的类型和特点

不完全齿轮机构的类型有：外啮合式(图

6.19)、内啮合式(图 6.20)和不完全齿轮齿条机构(图 6.21)。

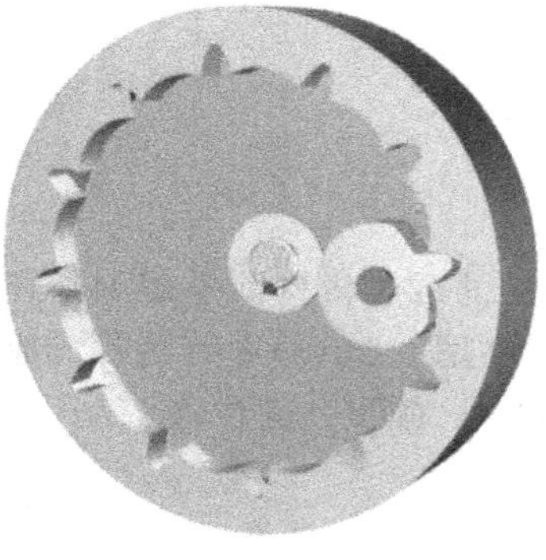

图 6.20 内啮合式不完全齿轮机构

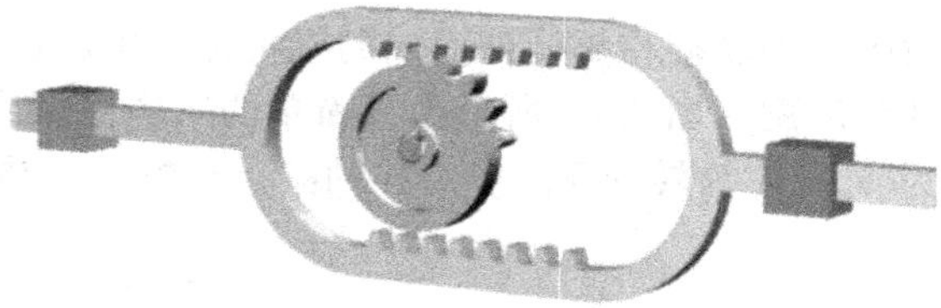

图 6.21 不完全齿轮齿条机构

不完全齿轮机构从动轮运动的角度变化范围较大，设计较灵活，易实现一个周期中的多次动、停时间不等的间歇运动。但加工复杂，主、从动轮不能互换，在进入和退出啮合时速度有突变，引起刚性冲击，不宜用于高速传动。

为了改善从动轮动力特性，可安装瞬心线附加板，以减少进入和退出啮合时的冲击。另外，为了避免主动轮与从动轮齿顶发生干涉，主动轮首、末齿齿顶需降低。

6.3.3 不完全齿轮机构的应用

不完全齿轮机构常用于多工位、多工序的自动机械或生产线上，作为工作台的间歇转位机构和进给机构。图 6.22 所示为蜂窝煤成型机工作台间歇转位传动的不完全齿轮机构。

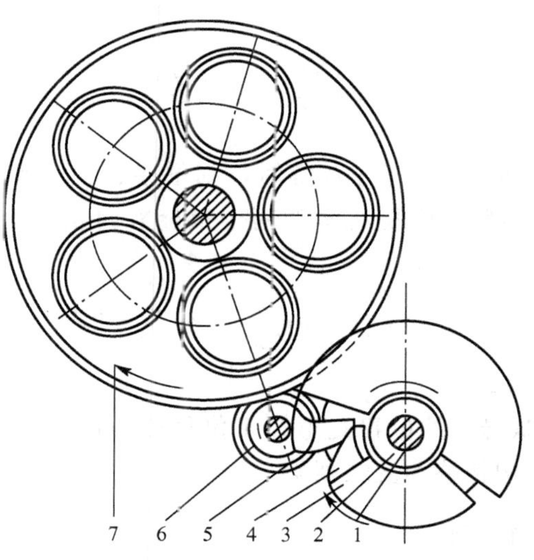

图 6.22 蜂窝煤成型机工作台间歇转位传动的不完全齿轮机构

1—轴；2—轴套；3、6—不完全齿轮；4、5—瞬心线附加杆；7—工作台

6.4 螺旋机构

6.4.1 螺旋机构的工作原理和类型

由螺旋副联接相邻构件而成的机构称为螺旋机构。常用的螺旋机构除螺旋副外还有转动副和移动副。图 6.23 所示为最简单的三构件螺旋机构。在图 6.23(a)中 B 为螺旋副，其导程为 p_B，A 为转动副，C 为移动副。当螺杆 1 转过角 ϕ 时，螺母 2 的位移 s 为

$$s=p_B\frac{\phi}{2\pi} \tag{6-8}$$

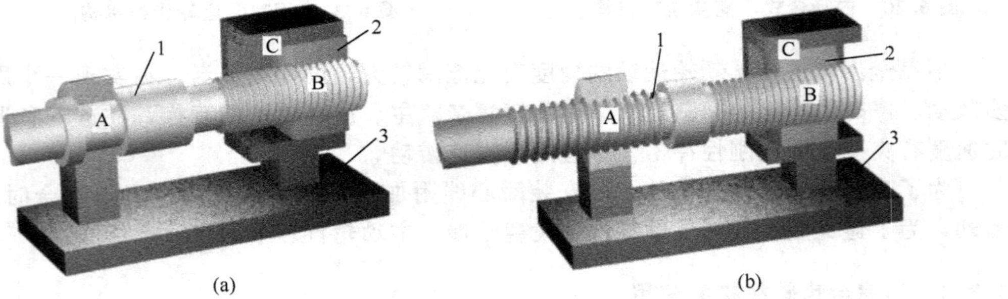

图 6.23 三构件螺旋机构

1—螺杆；2—螺母；3—机架

若图 6.23(a)中的 A 也是螺旋副，其导程为 p_A，且螺旋方向与螺旋副 B 相同，则可得图 6.23(b)所示机构。这时，当螺杆 1 回转角 ϕ 时，螺母 2 的位移 s 为两个螺旋副移动量之差，即

$$s=(p_A-p_B)\frac{\phi}{2\pi} \tag{6-9}$$

由式(6－9)可知，若 p_A 和 p_B近于相等时，则位移 s 可以极小。这种螺旋机构被称为差动螺旋。如果图 6.23(b)所示螺旋机构的两个螺旋方向相反而导程的大小相等，那么，螺母 2 的位移为

$$s=(p_A+p_B)\frac{\varphi}{2\pi}=2p_A\frac{\varphi}{2\pi}=2s' \tag{6-10}$$

式中 s'——螺杆 1 的位移。

由式(6－10)可知，螺母 2 的位移是螺杆 1 位移的两倍，也就是说，可以使螺母 2 产生快速移动。这种螺旋机构被称为复式螺旋。

6.4.2 螺旋机构的特点和应用

螺旋机构结构简单、制造方便，它能将回转运动变换为直线运动。运动准确性高，降速比大，可传递很大的轴向力，工作平稳、无噪声，有自锁作用，但效率低，需有反向机构才能反向传动。

螺旋机构在机械工业、仪器仪表、工装、测量工具等用得较广泛。如螺旋压力机、千斤顶、车床刀架和工作台的丝杠、台钳、车厢联接器、螺旋测微器等。

图 6.24 所示为压榨机构。螺杆 1 两端分别与螺母 2、3 组成旋向相反导程相同的螺旋副 A 与 B。根据复式螺旋原理，当转动螺杆 1 时，螺母 2 与 3 很快地靠近，再通过连杆 4、5 使压板 6 向下运动，以压榨物件。

图 6.25 所示为台钳定心夹紧机构。它由平面夹爪 1 和 V 形夹爪 2 组成定心机构。螺杆 3 的 A 端是右旋螺纹，导程为 p_A，B 端为左旋螺纹，导程为 p_B。它是导程不同的复式螺旋。当转动螺杆 3 时，平面夹爪 1 与 V 形夹爪 2 夹紧工件 5，并能适应不同直径工件的准确定心。

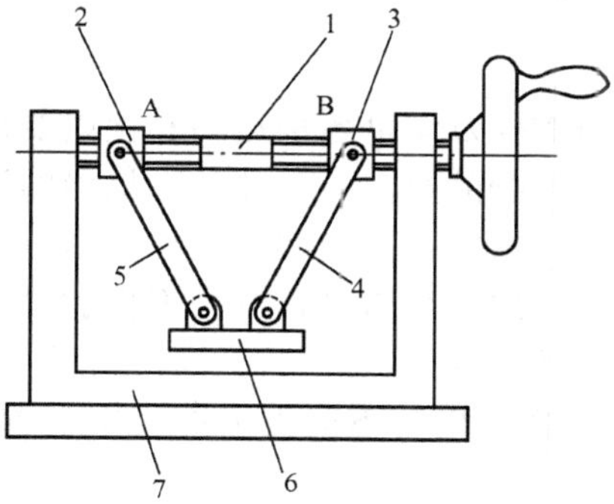

图 6.24　压榨机构

1—螺杆；2、3—螺母；4、5—连杆；6—压板；7—机架

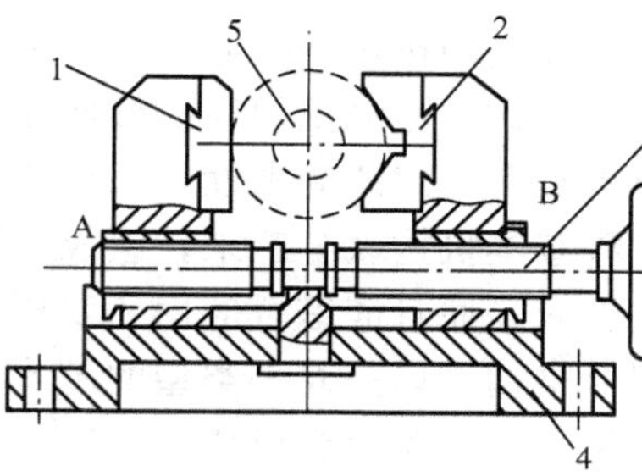

图 6.25　台钳定心夹紧机构

1—平面夹爪；2—V 形夹爪；3—螺杆；4—底座；5—工件

6.5　凸轮间歇运动机构

6.5.1　凸轮式间歇运动机构的工作原理及类型

凸轮式间歇运动机构由主动凸轮、从动转盘和机架组成，以主动凸轮带动从动转盘完成间歇运动，如图 6.26 所示。

在圆柱凸轮间歇运动机构中，主动凸轮的圆柱面上有一条两端开口、不闭合的曲线沟槽。当凸轮连续地转动时，通过圆柱销带动从动转盘实现间歇转动。

6.5.2　凸轮式间歇运动机构的特点和应用

1. 凸轮式间歇运动机构的特点

前面介绍的棘轮机构和槽轮机构，由于它们的结构、运动和动力条件的限制，一般只能用于低速场合；而凸轮式间歇运动机构则可以通过适当选择从动件的运动规律和合理设计凸轮的轮廓曲线，减小动载荷和避免刚性与柔性冲击，可适用于高速运转的场合。

图 6.26　凸轮式间歇运动机构

凸轮式间歇运动机构运转可靠、转位精确、无需专门的定位装置，但凸轮式间歇运动机构精度要求较高、加工比较复杂、安装调整比较困难。

2. 凸轮式间歇运动机构的应用

凸轮式间歇运动机构在轻工机械、冲压机械等高速机械中常用作高速、高精度的步进进给、分度转位等机构。

6.6 组合机构

在现代化的机械制造业中，为了生产各种复杂零件及满足各种运动和性能要求，对机构的运动形式、运动规律和机械性能等提出了更多复杂的要求。各种基本机构的运动和动力性能等具有一定的局限性，采用其中某一种基本机构往往不能满足设计要术，因而常需要把几种基本机构联合起来，组成一种组合机构来使用。利用组合机构不仅能满足生产上的多种要求，而且能综合应用和发挥各种基本机构的特性。

组合机构可以是同一类型的基本机构的组合，也可以是不同类型的基本机构的组合。这里只举几个常见组合机构进行简要介绍。

6.6.1 连杆—连杆组合机构

图 6.27 所示的手动冲床是一个六杆机构。它可以看成是由两个四杆机构组成的。第一个是由原动件(手柄)1、连杆 2、从动摇杆 3 和机架 4 组成的双摇杆机构；第二个是由摇杆 3、小连杆 5、冲杆 6 和机架组成的摇杆滑块机构。前一个四杆机构的输出件被作为第二个四杆机构的输入件。扳动手柄 1，冲杆就上下运动。采用六杆机构，使扳动手柄的力获得两次放大，从而增大了冲杆的作用力。这种增力作用在连杆机构中经常用到。

图 6.28 所示为筛料机主机构的运动简图。这个六杆机构也可看成由两个四杆机构组成。第一个是由原动曲柄 1、连杆 2、从动曲柄 3 和机架 6 组成的双曲柄机构；第二个是由曲柄 3(原动件)、连杆 4、滑块 5(筛子)和机架 6 组成的曲柄滑块机构。

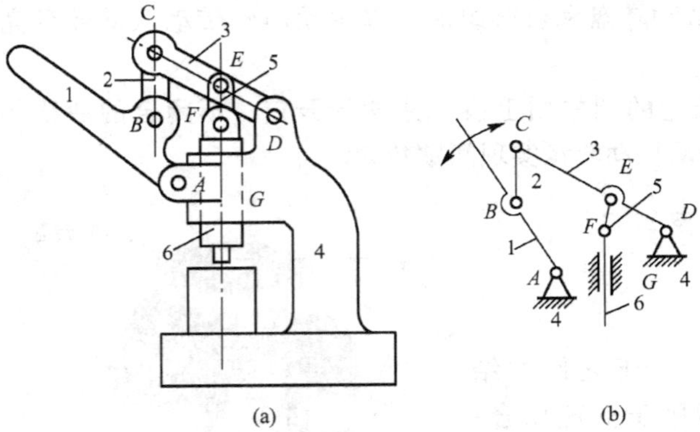

图 6.27　复合连杆机构

1—手柄；2—连杆；3—摇杆；4—机架；5—小连杆；6—冲杆

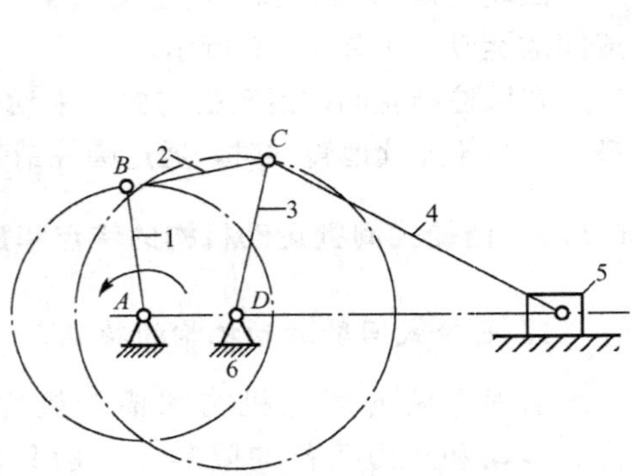

图 6.28　筛料机的复合连杆机构

1、3—曲柄；2、4—连杆；5—滑动；6—机架

6.6.2 凸轮—凸轮组合机构

图 6.29 所示为双凸轮组合机构，由两个凸轮机构协调配合控制十字滑块上一点 M 准确地描绘出预定的轨迹 R。

6.6.3 连杆—凸轮组合机构

凸轮连杆机构的形式很多，这种组合机构通常用于实现从动件预定的运动轨迹和规律。

图 6.30 所示为巧克力包装机托包用的凸轮连杆机构。主动曲柄 OA 回转时，B 点强制在凸轮凹槽中运动，从而使托杆达到图示运动规律，托包时慢进，不托包时快退，以提高生产效率。因此，只要凸轮轮廓线设计得当，就可以使托杆达到上述要求。

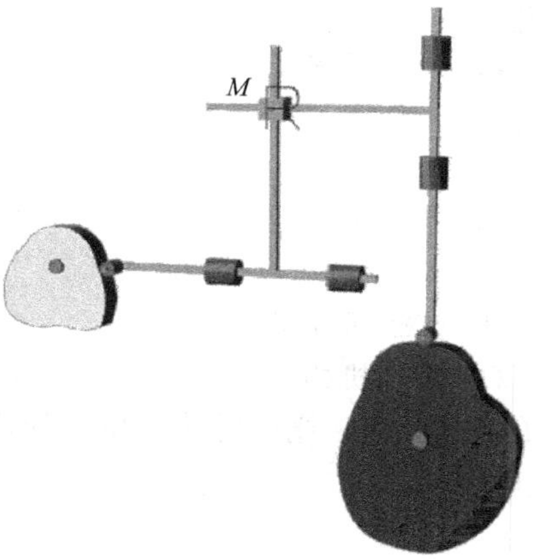

图 6.29 双凸轮组合机构

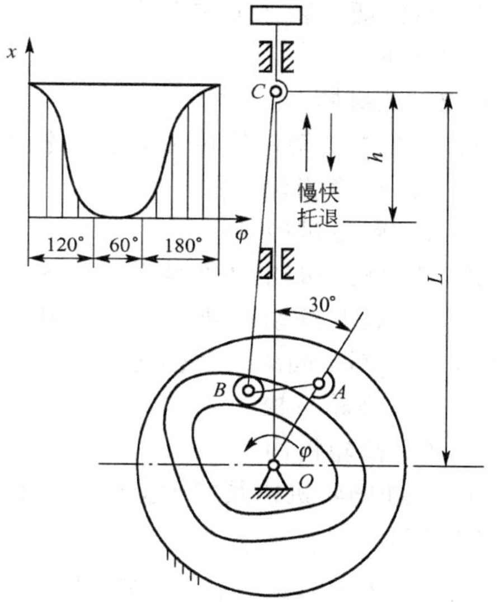

图 6.30 巧克力包装机托包用凸轮连杆机构

6.6.4 连杆—棘轮组合机构

图 6.31 所示为连杆与棘轮两个基本机构组合而成的组合机构。棘轮的单向步进运动是

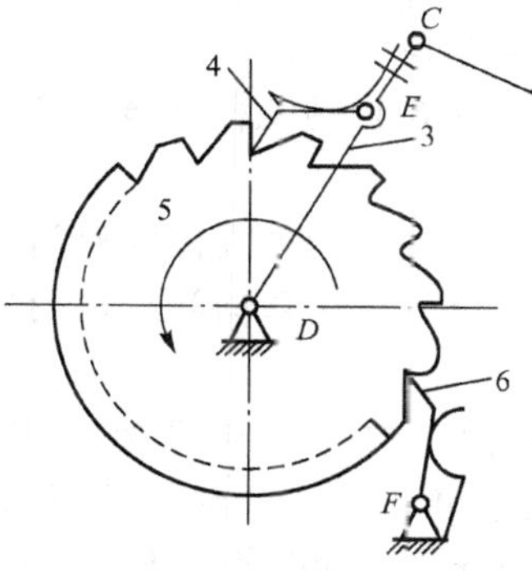

图 6.31 连杆—棘轮组合机构

1—曲柄；2—连杆；3—摇杆；4—棘爪；5—棘轮；6—止回棘爪

由摇杆 3 的摆动通过棘爪 4 推动的，而摇杆的往复摆动又需要由曲柄摇杆机构 $ABCD$ 完成，从而实现将输入构件(曲柄 1)的等角速度回转运动转换成输出构件(棘轮 5)的步进转动。

习　　题

6－1　填空题

(1) 棘轮机构的主动件是________________。

(2) 利用____________可以防止棘轮反转。

(3) 利用__________可以防止间歇齿轮机构的从动件反转和不静止。

(4) 槽轮机构主要由______、__________、__________和机架等构件组成。

(5) 为保证棘轮在工作中的__________可靠和防止棘轮的__________，棘轮机构应当装有止回棘爪。

6－2　选择题

(1) 当要求从动件的转角必须经常改变时，下面____适合。

A. 间歇齿轮机构　　B. 槽轮机构

C. 棘轮机构

(2) 棘轮机构的主动件是做____的。

A. 往复摆动运动　　B. 直线往复运动　　C. 等速旋转运动

(3) ____不是间歇运动机构。

A. 凸轮机构　　B. 铰链四杆机构

C. 槽轮机构　　D. 棘轮机构

(4) 一外槽轮机构其拨盘上的圆销数为 2，槽轮的槽数为 4，则此种槽轮机构的运动特性系数应该是____。

A. 0.25　　B. 0.5　　C. 0.75

(5) 要将连续的单向转动变换成具有停歇功能的单向转动，可采用的机构是____。

A. 曲柄摇杆机构　　B. 摆动从动件盘形凸轮机构

C. 棘轮机构　　D. 槽轮机构

6－3　思考题

(1) 常用的棘轮机构有哪几种形式？各有什么特点？

(2) 槽轮机构的槽数和圆销数的关系如何？

(3) 常用的间歇运动机构有哪些？试从各自的工作特点、运动和动力性能分析它们各适用于什么场合。

(4) 在棘轮机构和槽轮机构中，如何保证从动件在停歇时间里静止不动？

(5) 试设计两种原动件为连续转动，从动件为单向间歇转动的机构，并绘出简图。

6－4　计算题

(1) 图 6.32 所示为微调的螺旋机构，构件 1 与机架 3 组成螺旋副 A，其导程为 2.8mm，右旋。构件 2 与机架 3 组成移动副 C，2 与 1 还组成螺旋副 B。现要求当构件 1 转一圈时，构件 2 向右移动 0.2mm，问螺旋副 B 的导程为多少？是右旋还是左旋？

（2）牛头刨床工作台的横向进给螺杆的导程为3mm，与螺杆固连的棘轮齿数 $z=40$，求棘轮的最小转动角度 ϕ 是多少？该牛头刨床的最小横向进给量 s 是多少？

（3）在六角车床的六角头外槽轮机构中，已知槽轮的槽数 $z=6$，槽轮静止时间 $t_j=\frac{5}{6}\text{s/r}$，运动时间是静止时间的两倍，求：槽轮机构的运动系数 τ；圆销数 k。

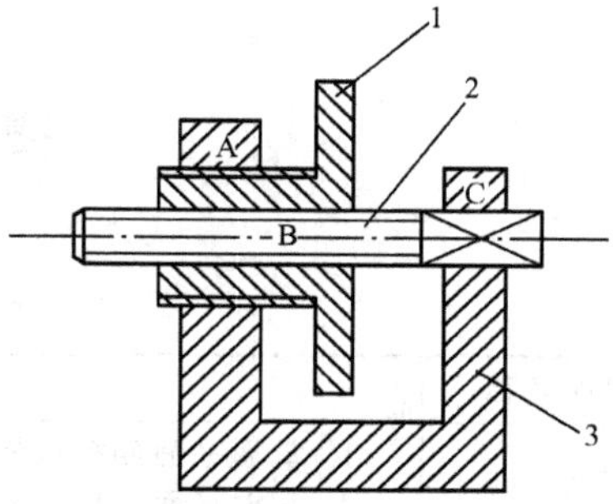

图 6.32　题 6-4(1)图

模块二 实 训

实训项目任务书一

实训名称	平面四杆机构设计
实训目的	1. 掌握平面四杆机构的基本工作特性及运动特性； 2. 掌握平面四杆机构的图解法设计。
实训内容	1. 已知铰链四杆机构的行程速比系数 $K=1.4$，摇杆长度 $l_{CD}=300$mm，摆角 $\psi=35°$，摇杆在极限位置 DC_1 时铰链 C_1 与 A 点间的距离 $l_{AC1}=225$mm。试设计该机构，并确定 l_{AB}、l_{BC}、l_{AD}的长度，校验最小传动角 γ_{min}。 2. 设计一震实式造型机工作台的翻转机构。已知连杆长度 $l_{BC}=100$mm（下图），工作台在两极限位置时 $B_1B_2=400$mm，且 B_1 和 B_2 在同一水平线上，要求 A、D 在另一水平线上，且 C_1 点至 A、D 所在水平线的距离为 150mm。 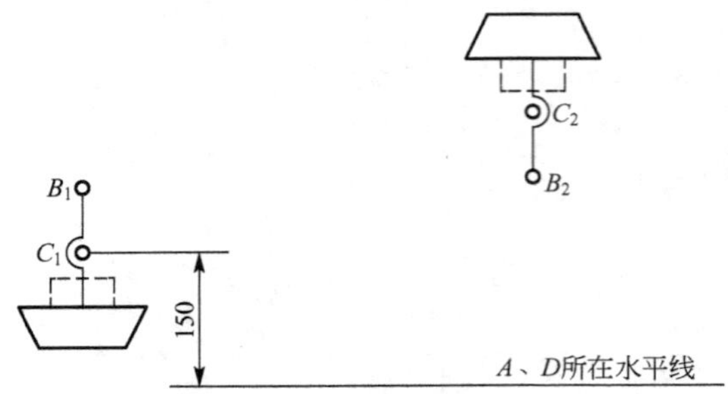 模块二实训图
实训要求	1. 用图解法设计； 2. 采用适当比例尺，将设计的机构画在 A3 图纸上； 3. 设计图保留作图线，将完成的设计图线加深。

实训项目任务书二

实训名称	凸轮机构设计
实训目的	1. 熟悉从动件常用运动规律； 2. 掌握凸轮机构的运动过程及反转法设计原理； 3. 掌握各种盘形凸轮轮廓曲线的设计方法。
实训内容	已知凸轮以等角速度顺时针方向回转，从动件的行程 $h=32$mm，在推程做简谐运动，回程做等加速等减速运动。其中，推程运动角 $\varphi_0=150°$，远休止角 $\varphi_s=30°$；回程运动角 $\varphi_0'=120°$，近休止角 $\varphi_s'=60°$。凸轮基圆半径 $r_b=20$mm。绘制下列各种盘形凸轮轮廓曲线： ① 对心尖顶直动从动件盘形凸轮轮廓； ② 对心滚子直动从动件盘形凸轮轮廓，滚子半径 $r_r=10$mm； ③ 对心平底直动从动件盘形凸轮轮廓； ④ 偏置滚子直动从动件盘形凸轮轮廓，凸轮轴心偏于从动件右侧，偏距 $e=10$mm，滚子半径 $r_r=12$mm。
实训要求	1. 用图解法设计； 2. 采用适当比例尺，将设计的凸轮机构画在 A3 图纸上； 3. 画出位移线图及凸轮轮廓曲线，保留作图线，并将完成的设计图线加深。

模块三

机械动力学基础

教学导入

1. 模块三图所示为曲柄压力机。曲柄压力机是一种对模具中的材料实现冷冲压最常用的设备，能进行各种冲压加工，直接生产出半成品或成品。因此，在汽车、农用机械、电器、仪表、电子、医疗机械、国防、航空航天以及日用品等工业部门得到了广泛的应用。曲柄压力机由机身、传动系统、工作机构和操纵系统组成。工作时，电动机的能量和运动通过传动系统——带传动、齿轮传动传给曲轴，通过工作机构——曲柄滑块机构将曲轴的旋转运动变为滑块的往复直线运动，滑块带动上模对毛坯施加压力，完成冲压成型加工。

根据加工工艺要求，曲柄压力机的载荷是冲击性的，工作时当上模接触工件毛坯后出现很大的工作载荷，大量消耗能量；而在上模接触毛坯前(空程和回程)能量消耗很少。并且在整个工作周期内进行工艺操作的时间很短，即有负荷的工作时间很短，大部分时间为无负荷的空程运动。但短时的最大功率比平均功率大十几倍以上。由于工作载荷的不均匀性，使机器速度发生变化，从而引起机械运转时不稳定的速度波动产生机械振动，空程运动又造成能源的浪费，所以需要进行调节。

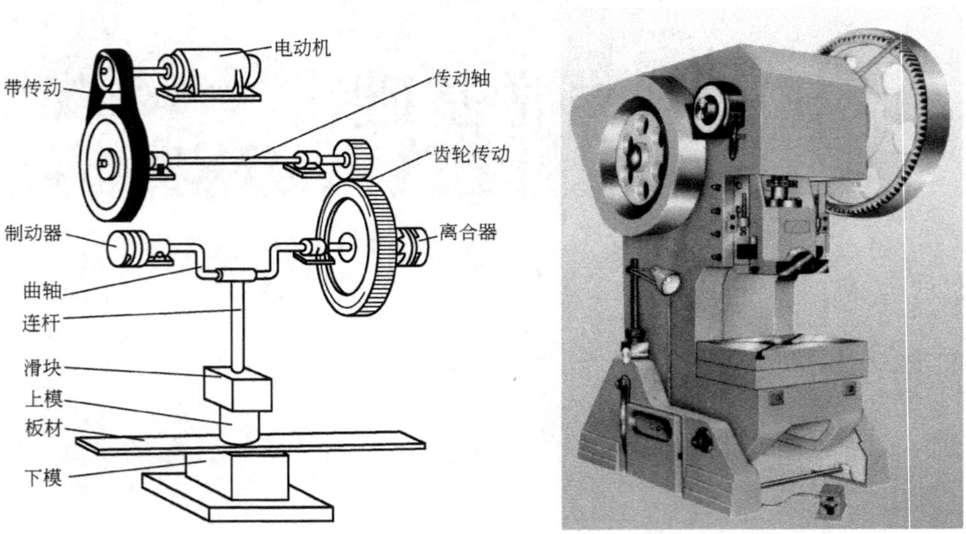

(a) 原理图　　(b) 实体图

模块三图　曲柄压力机

2. 磨床是精密机械加工必不可少的工作母机，为了适应日趋精密的工作精度需求及不断追求的高效率和低成本的目标，全球的磨床制造业都在不懈地致力于：提高机床的几何精度、刚性和性能稳定性。

砂轮是磨床的必要工具。想要让砂轮磨削出准确的尺寸和光洁的表面，必须防止磨削过程中的振动。砂轮是由质量分布不均匀的大量颗粒组成的，先天的不平衡无法避免，运转时将作用有惯性力，必然会引起一定的偏心振动。而砂轮安装的偏心度、砂轮的厚度不均、主轴的不平衡及砂轮对冷却液的吸附等，会使振动更加强烈。这些振动不仅影响到磨床的加工质量，还会增加运动副中的磨损，降低磨床的主轴寿命、砂轮寿命，增加砂轮修正次数及修整金刚石的消耗等，所以需要对磨床砂轮进行平衡校正。

本模块介绍机械运转速度波动的产生和调节原理及回转件平衡的平衡原理和平衡方法。

第7章 机械运转速度波动及其调节

教学提纲

本章主要介绍在外力作用下机械的运转过程；机械运转速度波动调节的目的；周期性和非周期性速度波动产生的原因及其调节方法；飞轮结构尺寸设计。

教学目标

1. 了解机械的一般运转过程。
2. 了解机械速度波动的类型及产生原因。
3. 掌握周期性速度波动的调节方法及飞轮转动惯量的确定。
4. 了解非周期性速度波动的调节方法。
5. 了解飞轮主要尺寸的确定。

7.1 概　　述

一般认为原动件的运动规律是已知的，并且做等速运动。但实际上，机构原动件的真实运动规律是由作用在其上的所有外力(驱动力和阻力)和机构中各构件的质量、转动惯量等因素决定的，因而在一般情况下，原动件的运动往往是随时间变化的。因此，研究在外力作用下机械的真实运动规律，对于机械设计，特别是高速、高精度和高自动化的机械设计是十分重要的。

机械是在外力作用下运转的。作用在机械上的外力有驱动力和阻力。所谓驱动力就是使原动件产生运动的力，驱动力所做的功称为驱动功，是机械的输入功，为正值；所谓阻力，就是阻止原动件产生运动的力，阻力又分为工作阻力和有害阻力，克服阻力所消耗的功称为阻力功，为负值。

如果机械工作中驱动功恒等于阻力功，则机械的主轴将保持匀速运转，如电动机驱动的离心式鼓风机和磨床等。但是大多数机械运转时，其驱动功与阻力功并不总是相等的。驱动功大于阻力功的那部分称为盈功；反之，驱动功小于阻力功的那部分称为亏功。驱动功与阻力功的差值统称为盈亏功。由于外力对机械所做功的增减，引起机械所具有动能的增减。因此，盈亏功的出现必将引起机械动能的增减，而使主轴的角速度发生变化，从而形成机械运转时速度的波动。这种波动必将在运动副中引起附加动压力，降低机械效率和工作可靠性。同时还会引起机械振动，影响零件的强度和寿命，降低机械的精度和工艺性能，使产品质量下降，因此，必须对机械系统过大的速度波动进行调节，使波动限制在允许的范围内，保证机械具有良好的工况。

7.1.1 机械运转过程

机械从开始运动到停止运动的全过程，都要经历起动、稳定运转和停车三个阶段，如图 7.1 所示。

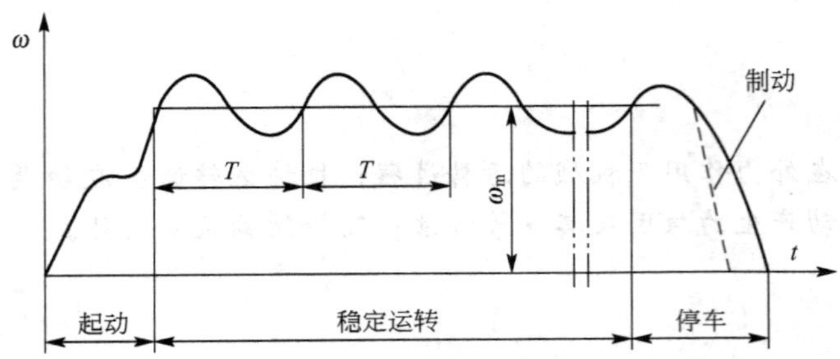

图 7.1 机械的运转过程

1. 机械的起动阶段

机械的起动阶段是指机械原动件的角速度由零逐渐上升到稳定运转角速度为止的过程。这一阶段，由于机械的驱动功大于阻力功，所以系统动能增加，原动件做加速运动。根据能量守恒定律，其功能关系表示为

$$W_d - W_r = \Delta E > 0 \tag{7-1}$$

式中 W_d——驱动功；

W_r——总的阻力功，包括生产阻力和有害阻力所做的功；

ΔE——机械动能的增量。

2. 机械的稳定运转阶段

起动阶段完成之后，机械进入正常工作的稳定运转阶段。在这一阶段，有的机械原动件的角速度保持不变，做等速稳定运转，如鼓风机、车床主轴等。但大多数机械在稳定运转阶段的速度并不是恒定的，原动件围绕平均角速度 ω_m 做周期性速度波动，称为周期变速稳定运转，如活塞式压缩机等。机械原动件的速度从某一值开始又回复到这一值的变化过程，称为一个运动循环，其所对应的时间 T 称为运动周期。在一个变化周期中，机械原动件的初速度等于末速度，机械中的动能不变，驱动功等于阻力功，即

$$W_d - W_r = \Delta E = 0 \tag{7-2}$$

3. 机械的停车阶段

停车阶段是指机械从稳定运转到完全停止运动的过程。这时都要去掉驱动力，故驱动力的功 $W_d=0$。驱动功小于阻力功，机械所具有的动能减少，系统速度不断下降，直至速度为零。为了缩短停车时间及安全起见，机械上都安装了制动装置，加速消耗机械的动能。这一阶段的功能关系为

$$-W_r=\Delta E<0 \tag{7-3}$$

机械的起动阶段和停车阶段称为过渡阶段。多数机械是在稳定运转阶段工作的，但是也有一些机械是在过渡阶段工作的，如挖掘机、起重机等。

7.1.2 机械系统的等效动力学模型

为了得到机械系统在外力作用下的真实运动规律，必须首先建立描述系统运动规律的参数随作用在机械上的外力变化的关系式，这种关系式称为机械系统的运动方程式。机械是由多构件组成的复杂系统，其运动方程式很复杂，求解烦琐。但机械中绝大多数系统只有一个自由度，对于有一个自由度的机械系统，只要知道其中一个构件的运动规律，通过机构运动尺寸就可以得到其他构件的运动规律。所以，可以将整个机械的运动问题转化为某一构件的运动问题来研究。

不管多么复杂的单自由度机构，都可以通过高副低代、杆组拆分，去除自由度为零的杆组，剩下一个原动件(转动或移动)和机架，我们把作用在机构上的所有外力和外力矩简化到该构件上，把所有构件的质量和转动惯量也简化到该构件上，此构件称为等效构件。简化到等效构件上的力或力矩称为等效力或等效力矩；简化到等效构件上的质量或转动惯量称为等效质量或等效转动惯量。具有等效质量或等效转动惯量的等效构件在等效力或等效力矩作用下的运动，与在真实外力和力矩作用下的原机构系统中该构件的真实运动一致。所以研究等效构件的运动大大简化了对整个机构的研究。

为了保证机械系统转化前后的动力学效果保持不变，机械系统向等效构件进行等效转化的原则如下：

(1) 等效构件的质量或转动惯量所具有的动能，应等于整个系统的总动能。

(2) 等效构件上的等效力或等效力矩所做的功或所产生的功率，应等于整个机械系统的所有外力和外力矩所做的功或所产生的功率之和。

由于等效力、等效力矩、等效质量、等效转动惯量的求解较复杂，在这里就不具体求解了，但需要强调以下几点，便于今后大家自学。

(1) 等效构件的运动一般情况下为定轴转动或直线运动。在运动方程求解时，若等效构件的运动为定轴转动，求解等效力矩和等效转动惯量；若等效构件的运动为直线移动，求解等效力和等效质量。

(2) 等效力或等效力矩是一个假想的力或力矩，并不是被代替的已知力和力矩的合力或合力矩。

(3) 等效质量或等效转动惯量是一个假想的质量或转动惯量，并不是机构中所有运动构件的质量或转动惯量的总和。所以，在力的分析中不能用其确定机构总惯性力或惯性力偶矩。

(4) 等效力或等效力矩、等效质量或等效转动惯量，只与角速度、速度的相对值有

关。因此，在一般情况下，即使未知机械系统的真实运动，也可求出等效力或等效力矩、等效质量或等效转动惯量。

7.2 机械运转速度的波动及其调节

机械运转的速度波动分为两类：周期性速度波动和非周期性速度波动。

7.2.1 周期性速度波动及其调节

1. 周期性速度波动产生的原因

对于单自由度机械系统，尽管在稳定运转过程中，但当外力作周期性变化时，机械动能的增减也作周期性变化，等效构件的角速度也随之做周期性的变化(图 7.2 中虚线所示)，这种有规律的、周期性的速度变化称为周期性速度波动。

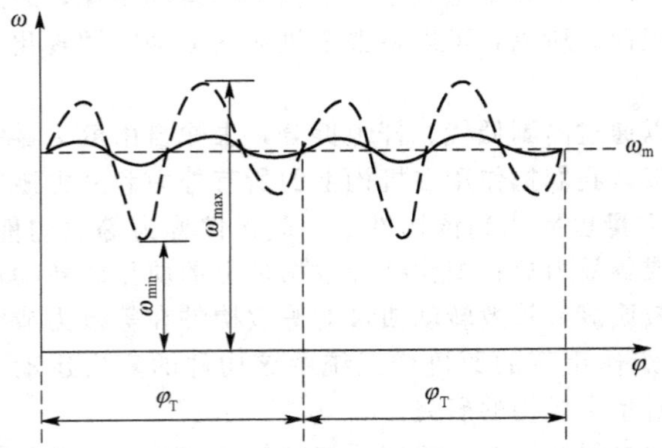

图 7.2 周期性速度波动

如图 7.2 所示，等效构件的角速度 ω 在一个周期 φ_T 之后又回到初始状态，一个运动周期内其动能没有增减。也就是说，在一个整周期中，驱动功与阻力功是相等的，这是周期性速度波动的重要特征。但在一个周期中的某段时间内，由于驱动功与阻力功不等，即存在盈功或亏功，使动能增加或减少，导致等效构件的角速度做周期性波动。

作用在机械上的驱动力矩和阻抗力矩在稳定运转状态下往往是原动件转角 φ 的周期性函数。其等效驱动力矩 M_d 与等效阻抗力矩 M_r 必然也是等效构件转角 φ 的周期性函数。

图 7.3(a)为某机械在稳定运转过程中，其等效构件在一个周期 φ_T 内所受等效驱动力矩 M_d 与等效阻抗力矩 M_r 的变化曲线。在等效构件转过角 φ 时(起始位置为 a 点)，其等效驱动力矩与等效阻抗力矩所做功之差 ΔW 为

$$\Delta W = \int_{\varphi_a}^{\varphi} (M_d - M_r)\mathrm{d}\varphi \tag{7-4}$$

ΔW 为正值时出现盈功，为负值时出现亏功。由图 7.3(a)中可以看出，在 bc 段、de 段，由于 $M_d > M_r$，因而驱动功大于阻抗功(为盈功)，多余的功在图中以“+”标识；在 ab 段、cd 段和 ea' 段，由于 $M_d < M_r$，因而驱动功小于阻抗功(为亏功)，不足的功以“−”标识。图 7.3(b)所示为机械动能增量随转角变化的曲线。亏功区，等效构件的角速度由于机械动能的减小而下降；反之，在盈功区，等效构件的角速度由于机械动能的增加而上升。如果在一个周期内，驱动力矩与阻抗力矩所做的功相等，则机械动能增量为零，即

$$\int_{\varphi_a}^{\varphi_{a'}} (M_d - M_r)\mathrm{d}\varphi = \Delta E = \frac{1}{2}J_a(\omega_{a'}^2 - \omega_a^2) = 0 \tag{7-5}$$

式中　J_a——一个周期的等效构件的转动惯量；

ω_a、$\omega_{a'}$——一个周期的始、末等效构件的角速度。

这样，经过一个周期，机械的动能又恢复到原来的值，因而等效构件的角速度也将恢复到原来值，等效构件角速度呈周期性的波动。

2. 周期性速度波动的衡量指标

1）平均角速度 ω_m

如果一个周期内角速度的变化如图 7.2 所示，即等效构件的角速度是绕某一角速度变化的，则该角速度为平均角速度 ω_m。在周期 φ_T 内的平均角速度 ω_m 可用式(7－6)计算

$$\omega_m=\frac{\int_0^{\varphi_T}\omega\mathrm{d}\varphi}{\varphi_T} \tag{7-6}$$

在工程实际中，为了简化计算，常用角速度的算术平均值来近似计算，即平均角速度 ω_m 为

$$\omega_m=\frac{\omega_{max}-\omega_{min}}{2} \tag{7-7}$$

式中　ω_{max}、ω_{min}——一个周期内等效构件的最大角速度和最小角速度。

2）机械运转速度不均匀系数 δ

由图 7.2 可见，速度变化幅度$(\omega_{max}-\omega_{min})$仅仅反映机械运转中相对其平均角速度的波动程度，不能仅用该值来表示机械速度波动的程度，因为在$(\omega_{max}-\omega_{min})$一定的情况下，对低速机械，其速度波动显得严重些，而对于高速机械就轻些。因此，需要综合考虑$(\omega_{max}-\omega_{min})$与 ω_m 的因素，一般采用速度波动幅度与平均角速度的比值来衡量机器运转的不均匀程度。这个比值称为机械运转的速度不均匀系数 δ，即

$$\delta=\frac{\omega_{max}-\omega_{min}}{\omega_m} \tag{7-8}$$

由式(7－8)可知，当 ω_m 一定时，δ 越小，则 ω_{max}与 ω_{min}之差越小，表示机械运转越均匀，运转的平稳性越好。不同机械其运转平稳性的要求不同，也就有不同的许用速度不均匀系数 $[\delta]$，表 7－1 列出了一些机械的许用速度不均匀系数 $[\delta]$ 值。

表 7－1　常用机械许用速度不均匀系数 [δ]

机械名称	[δ]	机械名称	[δ]
破碎机	0.05～0.20	汽车、拖拉机	0.016～0.05
冲床、剪床	0.05～0.15	金属切削机床	0.02～0.03
轧钢机	0.04～0.10	纺纱机	0.01～0.016
压缩机、水泵	0.03～0.05	直流发电机	0.005～0.01
减速器	0.015～0.020	交流发电机	0.003～0.005

若已知机械的 ω_m 和 δ 值，可由式(7－7)、式(7－8)求得等效构件的最大角速度 ω_{max}和最小角速度 ω_{min}，即

$$\omega_{max}=\omega_m\left(1+\frac{\delta}{2}\right) \tag{7-9}$$

$$\omega_{min}=\omega_m\left(1-\frac{\delta}{2}\right) \tag{7-10}$$

$$\omega_{max}^2-\omega_{min}^2=2\delta\omega_m^2 \tag{7-11}$$

3. 周期性速度波动的调节原理

对周期性速度波动进行调节的常用方法是在机械中加上一个转动惯量很大的飞轮。回转件飞轮在机械中的作用，实际上相当于一个能量储存器。当盈功时飞轮的动能增加，储存多余的能量，使机械速度上升的幅度减小；亏功时飞轮的动能减小，释放储存的能量，使机械速度下降的幅度减小。这样，可以使机械的速度不至于波动太大。显然，当动能变化数值相同时，飞轮的转动惯量越大，角速度的波动越小。如图 7.2 所示，虚线所示为没有安装飞轮的速度变化，实线所示为安装飞轮后的速度波动。

如模块三图中的曲柄压力机，为了调节速度波动设置了飞轮(机器中的大齿轮作为飞轮)。在压力机的空行程，靠飞轮自身转动惯量积蓄动能；在冲压工件瞬间受力最大时，电动机的驱动功率小于载荷，转速降低，飞轮释放出积蓄的动能进行补偿，调节电动机的机械载荷使其载荷均衡，减小电动机的额定功率，提高能源利用效率，减少振动。

飞轮设计的核心问题是确定飞轮的转动惯量。由图 7.3 可知，该机械系统在 b 点处具有最小动能增量 ΔE_{min}，对应最大亏功 ΔW_{min}，其值等于图 7.3(a)中 ab 段两曲线包围的面积；而在 e 点，机械具有最大动能增量 ΔE_{max}，对应最大的盈功 ΔW_{max}，其值等于图 7.3(a)中 ea' 段两曲线包围的面积。两者之差称为最大盈亏功，用 $[W]$ 表示。对于图 7.3 所示的系统，有

$$[W]=\Delta W_{max}-\Delta W_{min}=\int_{\varphi_b}^{\varphi_e}(M_d-M_r)\mathrm{d}\varphi \tag{7-12}$$

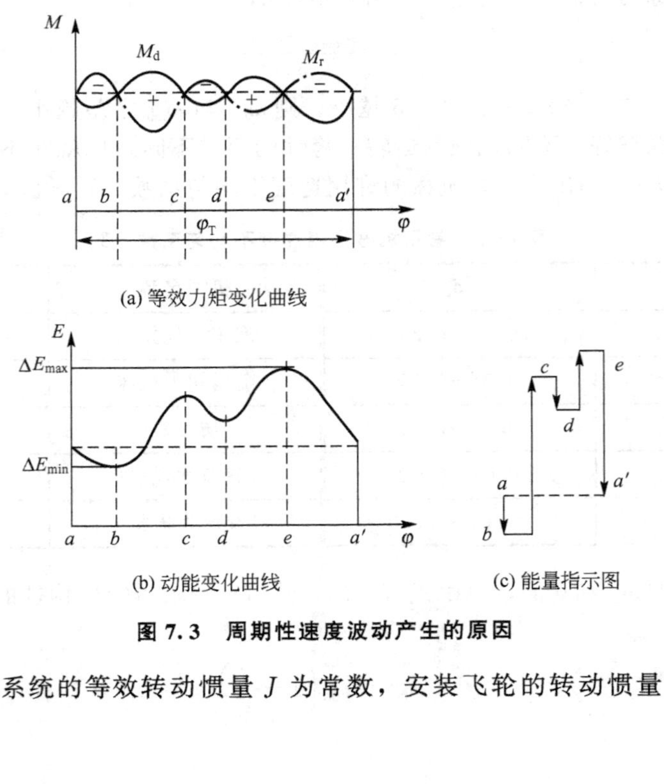

图 7.3 周期性速度波动产生的原因

如果假设机械系统的等效转动惯量 J 为常数，安装飞轮的转动惯量为 J_F，机械系统

的最小动能增量 ΔE_{min} 处有最小角速度 ω_{min}；最大动能增量 ΔE_{max} 处有最大角速度 ω_{max}。则根据动能定理有

$$[W]=\Delta E_{max}-\Delta E_{min}=\frac{1}{2}(J+J_F)(\omega_{max}^2-\omega_{min}^2)=(J+J_F)\omega_m^2\delta \tag{7-13}$$

由此可得机械系统在安装飞轮后，速度不均匀系数表达式为

$$\delta=\frac{[W]}{(J+J_F)\omega_m^2} \tag{7-14}$$

为了使所设计的机械系统在运转过程中速度波动在允许范围内，设计时应保证 $\delta\leqslant[\delta]$，即

$$\delta=\frac{[W]}{(J+J_F)\omega_m^2}\leqslant[\delta] \tag{7-15}$$

由此可得飞轮的转动惯量为

$$J_F\geqslant\frac{[W]}{\omega_m^2[\delta]}-J \tag{7-16}$$

若 $J\ll J_F$，则 J 通常可忽略不计，上式可近似写为

$$J_F\geqslant\frac{[W]}{\omega_m^2[\delta]} \tag{7-17}$$

若将式(7-17)中的平均角速度 ω_m 用平均转速 n(r/min)取代，则有

$$J_F\geqslant\frac{900[W]}{\pi^2n^2[\delta]} \tag{7-18}$$

由式(7-17)和式(7-18)分析可知：

(1) 当 $[W]$ 与 ω_m 一定时，飞轮转动惯量 J_F 与机械运转速度不均匀系数 $[\delta]$ 之间成反比，关系曲线为等边双曲线，如图7.4所示。增加 J_F 可以降低机械的速度波动，但当 $[\delta]$ 值很小时，进一步再减小 $[\delta]$ 值，需要大幅度地增加 J_F，将会使飞轮过于庞大、笨重，增加成本。

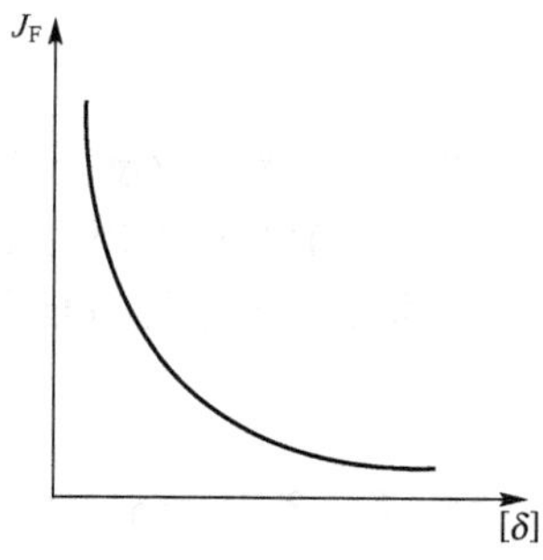

图7.4 J_F-δ 变化曲线

(2) 当 J_F 与 ω_m 一定时，$[W]$ 与 $[\delta]$ 成正比，表明机械只要有盈亏功，无论飞轮有多大，δ 都不等于零，最大盈亏功越大，机械的运转速度越不均匀。所以机械的速度波动只能调节，不能消除。

(3) 当 $[W]$ 与 $[\delta]$ 值一定时，J_F 与 ω_m 的平方成反比，即轴的平均角速度越高，所需安装的飞轮转动惯量越小，所以飞轮应该安装在机械的高速轴上。一般机械的主轴刚性较好，所以多数飞轮安装在机器主轴上。

此外，由于飞轮能利用储蓄的动能克服短时过载，故在确定原动机额定功率时只需考虑它的平均功率，而不必考虑高峰负荷所需的瞬时最大功率。由此可知，安装飞轮不仅可避免机械运转速度发生过大的波动，而且可以选择功率较小的原动机。

4. 最大盈亏功 $[W]$ 的确定

为了计算飞轮的转动惯量 J_F，关键先确定最大盈亏功 $[W]$。对于一些比较简单的情况，机械最大动能和最小动能出现的位置可直接由图中看出；对于复杂情况，则可借助于

能量指示图来确定。现以图 7.3(c)所示的能量指示图为例来帮助确定［W］。

能量指示图的做法：任选一水平基线代表运动循环开始时机械的动能，取任意点 a 作为起点，按一定比例作矢量线段 ab、bc、cd、de、ea'依次表示相应位置 M_d 与 M_r 之间所包围的面积(力矩所做功之代数和)的大小和正负。盈功为正，箭头向上；亏功为负，箭头向下，各段矢量首尾相连，构成封闭矢量图。由于在一个循环的起始位置与终止位置处动能相等，所以，能量指示图的首尾应在同一水平线上，即形成封闭的阶梯形折线。在图中可以明显看出 b 点处动能最小，e 点处动能最大，而折线最高点和最低点的距离就代表了最大盈亏功［W］的大小。

［例 7-1］ 某机械作用在主轴上的阻力矩 M_r在一个工作循环中的变化规律如图 7.5(a)所示。若已知主轴驱动力矩 M_d为常数，主轴平均角速度 $\omega_m=90\text{rad/s}$，机械运转速度不均匀系数 $\delta=0.06$，若忽略飞轮以外各构件质量及转动惯量，试求①驱动力矩 M_d；②最大盈亏功［W］；③安装在主轴上的飞轮转动惯量 J_F。

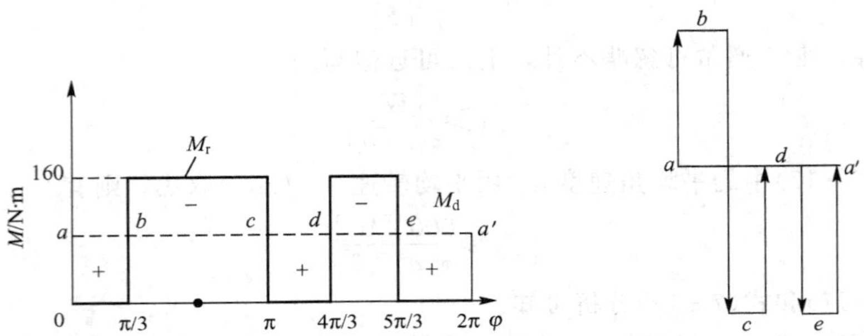

(a) 力矩变化规律曲线　　(b) 能量指示图

图 7.5　飞轮转动惯量的确定

解：(1) 确定驱动力矩 M_d。

由于主轴驱动力矩为常数，故驱动力矩的变化规律曲线为一水平直线。在一个周期中，驱动力矩所做的功与阻力矩所做的功应相等，则

$$2\pi M_d=\frac{2\pi}{3}\times160+\frac{\pi}{3}\times160$$

得 $M_d=80\text{N}\cdot\text{m}$。驱动力矩变化规律曲线如图 7.5(a)中虚线所示。

(2) 画能量指示图，确定最大盈亏功［W］。

先求各区间 M_d曲线与 M_r曲线所围成的面积，即各区间的盈、亏功：

$$W_{ab}=80\times\frac{\pi}{3}=\frac{80\pi}{3}\text{N}\cdot\text{m}$$

$$W_{bc}=(80-160)\times\left(\pi-\frac{\pi}{3}\right)=-\frac{160\pi}{3}\text{N}\cdot\text{m}$$

$$W_{cd}=80\times\left(\frac{4\pi}{3}-\pi\right)=\frac{80\pi}{3}\text{N}\cdot\text{m}$$

$$W_{de}=(80-160)\times\left(\frac{5\pi}{3}-\frac{4\pi}{3}\right)=-\frac{80\pi}{3}\text{N}\cdot\text{m}$$

$$W_{ea'}=80\times\left(2\pi-\frac{5\pi}{3}\right)=\frac{80\pi}{3}\text{N}\cdot\text{m}$$

根据上述结果绘出能量指示图，如图 7.5(b)所示。由图可知，b 点最高，c 点或 e 点最低，则最大盈亏功

$$[W]=|W_{bc}|=\frac{160\pi}{3}\text{N}\cdot\text{m}=167.5\text{N}\cdot\text{m}$$

(3) 求飞轮转动惯量。

由式(7-17)得飞轮的转动惯量为

$$J_F=\frac{[W]}{\omega_m^2[\delta]}=\frac{167.5}{90^2\times0.06}=0.34\text{kg}\cdot\text{m}^2$$

7.2.2 非周期性速度波动及其调节

在机械运转过程中，如果等效力矩的变化是非周期性的，则机械运转的速度将出现非周期性的波动，从而破坏机械的稳定运转状态。如果驱动功在很长一段时间内总是大于阻抗功，则机械运转速度将不断升高，直至超越机械强度所允许的极限转速而导致机械损坏；反之，如果驱动功总是小于阻抗功，则机械运转速度将不断下降，直至停车。汽轮发电机组在供汽量不变而用电量突然增减时就会出现这类情况。这种速度波动是随机的、不规则的，没有一定的周期，因此称为非周期性速度波动(图 7.6)。

由于非周期性速度波动是无一定周期的，所以不能用飞轮来调节速度波动，只能采用特殊的装置使驱动功与阻抗功趋于平衡，以达到新的稳定运转。这种特殊装置称为调速器。调速器是一种自动调节装置，它的种类很多，常用的有机械式调速器和电子式调速器。

图 7.7 所示为机械式离心调速器的工作原理图。原动机 2 的输入功与供油量的大小成正比。当工作负荷突然减小时，原动机 2 和工作机 1 的主轴转速升高，由锥齿轮驱动的调速器主轴的转速也随着升高，重球因离心力增大而飞向上方，带动圆筒 N 上升，并通过套环和连杆将节流阀关小，使汽油输入量减少；反之，若负荷突然增加，原动机及调速器主轴转速下降，飞球下落，节流阀开大，促使供油量增加。用这种方法使驱动功和负荷所消耗的功(包括摩擦损失)自动趋于平衡，从而保持速度稳定。

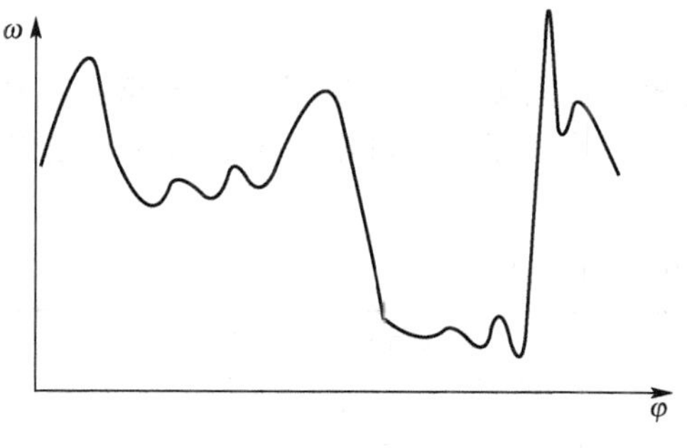

图 7.6 非周期性速度波动

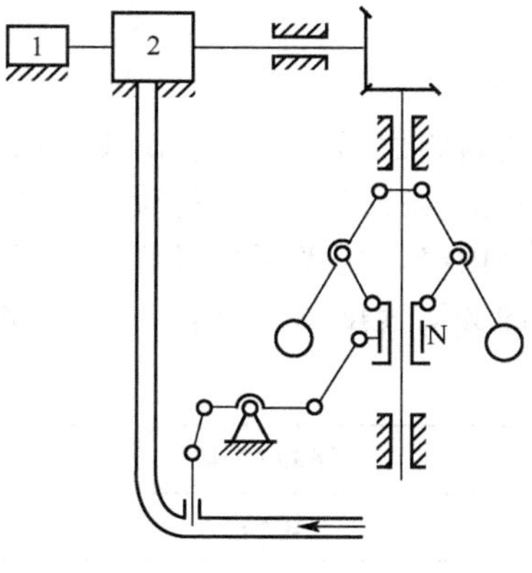

图 7.7 机械式离心调速器的工作原理

1—工作机；2—原动机

机械式离心调速器结构简单、成本低廉，但它的体积庞大，灵敏度低，近代机器多采

用电子调速装置实现自动控制。

7.3 飞轮主要尺寸的确定

求出飞轮的转动惯量之后，还要确定飞轮的直径、宽度、轮缘厚度等有关尺寸。飞轮按其形状不同分为轮形和盘形两种，工程中常用轮形飞轮，如图 7.8 所示。轮形飞轮由轮缘 1、轮辐 2 和轮毂 3 三部分组成。与轮缘相比，轮辐及轮毂的转动惯量较小，故常略去不计，即假定轮缘的转动惯量就是整个飞轮的转动惯量。假设飞轮质量 m 集中于轮缘处，轮缘的平均直径为 D_m，则

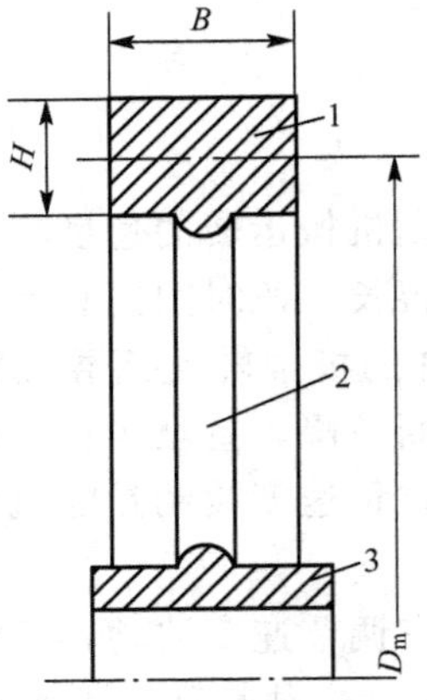

图 7.8 飞轮的结构

1—轮缘；2—轮辐；3—轮毂

$$J_F=m\left(\frac{D_m}{2}\right)^2=\frac{mD_m^2}{4} \tag{7-19}$$

轮缘的平均直径 D_m 根据机器的结构和空间位置选定之后，便可求出飞轮质量 m。设轮缘为矩形断面，它的体积、厚度、宽度分别为 $V(m^3)$、$H(m)$、$B(m)$，材料的密度为 $\rho(kg/m^3)$，则飞轮的质量 m

$$m=V\rho=\pi D_m HB\rho \tag{7-20}$$

选定飞轮的材料与 H/B 的比值之后，轮缘的截面尺寸便可以求出。

对于外径为 D 的实心圆盘形飞轮，由理论力学知

$$J_F=\frac{1}{2}m\left(\frac{D}{2}\right)^2=\frac{mD^2}{8} \tag{7-21}$$

选定圆盘直径 D，便可求出飞轮的质量 m。再从

$$m=V\rho=\frac{\pi D^2}{4}B\rho \tag{7-22}$$

选定材料之后，便可求出飞轮的宽度 B。

飞轮的转速越高，其轮缘材质产生的离心力越大，当轮缘材料所受离心力超过其材料的强度极限时，轮缘便会爆裂。为了安全，在选择平均直径 D_m 和外圆直径 D 时，应使飞轮外圆的圆周速度不大于表 7-2 中的安全数值。

表 7-2 飞轮的圆周速度安全值

飞轮材料	安全值/($m \cdot s^{-1}$)
铸铁	36
铸钢	50

应当说明，飞轮不一定是外加的专门构件。实际机械中往往用增大带轮(或齿轮)的尺寸和质量的方法，使它们兼起飞轮的作用。这种带轮(或齿轮)也就是机器中的飞轮。

习　题

7－1　填空题

(1) 机器产生速度波动的主要原因是____________________________。速度波动的类型有____________________和________________两种。前者采用的调速方法是________________________，后者一般采用的调速方法是________________________。

(2) 在机器中加上飞轮的作用是________________________。

(3) 在电动机驱动的冲床上加了飞轮之后，选用的电动机功率比原先的__________。

(4) 在以转动件作为等效构件建立机械系统的等效动力学模型时，其主要工作是计算等效________________和等效________________。

(5) 在以移动件作为等效构件建立机械系统的等效动力学模型时，其主要工作是计算等效________________和等效________________。

(6) 飞轮应优先装在被调速系统的________________上。

(7) 当机械系统中的驱动功与阻抗功不等时将出现__________功，若驱动功大于阻抗功，称为__________功。

7－2　选择题

(1) 对于存在周期性速度波动的机器，安装飞轮主要是为了在____阶段进行速度调节。

A. 起动　　B. 停车　　C. 稳定运转

(2) 对于单自由度的机构系统，假想用一个移动构件等效时，其等效质量按等效前后____相等的条件进行计算。

A. 动能　　B. 瞬时功率　　C. 转动惯量

(3) 在机械系统的起动阶段，系统的动能增加，并且____。

A. 驱动功大于总消耗功　　B. 驱动功小于总消耗功

C. 驱动功等于总消耗功

(4) 在机械系统中安装飞轮后可使其周期性速度波动____。

A. 消除　　B. 减小　　C. 不变

(5) 若不考虑其他因素，单从减轻飞轮的重量上看，飞轮应安装在____。

A. 高速轴上　　B. 低速轴上　　C. 任意轴上

(6) 在机械系统速度波动的一个周期中的某一时间间隔内，当系统出现____时，系统的运动速度____，此时飞轮将____能量。

A. 盈功、减小、释放　　B. 盈功、增大、储存

C. 亏功、增大、释放　　D. 亏功、减小、储存

7－3　思考题

(1) 一般机器在运转过程中有哪几个阶段？各阶段机械系统的动能和角速度变化如何？

(2) 试述机械运转的周期性速度波动的原因及调节方法。

(3) 什么叫机械运转的非周期性速度波动？其产生的原因及调节方法是什么？

(4) 为什么用速度不均匀系数 δ 来反映速度波动程度，而不用速度变化幅度($\omega_{max}-\omega_{min}$)？

(5) 飞轮的主要尺寸如何确定？

7-4 计算题

(1) 在电动机驱动的剪床机械系统中，已知电动机的转速为 1500r/min，折算到电动机轴上的等效阻抗力矩 M_r 如图 7.9 所示，其循环周期为 20π。设驱动力矩为常数，机械系统中各构件的转动惯量忽略不计。试求：①驱动力矩 M_d；②作能量指示图，求最大盈亏功 [W]；③要求系统运转的速度不均匀系数 $\delta \leqslant 0.05$，求安装在电动机轴上的飞轮转动惯量 J_F；④$\delta \leqslant 0.05$ 时，系统的最大角速度 ω_{max} 和最小角速度 ω_{min}。

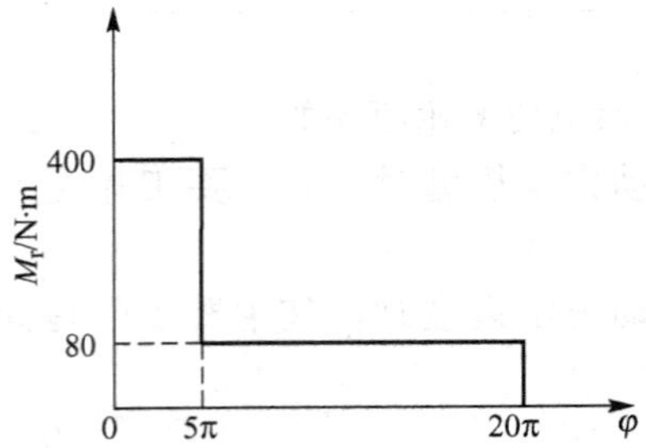

图 7.9 题 7-4(1)图

(2) 一机器作稳定运转，其中一个运动循环中等效阻抗力矩 M_r 与等效驱动力矩 M_d 的变化曲线如图 7.10 所示，等效阻抗力矩 M_r 的最大值为 200N·m，等效转动惯量 $J=0.14\text{kg}\cdot\text{m}^2$，在循环运转开始，等效构件的平均角速度 $\omega_m=20\text{rad/s}$。试确定：①等效驱动力矩 M_d 的大小；②最大盈亏功 [W]；③若运转速度不均匀系数 $\delta=0.125$，则应在等效构件上加多大转动惯量的飞轮？

(3) 某机械系统以其主轴为等效构件，已知主轴稳定运转一个周期内的等效阻抗力矩的变化情况如图 7.11 所示，等效驱动力矩为常数，主轴的平均角速度和许用的速度不均匀系数已给定，试确定：①等效驱动力矩的大小；②出现最大角速度和最小角速度时对应的主轴转角；③采取什么方法来调节该速度波动并简述调速原理。

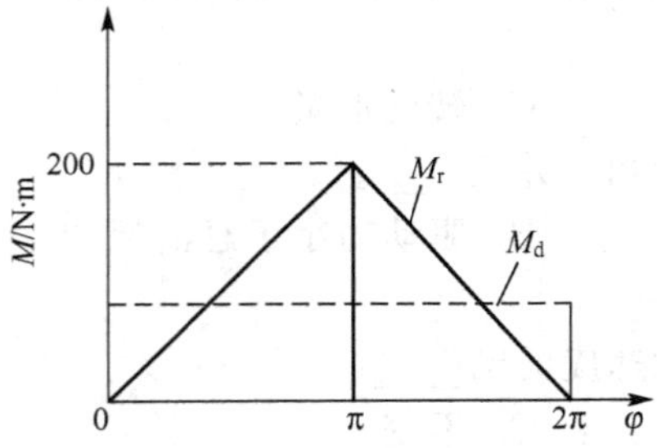

图 7.10 题 7-4(2)图

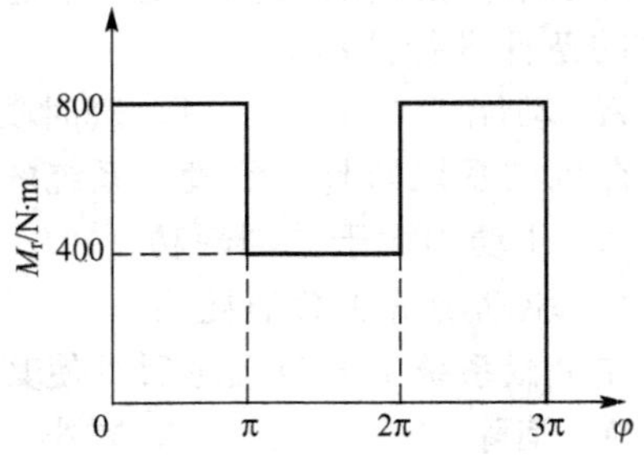

图 7.11 题 7-4(3)图

第8章 回转件的平衡

教学提纲

本章主要介绍回转件平衡的目的；回转件静平衡、动平衡的平衡原理和平衡方法(计算法和实验法)。

教学目标

1. 了解回转件平衡的目的。
2. 掌握回转件的静平衡和动平衡的平衡原理和计算方法。
3. 了解回转件平衡的实验法。

8.1 回转件平衡的目的和分类

机械中有许多构件是绕固定轴线回转的，这类做回转运动的构件称为回转件(或转子)，如齿轮、带轮、轴等。回转运动是机械中常见的一种运动形式。机械在运转时，除了惯性主轴通过质心、且做等角速度运动的回转构件外，所有其他构件都将产生惯性力。这是由于回转件结构不对称或质量分布不均匀，以及制造和安装误差等原因，使回转件的质心偏离其回转轴线，当回转件转动时，其偏心质量会产生离心惯性力。当机器运转时，构件产生的离心惯性力将会在运动副中引起附加的动压力。这种附加的动压力不仅使轴承载荷增加，磨损加剧，效率降低，而且使构件承载能力下降，寿命缩短。同时，这种离心惯性力的方向是周期性变化的，这种周期性的载荷使机械的工作精度和可靠性下降并造成零件的疲劳损坏和环境噪声污染，从而引起机架以及机架基础的受迫振动。

随着机械速度和精度要求的提高，机械的平衡问题已经成为现代机械设计中的一个重要课题。

由力学分析可知，离心惯性力的大小与其速度的平方成正比。所以在高速回转的机构中，这种离心惯性力产生的危害就更加严重。为了减轻或消除惯性力带来的不良影响，必须设法减小或消除离心惯性力，以改善机械工作性能和延长使用寿命。这就是机械平衡的目的。

构件的运动形式不同，所产生的惯性力的平衡方法也不同。对于绕固定轴转动的回转件，只需重新分布其质量，就其本身加以平衡；对于做往复移动或平面运动的构件必须就所在机构的整个机构进行平衡。所以，机械的平衡问题分为回转件的平衡和机构的平衡两类。本章只研究回转件的平衡。

1. 刚性回转件的平衡

当回转件的工作转速较低、刚性较好时，运转过程中产生的弹性变形很小，这种工作状态下的回转件称为刚性回转件，例如机床的主轴、齿轮、带轮等。对于刚性回转件可以不考虑其弹性变形，其惯性力的平衡用理论力学中力系平衡的原理解决。

2. 挠性回转件的平衡

在机械中，对于那些工作转速很高，质量和跨度很大，径向尺寸较小，运转过程中在离心惯性力作用下产生明显变形的回转件，称为挠性回转件，如航空发动机、汽轮机、发电机等设备中的大型高速回转件，其质量和跨度都很大，而且由于径向尺寸受到限制，使得这类转子日趋细长化，而工作转速又往往很高，运转时产生的弹性变形很大。挠性回转件的平衡问题比较复杂，本章主要介绍刚性回转件的平衡原理和计算方法。

回转件结构不对称或制造误差、安装误差、材质不均匀等原因，都会导致其质心不在回转轴上而不平衡。因此，在设计时就需依据其结构和质量分布等情况进行回转件的平衡计算，使回转件在工作时，其惯性力在理论上达到平衡。对于由制造及安装误差、材料不均等因素而导致的不平衡，必要时可用实验方法加以平衡。

需说明的是不平衡惯性力并非完全是有害的，有些机械正是利用构件的不平衡惯性力进行工作的，如砸夯机、按摩器、振动打桩机、振实机等。

8.2 回转件的平衡计算

刚性回转件的平衡问题分为静平衡及动平衡两种。

8.2.1 刚性回转件的静平衡

1. 静平衡定义

如图 8.1 所示，对于轴向尺寸 L 比径向尺寸 d 小得多的回转件($L/d<0.2$)，如齿轮、带轮、链轮、叶轮、螺旋桨、盘状凸轮、飞轮等，其质量可近似地看做分布于同一垂直于轴线的平面内。如果其质心不在其回转轴线上，表示存在偏心质量，那么当回转件回转时将产生离心惯性力，从而在转动副中引起附加动压力，造成不同程度的周期性振动。这类回转件的不平衡现象，在静止时就能表现出来，所以把实现这种平衡的措施称为刚性回转

件的静平衡。

2. 静平衡计算

如图 8.2(a)所示，某一静不平衡回转件，其上有偏心质量 m_1、m_2和 m_3，都位于同一回转平面内，它们的回转半径矢量分别为 $\boldsymbol{r}_1$、$\boldsymbol{r}_2$和 $\boldsymbol{r}_3$。当回转件以角速度 ω 等速回转时，各偏心质量所产生的离心惯性力分别为：

$$\begin{cases}\boldsymbol{F}_1=m_1\omega^2\boldsymbol{r}_1\\ \boldsymbol{F}_2=m_2\omega^2\boldsymbol{r}_2\\ \boldsymbol{F}_3=m_3\omega^2\boldsymbol{r}_3\end{cases}$$

则 $\boldsymbol{F}_1$、$\boldsymbol{F}_2$、$\boldsymbol{F}_3$ 为一平面汇交力系，其合力 $\sum_{i=1}^{3}\boldsymbol{F}_i\neq 0$，则回转件不平衡。由于这类回转件的质量分布在同一平面内，因而不会形成惯性力偶矩。所以，为平衡这些惯性力，可在回转件回转平面上向径 r_b 处加一平衡质量 m_b，使其产生的离心惯性力 $\boldsymbol{F}_b$满足

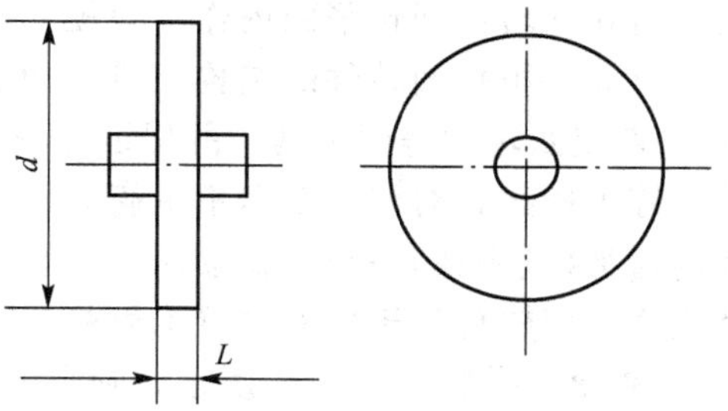

图 8.1 轴向尺寸较小的回转件

$$\sum\boldsymbol{F}=\boldsymbol{F}_b+\sum_{i=1}^{3}\boldsymbol{F}_i=0 \tag{8-1}$$

则达到静平衡。式(8－1)也可展开写成

$$m_b\omega^2\boldsymbol{r}_b+m_1\omega^2\boldsymbol{r}_1+m_2\omega^2\boldsymbol{r}_2+m_3\omega^2\boldsymbol{r}_3=0 \tag{8-2}$$

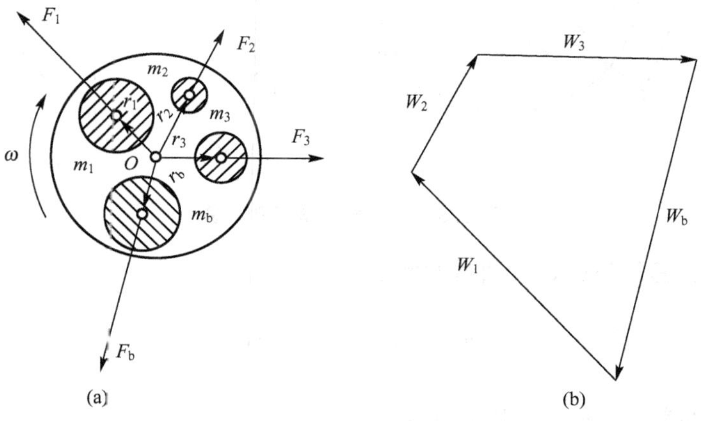

图 8.2 刚性回转件的静平衡计算

由于同一回转件的角速度相同，式(8－2)可简化为

$$m_b\boldsymbol{r}_b+m_1\boldsymbol{r}_1+m_2\boldsymbol{r}_2+m_3\boldsymbol{r}_3=0 \tag{8-3}$$

式中 $m_i\boldsymbol{r}_i$——质径积，是矢量。

所以，回转件静平衡的条件是：分布在该回转件回转平面内的各个质量的质径积的矢量和等于零，即回转件的质心与回转轴线重合。其表达式为

$$m_b\boldsymbol{r}_b+\sum m_i\boldsymbol{r}_i=0 \tag{8-4}$$

平衡质量 m_b的质径积 $m_b\boldsymbol{r}_b$的大小和方向可用矢量多边形法求得。如图 8.2(b)所示，

根据已知的质径积 $m_i\boldsymbol{r}_i$ 取质径积比例尺 $\mu_W = m_i r_i / W_i$(kg・mm/mm)，按矢径 $\boldsymbol{r}_1$、$\boldsymbol{r}_2$ 和 $\boldsymbol{r}_3$ 的方向连续作矢量 $\boldsymbol{W}_1$、$\boldsymbol{W}_2$、$\boldsymbol{W}_3$ 分别代表质径积 $m_1\boldsymbol{r}_1$、$m_2\boldsymbol{r}_2$、$m_3\boldsymbol{r}_3$。封闭矢量 $\boldsymbol{W}_b$ 即表示平衡质量的质径积 $m_b\boldsymbol{r}_b$，因此可得

$$m_b r_b = \mu_w W_b$$

其方向与 $\boldsymbol{W}_b$ 指向相同。平衡质量 m_b 的值，在根据回转件结构选定 r_b 后即可随之确定。再在回转件回转平面内作出向径 r_b 与 $\boldsymbol{W}_b$ 平行，以确定 m_b 的位置。

有时，根据回转件的结构条件也可在应加平衡质量的相反方向 r'_b 处去掉一部分质量 m'_b，来使回转件得到平衡，并保证 $m_b r_b = m'_b r'_b$ 即可。

综上所述，对于一个静不平衡的回转件，无论其具有多少个偏心质量，只需在同一平面内增加(或去掉)一个平衡质量，并使 $m_b\boldsymbol{r}_b + \sum m_i\boldsymbol{r}_i = 0$，即可使其处于静平衡状态。也就是说，回转件处于任意位置均可静止不动。

[例 8-1]如图 8.3(a)所示，圆盘上有两个圆孔，其直径和位置为：$d_1 = 40$mm，$d_2 = 50$mm，$r_1 = 100$mm，$r_2 = 140$mm，$\alpha = 120°$，$D = 400$mm，$L = 20$mm。拟在圆盘上再制一个圆孔使之达到静平衡，要求该孔的矢径 $r_b = 150$mm。试求该孔的直径及方位角。

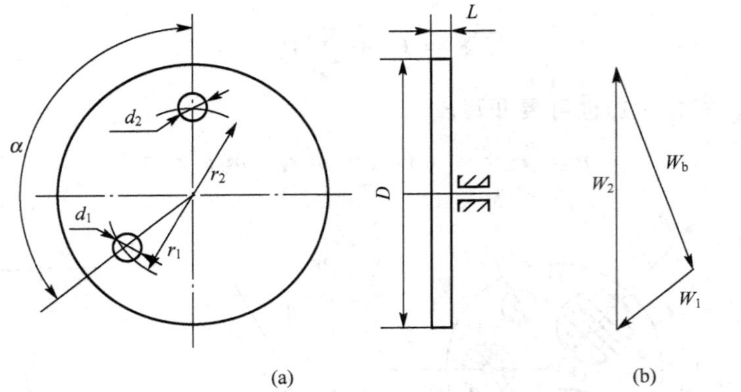

图 8.3 回转件的静平衡计算

解：认为圆盘是均质的，设圆盘的密度为 ρ，每个孔的质径积为

$$m_i r_i = \rho V_i r_i = \rho \frac{\pi d_i^2}{4} L r_i$$

由于 $\rho \frac{\pi}{4} L$ 都是一致的，所以只计算 $d_i^2 r_i$ 即可

$$d_1^2 r_1 = 40^2\text{mm}^2 \times 100\text{mm} = 16\times10^4\text{mm}^3$$

$$d_2^2 r_2 = 50^2\text{mm}^2 \times 140\text{mm} = 35\times10^4\text{mm}^3$$

(1) 用图解法求解。

确定比例尺 $\mu_W = \dfrac{d_i^2 r_i}{W_i} = 10^4(\text{mm}^3/\text{mm})$，画 $\boldsymbol{W}_i$ 的矢量三角形(图 8.3(b))，从图中量取 $W_b = 28$mm，所以

$$d_b^2 r_b = \mu_W W_b = 28\times10^4\text{mm}^3$$

计算得 $d_b = 43$mm，与 x 轴正向夹角为 297°。

(2) 用解析法求解。

$$(d_b^2 r_b)_x = d_1^2 r_1 \cos 30° = 138564.1\text{mm}^3$$

$$(d_b^2 r_b)_y = d_1^2 r_1 \sin 30° - d_2^2 r_2 = -270000\text{mm}^3$$

$$d_b^2 r_b = \sqrt{(d_b^2 r_b)_x^2 - (d_b^2 r_b)_y^2} = 303479.8\text{mm}^3$$

解得孔的直径 $d_b = 45\text{mm}$，与 x 轴正向夹角为 $\theta = 360° - \arctan \dfrac{(d_b^2 r_b)_y}{(d_b^2 r_b)_x} = 297°$。

解析法与图解法得到的结果基本一致。由例题可以看出，无论用图解法还是解析法，其基本原理是一样的。解析法精度高，图解法比较直观。

8.2.2 刚性回转件的动平衡

1. 动平衡定义

对于轴向长度较大的回转体($L/d>0.2$)，如滚筒、电动机转子、多级汽轮机转子、多缸发动机曲轴、机床主轴等，都可以看做是偏心质量分布在几个不同平面内的回转件。如图 8.4 所示的回转件中，设不平衡质量 m_1、m_2 分布于相距 l 的两个回转面内，且 $m_1 = m_2$，$\boldsymbol{r}_1 = -\boldsymbol{r}_2$。该回转件的质心虽落在回转轴上，而且 $m_1\boldsymbol{r}_1 + m_2\boldsymbol{r}_2 = 0$，满足静平衡条件，但因 m_1、m_2 不在同一回转面内，当回转件转动时，在包含 m_1、m_2 和回转轴的平面内存在一个由离心力 F_1 和 F_2 形成的惯性力偶，该力偶的方向随回转件的转动而周期性变化，故回转件仍处于不平衡状态。

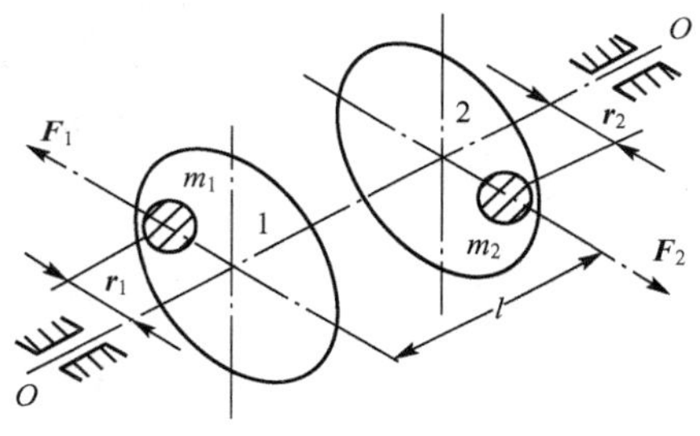

图 8.4 静平衡但动不平衡的回转件

这种不平衡只有在回转件运转时才能显示出来，故称其为动不平衡。要使之平衡，不仅要使各个质量的惯性力合力等于零($\sum \boldsymbol{F} = 0$)；同时，这些惯性力所构成的合力偶也等于零($\sum \boldsymbol{M} = 0$)。实现这种平衡的措施称为刚性回转件的动平衡。

2. 动平衡计算

如图 8.5(a)所示，若有一轴类回转构件的偏心质量 m_1、m_2、m_3 分别位于三个平行的回转平面 1、2、3 内，它们的矢径分别为 $\boldsymbol{r}_1$、$\boldsymbol{r}_2$ 和 $\boldsymbol{r}_3$。当此回转件以等角速度 ω 回转时，各偏心质量产生的离心惯性力为

$$\begin{cases} \boldsymbol{F}_1 = m_1\omega^2\boldsymbol{r}_1 \\ \boldsymbol{F}_2 = m_2\omega^2\boldsymbol{r}_2 \\ \boldsymbol{F}_3 = m_3\omega^2\boldsymbol{r}_3 \end{cases}$$

这些惯性力将形成一空间力系，故回转时既有不平衡惯性力又有不平衡惯性力偶矩。为了平衡这些惯性力及惯性力偶矩，选定两个平衡基面Ⅰ和Ⅱ，并根据理论力学中一个力可以分解为与其平行的两个分力的原理，把不在同一平面的惯性力 $\boldsymbol{F}_1$、$\boldsymbol{F}_2$、$\boldsymbol{F}_3$ 分别分解到平面Ⅰ和平面Ⅱ内。这样，就将原来空间力系的平衡问题，转化成两个平面汇交力系的平衡问题。

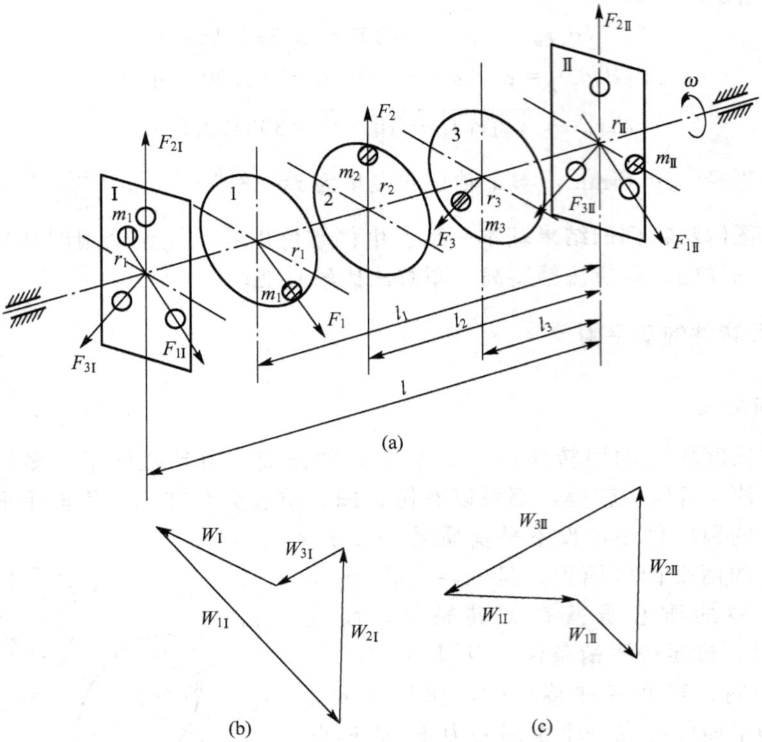

图 8.5　刚性回转件的动平衡计算

由此可得

$$\left.\begin{aligned}
\boldsymbol{F}_{1\mathrm{I}}&=\frac{l_1}{l}\boldsymbol{F}_1=\frac{l_1}{l}m_1\omega^2\boldsymbol{r}_1\\
\boldsymbol{F}_{2\mathrm{I}}&=\frac{l_2}{l}\boldsymbol{F}_2=\frac{l_2}{l}m_2\omega^2\boldsymbol{r}_2\\
\boldsymbol{F}_{3\mathrm{I}}&=\frac{l_3}{l}\boldsymbol{F}_3=\frac{l_3}{l}m_3\omega^2\boldsymbol{r}_3\\
\boldsymbol{F}_{1\mathrm{II}}&=\frac{l-l_1}{l}\boldsymbol{F}_1=\frac{l-l_1}{l}m_1\omega^2\boldsymbol{r}_1\\
\boldsymbol{F}_{2\mathrm{II}}&=\frac{l-l_2}{l}\boldsymbol{F}_2=\frac{l-l_2}{l}m_2\omega^2\boldsymbol{r}_2\\
\boldsymbol{F}_{3\mathrm{II}}&=\frac{l-l_3}{l}\boldsymbol{F}_3=\frac{l-l_3}{l}m_3\omega^2\boldsymbol{r}_3
\end{aligned}\right\}\tag{8-5}$$

对于平面Ⅰ和平面Ⅱ内力的平衡计算就可按照静平衡的计算方法求得所需平衡质量。对于平面Ⅰ，由式(8－1)得

$$\boldsymbol{F}_{1\mathrm{I}}+\boldsymbol{F}_{2\mathrm{I}}+\boldsymbol{F}_{3\mathrm{I}}+\boldsymbol{F}_{\mathrm{I}}=0$$

或由式(8－3)得

$$\frac{l_1}{l}m_1\boldsymbol{r}_1+\frac{l_2}{l}m_2\boldsymbol{r}_2+\frac{l_3}{l}m_3\boldsymbol{r}_3+m_{\mathrm{I}}\boldsymbol{r}_{\mathrm{I}}=0$$

然后，选定比例尺 μ_W 并按向径 $\boldsymbol{r}_1$、$\boldsymbol{r}_2$、$\boldsymbol{r}_3$ 的方向，连续作出代表质径积 $\frac{l_1}{l}m_1\boldsymbol{r}_1$、$\frac{l_2}{l}m_2\boldsymbol{r}_2$、$\frac{l_3}{l}m_3\boldsymbol{r}_3$ 的向量 $\boldsymbol{W}_{1\mathrm{I}}$、$\boldsymbol{W}_{2\mathrm{I}}$、$\boldsymbol{W}_{3\mathrm{I}}$。则封闭向量 $\boldsymbol{W}_{\mathrm{I}}$ 即代表所求的平面Ⅰ中的平衡质径积，其值为 $m_{\mathrm{I}}\boldsymbol{r}_{\mathrm{I}}=\mu_W\boldsymbol{W}_{\mathrm{I}}$，如图8.5(b)所示。

用上述方法同样可作出平衡平面Ⅱ中的平衡质径积 $m_{\mathrm{II}}\boldsymbol{r}_{\mathrm{II}}=\mu_W\boldsymbol{W}_{\mathrm{II}}$（图8.5(c)）。

通过以上分析计算可以看出，无论回转件在不同回转平面内有多少个偏心质量，只需选择在两个平衡平面内加上(或除去)平衡质量，便能使回转件达到完全平衡。

静平衡应满足平衡条件 $\sum\boldsymbol{F}=0$；动平衡应满足的平衡条件是 $\sum\boldsymbol{F}=0$，$\sum\boldsymbol{M}=0$。因此，动平衡的回转件一定是静平衡的。反之，静平衡的回转件则不一定是动平衡的。

[例8-2] 如图8.6(a)所示，转鼓存在着空间分布的不平衡质量。已知：$m_1=10\text{kg}$，$m_2=15\text{kg}$，$m_3=20\text{kg}$，$m_4=10\text{kg}$，各不平衡质量的质心至回转轴线的距离 $r_1=50\text{mm}$，$r_2=40\text{mm}$，$r_3=60\text{mm}$，$r_4=50\text{mm}$，轴向距离 $l_{12}=l_{23}=l_{34}$，相位夹角 $\alpha_{12}=\alpha_{23}=\alpha_{34}=90°$。设向径 $r_{\mathrm{I}}=r_{\mathrm{II}}=100\text{mm}$，试求在校正平面Ⅰ和Ⅱ内需加的平衡质量 m_{I} 和 m_{II} 及其相位。

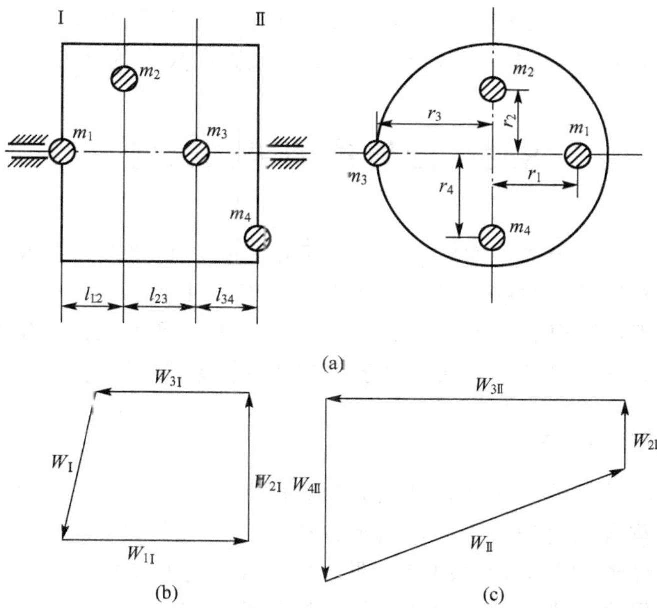

图8.6 动平衡计算实例

解：先求出各不平衡质量的质径积

$$m_1r_1=10\times50=500\text{kg}\cdot\text{mm}\qquad m_2r_2=15\times40=600\text{kg}\cdot\text{mm}$$
$$m_3r_3=20\times60=1200\text{kg}\cdot\text{mm}\qquad m_4r_4=10\times50=500\text{kg}\cdot\text{mm}$$

将各不平衡质量的质径积分解到两平衡基面上，平衡基面Ⅰ：

$$m_{1\mathrm{I}}r_{1\mathrm{I}}=m_1r_1=10\times50=500\text{kg}\cdot\text{mm}$$

$$m_{2\mathrm{I}}r_{2\mathrm{I}}=\frac{l_{23}+l_{34}}{l_{12}+l_{23}+l_{34}}m_2r_2=\frac{2}{3}\times600=400\text{kg}\cdot\text{mm}$$

$$m_{3\mathrm{I}}r_{3\mathrm{I}}=\frac{l_{34}}{l_{12}+l_{23}+l_{34}}m_3r_3=\frac{1}{3}\times1200=400\text{kg}\cdot\text{mm}$$

$$m_{4\mathrm{I}}r_{4\mathrm{I}}=0$$

平衡基面Ⅱ：

$$m_{1\mathrm{II}}r_{1\mathrm{II}}=0$$

$$m_{2\mathrm{II}}r_{2\mathrm{II}}=\frac{l_{12}}{l_{12}+l_{23}+l_{34}}m_2r_2=\frac{1}{3}\times600=200\mathrm{kg\cdot mm}$$

$$m_{3\mathrm{II}}r_{3\mathrm{II}}=\frac{l_{12}+l_{23}}{l_{12}+l_{23}+l_{34}}m_3r_3=\frac{2}{3}\times1200=800\mathrm{kg\cdot mm}$$

$$m_{4\mathrm{II}}r_{4\mathrm{II}}=m_4r_4=500\mathrm{kg\cdot mm}$$

用图解法求解：根据动平衡条件得

Ⅰ面：$m_{1\mathrm{I}}\boldsymbol{r}_{1\mathrm{I}}+m_{2\mathrm{I}}\boldsymbol{r}_{2\mathrm{I}}+m_{3\mathrm{I}}\boldsymbol{r}_{3\mathrm{I}}+m_{\mathrm{I}}\boldsymbol{r}_{\mathrm{I}}=0$

Ⅱ面：$m_{4\mathrm{II}}\boldsymbol{r}_{4\mathrm{II}}+m_{2\mathrm{II}}\boldsymbol{r}_{2\mathrm{II}}+m_{3\mathrm{II}}\boldsymbol{r}_{3\mathrm{II}}+m_{\mathrm{II}}\boldsymbol{r}_{\mathrm{II}}=0$

取质径积比例尺 $\mu_W=20\mathrm{kg\cdot mm/mm}$，分别作Ⅰ面和Ⅱ面的质径积矢量多边形，如图8.6(b)和图8.6(c)所示。

由图8.6(b)得：$m_{\mathrm{I}}=\mu_W W_{\mathrm{I}}/r_{\mathrm{I}}=4.2\mathrm{kg}$，与 x 轴正向夹角为255°。

由图8.6(c)得：$m_{\mathrm{II}}=\mu_W W_{\mathrm{II}}/r_{\mathrm{II}}=8\mathrm{kg}$，与 x 轴正向夹角为21°。

8.3 回转件的平衡试验

回转件经过上述平衡计算，并安装了所需要的平衡质量之后，只是从理论上达到了平衡。实际上由于制造误差、装配误差、材质不均匀以及轴承偏心等原因，一般达不到设计要求，并且这种不平衡问题，仅靠在设计时采用计算方法是难以彻底解决的。因此，还需借助平衡实验设备，通过试验来解决，达到预定的平衡精度要求。

8.3.1 回转件的静平衡试验

由前所述，静不平衡的回转件，其质心偏离回转轴。利用静平衡架，设法使回转件的质心与回转轴线相重合以达到静平衡，这种方法称为静平衡试验法。

图8.7所示为导轨式静平衡架的示意图，主要部分为水平安装的两条相互平行的钢制刀口形(或圆柱形)导轨。当被试验回转件的轴的两端放在导轨上时，如果回转件质量不平衡，其质心必偏离轴线，产生一个重力矩使转子在导轨上滚动，直至质心 S 落在轴线的铅垂下方时，回转件才会停止滚动。为了使回转件平衡，待回转件停止滚动时，可在过回转件轴心的铅垂线上方(即 S 的对称方向)试加一平衡质量，再重复试验，逐步调整所加平衡质量的大小及位置，直至回转件以不同的位置放在导轨上都能保持静止时，说明质心已落到轴线上，这时，回转件就达到了静平衡。

这种刀口导轨式静平衡试验设备比较简单，平衡精度也比较高，但必须保证两导轨在同一水平面内，且相互平行，故调整比较困难。图8.8所示为另一种静平衡试验装置，叫做圆盘式静平衡架。试验时，将被平衡回转件的轴颈支承在两对滚子上，进行平衡的方法与上述相同。这种平衡架的优点是应用较为方便，但因滚子的摩擦阻力较大，平衡精度不如导轨式静平衡架高。

图 8.7 导轨式静平衡架

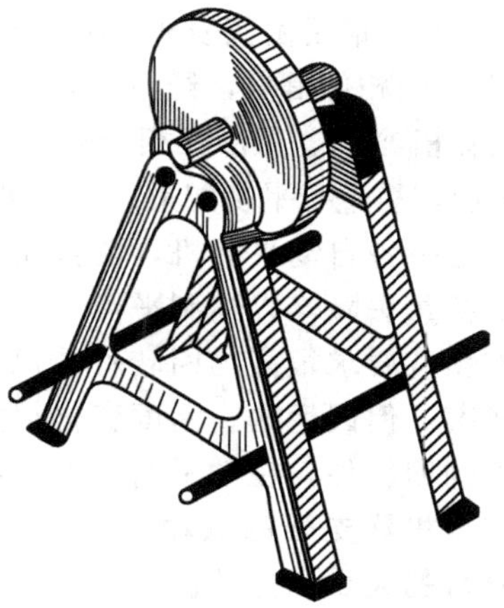

图 8.8 圆盘式静平衡架

8.3.2 回转件的动平衡试验

由动平衡原理可知，轴向宽度较大的回转件，只需在任意选定的两个平衡平面内，分别加上(或减去)一适当的平衡质量，就可达到平衡。

动平衡试验机有多种，大体上有机械式和电测式两大类。目前常用的是电测式动平衡试验机。其基本原理是利用回转件转动时产生的不平衡离心惯性力，发出机械振动信号，经传感器转换成电信号，再经处理、放大后由仪表(或屏幕)显示出不平衡量的大小和方位。图 8.9 所示为电测式动平衡试验机的工作原理图。试验时，将被测的试件 4 装在弹性系统上。起动变速电动机 1，通过 V 带(传动带 2)传动，经万向联轴器 3 带动试件 4 旋转，回转试件因不平衡量引起弹性系统振动，其振动频率等于回转件旋转频率，振幅与不平衡成正比。传感器 5、6 将上述振动转换成电信号送入解算电路 7 进行处理，然后经选频放

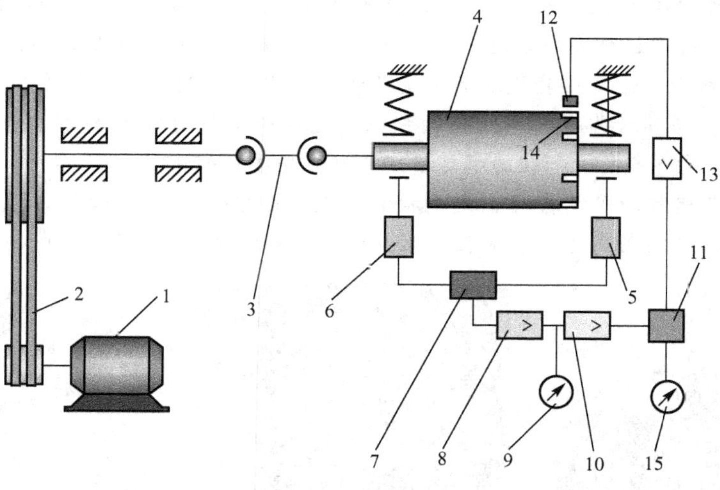

图 8.9 电测式动平衡试验机的工作原理图

1—电动机；2—传动带；3—万向联轴器；4—试件；5、6—传感器；
7—解算电路；8—选频放大器；9—仪表；
10、13—整形放大器；11—鉴相器；12—光点头；14—相位标记；15—相位表

大器 8 将信号放大，最后由仪表 9 显示出不平衡重(质)径积的大小。同时，通过光点头 12 检测到相位标记 14 的相位信号，经整形放大器 13 将信号放大，与经整形放大器 10 放大后的电信号一起输入鉴相器 11，最后在相位表 15 上指出不平衡重(质)径积的相位。测出不平衡量的大小和方位后，需进行平衡配重。然后再重复上述过程，一般要进行数次才能达到要求。

此外，还有一种自动平衡机，能自动跟踪试件的平衡状态，利用激光技术，在试验机上自动将不平衡量去除，以达到平衡。

对于工作精度要求很高的回转件或高速回转件，即使在平衡机上进行过动平衡试验，达到了平衡状态，但因运输、温度变化较大等因素的干扰，仍会产生微小变形而造成不平衡。尺寸较大的回转件，在动平衡机上很难平衡。这种情况下，可进行现场平衡。现场平衡就是直接测量机器支架的振动，来确定回转件不平衡量的大小和方位，进而确定应加(或减)平衡质量的大小和方位。

阅读材料

动平衡技术在汽车中的应用

随着工业生产的飞速发展，旋转机械逐步向精密化、大型化、高速化方向发展，使机械振动、噪声等问题越来越突出，同时加速了轴承磨损，缩短了机械寿命，严重时甚至会造成破坏性事故。“不平衡力”是机械产生振动的主要原因，改变旋转机械运动部分的质量，减小不平衡力，对转子进行动平衡是非常必要的。

汽车的车轮是由轮胎、轮毂组成的一个整体。在理想的情况下车轮对轴承的压力是一样的，但由于材质不均匀或毛坯缺陷、制造及装配中产生的误差，使这个整体的各部分质量分布不均匀。当汽车车轮高速旋转起来后，就会形成动不平衡状态，动态不平衡会使车轮摇摆，转向盘振动，令轮胎产生波浪形磨损等现象。为了避免这些现象或是消除已经发生的这种现象，就要使车轮在动态情况下进行动平衡(图 8.10)。

动平衡是只对单个轮胎而言，目的是使轮胎在转动时自身不发生重心的偏转。动平衡时要把轮胎拆下来，上动平衡机进行动平衡，通过仪表上的数值添加不同配重质量的铅块，如图 8.11 所示。这些小铅块状的配重质量有的贴在轮毂内侧，有的会卡在轮毂外侧，如图 8.12 所示。与各式各样漂亮的轮毂相比，这些小铅块好像有些不太相衬。但正是这个小小的铅块，对汽车高速行驶的稳定性起着非常重要的作用。

轮胎应当定期做动平衡检查，定期检测平衡不但能延长轮胎寿命，还能提高汽车行驶时的稳定性，避免在高速行驶时因轮胎摆动、跳动，失去控制而造成的交通事故。

图 8.10　汽车车轮的动平衡

图 8.11　汽车动平衡质量块

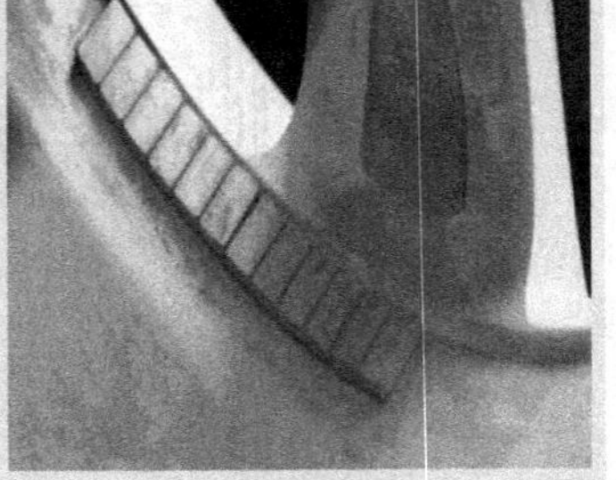

图 8.12　粘在轮毂外侧的铅块

习 题

8-1 填空题

(1) 机械平衡的方法包括________、________。

(2) 刚性回转件的平衡设计可分为两类：一类是____________，其质量分布特点是____________，平衡条件是____________；另一类是________，其质量分布特点是________，平衡条件是____________。

(3) 静平衡的刚性回转件________是动平衡；动平衡的刚性回转件________是静平衡。

(4) 符合静平衡条件的回转件，其质心位置在____________。

(5) 质径积是一个________量，它表示相应质量回转时产生的离心惯性力的________。

8-2 选择题

(1) 回转件的动平衡是指消除____。

A. 不平衡惯性力　　B. 不平衡惯性力和惯性力偶矩

(2) 静平衡的回转件____是动平衡；动不平衡的回转件____是静平衡。

A. 一定　　B. 不一定　　C. 一定不

(3) 刚性回转件进行单面平衡和双面平衡的依据是____。

A. 转子质量的大小　B. 转子转速的高低　C. 转子结构的宽径比

(4) 质量分布在同一个回转平面内的静平衡的刚性回转件____是动平衡。

A. 一定　　B. 一定不　　C. 不一定

8-3 思考题

(1) 什么是静平衡？什么是动平衡？各需要几个平衡面？平衡条件是什么？

(2) 动平衡的回转件一定是静平衡的，反之亦然，对否？为什么？

(3) 为什么进行平衡试验？

8-4 计算题

(1) 如图8.13所示，盘形回转件上存在四个偏心质量，已知 $m_1=10\text{kg}$，$m_2=14\text{kg}$，$m_3=16\text{kg}$，$m_4=10\text{kg}$，$r_1=50\text{mm}$，$r_2=100\text{mm}$，$r_3=75\text{mm}$，$r_4=50\text{mm}$，设所有不平衡质量分布在同一回转面内，问应在什么方位上加多大的平衡质径积才能达到平衡？

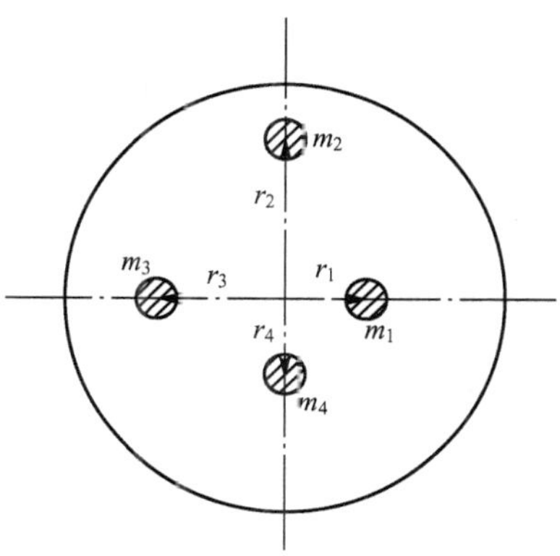

图8.13 题8-4(1)图

(2) 在图 8.14 所示的高速水泵的凸轮中，其凸轮由三个互相错开 120°的偏心轮所组成，每个偏心轮的质量均为 4kg，其偏心距为 12.7mm。设在平面 A 和 B 上各加装一个平衡质量 m_A 和 m_B，使之达到平衡，其质心的回转半径均为 10mm，其尺寸如图。求 m_A 和 m_B 的大小和方位。

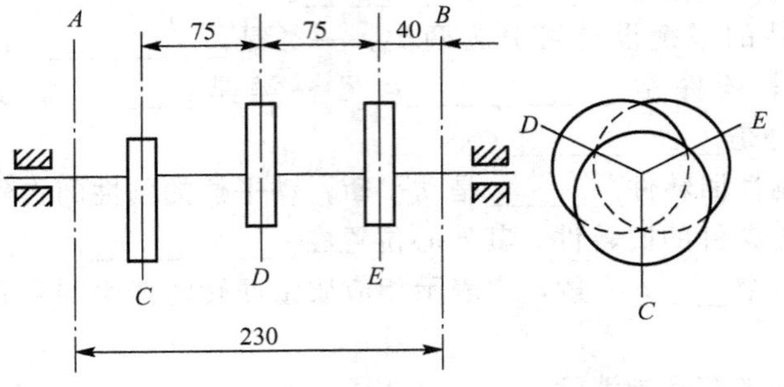

图 8.14　题 8-4(2)图

模块四

机械传动设计总论

教学导入

模块四图所示为带式输送机，是输送粮食、煤炭等货物的主要装置，是化工、煤炭、冶金、建材、电力、轻工、粮食等部门广泛使用的运输设备。带式输送机由原动机、传动装置和工作装置等组成。其中，原动机为电动机；传动装置主要由传动件、支承件、联接件和机体等组成；工作装置为卷筒式输送带。工作时，电动机通过机械传动装置将运动和动力传递给工作装置，输送物料(如粮食、煤、砂石等)以实现工作机预定的工作要求。

带式输送机是一种比较典型的机械设备，其组成包含了机械中几乎所有的通用零部件，所以，为了更系统地认识各通用零部件在机械中的功用及相互之间的联接关系等，建立整机概念，后续教学内容以带式输送机设计项目为主线，围绕其结构组成逐章逐节展开介绍。再结合例题和模块实训，系统地完成带式输送机项目的设计。

由于电动机的转速和功率决定输送带的工作能力，所以，本模块结合带式输送机的设计，主要先介绍机械传动方案的确定，电动机的选择，传动装置运动和动力参数的计算，为后续零部件设计提供依据。

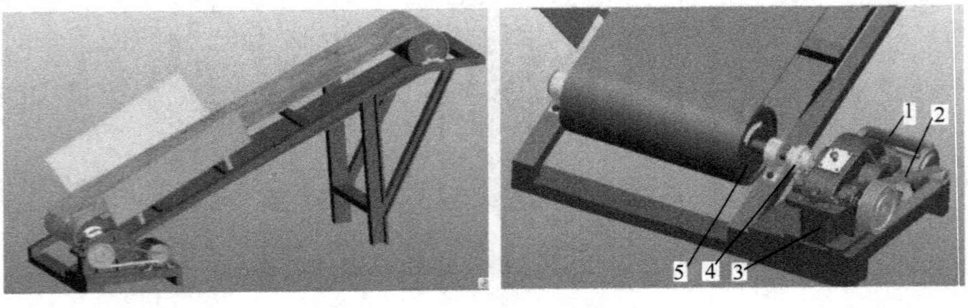

(a) 带式输送机组成

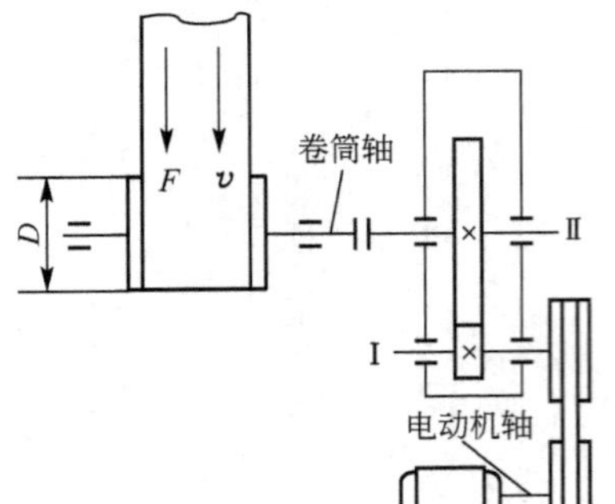

(b) 带式输送机结构简图

模块四图　带式输送机组成及结构简图

1—电动机；2—传动带；3—减速器；4—联轴器；5—输送带卷筒

第9章 机械传动设计总论

教学提纲

本章主要介绍机械传动方案的设计；电动机型号的选择；机械传动总传动比计算和各级传动比的分配；机械传动装置运动和动力参数的计算。

教学目标

1. 了解机械传动方案的设计要点。
2. 通过对机械所需功率和转速的计算，选择电动机型号。
3. 能够计算机械传动的总传动比，分配各级传动比，完成机械传动装置的运动和动力参数计算。

9.1 机械传动方案设计

机械传动方案设计是机械设计中最关键的环节，传动方案设计合理与否，对整个机械的工作性能、尺寸、重量和成本等影响很大，因此，传动方案设计关系到整个机械的工作性能指标以及经济效益。

传动方案一般用机构运动简图表示(模块四图(b))，它能简单明了地表示机械的运动和动力的传递方式和路线以及各部件的组成和相互联接关系。

合理的传动方案首先应满足工作机的性能(例如传递功率、转速和运动方式)要求，适应工作条件(例如工作时间、工作环境和工作场地)，工作可靠、结构简单、尺寸紧凑、传动效率高、工艺性能好、使用和维护方便、成本低廉等。一种方案要同时满足上述要求是十分困难的。因此，应根据具体的设计要求，通过分析比较多种方案，对若干个传动方案的技术经济指标综合分析与比较后，选择能满足重点要求的最佳传动方案。表9-1给出了带式输送机的四种传动方案的分析比较。

表 9－1　带式输送机四种传动方案的分析比较

传动形式	图例	传动特点
一级带传动和一级闭式齿轮传动	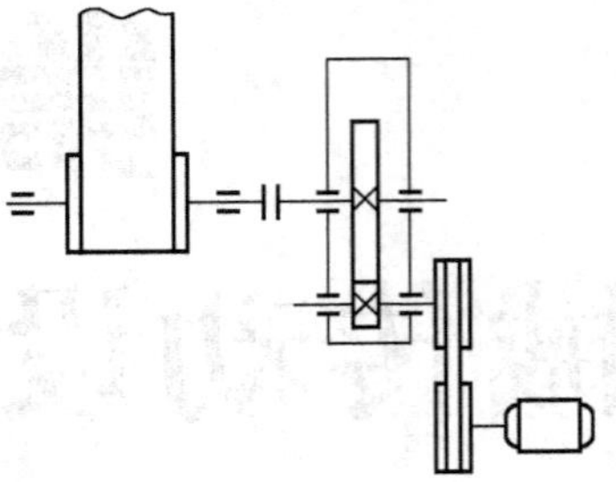	结构简单，成本低，使用维护方便，具有良好的缓冲、吸振性能和过载保护作用。但外廓尺寸较大，V带使用寿命较短，不适合繁重的工作要求和恶劣的工作环境下工作
二级闭式圆柱齿轮减速器	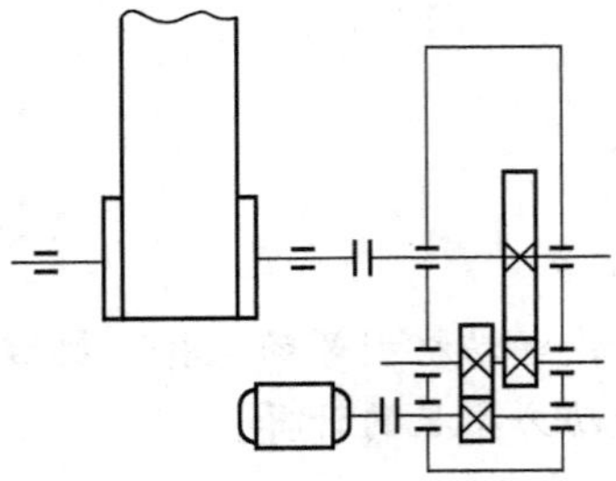	结构尺寸小，传动效率高，使用寿命长，可以得到良好的润滑与密封，使用维护较方便。能适应在繁重及恶劣的条件下长期工作，但要求大起动力矩时，起动冲击较大
一级蜗杆传动	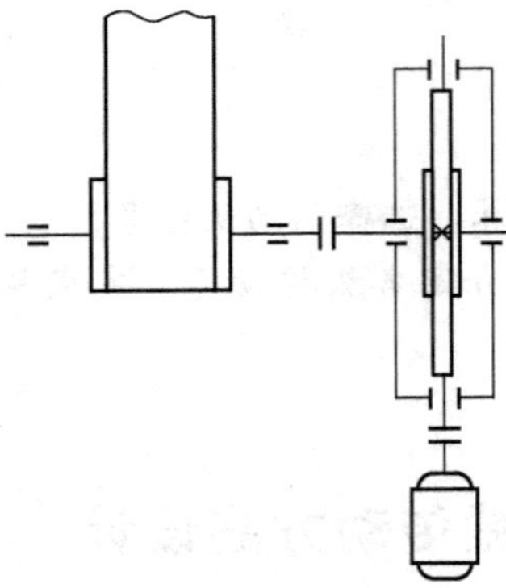	结构紧凑，但传动效率低，长期工作不经济
二级闭式圆锥-圆柱齿轮传动	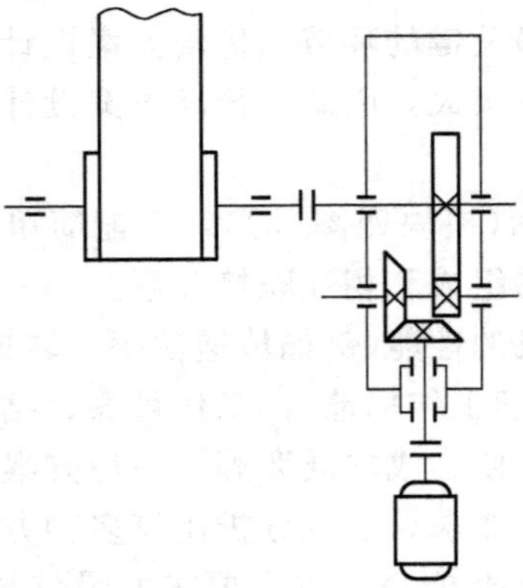	传动效率高，结构紧凑，使用寿命长，但制造成本较高

以上四种传动方案都可满足带式输送机的功能要求，但其结构、性能和经济成本则各不相同，一般应由设计者按具体工作要求选定合理的传动方案。

为了满足工作机性能要求，传动方案可以由不同传动机构以不同的组合形式和布置顺序构成，要合理布置其传动顺序，一般应考虑以下几点：

(1) 带传动的承载能力较小，传递相同转矩时，结构尺寸较其他传动形式大，但传动平稳，能缓冲减振，因此宜布置在高速级。

(2) 链传动运转时瞬时传动比不能保持恒定，传动平稳性差，传动时有噪声和冲击，磨损后易发生跳齿，所以不适于高速传动，应布置在低速级，与工作机直接相连。

(3) 斜齿圆柱齿轮传动，因为它的齿廓接触线是斜线，所以它的传动平稳性较直齿圆柱齿轮好，常用在高速级或要求传动平稳的场合。

(4) 锥齿轮具有传动平稳，承载能力高等特点，但加工比较困难，特别是大直径、大模数的锥齿轮。所以，只有在需改变轴的传动方向时采用，并尽量放在高速级，以减小锥齿轮的直径和模数，但此时转速不宜过高。

(5) 蜗杆传动可以实现较大的传动比，结构紧凑，传动平稳，但效率较低，功耗损失大，长期连续运转场合很不经济，故适用于中、小功率或间歇运转的场合。当与齿轮传动同时使用时，最好布置在高速级，使传递的转矩较小，以减小蜗轮尺寸，节约有色金属。而且蜗杆传动有较高的齿面相对滑动速度，布置在高速级以利于形成润滑油膜，提高效率，延长使用寿命。对采用铝铁青铜或铸铁作为蜗轮材料的蜗杆传动，可布置在低速级，会使齿面滑动速度较低，以防止产生胶合或严重磨损，并可使减速器结构紧凑；对采用锡青铜为蜗轮材料的蜗杆传动，由于允许齿面有较高的相对滑动速度，可将蜗杆传动布置在高速级，以利于形成润滑油膜，可以提高承载能力和传动效率。

(6) 开式齿轮传动或半开式齿轮传动的工作环境一般较差，润滑条件不好，磨损较严重，寿命较短，应布置在低速级。

(7) 一般将改变运动形式的机构(如连杆机构、凸轮机构等)布置在传动系统的末端，且常为工作机的执行机构。

由于减速器在传动装置中应用最广，为了便于合理选择减速器的类型，故将几种常用减速器的类型及特点列于表 9－2 中，供选择时参考。

表 9－2　常用减速器的类型及特点

类型	机构简图及特点
一级圆柱齿轮减速器	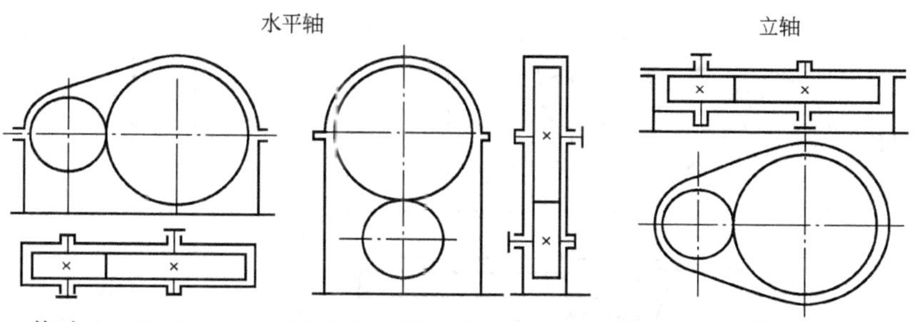 传动比一般小于 5，可用直齿、斜齿或人字齿，传递功率可达数万千瓦，效率较高，工艺简单，精度易于保证，一般工厂均能制造，应用广泛。轴线可作水平布置、上下布置或铅垂布置

（续）

类型	机构简图及特点
二级圆柱齿轮减速器	展开式 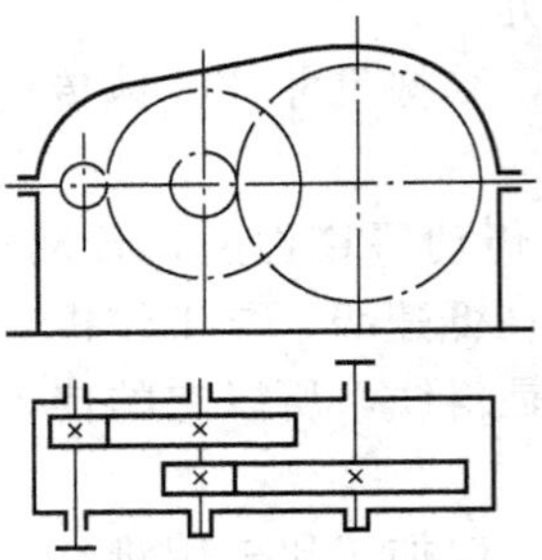 分流式 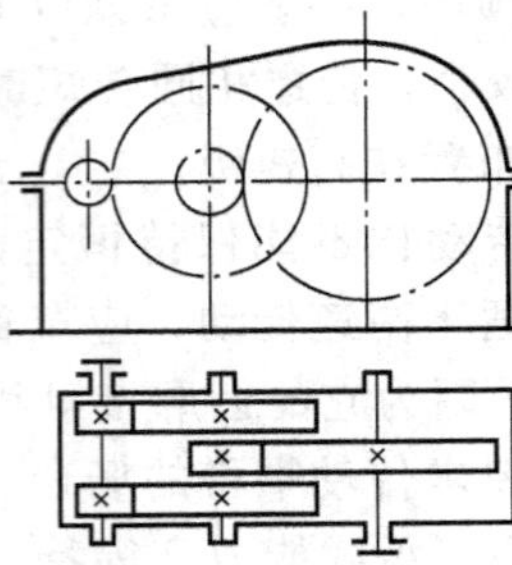 同轴式 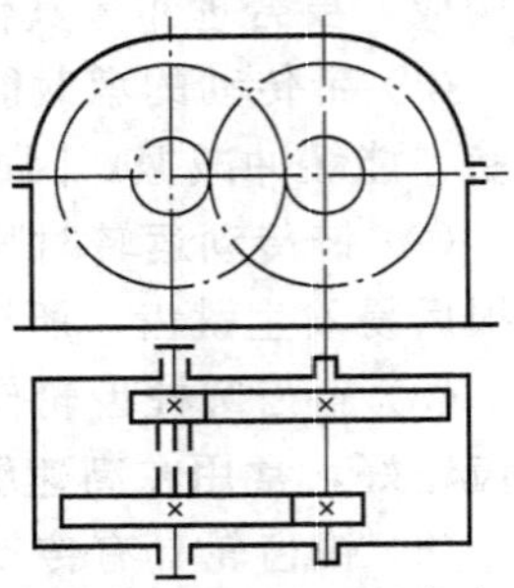 传动比一般为 8～40，用直齿、斜齿或人字齿，结构简单，应用广泛。展开式由于齿轮相对于轴承为不对称布置，因而沿齿向载荷分布不均，要求轴有较大刚度。分流式则齿轮相对于轴承对称布置，常用于较大功率、变载荷场合。同轴式减速器长度方向尺寸较小，但轴向尺寸较大，轴较长，刚度较差。两级大齿轮直径接近，有利于浸油润滑。轴线可以水平、上下或铅垂布置
一级锥齿轮减速器	水平轴 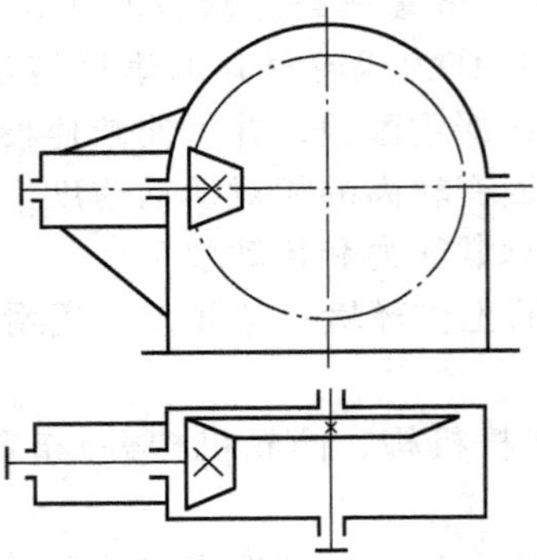 立轴 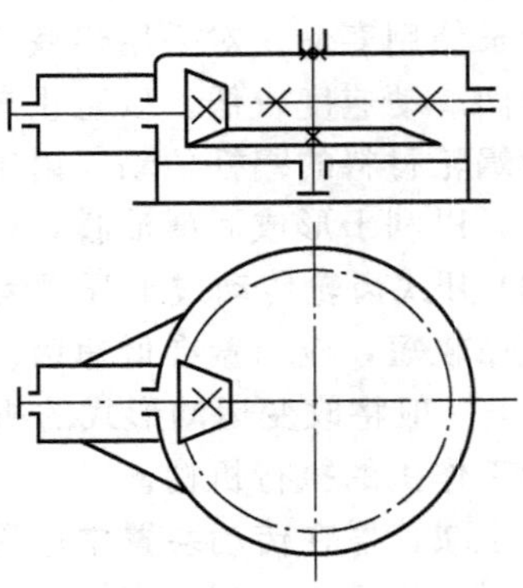 传动比一般小于 3，可用直齿、斜齿或弧齿
圆锥-圆柱齿轮减速器	水平轴 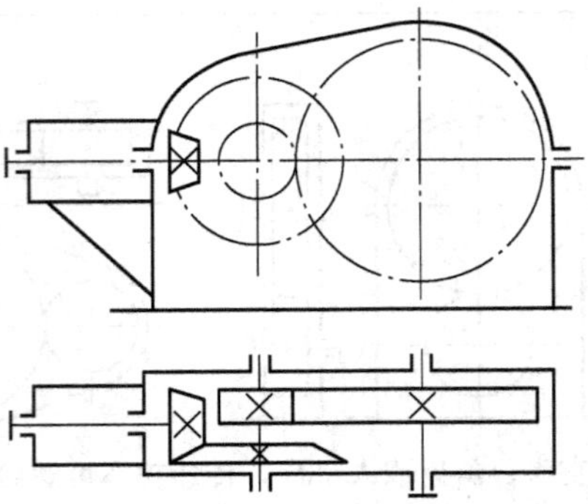 立轴 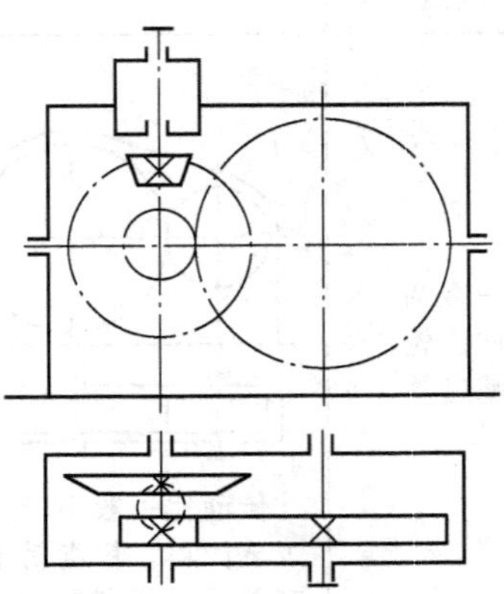 锥齿轮应布置在高速级，使其直径不致过大，便于加工

（续）

类型	机构简图及特点
一级蜗杆减速器	蜗杆下置式　蜗杆上置式　立轴 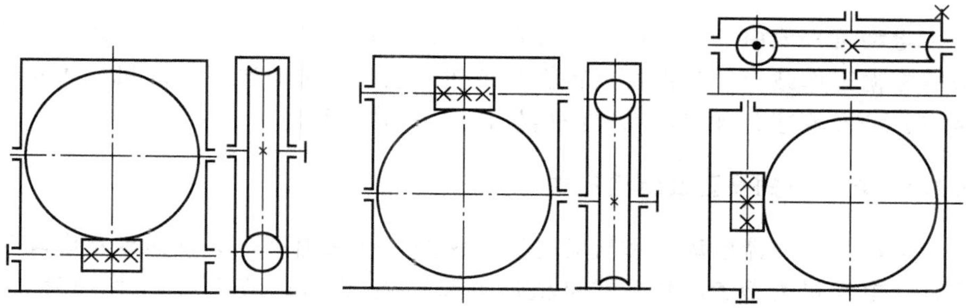 结构简单，尺寸紧凑，但效率较低，适用于载荷较小、间歇工作的场合。蜗杆圆周速度 $v\leqslant 5\mathrm{m/s}$ 时用下置蜗杆，$v>5\mathrm{m/s}$ 时用上置式。采用立轴布置时密封要求高
齿轮-蜗杆减速器	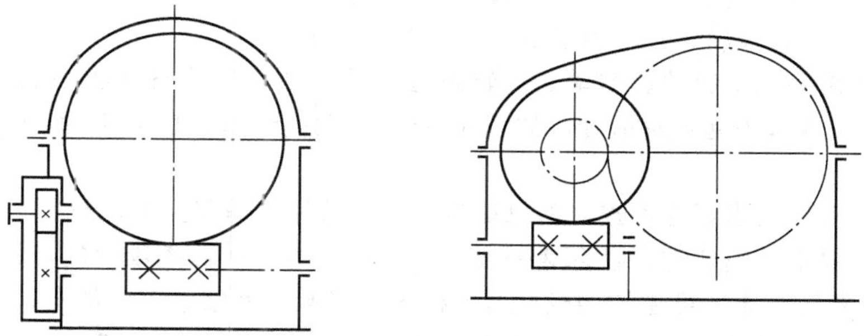 传动比一般小于 60～90。齿轮传动在高速级时结构比较紧凑，蜗杆传动在高速级时则传动效率较高
NGW 型行星齿轮减速器	一级　二级 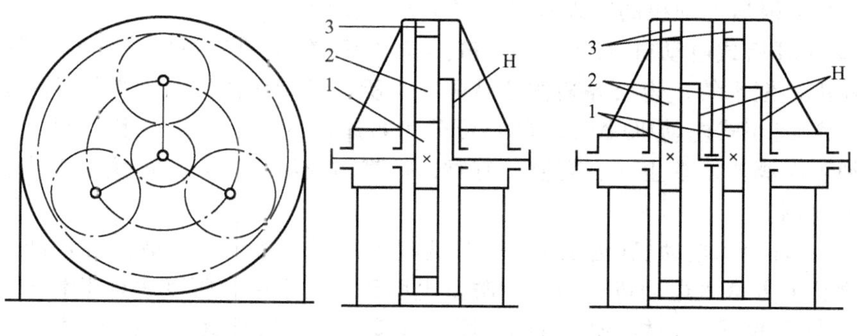 1—太阳轮；2—行星轮；3—内齿轮；H—行星架 传动比一级一般为 3～9，二级为 10～60。通常固定内齿轮，也可以固定太阳轮或行星架。体积小、重量轻，但制造精度要求高，结构复杂

9.2 电动机的选择

电动机一般由专业工厂按标准系列成批大量生产，是标准化、系列化的部件，设计者只需根据工作载荷、工作机的特性和工作环境，合理地选择电动机的类型、结构形式、容量(功率)及转速，确定电动机的型号，然后购买即可。

9.2.1 电动机的类型及结构形式

电动机有交流电动机和直流电动机两类。交流电动机又分为异步电动机和同步电动机两种。电动机类型和结构形式可根据电源种类(交流或直流)，工作条件(温度、环境、空间尺寸)，载荷特点，起动性能和起动、制动、反转的频繁程度，以及转速和调速性能要求等进行选择。

(1) 根据机械设备的载荷性质选择电动机类型。

① 一般调速不高，载荷平稳，长期稳定的机械设备应优先选用交流电动机，如金属切削机床、运输机、搅拌机及其他一般机械设备。

② 需要经常起动、制动、反转及起动转矩要求较大的机械设备，如起重机、矿井提升机，一般选用起重及冶金用的绕线转子三相异步电动机(YZR 型)和鼠型异步电动机(YZ 型)。

③ 对于要求调速不连续的机械设备，可选用多速鼠型电动机。

④ 要求调速范围大，调速平滑，位置控制准确，功率较大的机械设备，如龙门刨床、高精度数控机床、可逆轧钢机、造纸机等，多选用复励直流电动机。

⑤ 要求起动转矩大，恒功率调速的机械设备选用串励或复励直流电动机。

⑥ 要求恒定转速或改善功率因数的机械设备，如大中容量空气压缩机、各种泵等，可选用同步电动机。

⑦ 特殊场合下使用的电动机，如有易燃易爆气体存在或多尘埃时，宜选用防护等级相宜的电动机。

(2) 根据电动机的工作环境选择电动机类型。

① 开启式电动机(图 9.1(a))散热条件好(在定子两侧与端盖上有很大的通风口)，价格经济，但水气、尘埃等杂物容易进入，所以只能在清洁、干燥的环境下使用。

② 封闭式电动机(图 9.1(b))可分为自扇冷式、它扇冷式和密封式。但各有特点，前两种可在潮湿、多尘埃、高温、有腐蚀性气体或易受风雨的环境中工作。第三种可浸入液体中使用。

③ 防护式电动机(图 9.1(c))在机座下方开有通风口，散热好，能防止水滴、铁屑等杂物从上方落入电动机，但不能防止尘埃和潮气入侵，所以适宜于清洁干净的环境。

④ 防爆式电动机(图 9.1(d))用于有爆炸危险的环境中，如油库、矿井等。

由于工业上一般采用三相交流电源，因此一般采用交流电动机。其中以 Y 系列鼠笼型三相异步交流电动机应用最广，其结构简单，工作可靠，起动性能好，维护方便，价格低廉，适用于不易燃、不易爆、无腐蚀性气体的场合，如金属切削机床、运输机械、食品机械和农业机械等。也适用于一些对起动转矩有很高要求的机械，如压缩机等。

(a) 开启式电动机

(b) 封闭式电动机

(c) 防护式电动机

(d) 防爆式电动机

图 9.1 电动机类型

同一类型的电动机，安装方式有卧式和立式两种，如图 9.2 所示。卧式电动机的价格比立式电动机便宜，所以通常情况下多选用卧式电动机。一般只在简单传动装置，而且必须垂直运转时才选用立式电动机。

(a) 卧式

(b) 立式

图 9.2 电动机安装方式

9.2.2 电动机的功率

标准电动机的容量(功率)用电动机的额定功率表示。电动机功率选得合适与否，对电动机的工作和经济性都有很大影响。如果所选电动机功率小于工作要求，则不能保证机器正常工作或使电动机因长期过载、发热而过早损坏；如果所选电动机功率过大，则电动机价格过高，传动能力又不能充分利用，由于经常不在满载下运行，效率和功率因数都较低，造成能量浪费，增加了不必要的成本。因此，设计中一定要选择合适的电动机功率。

对于长期连续运转、载荷不变或很少变化的机械(如运输机、鼓风机等)，要求所选电动机的额定功率 P_{ed} 等于或稍大于电动机所需的输出功率 P_d，即 $P_{ed} \geqslant P_d$，这样，电动机在工作时就不会过热，一般不需校验电动机的发热和起动力矩。

电动机所需的输出功率 P_d(kW)为

$$P_d = \frac{P_w}{\eta} \tag{9-1}$$

式中 P_w——工作机所需的工作功率(kW)；

η——电动机至工作机之间传动装置的总效率。

若已知工作机的工作阻力 F(N)，工作速度 v(m/s)，则工作机所需功率 P_W 为

$$P_w = \frac{Fv}{1000} \tag{9-2a}$$

若已知作用在工作机上的转矩 T(N·m)及转速 n_w(r/min)，则工作机所需功率为

$$P_w = \frac{Tn_w}{9550} \tag{9-2b}$$

机械的效率取决于组成机械的各个传动副和运动副的效率。电动机至工作机之间的总效率等于各部分效率的连乘积(包括运动副的效率)，即

$$\eta = \eta_1 \eta_2 \eta_3 \cdots \eta_w \tag{9-3}$$

式中 η_1、η_2、η_3、…、η_w——分别为传动装置中每对传动副(齿轮传动、蜗杆传动、带传动或链传动)、每对轴承、每个联轴器的效率。各种常用机械传动和轴承等的效率概略值见表 9-3。

表 9-3　常用机械传动及轴承效率概略值

种类		效率 η
圆柱齿轮传动	很好跑合的 6 级精度和 7 级精度齿轮传动(油润滑)	0.98～0.99
	8 级精度的一般齿轮传动(油润滑)	0.97
	9 级精度的齿轮传动(油润滑)	0.96
	加工齿的开式齿轮传动(脂润滑)	0.94～0.96
圆锥齿轮传动	很好跑合的 6 级和 7 级精度齿轮传动(油润滑)	0.97～0.98
	8 级精度的一般齿轮传动(油润滑)	0.94～0.97
	加工齿的开式齿轮传动(脂润滑)	0.92～0.95
蜗杆传动	自锁蜗杆(油润滑)	0.40～0.45
	单头蜗杆(油润滑)	0.70～0.75
	双头蜗杆(油润滑)	0.75～0.82
	三头和四头蜗杆(油润滑)	0.80～0.92
带传动	平带无张紧轮的开式传动	0.98
	平带有张紧轮的开式传动	0.97
	平带交叉传动	0.90
	V 带传动	0.96

（续）

种类		效率 η
链传动	套筒滚子链 齿形链	0.96 0.97
滑动轴承（一对）	润滑不良 润滑正常 液体摩擦	0.94 0.97 0.99
滚动轴承（一对）	球轴承 滚子轴承	0.99 0.98
联轴器	十字滑块联轴器 齿轮联轴器 弹性联轴器 万向联轴器($\alpha \leqslant 3°$) 万向联轴器($\alpha > 3°$)	0.97～0.99 0.99 0.99～0.995 0.97～0.98 0.95～0.97
螺旋传动	滑动螺旋 滚动螺旋	0.30～0.60 0.85～0.95
卷筒		0.96

在进行效率计算时，还应注意以下几点：

(1) 轴承效率均指一对而言，如一根轴上有三个轴承时，按两对计算。

(2) 同类型的多对传动副、轴承或联轴器，要分别计入各自的效率。

(3) 表9-3中所推荐的效率概略值为一个范围值，当工作条件差、加工精度低、维护不良时，效率取低值，反之则取高值，一般取中间值。

(4) 蜗杆传动效率与蜗杆头数及材料有关，设计时应先选蜗杆头数，然后估计其效率，待设计出蜗杆传动的参数后再确定效率，并校核电动机所需功率。此外蜗杆传动的效率中已包括蜗杆轴上一对轴承的效率，因此在总效率的计算中，蜗杆轴上的轴承效率不再计入。

9.2.3 电动机的转速

电动机的转速有同步转速和满载转速。同步转速是理想空载时电动机的转速；满载转速是电动机满载工作时(即额定功率时)的转速。显然，满载转速比同步转速低。电动机型号按同步转速确定。

额定功率相同的同一类型电动机有多种不同转速。如三相异步电动机，常用的同步转速有3000r/min、1500r/min、1000r/min、750r/min等。确定电动机的转速时，一般应综合分析电动机及传动装置的性能、尺寸、重量和价格等因素。如选用低速电动机，因电动机极数比较多而外廓尺寸及重量较大，而且价格比较高，但可使传动装置的总传动比小，从而使其结构尺寸减小。选用高转速电动机则相反。所以，一般选用同步转速为1500r/min和1000r/min为宜。

为使传动装置设计合理，可根据工作机的转速要求和各级传动的合理传动比范围，按式(9-4)推算出电动机转速的可选范围，即

$$n_d = (i'_1 \cdot i'_2 \cdot i'_3 \cdots i'_n) n_w \tag{9-4}$$

式中　　n_d——电动机可选转速范围(r/min)；

n_w——工作机转速(r/min)；

i'_1、i'_2、i'_3、…、i'_n——各级传动的传动比合理范围，见表9-4。

表9-4　各级传动的传动比荐用值

传动类型			传动比的荐用值	传动比的最大值
一级闭式齿轮传动	圆柱齿轮	直齿	3～4	≤8
		斜齿	3～5	
		人字齿	4～6	
	锥齿轮		2～3	≤5
一级开式圆柱齿轮传动			4～6	≤15～20
二级圆柱齿轮传动			8～40	≤60
一级蜗杆传动	闭式		10～40	≤80
	开式		15～60	≤100
带传动	开口平带		2～4	≤5
	有张紧轮的平带		3～5	≤7
	V带		2～4	≤7
链传动			2～4	≤6

电动机的类型、同步转速和所需功率确定后，即可在标准中查出电动机的型号、额定功率P_{ed}、满载转速n_m、外形尺寸、电动机中心高、轴伸尺寸等，列表备用。

9.3　机械传动总传动比和各级传动比

由选定的电动机满载转速n_m和工作机转速n_w，可得传动装置总传动比i为

$$i = \frac{n_m}{n_w} \tag{9-5}$$

传动装置总传动比为各级传动比的连乘积，即

$$i = i_1 i_2 i_3 \cdots i_n \tag{9-6}$$

合理分配各级传动比，可使传动装置得到较小的外廓尺寸或较轻的重量，以实现降低成本和结构紧凑的目的，还可得到较好的润滑条件。分配传动比时，一般应遵循以下原则：

(1) 各级传动的传动比应在合理的推荐范围内选取(表9-4)，不超出容许的最大值，以符合各种传动形式的工作特点，并使结构紧凑。

(2) 充分发挥各级传动的承载能力，使各传动件尺寸协调，结构均匀合理，避免各零件的相互干涉及安装不便。如图9.3所示，由于高速级传动比过大，造成高速级大齿轮齿

顶圆与低速级的大齿轮轴发生干涉。又如图 9.4 所示，电动机至减速器间有带传动，一般应使带传动的传动比小于齿轮传动的传动比，以免大带轮半径大于减速器中心高，使带轮与底座相碰。

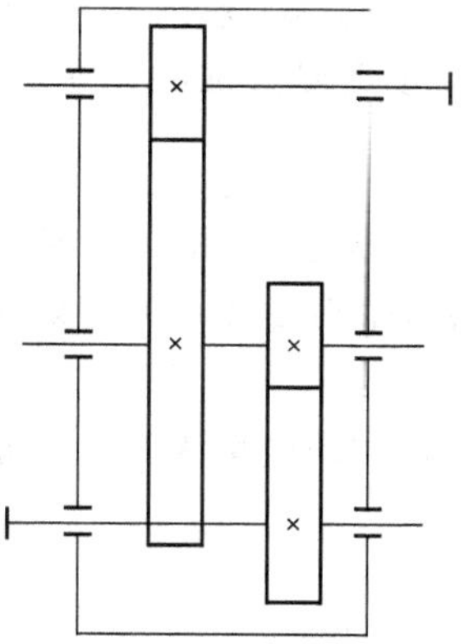

图 9.3　高速级大齿轮与输出轴干涉

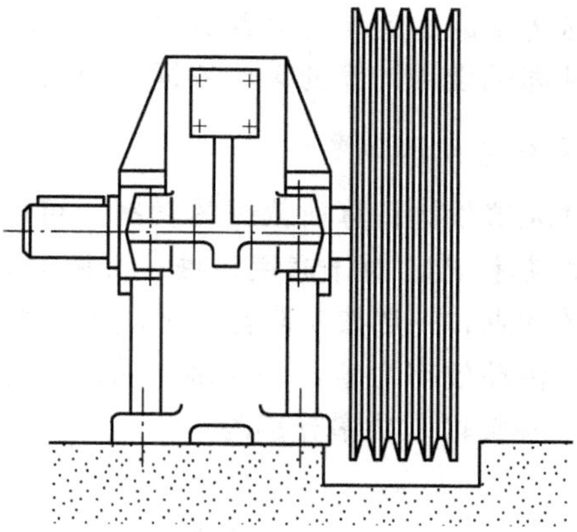

图 9.4　带轮与底座干涉

(3) 尽量使传动装置的总体结构紧凑，这样能使传动装置尺寸较小，重量较轻。如图 9.5 所示，在二级减速器总中心距和总传动比相同时，图 9.5(a)和图 9.5(b)表示两种传动比分配方案，图 9.5(a)(因低速级大齿轮直径减小)所示方案较图 9.5(b)所示方案具有较小的外廓尺寸。

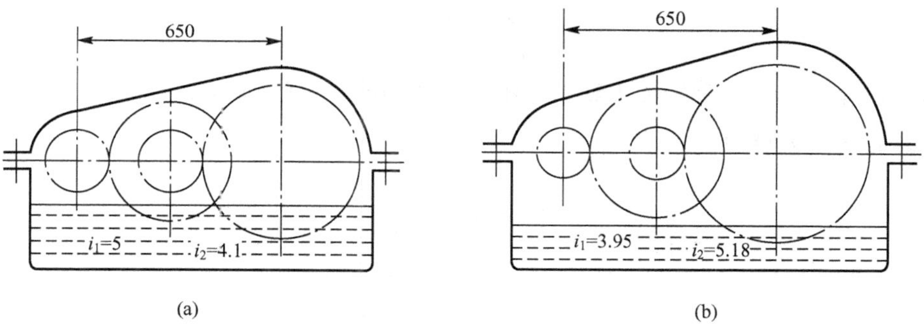

图 9.5　不同传动比对外廓尺寸的影响

(4) 对于两级或多级齿轮减速器，应使各级大齿轮直径接近，使各级传动的大齿轮浸油深度合理，如图 9.6 所示。为此应保证高速级传动比大于低速级传动比。一般对于展开式二级圆柱齿轮减速器，高速级传动比可取 $i_1=(1.3\sim1.5)i_2$，或 $i_1=\sqrt{(1.3\sim1.5)i}$；同轴式二级圆柱齿轮减速器，可取 $i_1=i_2$。

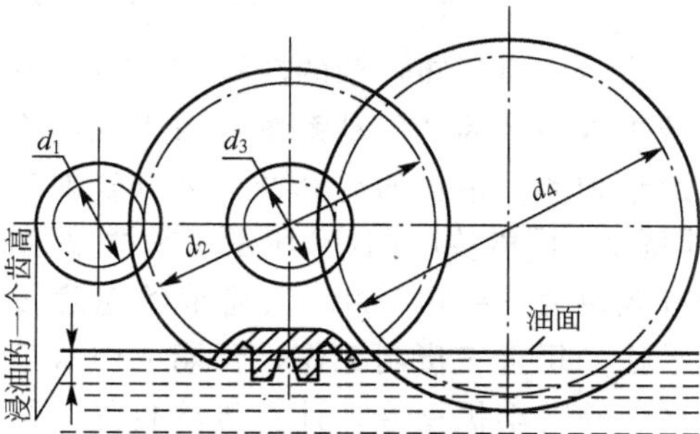

图 9.6　两级大齿轮的直径接近

9.4 机械传动装置的运动和动力参数计算

机械传动的运动和动力参数主要指传动装置中各轴的功率、转速及转矩，它们是进行传动零件和轴设计计算的重要依据。现以模块四图(b)为例说明各轴参数的关系。

1. 各轴的输入功率

传动装置设计计算所依据的功率，可以是电动机的额定功率 P_{ed}，也可以是工作机实际需要的功率 P_d。对于通用机械，常用电动机的额定功率 P_{ed} 作为设计功率。对于传动装置的设计计算，一般按实际需要的电动机功率 P_d。

设带传动效率为 η_1，一对轴承的效率为 η_2，一对齿轮啮合时的效率为 η_3，联轴器效率为 η_4，则各轴输入功率分别为

$$\left.\begin{aligned}P_{\mathrm{I}}&=P_d\cdot\eta_1\\P_{\mathrm{II}}&=P_{\mathrm{I}}\cdot\eta_2\cdot\eta_3=P_d\cdot\eta_1\cdot\eta_2\cdot\eta_3\\P_w&=P_{\mathrm{II}}\cdot\eta_2\cdot\eta_4=P_d\cdot\eta_1\cdot\eta_2^2\cdot\eta_3\cdot\eta_4\end{aligned}\right\}\tag{9-7}$$

式中 P_{I}、P_{II}、P_w——分别为Ⅰ轴、Ⅱ轴、卷筒轴的输入功率(kW)。

2. 各轴转速

带传动的传动比为 i_v、齿轮传动的传动比为 i_c，则各轴的转速为

$$\left.\begin{aligned}n_{\mathrm{I}}&=n_m/i_v\\n_{\mathrm{II}}&=n_{\mathrm{I}}/i_c\\n_w&=n_{\mathrm{II}}\end{aligned}\right\}\tag{9-8}$$

式中 n_{I}、n_{II}、n_w——分别为Ⅰ轴、Ⅱ轴、卷筒轴的转速(r/min)。

3. 各轴的输入转矩

$$\left.\begin{aligned}T_{\mathrm{I}}&=9550\frac{P_{\mathrm{I}}}{n_{\mathrm{I}}}\\T_{\mathrm{II}}&=9550\frac{P_{\mathrm{II}}}{n_{\mathrm{II}}}\\T_w&=9550\frac{P_w}{n_w}\end{aligned}\right\}\tag{9-9}$$

式中 T_{I}、T_{II}、T_w——分别为Ⅰ轴、Ⅱ轴、卷筒轴的输入转矩(N·m)。

由式(9-9)可知，轴的转矩 T 与转速 n 成反比，即减速传动时，转矩增大；加速传动时，转矩减小。因此传动系统常采用减速传动以获得较大的转矩。

运动和动力参数的计算结果可以整理列表，以备查用。

[例 9-1]模块四图(b)所示为带式输送机传动简图，已知卷筒直径 $D=300$mm，运输带的有效拉力 $F=1400$N，运输带的速度 $v=1.5$m/s，室温下长期连续工作，单向运转，载荷平稳，每天三班制工作，预期工作六年，每年按300个工作日计算，使用三相交流电源。试选择电动机型号；计算传动装置的总传动比并分配各级传动比；计算各轴的运动和动力参数。

解：设计见下表

计算及说明	结果
1. 选择电动机	
(1) 选择电动机类型。带式输送机为一般用途机械，根据工作和电源条件，选用Y系列三相异步电动机	Y系列三相异步电动机
(2) 确定电动机功率	
① 工作机所需功率 P_w。将 $F=1400\text{N}$，$\upsilon=1.5\text{m/s}$ 代入式(9-2a)得 $$P_w=\frac{F\upsilon}{1000}=\frac{1400\times1.5}{1000}=2.1\text{kW}$$	$P_w=2.1\text{kW}$
② 电动机所需要的功率 P_d。以表9-3选取 $\eta_v=0.96$(V带效率)；$\eta_1=0.97$(齿轮传动效率按8级精度)；$\eta_2=0.99$(滚动轴承效率)；$\eta_3=0.99$(弹性联轴器效率)；$\eta_w=0.96$(卷筒效率)。由式(9-3)得从电动机至工作机的传动总效率 $$\eta=\eta_v\eta_1\eta_2^3\eta_3\eta_w=0.96\times0.97\times0.99^3\times0.99\times0.96=0.86$$	$\eta=0.86$
按式(9-1)得 $$P_d=\frac{P_w}{\eta}=\frac{2.1}{0.86}=2.44\text{kW}$$	$P_d=2.44\text{kW}$
③ 选择电动机额定功率 P_{ed}。因带式输送机载荷平稳、室温工作，电动机额定功率 P_{ed} 只需略大于 P_d 即可，查机械设计手册，取 $P_{ed}=3\text{kW}$。	$P_{ed}=3\text{kW}$
(3) 确定电动机转速 卷筒轴的工作转速为 $$n_w=\frac{60\times1000\upsilon}{\pi D}=\frac{60000\times1.5}{3.14\times300}=95.5\text{r/min}$$	$n_w=95.5\text{r/min}$
按表9-4推荐的各级传动比范围，取V带传动比 $i_v=2\sim4$；单级斜齿圆柱齿轮传动比 $i_c=3\sim5$，则总传动比的推荐范围 $$i'=i_vi_c=(2\times3)\sim(4\times5)$$ 电动机的转速可选范围为 $$n_d=i'\times n_w=(6\sim20)\times95.5=(573\sim1910)\text{r/min}$$	
符合这一范围的同步转速有1500r/min、1000r/min、750r/min三种。经比较，取同步转速1500r/min，电动机价格相对便宜。查机械设计手册，电动机型号为Y100L2-4，电动机的技术参数如下：	$n_m=1430\text{r/min}$ 电动机型号为Y100L2-4

电动机的技术参数

电动机型号	额定功率/kW	电动机转速/(r/min)	
		同步转速	满载转速
Y100L2-4	3	1500	1430

电动机结构如下图所示，主要外形尺寸和安装尺寸见下表。

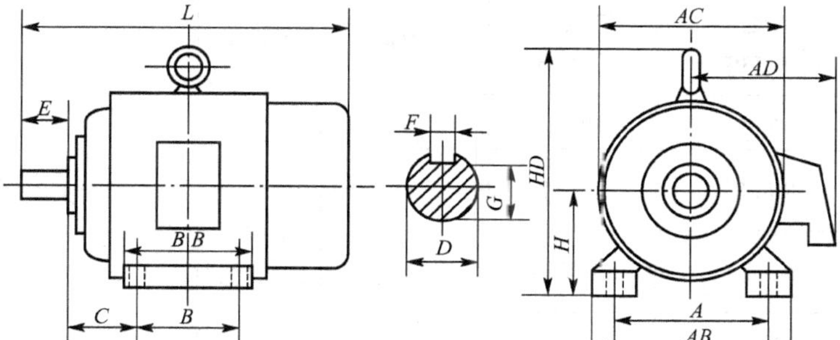

Y100L2-4电动机结构

（续）

计算及说明	结果
电动机外形尺寸和安装尺寸 (mm)	

电动机型号	中心高 H	外形尺寸 $L\times\left(\frac{AC}{2}+AD\right)\times HD$	安装尺寸 $A\times B$	轴伸尺寸 $D\times E$	键槽尺寸 $F\times G$
Y100L2－4	100	380×282.5×245	160×140	28×60	8×24

2. 计算传动装置总传动比及分配各级传动比

(1) 传动装置的总传动比

$$i=\frac{n_m}{n_w}=\frac{1430}{95.5}=14.97$$

结果：$i=14.97$

(2) 分配各级传动比。该传动装置由一级带传动和一级齿轮传动组成，为使V带传动的轮廓尺寸不致过大，分配传动比时应保证 $i_v<i_c$，故取 $i_v=2.99$，$i_c=5$

结果：$i_v=2.99$，$i_c=5$

3. 计算各轴的运动和动力参数

(1) 计算各轴转速

Ⅰ轴 $$n_{\text{Ⅰ}}=\frac{n_m}{i_v}=\frac{1430}{2.99}=478.3\text{r/min}$$

Ⅱ轴 $$n_{\text{Ⅱ}}=\frac{n_{\text{Ⅰ}}}{i_c}=\frac{478.3}{5}=95.7\text{r/min}$$

结果：$n_{\text{Ⅰ}}=478.3\text{r/min}$，$n_{\text{Ⅱ}}=95.7\text{r/min}$

(2) 计算各轴功率

Ⅰ轴 $$P_{\text{Ⅰ}}=P_d\eta_v=2.44\times0.96=2.34\text{kW}$$

Ⅱ轴 $$P_{\text{Ⅱ}}=P_{\text{Ⅰ}}\eta_1\eta_2=2.34\times0.97\times0.99=2.25\text{kW}$$

卷筒轴 $$P_w=P_{\text{Ⅱ}}\eta_2\eta_3=2.25\times0.99\times0.99=2.21\text{kW}$$

结果：$P_{\text{Ⅰ}}=2.34\text{kW}$，$P_{\text{Ⅱ}}=2.25\text{kW}$，$P_w=2.21\text{kW}$

(3) 计算各轴转矩

电动机轴 $$T_d=9550\times\frac{P_d}{n_m}=9550\times\frac{2.44}{1430}=16.30\text{N}\cdot\text{m}$$

Ⅰ轴 $$T_{\text{Ⅰ}}=9550\times\frac{P_{\text{Ⅰ}}}{n_{\text{Ⅰ}}}=9550\times\frac{2.34}{478.3}=46.72\text{N}\cdot\text{m}$$

Ⅱ轴 $$T_{\text{Ⅱ}}=9550\times\frac{P_{\text{Ⅱ}}}{n_{\text{Ⅱ}}}=9550\times\frac{2.25}{95.7}=224.53\text{N}\cdot\text{m}$$

卷筒轴 $$T_w=9550\times\frac{P_w}{n_w}=9550\times\frac{2.21}{95.7}=220.54\text{N}\cdot\text{m}$$

结果：$T_d=16.30\text{N}\cdot\text{m}$，$T_{\text{Ⅰ}}=46.72\text{N}\cdot\text{m}$，$T_{\text{Ⅱ}}=224.53\text{N}\cdot\text{m}$，$T_w=220.54\text{N}\cdot\text{m}$

将以上计算结果列于下表，以备设计传动零件时查用。

各轴运动和动力参数

轴名	功率 P/kW	转速 n/(r/min)	转矩 T/N·m	传动比 i	效率 η
电动机轴	2.44	1430	16.30	2.99	0.96
Ⅰ轴	2.34	478.3	46.72	5	0.96
Ⅱ轴	2.25	95.7	224.53	1	0.98
卷筒轴	2.21	95.7	220.54		

习　　题

9-1　填空题

(1) 机械传动方案一般用＿＿＿＿＿＿＿＿表示。

(2) 电动机有＿＿＿＿＿电动机和＿＿＿＿＿电动机两类。

(3) 电动机转速有＿＿＿＿＿转速和＿＿＿＿＿转速。

(4) 计算传动装置总传动比时，用电动机的＿＿＿＿＿转速除以工作机转速。

(5) 机械传动装置的总效率等于＿＿＿＿＿＿＿＿＿＿。

9-2　选择题

(1) 在传动装置中，一般＿＿＿放在高速级。

A. 开式齿轮传动　　B. 带传动

C. 链传动

(2) 设计计算时，三相异步电动机的同步转速一般取＿＿＿或＿＿＿为宜。

A. 3000r/min　　B. 1500r/min　　C. 1000r/min　　D. 750r/min

(3) 在展开式二级圆柱齿轮减速器中，高速级传动比 i_1 与低速级传动比 i_2 之间的关系为＿＿＿。

A. $i_1=i_2$　　B. $i_1=2i_2$　　C. $i_1=(1.3\sim1.5)i_2$

(4) 同一根轴的输出功率等于＿＿＿。

A. 输入功率　　B. 输入功率乘以传动件效率

C. 输入功率乘以轴承效率

(5) 一根轴的输入功率等于前一根轴的＿＿＿。

A. 输出功率　　B. 输出功率乘以传动件效率

C. 输出功率乘以轴承效率

(6) 在带—齿轮减速器传动中，＿＿＿传动方案较好。

A. 电动机→齿轮传动→带传动→工作机

B. 电动机→带传动→齿轮传动→工作机

9-3　思考题

(1) 传动装置的主要作用是什么？

(2) 合理的传动方案应满足哪些要求？

(3) 常用减速器有哪些类型？特点如何？

(4) 电动机的类型是根据哪些因素选择的？工业生产中用得最多的是哪一种类型的电动机？它具有什么特点？

(5) 如何确定电动机所需的工作功率 P_d？它与所选电动机的额定功率 P_{ed} 有什么不同？它们之间要满足什么条件？设计传动装置时采用哪一功率？

(6) 传动装置的总效率如何确定？计算总效率时要注意哪些问题？

(7) 如何确定电动机的同步转速？

(8) 如何合理分配传动中的各级传动比？

模块四　实　　训

实训项目任务书

<table>
<tr><th>实训名称</th><th>传动装置总体设计</th></tr>
<tr><td>实训目的</td><td>1. 掌握电动机的选择；
2. 能够计算传动装置的总传动比，并合理分配各级传动比；
3. 掌握传动装置的运动和动力参数计算</td></tr>
<tr><td>实训内容</td><td>下图为带式运输机传动方案，已知卷筒直径 D=400mm，驱动卷筒的有效拉力 F=4000N，运输带的工作速度 v=1.4m/s，运输机在室温下长期连续工作，单向运转，载荷平稳，每天两班制工作，预期工作五年，每年按 300 个工作日计算，使用三相交流电源
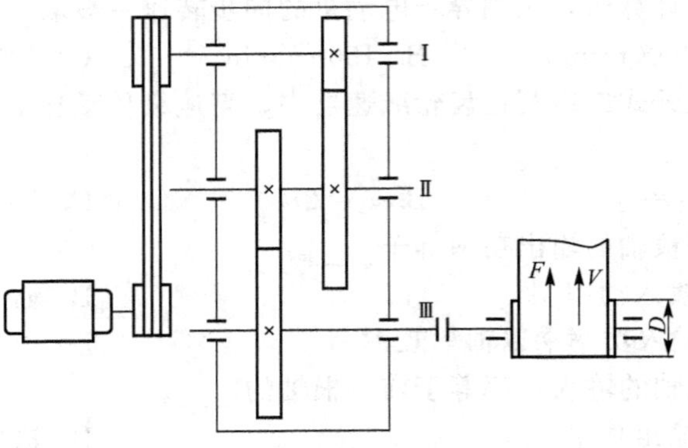

模块四实训图</td></tr>
<tr><td>实训要求</td><td>1. 选择电动机型号；
2. 计算传动装置的总传动比并分配各级传动比；
3. 计算各轴的运动和动力参数；
4. 将电动机技术参数和尺寸、各轴的运动和动力参数分别列于表中</td></tr>
</table>

模块五

传动零件及其设计

教学导入

模块五图所示为带式输送机的传动装置，其作用是将电动机的运动和动力传递给工作装置。该传动装置由带传动和一级圆柱齿轮减速器组成，位于电动机和工作机之间，是机器的重要组成部分。

带传动、齿轮传动均为机械中的传动件，机械中最常用的传动形式有带传动、链传动、齿轮传动、蜗杆传动等，主要作用是将输入轴的运动和动力传递给输出轴。如模块五图所示，先通过带传动将与小带轮联接的电动机轴的运动和动力传递给大带轮；大带轮与小齿轮同轴，再通过齿轮传动将小齿轮轴的运动和动力传递给大齿轮，输出给工作装置。

本模块主要介绍带传动、链传动、齿轮传动、蜗杆传动零件的结构特点、工作原理、设计理论及设计方法等。

模块五图　带式输送机的传动装置

第10章 带传动与链传动设计

教学提纲

本章主要介绍带传动的工作原理、类型、特点和应用；V带及V带轮；带传动的受力分析、应力分析、弹性滑动与打滑现象；带传动的失效形式与设计准则；V带传动的设计计算；带传动的张紧装置；链传动简介。

教学目标

1. 了解带传动的类型、特点及应用。
2. 熟悉V带构造及标准，带轮的材料及结构，带传动的张紧方法。
3. 掌握带传动的工作原理、受力分析、应力分析，掌握带传动的弹性滑动与打滑理论。
4. 掌握带传动的失效形式及设计准则，掌握V带传动的设计方法。
5. 了解链传动的类型和特点，滚子链和链轮的结构。

在机械传动中，带传动和链传动都是通过中间挠性元件实现的传动。适用于主动轴与从动轴相距较远时两轴之间的传动。

10.1 带传动概述

在机械传动中，带传动是常见的传动形式之一。带传动主要由主动带轮1、从动带轮2和张紧在两轮上的带3以及机架组成，如图10.1所示。

10.1.1 带传动的类型

带传动按工作原理不同，分为摩擦型带传动(图10.1)和啮合型带传动(图10.2)两大类，其工作原理和特点见表10-1。

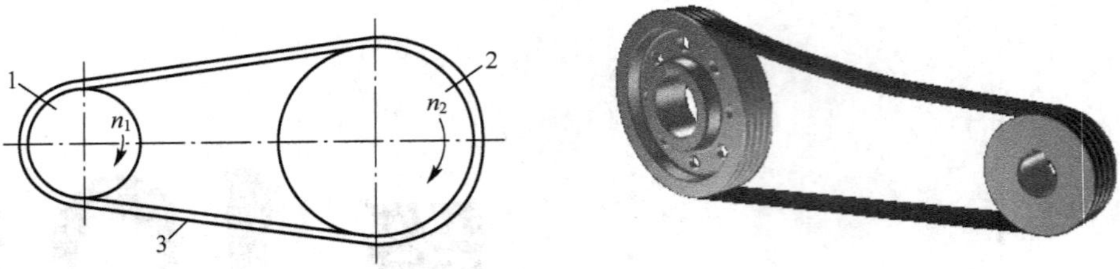

图 10.1 摩擦型带传动

1—主动带轮；2—从动带轮；3—带

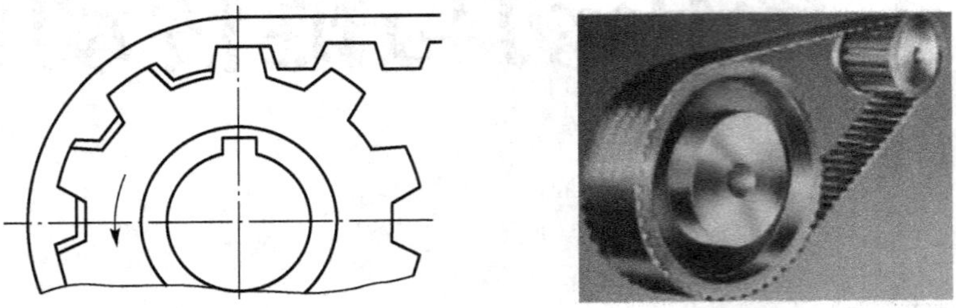

图 10.2 啮合型带传动

表 10-1 带传动类型、工作原理及特点

类型		图例	工作原理	特点及应用
摩擦型带传动	平带传动	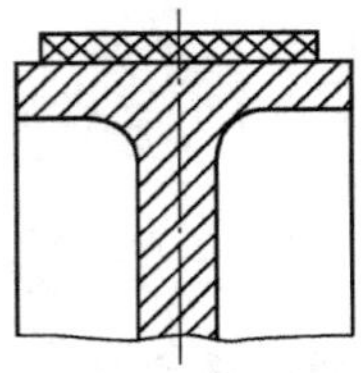 	由于带紧套在带轮上，使带与带轮接触面间产生压力。当主动轮转动时，靠带与带轮接触面间产生的摩擦力而驱动带运动，带又靠摩擦力带动从动轮转动，将运动和动力由主动轮传递给从动轮	平带的横截面为扁平矩形，与轮面相接触的内表面为工作面。它分为有接头的平带和无接头的平带两种，有接头的平带带长可根据需要剪截后，用带接头接成封闭环形。应用最多的普通平带由多层橡胶帆布黏合而成。平带传动结构简单，制造容易，常用于传动中心距较大的场合，也广泛用于高速带传动中
	V带传动	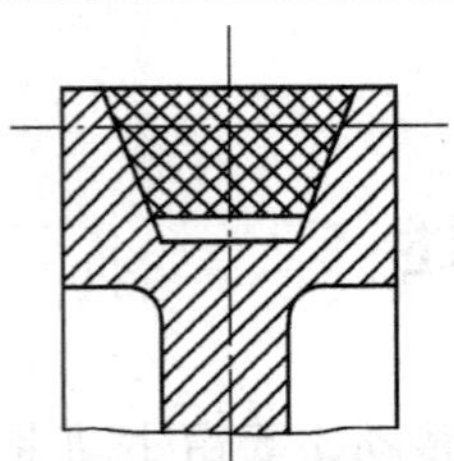 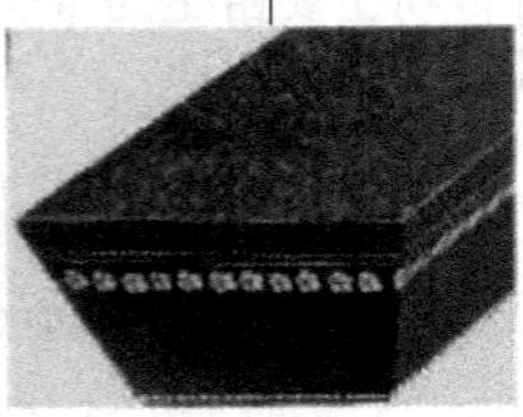		V带的横截面为等腰梯形，工作时带两侧面与轮槽的侧面接触为工作面，带的上下面为非工作面。V带与平带相比，由于正压力作用在楔形截面上，根据楔形增压原理，在同样初拉力下，V带传动能产生更大的摩擦力，能传递较大的功率。而且V带无接头，传动平稳，且具有标准化程度高、传动比大、结构紧凑等优点，故V带传动在机械中应用很广泛。本章主要讨论V带传动

（续）

<table>
<tr><th colspan="2">类型</th><th>图例</th><th>工作原理</th><th>特点及应用</th></tr>
<tr><td rowspan="2">摩擦型带传动</td><td>多楔带传动</td><td>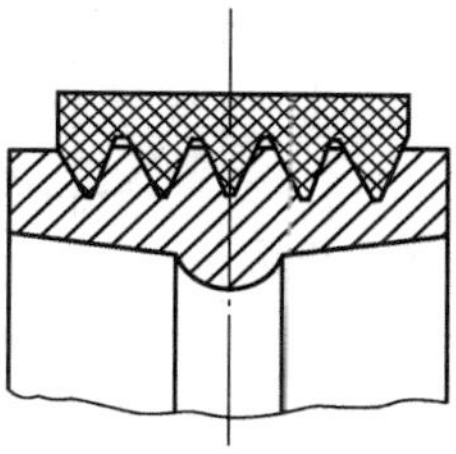
</td><td rowspan="2">由于带紧套在带轮上，使带与带轮接触面间产生压力，当主动轮转动时，靠带与带轮接触面间产生的摩擦力而驱动带运动，带又靠摩擦力带动从动轮转动，将运动和动力由主动轮传递给从动轮</td><td>多楔带以扁平矩形为基体，工作部分为若干纵向楔，相当于平带和V带组合结构。工作时，楔形部分嵌入带轮的楔形槽内，靠楔面摩擦工作，其工作面为楔的侧面。带与带轮接触面数较多，产生的摩擦力较大。多楔带兼有平带柔性好和V带摩擦力大等优点，故常用于要求传动平稳，传递功率较大且要求结构紧凑的场合</td></tr>
<tr><td>圆带传动</td><td>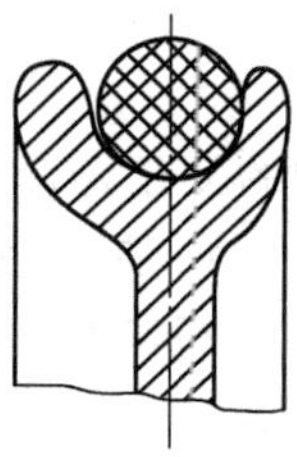</td><td>圆带的横截面为圆形，传递功率较小，一般用于传递功率较小的仪器和家用器械中，如缝纫机、仪表仪器等</td></tr>
<tr><td colspan="2">啮合型带传动</td><td>
(a) 带

(b) 带轮</td><td>依靠带内侧的齿与齿形带轮的啮合来传递运动和动力，也称为同步带传动</td><td>啮合型带传动兼有齿轮传动和摩擦型带传动的特点。由于靠啮合传动，带的初拉力小，带和带轮间没有相对滑动，能保证准确的传动比。结构紧凑，传动效率较高，适用于高速传动</td></tr>
</table>

由于摩擦型带传动应用广泛，故本章主要介绍摩擦型带传动。

10.1.2 带传动形式

根据带轮轴的相对位置及带绕在带轮上的形式不同，带传动分为开口传动、交叉传动和半交叉传动三种形式，见表10－2。交叉传动和半交叉传动只适用于平带传动和圆带传动。

表 10－2　带传动形式

传动形式	开口传动	交叉传动	半交叉传动
图例	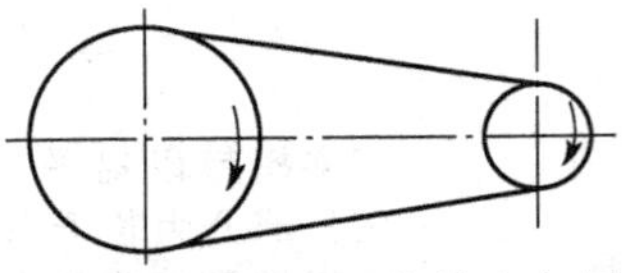 两轴相互平行，两轮转向相同	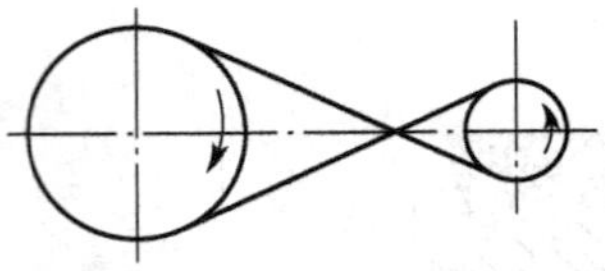 两轴相互平行，两轮转向相反	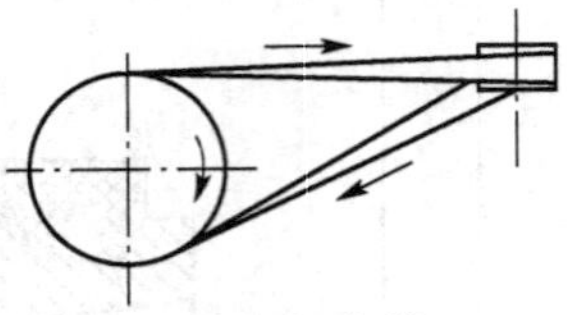 两轴空间交错

10.1.3　摩擦型带传动的特点

摩擦型带传动具有如下特点：

(1) 带具有良好的弹性，能缓冲吸振，传动平稳无噪声。

(2) 适合于两轴中心距较大的场合。

(3) 过载时，带在带轮上打滑，可防止其他零件的损坏，起到过载保护作用。

(4) 结构简单，制造和安装精度不像啮合传动那么严格，制造容易，维护方便，成本低廉。

(5) 工作时有弹性滑动，使传动效率降低，不能保持准确的传动比。

(6) 传动的外廓尺寸较大。

(7) 带需要张紧，故作用在轴和轴承上的压力较大，带的使用寿命较短。

所以，带传动主要应用于传动平稳，传动比要求不严格，两轴中心距较大的中小功率高速传动中。一般功率 $P \leqslant 50\mathrm{kW}$，带的速度 $v=5 \sim 25\mathrm{m/s}$，传动比 $i \leqslant 7$，传动效率 $\eta=0.94 \sim 0.97$。在多级传动系统中，带传动常配置于高速级，多用于原动机与工作机之间的传动。

10.2　V 带及 V 带轮

10.2.1　V 带的结构和标准

V 带有普通 V 带、窄 V 带、宽 V 带、联组 V 带、齿形 V 带等多种类型(表 10－3)，其中普通 V 带应用最广，近年来窄 V 带的应用也日益广泛。本节主要介绍普通 V 带及 V 带轮。

表 10－3　V 带类型和特点

类型	图例	特点
普通 V 带		相对高度(截面高度 h 和节宽 b_p 的比值)约为 0.7

（续）

类型	图例	特点
窄 V 带		相对高度约为 0.9。节宽相同时，比普通 V 带承载能力高。在传递相同功率时，其结构更紧凑，使用寿命更长。窄 V 带标准有 SPZ、SPA、SPB、SFC 四种型号
宽 V 带	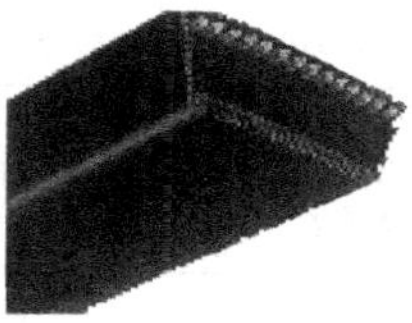	相对高度约为 0.3
联组 V 带		将几根普通 V 带或窄 V 带的顶面用胶帘布等距粘结而成。一般用在功率和传动比较大的场合，但要求张紧力大
齿形 V 带		内周制成齿形，带的散热性、与带轮的贴着性好，挠曲性好

普通 V 带为无接头的环形带。V 带的横剖面结构如图 10.3 所示，由包布层 1、顶胶 2、抗拉层 3 和底胶 4 组成。包布层由橡胶帆布制成，包在带的外部起保护作用；顶胶和底胶由橡胶制成，在带弯曲时分别受拉和受压；抗拉层由几层挂胶的帘布或浸胶的棉线(或尼龙)绳构成，在工作时主要承受基本拉力，是主要承载部分。按抗拉层的结构不同，V 带分为绳芯结构(图 10.3(a))和帘布芯结构(图 10.3(b))。绳芯结构柔性好，抗弯强度高，抗拉强度稍差，适用于转速较高、载荷不大或带轮直径较小的场合。帘布芯结构制造方便，价格低廉，抗拉强度高，故应用广泛。

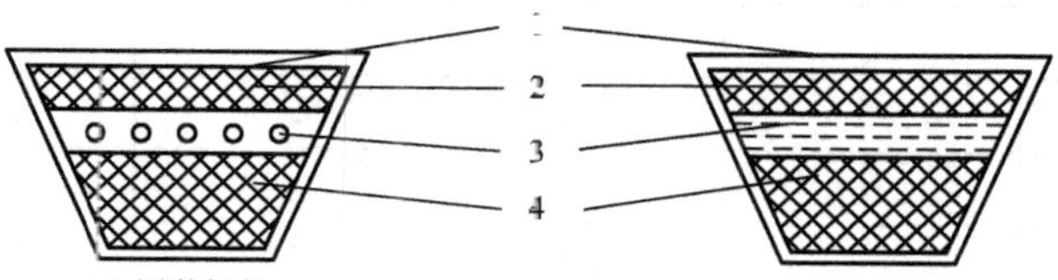

(a) 绳芯结构　　(b) 帘布芯结构

图 10.3　普通 V 带结构

1—包布层；2—顶胶；3—抗拉层；4—底胶

普通 V 带已标准化，按其截面尺寸由小到大分为 Y、Z、A、B、C、D、E 七种型号，其截面尺寸见表 10－4。同样条件下，截面尺寸越大，V 带的承载能力越大。

表 10－4　普通 V 带截面尺寸(GB/T 13575.1—2008)

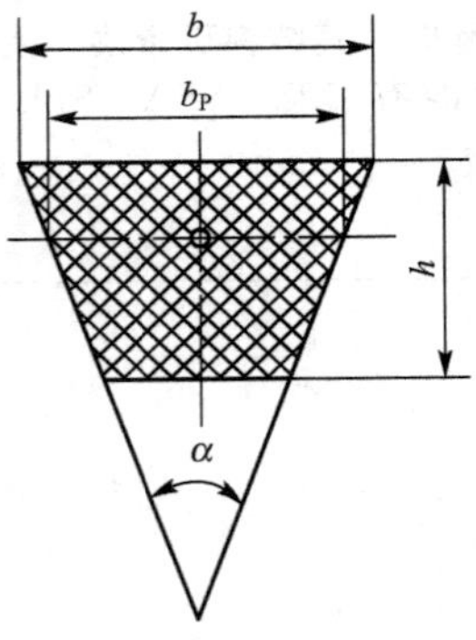

类型	节宽 b_p/mm	顶宽 b/mm	高度 h/mm	单位长度质量 q/(kg/m)	楔角 α
Y	5.3	6.0	4.0	0.023	40°
Z	8.5	10.0	6.0	0.06	
A	11.0	13.0	8.0	0.105	
B	14.0	17.0	11.0	0.170	
C	19.0	22.0	14.0	0.300	
D	27.0	32.0	19.0	0.630	
E	32.0	38.0	23.0	0.970	

当带绕到带轮上发生纵向弯曲变形时，顶胶受拉伸而变窄，底胶受压缩而变宽，带中保持长度和宽度均不变的面称为节面，节面宽度称为节宽 b_p。节面周线称为节线，其长度保持不变。在 V 带轮上，与所配用的 V 带节宽 b_p 相对应的带轮直径称为带轮基准直径 d_d(见表 10－7 附图)。V 带在规定的张紧力下，位于带轮基准直径上的周线长度称为带的基准长度 L_d。V 带基准长度和 V 带轮基准直径均为标准值，见表 10－5 和表 10－6。

表 10－5　普通 V 带基准长度 L_d 和带长修正系数 K_L(GB/T 11544—1997)

基准长度 L_d/mm	带长修正系数 K_L				
	Y	Z	A	B	C
400	0.96	0.87	—	—	—
450	1.00	0.89	—	—	—
500	1.02	0.91	—	—	—
560	—	0.94	—	—	—
630	—	0.96	0.81	—	—
710	—	0.99	0.83	—	—
800	—	1.00	0.85	—	—
900	—	1.03	0.87	0.82	—
1000	—	1.06	0.89	0.84	—
1120	—	1.08	0.91	0.86	—
1250	—	1.11	0.93	0.88	—
1400	—	1.14	0.96	0.90	—
1600	—	1.16	0.99	0.92	0.83
1800	—	1.18	1.01	0.95	0.86
2000	—	—	1.03	0.98	0.88

（续）

基准长度 L_d/mm	带长修正系数 K_L				
	Y	Z	A	B	C
2240	—	—	1.06	1.00	0.91
2500	—	—	1.09	1.03	0.93
2800	—	—	1.11	1.05	0.95
3150	—	—	1.13	1.07	0.97
3550	—	—	1.17	1.09	0.99
4000	—	—	1.19	1.13	1.02
4500	—	—	—	1.15	1.04
5000	—	—	—	1.18	1.07

表 10-6 V带轮基准直径系列(GB/T 13575.1—2008) （单位：mm）

型号	Y	Z	A	B	C
最小基准直径 d_{dmin}	20	50	75	125	200

注：带轮基准直径系列包括 20、22.4、25、28、31.5、35.5、40、45、50、56、63、71、75、80、85、90、95、100、106、112、118、125、132、140、150、160、170、180、200、212、224、236、250、265、280、300、315、335、355、375、400、425、450、475、500、530、560、600、630、670、710、750、800、900、1000、1120、1250、1400、1600、2000。

10.2.2 V带轮

1. V带轮材料

V带轮的材料主要采用铸铁，常用材料为HT150或HT200，其允许的最大圆周速度为25m/s。转速较高时宜采用铸钢或钢板冲压后焊接。小功率时可用铸铝或塑料，以减轻带轮的质量。

2. V带轮结构

V带轮由轮缘1、轮辐2和轮毂3组成，如图10.4所示。轮缘上制有梯形轮槽，用于安装V带，其结构尺寸和槽数应与所用V带的型号、根数相对应。轮毂是与轴配合的部分。连接轮缘和轮毂的部分称为轮辐。表10-7为V带轮轮槽尺寸，各种型号V带楔角均为40°，但当带绕上带轮而弯曲时，带外表面受拉而变窄，内表面受压而变宽，带的截面楔角变小，带轮直径越小，这种现象越明显。为使带与轮槽侧面保持良好接触，应使轮槽角小于带的楔角，故V带轮的轮槽角规定为32°、34°、36°和38°。

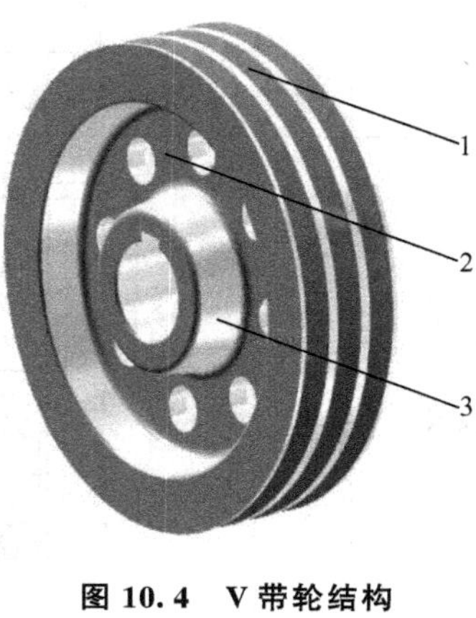

图10.4 V带轮结构

1—轮缘；2—轮辐；3—轮毂

表 10-7　V 带轮轮槽尺寸(GB/T 13575.1—2008)　(单位：mm)

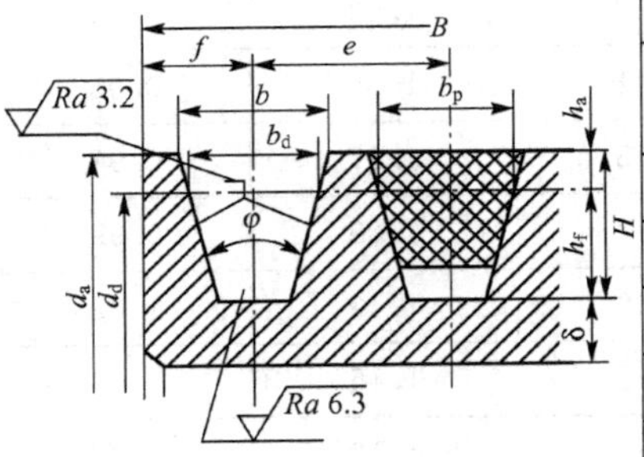

槽型剖面尺寸	型号						
	Y	Z	A	B	C	D	E
h_{fmin}	4.7	7.0	8.7	10.8	14.3	19.9	23.4
h_{amin}	1.6	2.0	2.75	3.5	4.8	8.1	9.6
e	8±0.3	12±0.3	15±0.3	19±0.4	25.5±0.5	37±0.6	44.5±0.7
f_{min}	6	7	9	11.5	16	23	28
b_d	5.3	8.5	11	14	19	27	32
δ_{min}	5	5.5	6	7.5	10	12	15
B	$B=(z-1)e+2f$　z 为带根数						
φ 32° d_d	≤60						
φ 34° d_d		≤80	≤118	≤190	≤315		
φ 36° d_d	>60				≤475	≤600	
φ 38° d_d		>80	>118	>190	>315	>475	>600

铸造 V 带轮有实心式、腹板式、孔板式和椭圆轮辐式四种结构形式(表 10-8)。

表 10-8　普通 V 带轮结构及其尺寸

结构形式	图例
实心式	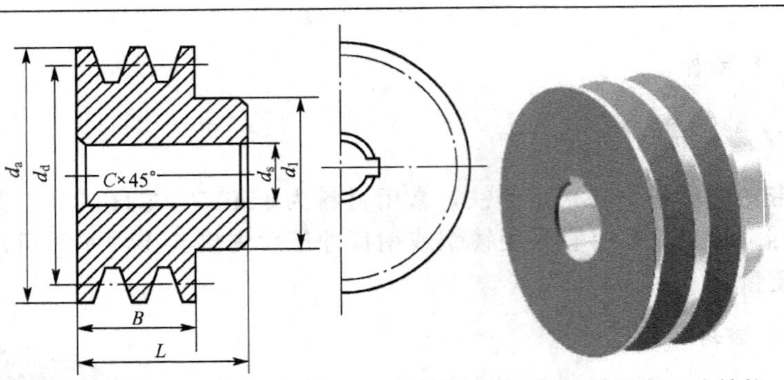 带轮基准直径 $d_d \leqslant (2.5\sim3)d_s$($d_s$ 为轴的直径)时，采用实心式结构
腹板式	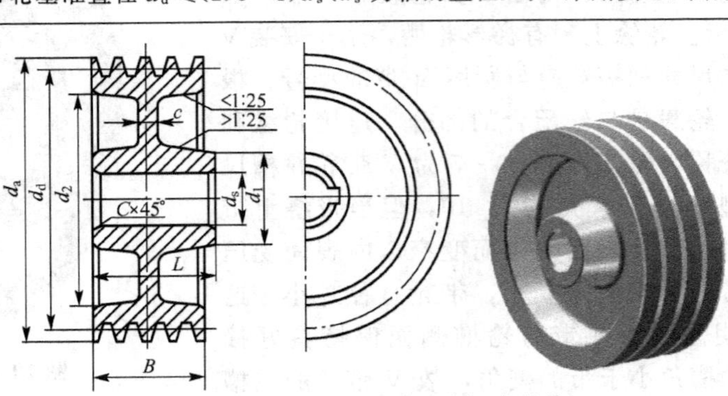 当 $d_d \leqslant 300$mm 时，采用腹板式结构

（续）

结构形式	图例
孔板式	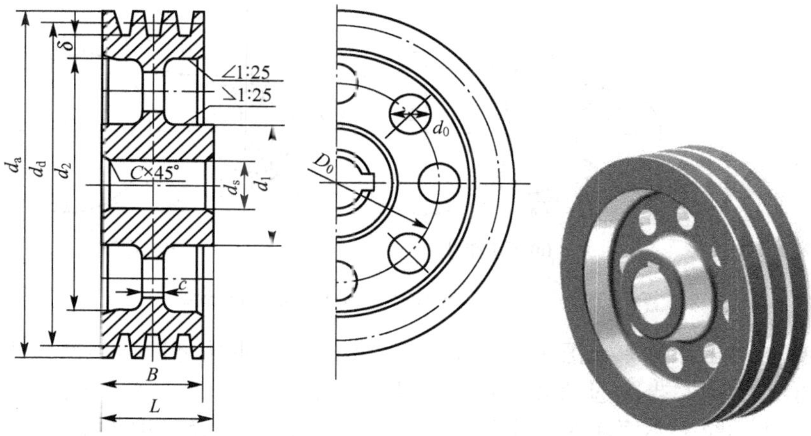当 $d_d \leqslant 300$mm，且$(d_2-d_1)\geqslant 100$mm 时，采用孔板式结构
椭圆轮辐式	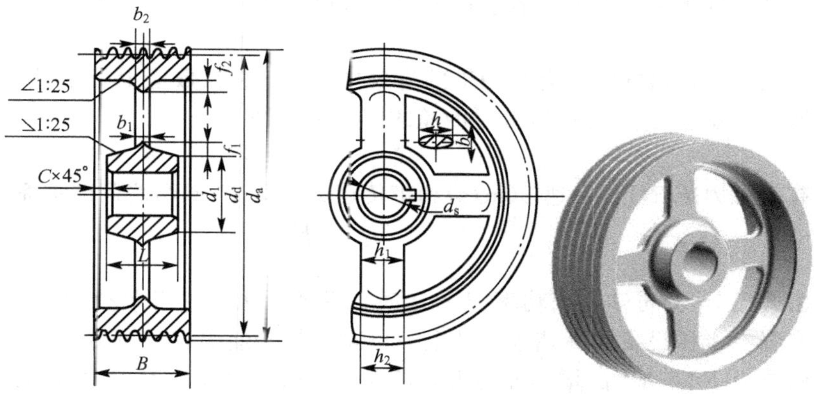当 $d_d > 300$mm 时，采用椭圆轮辐式结构

$d_0=(0.2\sim0.3)(d_2-d_1)$；$d_1=(1.8\sim2)d_s$；$c=(0.2\sim0.3)B$；$d_2=d_a-2(H+\delta)$，$H$、$\delta$ 见表 10－7；$D_0=0.5(d_1+d_2)$；$L=(1.5\sim2)d_s$，当 $B<1.5d_s$时，取 $L=B$

$h_1=290\sqrt[3]{\dfrac{P}{nz_a}}$，其中，$P$ 为传递的功率(kW)；n 为带轮的转速(r/min)；z_a为轮辐数

$h_2=0.8h_1$；$b_1=0.4h_1$；$b_2=0.8b_1$；$f_1=0.2h_1$；$f_2=0.2h_2$

10.3 带传动的工作能力分析

10.3.1 带传动的受力分析

V 带传动是靠传动带与带轮之间的摩擦力传递运动和动力的。为使带和带轮之间产生

摩擦力，安装带传动机构时，带必须以一定的初拉力 F_0(也称张紧力)张紧在带轮上，使带和带轮相互压紧。带传动不工作时，带两边的拉力相等均为初拉力 F_0，如图 10.5(a)所示。

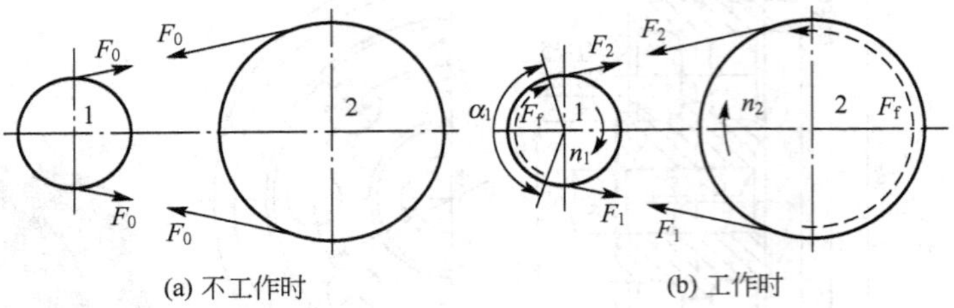

图 10.5 带传动的受力分析

带传动工作时，如图 10.5(b)所示，由于带与带轮之间产生摩擦力，主动轮对带产生的摩擦力方向与带的运动方向相同，从动轮对带产生的摩擦力方向与带的运动方向相反，使带两边的拉力不再相等。带绕入主动轮的一边被拉紧，称为紧边，拉力由 F_0 增大到紧边拉力 F_1；带绕入从动轮的一边被放松，称为松边，拉力由 F_0 减小为松边拉力 F_2。设带工作时总长度不变，则带的紧边拉力增加量应等于松边拉力的减少量，即

$$F_1-F_0=F_0-F_2 \tag{10-1}$$

带紧边和松边的拉力差称为带的有效拉力 F，它在数值上等于带与带轮接触面上产生的摩擦力的总和 F_f，也就是带所传递的圆周力，即

$$F=F_1-F_2=F_f \tag{10-2}$$

有效拉力 F(N)、带速 v(m/s)和带传递的功率 P(kW)之间的关系

$$P=\frac{Fv}{1000} \tag{10-3}$$

由式(10-3)可知，当功率 P 一定时，带速 v 大，则有效拉力 F 小，因此，通常把带传动布置在机械设备的高速级传动上，以减小带传递的有效拉力。当带速 v 一定时，传递的有效拉力 F 随功率的增加而增大，需要带与带轮之间的摩擦力也越大。实际上，在一定的初拉力 F_0 下，带与带轮之间的摩擦力总和有一极限值，当带所需传递的有效拉力超过这个极限值时，带将沿带轮表面发生明显滑动，这种现象称为打滑。出现打滑时，虽然主动轮还在转动，但带和从动轮都不能正常运动，甚至完全不动，使传动失效。打滑还使带磨损加剧，传动效率降低，故应避免。

当带传动处于有打滑趋势而尚未打滑的临界状态时，摩擦力达到最大值，带传动所传递的有效拉力最大。根据柔性体摩擦的欧拉公式，此时带的紧边拉力 F_1 和松边拉力 F_2 之间的关系

$$\frac{F_1}{F_2}=e^{f\alpha} \tag{10-4}$$

式中 e——自然对数底(e=2.718)；

f——带与带轮间的摩擦因数(对 V 带传动为当量摩擦因数 f_v)；

α——带与带轮接触弧段所对应的中心角，称为包角(rad)。

将式(10-1)、式(10-2)和式(10-4)联立求解，对 V 带传动有

$$F_1=F\frac{e^{f_v\alpha}}{e^{f_v\alpha}-1} \tag{10-5}$$

$$F_2 = F \frac{1}{e^{f_v \alpha} - 1} \tag{10-6}$$

带的最大有效拉力

$$F_{max} = 2F_0 \frac{e^{f_v \alpha} - 1}{e^{f_v \alpha} + 1} \tag{10-7}$$

由式(10－7)可知，带传动的工作能力与初拉力 F_0、当量摩擦因数 f_v 和包角 α 有关：

(1) 有效拉力与初拉力成正比。增大初拉力，带与带轮间正压力增大，则传动时产生的摩擦力增大，故有效拉力增加。但初拉力过大会加剧带的磨损，致使带过快松弛，缩短其工作寿命；初拉力过小又容易发生打滑和跳动。因此，带的张紧程度应在合适的范围内。

(2) 有效拉力随当量摩擦因数的增加而增大。摩擦因数越大，摩擦力也越大，所传递的有效拉力也越大。

(3) 有效拉力随包角的增加而增大。包角增大，带与带轮接触弧增长，使摩擦力的总和增加，从而提高传动能力。由于大带轮的包角 α_2 总是大于小带轮的包角 α_1，故大带轮的传动能力大于小带轮的传动能力，打滑首先发生在小带轮上。

10.3.2 带的应力分析

带传动工作时，带中将产生以下三种应力：

1. 由紧边、松边拉力产生的拉应力

紧边拉应力

$$\sigma_1 = \frac{F_1}{A} \tag{10-8}$$

松边拉应力

$$\sigma_2 = \frac{F_2}{A} \tag{10-9}$$

式(10－8)和式(10－9)中　A——带的横截面积(mm^2)。

因 $F_1 > F_2$，所以 $\sigma_1 > \sigma_2$，故紧边拉应力大于松边拉应力。

2. 由离心力产生的离心拉应力

带绕在带轮上做圆周运动时将产生离心力，虽然离心力只产生在带做圆周运动的部分，但由于离心力所产生的离心效力却作用于带的全长，使带各截面都产生离心拉应力

$$\sigma_c = \frac{F_c}{A} = \frac{qv^2}{A} \tag{10-10}$$

式中　F_c——离心拉力(N)；

q——带每米长质量(kg/m)；

v——带的圆周速度(m/s)。

3. 由带弯曲产生的弯曲应力

带绕过带轮时，因弯曲而产生弯曲应力。由材料力学可得弯曲应力

$$\sigma_b = \frac{2Ey}{d_d} \tag{10-11}$$

式中　E——带的弹性模量(MPa)；

y——带的节面到最外层的垂直距离(mm)；

d_d——带轮基准直径(mm)。

对于同型号的带，高度 y 相同，而小带轮直径小，故带绕过小带轮时的弯曲应力大于绕过大带轮时的弯曲应力。为了避免弯曲应力过大，带轮直径不能过小。为了限制带传动中的最大弯曲应力，规定了各种型号的小带轮的最小基准直径，见表 10－6。

带的总应力即为上述三种应力之和，图 10.6 所示为带工作时应力的分布情况。带在工作时受变应力作用，在带的任一截面上产生的应力随带的工作位置的改变而发生周期性变化，在应力循环次数达到一定值后，带将发生疲劳破坏。最大应力发生在带的紧边绕入小带轮处，其值为

$$\sigma_{max}=\sigma_1+\sigma_{b1}+\sigma_c \tag{10-12}$$

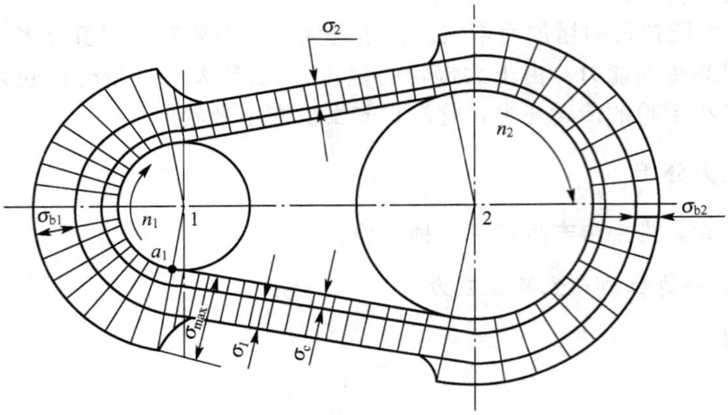

图 10.6　带的应力分布

10.3.3　带传动的弹性滑动和传动比

带是弹性体，受力作用后会产生弹性变形。由于带在紧边和松边所受的拉力不同，因而产生的弹性变形也不同。当带绕入主动轮时，带由紧边运动到松边，所受的拉力由 F_1 逐渐降低到 F_2，带的弹性变形量也随之逐渐减小，即带一方面由于摩擦力的作用随着带轮前进，同时又因弹性变形的减小而向后收缩，使带的速度小于主动轮的圆周速度。带与主动轮之间发生了相对滑动。同理，在从动轮上，带由松边运动到紧边，所受的拉力由 F_2 逐渐增加到 F_1，带的弹性变形量也随之逐渐增大，即带一方面由于摩擦力的作用随着带轮前进，同时又因弹性变形的增大而向前伸长，使带的速度大于从动轮的圆周速度。带与从动轮之间也发生了相对滑动。这种由于带的弹性变形和紧边、松边的拉力差而引起的滑动，称为弹性滑动。

弹性滑动不同于打滑。弹性滑动是在 $F<F_{max}$ 的情况下，带与带轮之间局部微小的相对滑动，是带传动正常工作时不可避免的。弹性滑动使零件磨损，传动效率降低。打滑是在 $F>F_{max}$ 过载时，带相对于带轮在整个接触弧上发生的相对滑动，是传动失效，可避免且应当避免。

由于弹性滑动的影响，从动轮的圆周速度总是小于主动轮的圆周速度($v_2<v<v_1$)，不能保证准确的传动比。由弹性滑动引起的从动轮圆周速度的降低率称为滑动率，用 ε 表

示，即

$$\varepsilon=\frac{v_1-v_2}{v_1}\times100\% \tag{10-13}$$

若主、从动轮的转速分别为 n_1、n_2，带轮基准直径分别为 d_{d1}、d_{d2}，则两轮的圆周速度分别为

$$v_1=\frac{\pi d_{d1}n_1}{60\times1000} \qquad v_2=\frac{\pi d_{d2}n_2}{60\times1000}$$

带传动的传动比为

$$i=\frac{n_1}{n_2}=\frac{d_{d2}}{d_{d1}(1-\varepsilon)} \tag{10-14}$$

V 带传动的滑动率一般取 $\varepsilon=1\%\sim2\%$，因其值很小，在一般计算中可忽略不计。

10.4 普通 V 带传动的设计

10.4.1 带传动的失效形式和设计准则

由前面分析可知，带传动的主要失效形式是带在带轮上打滑和带的疲劳破坏(脱层、撕裂或折断)。

带传动的设计准则为：在保证带传动不打滑的前提下，带具有一定的疲劳强度和使用寿命。

10.4.2 单根 V 带的基本额定功率

依据设计准则，为保证带传动不打滑，必须使带传动的有效拉力 F 不超过最大的有效拉力，即

$$F=\frac{1000P}{v}\leqslant F_{\max}=F_1-F_2=F_1\left(1-\frac{1}{e^{f_v\alpha_1}}\right)=\sigma_1 A\left(1-\frac{1}{e^{f_v\alpha_1}}\right) \tag{10-15}$$

为避免带发生疲劳破坏，保证带具有足够的疲劳强度和寿命，应满足

$$\sigma_{\max}=\sigma_1+\sigma_c+\sigma_{b1}\leqslant[\sigma]$$

$$\sigma_1\leqslant[\sigma]-\sigma_c-\sigma_{b1} \tag{10-16}$$

式中 $[\sigma]$——带的许用应力(MPa)。

由式(10-15)和式(10-16)，可得单根 V 带在既不打滑又具有一定疲劳强度时所能传递的极限功率

$$P_0=\frac{F_{\max}v}{1000}=\frac{([\sigma]-\sigma_c-\sigma_{b1})A\left(1-\frac{1}{e^{f_v\alpha_1}}\right)v}{1000} \tag{10-17}$$

带传动的设计准则是以功率形式来描述的，即带所传递的实际功率不能超过规定的极限功率值。由于带传动的极限功率与很多因素有关，为了设计方便，一般通过实验和理论计算，获得各种类型的单根 V 带在特定实验条件(即载荷平稳，包角 $\alpha_1=180°$，传动比 $i=1$，特定基准带长)下所能传递的极限功率，该功率称为单根 V 带传递的基本额定功率 P_0，见表 10-9。

表 10-9　单根普通 V 带的基本额定功率 P_0

（包角 $\alpha=180°$，特定基准长度，载荷平稳）　　（单位：kW）

型号	小带轮基准直径 d_{d1}/mm	小带轮转速 n_1(r/min)											
		200	400	800	950	1200	1450	1600	1800	2000	2400	2800	3200
Z	50	0.04	0.06	0.10	0.12	0.14	0.16	0.17	0.19	0.20	0.22	0.26	0.28
	56	0.04	0.06	0.12	0.14	0.17	0.19	0.20	0.23	0.25	0.30	0.33	0.35
	63	0.05	0.08	0.15	0.18	0.22	0.25	0.27	0.30	0.32	0.37	0.41	0.45
	71	0.06	0.09	0.20	0.23	0.27	0.30	0.33	0.36	0.39	0.46	0.50	0.54
	80	0.10	0.14	0.22	0.26	0.30	0.35	0.39	0.42	0.44	0.50	0.56	0.61
	90	0.10	0.14	0.24	0.28	0.33	0.36	0.40	0.44	0.48	0.54	0.60	0.64
A	75	0.15	0.26	0.45	0.51	0.60	0.68	0.73	0.79	0.84	0.92	1.00	1.04
	90	0.22	0.39	0.68	0.77	0.93	1.07	1.15	1.25	1.34	1.50	1.64	1.75
	100	0.26	0.47	0.83	0.95	1.14	1.32	1.42	1.58	1.66	1.87	2.05	2.19
	112	0.31	0.56	1.00	1.15	1.39	1.61	1.74	1.89	2.04	2.30	2.51	2.68
	125	0.37	0.67	1.19	1.37	1.66	1.92	2.07	2.26	2.44	2.74	2.98	3.15
	140	0.43	0.78	1.41	1.62	1.96	2.28	2.45	2.66	2.87	3.22	3.48	3.65
	160	0.51	0.94	1.69	1.95	2.36	2.73	2.53	2.98	3.42	3.80	4.06	4.19
	180	0.59	1.09	1.97	2.27	2.74	3.16	3.40	3.67	3.93	4.32	4.54	4.58
B	125	0.48	0.84	1.44	1.64	1.93	2.19	2.33	2.50	2.64	2.85	2.96	2.94
	140	0.59	1.05	1.82	2.08	2.47	2.82	3.00	3.23	3.42	3.70	3.85	3.83
	160	0.74	1.32	2.32	2.66	3.17	3.62	3.86	4.15	4.40	4.75	4.89	4.80
	180	0.88	1.59	2.81	3.22	3.85	4.39	4.68	5.02	5.30	5.67	5.76	5.52
	200	1.02	1.85	3.30	3.77	4.50	5.13	5.46	5.83	6.13	6.47	6.43	5.95
	224	1.19	2.17	3.86	4.42	5.26	5.97	6.33	6.73	7.02	7.25	6.95	6.05
	250	1.37	2.50	4.46	5.10	6.04	6.82	7.20	7.63	7.87	7.89	7.14	5.60
	280	1.58	2.89	5.13	5.85	6.90	7.76	8.13	8.46	8.60	8.22	6.80	4.26
C	200	1.39	2.41	4.07	4.58	5.29	5.84	6.07	6.28	6.34	6.02	5.01	3.23
	224	1.70	2.99	5.12	5.78	6.71	7.45	7.75	8.00	8.06	7.57	6.08	3.57
	250	2.03	3.62	6.23	7.04	8.21	9.08	9.38	9.63	9.62	8.75	6.56	2.93
	280	2.42	4.32	7.52	8.49	9.81	10.72	11.06	11.22	11.04	9.50	6.13	—
	315	2.84	5.14	8.92	10.05	11.53	12.46	12.72	12.67	12.14	9.43	4.16	—
	355	3.36	6.05	10.46	11.73	13.31	14.12	14.19	13.73	12.59	7.98	—	—
	400	3.91	7.06	12.10	13.48	15.04	15.53	15.24	14.08	11.95	4.34	—	—
	450	4.51	8.20	13.80	15.23	16.59	16.47	15.57	13.29	9.64	—	—	—

当带传动的实际传动比、带长及包角与上述特定条件不同时，还应考虑附加一个传递功率的增量 ΔP_0，并引入修正系数 K_α 和 K_L，对查得的基本额定功率 P_0 值加以修正。修正后的单根 V 带所能传递的功率，称为许用功率 $[P_0]$。因此，实际工作条件下，单根 V 带所能传递的许用功率为

$$[P_0]=(P_0+\Delta P_0)K_\alpha K_L \tag{10-18}$$

式中　ΔP_0——基本额定功率增量(考虑传动比 $i\neq 1$ 时而引入的功率修正。当传动比增大时，大带轮直径增大，带绕在大带轮上时的弯曲应力减小，带传动的承载能力提高，故带所能传递的功率增大)，其值见表 10-10；

K_α——包角修正系数(考虑包角 $\alpha_1 \neq 180°$时而引入的修正系数)，见表 10-11；

K_L——带长修正系数(考虑带长不为特定长度而引入的修正系数)，见表 10-5。

表 10-10 单根普通 V 带额定功率的增量 ΔP_0 （单位：kW）

型号	传动比 i	小带轮转速 n_1/(r/min)										
		400	700	800	950	1200	1450	1600	2000	2400	2800	3200
Z	1.35～1.50	0.00	0.01	0.01	0.01	0.02	0.02	0.02	0.03	0.03	0.04	0.04
	1.51～1.99	0.01	0.01	0.02	0.02	0.02	0.02	0.03	0.03	0.04	0.04	0.04
	≥2	0.01	0.02	0.02	0.02	0.03	0.03	0.03	0.04	0.04	0.04	0.05
A	1.35～1.51	0.04	0.07	0.08	0.08	0.11	0.13	0.15	0.19	0.23	0.26	0.30
	1.52～1.99	0.04	0.08	0.09	0.10	0.13	0.15	0.17	0.22	0.26	0.30	0.34
	≥2	0.05	0.09	0.10	0.11	0.15	0.17	0.19	0.24	0.29	0.34	0.39
B	1.35～1.51	0.10	0.17	0.20	0.23	0.30	0.36	0.39	0.49	0.59	0.69	0.79
	1.52～1.99	0.11	0.20	0.23	0.26	0.34	0.40	0.45	0.56	0.68	0.79	0.90
	≥2	0.13	0.22	0.25	0.30	0.38	0.46	0.51	0.63	0.76	0.89	1.01
C	1.35～1.51	0.27	0.48	0.55	0.65	0.82	0.99	1.10	1.37	1.65	1.92	2.14
	1.52～1.99	0.31	0.55	0.63	0.74	0.94	1.14	1.25	1.57	1.88	2.19	2.44
	≥2	0.35	0.62	0.71	0.83	1.06	1.27	1.41	1.76	2.12	2.47	2.75

表 10-11 包角修正系数 K_α

小轮包角 α_1/(°)	180	175	170	165	160	155	150	145
K_α	1	0.99	0.98	0.96	0.95	0.93	0.92	0.91
小轮包角 α_1/(°)	140	135	130	125	120	110	100	90
K_α	0.89	0.88	0.86	0.84	0.82	0.78	0.74	0.69

10.4.3 V 带传动的设计计算

带传动设计的原始参数：已知传递功率 P、带轮转速 n 或传动比 i，传动位置要求和工作条件等。

设计的主要内容：确定 V 带的型号、长度和根数；传动中心距；带轮的材料、结构和尺寸；带的初拉力和作用在轴上的载荷等。

V 带传动设计的一般步骤如下：

1. 确定计算功率 P_c

计算功率是根据传递功率并考虑到载荷性质和每天运转时间长短等因素的影响而确定的，即

$$P_c = K_A P \tag{10-19}$$

式中 P——V 带传递的功率(kW)；

K_A——工作情况系数，见表 10-12。

表 10-12　带传动工作情况系数 K_A

载荷性质	工作机	原动机					
		电动机(交流起动、直流并励、三角起动)四缸以上内燃机			电动机(联机交流起动、直流复励或串励)，四缸以下的内燃机		
		每天工作时间/h					
		<10	10～16	>16	<10	10～16	>16
载荷变动很小	液体搅拌机、鼓风机、通风机(≤7.5kW)、离心式水泵和压缩机、轻载荷输送机	1.0	1.1	1.2	1.1	1.2	1.3
载荷变动小	带式运输机、通风机(>7.5kW)、旋转式水泵和压缩机(非离心式)、发电机等	1.1	1.2	1.3	1.2	1.3	1.4
载荷变动较大	斗式提升机、压缩机、往复式水泵、起重机、冲剪机床、重载运输机、纺织机、振动筛	1.2	1.3	1.4	1.4	1.5	1.6
载荷变动很大	破碎机(旋转式、颚式等)、磨碎机(球磨、棒磨、管磨)	1.3	1.4	1.5	1.5	1.6	1.8

2. 选择V带型号

根据带传动计算功率和小带轮的转速，查图10.7选取V带型号。图中粗实斜直线之间为带型区域，若所选带型临近两种型号的交界线时，可按两种型号分别计算，然后分析比较决定取舍。

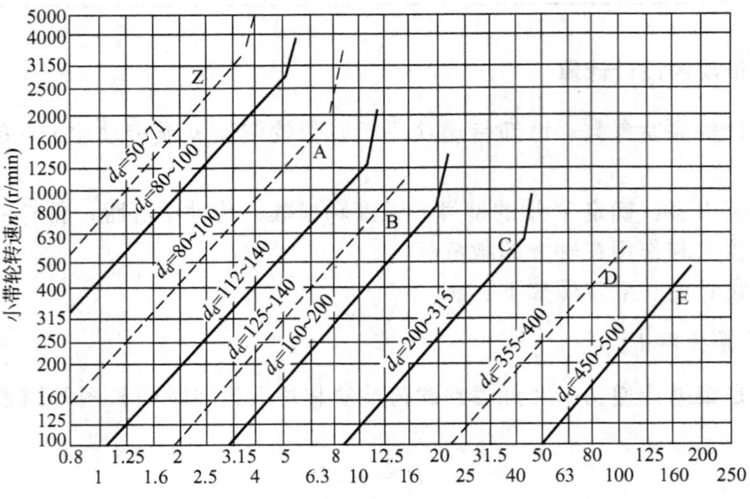

图 10.7　普通V带选型图

3. 确定带轮基准直径 d_{d1}、d_{d2}

小带轮直径 d_{d1} 是带传动最主要的设计参数。带轮直径小可使传动结构紧凑，但会增加带的弯曲应力，降低带的使用寿命，且在一定转矩下带的有效拉力增大，使带的根数增多，所以带轮直径不宜过小。设计时，应使小带轮的基准直径 $d_{d1} \geqslant d_{min}$。带轮最小基准直径 d_{min} 见表 10－6；带轮直径过大，带的寿命虽有延长，但带传动的外廓尺寸会增大。因此，若传动尺寸不受限制，为了提高带的寿命，在合理带速范围内，可以选用直径较大的带轮；但当要求传动结构紧凑时，则应在满足传动能力的条件下，尽可能地减小传动尺寸，即选用直径较小的带轮。

由式(10－14)可得大带轮基准直径计算公式

$$d_{d2}=\frac{n_1}{n_2}d_{d1}(1-\varepsilon) \tag{10-20}$$

d_{d1} 和 d_{d2} 应符合带轮基准直径尺寸系列，见表 10－6。

4. 验算带速 v

$$v=\frac{\pi d_{d1} n_1}{60\times 1000}$$

带速过高，则因带绕过带轮时离心力过大，使带与带轮之间的压紧力减小，摩擦力降低而使传动能力下降，且单位时间内带绕过带轮的次数增多，也降低了带的疲劳强度和寿命；而带速太低，在传递相同功率时，带所传递的有效拉力增大，使带的根数增加。一般应使带的工作速度在 5～25m/s。

5. 确定中心距 a 和带的基准长度 L_d

带传动中心距也是要设计者自行选取的传动参数，中心距取值大小关系到带长和包角的大小，从而对传递功率产生影响。传动中心距小，则结构紧凑，但因带长较短，使带在单位时间绕过带轮的次数增多，从而降低带的寿命，同时使包角减小，导致传动能力降低；若中心距过大，则使传动外廓尺寸大结构不紧凑，在带速较高时引起带的颤动。一般推荐按式(10－21)初步确定中心距 a_0，即

$$0.7(d_{d1}+d_{d2})\leqslant a_0\leqslant 2(d_{d1}+d_{d2}) \tag{10-21}$$

初定中心距后，根据传动的几何关系，带的基准长度 L_0 为

$$L_0=2a_0+\frac{\pi}{2}(d_{d1}+d_{d2})+\frac{(d_{d2}-d_{d1})^2}{4a_0} \tag{10-22}$$

由式(10－22)初步计算出带长后，根据表 10－5 选取接近的带的标准基准长度 L_d，然后再按式(10－23)计算实际中心距 a 的近似值

$$a=a_0+\frac{L_d-L_0}{2} \tag{10-23}$$

考虑带传动安装调整和补偿初拉力(如带伸长、松弛后的张紧)的需要，带传动中心距一般是可以调整的，中心距的变动范围为

$$(a-0.015L_d)\sim(a+0.03L_d) \tag{10-24}$$

6. 验算小带轮包角 α_1

根据传动的几何关系，可得小带轮包角 α_1 为

$$\alpha_1=180°-\frac{d_{d2}-d_{d1}}{a}\times 57.3° \tag{10-25}$$

由于带轮的包角也直接影响带的传动能力，所以小带轮的包角不能太小，一般应使 $\alpha_1 \geqslant 120°$。若不满足此条件，可增大中心距、减小两带轮的直径差或增设张紧轮。

7. 确定带的根数 z

V 带根数可按式(10-26)确定

$$z=\frac{P_c}{[P_0]}=\frac{P_c}{(P_0+\Delta P_0)K_\alpha K_L} \tag{10-26}$$

带的根数应根据计算结果向上圆整取整数。为使每根带受力比较均匀，带的根数不宜过多，通常 $z<10$。若计算所得结果超出范围，应改选 V 带型号后重新设计。

8. 确定初拉力 F_0

适当的初拉力是保证带传动正常工作的前提。初拉力不足，摩擦力小，易发生打滑；初拉力过大带的寿命降低，且对轴和轴承的压力增大。单根 V 带初拉力可按式(10-27)计算

$$F_0=500\frac{P_c}{vz}\left(\frac{2.5}{K_\alpha}-1\right)+qv^2 \tag{10-27}$$

9. 计算带传动作用在轴上的压力 F_Q

为了设计安装带轮的轴和轴承，必须确定带传动作用在轴上的压力 F_Q。为简化带传动对轴的压力的分析，忽略带两边的拉力差，用求初拉力 zF_0 合力的方法来近似计算 F_Q(图 10.8)，即

$$F_Q=2zF_0\sin\frac{\alpha_1}{2} \tag{10-28}$$

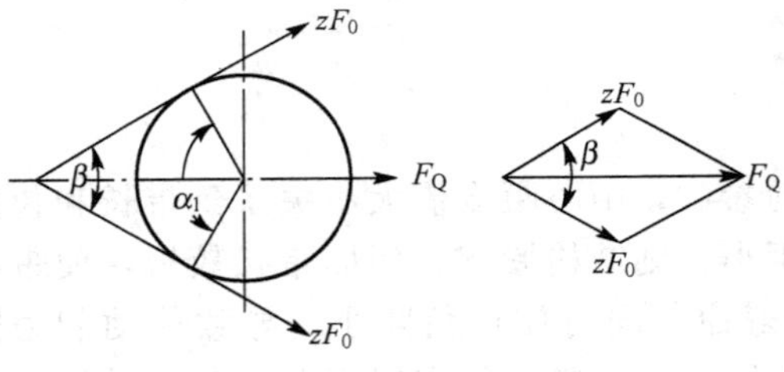

图 10.8 作用在带轮轴上的力

10. 带轮结构设计

带轮的结构设计主要是选择带轮材料；根据带轮基准直径的大小确定结构形式；根据带的类型确定轮缘尺寸；根据经验公式计算其他结构尺寸，绘制带轮零件工作图。

[例 10-1]参考模块四所示的带式输送机传动简图，在例 9-1 设计的电动机参数及带传动的传动比 $i_v=2.99$ 基础上，设计其普通 V 带传动(其他条件与例 9-1 相同)。

解：设计见下表

计算及说明	结果
1. 确定计算功率 P_c 根据 V 带传动工作条件，查表 10-12，得 $K_A=1.4$ $P_c=K_AP=1.4\times 3=4.2\text{kW}$ 2. 选择 V 带型号 根据 $P_c=4.2\text{kW}$，$n_1=1430\text{r/min}$，由图 10.7 选用 A 型普通 V 带	$P_c=4.2\text{kW}$ A 型 V 带
3. 确定带轮基准直径 d_{d1}、d_{d2} 由表 10-6 查得，d_{d1} 应不小于 75mm，取 $d_{d1}=90\text{mm}$。忽略滑动率 ε 的影响，由式(10-20)得从动轮基准直径：	$d_{d1}=90\text{mm}$

（续）

计算及说明	结果
$d_{d2}=\frac{n_1}{n_2}d_{d1}=i_v d_{d1}=2.99\times 90=269.1\text{mm}$ 根据表 10-6，取直径系列值 $d_{d2}=280\text{mm}$ 实际传动比：$i=d_{d2}/d_{d1}=280/90=3.1$ 传动比相对误差：$\Delta i=\frac{i_v-i}{i_v}=\frac{2.99-3.1}{2.99}=-3.7\%<\pm 5\%$，故允许	$d_{d2}=280\text{mm}$
4. 验算带速 v $v=\frac{\pi d_{d1}n_1}{60\times 1000}=\frac{\pi\times 90\times 1430}{60\times 1000}=6.7\text{m/s}$ 在 5～25m/s 范围内，故带的速度合适	$v=6.7\text{m/s}$
5. 确定中心距 a 和带的基准长度 L_d 由式(10-21)得 $259\leqslant a_0\leqslant 740$，初取中心距 $a_0=400\text{mm}$，由式(10-22)得带长： $L_0=2a_0+\frac{\pi}{2}(d_{d1}+d_{d2})+\frac{(d_{d2}-d_{d1})^2}{4a_0}$ $=2\times 400+\frac{\pi}{2}(90+280)+\frac{(280-90)^2}{4\times 400}=1403.5\text{mm}$ 由表 10-5 选取相近的基准长度 $L_d=1400\text{mm}$	$L_d=1400\text{mm}$
按式(10-23)计算实际中心距： $a=a_0+\frac{L_d-L_0}{2}=400+\frac{1400-1403.5}{2}=398\text{mm}$ 中心距的变化范围为：377～440mm	$a=398\text{mm}$
6. 验算小带轮包角 α_1 由式(10-25)得 $\alpha_1=180^\circ-\frac{d_{d2}-d_{d1}}{a}\times 57.3^\circ$ $=180^\circ-\frac{280-90}{398}\times 57.3^\circ=152.6^\circ>120^\circ$ 所以包角合适	$\alpha_1=152.6^\circ$
7. 确定带的根数 z 由表 10-9，根据插入法得 $P_0=1.06\text{kW}$；由表 10-10，根据插入法得 $\Delta P_0=0.17\text{kW}$；由表 10-11，根据插入法得 $K_\alpha=0.93$；由表 10-5，查得 $K_L=0.96$。代入式(10-26)得 $z=\frac{P_c}{(P_0+\Delta P_0)K_\alpha K_L}=\frac{4.2}{(1.06+0.17)\times 0.93\times 0.96}=3.8$ 取 z=4 根	$z=4$ 根
8. 确定初拉力 F_0 由表 10-4 查得 $q=0.105\text{kg/m}$，由式(10-27)得 $F_0=500\frac{P_c}{vz}\left(\frac{2.5}{K_\alpha}-1\right)+qv^2$ $=500\times\frac{4.2}{6.7\times 4}\left(\frac{2.5}{0.93}-1\right)+0.105\times 6.7^2=136.99\text{N}$	$F_0=136.99\text{N}$
9. 计算带传动作用在轴上的压力 F_Q 由式(10-28)得 $F_Q=2zF_0\sin\frac{\alpha_1}{2}=2\times 4\times 136.99\sin\frac{152.6^\circ}{2}=1064.7\text{N}$	$F_Q=1064.7\text{N}$

（续）

计算及说明	结果
10. 带轮结构设计 由于带速 $v=6.7\text{m/s}<25\text{m/s}$，故带轮材料取铸铁 HT150。 由表 10－8，小带轮基准直径 $300\text{mm}>d_{d1}=90\text{mm}>(2.5\sim3)d_s$(由例 9－1 中表知电动机轴径 $D=d_s=28\text{mm}$)，采用腹板式结构；大带轮 $d_{d2}=280\text{mm}<300\text{mm}$，但$(d_2-d_1)\geqslant100\text{mm}$，故采用孔板式结构。 带轮其他结构尺寸计算略。 11. 绘制带轮零件工作图。小带轮零件工作图如图 10.9 所示	带轮材料铸铁 HT150 小带轮腹板式 大带轮孔板式

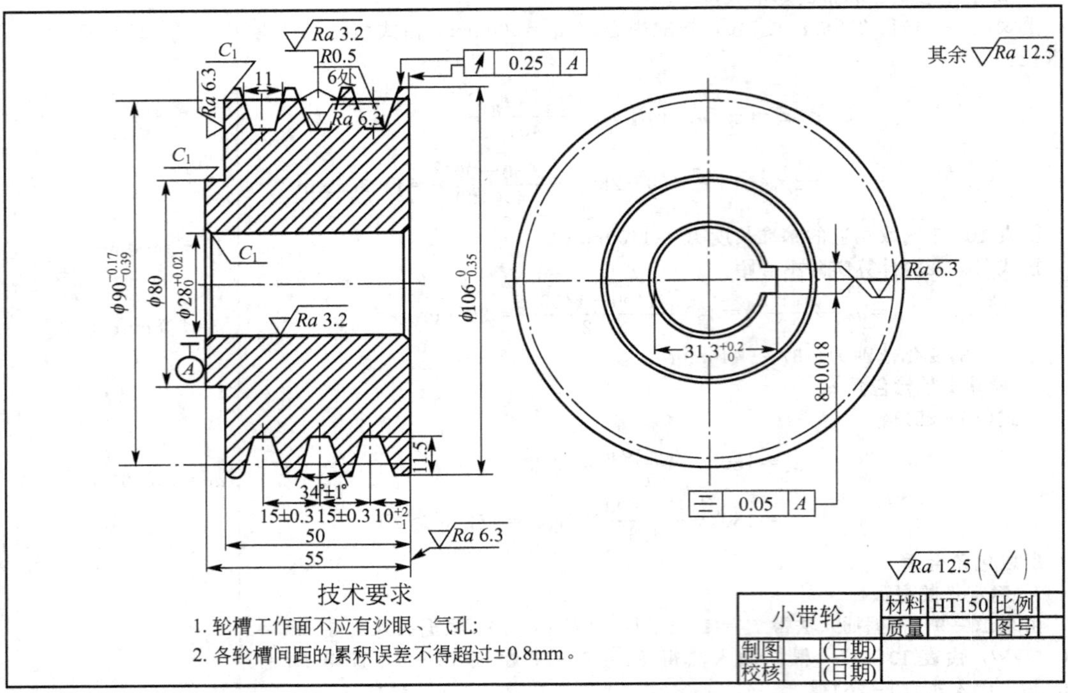

图 10.9　小带轮零件工作图

10.5　带传动的张紧与维护

10.5.1　带传动的张紧

带不是完全的弹性体，工作一段时间后会因塑性伸长而松弛，使初拉力降低，传动能力下降。为了保证带传动的传递能力和正常工作，带传动必须重新张紧。常见的张紧装置有定期张紧装置、自动张紧装置和张紧轮装置(表 10－13)。

表 10－13 带传动的张紧装置

张紧形式	图例	张紧方法
定期张紧装置	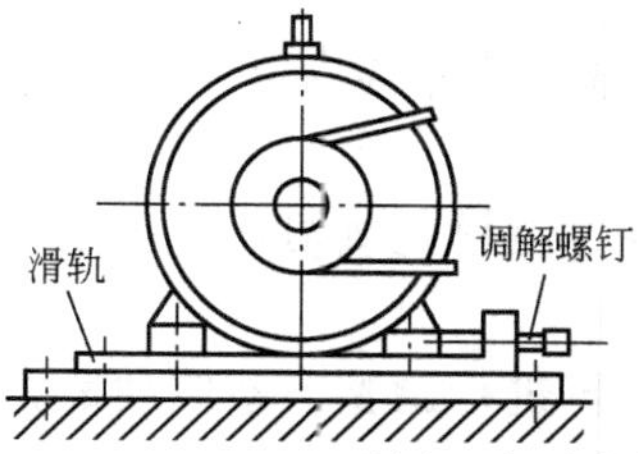  适用于水平或倾斜不大的传动	需要定期调整。把装有带轮的电动机安装在有滑轨的基板上或摆动架上，当带需要张紧时，通过旋动调节螺钉或调节螺母改变电动机的位置，增大中心距，达到张紧的目的
	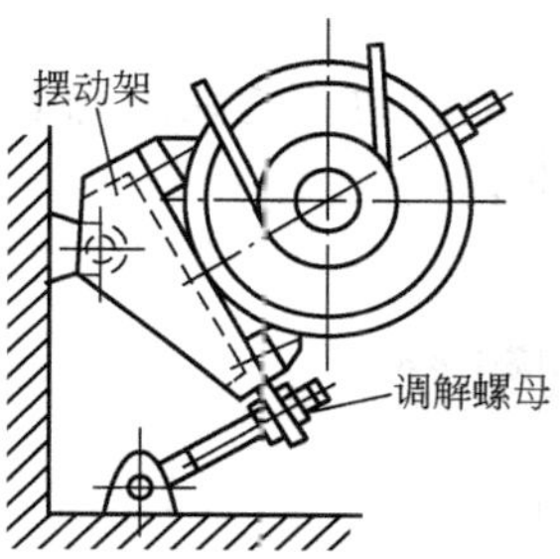  适用于垂直或接近垂直的传动	
自动张紧装置	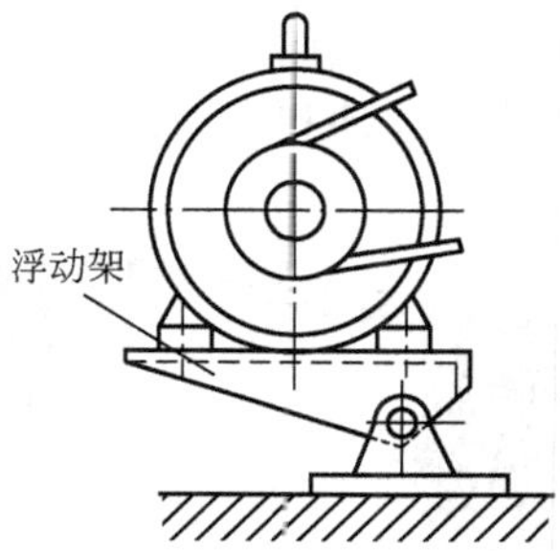 	将装有带轮的电动机固定在浮动架上，靠电动机与摆架的自重，使带轮随浮动架绕固定轴摆动而改变中心距自动张紧。自动张紧装置不需要人工调整
张紧轮装置	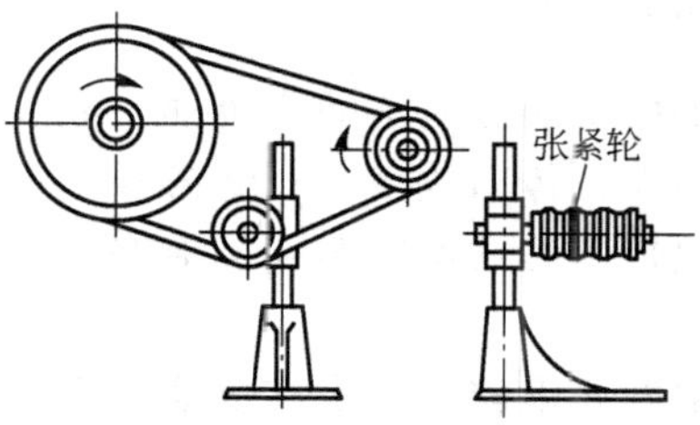 	当中心距不能调节时，可采用张紧轮装置。为使带只受单向弯曲，张紧轮应安置在带的松边内侧，且靠近大带轮处，以免减小小带轮包角

10.5.2 带传动的维护

为了延长带的寿命，保证带传动的正常运转，必须重视其使用和维护保养。使用时应注意以下问题：

(1) V带的型号应和带轮轮槽尺寸相符。同时使用多根V带时，应采用相同型号、同一厂家生产的配组带，以免各带受力不均。

(2) 使用中应定期检查，如发现有的V带出现过度松弛或损坏，应全部更换，新旧带不能同时使用。

(3) 安装带时，最好缩小中心距后套上V带，再进行调整，不应硬撬，以免损坏胶带降低其使用寿命。

(4) 安装时，两带轮的轴线应平行，两轮相对应的轮槽中心线应重合，以免加速带的磨损，降低其使用寿命。

(5) 带传动应加防护罩，以保证安全。

(6) 严防V带与油、酸、碱等介质接触，以免变质，也不宜在阳光下曝晒。

(7) 胶带工作温度不应超过60℃，以免过快老化。

10.6 链传动简介

10.6.1 链传动的特点及应用

链传动是两个或多个链轮之间用链条作为挠性件的一种啮合传动。链传动是由装在平行轴上的主动链轮1、从动链轮2和绕在链轮上的链条3组成的，如图10.10所示。链轮上制有特殊齿形的齿，依靠链轮轮齿与链节的啮合来传递运动和动力。

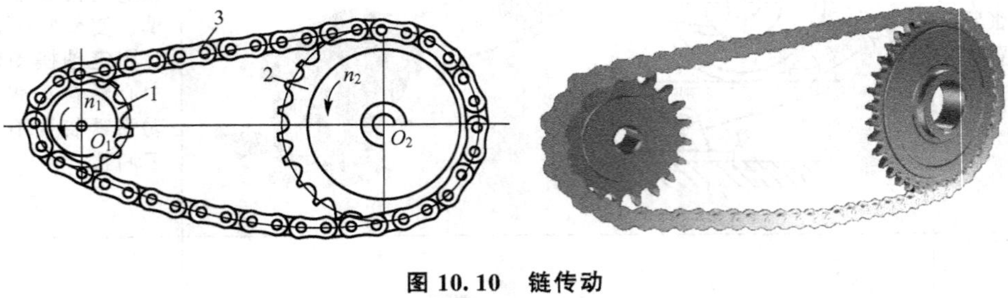

图10.10 链传动

1—主动链轮；2—从动链轮；3—链条

与带传动相比，链传动的主要优点是：①由于链传动是啮合传动，故没有打滑和弹性滑动，平均传动比准确，工作可靠，传递功率大，传动效率高；②链条不需要张紧，作用在轴和轴承上的压力较小；③工况相同时，比带传动结构紧凑；④能在高温、潮湿、有油污、多尘等恶劣环境下工作。

与齿轮传动相比，链传动的制造和安装精度要求较低，成本低廉，且能实现两轴间距离较远的传动。

链传动的主要缺点是：瞬时链速和瞬时传动比不准确，因此传动平稳性差，工作时有冲击和噪声。

链传动广泛用于中心距较大、要求平均传动比准确的传动；环境恶劣的开式传动；低速重载传动和润滑良好的高速传动，如农业机械、矿山机械、工程机械、机床及摩托车等。通常，链传动的传递功率 $P \leqslant 100\text{kW}$；传动比 $i \leqslant 6$；中心距 $a \leqslant 5 \sim 6\text{m}$；链速 $v \leqslant 15\text{m/s}$；传动效率 $\eta = 0.96 \sim 0.97$。

10.6.2 链条与链轮

1. 链条

根据链条的结构不同，传递动力用的链条主要有滚子链和齿形链两种。齿形链结构复杂，价格较高，因此其应用不如滚子链广泛。

(1) 滚子链。滚子链的结构如图 10.11 所示。它由内链板 1、外链板 2、销轴 3、套筒 4 和滚子 5 组成。套筒与内链板、销轴与外链板之间分别采用过盈配合固联在一起，分别称为内、外链节，内、外链节构成铰链。销轴与套筒、套筒与滚子之间采用间隙配合，以保证套筒可绕销轴、滚子可绕套筒转动。当链与链轮啮合时，内、外链节做相对转动，滚子沿链轮齿廓滚动，以减少链条和轮齿之间的磨损。内、外链板均制成“8”字形，以减轻链条的重量并使链板各截面接近强度相等。

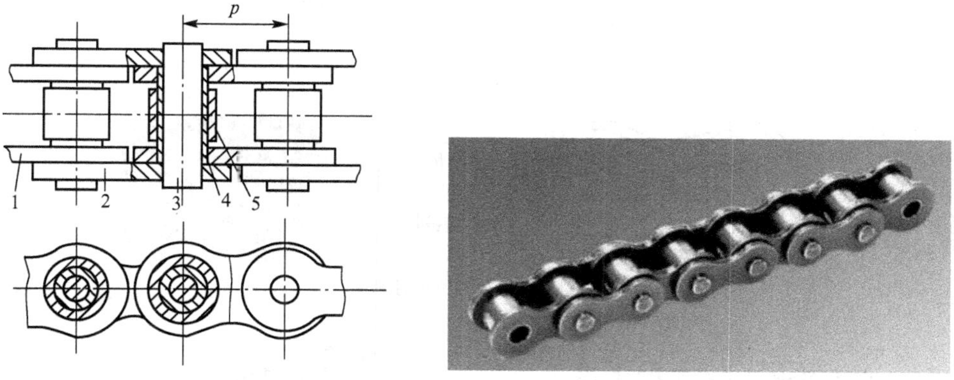

图 10.11 滚子链结构

1—内链板；2—外链板；3—销轴；4—套筒；5—滚子

滚子链的主要参数是链节距 p，它是链条相邻两滚子中心的距离。节距越大，链的各部分尺寸越大，链的承载能力也越大。

当传递较大功率时，可采用双排链或多排链，如图 10.12 所示。多排链由几条单排链并列，并用长销轴联接。排数越多，承载能力越大，但链的制造和装配精度要求越高，各链之间受载不均匀的现象越严重，故排数一般不超过 4 排，最常用的是双排滚子链。

滚子链的长度以链节数来表示。链节数最好取偶数，以便链条构成封闭环形时正好是内链板与外链板相接。接头处可用开口销(图 10.13(a))或弹性销片(图 10.13(b))锁紧。若链节数为奇数，则需要采用过渡链节，如图 10.13(c)所示。过渡链节的链板需单独制造，当链条受拉时，将承受附加的弯曲载荷，使强度降低，故应尽量不用。

(2) 齿形链。齿形链又称无声链，由一组齿形链板用铰链连接而成，如图 10.14 所

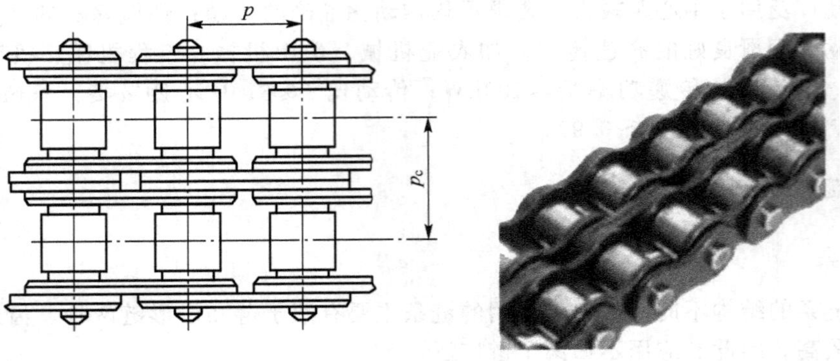

图 10.12　多排滚子链

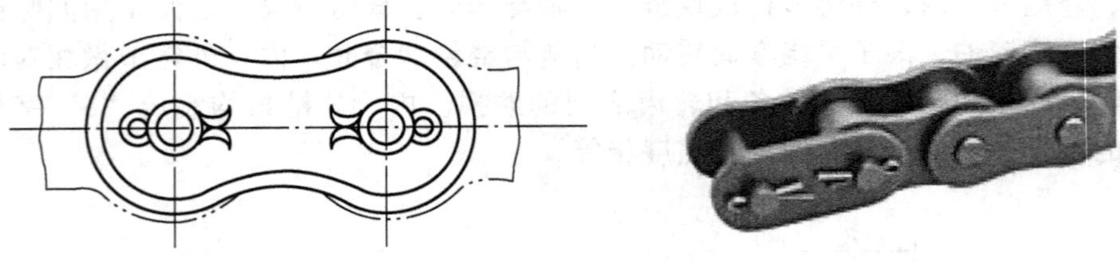

(a) 开口销

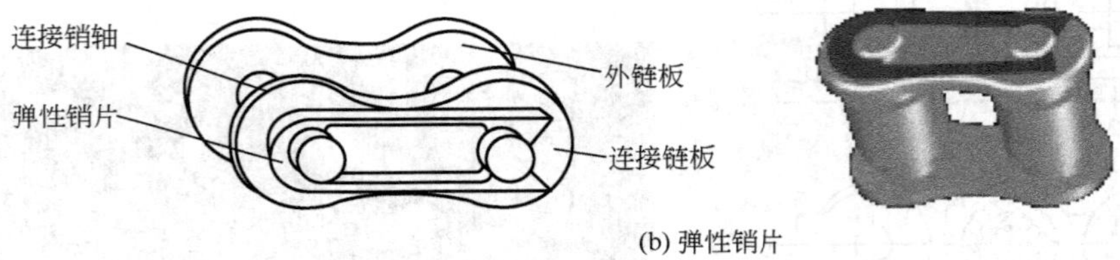

(b) 弹性销片

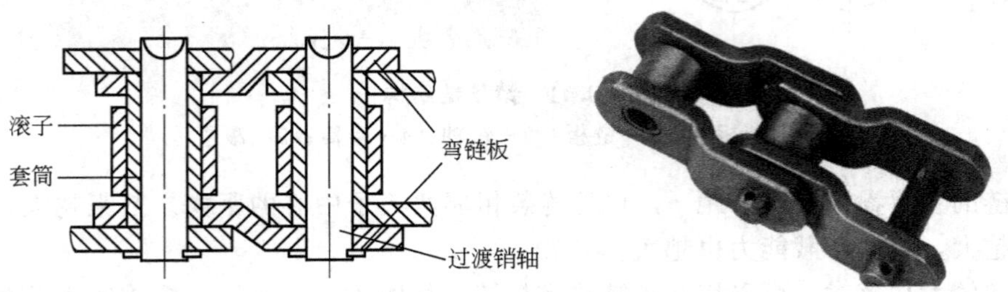

(c) 过渡链节

图 10.13　接头型式

示。链板齿形的两侧为直边，工作时链板侧边与链轮轮齿相啮合。链板两工作侧面夹角为 60°。

与滚子链相比，齿形链传动平稳、噪声小，承受载荷冲击的性能好，但成本较高、结构复杂、重量较大，多用于高速(链速可达 40m/s) 或运动精度要求较高的场合。

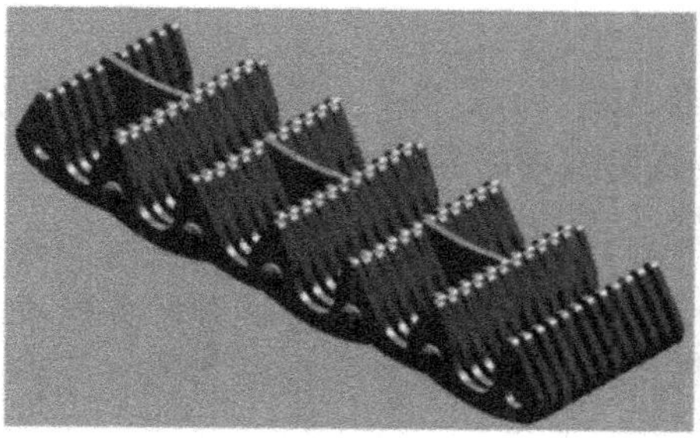

(a) 内链板齿形链

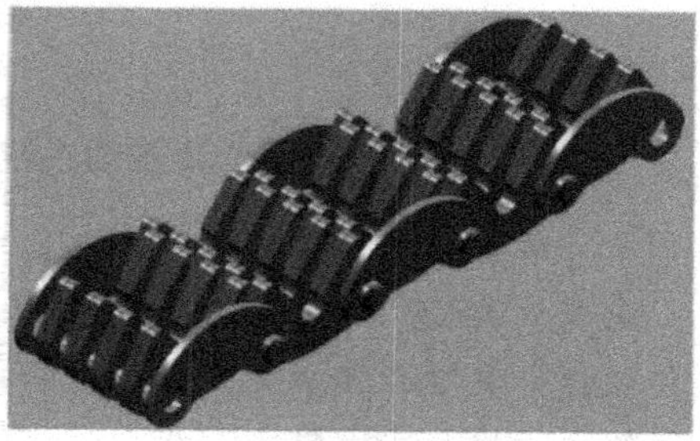

(b) 外链板齿形链

图 10.14 齿形链

2. 链轮

(1) 链轮材料。链轮的轮齿应有足够的接触强度和耐磨性。常用材料有碳素钢(如Q235、Q275、45)、铸钢(如 ZG310－570)及灰铸铁(如 HT200)，重要的链轮可采用合金钢(如 40Cr、35SiMn)，齿面需经过热处理，以提高表面的硬度和耐磨性。此外，小链轮的啮合次数比大链轮多，所受冲击力也大，故所用材料一般优于大链轮。

(2) 链轮结构。链轮结构如图 10.15 所示。小直径链轮可制成实心式结构，如图10.15(a)所示；中等直径的链轮多采用孔板式结构，如图 10.15(b)所示；大直径链轮则可设计成组合式结构，如图 10.15(c)所示，轮齿磨损后只需更换齿圈即可。

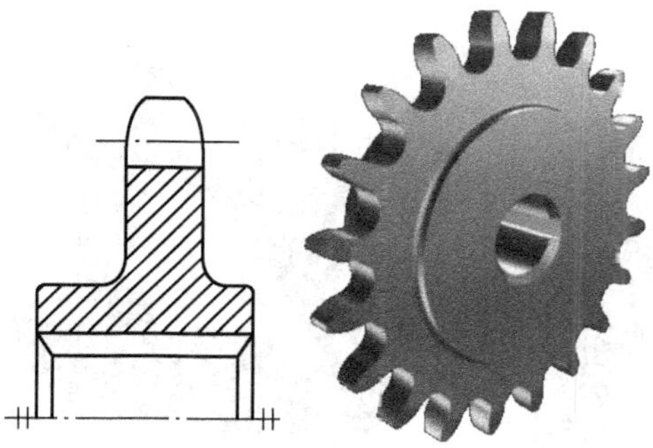

(a) 实心式

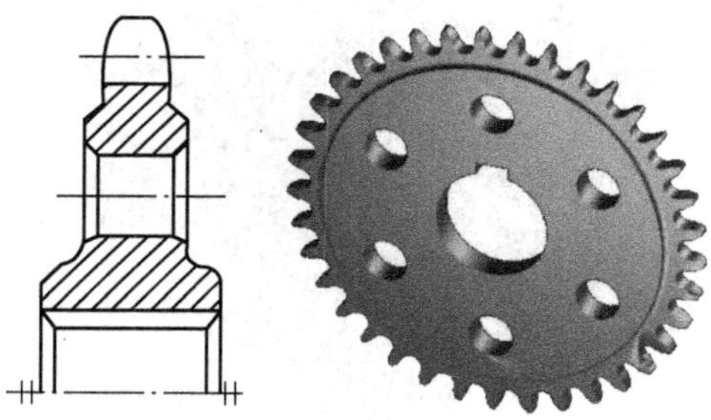

(b) 孔板式

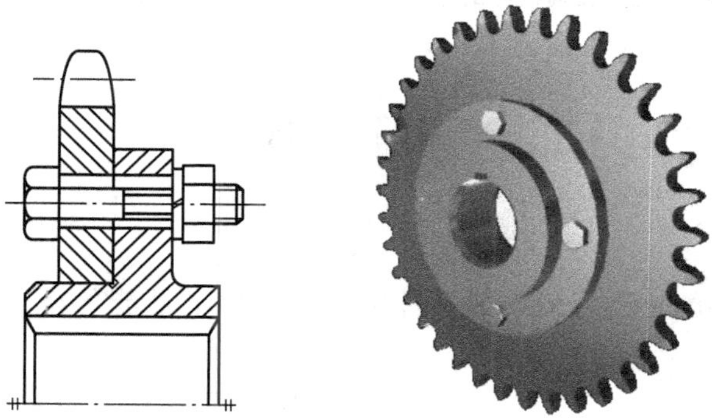

(b) 组合式

图 10.15 链轮结构

阅读材料

同步带传动在汽车发动机中的应用

图 10.16 所示为汽车发动机。发动机是汽车的心脏，通过能量转换为汽车的行走提供动力。配气机构(图 10.17)是汽车发动机的组成之一，其作用是根据发动机的工作顺序和工作过程，定时开启和关闭进气门和排气门，使可燃混合气或空气进入气缸，并使废气从气缸内排出，实现换气过程。

汽车同步带(即啮合型带传动)是发动机配气系统的重要组成部分，将曲轴与凸轮轴之间联接起来并传递动力。当发动机运转时，配合一定的传动比，使活塞的行程(上下的运动)、气门的开启与关闭(时间)、点火的顺序(时间)时刻保持“同步”完成，所以，汽车同步带又叫“正时带”。

汽车发动机工作过程中，在气缸内不断发生进气、压缩、做功、排气四个过程，并且每个步骤的时机都要与活塞的运动状态和位置相配合，使进气与排气及活塞升降相互协调起来，正时带在发动机里面扮演了一个“桥梁”的作用。

使用带传动而不用齿轮传动，是因为皮带噪声小，传动精确，自身变化量小而且易于补偿。汽车同步带一般以钢丝绳或玻璃纤维为抗拉层，外覆以聚氨酯或氯丁橡胶，能够准确定位或实现同步传动。

图 10.16　同步带传动在汽车发动机中的应用

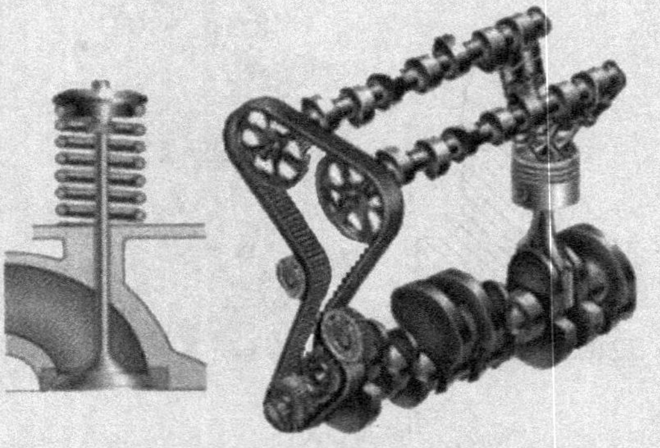

图 10.17　配气机构

习　　题

10-1　选择题

(1) 带传动中，在初拉力相同的条件下，V 带比平带能传递较大的功率，是因为 V 带____。

A. 强度高　　　　B. 尺寸小

C. 有楔形增压作用　　　　D. 没有接头

(2) 如图所示的 V 带在轮槽中的三种安装情况，正确的安装为____。

A. 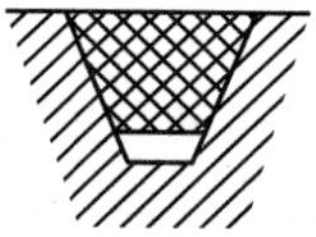 B.  C. 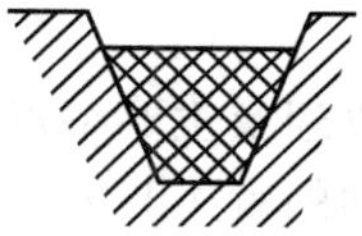

(3) 为了保证V带与带轮的轮槽面很好的接触，V带轮的轮槽角____。

A. ≤40° B. ≥40° C. <40° D. >40°

(4) 带传动正常工作时，紧边拉力 F_1 和松边拉力 F_2 满足关系____。

A. $F_1=F_2$ B. $F_1-F_2=F$ C. $F_1+F_2=F_0$

(5) 带传动正常工作时，不能保证准确的传动比是因为____。

A. 带的材料不符合胡克定律 B. 带容易变形和磨损

C. 带在带轮上打滑 D. 带的弹性滑动

(6) 带传动正常工作时，产生弹性滑动是因为____。

A. 带的初拉力不够 B. 带的紧边和松边拉力不等

C. 带绕过带轮时有离心力 D. 带和带轮间摩擦力不够

(7) 带传动打滑总是____。

A. 在小轮上先开始 B. 在大轮上先开始

C. 在两轮上同时开始

(8) 带传动中，若小带轮为主动轮，则带的最大应力发生在带____处。

A. 进入主动轮 B. 进入从动轮

C. 退出主动轮 D. 退出从动轮

(9) 工作条件与型号一定的V带，其寿命随小带轮直径的增大而____。

A. 降低 B. 增大 C. 不变

(10) 带传动的主要失效形式之一是带的____。

A. 松弛 B. 颤动 C. 疲劳破坏 D. 弹性滑动

(11) V带传动设计中，限制小带轮的最小直径主要是为了____。

A. 使结构紧凑 B. 保证带和带轮接触面间有足够摩擦力

C. 限制弯曲应力 D. 限制小带轮上的包角

(12) 在带传动中，小带轮包角一般应大于或等于____。

A. 90° B. 100° C. 120° D. 150°

(13) 带传动的中心距与小带轮的直径一定时，若增大传动比，则小带轮上的包角____。

A. 减小 B. 增大 C. 不变

(14) 带传动采用张紧装置的目的是____。

A. 减轻带的弹性滑动 B. 提高带的寿命

C. 改变带的运动方向 D. 调节带的初拉力

(15) 设计链传动时，链的节数最好取____。

A. 偶数 B. 奇数

C. 质数 D. 链轮齿数的倍数

(16) 多排链排数一般不超过3排或4排，主要是为了____。

A. 不使安装困难 B. 不使轴向过宽

C. 使各排受力均匀 D. 减轻链的质量

10-2　思考题

(1) 带传动的工作原理及主要特点是什么？为什么一般都将带传动配置在高速级？

(2) 如何判别带传动的紧边与松边？带传动允许的最大有效拉力与哪些因素有关？

(3) 带传动中的弹性滑动与打滑有什么区别？带传动的弹性滑动是怎样产生的？对传动有何影响？影响打滑的因素有哪些？如何避免打滑？为避免打滑，安装带传动时，初拉力 F_0 是否越大越好？

(4) 带在工作时受到哪些应力作用？最大应力发生在何处？从应力分布情况说明什么问题？

(5) 带传动的失效形式有哪些？其设计准则如何？单根 V 带所能传递的功率是根据哪些条件得来的？

(6) 在设计带传动时，为什么要限制带速 v、小带轮直径 d_{d1} 和带轮包角 α_1？中心距为什么要限制在一定的范围内？

(7) 带轮一般采用什么材料？带轮的结构形式有哪些？根据什么来选定带轮的结构形式？

(8) 与带传动相比，链传动有什么优缺点？

10-3　计算题

(1) 已知 V 带传动所传递的功率 $P=7.5\text{kW}$，带速 $v=10\text{m/s}$，现测得初拉力 $F_0=1125\text{N}$。试求：紧边拉力 F_1 和松边拉力 F_2。

(2) V 带传动传递的功率 $P=7.5\text{kW}$，小带轮直径 $d_{d1}=140\text{mm}$，转速 $n_1=1440\text{r/min}$，大带轮直径 $d_{d2}=400\text{mm}$，V 带传动的滑动率 $\varepsilon=2\%$。求：从动轮的转速 n_2 及有效拉力 F。

(3) 单根普通 V 带传动，能传递的最大功率 $P=10\text{kW}$，主动轮的转速 $n_1=1450\text{r/min}$。主动轮、从动轮的基准直径分别为 $d_{d1}=180\text{mm}$，$d_{d2}=355\text{mm}$，中心距 $a=630\text{mm}$，带与带轮间的当量摩擦因数 $f_v=0.2$。试求：带速 v、小带轮的包角 α_1 及紧边拉力 F_1、有效拉力 F。

第11章 齿轮传动设计

教学提纲

本章主要介绍齿轮传动的失效形式及设计准则；齿轮材料及选择；标准直齿圆柱齿轮、平行轴斜齿圆柱齿轮和直齿锥齿轮传动的受力分析、强度计算；齿轮的结构设计；齿轮传动的润滑。

教学目标

1. 了解齿轮传动在不同的工作条件和不同齿面硬度下的失效形式及设计准则。
2. 了解齿轮常用材料的特性，掌握齿轮常用材料及热处理方法的选择。
3. 掌握直齿圆柱齿轮、平行轴斜齿圆柱齿轮和直齿锥齿轮的受力分析、强度计算和参数选择。
4. 掌握齿轮的结构设计，了解齿轮传动的润滑。

齿轮是用于传递空间任意两轴之间的运动和动力的传动零件。除了第 5 章对齿轮的分类外，齿轮传动还可以按如下方法进行分类。

按工作情况不同齿轮传动分为开式、半开式及闭式齿轮传动。开式齿轮传动没有防护罩或机壳，齿轮完全暴露在外，不能防尘且润滑不良，工作条件不好，故齿轮易磨损，寿命短，用于低速或不重要的场合，如水泥搅拌机齿轮、卷扬机齿轮等。闭式齿轮传动安装在密闭的箱体内，密封条件好，具有良好的润滑，使用寿命长，用于较重要的场合，如机床、汽车等。半开式齿轮传动介于开式齿轮和闭式齿轮传动之间，通常在齿轮的外面安装有简易的防护罩，有时把大齿轮部分地浸入油池中，如车床交换齿轮架齿轮等。

按齿面硬度不同齿轮分为硬齿面齿轮和软齿面齿轮。齿面硬度大于 350HBW(或 38HRC)的齿轮，称为硬齿面齿轮，其承载能力大、寿命长，主要应用于载荷大、尺寸要求紧凑的场合；齿面硬度小于或等于 350HBW(或 38HRC)的齿轮，称为软齿面齿轮，其承载能力较低，一般用于载荷不大或尺寸较大的场合。一对齿轮传动，只有当两齿轮均为硬齿面时，方为硬齿面齿轮传动，否则都为软齿面齿轮传动。

11.1 齿轮传动的失效形式及设计准则

11.1.1 齿轮传动的失效形式

齿轮传动是靠轮齿的啮合来传递运动和动力的，轮齿一旦失效齿轮也就丧失了工作能力，故齿轮传动的失效一般是指轮齿的失效。而齿轮的其他部分(如轮辐、轮毂等)，通常按经验设计，所确定的尺寸对强度及刚度均较富裕，实践中也极少失效。

齿轮轮齿的失效形式主要有以下 5 种，见表 11-1。

表 11-1 齿轮传动的失效形式

1. 轮齿折断	
图例	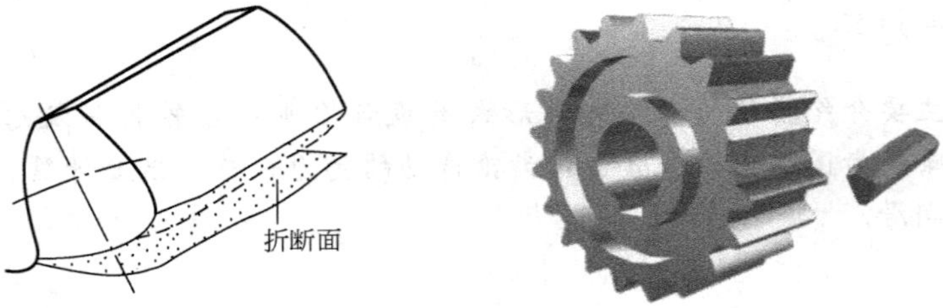 (a) 全齿折断 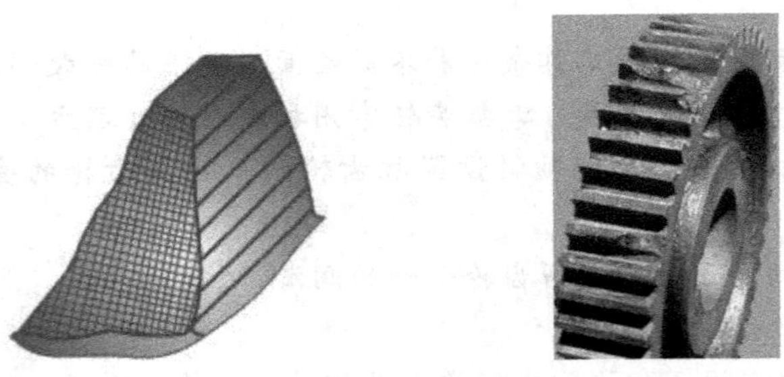 (b) 局部折断
产生原因	轮齿折断是指齿轮的一个或多个齿的整体或局部的断裂，是齿轮最危险的失效形式，通常有疲劳折断和过载折断两种 (1) 疲劳折断。轮齿类似悬臂梁，受载时齿根部分产生的弯曲应力最大，所以，轮齿折断一般发生在轮齿根部。齿根所受弯曲应力为交变应力，且由于齿根处过渡部分的截面突变及加工刀痕等均会引起应力集中，当轮齿在过高的交变弯曲应力的反复作用下，应力值超过齿轮材料的弯曲疲劳极限时，轮齿根部就会产生疲劳裂纹，并不断地扩展，致使轮齿疲劳折断。本章只讨论轮齿的疲劳折断 (2) 过载折断。齿轮工作时，若轮齿短时严重过载或受到较大冲击载荷时发生的突然折断。淬火钢或铸铁制成的齿轮容易发生过载折断 对齿宽较小的直齿轮，轮齿一般沿整个齿宽折断(图(a))；对接触线倾斜的斜齿轮或人字齿轮以及齿宽较大的直齿轮，多发生轮齿的局部折断(图 (b))

（续）

1. 轮齿折断	
改善措施	增大齿根过渡圆角半径，提高表面精度以减小应力集中，对齿根处进行强化处理（如喷丸、碾压），采用正变位齿轮等

2. 齿面点蚀	
图例	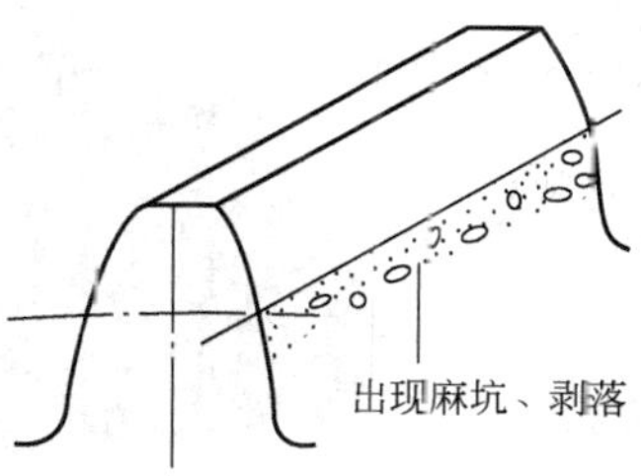 
产生原因	齿轮啮合时，轮齿工作表面在法向力的作用下将产生脉动循环变化的接触应力，在交变的接触应力的反复作用下，若齿面接触应力超过材料的接触疲劳极限时，齿面表层就会产生细微的疲劳裂纹，裂纹的蔓延扩展使金属微粒剥落下来形成麻点状的凹坑，造成疲劳点蚀。齿面点蚀使齿面有效承载面积减小，点蚀的扩展将会严重损坏齿廓表面精度，引起冲击和噪声，造成传动的不平稳而失效 齿面点蚀是润滑良好的闭式软齿面齿轮传动的主要失效形式。由于齿廓在节线附近啮合时齿面相对滑动速度较低，不利于形成润滑油膜，且节线附近通常处于单齿啮合区，齿面承受载荷较大，故齿面点蚀通常首先发生在节线附近的齿根表面处。在开式齿轮传动中，由于齿面磨损速度较快，点蚀还来不及出现或扩展时即被磨掉，所以一般看不到点蚀现象
改善措施	提高齿面硬度，降低表面粗糙度值，增大润滑油黏度等

3. 齿面磨损	
图例	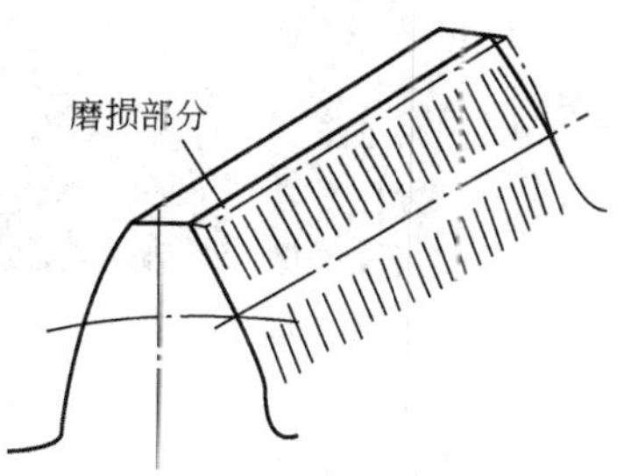 
产生原因	当灰尘、砂粒、金属屑等硬质颗粒落入轮齿齿面之间，互相啮合的两齿廓相对滑动时，在载荷作用下会引起齿面的磨损。齿面严重磨损后，轮齿将失去正确的齿形，齿侧间隙不断加大，导致严重的噪声和振动，影响轮齿正常工作，最终使传动失效。同时齿面磨损可使轮齿减薄，间接导致轮齿折断。齿面磨损是开式齿轮传动的主要失效形式之一

（续）

3. 齿面磨损	
改善措施	采用闭式传动，提高齿面硬度，减小齿面粗糙度值，保持良好的润滑等

4. 齿面胶合	
图例	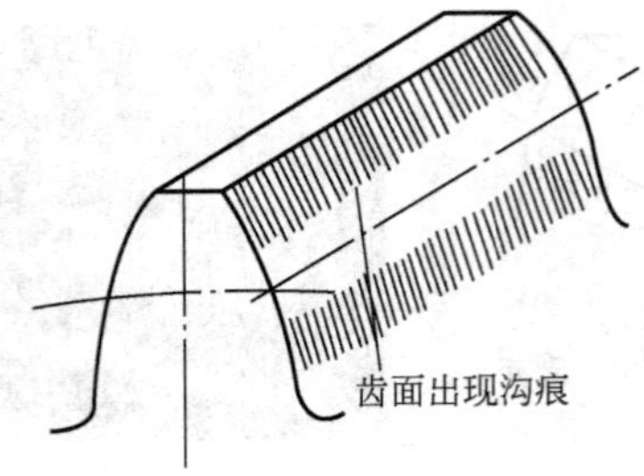 
产生原因	在高速重载的齿轮传动中，由于齿面间的接触压力很大，造成摩擦力大而发热，润滑油膜因温度升高容易破裂，润滑效果变差，使齿面金属直接接触，其接触区产生瞬时高温，致使两轮齿表面局部金属熔焊在一起。随着两齿面相对运动，较硬金属齿面将较软的轮齿齿面金属表层沿滑动方向撕划出沟痕，造成齿面胶合 低速重载齿轮传动，由于油膜不易形成，也可能发生胶合失效
改善措施	提高齿面硬度和表面精度，采用抗胶合能力强的润滑油(如硫化油)，减小模数，减小齿面相对滑动速度，选用抗胶合性能好的齿轮副材料等

5. 齿面塑性变形	
图例	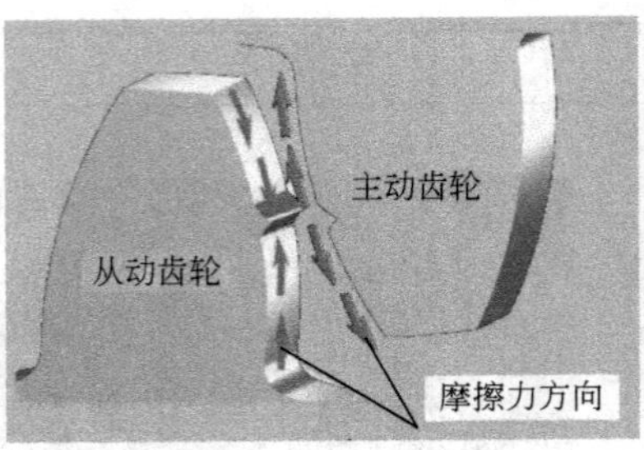  (a) 主动轮塑性变形 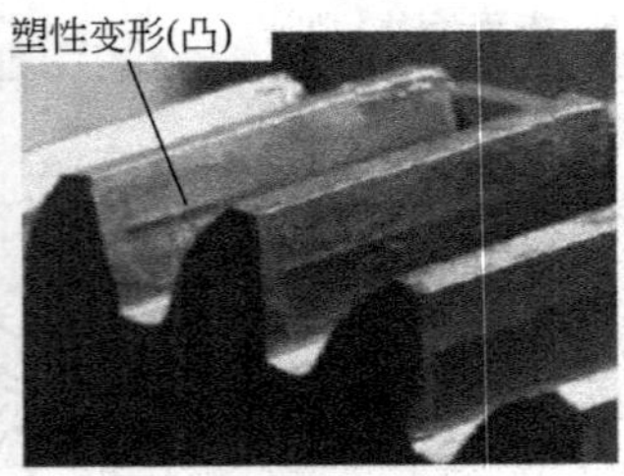 (b) 从动轮塑性变形
产生原因	在重载的条件下，由于齿面接触处压力过大，较软的齿面表层金属材料因屈服可能沿摩擦力方向发生滑移，出现局部金属塑性流动现象而产生塑性变形。主动轮表面摩擦力方向背离节线，使齿面节线附近碾出凹沟(图(a))；而从动轮表面摩擦力方向指向节线，使齿面节线附近挤出凸棱(图(b))
改善措施	提高齿面硬度，改善润滑情况，避免起动频繁和过载传动等

11.1.2 齿轮传动的设计准则

齿轮传动在不同的工作条件下，有着不同的失效形式，故对应有不同的设计准则。因此，在设计齿轮传动时，应根据实际工作条件，分析其可能发生的主要失效形式，选择相应的齿轮传动设计准则。但由于对齿面磨损和塑性变形两种失效尚未建立适合工程使用的计算方法和设计数据，所以目前设计一般使用齿轮传动时，通常只进行齿面接触疲劳强度和齿根弯曲疲劳强度两种计算。对于高速大功率的齿轮传动(如航空发动机主传动等)，还要进行齿面抗胶合能力计算。对于不同工作条件下的齿轮传动，其设计准则如下：

(1) 闭式软齿面齿轮传动，主要失效形式为齿面点蚀，故先进行齿面接触疲劳强度设计，初步确定齿轮传动的主要参数和尺寸后，再进行齿根弯曲疲劳强度校核，避免轮齿折断的发生。

(2) 闭式硬齿面齿轮传动，主要失效形式是轮齿折断，故先进行齿根弯曲疲劳强度设计，初步确定齿轮传动的主要参数和尺寸后，再校核齿面接触疲劳强度，以避免齿面点蚀失效的发生。

(3) 开式(半开式) 齿轮传动，主要失效形式是齿面磨损和轮齿折断，故按齿根弯曲疲劳强度进行设计，并考虑磨损影响，将强度计算所得的模数适当增大。由于开式齿轮传动一般不发生齿面点蚀，故通常不校核齿面接触疲劳强度。

11.2 常用齿轮材料及其选择原则

由齿轮的失效形式分析可知，比较理想的齿轮材料是齿面应具有较高的抗磨损、抗点蚀、抗胶合及抗塑性变形的能力；齿根应具有较高的抗疲劳折断能力。因此，对齿轮材料的基本要求是：齿面要硬、齿芯要韧。另外，选择材料时还应考虑加工和热处理的工艺性、经济性等多种因素。

11.2.1 常用的齿轮材料

工程中常用的齿轮材料是锻钢，其次是铸钢、铸铁，在某些情况下也选用工程塑料等非金属材料。

1. 锻钢

钢料经锻造后可以改善材料性质，提高齿轮的强度和韧性，因此，大多数齿轮都采用锻钢。

为了获得适合工作要求的综合性能，锻钢齿轮还应进行必要的热处理来改善其机械性能，得到相应的齿面硬度。

(1) 软齿面齿轮。这类齿轮大多经过调质或正火处理后切齿，切齿后的精度一般为 8 级，经过精切可达 7 级精度。常用的材料为中碳钢或中碳合金钢，如 45、40Cr、38SiMnMo。因齿面硬度不高，限制了承载能力，但容易制造、成本低，常用于强度、速度及精度都要求不高的不太重要的传动。

当大小齿轮都是软齿面时，考虑到在啮合传动过程中，小齿轮轮齿受载循环次数比大齿轮多，且小齿轮齿根较薄，弯曲强度较低，如果两齿轮的材料及齿面硬度相同，小齿轮的寿命相对较短，有时可能会出现过早的疲劳失效。为了使大、小齿轮的寿命接近，应使小齿轮齿面硬度比大齿轮的齿面硬度高 30～50HBW，甚至更高些。这一要求可以通过选择不同的材料或热处理方法来实现。

(2) 硬齿面齿轮。这类齿轮常用的热处理有中碳钢为表面淬火，低碳钢为渗碳淬火，此外还有氮化和氰化等。由于热处理后齿面硬度较高，故常在切齿后进行热处理。为了减小热处理后轮齿产生的变形，对于精度要求高的齿轮需进行磨齿，精度可达 5 级或 4 级。当大小齿轮都是硬齿面时，小齿轮的齿面硬度应略高，也可和大齿轮相等。常用材料为低碳合金钢或中碳钢、中碳合金钢，如 20Cr、20CrMnTi、38SiMnMo 等。由于齿面硬度较高，故承载能力较强，但成本相应也较高，故用于高速、重载及精密机器(如精密机床、航空发动机)的重要齿轮中。

2. 铸钢

对于直径较大(一般毛坯直径大于 400～600mm)，结构形状复杂的齿轮毛坯，不便于锻造加工，可采用铸钢齿轮。铸钢毛坯需进行正火处理等，以消除铸造应力和硬度不均匀现象。常用的铸钢材料有 ZG310－570、ZG340－640 等。

3. 铸铁

用于制造齿轮的铸铁有灰铸铁和球墨铸铁。由于灰铸铁的抗弯强度和耐冲击性能较差，但铸造时浇铸容易、加工方便、成本较低，因此只用于低速、轻载、冲击力小的不重要的齿轮传动。常用的灰铸铁材料有 HT250、HT300 等。球墨铸铁的机械性能和抗冲击性能接近于钢，有时可作为钢的代用材料使用。常用的球墨铸铁材料有 QT500－7、QT600－3 等。

4. 非金属材料

对于高速、轻载及精度要求不高的齿轮传动，为了降低噪声，常用非金属材料(如尼龙、夹布塑胶、皮革等)制成小齿轮，大齿轮仍用钢或铸铁制造。

齿轮常用材料及力学性能见表 11－2。

表 11－2　齿轮常用材料及力学性能

材料牌号	热处理方法	抗拉极限 σ_b/MPa	屈服极限 σ_s/MPa	硬度	
				HBW	HRC
45	正火	580	290	162～217	
	调质	650	360	217～255	
	表面淬火				40～50
42SiMn	调质	750	470	217～269	
	表面淬火				45～55
40MnB	调质	750	470	217～269	
38SiMnMo	调质	700	550	217～269	
	表面淬火				45～55
35CrMo	调质	700	500	207～269	
	表面淬火				40～45

（续）

材料牌号	热处理方法	抗拉极限 σ_b/MPa	屈服极限 σ_s/MPa	硬度	
				HBW	HRC
40Cr	调质	700	500	241～286	
	表面淬火				48～55
38CrMoAlA	调质	1000	850	229	
	氮化				HV>850
20Cr	渗碳淬火	650	400		56～62
20CrMnTi	渗碳淬火	1100	850		56～62
ZG310－570	正火	570	320	156～217	
ZG340－640	正火	640	350	169～229	
	调质	700	380	241～269	
HT200		200		170～241	
HT250		250		170～241	
HT300		300		187～255	
QT500－7	正火	500	350	147～241	
QT600－3	正火	600	420	229～302	
夹布塑胶		100		25～35	

11.2.2 齿轮材料的选择原则

齿轮材料的种类很多，选择材料时，除了依据上述各种材料的应用特点外，还应考虑以下两点：

（1）满足工作条件要求。由于锻钢的力学性能优于同类铸钢，所以齿轮材料应优先选用锻钢。正火碳钢只能用于载荷平稳或轻度冲击下工作的齿轮；调质碳钢可用于中等冲击载荷下工作的齿轮；合金钢常用于高速、重载并在冲击载荷下工作的齿轮。

（2）满足加工工艺及热处理工艺要求。大尺寸、结构形状复杂的齿轮一般采用铸造毛坯，可选用铸钢或铸铁。中等或中等以下尺寸要求较高的齿轮常采用锻造毛坯，可选择锻钢制造。尺寸较小而又要求不高的齿轮，可选用圆钢做毛坯。

11.3 渐开线标准直齿圆柱齿轮传动的强度计算

如前所述，齿轮的失效主要是轮齿的失效，因此，齿轮传动的强度计算也主要是针对轮齿的。

11.3.1 直齿圆柱齿轮传动的载荷计算

1. 齿轮传动的受力分析

为了对齿轮传动进行强度计算及对支承齿轮的轴和轴承进行设计计算，需先对齿轮进行受力分析。

在理想情况下，作用在轮齿上的力是沿齿面上的接触线均匀分布的，为简化计算，常以作用在齿宽中点的集中力来代替分布力。在受力分析时，忽略齿面间的摩擦力，则作用于齿面上的法向力 F_n(N)沿轮齿啮合线方向并垂直于齿面，如图 11.1 所示。为便于计算，在分度圆柱上，将法向力 F_n 分解为两个相互垂直的分力，即切于分度圆柱面的圆周力 F_t 和沿半径方向的径向力 F_r，则

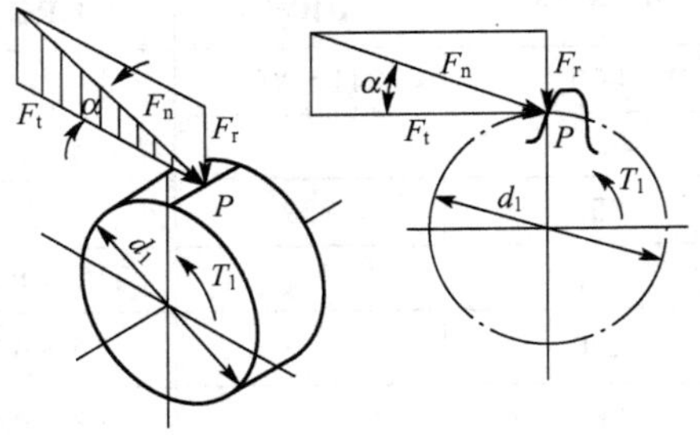

图 11.1　直齿圆柱齿轮的受力分析

$$\left.\begin{aligned} F_t &= 2T_1/d_1 \\ F_r &= F_t\tan\alpha \\ F_n &= F_t/\cos\alpha \end{aligned}\right\} \tag{11-1}$$

式中　T_1——小齿轮传递的转矩(N·mm)，如果小齿轮传递的功率为 P_1(kW)，转速为 n_1(r/min)，则小齿轮上的转矩为

$$T_1 = 9.55\times10^6 P_1/n_1 \tag{11-2}$$

d_1——小齿轮分度圆直径(mm)；

α——分度圆压力角，标准齿轮 $\alpha=20°$。

齿轮上的圆周力对于主动轮为阻力，其方向与受力点的圆周速度方向相反；而对于从动轮为驱动力，其方向与受力点的圆周速度方向相同。径向力方向对于两齿轮都是由作用点指向各自的轮心。根据两齿轮受力关系，作用在主动轮和从动轮上的各同名力互为作用力和反作用力，大小相等、方向相反，即 $F_{t1}=-F_{t2}$，$F_{r1}=-F_{r2}$。

2. 计算载荷

上述齿轮受力分析中的法向力 F_n，是理想状况下作用在轮齿上的载荷，此载荷称为名义载荷。但实际传动中，由于原动机和工作机性能的影响会造成附加动载荷，齿轮的制造、安装误差，以及受载时产生变形等，使实际载荷比名义载荷大。因此，在计算齿轮传动的强度时，需引入系数对名义载荷进行修正，来考虑上述各种因素的影响，使之尽可能接近作用在轮齿上的实际载荷。修正后的载荷为计算载荷 F_{nc}，即

$$F_{nc} = KF_n \tag{11-3}$$

式中　K——载荷系数，其值见表 11-3。

表 11-3　载荷系数 K

原动机	工作机特性		
	工作平稳	中等冲击	较大冲击
工作平稳(电动机、汽轮机)	1～1.2	1.2～1.6	1.6～1.8
轻度冲击(多缸内燃机)	1.2～1.6	1.6～1.8	1.9～2.1
中等冲击(单缸内燃机)	1.6～1.8	1.8～2.0	2.1～2.4

注：斜齿圆柱齿轮、圆周速度低、精度高和齿宽系数小时取小值；直齿圆柱齿轮、圆周速度高、精度低及齿宽系数大时取大值。齿轮在两轴承之间对称布置时取小值，不对称布置或悬臂布置时取较大值。

11.3.2 齿面接触疲劳强度计算

齿面接触疲劳强度计算的目的，是为了防止齿面点蚀失效。齿面点蚀是由于传动过程中齿面受接触应力的反复作用所致，与两齿面的接触应力大小有关，故齿面接触疲劳强度条件为

$$\sigma_H \leqslant [\sigma_H] \tag{11-4}$$

式中 σ_H——齿面最大的计算接触应力(MPa)；

$[\sigma_H]$——齿轮材料许用接触应力(MPa)。

一对齿轮啮合时，把相互啮合的两个齿廓表面视为两个分别以两齿面啮合点处齿廓曲率半径为半径的相互接触的平行圆柱体，如图 11.2 所示。其接触区产生的最大接触应力 σ_H 可按弹性力学的赫兹公式导出，即

$$\sigma_H = \sqrt{\frac{F_n}{\pi\rho_\Sigma L} \times \frac{1}{\frac{1-\mu_1^2}{E_1}+\frac{1-\mu_2^2}{E_2}}} \tag{11-5}$$

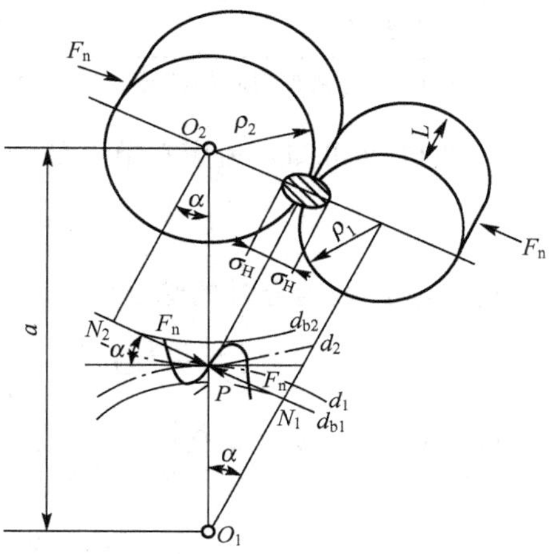

图 11.2 齿面上的接触应力

式中 ρ_Σ——综合曲率半径，$\frac{1}{\rho_\Sigma}=\frac{1}{\rho_1}\pm\frac{1}{\rho_2}$，其中 ρ_1、ρ_2 分别为两圆柱体曲率半径(mm)，正号(+)用于外接触，负号(−)用于内接触；

E_1、E_2——两圆柱体的弹性模量(MPa)；

μ_1、μ_2——两圆柱体材料的泊松比；

F_n/L——作用在圆柱体单位接触线长度上的法向力。

将式(11-5)应用于相啮合的一对齿廓，以作用于齿廓上的计算载荷 F_{nc} 代替两圆柱体上的法向力 F_n，齿轮的宽度 b 代替接触线长度 L，ρ_1、ρ_2 取两齿面啮合点处齿廓曲率半径，并令

$$Z_E = \sqrt{\frac{1}{\pi\left(\frac{1-\mu_1^2}{E_1}+\frac{1-\mu_2^2}{E_2}\right)}}$$

Z_E 为齿轮材料弹性系数，单位为 $\sqrt{\text{MPa}}$，其值见表 11-4。则得齿廓接触处的接触应力

$$\sigma_H = Z_E\sqrt{\frac{F_{nc}}{\rho_\Sigma b}} \tag{11-6}$$

由于齿廓上各点的曲率半径不同，各啮合点上的载荷大小也不同，故不同接触点处的接触应力也不同。轮齿在节点接触时往往处于单齿啮合区，是受力最大状态，容易发生点蚀，实践也证明，齿面疲劳点蚀通常先出现在节点附近。而且按节点计算接触应力又比较方便，故选择节点处的接触应力进行接触疲劳强度计算。

轮齿在节点啮合时，两轮齿廓曲率半径之比等于两轮的直径或齿数之比，即 $\frac{\rho_2}{\rho_1}=\frac{d_2}{d_1}=\frac{z_2}{z_1}=u$，$u$ 为大小齿轮齿数比。

表 11-4　材料弹性系数 Z_E　（单位：$\sqrt{MPa}$）

齿轮材料 \ 弹性模量 E/MPa	配对齿轮材料				
	灰铸铁	球墨铸铁	铸钢	锻钢	夹布塑胶
	11.8×10^4	17.3×10^4	20.2×10^4	20.6×10^4	0.785×10^4
锻钢	162.0	181.4	188.9	189.8	56.4
铸钢	161.4	180.5	188.0	—	—
球墨铸铁	156.6	173.9	—		
灰铸铁	143.7	—			

注：表中所列夹布塑胶的泊松比 μ 为 0.5，其余材料的泊松比 μ 均为 0.3。

由图 11.2 可知，齿廓在节点处的曲率半径

$$\rho_1=\frac{d_1\sin\alpha}{2}\qquad \rho_2=\frac{d_2\sin\alpha}{2}$$

则节点 P 处啮合时的综合曲率半径为

$$\frac{1}{\rho_\Sigma}=\frac{1}{\rho_1}\pm\frac{1}{\rho_2}=\frac{\rho_2\pm\rho_1}{\rho_1\rho_2}=\frac{1}{\rho_1}\times\frac{u\pm1}{u}=\frac{2}{d_1\sin\alpha}\frac{u\pm1}{u}$$

将$\frac{1}{\rho_\Sigma}$及 $F_{nc}=KF_n=\frac{KF_t}{\cos\alpha}=\frac{2KT_1}{d_1\cos\alpha}$代入式(11-6)，得

$$\sigma_H=Z_E\sqrt{\frac{2KT_1}{bd_1^2}\frac{2}{\cos\alpha\sin\alpha}\frac{u\pm1}{u}}$$

令 $Z_H=\sqrt{\frac{2}{\cos\alpha\sin\alpha}}$，为节点区域系数(标准直齿轮 $\alpha=20°$时，$Z_H=2.5$)，则根据强度条件得齿面接触疲劳强度的校核公式为

$$\sigma_H=Z_EZ_H\sqrt{\frac{2KT_1}{bd_1^2}\frac{u\pm1}{u}}\leqslant[\sigma_H]\tag{11-7}$$

令齿宽系数 $\psi_d=b/d_1$，并代入式(11-7)，得齿面接触疲劳强度的设计公式为

$$d_1\geqslant\sqrt[3]{\frac{2KT_1}{\psi_d}\frac{u\pm1}{u}\left(\frac{Z_HZ_E}{[\sigma_H]}\right)^2}\tag{11-8}$$

关于齿面接触疲劳强度计算的几点说明：

(1) 齿轮传动的接触疲劳强度取决于齿轮分度圆直径 d_1 或中心距 a。

(2) 相啮合的两个齿轮接触面积相等，故其接触应力也相等，即 $\sigma_{H1}=\sigma_{H2}$。

(3) 由于两齿轮的材料及热处理方法不同，许用接触应力 $[\sigma_H]$ 一般不相同，$[\sigma_H]$ 较小者，接触强度较弱，因此设计计算时，应取两者中的较小值。

11.3.3　齿根弯曲疲劳强度计算

进行齿根弯曲疲劳强度计算是为了防止轮齿疲劳折断失效。轮齿折断是由于传动过程中轮齿反复受弯曲应力作用，致使在弯曲强度较弱的齿根处发生疲劳折断，为此要计算齿根处的弯曲应力。齿根弯曲疲劳强度条件为

$$\sigma_F\leqslant[\sigma_F]\tag{11-9}$$

式中 σ_F——齿根危险截面处的最大弯曲应力(MPa)；

$[\sigma_F]$——齿轮材料的许用弯曲应力(MPa)。

为了求得轮齿根部的最大弯曲应力 σ_F，必须首先确定载荷作用点的位置和危险截面。

载荷作用点的位置确定：当轮齿在齿顶处啮合时，处于双齿啮合区，由两对轮齿共同分担载荷，此时虽然弯矩的力臂最大，但力并不是最大，弯矩并不是最大。然而，考虑到制造、安装的误差不能保证载荷由两对轮齿平均承担，且为计算方便，对要求不很高的齿轮传动，作齿根弯曲疲劳强度计算时，仍假定全部载荷由一对轮齿承受且作用于齿顶处。采用这种方法计算，轮齿的抗弯强度偏于安全。

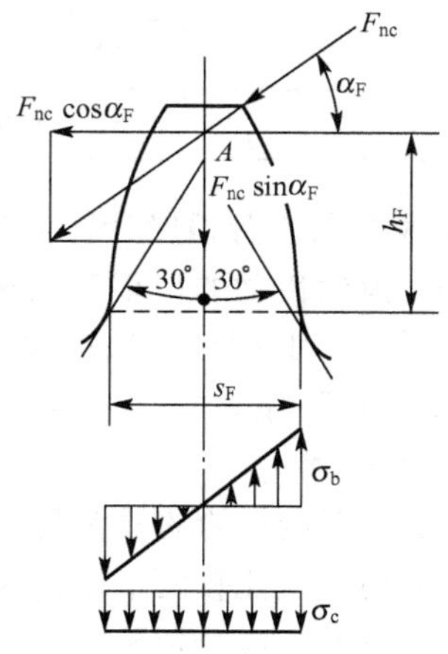

图 11.3 齿根弯曲应力计算分析

齿根危险截面的位置用 30°切线法确定：如图 11.3 所示，作与轮齿对称中心线成 30°夹角并与齿根过渡曲线相切的两条斜线，两切点的连线即为其危险截面位置，设危险截面处齿厚为 s_F。

当不计摩擦力时，将作用于齿顶的计算载荷 F_{nc} 移至轮齿对称中心线，并分解成相互垂直的两个分力 $F_{nc}\cos\alpha_F$ 和 $F_{nc}\sin\alpha_F$，α_F 为齿轮齿顶圆处的压力角。其中 $F_{nc}\cos\alpha_F$ 使齿根产生弯曲应力，$F_{nc}\sin\alpha_F$ 则产生压应力。与弯曲应力相比，压应力数值较小，为简化计算，压应力略去不计，仅按齿根所受弯曲应力进行弯曲疲劳强度计算。设 A 点到齿根危险截面的距离为 h_F，齿根危险截面的弯曲应力为

$$\sigma_F=\frac{M}{W}=\frac{F_{nc}h_F\cos\alpha_F}{bs_F^2/6}=\frac{KF_t}{bm}\cdot\frac{6\left(\dfrac{h_F}{m}\right)\cos\alpha_F}{\left(\dfrac{s_F}{m}\right)^2\cos\alpha}=\frac{KF_t}{bm}Y_{Fa}$$

式中 M——齿根最大弯矩(N·mm)；

W——危险截面抗弯截面模量，$W=bs_F^2/6$；

Y_{Fa}——齿形系数，$Y_{Fa}=\dfrac{6\left(\dfrac{h_F}{m}\right)\cos\alpha_F}{\left(\dfrac{s_F}{m}\right)^2\cos\alpha}$，该值对标准齿轮，只与齿数有关，与模数大小无关。

实际计算时，考虑齿根过渡曲线处的应力集中和除弯曲应力以外其余应力对轮齿齿根弯曲疲劳强度的影响，引入应力修正系数 Y_{Sa}，则根据强度条件得齿根弯曲疲劳强度校核公式

$$\sigma_F=\frac{KF_t}{bm}Y_{Fa}Y_{Sa}=\frac{2KT_1}{bmd_1}Y_{Fa}Y_{Sa}\leqslant[\sigma_F] \tag{11-10}$$

将 $b=\psi_d d_1$ 及 $d_1=mz_1$ 代入式(11-10)，得齿根弯曲疲劳强度的设计公式

$$m\geqslant\sqrt[3]{\frac{2KT_1}{\psi_d z_1^2}\cdot\frac{Y_{Fa}Y_{Sa}}{[\sigma_F]}} \tag{11-11}$$

式中 齿形系数 Y_{Fa} 和应力修正系数 Y_{Sa} 值可由表 11-5 查得。

表 11-5 齿形系数 Y_{Fa} 及应力修正系数 Y_{Sa}

$z(z_v)$	17	18	19	20	21	22	23	24	25	26	27	28	29
Y_{Fa}	2.97	2.91	2.85	2.80	2.76	2.72	2.69	2.65	2.62	2.60	2.57	2.55	2.53
Y_{Sa}	1.52	1.53	1.54	1.55	1.56	1.57	1.575	1.58	1.59	1.595	1.60	1.61	1.62
$z(z_v)$	30	35	40	45	50	60	70	80	90	100	150	200	∞
Y_{Fa}	2.52	2.45	2.40	2.35	2.32	2.28	2.24	2.22	2.20	2.18	2.14	2.12	2.06
Y_{Sa}	1.625	1.65	1.67	1.68	1.70	1.73	1.75	1.77	1.78	1.79	1.83	1.865	1.97

齿根弯曲疲劳强度计算的几点说明：

(1) 齿轮传动的齿根弯曲疲劳强度取决于齿轮模数 m，求得的模数 m 应取标准值。对于动力传动，其模数一般应大于(1.5～2)mm。

(2) 由于 Y_{Fa}、Y_{Sa} 与 z 有关，而相啮合的两个齿轮齿数一般不等，故其弯曲应力也不相等，即 $\sigma_{F1} \neq \sigma_{F2}$。

(3) 由于两齿轮的材料及热处理方法不同，许用弯曲应力 $[\sigma_{F1}]$ 和 $[\sigma_{F2}]$ 一般不相同。设计计算时，应比较两个齿轮的 $Y_{Fa}Y_{Sa}/[\sigma_F]$ 值，此值大者则弯曲强度弱，应代入大值进行计算；校核时，应分别校核两个齿轮的弯曲强度，并同时满足 $\sigma_{F1} \leqslant [\sigma_{F1}]$ 和 $\sigma_{F2} \leqslant [\sigma_{F2}]$。

11.3.4 齿轮强度计算中的参数、许用应力及精度选择

1. 主要参数的选择

(1) 齿数 z_1 的选择。直齿圆柱齿轮齿数的选取，首先应保证不发生根切现象，即 $z_1 \geqslant 17$。

对于闭式软齿面齿轮传动，传动尺寸主要取决于接触疲劳强度，而弯曲疲劳强度往往比较富裕。在小齿轮分度圆直径一定并满足弯曲疲劳强度要求的条件下，小齿轮的齿数应取大些，这样可使传动的重合度增大，改善传动的平稳性和轮齿上载荷分配；同时，齿数增加则模数减小，齿顶高和齿根高都随之减小，使齿顶圆直径减小，因而减小齿轮毛坯直径，能节约材料和减少金属加工切削量。通常可取 $z_1 = 20 \sim 40$。

对闭式硬齿面齿轮及开式齿轮传动，其承载能力主要由齿根弯曲疲劳强度决定，故应具有较大的模数以保证齿根弯曲疲劳强度。为减小传动尺寸，齿数不宜过多，小齿轮齿数一般可取 $z_1 = 17 \sim 20$。

(2) 齿数比 u。齿数比是大齿轮齿数 z_2 与小齿轮齿数 z_1 之比，故其值总大于 1。而传动比 i 为从动轮齿数与主动轮齿数之比，所以对减速传动 $u = i$，增速传动 $u = 1/i$。

设计时，齿数比不宜过大，以免大小齿轮的尺寸悬殊，使整个传动装置外廓尺寸增大，不利于传动。一般对于直齿圆柱齿轮，$u \leqslant 5$；斜齿圆柱齿轮 $u \leqslant 8$。需要更大传动比时，可采用二级或二级以上的传动。

对传动比无严格要求的一般齿轮传动，允许传动比误差在 3%～5%之间。

(3) 齿宽系数 ψ_d。齿宽系数 $\psi_d = b/d_1$。齿宽系数选大值时，轮齿齿宽 b 增大，在一定的载荷作用下，可减小两轮分度圆直径和中心距，使齿轮传动结构紧凑。但齿宽增大，承载能力增强，载荷沿齿宽分布不均匀程度严重。因此，必须考虑各方面的影响因素，合理地选择齿宽系数。齿宽系数值见表 11-6。

表 11-6 齿宽系数 ψ_d

齿轮相对于轴承的位置	齿面硬度	
	软齿面(HBW≤350)	硬齿面(HBW>350)
对称布置	0.8～1.4	0.4～0.9
非对称布置	0.6～1.2	0.3～0.6
悬臂布置	0.3～0.4	0.2～0.25

大齿轮的齿宽按 $b=\psi_c d_1$ 计算并圆整后得到。为了便于装配和调整，设计时通常使小齿轮的齿宽 b_1 比大齿轮的齿宽 b_2 大一些，常取 $b_1=b_2+(5\sim10)$mm，但计算时按大齿轮齿宽计算。

2. 许用应力的确定

齿轮的许用接触应力可按式(11-12)计算

$$[\sigma_H]=\frac{K_{HN}\sigma_{Hlim}}{S_{Hmin}} \tag{11-12}$$

齿轮的许用弯曲应力可按式(11-13)计算

$$[\sigma_F]=\frac{K_{FN}\sigma_{Flim}}{S_{Fmin}} \tag{11-13}$$

式中 S_{Hmin}、S_{Fmin}——接触疲劳强度和弯曲疲劳强度的最小安全系数，对接触疲劳强度计算，由于点蚀破坏发生后只引起噪声、振动增大，并不立即导致不能继续工作的后果，故可取 $S_{Hmin}=1$。但对于弯曲疲劳强度，一旦发生断齿，就会引起严重的事故，因此在进行齿根弯曲疲劳强度计算时取 $S_{Fmin}=1.25\sim1.5$；

K_{HN}、K_{FN}——接触疲劳强度和弯曲疲劳强度计算的寿命系数，分别由图 11.4 和

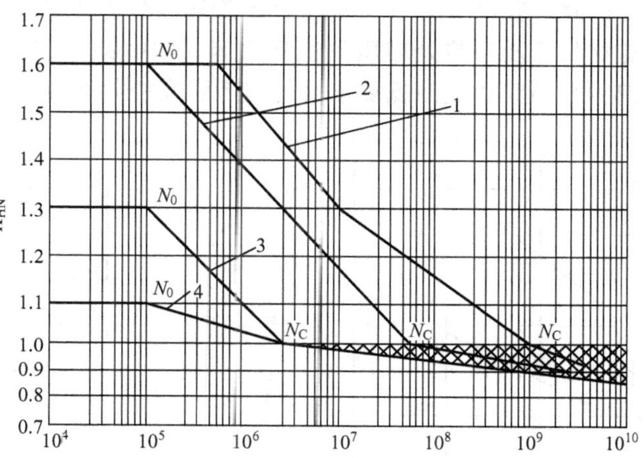

图 11.4 接触疲劳强度计算的寿命系数 K_{HN}($N>N_C$ 时，可根据经验在网纹区内取 K_{HN} 值)

1—允许一定点蚀时的结构钢，调质钢，球墨铸铁(珠光体、贝氏体)，珠光体可锻铸铁，渗碳淬火的渗碳钢；2—结构钢，调质钢，渗碳淬火钢，火焰或感应淬火的钢，球墨铸铁(珠光体、贝氏体)，珠光体可锻铸铁；3—灰铸铁，球墨铸铁(铁素体)，渗氮的渗氮钢，调质钢，渗碳钢；4—氮碳共渗的调质钢，渗碳钢

图 11.5 查得，两图中横坐标应力循环次数 N 的计算方法为：设 n 为齿轮的转速(r/min)；j 为齿轮每转一圈时，同一齿面啮合的次数；L_h 为齿轮的工作寿命(h)，则齿轮的工作应力循环次数 N 为

$$N=60njL_h \tag{11-14}$$

σ_{Hlim}、σ_{Flim}——失效概率为 1%时，试验齿轮材料的接触疲劳极限和弯曲疲劳极限，分别由图 11.6 和图 11.7 查得。

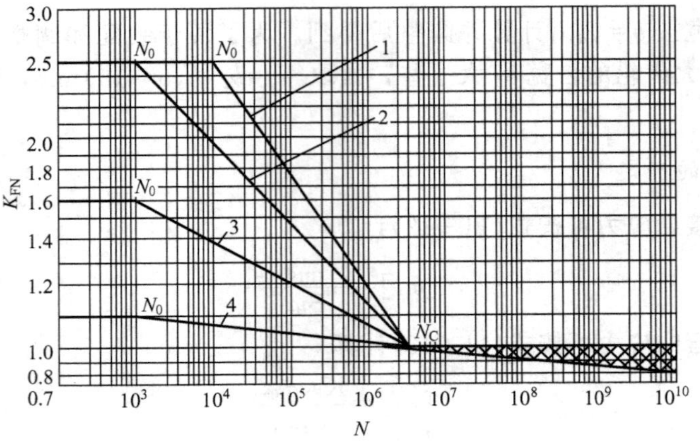

图 11.5　弯曲疲劳强度计算的寿命系数 K_{FN}（$N>N_C$ 时，可根据经验在网纹区内取 K_{FN} 值）

1—调质钢，球墨铸铁(珠光体、贝氏体)，珠光体可锻铸铁；

2—渗碳淬火的渗碳钢，全齿廓火焰或感应淬火的钢，球墨铸铁；

3—渗氮的渗氮钢，球墨铸铁(铁素体)，灰铸铁，结构钢；4—氮碳共渗的调质钢，渗碳钢

由于材料品质的不同，图 11.6 和图 11.7 中给出了代表材料三个等级 ME、MQ 和 ML 品质的疲劳强度极限，其中 ME 是齿轮材料品质和热处理质量很高时的疲劳强度极限取值线，MQ 是齿轮材料品质和热处理质量达到中等要求时的疲劳强度极限取值线，ML 是齿轮材料品质和热处理质量达到最低要求时的疲劳强度极限取值线。

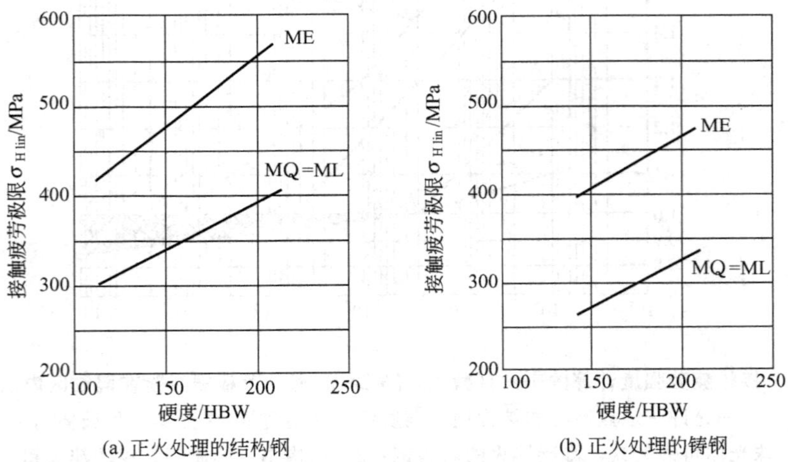

图 11.6　齿轮的接触疲劳极限 $\sigma_{H lim}$

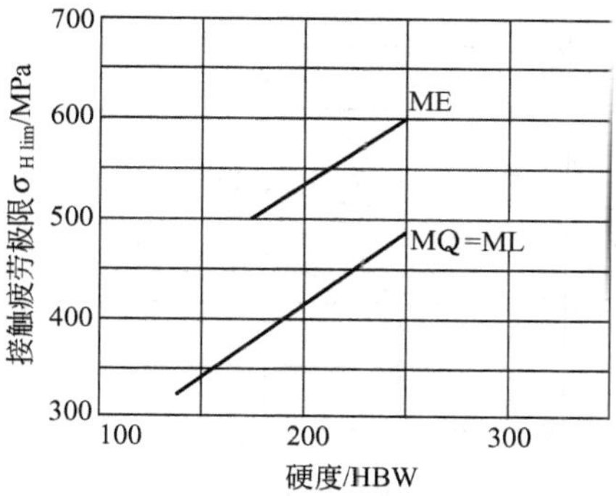

(c) 可锻铸铁

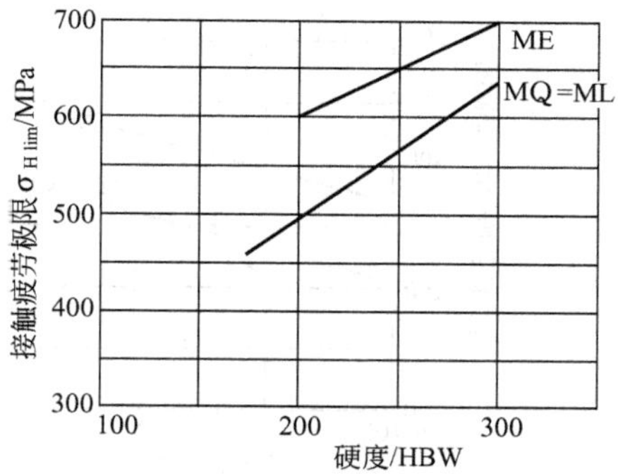

(d) 球墨铸铁

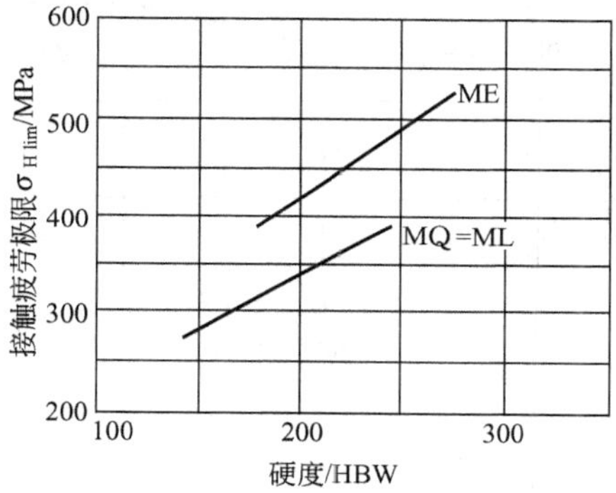

(e) 灰铸铁

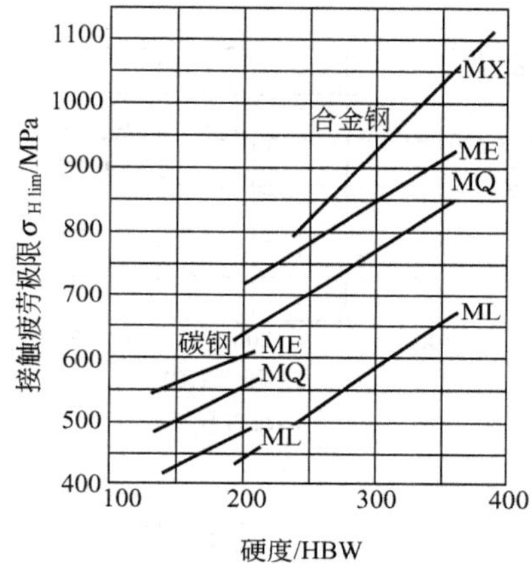

(f) 调质处理的碳钢、合金钢

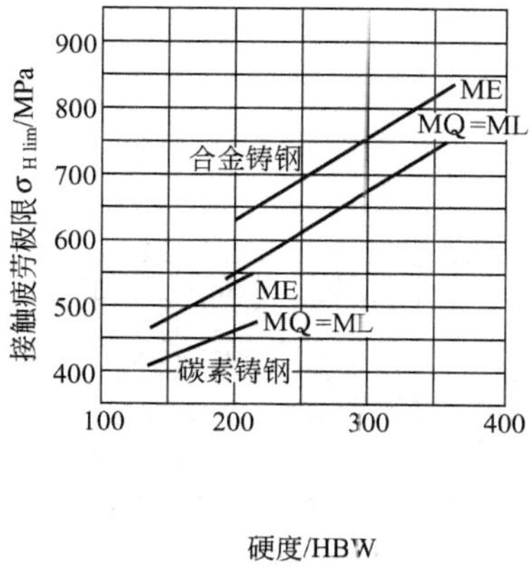

(g) 调质处理的铸钢

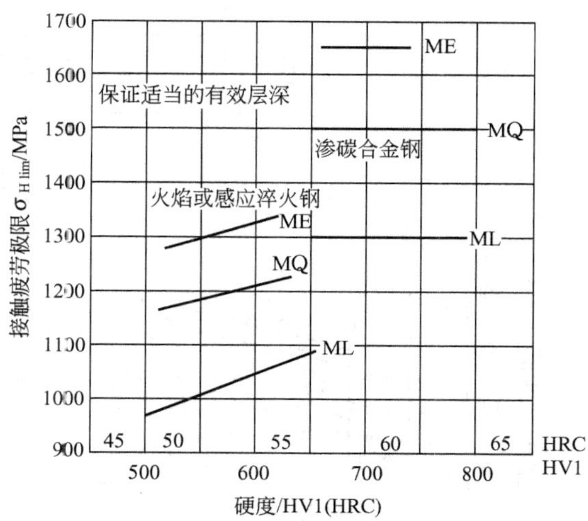

(h) 渗碳淬火钢和表面硬化钢(火焰或感应淬火)

图 11.6 齿轮的接触疲劳极限 $\sigma_{H\,lim}$(续)

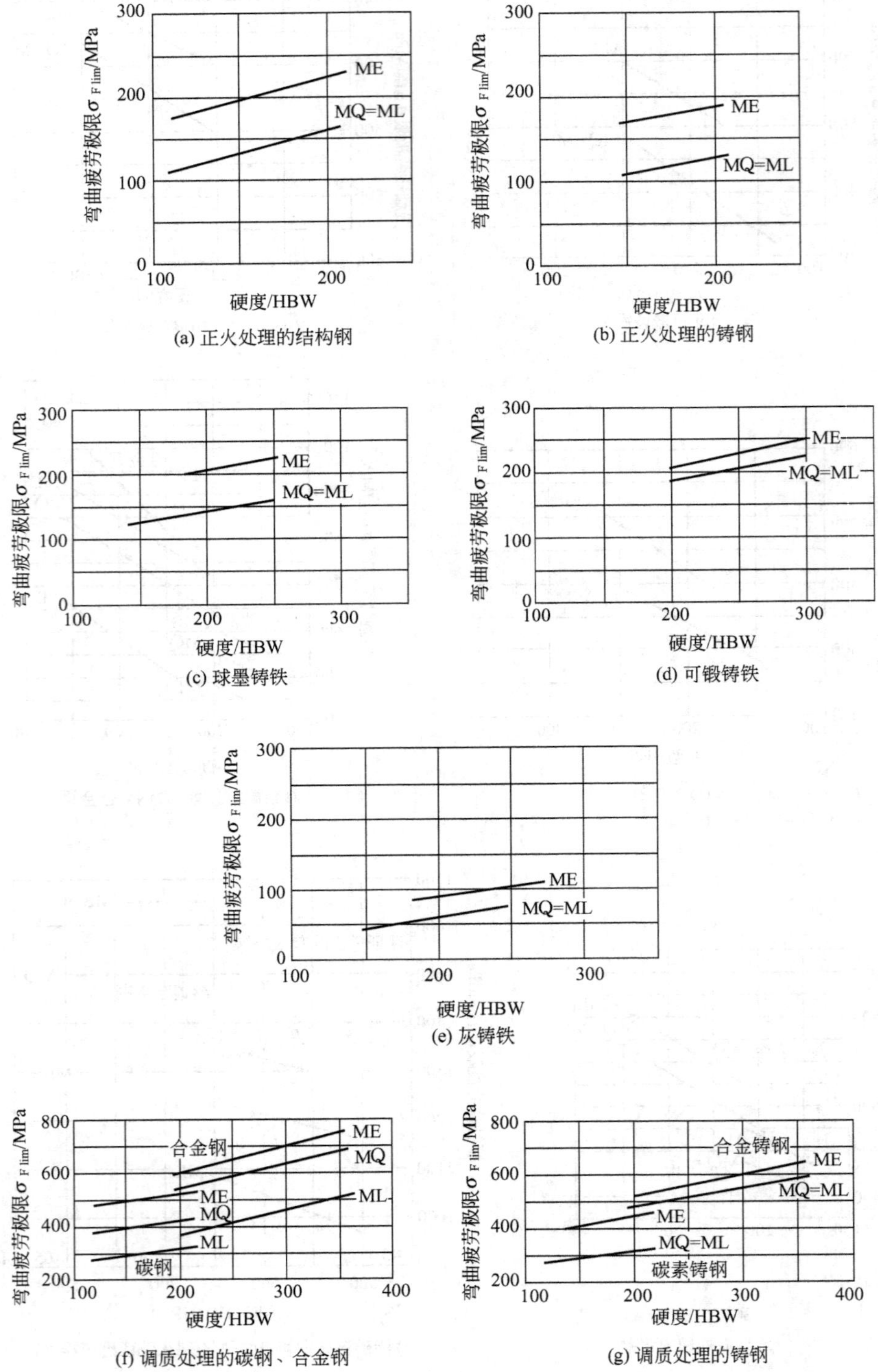

图 11.7　齿轮的弯曲疲劳极限 $\sigma_{F\ lim}$

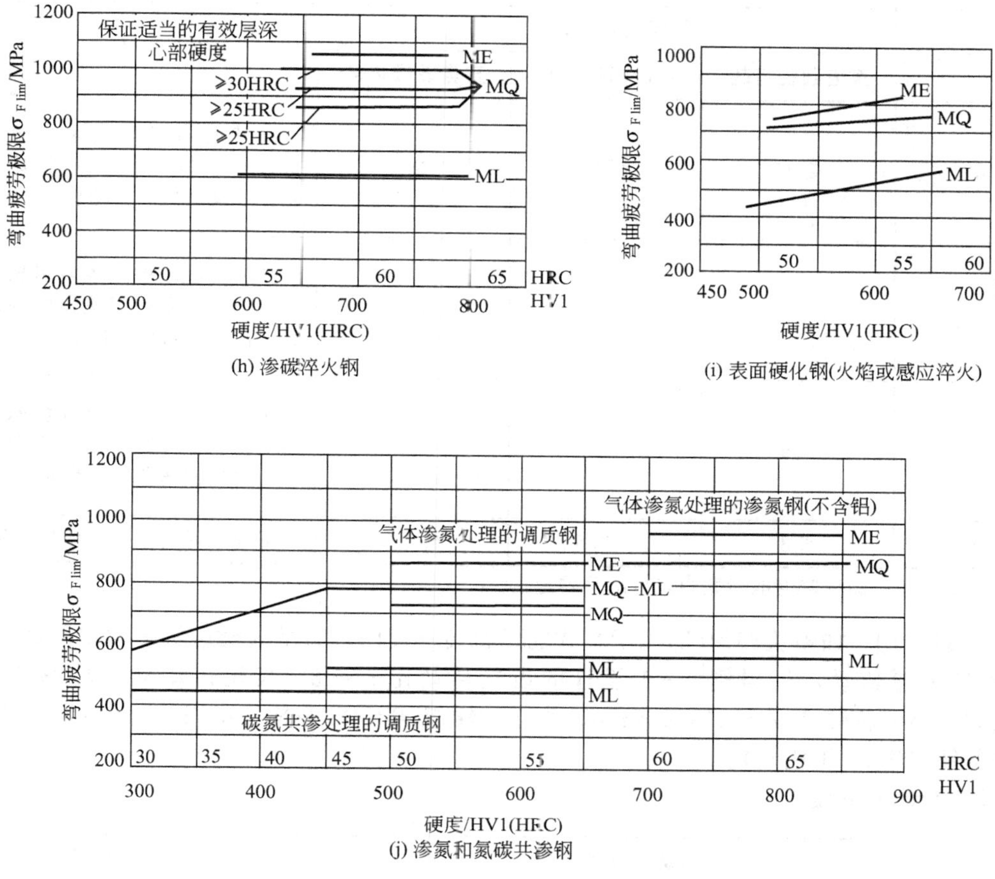

图 11.7 齿轮的弯曲疲劳极限 $\sigma_{F\,lim}$（续）

由图 11.6、图 11.7 取值时，一般选取中间偏下值，即在 MQ 和 ML 中间选取。若齿面硬度超过图中荐用的范围，可大体按外插法查取相应的极限应力值。图 11.7 所示值是脉动循环应力的极限值。轮齿受对称循环应力时，其极限应力值仅为脉动循环应力的 70%，即将图中值乘以 0.7。

夹布塑胶的许用弯曲应力 $[\sigma_F]=50$MPa，许用接触应力 $[\sigma_H]=110$MPa。

3. 齿轮传动的精度

国家标准对渐开线圆柱齿轮规定了 12 个精度等级，其中 1 级精度最高，12 级为最低，常用的为 6～9 级精度。按误差特性和它们对传动性能的影响，国家标准又将齿轮的各项公差分成三组，分别反映传递运动的准确性、传动的平稳性和载荷分布的均匀性。齿轮传动精度等级及应用见表 11－7。

表 11－7 齿轮传动精度等级及应用

精度等级	圆周速度 v(m/s)			应用
	直齿圆柱齿轮	斜齿圆柱齿轮	直齿圆锥齿轮	
6	≤15	≤25	≤9	高速重载齿轮传动，如飞机、汽车和机床中的重要齿轮，分度机构的齿轮传动
7	≤10	≤17	≤6	高速中载或中速重载齿轮传动，如标准系列减速器中的齿轮，汽车和机床中的齿轮
8	≤5	≤10	≤3	机械制造中对精度无特殊要求的齿轮，如起重机、农业机械、普通减速器中的齿轮
9	≤3	≤3.5	≤2.5	低速及对精度要求低的齿轮

注：锥齿轮的圆周速度取齿宽中点处的平均速度。

［例 11－1］ 如模块四图(b)所示带式输送机传动简图，若带式输送机中的减速器采用直齿圆柱齿轮传动，根据例 9－1 设计的齿轮传动比 $i_c=5$，齿轮传动输入功率 $P_1=2.34\text{kW}$，小齿轮转速 $n_1=478.3\text{r/min}$，传递的转矩 $T=46.72\text{N}\cdot\text{m}$，试设计该齿轮传动(其他条件与例 9－1 相同)。

解：设计见下表。

计算及说明	结果
1. 选择齿轮传动精度等级、材料及齿数 (1) 输送机为一般工作机器，速度不高，参考表 11－7 选用 8 级精度，速度 $v\leqslant 5\text{m/s}$ (2) 材料选择。由表 11－2 选择小齿轮材料为 40Cr，调质处理，硬度为 250HBW；大齿轮材料为 45 钢，调质处理，硬度为 220HBW (3) 初选小齿轮齿数 $z_1=20$，大齿轮齿数 $z_2=i_c z_1=5\times20=100$	齿轮 8 级精度 小齿轮 40Cr 调质，硬度 250HBW 大齿轮 45 钢调质，硬度 220HBW $z_1=20$ $z_2=100$
2. 按齿面接触疲劳强度设计 由设计式(11－8)进行计算 $$d_1\geqslant\sqrt[3]{\frac{2KT_1}{\psi_d}\frac{u+1}{u}\left(\frac{Z_H Z_E}{[\sigma_H]}\right)^2}$$ (1) 根据工作条件查表 11－3，选取载荷系数 $K=1.2$ (2) 小齿轮传递的转矩 $T_1=46.72\text{N}\cdot\text{m}$ (3) 由表 11－6 选取齿宽系数 $\psi_d=1$ (4) 由表 11－4 查得材料的弹性系数 $Z_E=189.8\sqrt{\text{MPa}}$，标准齿轮 $Z_H=2.5$ (5) 由图 11.6 按齿面硬度查得小齿轮的接触疲劳强度极限 $\sigma_{\text{Hlim1}}=700\text{MPa}$；大齿轮的接触疲劳强度极限 $\sigma_{\text{Hlim2}}=550\text{MPa}$。 (6) 由式(11－14)计算应力循环次数 $N_1=60n_1 jL_h=60\times478.3\times1\times(3\times8\times300\times6)=1.24\times10^9$ $N_2=1.24\times10^9/5=2.48\times10^8$	$K=1.2$ $T_1=46.72\text{N}\cdot\text{m}$ $\psi_d=1$ $Z_E=189.8\sqrt{\text{MPa}}$ $Z_H=2.5$ $\sigma_{\text{Hlim1}}=700\text{MPa}$ $\sigma_{\text{Hlim2}}=550\text{MPa}$

（续）

计算及说明	结果
(7) 由图 11.4 查得接触疲劳寿命系数 $K_{HN1}=1$，$K_{HN2}=1.08$ (8) 计算许用接触应力 取失效概率 1%，安全系数 $S=1$，由式(11-12)得 $[\sigma_H]_1=\dfrac{K_{HN1}\sigma_{Hlim1}}{S}=1\times700=700\text{MPa}$ $[\sigma_H]_2=\dfrac{K_{HN2}\sigma_{Hlim2}}{S}=1.08\times550=594\text{MPa}$	$K_{HN1}=1$ $K_{HN2}=1.08$ $S=1$ $[\sigma_H]_1=700\text{MPa}$ $[\sigma_H]_2=594\text{MPa}$
(9) 计算小齿轮分度圆直径 d_1，代入 $[\sigma_H]$ 中较小值 $d_1\geqslant\sqrt[3]{\dfrac{2KT_1}{\psi_d}\dfrac{u+1}{u}\left(\dfrac{Z_HZ_E}{[\sigma_H]}\right)^2}$ $=\sqrt[3]{\dfrac{2\times1.2\times46.72\times10^3}{1}\times\dfrac{5+1}{5}\left(\dfrac{2.5\times189.8}{594}\right)^2}=44.12\text{mm}$	$d_1=44.12\text{mm}$
(10) 确定齿轮参数 $m'=\dfrac{d_1}{z_1}=\dfrac{44.12}{20}=2.21\text{mm}$ 由表 5-3，取模数 $m=2.5\text{mm}$ $d_1=mz_1=2.5\times20=50\text{mm}$ $d_2=mz_2=2.5\times100=250\text{mm}$ $b=\psi_d d_1=1\times50=50\text{mm}$ 取 $b_2=50\text{mm}$，$b_1=55\text{mm}$	$m=2.5\text{mm}$ $d_1=50\text{mm}$ $d_2=250\text{mm}$ $b_2=50\text{mm}$ $b_1=55\text{mm}$
3. 校核齿根弯曲疲劳强度 由式(11-10)有 $\sigma_F=\dfrac{2KT_1}{bmd_1}Y_{Fa}Y_{Sa}\leqslant[\sigma_F]$ (1) 由表 11-5 查得齿形系数和应力修正系数：$Y_{Fa1}=2.80$，$Y_{Sa1}=1.55$；$Y_{Fa2}=2.18$，$Y_{Sa2}=1.79$ (2) 由应力循环次数查图 11.5 得弯曲疲劳寿命系数 $K_{FN1}=K_{FN2}=1$ (3) 由图 11.7 查得两齿轮的弯曲疲劳强度极限分别为 $\sigma_{Flim1}=580\text{MPa}$，$\sigma_{Flim2}=400\text{MPa}$	$Y_{Fa1}=2.80$ $Y_{Sa1}=1.55$ $Y_{Fa2}=2.18$ $Y_{Sa2}=1.79$ $K_{FN1}=K_{FN2}=1$ $\sigma_{Flim1}=580\text{MPa}$ $\sigma_{Flim2}=400\text{MPa}$
(4) 计算许用弯曲应力。取弯曲疲劳安全系数 $S=1.4$，由式(11-13)得 $[\sigma_F]_1=\dfrac{K_{FN1}\sigma_{Flim1}}{S}=\dfrac{1\times580}{1.4}=414.29\text{MPa}$ $[\sigma_F]_2=\dfrac{K_{FN2}\sigma_{Flim2}}{S}=\dfrac{1\times400}{1.4}=285.71\text{MPa}$	$S=1.4$ $[\sigma_F]_1=414.29\text{MPa}$ $[\sigma_F]_2=285.71\text{MPa}$
(5) 计算轮齿齿根弯曲应力 $\sigma_{F1}=\dfrac{2KT_1}{bmd_1}Y_{Fa1}Y_{Sa1}$ $=\dfrac{2\times1.2\times46.72\times10^3}{50\times2.5\times50}\times2.80\times1.55=77.86\text{MPa}\leqslant414.29\text{MPa}$ $\sigma_{F2}=\dfrac{2KT_1}{bmd_1}Y_{Fa2}Y_{Sa2}$ $=\dfrac{2\times1.2\times46.72\times10^3}{50\times2.5\times50}\times2.18\times1.79=70\text{MPa}\leqslant285.71\text{MPa}$ 齿根弯曲强度足够	$\sigma_{F1}=77.86\text{MPa}$ $\sigma_{F2}=70\text{MPa}$
4. 验算圆周速度 $v=\dfrac{\pi d_1n_1}{60\times1000}=\dfrac{\pi\times50\times478.3}{60\times1000}=1.25\text{m/s}<5\text{m/s}$ 选用 8 级精度合适 5. 齿轮几何参数计算(略) 6. 齿轮结构设计及绘制齿轮零件工作图(略)	$v=1.25\text{m/s}$

11.4 斜齿圆柱齿轮传动的强度计算

11.4.1 斜齿圆柱齿轮的受力分析

如图 11.8 所示，斜齿圆柱齿轮啮合时，不计摩擦力，作用在齿面上的法向力 F_n 垂直于齿面。在齿轮的分度圆柱面上，F_n 可以分解为三个互相垂直的分力：圆周力 F_t、径向力 F_r和轴向力 F_a，其计算公式为

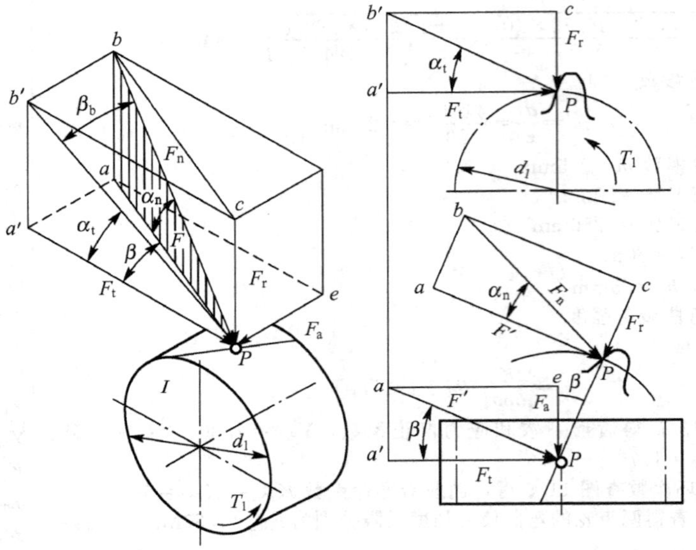

图 11.8 斜齿圆柱齿轮的受力分析

$$
\left.\begin{aligned}
F_t &= 2T_1/d_1 \\
F_r &= F_t \tan\alpha_n/\cos\beta \\
F_a &= F_t \tan\beta \\
F_n &= F_t/(\cos\alpha_n\cos\beta)
\end{aligned}\right\} \tag{11-15}
$$

式中 β——分度圆螺旋角；

α_n——法面压力角，标准值 $\alpha_n=20°$。

由于两齿轮轴线互相平行，作用在主动轮和从动轮上的各同名力大小相等、方向相反。圆周力 F_t 和径向力 F_r 的方向判断与直齿圆柱齿轮相同。轴向力 F_a 的方向取决于主动轮轮齿螺旋线的方向和其转动方向，用“主动轮左、右手定则”来判断，即当主动轮右旋时，用右手；主动轮左旋时，用左手。以四指的弯曲方向表示主动轮的转向，拇指伸直与轴线平行，其指向即为主动轮的轴向力方向。从动轮的轴向力方向与主动轮的相反。注意，从动轮的轴向力方向不能用“左、右手定则”判断。

斜齿轮传动由于存在轴向力，对轴和轴承工作不利。而轴向力随着螺旋角的增大而增

大，为了限制轴向力，螺旋角不宜过大；但螺旋角太小，又失去了斜齿轮传动的优越性，所以，在设计中一般取 $\beta=8^\circ\sim20^\circ$。当螺旋角很大时，可采用人字齿轮。

11.4.2 齿面接触疲劳强度计算

斜齿圆柱齿轮传动的齿面接触疲劳强度，是以节点处法面当量直齿圆柱齿轮为对象进行计算分析的，其基本原理与直齿圆柱齿轮相似，仍以赫兹公式为依据。但由于斜齿轮传动重合度较大，同时啮合的轮齿较多，且齿面接触线是倾斜的，所以斜齿圆柱齿轮的齿面接触应力较直齿圆柱齿轮有所降低。考虑上述特点，引入重合度及螺旋角对齿面接触应力影响的系数，可得标准斜齿圆柱齿轮传动的齿面接触疲劳强度校核公式和设计公式为

$$\sigma_H=Z_EZ_HZ_\varepsilon Z_\beta\sqrt{\frac{2KT_1}{bd_1^2}\frac{u\pm1}{u}}\leqslant[\sigma_H] \tag{11-16}$$

$$d_1\geqslant\sqrt[3]{\frac{2KT_1}{\psi_d}\frac{u\pm1}{u}\left(\frac{Z_HZ_EZ_\varepsilon Z_\beta}{[\sigma_H]}\right)^2} \tag{11-17}$$

式中 Z_H——节点区域系数，按式 $Z_H=\sqrt{2\cos\beta_b/(\sin\alpha_t\cos\alpha_t)}$ 计算，β_b 为斜齿轮基圆柱上的螺旋角，α_t 为斜齿轮端面压力角；

Z_ε——重合度系数，$Z_\varepsilon=\sqrt{\frac{4-\varepsilon_\alpha}{3}(1-\varepsilon_\beta)+\frac{\varepsilon_\beta}{\varepsilon_\alpha}}$，$\varepsilon_\alpha$ 为端面重合度，$\varepsilon_\alpha=\left[1.88-3.2\left(\frac{1}{z_1}\pm\frac{1}{z_2}\right)\right]\cos\beta$，“+”号用于外啮合，“−”号用于内啮合；$\varepsilon_\beta$ 为轴向重合度，$\varepsilon_\beta=0.318\psi_dz_1\tan\beta$，若 $\varepsilon_\beta\geqslant1$，取 $\varepsilon_\beta=1$；

Z_β——螺旋角系数，$Z_\beta=\sqrt{\cos\beta}$。

11.4.3 齿根弯曲疲劳强度计算

进行齿根弯曲疲劳强度计算时，通常也是按斜齿轮法面当量直齿圆柱齿轮来进行的。由于斜齿轮啮合时，重合度大，同时啮合的轮齿对数较多，而且轮齿接触线是倾斜的，有利于降低齿轮的弯曲应力，轮齿抗弯曲折断的能力有所增强。所以参照直齿轮齿根弯曲疲劳强度计算式的推导，引入重合度及螺旋角对齿根弯曲应力影响的系数，可得标准斜齿圆柱齿轮传动的齿根弯曲疲劳强度校核公式和设计公式为

$$\sigma_F=\frac{2KT_1}{bd_1m_n}Y_{Fa}Y_{Sa}Y_\varepsilon Y_\beta\leqslant[\sigma_F] \tag{11-18}$$

$$m_n\geqslant\sqrt[3]{\frac{2KT_1\cos^2\beta}{\psi_dz_1^2}\cdot\frac{Y_{Fa}Y_{Sa}Y_\varepsilon Y_\beta}{[\sigma_F]}} \tag{11-19}$$

式中 Y_{Fa}——齿形系数，按当量齿数 $z_v=z/\cos^3\beta$ 查表 11-5；

Y_{Sa}——应力修正系数，按当量齿数 $z_v=z/\cos^3\beta$ 查表 11-5；

Y_ε——重合度系数，$Y_\varepsilon=0.25+0.75/\varepsilon_\alpha$；

Y_β——螺旋角系数，$Y_\beta=1-\varepsilon_\beta\frac{\beta}{120^\circ}$（若 $\varepsilon_\beta\geqslant1$，取 $\varepsilon_\beta=1$；若 $Y_\beta<0.75$，取 $Y_\beta=0.75$）。

11.5 直齿锥齿轮传动的强度计算

11.5.1 直齿锥齿轮的受力分析

受力分析中，将沿齿宽分布的载荷简化为集中作用于齿宽中部节点上的法向力 F_n，如图 11.9 所示。作用在主动轮上的法向力 F_{n1} 可以分解为三个互相垂直的分力：圆周力 F_{t1}、径向力 F_{r1} 和轴向力 F_{a1}，其计算公式为

$$\left.\begin{cases}F_{t1}=2T_1/d_{m1}\\F_{r1}=F_{t1}\tan\alpha\cos\delta_1\\F_{a1}=F_{t1}\tan\alpha\sin\delta_1\end{cases}\right\} \tag{11-20}$$

式中 d_{m1}——主动小齿轮齿宽中点处平均分度圆直径，$d_{m1}=(1-0.5\psi_R)d_1$，其中 ψ_R 为齿宽系数，由齿宽 b 和锥距 R 来确定，$\psi_R=b/R$，为了保证锥齿轮小端所必需的强度并便于加工，齿宽 b 一般不应大于 $R/3$，故通常取 $\psi_R=0.25\sim0.35$；

δ_1——小齿轮分度圆锥角。

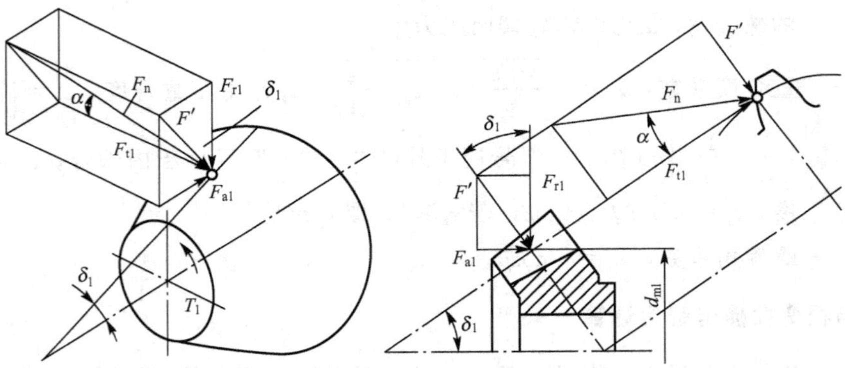

图 11.9 直齿锥齿轮的受力分析

圆周力和径向力的方向判断与直齿圆柱齿轮相同。轴向力的方向，分别沿各自的轴线方向并指向轮齿大端。由于相互啮合的两个锥齿轮的轴线垂直相交，故作用在主动轮和从动轮上的各分力的对应关系为：$F_{t1}=-F_{t2}$，$F_{r1}=-F_{a2}$，$F_{a1}=-F_{r2}$，负号表示方向相反。

11.5.2 直齿锥齿轮传动的强度计算

直齿锥齿轮传动的强度计算，是以齿宽中点处的当量直齿圆柱齿轮为对象进行计算分析的。把直齿锥齿轮转化为齿宽中点处的当量直齿圆柱齿轮后，将其参数代入直齿圆柱齿轮强度计算公式中，即可推导出直齿锥齿轮的强度计算公式。

锥齿轮的齿面接触疲劳强度校核公式和设计公式为

$$\sigma_H=Z_EZ_H\sqrt{\frac{4KT_1}{\psi_R(1-0.5\psi_R)^2d_1^3u}}\leqslant[\sigma_H] \tag{11-21}$$

$$d_1\geqslant\sqrt[3]{\frac{4KT_1}{\psi_R(1-0.5\psi_R)^2u}\left(\frac{Z_HZ_E}{[\sigma_H]}\right)^2} \tag{11-22}$$

式中　Z_H——节点区域系数，对直齿锥齿轮 $Z_H=2.5$。

锥齿轮的齿根弯曲疲劳强度校核公式和设计公式为

$$\sigma_F=\frac{4KT_1}{\psi_R(1-0.5\psi_R)^2 z_1^2 m^3\sqrt{1+u^2}}Y_{Fa}Y_{Sa}\leqslant[\sigma_F] \tag{11-23}$$

$$m\geqslant\sqrt[3]{\frac{4KT_1}{\psi_R(1-0.5\psi_R)^2 z_1^2\sqrt{1+u^2}}\cdot\frac{Y_{Fa}Y_{Sa}}{[\sigma_F]}} \tag{11-24}$$

式中　Y_{Fa}、Y_{Sa}——齿形系数和应力修正系数，按当量齿数 $z_v=z/\cos\delta$ 查表 11-5。

11.6　齿轮的结构设计

通过齿轮传动的强度计算，可确定齿轮的主要参数和尺寸，如齿数、模数、分度圆直径和齿宽等，而齿轮的结构形式及齿圈、轮辐和轮毂等其他结构尺寸，则由齿轮的结构设计确定。齿轮的结构设计与齿轮直径大小、毛坯、材料、加工方法、生产批量、使用要求及经济性等因素有关。通常是先根据齿轮直径的大小，选择合理的结构形式，再根据推荐使用的经验公式确定有关尺寸，进行结构设计。

常用的齿轮结构形式见表 11-8。

表 11-8　常用齿轮结构形式

结构形式	图　　例	
齿轮轴	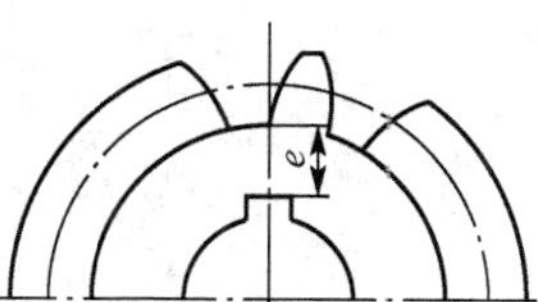(a) 圆柱齿轮 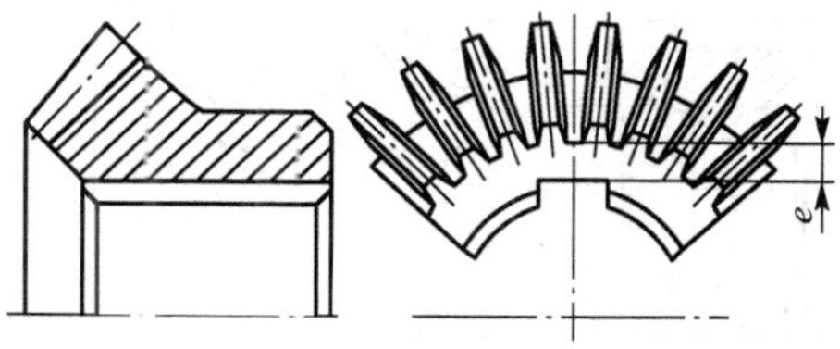(b) 锥齿轮 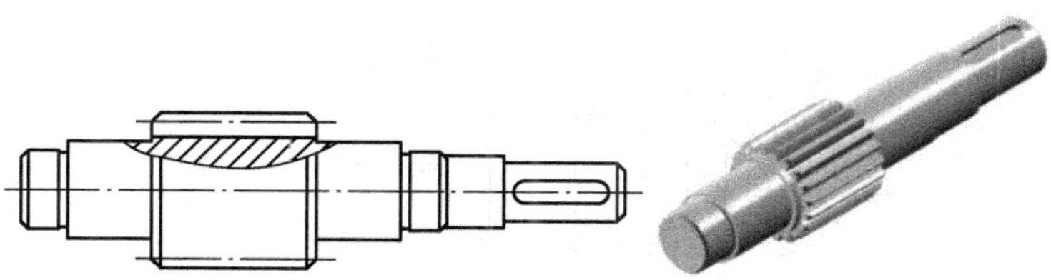(c) 圆柱齿轮轴 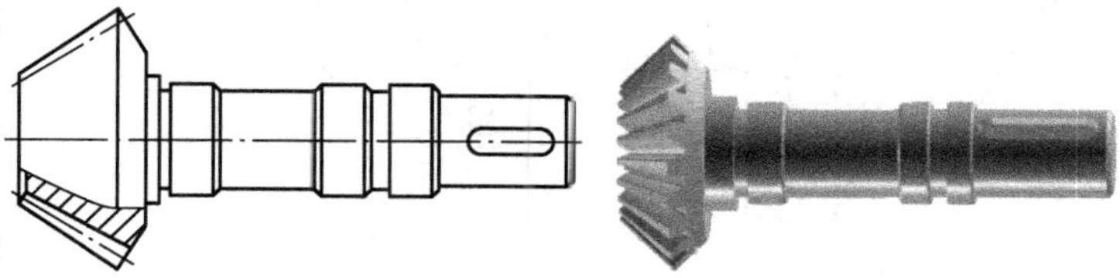(d) 锥齿轮轴 锻造毛坯	当齿根圆直径与轴径接近时，对于圆柱齿轮(图(a))，若齿根圆至键槽底部的距离 $e<2m_t$(m_t 为端面模数)；对于锥齿轮(图(b))，若小端齿根圆至键槽底部的距离 $e<1.6m$(m 为大端模数)，均应将齿轮与轴做成一体，称为齿轮轴 齿轮轴结构简单，但齿轮尺寸较大时，易造成浪费，加工也不方便，且齿轮损坏后，轴也随之报废。故当 e 值超过上述尺寸时，则应将齿轮与轴分开制造

（续）

结构形式	图　例
实心式齿轮	当 $d_a \leqslant 200\text{mm}$ 时 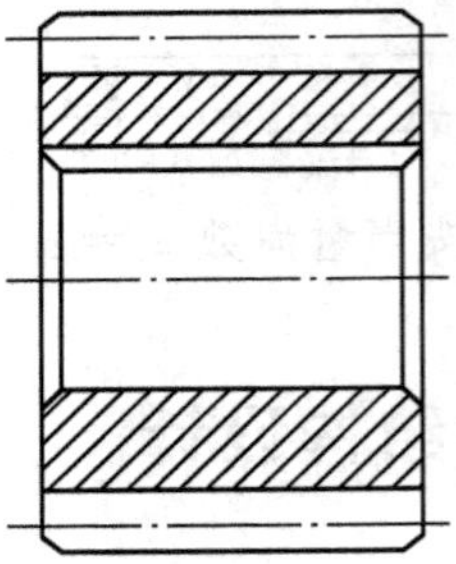 锻造毛坯
腹板式齿轮	当 $200\text{mm} < d_a \leqslant 500\text{mm}$ 时 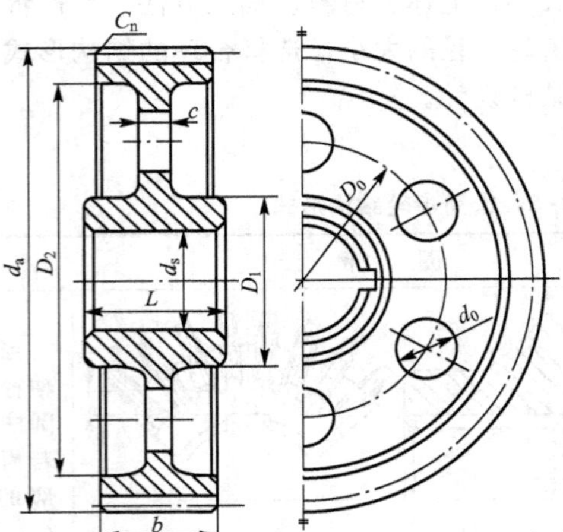 (a) 圆柱齿轮 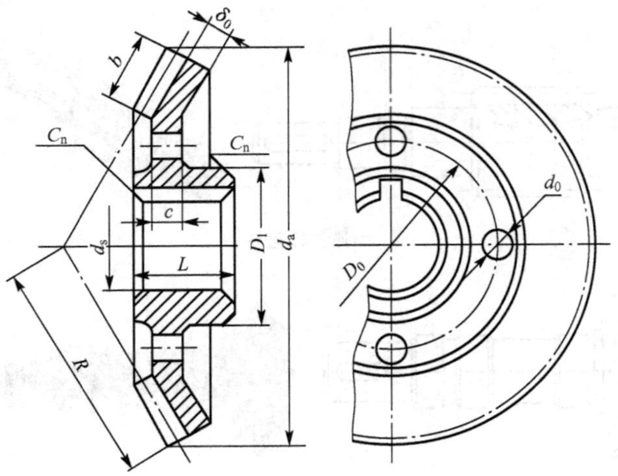 (b) 圆锥齿轮 锻造毛坯，也可采用铸造毛坯

（续）

结构形式	图　　例
腹板式齿轮	$D_1=1.6d_s$（钢材）；$D_1=1.7d_s$（铸铁） 圆柱齿轮：$D_0=0.5(D_1+D_2)$；$D_2=d_a-(10\sim14)m_n$；$L=(1.2\sim1.5)d_s\geqslant b$； $d_0=(0.25\sim0.35)(D_2-D_1)$；$c=(0.2\sim0.3)b$；$n=0.5m_n$ 圆锥齿轮：$L=(1\sim1.2)d_s$；$c=(0.1\sim0.17)R$；$\delta_0=(2.5\sim4)m$，但不小于10mm；D_0、d_0、n 按结构确定
轮辐式齿轮	当 $d_a>500$mm 时 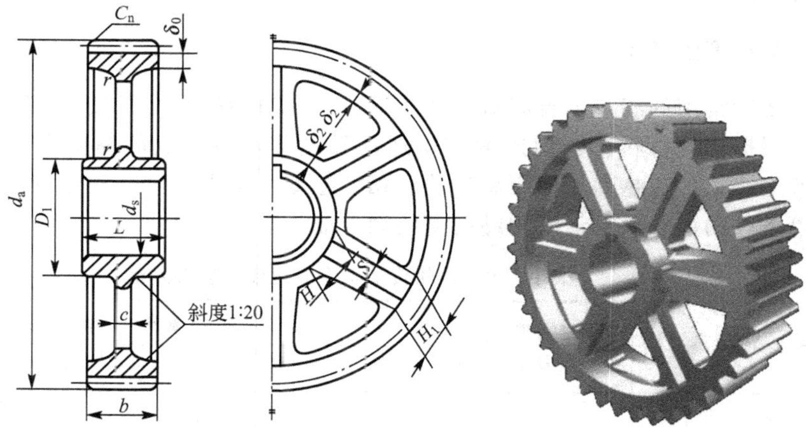 铸造毛坯（铸钢或铸铁）制造 $D_1=1.6d_s$（铸钢）；$D_1=1.8d_s$（铸铁）；$L=(1.2\sim1.5)d_s\geqslant b$；$H=0.8d_s$；$H_1=0.8H$；$c=0.2H$；$S=H/6$，但不小于10mm；$n=0.5m_n$；$\delta_0=(2.5\sim4)m_n$，但不小于8mm；$\delta_2=0.8\delta_0$；轮辐数常取6
组装式齿轮	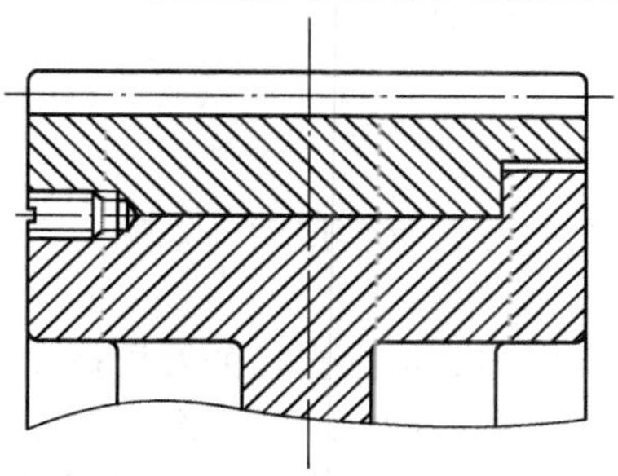 对于大型齿轮，为节省贵重金属材料，可用优质钢材做的齿圈套于铸钢或铸铁的轮芯上，做成组装式齿轮
焊接式齿轮	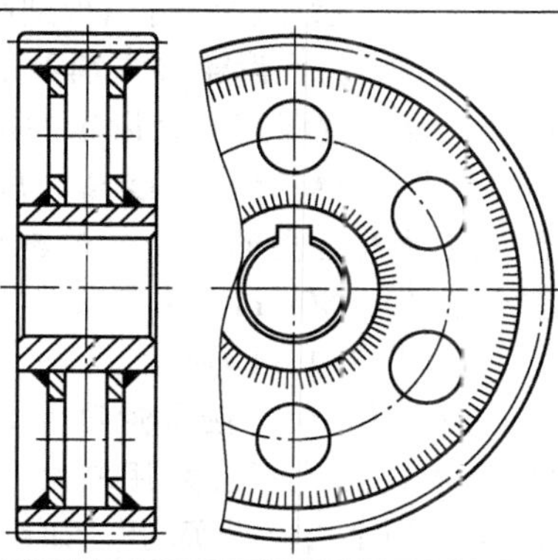 单件或小批量生产的大型齿轮，也可做成焊接结构的齿轮

11.7 齿轮传动的润滑

齿轮在啮合传动时会产生摩擦和磨损，造成动力损耗，降低传动效率，因此齿轮传动的润滑，特别是高速重载的齿轮传动的润滑非常必要。良好的润滑可以避免金属直接接触，减少摩擦磨损，提高传动效率，还可以散热及防锈蚀，改善齿轮传动的工作状况，延长使用寿命。

11.7.1 润滑剂的选择

齿轮传动常用的润滑剂有润滑油和润滑脂。润滑油的黏度可按表 11－9 选取。选择润滑油时，根据齿轮材料和圆周速度查得运动黏度值，由选定的黏度即可确定润滑油的牌号。一般来讲，转速越高，所用润滑油的黏度越低，反之越高。对于变速、重载或者频繁开车、停车等的齿轮传动，宜用黏度高的润滑油。

表 11－9 齿轮传动润滑油运动黏度荐用值 （单位：mm^2/s）

齿轮材料	强度极限 σ_b/MPa	圆周速度 v/(m/s)						
		<0.5	0.5～1	1～2.5	2.5～5	5～12.5	12.5～25	>25
塑料、铸铁、青铜	—	320	220	150	100	80	60	—
钢	450～1000	500	320	220	150	110	80	60
	1000～1250	500	500	320	220	150	100	80
渗碳或表面淬火的钢	1250～1600	1000	500	500	320	220	150	100

注：多级减速器的润滑油黏度应按各级黏度的平均值选取。

11.7.2 润滑方式

半开式及开式齿轮传动，或速度较低的闭式齿轮传动，采用人工定期添加润滑油或润滑脂的方法进行润滑。

闭式齿轮传动通常采用油润滑，其润滑方式根据齿轮的圆周速度确定。

(1) 浸油润滑。当齿轮的圆周速度 $v<12$m/s 时，通常将大齿轮的轮齿浸入油池中进行浸油润滑，如图 11.10(a)所示。齿轮传动时，大齿轮将润滑油带到啮合的齿面上进行润滑，同时也将油甩到齿轮箱壁上散热，使油温下降。大齿轮浸入油池的深度可根据齿轮的圆周速度大小而定，浸入过浅造成润滑不良；浸入过深则增大齿轮的搅油阻力，损失功率增大并使油温升高。对圆柱齿轮通常不宜超过一个齿高，速度高时取小值，但不应小于 10mm；对锥齿轮传动应浸入全齿宽，至少应浸入齿宽的一半。油池应保持一定的深度，一般大齿轮齿顶圆到油池底面的距离不应小于 40～50mm。在多级齿轮传动中，可采用带油轮将油带到未浸入油池内的轮齿齿面上，如图 11.10(b)所示。

(2) 喷油润滑。当齿轮圆周速度 $v>12$m/s 时，由于圆周速度大，齿轮搅油剧烈，且因离心力较大，会使黏附在齿面上的油被甩掉，因此不宜采用浸油润滑，可采用喷油润滑，即用油泵以一定的压力供油，经喷油嘴喷到啮合的齿面上，如图 11.10(c)所示。当

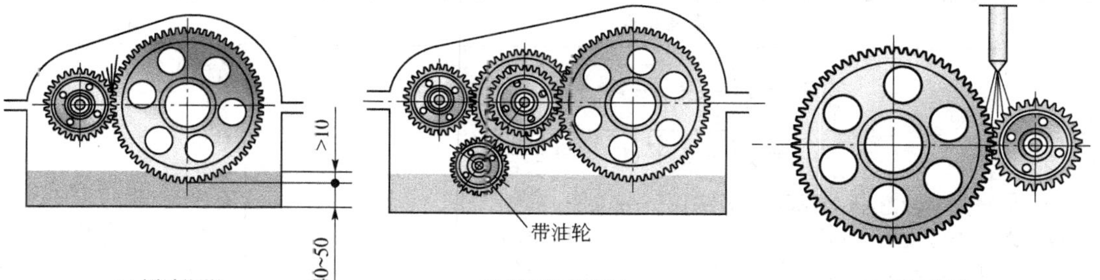

(a) 浸油润滑　(b) 用带油轮带油　(c) 喷油润滑

图 11.10　齿轮传动的润滑

$v \leqslant 25\text{m/s}$时，喷油嘴位于轮齿啮入边或啮出边均可；当 $v>25\text{m/s}$ 时，喷油嘴位于轮齿的啮出一边，以便借润滑油及时冷却刚啮合过的轮齿，同时也对轮齿进行润滑。喷油润滑适用于高速、重载的重要齿轮传动。

[例 11-2]　将例 11-1 设计的直齿圆柱齿轮传动改为设计标准斜齿圆柱齿轮传动，已知条件、材料、热处理及精度等级等均不变。

解：设计见下表。

计算及说明	结果
1. 选择齿轮传动精度等级、材料、齿数及螺旋角 (1) 精度等级同例 11-1，8 级精度，速度 $v \leqslant 10\text{m/s}$ (2) 材料、热处理及齿面硬度同例 11-1 (3) 初选小齿轮齿数 $z_1=20$，大齿轮齿数 $z_2=i_c z_1=5\times 20=100$ (4) 初选螺旋角 $\beta=14°$	齿轮 8 级精度 小齿轮 40Cr 调质，硬度 250HBW 大齿轮 45 钢调质，硬度 220HBW $z_1=20$ $z_2=100$ $\beta=14°$
2. 按齿面接触疲劳强度设计 由设计式(11-17)进行计算 $d_1 \geqslant \sqrt[3]{\frac{2KT_1}{\psi_d}\frac{u+1}{u}\left(\frac{Z_H Z_E Z_\varepsilon Z_\beta}{[\sigma_H]}\right)^2}$	
(1) 根据工作条件查表 11-3，选取载荷系数 $K=1.2$	$K=1.2$
(2) 小齿轮传递的转矩 $T_1=46.72\text{N}\cdot\text{m}$	$T_1=46.72\text{N}\cdot\text{m}$
(3) 由表 11-6 选取齿宽系数 $\psi_d=1$	$\psi_d=1$
(4) 由表 11-4 查得材料的弹性系数 $Z_E=189.8\sqrt{\text{MPa}}$	$Z_E=189.8\sqrt{\text{MPa}}$
(5) 节点区域系数 $\tan\alpha_t=\frac{\tan\alpha_n}{\cos\beta}=\frac{\tan 20°}{\cos 14°}=0.37\quad \alpha_t=20.3°$ $\tan\beta_b=\tan\beta\cos\alpha_t=\tan 14°\cdot\cos 20.3°=0.23\quad \beta_b=12.95°$ $Z_H=\sqrt{2\cos\beta_b/(\sin\alpha_t\cos\alpha_t)}$ $=\sqrt{2\cos 12.95°/(\sin 20.3°\cos 20.3°)}=2.43$	$Z_H=2.43$
(6) 重合度系数 $\varepsilon_\alpha=\left[1.88-3.2\left(\frac{1}{z_1}+\frac{1}{z_2}\right)\right]\cos\beta$ $=\left[1.88-3.2\left(\frac{1}{20}+\frac{1}{100}\right)\right]\cos 14°=1.64$ $\varepsilon_\beta=0.318\psi_d z_1\tan\beta=0.318\times 1\times 20\tan 14°=1.58>1$ 取 $\varepsilon_\beta=1$	

（续）

计算及说明	结果
$Z_\varepsilon=\sqrt{\frac{4-\varepsilon_\alpha}{3}(1-\varepsilon_\beta)+\frac{\varepsilon_\beta}{\varepsilon_\alpha}}$ $=\sqrt{\frac{4-1.64}{3}(1-1)+\frac{1}{1.64}}=0.78$	$Z_\varepsilon=0.78$
(7) 螺旋角系数 $Z_\beta=\sqrt{\cos\beta}=\sqrt{\cos 14^\circ}=0.985$	$Z_\beta=0.985$
(8) 许用接触应力 $[\sigma_H]_1=700\text{MPa}$，$[\sigma_H]_2=594\text{MPa}$	$[\sigma_H]_1=700\text{MPa}$ $[\sigma_H]_2=594\text{MPa}$
(9) 计算小齿轮分度圆直径 d_1，代入 $[\sigma_H]$ 中较小值 $d_1\geqslant\sqrt[3]{\frac{2KT_1}{\psi_d}\frac{u+1}{u}\left(\frac{Z_HZ_EZ_\varepsilon Z_\beta}{[\sigma_H]}\right)^2}$ $=\sqrt[3]{\frac{2\times1.2\times46.72\times10^3}{1}\frac{5+1}{5}\left(\frac{2.43\times189.8\times0.78\times0.985}{594}\right)^2}=36.31\text{mm}$	$d_1=36.31\text{mm}$
(10) 确定齿轮参数 $m_n'=\frac{d_1\cos\beta}{z_1}=\frac{36.31\cos14^\circ}{20}=1.76\text{mm}$ 由表 5-3，取模数 $m_n=2\text{mm}$	$m_n=2\text{mm}$
$a=\frac{m_n(z_1+z_2)}{2\cos\beta}=\frac{2\times(20+100)}{2\cos14^\circ}=123.71\text{mm}$ 圆整取 $a=124\text{mm}$。	$a=124\text{mm}$
$\beta=\arccos\frac{m_n(z_1+z_2)}{2a}=\arccos\frac{2\times(20+100)}{2\times124}=14.59^\circ$	$\beta=14.59^\circ$
$d_1=\frac{m_nz_1}{\cos\beta}=\frac{2\times20}{\cos14.59^\circ}=41.34\text{mm}$	$d_1=41.34\text{mm}$
$d_2=\frac{m_nz_2}{\cos\beta}=\frac{2\times100}{\cos14.59^\circ}=206.68\text{mm}$	$d_2=206.68\text{mm}$
$b=\psi_dd_1=1\times41.34=41.34\text{mm}$ 取 $b_2=41\text{mm}$，$b_1=46\text{mm}$	$b_2=41\text{mm}$ $b_1=46\text{mm}$
3. 校核齿根弯曲疲劳强度 由式(11-18)校核公式有 $\sigma_F=\frac{2KT_1}{bd_1m_n}Y_{Fa}Y_{Sa}Y_\varepsilon Y_\beta\leqslant[\sigma_F]$	
(1) 齿形系数和应力修正系数 $z_{v1}=\frac{z_1}{\cos^3\beta}=\frac{20}{\cos^3 14.59^\circ}=22$	$z_{v1}=22$
$z_{v2}=\frac{z_2}{\cos^3\beta}=\frac{100}{\cos^3 14.59^\circ}=111$	$z_{v2}=111$
由表 11-5 查得齿形系数和应力修正系数：$Y_{Fa1}=2.72$，$Y_{Sa1}=1.57$；$Y_{Fa2}=2.17$，$Y_{Sa2}=1.80$	$Y_{Fa1}=2.72$ $Y_{Sa1}=1.57$ $Y_{Fa2}=2.17$ $Y_{Sa2}=1.80$
(2) 重合度系数 $Y_\varepsilon=0.25+0.75/\varepsilon_\alpha=0.25+0.75/1.64=0.71$	$Y_\varepsilon=0.71$
(3) 螺旋角系数 $Y_\beta=1-\varepsilon_\beta\frac{\beta}{120^\circ}=1-1\times\frac{14.59^\circ}{120^\circ}=0.88$	$Y_\beta=0.88$
(4) 许用弯曲应力 $[\sigma_F]_1=414.29\text{MPa}$，$[\sigma_F]_2=285.71\text{MPa}$	$[\sigma_F]_1=414.29\text{MPa}$ $[\sigma_F]_2=285.71\text{MPa}$
(5) 计算轮齿齿根弯曲应力 $\sigma_{F1}=\frac{2KT_1}{bd_1m_n}Y_{Fa1}Y_{Sa1}Y_\varepsilon Y_\beta$ $=\frac{2\times1.2\times46.72\times10^3}{41\times41.34\times2}\times2.72\times1.57\times0.71\times0.88$ $=88.26\text{MPa}\leqslant414.29\text{MPa}$	$\sigma_{F1}=88.26\text{MPa}$

（续）

计算及说明	结果
$\sigma_{F2}=\dfrac{Y_{Fa2}Y_{Sa2}}{Y_{Fa1}Y_{Sa1}}\sigma_{F1}=\dfrac{2.17\times1.80}{2.72\times1.57}\times88.26=80.73\text{MPa}\leqslant285.71\text{MPa}$ 齿根弯曲强度足够	$\sigma_{F2}=80.73\text{MPa}$
4. 验算圆周速度 $v=\dfrac{\pi d_1 n_1}{60\times1000}=\dfrac{\pi\times41.34\times478.3}{60\times1000}=1.03\text{m/s}<10\text{m/s}$ 选用8级精度合适	$v=1.03\text{m/s}$
5. 齿轮几何参数计算（略） 6. 齿轮结构设计 根据表11-8，齿轮结构	
小齿轮：$d_{a1}=d_1+2h_{an}^* m_n=41.34+2\times1\times2=45.34\text{mm}$，因 $e<2m_t$，故采用齿轮轴结构	小齿轮采用齿轮轴
大齿轮：$d_{a2}=d_2+2h_{an}^* m_n=206.68+2\times1\times2=210.68\text{mm}$，因 $200\text{mm}<d_{a2}\leqslant500\text{mm}$，故采用腹板式齿轮 7. 绘制齿轮零件工作图。大齿轮零件工作图如图11.11所示	大齿轮采用腹板式

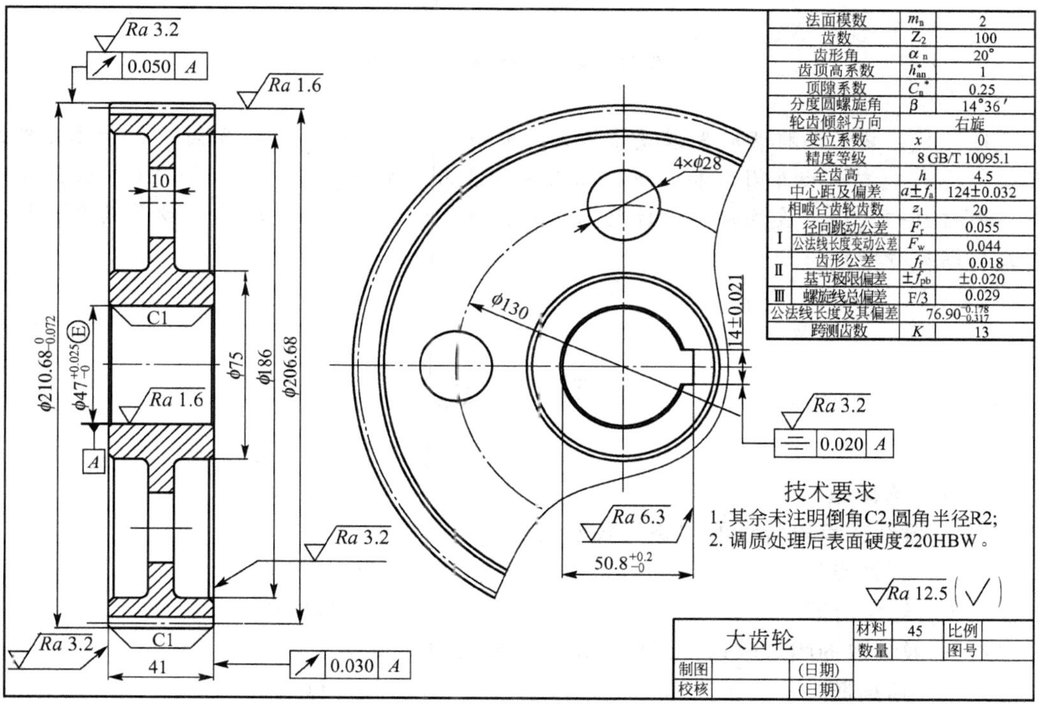

图 11.11 大齿轮零件工作图

阅读材料

8E150型柴油机齿轮失效分析

失效的柴油机安装于渔船上，功率为198kW，工作时转速为750r/min，在使用700

多小时后，发生大舵齿轮断齿而引起柴油机损坏事故。该齿轮材料为45钢，齿轮制造工艺为锻造→正火→粗加工→调质→精加工→滚齿→齿面淬火→磨齿。事故发生后拆下齿轮，发现从齿轮上断下数只齿。齿轮的宏观断口形貌特征如图11.12所示。图11.12(a)为齿轮上掉块的断口形貌，在断口上能观察到贝壳状条纹，裂源区有许多宏观疲劳台阶条纹，裂源产生于齿根处，并有多个疲劳源；图11.12(b)为掉块的另一断面宏观形貌，同样具有宏观疲劳台阶、贝壳状条纹及多个疲劳源等特征；图11.12(c)为在齿轮上掉下的数只断齿中的一只，其宏观形貌同样有贝壳状条纹、疲劳台阶及多个疲劳源等特征。

图 11.12 齿轮宏观断口形貌

经分析，该柴油机齿轮断裂属多源疲劳断裂。引起疲劳的主要原因是由于热处理工艺控制不当，齿根及齿侧面未淬硬，经显微硬度测量结果仅为26～28HRC，因此造成齿根部材料的疲劳强度远低于设计要求，而齿根处所受工作应力较高，故导致在齿根处产生早期疲劳断裂。

习 题

11-1 选择题

(1) 一般开式齿轮传动的主要失效形式是____。

A. 齿面点蚀　　B. 齿面磨损

C. 轮齿折断　　D. 齿面胶合

(2) 一般参数的闭式软齿面齿轮传动的主要失效形式是____。

A. 齿面胶合　　B. 齿面点蚀

C. 齿面磨粒磨损　　D. 轮齿折断

(3) 齿轮传动设计时，计算齿根弯曲疲劳强度是为了避免____失效。

A. 齿面胶合　　B. 齿面点蚀

C. 齿面磨粒磨损　　D. 轮齿折断

(4) 对齿轮材料性能的基本要求是____。

A. 齿面要硬，齿芯要脆　　B. 齿面要软，齿芯要韧

C. 齿面要硬，齿芯要韧　　D. 齿面要软，齿芯要脆

(5) 对于一对材料相同的钢制软齿面齿轮传动，常用的热处理方法是____。

A. 小齿轮淬火，大齿轮调质　　B. 小齿轮调质，大齿轮淬火

C. 小齿轮正火，大齿轮调质　　D. 小齿轮调质，大齿轮正火

(6) 设计一对材料相同的软齿面齿轮传动时，一般小齿轮齿面硬度 HBW_1 ____大齿轮齿面硬度 HBW_2。

A. 小于　　B. 等于　　C. 大于

(7) 齿面硬度为 56～62HRC 的合金钢齿轮的加工工艺过程为____。

A. 齿坯加工、淬火、磨齿、滚齿　　B. 齿坯加工、淬火、滚齿、磨齿

C. 齿坯加工、滚齿、渗碳淬火、磨齿　　D. 齿坯加工、滚齿、磨齿、淬火

(8) 齿面接触疲劳强度条件是以不产生____破坏为前提建立起来的。

A. 疲劳点蚀　　B. 磨损

C. 胶合　　D. 塑性变形

(9) 齿轮的齿面疲劳点蚀失效首先发生的部位是____。

A. 靠近节线的齿根表面上　　B. 靠近节线的齿顶表面上

C. 在节线上　　D. 同时在齿根和齿顶表面上

(10) 在斜齿轮传动设计计算中，对于下列参数和尺寸，应标准化的有____；应圆整的有____；应取精确值的有____。

A. 斜齿圆柱齿轮的法面模数 m_n　　B. 斜齿圆柱齿轮的端面模数 m_t

C. 分度圆直径 d　　D. 齿顶圆直径 d_a

E. 齿轮宽度 b　　F. 分度圆压力角 α

G. 斜齿轮螺旋角 β　　H. 中心距 a

(11) 下列斜齿圆柱齿轮的螺旋角中，____值是实际可行的。

A. $\beta=2°\sim8°$　　B. $\beta=8°\sim20°$

C. $\beta=20°\sim40°$　　D. $\beta=40°\sim60°$

(12) 在圆柱齿轮减速器中，一般小齿轮的宽度 b_1 ____大齿轮的宽度 b_2。

A. 大于　　B. 小于　　C. 等于

(13) 当分度圆直径一定时，在满足轮齿弯曲强度的条件下，应尽可能选取____。

A. 较大的中心距　　B. 较大的模数　　C. 较多的齿数

(14) 按齿根弯曲疲劳强度设计齿轮传动时，应将$\frac{Y_{Fa1}Y_{sa1}}{[\sigma_{F1}]}$和$\frac{Y_{Fa2}Y_{sa2}}{[\sigma_{F2}]}$中____数值代入设计式进行计算。

A. 任何一个　　B. 较大　　C. 较小　　D. 两者平均

(15) 按齿面接触疲劳强度设计齿轮传动时，若大、小齿轮的许用应力不相等，应将$[\sigma_{H1}]$或$[\sigma_{H2}]$中____代入设计式中进行计算。

A. 任何一个值　　B. 较大值　　C. 较小值

(16) 设计斜齿轮传动时，螺旋角 β 一般在 8°～20°范围内选取，β 太小斜齿轮传动的优点不明显，太大则会引起____。

A. 轴向力太大　　B. 啮合不良　　C. 制造困难

(17) 一对标准直齿圆柱齿轮，已知 $z_1=20$，$z_2=40$，则这对齿轮的接触应力____。

A. $\sigma_{H1}>\sigma_{H2}$　　B. $\sigma_{H1}<\sigma_{H2}$

C. $\sigma_{H1}=\sigma_{H2}$　　D. $\sigma_{H1}\leqslant\sigma_{H2}$

(18) 齿轮传动在以下几种工况中，____的齿宽系数可取大些。

A. 悬臂布置　　B. 不对称布置　　C. 对称布置

(19) 标准斜齿圆柱齿轮传动中，查取齿形系数数值时，应按____查取。

A. 法面模数　　B. 齿宽　　C. 实际齿数　　D. 当量齿数

(20) 直齿锥齿轮传动的强度计算，以____的当量圆柱齿轮为计算基础。

A. 小端　　B. 大端　　C. 齿宽中点处

11－2　思考题

(1) 齿轮传动的主要失效形式有哪几种？这些失效形式常发生在哪种场合的齿轮传动中？

(2) 在工程设计中，齿轮传动的设计准则是什么？其齿面接触疲劳强度计算和齿根弯曲疲劳强度计算各控制什么失效形式？

(3) 齿轮材料的选择原则是什么？常用齿轮材料和热处理方法有哪些？

(4) 软齿面与硬齿面齿轮的齿面硬度范围如何？软齿面齿轮为何应使小齿轮的齿面硬度比大齿轮高 30～50HBW？

(5) 一对圆柱齿轮传动，小齿轮和大齿轮在啮合处的接触应力是否相等？如大、小齿轮的材料及热处理情况均相同，则其许用接触应力是否相等？如其许用接触应力相等，则大、小齿轮的接触疲劳强度是否相等？

(6) 什么是齿形系数？齿形系数与哪些因素有关？如两个齿轮的齿数和变位系数相同，而模数不同，齿形系数是否有变化？同一齿数的标准直齿圆柱齿轮、标准斜齿圆柱齿轮和标准直齿锥齿轮的齿形系数是否相同？为什么？

(7) 斜齿圆柱齿轮的齿数 z 与其当量齿数 z_v 有什么关系？在下列几种情况下应分别采用哪一种齿数：计算斜齿圆柱齿轮的传动比；用仿形法切制斜齿轮时选盘形铣刀；计算斜齿轮的分度圆直径；弯曲强度计算时查取齿形系数。

(8) 齿轮结构形式有哪些？应如何选择？

(9) 齿轮传动有哪些润滑方式？它们的使用范围如何？

11－3　受力分析题

(1) 画出图 11.13 中齿轮所受的各分力方向，图(a)、图(c)、图(d)为主动轮，图(b)、图 (e)为从动轮(图中“。”表示啮合点位置)。

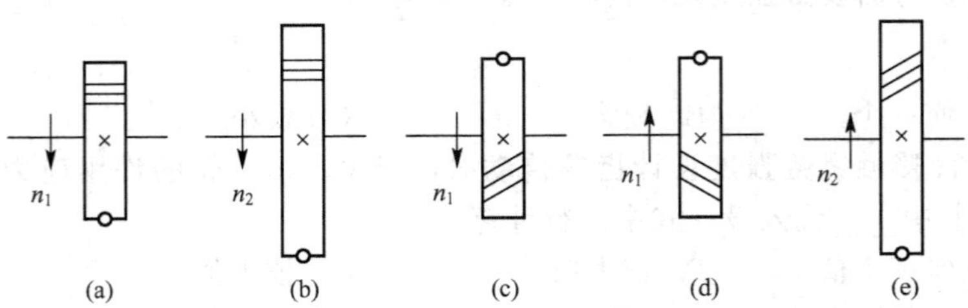

图 11.13　题 11－3(1)图

(2) 如图 11.14 所示，二级标准斜齿圆柱齿轮减速器。已知齿轮 2 的模数 $m_n=3$mm，齿数 $z_2=51$，$\beta=15°$，旋向如图所示；齿轮 3 的模数 $m_n=5$mm，$z_3=17$。试问：

① 使中间轴Ⅱ上两齿轮的轴向力方向相反，确定斜齿轮 3、4 的轮齿旋向；

② 若Ⅰ轴转向如图所示，标明各齿轮的圆周力 F_t、径向力 F_r和轴向力 F_a的方向；

③ 斜齿轮 3 的螺旋角 β 应取多大值，才能使Ⅱ轴的轴向力相互抵消。

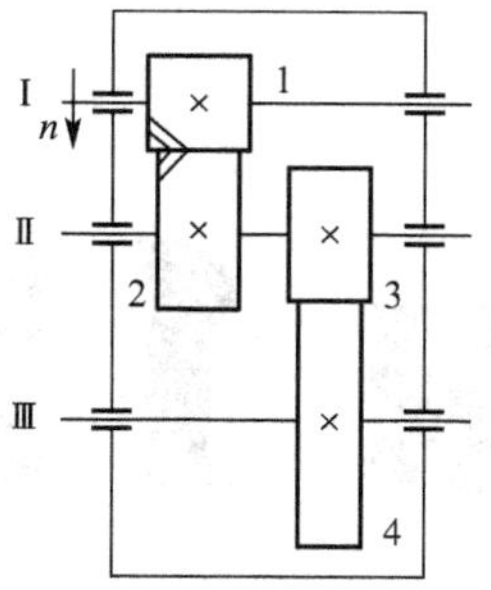

图 11.14　题 11－3(2)图

(3) 图 11.15 所示为一直齿锥齿轮—斜齿圆柱齿轮减速器。已知Ⅰ轴为输入轴，其转动方向如图所示。为使中间轴Ⅱ上的轴向力尽可能小，要求：

① 确定齿轮 3 和 4 的螺旋线方向；

② 试在图上标明各齿轮的圆周力 F_t、径向力 F_r和轴向力 F_a的方向。

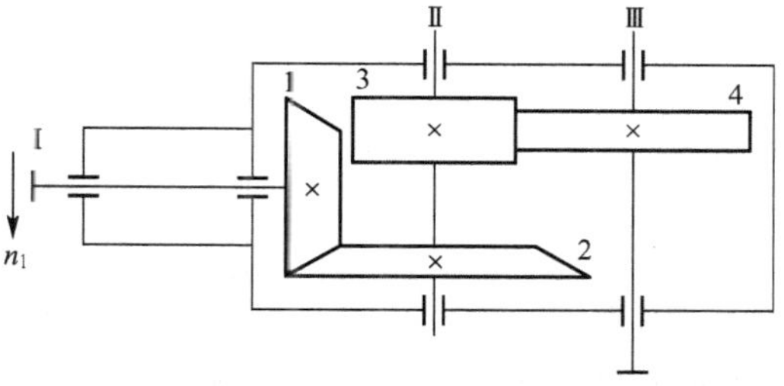

图 11.15　题 11－3(3)图

11－4　设计计算题

(1) 某一级直齿圆柱齿轮减速器。已知小齿轮材料为 45 钢，做调质处理，齿面硬度为 220HBW；大齿轮材料为 ZG310－570，做正火处理，齿面硬度为 180HBW，两轮的齿数为 $z_1=20$，$z_2=80$，中心距 $a=250$mm，小齿轮齿宽 $b_1=65$mm，大齿轮齿宽 $b_2=60$mm。若输出转速 $n_2=250$r/min，使用寿命为 20 年(设每年 300 个工作日)，每日两班制，单向转动，载荷平稳。试计算该齿轮能传递的最大功率。

(2) 现有一开式标准直齿圆柱齿轮传动。已知小齿轮材料为 40Cr，调质处理，齿面硬度 250HBW；大齿轮材料为 45 钢，调质处理，齿面硬度 220HBW。齿轮的基本参数为：$m=4$mm，$z_1=18$，$z_2=55$，$b_1=74$mm，$b_2=68$mm，传递功率 $P=4$kW，小齿轮转速 $n_1=720$r/min。齿轮双向运转，载荷中等冲击，齿轮相对轴承非对称布置，工作寿命 $L_h=10000$h。试校核该对齿轮传动的强度。

(3) 有一闭式单级斜齿圆柱齿轮减速器。已知齿轮齿数 $z_1=20$，齿数比 $u=3$，模数 $m_n=6$mm，螺旋角 $\beta=16°15'36''$，齿宽 $b_1=125$mm，$b_2=120$mm，齿轮 8 级精度，小齿轮材料为 45 钢，调质处理，齿面硬度 255HBW；大齿轮材料为 45 钢，正火处理，齿面硬度 200HBW。输入功率 $P_1=22$kW，输入转速 $n_1=720$r/min，单向转动，原动机为电动机，载荷有中等冲击，工作寿命 $L_h=25000$h。试验算齿轮的接触疲劳强度和弯曲疲劳强度。

第12章 蜗杆传动设计

教学提纲

本章主要介绍蜗杆传动的失效形式及设计准则；蜗杆传动的材料及结构设计；蜗杆传动的强度计算、效率及热平衡计算。

教学目标

1. 掌握蜗杆传动的失效形式和设计准则。
2. 了解蜗杆、蜗轮的材料选择和结构设计。
3. 掌握蜗杆传动的受力分析、强度计算及热平衡计算。

蜗杆传动由蜗杆和蜗轮组成，用于传递空间两交错轴之间的运动和动力，通常两轴交错角为90°。该传动广泛应用于各种机器和仪器中。

12.1 蜗杆传动的失效形式及常用材料

12.1.1 蜗杆传动的失效形式

在蜗杆传动中，由于材料和结构上的原因，蜗杆螺旋部分的强度总是高于蜗轮轮齿强度，所以失效常发生在蜗轮轮齿上，一般只对蜗轮轮齿进行承载能力计算。由于蜗杆传动中的相对滑动速度较大，效率低，发热量大，所以蜗杆传动的主要失效形式是蜗轮齿面胶合、点蚀及磨损。但目前对胶合和磨损尚无比较完善的计算方法，所以，通常是仿照设计圆柱齿轮的方法进行齿面接触疲劳强度和齿根弯曲疲劳强度的计算，但在选取许用应力时，适当考虑胶合和磨损等因素的影响。

12.1.2 蜗杆传动的设计准则

对于闭式蜗杆传动，齿面胶合或点蚀为主要失效形式，所以通常按齿面接触疲劳强度来设计，当 $Z_2 \geqslant 90$ 时，还应校核齿根弯曲疲劳强度。

对于开式蜗杆传动或传动时载荷变动较大，齿面磨损和轮齿折断为主要失效形式，所以通常按齿根弯曲疲劳强度进行设计。

由于蜗杆传动时摩擦严重、发热大、效率低，对于闭式蜗杆，传动散热较困难，还必须作热平衡计算，以免发生胶合失效。

12.1.3 蜗杆传动的材料

基于蜗杆传动的主要失效形式，蜗杆传动的材料组合首先要求具有良好的减摩、耐磨、易于磨合的性能和抗胶合能力。此外，也要求有足够的强度。

蜗杆绝大多数采用碳素钢或合金钢制造，其螺旋齿面硬度越高，齿面越光洁，耐磨性就越好。对于高速重载的蜗杆，可用15Cr、20Cr、20CrMnTi和20MnVB等，经渗碳淬火至硬度为58～63HRC；也可用40、45、40Cr、40CrNi等经表面淬火至硬度为40～55HRC。对于不太重要的传动及低速中载蜗杆，常用45、40钢等经调质或正火处理，硬度为220～300HBW。蜗杆常用材料及热处理见表12-1。

蜗轮常用锡青铜、无锡青铜或铸铁制造。锡青铜用于滑动速度 $v_s > 3\text{m/s}$ 的重要传动，耐磨性最好，但价格较高，常用牌号有ZCuSn10Pl和ZCuSn5Pb5Zn5；无锡青铜一般用于 $v_s \leqslant 4\text{m/s}$ 的传动，该材料耐磨性较锡青铜差一些，但价格较便宜，常用牌号为ZCuAl10Fe3；铸铁用于滑动速度 $v_s < 2\text{ m/s}$ 的传动，常用牌号有HT150和HT200等。近年来，随着塑料工业的发展，也可用尼龙或增强尼龙来制造蜗轮。

表12-1 蜗杆常用材料及热处理

蜗杆材料	热处理	硬度	表面粗糙度/μm
45、40Cr、40CrNi、42SiMn、35CrMo	表面淬火	40～55HRC	1.6～0.80
20Cr、20CrMnTi、12CrNi3A	表面渗碳淬火	58～63HRC	1.6～0.80
45、40Cr、42CrMo、35SiMn	调质	<350HBW	6.3～3.2
38CrMoA1A、50CrV、35CrMo	表面渗氮	60～70HRC	3.2～1.6

12.1.4 蜗杆传动的精度及其选择

GB/T 10089—1988对蜗杆、蜗轮和蜗杆传动规定了12个精度等级，其中1级精度最高，12级精度最低。普通圆柱蜗杆传动的精度，一般以6～9级应用最多。表12-2中列出了6～9级精度等级的适用范围及蜗轮的许用圆周速度。

表 12-2 普通圆柱蜗杆传动的精度及其适用范围

精度等级	蜗轮圆周速度 v_2/(m/s)	适用范围
6	>5	中等精度机床分度机构；发动机调整机构
7	≤5	中等精度、中等速度、中等功率减速器
8	≤3	不重要的传动，速度较低的间歇工作动力装置
9	≤1.5	一般手动、低速、间歇、开式传动

12.2 蜗杆蜗轮的结构

12.2.1 蜗杆的结构

由于蜗杆螺旋部分的直径不大，所以蜗杆通常与轴做成一体，称为蜗杆轴。除螺旋部分的结构尺寸取决于蜗杆的几何尺寸外，其余的结构尺寸可参考轴的结构尺寸而定。图12.1(a)所示为铣制蜗杆，在轴上直接铣出螺旋部分，刚性较好；图12.1(b)所示为车制蜗杆，刚性稍差。

对于铣削的蜗杆，轴径 d 可大于齿根圆，以增加蜗杆刚度。对于车制的蜗杆，轴径应比蜗杆齿根圆直径小 2～4mm，以便加工螺旋部分有退刀槽。只有在蜗杆直径很大时，才可将蜗杆齿圈和轴分别制造，然后再套装在一起。

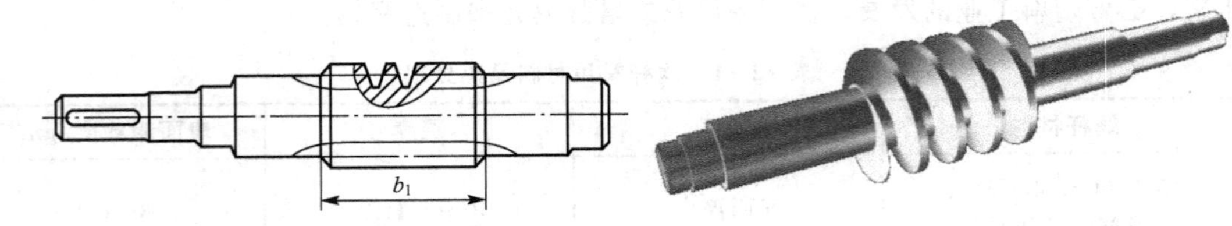

(a) 铣制蜗杆

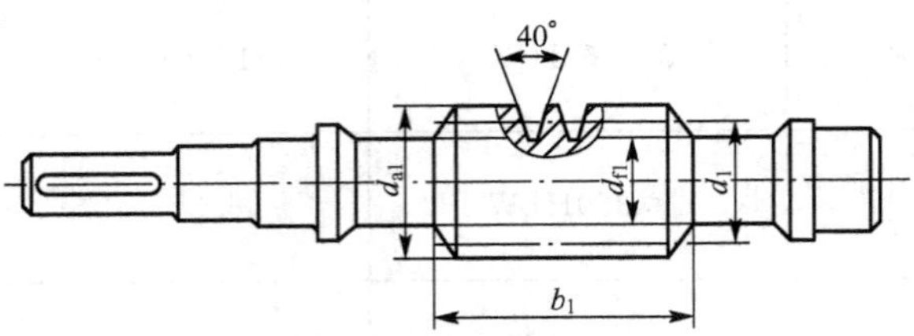

(b) 车制蜗杆

图 12.1 蜗杆的结构

12.2.2 蜗轮的结构

蜗轮的结构形式取决于蜗轮所用的材料和蜗轮的尺寸大小。常用蜗轮的结构有整体式和齿圈式两类。

铸铁蜗轮或直径小于100mm的青铜蜗轮做成整体式，如图12.2(a)所示。为了节约有色金属，降低材料成本，对尺寸较大的蜗轮常采用齿圈式结构，即齿圈用青铜，而轮芯用价格较低的铸铁或钢制造。齿圈与轮芯的联接方式有以下三种：

(1) 压配式(图12.2(b))：齿圈和轮芯采用过盈配合联接，配合面处制有定位凸肩。为使联接更可靠，可加装4～6个螺钉，拧紧后切去螺钉头部。由于青铜较软，为避免将孔钻偏，应将螺孔中心线向较硬的轮芯偏移2～3mm。这种结构多用于尺寸不太大或工作温度变化较小的蜗轮。

(2) 螺栓联接式(图12.2(c))：齿圈和轮芯常用普通螺栓联接，也可用铰制孔螺栓联接。螺栓数目由剪切强度确定。这种联接方式拆装方便，常用于尺寸较大或磨损后需要更换齿圈的蜗轮。

(3) 拼铸式(图12.2(d))：在轮芯上预制出榫槽，浇注上青铜轮缘后切齿。该结构适于大批生产的蜗轮。

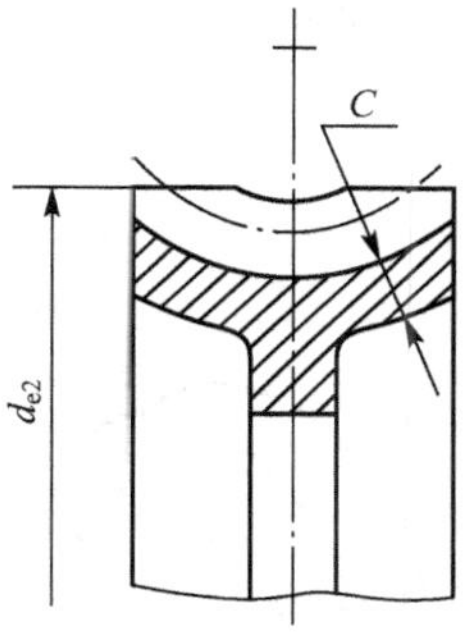

(a) 整体式蜗轮

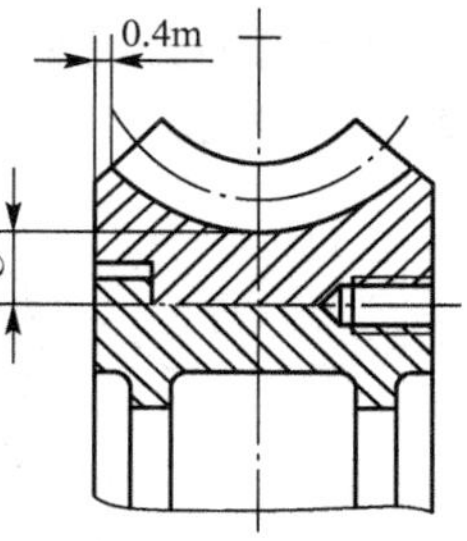

(b) 压配式蜗轮

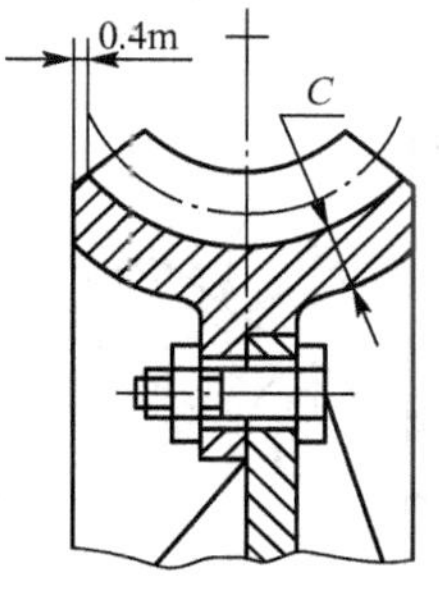

(c) 螺栓联接式蜗轮

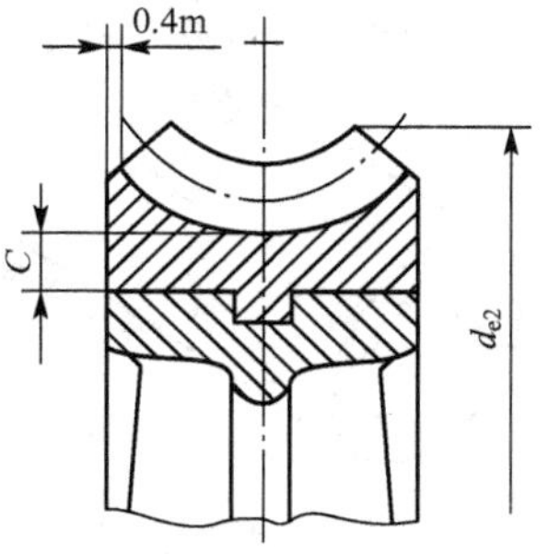

(d) 拼铸式蜗轮

图12.2 蜗轮的结构

12.3 蜗杆传动的强度与刚度计算

12.3.1 蜗杆传动的受力分析

蜗杆传动的受力分析和斜齿圆柱齿轮传动相似。如图12.3所示，右旋蜗杆为主动件并沿图示方向转动。啮合节点 P 处集中作用于法向力 F_n，F_n 可分解为三个互相垂直的分力：圆周力 F_t、轴向力 F_a 和径向力 F_r。由于蜗杆与蜗轮轴在空间交错成 90°，所以作用于蜗杆上的圆周力 F_{t1} 等于蜗轮上的轴向力 F_{a2}，但方向相反；作用于蜗轮上的圆周力 F_{t2} 等于蜗杆上的轴向力 F_{a1}，方向也相反；蜗杆、蜗轮上的径向力 F_{r1}、F_{r2} 大小相等，方向相反。如果 T_1 和 T_2 分别表示作用于蜗杆和蜗轮上的转矩，则各力的大小按式(12-1)确定。

$$\left.\begin{aligned} F_{t1}&=F_{a2}=\frac{2T_1}{d_1} \\ F_{a1}&=F_{t2}=\frac{2T_2}{d_2} \\ F_{r1}&=F_{r2}=F_{t2}\tan\alpha \end{aligned}\right\} \tag{12-1}$$

式中 T_1、T_2——分别为蜗杆和蜗轮轴上的转矩(N·mm)，$T_2=i\eta T_1$，i 为传动比，η 为蜗杆传动的效率；

d_1、d_2——蜗杆和蜗轮的分度圆直径(mm)；

α——压力角，$\alpha=20°$。

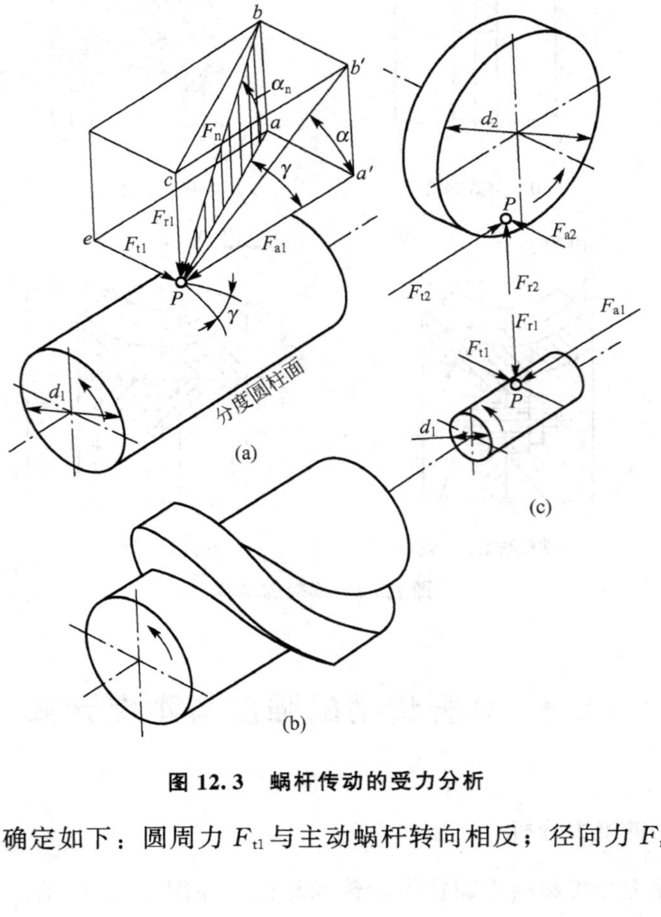

图 12.3 蜗杆传动的受力分析

蜗杆受力方向确定如下：圆周力 F_{t1} 与主动蜗杆转向相反；径向力 F_{r1} 指向蜗杆旋转中

心；轴向力 F_{a1} 的方向由左、右手定则确定。图 12.4 所示为右旋蜗杆，则用右手握住蜗杆，四指所指方向为蜗杆转向，拇指所指方向为轴向力 F_{a1} 的方向。

蜗轮受力方向确定如下：圆周力 F_{t2} 驱动蜗轮转动，与蜗轮转动方向相同；径向力 F_{r2} 指向蜗轮轮心；轴向力 F_{a2} 可根据与 F_{t1} 方向相反来判断。

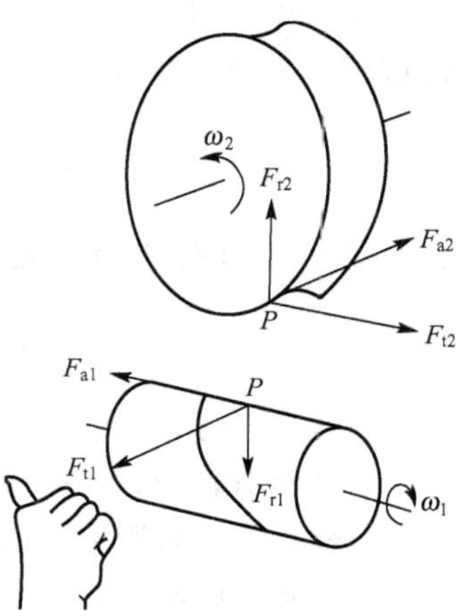

图 12.4　左、右手定则确定蜗杆轴向力 F_{a1} 方向

［例 12－1］　图 12.5 所示为蜗杆传动，蜗杆主动，已知 $T_1=20\text{N}\cdot\text{m}$，$m=4\text{mm}$，$z_1=2$，$d_1=50\text{mm}$，蜗轮齿数 $z_2=50$，传动的啮合效率 $\eta=0.75$。①试确定蜗轮的转向；②若不考虑轴承及搅油损失，试确定蜗杆与蜗轮上作用力的大小和方向。

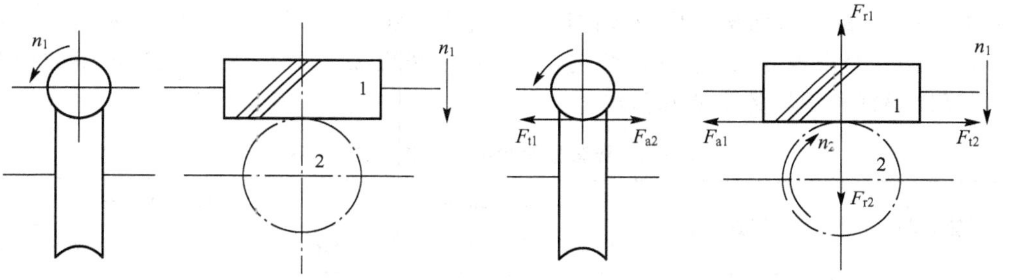

图 12.5　蜗杆传动受力分析

解：①由图 12.5(a)可知，蜗杆为左旋，可根据左手定则判定 F_{a1} 的方向(图 12.5(b))，F_{a1} 的方向为从右向左，F_{t2} 则由左向右，故 n_2 为顺时针转向。

②F_{r1} 和 F_{r2} 分别指向各自的轮心；F_{t1} 与 n_1 的转向相反，如图 12.5(b)所示，F_{t1} 的方向为由右向左，F_{a2} 则由左向右。各力的大小为

$$F_{t1}=F_{a2}=\frac{2T_1}{d_1}=\frac{2\times20\times10^3}{50}=800\text{N}$$

由于不考虑轴承及搅油损失，则

$$T_2=T_1 i\eta=20\times10^3\times\frac{50}{2}\times0.75=375000\text{N}\cdot\text{mm}$$

$$F_{t2}=F_{a1}=\frac{2T_2}{d_2}=\frac{2\times375000}{50\times4}=3750\text{N}$$

$$F_{r1}=F_{r2}=F_{t2}\tan\alpha=3750\times\tan20^\circ=1364.89\text{N}$$

12.3.2　蜗杆传动的强度计算

1. 蜗轮齿面接触疲劳强度计算

蜗杆传动的齿面接触疲劳强度计算与斜齿轮类似，也是以赫兹公式为计算基础。将蜗

杆作为齿条、蜗轮作为斜齿轮，以其节点处啮合的相应参数代入赫兹公式，对于钢制蜗杆和青铜或铸铁制的蜗轮，整理得蜗轮的齿面接触疲劳强度校核公式为

$$\sigma_H = 500\sqrt{\frac{KT_2}{m^2 d_1 z_2^2}} \leqslant [\sigma_H] \tag{12-2}$$

由式(12－2)可得蜗轮齿面接触疲劳强度设计公式为

$$m^2 d_1 \geqslant KT_2\left(\frac{500}{z_2[\sigma_H]}\right)^2 \tag{12-3}$$

式中　K——载荷系数，其引入是为了考虑工作时载荷性质、载荷沿齿向分布情况以及动载荷影响，一般取 $K=1.1\sim1.3$。当载荷平稳，滑动速度 $v_s\leqslant3$m/s 时，取小值，否则取大值；

T_2——蜗轮上的转矩(N・mm)；

m——模数(mm)；

d_1——蜗杆分度圆直径(mm)；

z_2——蜗轮齿数；

σ_H、$[\sigma_H]$——蜗轮齿面接触应力和许用接触应力(MPa)，分别见表 12－3 和表 12－4。

由式(12－3)求得 m^2d_1 值后，按表 5－11 确定模数 m 和蜗杆分度圆直径 d_1 的标准值，然后计算出蜗杆和蜗轮的主要几何尺寸。

表 12－3　锡青铜蜗轮的许用接触应力 $[\sigma_H]$　　(单位：MPa)

蜗轮材料	铸造方法	适用的滑动速度 v_s/(m/s)	蜗杆齿面硬度	
			HBW≤350	HRC>45
ZCuSn10P1	砂 型	≤12	180	200
	金属型	≤25	200	220
ZCuSn5Pb5Zn5	砂 型	≤10	110	125
	金属型	≤12	135	150

表 12－4　铝铁青铜及铸铁蜗轮的许用接触应力 $[\sigma_H]$　　(单位：MPa)

蜗轮材料	蜗杆材料	滑动速度 v_s/(m/s)						
		0.5	1	2	3	4	6	8
ZCuAl10Fe3	淬火钢①	250	230	210	180	160	120	90
HT150 HT200	渗碳钢	130	115	90	—	—	—	—
HT150	调质钢	110	90	70	—	—	—	—

注：①蜗杆未经淬火时，需将表中许用应力值降低 20%。

2. 蜗轮齿根弯曲疲劳强度计算

齿根折断失效一般发生在 $z_2>90$ 或开式传动中。在闭式蜗杆传动中通常作弯曲疲劳强度校核计算，目的是为了保证承受重载的蜗杆传动，蜗轮轮齿的弯曲变形量不会影响到

蜗杆传动的运动平稳性精度。由于蜗轮轮齿的齿形比较复杂，要精确计算轮齿的弯曲应力比较困难，通常近似地将蜗轮看作斜齿轮按圆柱齿轮弯曲强度公式来计算。化简后蜗轮齿根弯曲疲劳强度的校核公式为

$$\sigma_F=\frac{1.53KT_2}{d_1 d_2 m}Y_{Fa2}Y_\beta \leqslant [\sigma_F] \tag{12-4}$$

将 $d_2=mz_2$ 代入式(12－4)，整理得设计公式为

$$m^2 d_1 \geqslant \frac{1.53KT_2}{z_2 [\sigma_F]}Y_{Fa2}Y_\beta \tag{12-5}$$

式中 Y_{Fa2}——蜗轮的齿形系数，按蜗轮的当量齿数 $z_v=\frac{z_2}{\cos^3\gamma}$查表 12－5；

Y_β——螺旋角系数，$Y_\beta=1-\frac{\gamma}{140°}$；

σ_F——蜗轮齿根弯曲应力(MPa)；

$[\sigma_F]$——蜗轮材料的许用弯曲应力，$[\sigma_F]=Y_N[\sigma_{0F}]$，其中 $[\sigma_{0F}]$ 为蜗轮材料的基本许用弯曲应力，见表 12－6。Y_N为寿命系数，$Y_N=\sqrt[9]{10^6/N}$，其中 N 为应力循环次数，计算方法同前。当 $N>25\times10^7$ 时，取 $N=25\times10^7$；当 $N<10^5$ 时，取 $N=10^5$。

表 12－5　蜗轮的齿形系数 Y_{Fa2} ($\alpha=20°$，$h_a^*=1$)

z_v	10	11	12	13	14	15	16	17	18	19	20	22	24	26
Y_{Fa2}	4.55	4.14	3.70	3.55	3.34	3.22	3.07	2.96	2.89	2.82	2.76	2.66	2.57	2.51
z_v	28	30	35	40	45	50	60	70	80	90	100	150	200	300
Y_{Fa2}	2.48	2.44	2.36	2.32	2.27	2.24	2.20	2.17	2.14	2.12	2.10	2.07	2.04	2.04

表 12－6　蜗轮材料的基本许用弯曲应力 $[\sigma_{0F}]$ ($N=10^6$)　　(单位：MPa)

材　料	铸造方法	蜗杆硬度≤45HRC		蜗杆硬度>45HRC	
		单向受载	双向受载	单向受载	双向受载
ZCuSn10Pl	砂模	51	32	64	40
	金属模	58	40	73	50
ZCuSn5Pb5Zn5	砂模	37	29	46	36
	金属模	39	32	49	40
ZCuAl10Fe3	砂模 金属模	90	80	113	100
HT150	砂模	38	24	48	30
HT200	砂模	48	30	60	38

在进行蜗轮强度计算时，需要选择蜗杆的头数和蜗轮的齿数。蜗杆头数和蜗轮齿数可根据传动比 i 参考表 12－7 选择。

表 12-7 蜗杆头数 z_1 和蜗轮齿数 z_2 的推荐值

传动比 $i=\frac{z_2}{z_1}$	5～8	7～13	14～27	28～40	>40
蜗杆头数 z_1	6	4	2	2、1	1
蜗轮齿数 z_2	29～31	28～52	28～54	28～80	>40

12.3.3 蜗杆的刚度计算

一般对于细长的蜗杆轴要进行刚度计算，主要是为了避免受力后产生过大的变形而造成轮齿上载荷集中，影响蜗杆与蜗轮的正确啮合，加剧齿面磨损。校核蜗杆的刚度时，通常是把蜗杆螺旋部分看作以蜗杆齿根圆直径为直径的轴段。主要校核蜗杆的弯曲刚度，其最大挠度 y 可按式(12-6)作近似计算，并得其刚度条件为

$$y=\frac{\sqrt{F_{t1}^2+F_{r1}^2}}{48EI}L'^3\leqslant[y] \tag{12-6}$$

式中 F_{t1}——蜗杆所受的圆周力(N)；
F_{r1}——蜗杆所受的径向力(N)；
E——蜗杆材料弹性模量(MPa)；
I——蜗杆危险截面的惯性矩，$I=\frac{\pi d_{f1}^4}{64}(\text{mm}^4)$，其中 d_{f1} 为蜗杆齿根圆直径(mm)；
L'——蜗杆两端支承间跨距(mm)，视具体结构定，设计时取 $L'\approx0.9d_2$，其中 d_2 为蜗轮分度圆直径(mm)；
$[y]$——许用最大挠度(mm)，$[y]=\frac{d_1}{1000}$，d_1 为蜗杆分度圆直径。

12.4 蜗杆传动的效率、润滑及热平衡计算

12.4.1 蜗杆传动的效率

闭式蜗杆传动工作时，功率的损耗有三部分：轮齿啮合摩擦损耗、轴承摩擦损耗和箱体内润滑油搅动的油阻损耗。所以，闭式蜗杆传动的总效率 η 为

$$\eta=\eta_1\cdot\eta_2\cdot\eta_3 \tag{12-7}$$

式中 η_1——考虑轮齿啮合摩擦损耗的效率；
η_2——考虑轴承摩擦损耗的效率；
η_3——考虑搅油损耗的效率。

上述三部分效率中，轮齿啮合摩擦效率 η_1 是总效率 η 的主要部分。蜗杆为主动件时，轮齿啮合摩擦效率 η_1 按螺旋传动公式求出

$$\eta_1=\frac{\tan\gamma}{\tan(\gamma+\rho_v)} \tag{12-8}$$

式中 γ——蜗杆导程角；

ρ_v——蜗杆与蜗轮齿面间的当量摩擦角，$\rho_v=\tan^{-1}f_v$，其中 f_v 为当量摩擦系数，见表 12-8。

而轴承摩擦损耗和搅油损耗不大，其效率一般为 0.95～0.97。因此，蜗杆主动时，蜗杆传动的总效率可写为

$$\eta=(0.95\sim0.97)\frac{\tan\gamma}{\tan(\gamma+\rho_v)} \tag{12-9}$$

由式(12-8)可知，η_1 随 ρ_v 的减小而增大，而 ρ_v 与蜗杆蜗轮的材料、表面质量、润滑油的种类以及齿面相对滑动速度 v_s 有关，并随 v_s 的增大而减小。在一定范围内，η_1 随蜗杆导程角 γ 增大而增大，故动力传动常用多头蜗杆以增大 γ 值提高效率。但 γ 过大时，蜗杆制造困难，效率提高很少，故通常取 $\gamma<30°$。

表 12-8　当量摩擦系数 f_v 和当量摩擦角 ρ_v

蜗轮材料	锡青铜				无锡青铜		灰铸铁			
蜗杆齿面硬度	≥45HRC		<45HRC		≥45HRC		≥45HRC		<45HRC	
滑动速度 v_s/(m/s)	f_v	ρ_v	f_v	ρ_v	f_v	ρ_v	f_v	ρ_v	f_v	ρ_v
0.01	0.110	6°17′	0.120	6°51′	0.180	10°12′	0.18	10°12′	0.190	10°45′
0.05	0.090	5°09′	0.100	5°43′	0.140	7°58′	0.140	7°58′	0.160	9°05′
0.10	0.080	4°34′	0.090	5°09′	0.130	7°24′	0.130	7°24′	0.140	7°58′
0.25	0.065	3°43′	0.075	4°17′	0.100	5°43′	0.100	5°43′	0.120	6°51′
0.50	0.055	3°09′	0.065	3°43′	0.090	5°09′	0.090	5°09′	0.100	5°43′
1.00	0.045	2°35′	0.055	3°09′	0.070	4°00′	0.070	4°00′	0.090	5°09′
1.50	0.040	2°17′	0.050	2°52′	0.065	3°43′	0.065	3°43′	0.080	4°34′
2.00	0.035	2°00′	0.045	2°35′	0.055	3°09′	0.055	3°09′	0.070	4°00′
2.50	0.030	1°43′	0.040	2°17′	0.050	2°52′				
3.00	0.028	1°36′	0.035	2°00′	0.045	2°35′				
4.00	0.024	1°22′	0.031	1°47′	0.040	2°17′				
5.00	0.022	1°16′	0.029	1°40′	0.035	2°00′				
8.00	0.018	1°02′	0.026	1°29′	0.030	1°43′				
10.0	0.016	0°55′	0.024	1°22′						
15.0	0.014	0°48′	0.020	1°09′						
24.0	0.013	0°45′								

注：对于齿面硬度≥45HRC 的蜗杆，ρ_v 值指蜗杆齿面 $Ra<0.32\sim1.25\mu m$，经磨合并充分润滑的情况。

当蜗杆为主动件时，蜗杆传动的效率可由表 12－9 近似选取。当蜗轮主动且具有自锁性时，其正行程传动效率 $\eta<0.5$。

表 12－9　蜗杆传动的效率

蜗杆头数 z_1	1	2	4	6
传动效率 η	0.7～0.8	0.8～0.86	0.86～0.91	0.9～0.92

注：蜗杆转速高，齿面相对滑动速度大时 η 取较大值，反之取较小值。

12.4.2　蜗杆传动的相对滑动速度

如图 12.6 所示，蜗杆传动中，v_1 与 v_2 相互垂直，蜗杆和蜗轮的啮合齿面间有很大的相对滑动速度 v_s，其方向沿轮齿齿向。其大小为

$$v_s=\frac{v_1}{\cos\gamma}=\frac{\pi d_1 n_1}{60\times1000\cos\gamma} \tag{12-10}$$

式中　γ——蜗杆导程角；

v_1——蜗杆分度圆的圆周速度(m/s)；

n_1——蜗杆转速(r/min)。

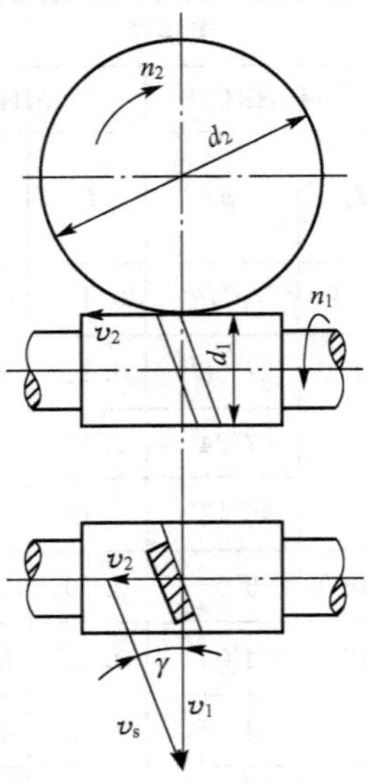

图 12.6　蜗杆传动滑动速度

12.4.3　蜗杆传动的润滑

由于蜗杆传动的相对滑动速度 v_s 较大，效率低，发热量大，因此必须注意蜗杆传动的润滑。润滑对蜗杆传动特别重要，因为润滑不良时，蜗杆传动的效率将显著降低，并会导致磨损和胶合。通常采用黏度较大的矿物油进行润滑，为提高其抗胶合能力，可加入油性添加剂以提高油膜的刚度。但青铜蜗轮不允许采用活性大的油性添加剂，以免被腐蚀。

润滑油的黏度及润滑方法，一般根据相对滑动速度及载荷类型进行选择。对于闭式蜗杆传动的润滑油黏度和润滑方法可参考表 12－10 选择。开式传动则采用黏度较高的齿轮油或润滑脂进行润滑。

表 12－10　蜗杆传动润滑油黏度及润滑方法

滑动速度 v_s/(m/s)	<1	<2.5	<5	>5～10	>10～15	>15～25	>25
工作条件	重载	重载	中载	—	—	—	—
运动黏度 ν/cst，40℃	900	500	350	220	150	100	80
润滑方式	油池润滑			油池润滑或喷油润滑	用压力喷油润滑/MPa		
					0.7	2	3

闭式蜗杆传动用油池润滑时，在搅油损耗不致过大的情况下，应有适当的油量。这样不仅有利于动压油膜的形成，而且有助于散热。当 $v_s<5$m/s 时，常采用蜗杆下置式，浸油深度约为一个齿高，但油面不得超过蜗杆轴承的最低滚动体中心，如图 12.7(a)、(b)所示；当 $v_s\geqslant5$m/s 时，蜗杆搅油阻力太大，此时应采用上置式蜗杆(图 12.7(c))，油面允许

达到蜗轮外径 1/3 处。如果采用喷油润滑，喷油嘴要对准蜗杆啮入端；蜗杆正反转时，两边都要装有喷油嘴，而且要保证一定的油压。

12.4.4 蜗杆传动的热平衡计算

所谓热平衡，就是要求蜗杆传动正常连续工作时，由摩擦产生的热量应小于或等于箱体表面散发的热量，以保证油的工作温度不超过许用值。蜗杆传动的发热量较大，对于闭式传动，如果散热不充分，温升过高，就会使润滑油黏度降低，减小润滑作用，导致齿面磨损加剧，甚至引起齿面胶合。所以，对于连续工作的闭式蜗杆传动，应进行热平衡计算。

在热平衡状态下，蜗杆传动单位时间内由摩擦功耗产生的热量等于箱体散发的热量，即

$$1000P_1(1-\eta)=\alpha_s(t_1-t_0)A$$

可得达到热平衡时润滑油的工作温度为

$$t_1=t_0+\frac{1000P_1(1-\eta)}{\alpha_s A} \tag{12-11}$$

式中 P_1——蜗杆传递功率(kW)；

η——蜗杆传动总效率；

α_s——箱体表面散热系数(W/(m^2·℃))，其数值表示单位面积、单位时间、温差1℃所能散发的热量，根据箱体周围的通风条件一般取 $\alpha_s=10\sim17$W/(m^2·℃)，通风条件好时取大值；

A——散热面积(m^2)，即为箱体外壁与空气接触而内壁被油飞溅到的箱体表面积，凸缘和散热片面积按 50%计算；

t_0——周围空气温度，常温情况下可取 20℃；

t_1——润滑油的工作温度(℃)，一般限制在 60～70℃，最高不超过 80℃。

也可以由热平衡方程得出该传动装置所必需的最小散热面积 A

$$A=\frac{1000(1-\eta)P_1}{\alpha_S(t_1-t_0)} \tag{12-12}$$

如果实际散热面积小于最小散热面积 A_{min}，或润滑油的工作温度超过 80℃，则需采取强制散热措施。常用下面几种散热措施：

(1) 在箱体外壁加散热片以增大散热面积。

(2) 在蜗杆轴上安装风扇(图 12.7(a))。

(3) 采用上述方法后，如散热能力还不够，可在箱体油池内铺设冷却水管，用循环水冷却(图 12.7(b))。

(4) 采用压力喷油循环润滑。油泵将高温的润滑油抽到箱体外，经过滤器、冷却器冷却后，喷射到传动的啮合部位(图 12.7(c))。

[例 12-2] 已知一传递动力的蜗杆传动，蜗杆为主动件，它所传递的功率 $P=3$kW，转速 $n_1=960$r/min，$n_2=70$r/min，载荷平稳，试设计此蜗杆传动。

解：设计见下表。

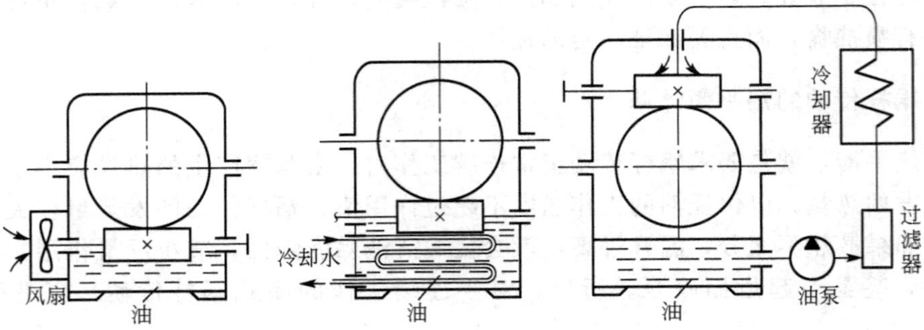

(a) 风扇冷却　　(b) 冷却水管冷却　　(c) 压力喷油润滑

图 12.7　蜗杆传动的散热措施

计算及说明	结果
由于蜗杆传动的强度计算是针对蜗轮进行的，而且对载荷平稳的传动，蜗轮轮齿接触强度和热平衡计算所限定的承载能力，通常都能满足弯曲强度的要求，因此，本题只需进行接触强度和热平衡计算	
1. 选择蜗杆、蜗轮材料，确定许用应力 蜗杆传动传递的功率不大，速度不高，故蜗杆采用 45 钢，轮齿表面淬火，齿面硬度 45～55HRC；蜗轮齿圈采用铸锡磷青铜 ZCuSn10Pl，砂型铸造，$v_s>3\text{m/s}$。由表 12-3 查得 $[\sigma_H]=200\text{MPa}$	蜗杆：45 钢 蜗轮齿圈：ZCuSn10Pl $[\sigma_H]=200\text{MPa}$
2. 蜗轮齿面接触疲劳强度计算 由式(12-3)，蜗轮齿面接触疲劳强度设计式为 $m^2d_1\geqslant KT_2\left(\dfrac{500}{z_2[\sigma_H]}\right)^2$	
(1) 选择蜗杆头数 z_1，确定蜗轮齿数 z_2 传动比 $i_{12}=\dfrac{n_1}{n_2}=\dfrac{960}{70}=13.71$，因传动比不算大，为了提高传动效率，根据表 12-7，取 $z_1=2$，则 $z_2=i_{12}z_1=13.71\times2=27.42$，取 $z_2=28$	$i_{12}=13.71$ $z_1=2$ $z_2=28$
(2) 确定作用在蜗轮上的转矩 T_2 因 $z_1=2$，查表 12-9 初步选取 $\eta=0.80$，则 $T_2=T_1i\eta=9.55\times10^6\dfrac{P}{n_1}i\eta$ $=9.55\times10^6\times\dfrac{3\times0.8\times13.71}{960}=327326.3\text{N}\cdot\text{mm}$	$\eta=0.80$ $T_2=327326.3\text{N}\cdot\text{mm}$
(3) 确定载荷系数 K 因载荷平稳，速度较低，取 $K=1.1$	$K=1.1$
(4) 接触疲劳强度计算 $m^2d_1\geqslant KT_2\left(\dfrac{500}{z_2[\sigma_H]}\right)^2=1.1\times327326.3\times\left(\dfrac{500}{28\times200}\right)^2=2870\text{mm}^3$ 由表 5-11 取模数 $m=6.3\text{mm}$，蜗杆分度圆直径 $d_1=80\text{mm}$，直径系数 $q=12.698$，$m^2d_1=3175\text{mm}^3$	$m=6.3\text{mm}$ $d_1=80\text{mm}$ $q=12.698$ $m^2d_1=3175\text{mm}^3$
(5) 计算主要几何尺寸 蜗杆分度圆直径：$d_1=80\text{mm}$ 蜗轮分度圆直径：$d_2=mz_2=6.3\times28=176.4\text{mm}$ 蜗杆导程角：$\gamma=\arctan\dfrac{z_1}{q}=\arctan\dfrac{2}{12.698}=8.95^\circ$	$d_2=176.4\text{mm}$ $\gamma=8.95^\circ$

(续)

计算及说明	结果
中心距：$a=\frac{1}{2}(d_1+d_2)=\frac{1}{2}(80+176.4)=128.2\text{mm}$	$a=128.2\text{mm}$
(6) 计算滑动速度及传动效率 齿面相对滑动速度： $v_s=\frac{\pi d_1 n_1}{60\times1000\cos\gamma}=\frac{\pi\times80\times960}{60\times1000\cos8.95^\circ}=4.1\text{m/s}>3\text{m/s}$	$v_s=4.1\text{m/s}$
蜗杆传递效率：查表 12－8，由插入法得 $\rho_v=1.357^\circ$。传动效率 $\eta=(0.95\sim0.97)\frac{\tan\gamma}{\tan(\gamma+\rho_v)}$ $=(0.95\sim0.97)\frac{\tan8.95^\circ}{\tan(8.95^\circ+1.357^\circ)}=0.82\sim0.84$	$\eta=0.82$
取实际传递效率 $\eta=0.82$。由于 $\eta=0.82$ 大于初估值 0.80，故对 m^2d_1 值进行验算： $T_2=T_1 i\eta=9.55\times10^6\frac{P}{n_1}i\eta$ $=9.55\times10^6\times\frac{3\times0.82\times13.71}{960}=335509\text{N}\cdot\text{mm}$ $m^2d_1=KT_2\left(\frac{500}{z_2[\sigma_H]}\right)^2=1.1\times335509\times\left(\frac{500}{28\times200}\right)^2$ $=2942\text{mm}^3<3175\text{mm}^3$ 故强度满足 3. 热平衡计算 取室温 $t_0=20℃$，散热系数 $\alpha_s=15\text{W}/(\text{m}^2\cdot℃)$，保证工作温度 $t_1\leqslant60℃$。所需箱体散热面积	
$A=\frac{1000(1-\eta)P_1}{\alpha_S(t_1-t_0)}=\frac{1000\times3\times(1-0.82)}{15\times(60-20)}=0.9\text{m}^2$	$A=0.9\text{m}^2$
4. 其他参数(略) 5. 绘制蜗杆和蜗轮零件工作图(略)	

习　　题

12－1　填空题

(1) 蜗杆传动的主要失效形式是____________、____________和磨损。

(2) 其他条件相同时，若增加蜗杆头数，则滑动速度____________。

(3) 蜗杆传动的工作油温最高不应超过____________。

(4) 在蜗杆传动中，蜗杆头数越少，则传动的效率越____________，自锁性越____________。一般蜗杆头数常取____________。

(5) 蜗杆传动的滑动速度越大，所选润滑油的黏度值应越____________。

12－2　选择题

(1) 一般中速中载条件下，蜗轮齿圈常用____材料。

A. 碳钢　　B. 合金钢　　C. 青铜　　D. 铸铁

(2) 为提高蜗杆传动效率，在润滑保证下，最有效的措施是____。

A. 单头蜗杆　　B. 多头蜗杆

C. 大直径系数蜗杆　　D. 提高蜗杆转速

(3) 蜗杆传动的总效率，主要取决于____时的效率。

A. 轴承摩擦损耗　　B. 啮合摩擦损耗

C. 加装风扇损耗　　D. 溅油损耗

(4) 蜗杆传动的失效形式与____因素关系不大。

A. 蜗杆传动副的材料　　B. 蜗杆传动的载荷性质

C. 蜗杆传动的滑动速度　　D. 蜗杆传动的散热条件

(5) 比较理想的蜗杆与蜗轮材料组合是____。

A. 钢与青铜　　B. 钢与铸铁

C. 铜与钢　　D. 钢与钢

(6) 在蜗杆传动中，当需要自锁时，应使蜗杆导程角____当量摩擦角。

A. 小于　　B. 大于　　C. 等于

(7) 蜗杆传动中，轮齿承载能力的计算主要是按____进行的。

A. 蜗杆齿面接触强度和蜗轮齿根抗弯强度

B. 蜗轮齿面接触强度和蜗杆齿根抗弯强度

C. 蜗杆齿面接触强度和齿根抗弯强度

D. 蜗轮齿面接触强度和齿根抗弯强度

12-3　思考题

(1) 与齿轮传动相比，蜗杆传动的失效形式有何特点？为什么？

(2) 蜗杆传动的设计计算中有哪些主要参数？如何选择这些参数？

(3) 确定蜗杆的头数 z_1 和蜗轮的齿数 z_2 应考虑哪些因素？

(4) 闭式蜗杆传动为何要进行热平衡计算？热平衡计算如何进行？

12-4　分析计算题

(1) 指出图 12.8 中未注明的蜗杆或蜗轮的螺旋线旋向、蜗杆或蜗轮的转向及蜗杆和蜗轮所受三个分力的方向。

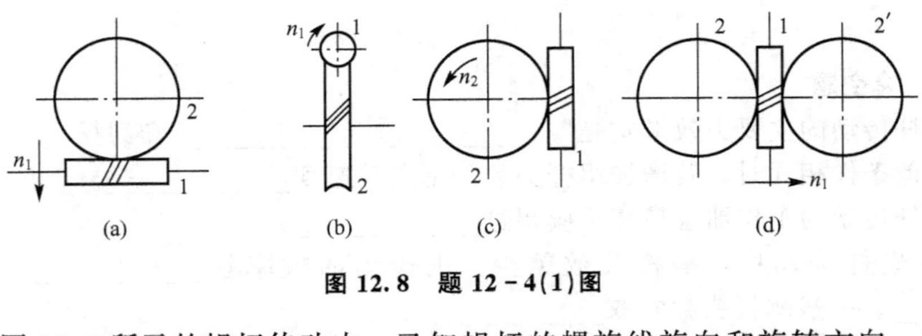

图 12.8　题 12-4(1)图

(2) 在图 12.9 所示的蜗杆传动中，已知蜗杆的螺旋线旋向和旋转方向，试求：①蜗轮转向；②标出节点处作用于蜗杆和蜗轮上三个分力的方向；③若蜗杆为主动，已知蜗杆转矩 $T_1=15\mathrm{N\cdot m}$，$m=4\mathrm{mm}$，$d_1=40\mathrm{mm}$，$\alpha=20^\circ$，$z_1=2$，$z_2=46$，传动啮合效率 $\eta=0.75$，试求节点处三个作用力的大小。

(3) 图 12.10 所示为蜗杆传动和锥齿轮传动的组合。已知输出轴上的锥齿轮 z_4 的转向 n。①欲使中间轴上的轴向力能部分抵消，试确定蜗杆传动的螺旋线方向和蜗杆的转向；②在图中标出各轮轴向力的方向。

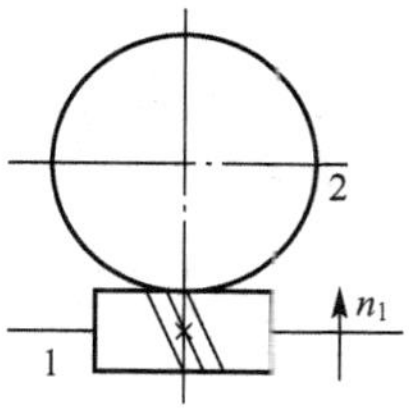

图 12.9 题 12-4(2)图

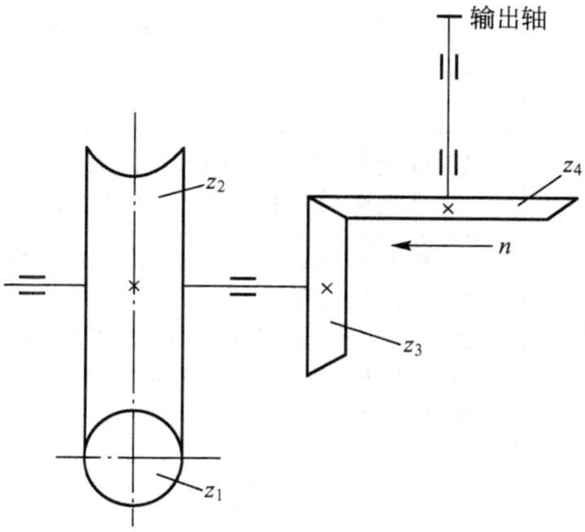

图 12.10 题 12-4(3)图

模块五　实　训

实训项目任务书一

实训名称	普通 V 带传动设计
实训目的	1. 深化理解带传动的设计理论知识； 2. 掌握带传动的设计方法及设计步骤，合理选择设计参数
实训内容	1. 根据模块四实训中所求得的传动比及电动机轴的功率和转速，设计模块四实训图中的普通 V 带传动 2. 设计一带式输送机中的普通 V 带传动。已知原动机为电动机，传递功率 $P=4kW$，小带轮转速 $n_1=1440r/min$，传动比 $i=2.25$，允许传动比误差为±5%，两班制工作，要求中心距 a 不超过 600mm
实训要求	1. 完成 V 带传动的设计计算； 2. 完成带轮的结构设计； 3. 用 A3 图纸完整绘制小带轮的零件工作图

实训项目任务书二

实训名称	齿轮传动设计
实训目的	1. 掌握齿轮传动设计的一般步骤和方法，培养综合运用所学知识完成齿轮传动设计的能力； 2. 培养运用标准和图、表进行设计的基本技能； 3. 掌握齿轮的结构设计
实训内容	1. 根据模块四实训中所求得的传动比及各轴的功率、转速和转矩，设计模块四实训图中减速器低速级一对斜齿圆柱齿轮传动； 2. 设计一单级直齿圆柱齿轮减速器中的齿轮传动。已知传递功率 $P=5kW$，输入轴转速 $n_1=960r/min$，传动比 $i=4.6$，每日工作 8h，预期寿命 15 年，每年工作 300 天，单向运转，载荷平稳； 3. 将上题改为设计斜齿圆柱齿轮传动； 4. 设计蜂窝煤成型机中闭式直齿锥齿轮传动。轴交角 $\Sigma=90°$，传递功率 $P_1=3kW$，小齿轮转速 $n_1=750r/min$，传动比 $i=2.5$，原动机为电动机，工作载荷有中等冲击，单向运转，寿命为 10 年(每年按 300 天工作日)，每日两班制，小齿轮作悬臂布置
实训要求	1. 完成齿轮传动的设计计算； 2. 完成齿轮的结构设计； 3. 完成齿轮的精度设计； 4. 用 A3 图纸完整绘制大齿轮的零件工作图

实训项目任务书三

实训名称	蜗杆传动设计
实训目的	1. 掌握蜗杆传动设计的一般步骤和方法； 2. 掌握蜗杆传动的强度计算及热平衡计算； 3. 掌握蜗轮、蜗杆的结构设计

（续）

实训名称	蜗杆传动设计
实训内容	设计一提升设备用的蜗杆传动。已知输入功率 $P_1=5.5\text{kW}$，转速 $n=960\text{r/min}$，传动比 $i=20$，电动机驱动，连续单向运转，载荷平稳，单班制工作，预期寿命 10 年(每年按 250 工作日计)
实训要求	1. 完成蜗杆传动的强度计算； 2. 完成蜗杆传动的热平衡计算； 3. 用 A3 图纸绘制蜗轮的零件工作图

模块六

支承件及其设计

教学导入

模块六图所示为带式输送机传动装置中的减速器，由一对圆柱齿轮减速传动机构来实现运动和动力的传递。齿轮传动时需要进行回转运动，而机械中不只是齿轮，所有做回转或摆动的零部件如带轮、蜗轮等，都必须用轴才能实现回转运动。轴还需要采用一定结构形式和特性的轴承支承，以保证其稳定、高效、可靠地转动。

轴和轴承均为机械中的主要支承件，主要用来支承旋转运动的零件。在模块六图中，大齿轮做回转运动必须用轴1支承，同时轴还将齿轮的转矩及转动传递给工作装置；而轴需要用滚动轴承2支承，滚动轴承同时也支承轴上的大齿轮，由于滚动轴承支承在箱体上，保证了轴的旋转精度，避免了轴的磨损，增加了轴的使用寿命。

本模块主要介绍支承件——轴和轴承的结构特点、类型、设计理论及设计方法等。

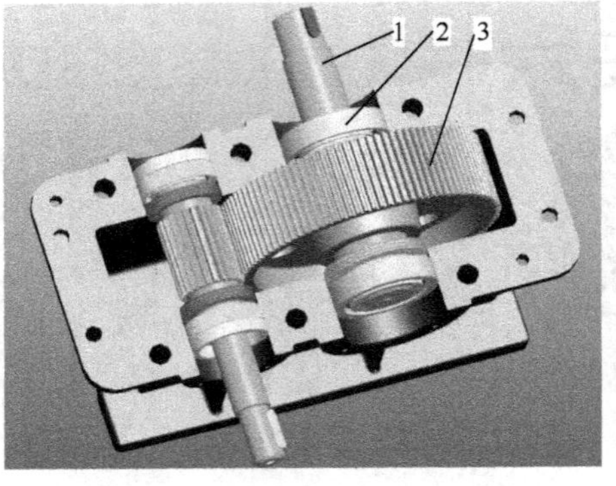

模块六图　一级圆柱齿轮减速器

1—轴；2—滚动轴承；3—齿轮

第 13 章 轴

教学提纲

本章主要介绍轴的类型和材料；轴的结构设计；轴的强度和刚度计算。

教学目标

1. 了解轴的功用、类型及常用材料。
2. 掌握轴的结构设计及轴的扭转强度、弯扭合成强度计算。
3. 了解轴的刚度计算方法。

13.1 概　　述

轴是机械中普遍使用的重要零件之一。一切做回转运动的传动零件如齿轮、蜗轮、带轮等，都必须安装在轴上才能使其具有确定的工作位置、传递运动及动力。

13.1.1 轴的功用与分类

轴主要是用来支承旋转运动的零件，以传递运动和动力。

轴的类型很多，按轴线形状不同可分为直轴、曲轴和挠性轴，见表 13 - 1。

轴按其工作时承载情况的不同可以分为转轴、心轴和传动轴三类，其类型、受载等情况见表 13 - 2。

表 13－1　按轴线形状不同分类

类型		图例	特点及应用
直轴	光轴	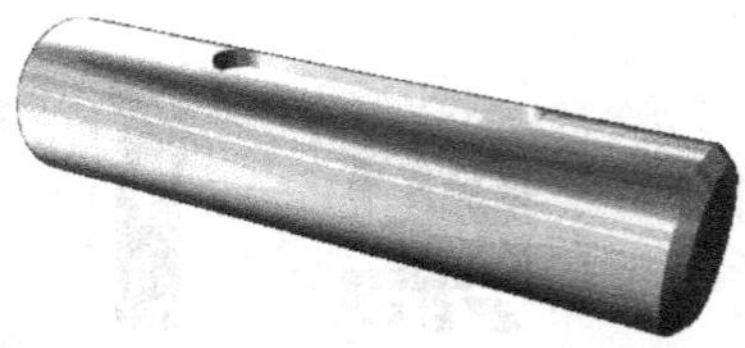	结构简单，加工方便，应力集中源少。但不便于轴上零件的拆装和定位，故光轴常作为传动轴。光轴在组合机床、纺织机械和仪器仪表中使用较多
	阶梯轴		由于各段轴直径的变化，故其结构较光轴要复杂些，直径突变处会产生应力集中。但其优点是：①受力大的轴段直径大，受力小的轴段直径小，各轴段接近等强度；②通过阶梯，便于轴上零件的拆装与定位；③节省材料，减轻轴的重量；④便于保证各轴段的加工精度。所以阶梯轴常作为转轴。在一般机械传动中，阶梯轴应用最广泛
曲轴			轴线不在同一条直线上。曲轴常用于往复式机械中，如压力机、内燃机、空气压缩机等
挠性轴		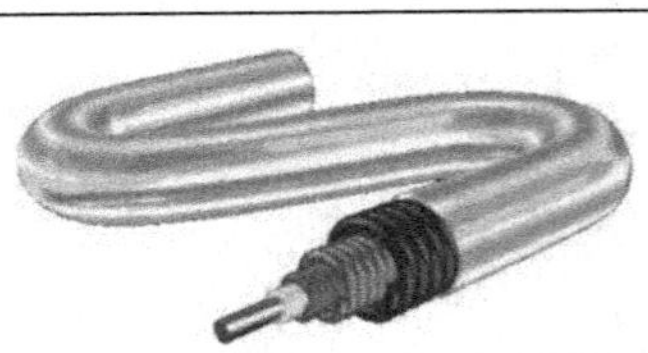	由几层紧贴在一起的钢丝层构成，可以把转矩和旋转运动灵活地传到任何位置。常用于医疗设备、管道疏通机及振捣器等设备中

表 13－2　按所承受载荷不同分类

类型	转轴	心轴		传动轴
		回转心轴	固定心轴	
图例及受载情况	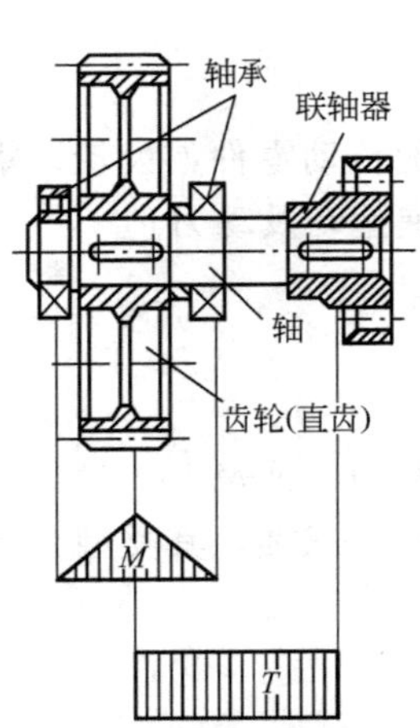 同时承受弯矩 M 和转矩 T	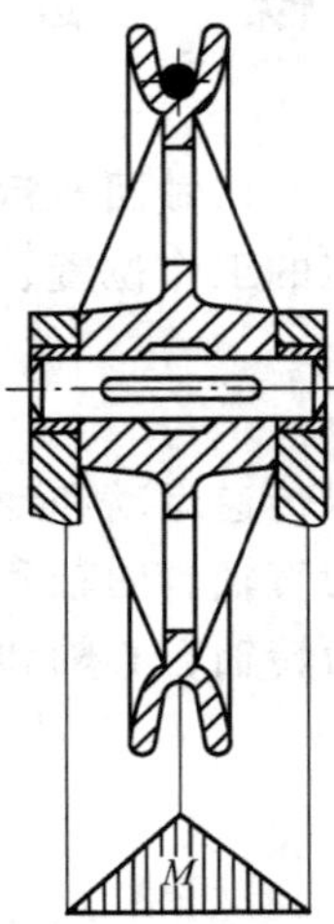 只承受弯矩 M	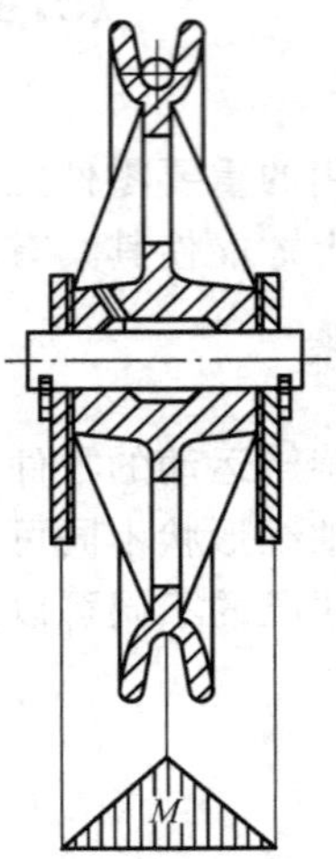 只承受弯矩 M	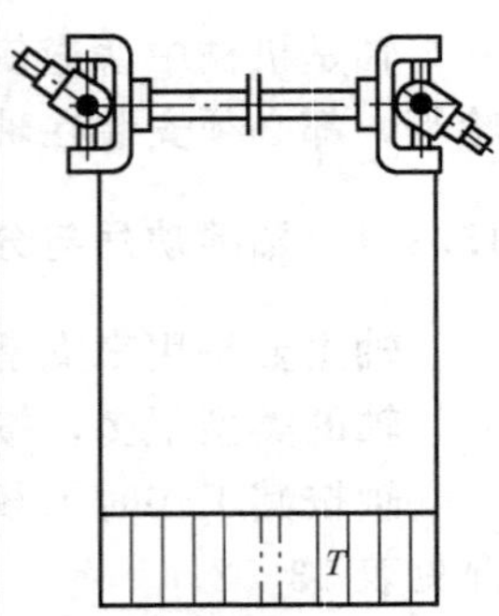 只承受转矩 T

（续）

类型	转轴	心轴		传动轴
		回转心轴	固定心轴	
应用举例	 齿轮减速器中的轴	 铁路车辆的轴	 自行车的前轴	 汽车的传动轴

13.1.2　轴的常用材料

由于轴在工作时受载荷作用，所以对轴的材料的基本要求是：要有足够的强度和刚度，具有良好的机械加工工艺性，价格低廉，供应方便。轴的材料常采用碳素钢和合金钢。

碳素钢35、45、50等优质碳素结构钢因具有较高的综合力学性能(碳素钢比合金钢价廉，对应力集中的敏感性低)，应用较多，其中以45钢用得最为广泛。为了改善其力学性能，应进行正火或调质处理。不重要或受力较小的轴，可采用Q235、Q275等普通碳素结构钢。

合金钢具有较高的力学性能，但价格较贵，多用于有特殊要求的轴。例如：采用滑动轴承的高速轴，常用20Cr、20CrMnTi等低碳合金结构钢，经渗碳淬火后可提高轴颈耐磨性；汽轮发电机转子轴在高温、高速和重载条件下工作，必须具有良好的高温力学性能，常采用40CrNi、38CrMoAlA等合金结构钢。值得注意的是：钢材的种类和热处理对其弹性模量的影响甚小，因此，如欲采用合金钢或通过热处理来提高轴的刚度并无实效。此外，合金钢对应力集中的敏感性较高，因此设计合金钢轴时，更应从结构上避免或减小应力集中，并减小其表面粗糙度。

轴的毛坯一般用圆钢或锻件。圆钢棒料可直接加工，成本较低；锻造轴内部组织比较均匀，强度高，重要轴常采用锻件；制造形状复杂的轴时，不便于锻造，可采用铸钢或球墨铸铁材料的铸造毛坯，如用球墨铸铁制造曲轴、凸轮轴，具有成本低廉、吸振性较好、对应力集中的敏感性较低、强度较好等优点。

表13－3列出了几种轴的常用材料及其主要力学性能。

表13－3　轴的常用材料及其主要力学性能

材料及热处理	毛坯直径/mm	硬度/HBW	强度极限 σ_B	屈服极限 σ_S	弯曲疲劳极限 σ_{-1}	应用说明
			/MPa			
Q235			440	240	200	用于不重要或载荷不大的轴
35正火	≤100	149～187	520	270	250	有好的塑性和适当的强度，可做一般曲轴、转轴等

（续）

材料及热处理	毛坯直径/mm	硬度/HBW	强度极限 σ_B	屈服极限 σ_S	弯曲疲劳极限 σ_{-1}	应用说明
			/MPa			
45 正火	≤100	170～217	600	300	275	用于较重要的轴，应用最为广泛
45 调质	≤200	217～255	650	360	300	
40Cr 调质	25		1000	800	500	用于载荷较大，而无很大冲击的重要轴
	≤100	241～286	750	550	350	
	>100～300	241～266	700	550	340	
40MnB 调质	25		1000	800	485	性能接近于40Cr，用于重要的轴
	≤200	241～286	750	500	335	
35CrMo 调质	≤100	207～269	750	550	390	用于重载荷的轴
20Cr 渗碳淬火回火	15	表面 56～62HRC	850	550	375	用于要求强度、韧性及耐磨性均较高的轴
	≤60		650	400	280	

13.1.3 轴的设计要求和设计步骤

合理的结构和足够的强度是轴的设计必须满足的基本要求。如果轴的结构设计不合理，则会影响轴的加工和装配工艺，增加制造成本，甚至影响轴的强度和刚度。足够的强度是轴的承载能力的基本保证。如果轴的强度不足，则会发生塑性变形或断裂失效，使其不能正常工作。不同的机器对轴的设计要求不同，如机床主轴、电动机轴要求有足够的刚度，防止轴的变形失效；对一些高速机械轴，如高速磨床主轴、汽轮机主轴等要考虑振动稳定性问题。

通常，轴的设计步骤是：

① 按工作要求选择轴的材料。

② 估算轴的最小直径。

③ 轴的结构设计。

④ 轴的强度校核计算。

⑤ 必要时作刚度或振动稳定性等校核计算。

在轴的设计计算过程中，涉及齿轮、轴承、联轴器等的选择与计算，必须结合进行。

13.2 轴的结构设计

轴的结构设计就是确定轴的合理外形和全部结构尺寸。

轴的结构主要与下列因素有关：①载荷的性质、大小、方向及分布情况；②轴上零件的数目和布置情况；③零件在轴上的定位及固定方法；④轴承的类型及尺寸；⑤轴的加工工艺及装配方法等。所以，轴的结构设计的主要要求是：①满足制造安装要求，轴应便于加工，轴上零件要易于装拆；②轴和轴上零件要有准确的工作位置，各零件要牢固而可靠地相对固定；③改善受力状况，减小应力集中；④受力合理，有利于节约材料减轻轴的重量。此外，轴为非标准零件，轴的结构没有标准形式，其结构与整体结构有关，设计时应根据具体情况进行分析。

下面结合图 13.1 中的单级齿轮减速器的高速轴加以说明。

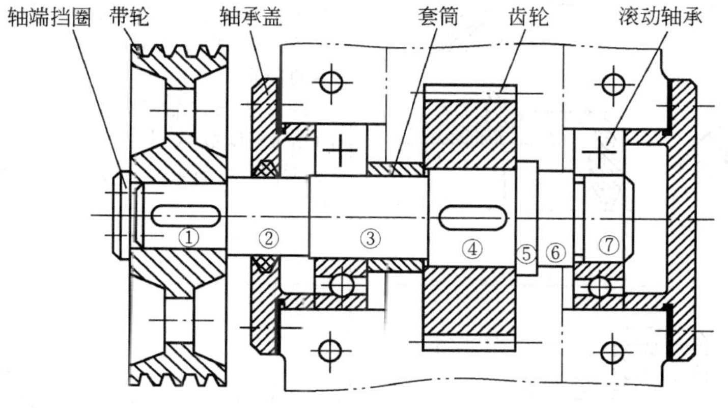

图 13.1 轴的结构

13.2.1 拟订轴上零件的装配方案

拟订轴上零件的装配方案是进行轴的结构设计的前提，它决定着轴的基本形式。所谓装配方案，就是预定出轴上主要零件的装配方向、顺序和相互关系。

对于一般剖分式箱体中的轴，为了方便轴上零件的装拆和定位，常将轴做成中间粗两端细的阶梯轴。如图 13.1 所示，装配方案是：依次将齿轮、套筒、左端滚动轴承、轴承盖和带轮从轴的左端装拆，另一滚动轴承从右端装拆。拟订装配方案时，一般应考虑几个方案，比较分析后选择一个最佳方案。

13.2.2 轴上零件的定位和固定

为了使轴上零件在工作时有准确的工作位置，必须对轴上零件进行轴向及周向定位及固定。

1. 轴上零件的轴向定位和固定

轴上零件的轴向定位和固定方法有很多，常采用的方法有轴肩和轴环、套筒、圆螺母及轴端挡圈等形式。常见的轴向定位和固定方法见表 13-4。为保证轴上零件沿轴向固定，可将各种方法联合使用。

轴肩分为定位轴肩(图 13.1 中的④、⑤间轴肩使齿轮轴向定位；①、②间轴肩使带轮定位；⑥、⑦间轴肩使右端滚动轴承定位)和非定位轴肩(图 13.1 中②、③和③、④间轴肩)。非定位轴肩主要是便于轴上零件的拆装，其高度一般为 1.5～2mm。

表 13－4　轴上零件的轴向固定方法及应用

轴向固定方法及图例		特点和应用	设计注意要点
轴肩与轴环	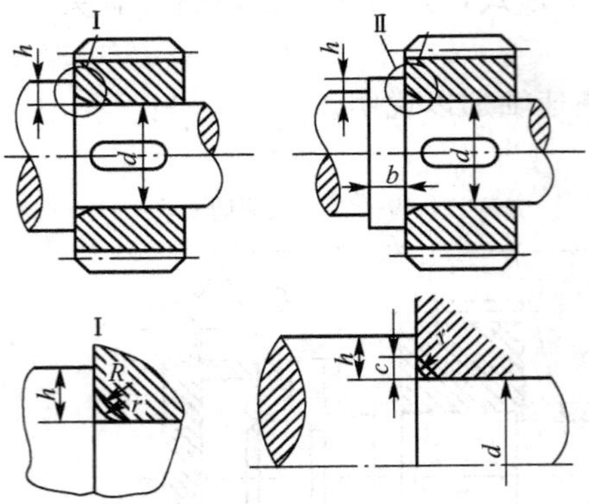	阶梯轴上截面变化处叫轴肩或轴环，起轴向定位作用。其结构简单可靠，不需附加零件，能承受较大的轴向力，广泛应用于各种轴上零件的固定 该方法会使轴径增大，阶梯处形成应力集中，且阶梯过多将不利于加工	为保证零件与定位面靠紧，轴上过渡圆角半径 r 应小于零件圆角半径 R 或倒角尺寸 c，即 $r<c<h$，$r<R<h$ 一般取定位轴肩高度 $h=(0.07\sim0.1)d$，轴环宽度 $b\geqslant1.4h$
套筒	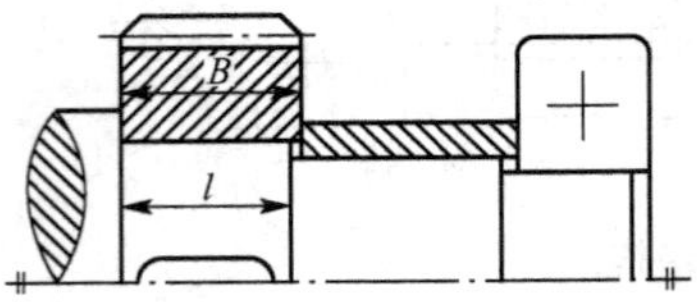	简单可靠，简化了轴的结构且不削弱轴的强度 常用于轴上两个近距离零件间的相对固定 不宜用于高转速轴	套筒内径与轴配合较松，套筒结构、尺寸可视需要灵活设计，但为确保固定可靠，与轴上零件相配合的轴段长度应比轮毂宽度略短，即 $l=B-(1\sim3)$mm
轴端挡圈	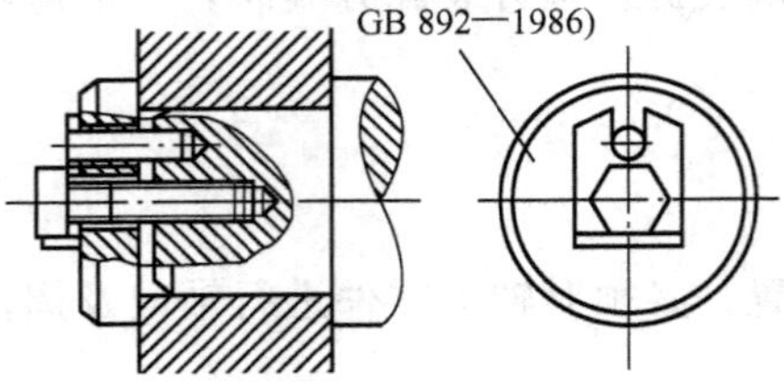	工作可靠，能承受较大的轴向力，应用广泛	只用于轴端。应采用止动垫片等防松措施 同样，为确保固定可靠，与轴上零件相配合的轴段长度应比轮毂宽度略短
圆锥面	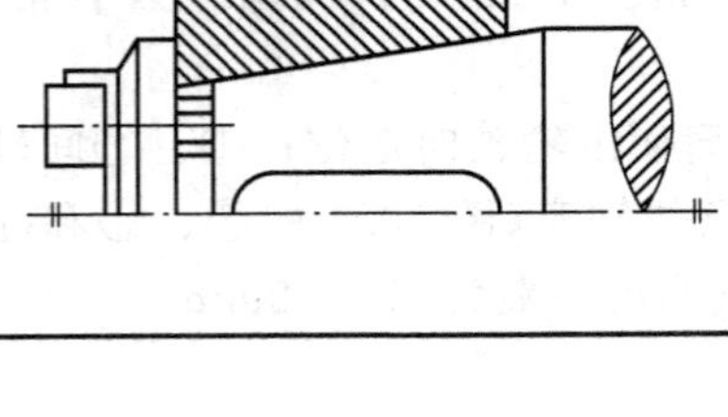	装拆方便，且可兼做周向固定 宜用于高速、冲击及对中性要求高的场合	只用于轴端，常与轴端挡圈联合使用，实现零件的双向固定

（续）

<table>
<tr><th colspan="2">轴向固定方法及图例</th><th>特点和应用</th><th>设计注意要点</th></tr>
<tr><td>圆螺母</td><td>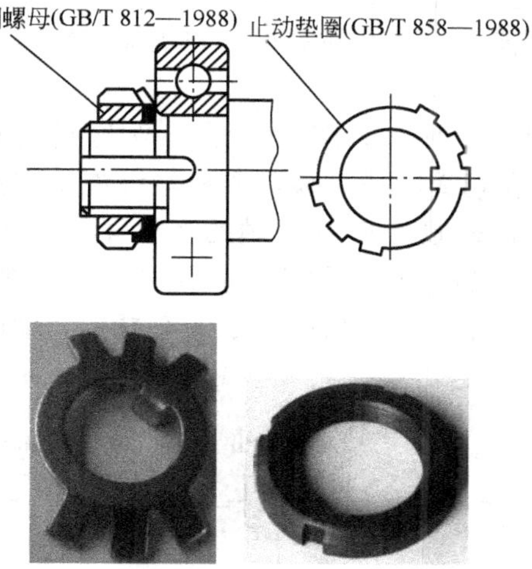
</td><td>固定可靠，可承受较大的轴向力
常用于轴上两零件间距较大处，也可用于轴端</td><td>为减少对轴强度的削弱，常用细牙螺纹。为防松，需加止动垫圈或使用双螺母</td></tr>
<tr><td>弹性挡圈</td><td>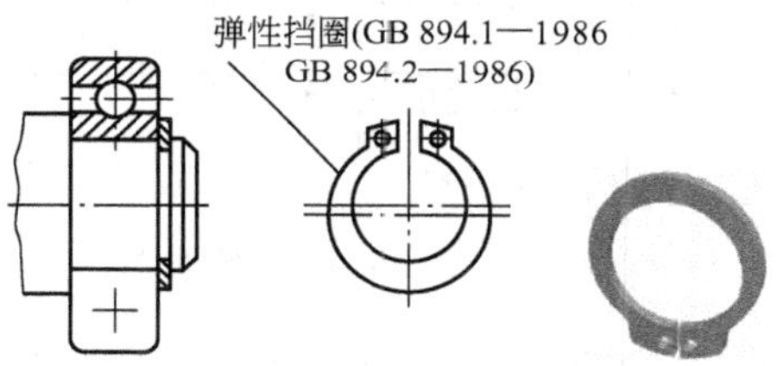
</td><td>结构紧凑、简单，装拆方便，但受力较小，且轴上切槽将引起应力集中。常用于轴承的固定</td><td></td></tr>
<tr><td>紧定螺钉与锁紧挡圈</td><td>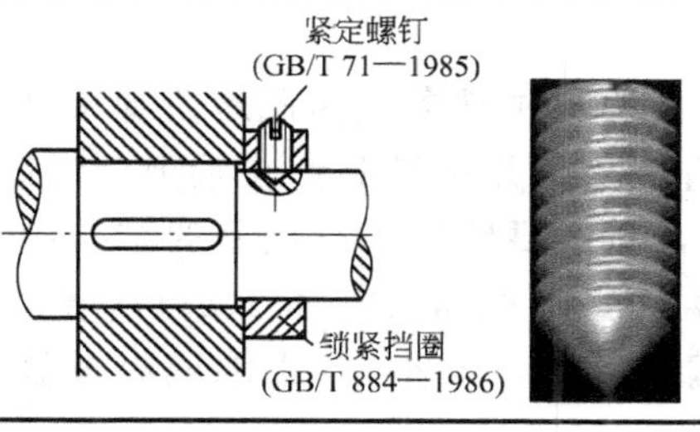
</td><td>结构简单，但受力较小，且不适于高速场合</td><td></td></tr>
</table>

2. 轴上零件的周向固定

轴上零件的周向固定大多采用键联接、花键联接、销联接、紧定螺钉联接或过盈联接等形式(图 13.2)，详见第 16 章。

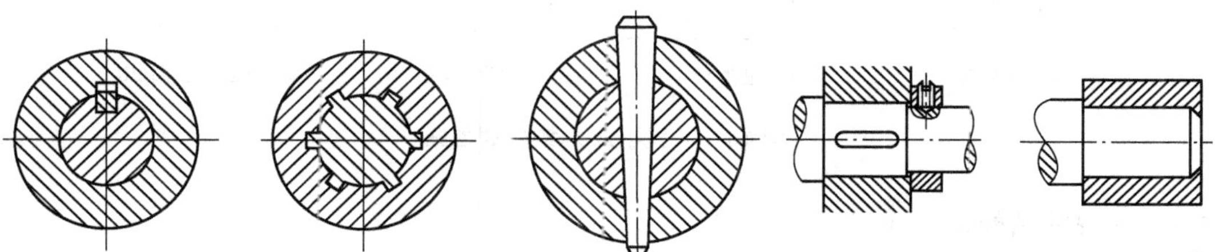

(a) 键联接　(b) 花键联接　(c) 销联接　(d) 紧定螺钉联接　(e) 过盈联接

图 13.2　轴上零件周向固定

13.2.3 提高轴疲劳强度的措施

轴和轴上零件的结构工艺以及轴上零件的安装布置等对轴的强度有很大的影响，所以应在这些方面进行充分考虑，以提高轴的承载能力，减小轴的尺寸和机器的重量，降低制造成本。

合理布置轴上的零件可以改善轴的受力状况。例如，图 13.3 所示为起重机卷筒的两种布置方案，图 13.3(a)所示结构中，大齿轮和卷筒联成一体，转矩经大齿轮直接传给卷筒，故卷筒轴只受弯矩而不传递转矩，在起重同样载荷 W 时，轴的直径可小于图 13.3(b)所示的结构。再如，当动力从两轮输出时，为了减小轴上载荷，应将输入轮布置在中间，如图 13.4(a)所示，这时轴的最大转矩为 T_1；而在图 13.4(b)所示的布置中，轴的最大转矩为 T_1+T_2。

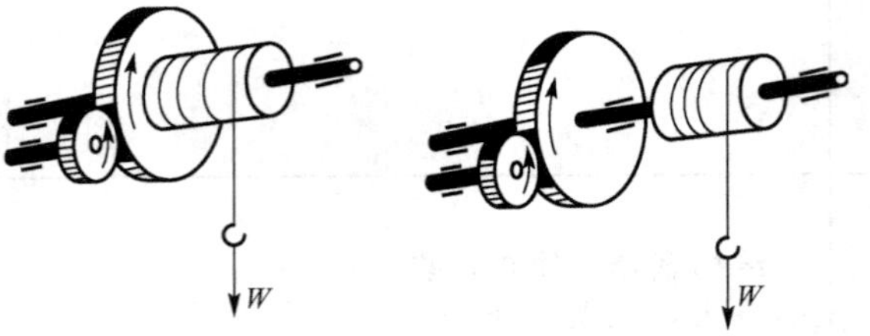

(a) (b)

图 13.3 起重机卷筒

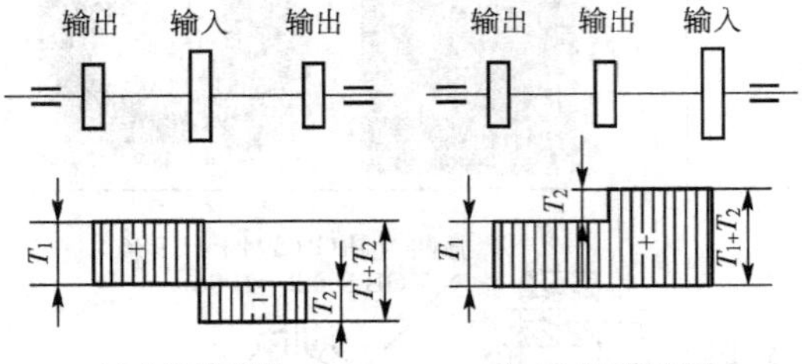

(a) 合理的布置 (b) 不合理的布置

图 13.4 力矩输入

改善轴的受力状况的另一重要方面就是减小应力集中。合金钢对应力集中比较敏感，尤需加以注意。

零件截面发生突然变化的地方，都会产生应力集中现象。因此对阶梯轴来说，在截面尺寸变化处应采用圆角过渡，圆角半径不宜过小，并尽量避免在轴上(特别是应力大的部位)开横孔、切口或凹槽。必须开横孔时，孔边要倒圆。在重要的结构中，可采用卸载槽 B(图 13.5(a))、过渡肩环(图 13.5(b))或凹切圆角(图 13.5(c))，增大轴肩圆角半径，以减小局部应力。在轮毂上做出卸载槽 B(图 13.5(d))，也能减小过盈配合处的局部应力。

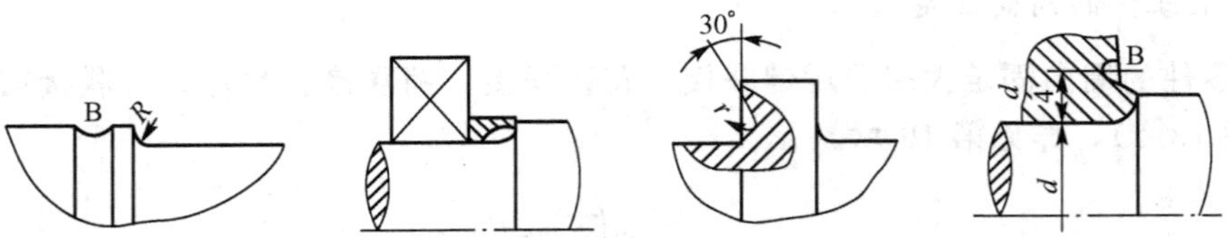

(a) 卸载槽 (b) 过渡肩环 (c) 凹切圆角 (d) 轮毂上的卸载槽

图 13.5 减小应力集中的措施

13.2.4 轴的结构工艺性

为了便于切削加工，轴的形状应力求简单，阶梯数尽可能少。轴上有需磨削的轴段或需切削螺纹时，须相应留有砂轮越程槽或退刀槽(图13.6)；轴上各处的圆角半径、砂轮越程槽、退刀槽及倒角等尺寸尽可能分别相同；各轴段上的键槽应开在同一母线上(图 13.7)，以减少加工装夹的次数；与滚动轴承、联轴器等标准件相配合的轴颈直径应取相应的标准值；为了便于装配零件，轴端应加工成 45°倒角，并去掉毛刺(图 13.8)。

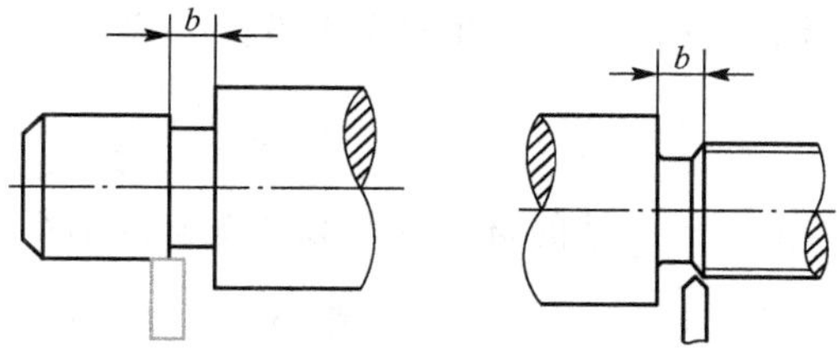

(a) 越程槽　　(b) 退刀槽

图 13.6　砂轮越程槽和加工螺纹退刀槽

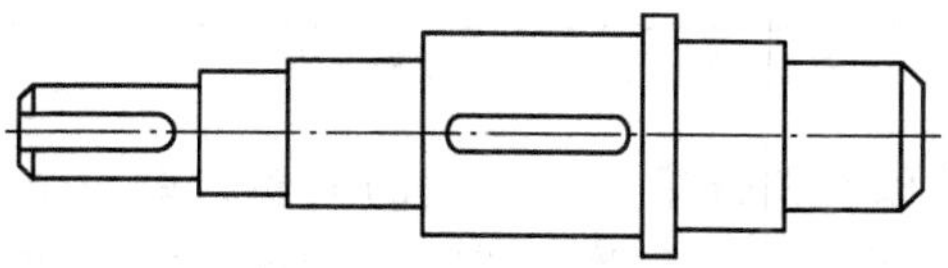

图 13.7　键槽在同一母线上

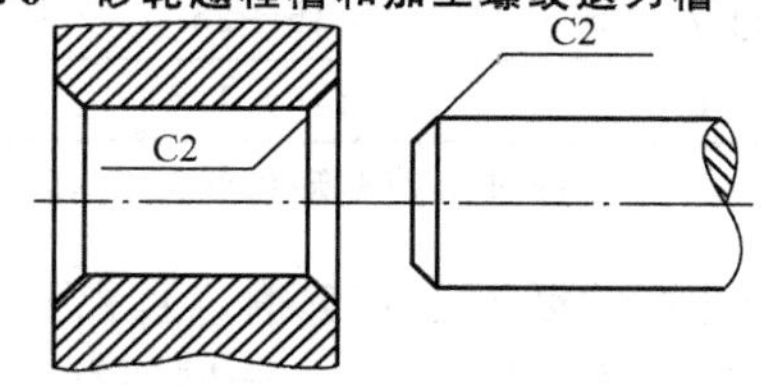

图 13.8　45°倒角

13.3　轴的强度计算

轴的强度计算应根据轴的承载情况，采用相应的计算方法。常见的轴的强度计算方法有以下两种。

13.3.1　按扭转强度计算

这种方法适用于只承受转矩的传动轴的精确计算，也可用于既受弯矩又受扭矩的转轴的近似计算。转轴在进行结构设计之前，轴承间的距离尚未确定，还不知道支承反力的作用点，不能确定弯矩的大小及分布情况，因而不能按轴所受的实际载荷来确定直径。所以设计时，只能先按转矩或用类比法来初步估算轴的直径(这样求出的直径，只能作为仅受转矩的那一段轴的最小直径)，并以此为基础进行轴的结构设计，定出轴的全部直径尺寸，最后校核轴的强度。

对于只传递转矩的圆截面轴，其扭转强度条件为

$$\tau=\frac{T}{W_T}=\frac{9.55\times10^6 P}{0.2d^3 n}\leqslant[\tau] \qquad (13-1)$$

式中　τ——轴的扭转切应力(MPa)；

T——轴传递的转矩(N·mm)；

W_T——轴的抗扭截面系数(mm^3)，对圆载面轴，$W_T=\frac{\pi d^3}{16}\approx0.2d^3$；

P——轴传递的功率(kW)；

d——轴的直径(mm)；

n——轴的转速(r/min)；

$[\tau]$——材料的许用扭转切应力(MPa)。

对于既传递转矩又承受弯矩的转轴，也可用式(13－1)初步估算轴的直径。但必须把轴的许用扭转切应力 $[\tau]$ (表 13－5)适当降低，以补偿弯矩对轴的影响。将降低后的许用

应力代入式(13-1)，并改写为设计公式为

$$d \geqslant \sqrt[3]{\frac{9.55\times10^6}{0.2\,[\tau]}}\sqrt[3]{\frac{P}{n}}=C\sqrt[3]{\frac{P}{n}} \tag{13-2}$$

式中　C——由轴的材料和承载情况确定的系数，见表 13-5。

表 13-5　轴常用材料的 C 值和 $[\tau]$ 值

轴的材料	Q235、20	Q275、35	45	40Cr、35SiMn
$[\tau]$ /MPa	15～25	20～35	25～45	35～55
C	149～126	135～112	126～103	112～97

注：当作用在轴上的弯矩比转矩小或只传递转矩时，C 取较小值；否则取较大值。

若计算的截面上有键槽，直径要适当增大以补偿键槽对轴强度的削弱。有一个键槽时轴的直径增大 3%～5%；若同一截面上有两个键槽，轴径增大 7%～10%。应当注意，这样求出的直径，只能作为承受扭矩作用的轴段的最小直径。

此外，也可采用经验公式来估算轴的直径。例如在一般减速器中，高速输入轴的直径可按与其相联的电动机轴的直径 D 估算，$d=(0.8\sim1.2)D$；各级低速轴的轴径可按同级齿轮中心距 a 估算，$d=(0.3\sim0.4)a$。初定的最小直径还一定要与相配零件(如带轮、联轴器)的孔径相一致，标准零件的孔径可从有关手册中查出。

13.3.2　按弯扭合成强度计算

当轴的结构设计完成后，外载荷和支承反力的作用位置即可确定，由此可作轴的受力分析及绘制弯矩图和转矩图，这时就可按弯扭合成强度条件对轴进行强度校核计算。

对于一般钢制的轴，在受弯矩和转矩共同作用时，可用第三强度理论(即最大切应力理论)求出危险截面的当量应力 σ_e，其强度条件为

$$\sigma_e=\sqrt{\sigma_b^2+4\tau^2}\leqslant[\sigma_b] \tag{13-3}$$

式中　σ_b——危险截面上弯矩 M 产生的弯曲应力(MPa)；

τ——转矩 T 产生的扭转切应力(MPa)；

$[\sigma_b]$——轴的许用弯曲应力。

对于直径为 d 的圆轴，有

$$\sigma_b=\frac{M}{W}=\frac{M}{\pi d^3/32}\approx\frac{M}{0.1d^3}$$

$$\tau=\frac{T}{W_T}=\frac{T}{2W}=\frac{T}{0.2d^3}$$

式中　W——轴的抗弯截面系数(mm^3)；

W_T——轴的抗扭截面系数(mm^3)。

将 σ_b 和 τ 值代入式(13-3)，得强度条件公式

$$\sigma_e=\sqrt{\left(\frac{M}{W}\right)^2+4\left(\frac{T}{2W}\right)^2}=\frac{1}{W}\sqrt{M^2+T^2}\leqslant[\sigma_b] \tag{13-4}$$

由于一般转轴的弯曲应力为对称循环变应力，而扭转切应力的循环特性与弯曲应力往往不同，考虑两者循环特性不同的影响，对式(13-5)中的转矩 T 乘以折合系数 α，即

$$\sigma_e=\frac{M_e}{W}=\frac{1}{0.1d^3}\sqrt{M^2+(\alpha T)^2}\leqslant[\sigma_{-1b}] \tag{13-5}$$

式中 M_e——当量弯矩，$M_e=\sqrt{M^2+(\alpha T)^2}$；

α——根据转矩性质而定的折合系数。对不变的转矩，取 $\alpha=\frac{[\sigma_{-1b}]}{[\sigma_{+1b}]}\approx 0.3$；当转矩脉动变化时(如轴单向运转)，取 $\alpha=\frac{[\sigma_{-1b}]}{[\sigma_{0b}]}\approx 0.6$；对于频繁正反转的轴，$\tau$ 可视为对称循环变应力，取 $\alpha=1$；若转矩的变化规律不清楚，一般按脉动循环处理，取$\alpha=0.6$。

$[\sigma_{-1b}]$、$[\sigma_{0b}]$、$[\sigma_{+1b}]$ ——分别为对称循环、脉动循环及静应力状态下的许用弯曲应力，见表 13-6。

表 13-6 轴的许用弯曲应力 (单位：MPa)

材料	σ_B	$[\sigma_{+1b}]$	$[\sigma_{0b}]$	$[\sigma_{-1b}]$
碳素钢	400	130	70	40
	500	170	75	45
	600	200	95	55
	700	230	110	65
合金钢	800	270	130	75
	900	300	140	80
	1000	330	150	90
铸钢	400	100	50	30
	500	120	70	40

对轴进行弯扭合成强度计算时，需对轴进行受力分析，求出轴所受的弯矩和转矩。所以，用弯扭合成强度条件对轴校核的一般步骤如下：

(1) 画出轴的空间受力简图。为简化计算，将轴上齿轮、链轮等传动零件对轴的分布载荷视为作用于轮毂宽度中点的集中载荷；作用在轴上的转矩，一般从传动件轮毂宽度中点算起。将轴当做梁，把轴承看成是铰链支座，将支反力作用点取在轴承的载荷作用中心(图 13.9)。不计零件自重。将齿轮等轴上零件对轴的载荷分解到水平面和垂直面内(图 13.10(b))。

(2) 作水平面受力图及弯矩 M_H图(图 13.10(c)、(d))。

(3) 作垂直面受力图及弯矩 M_V图(图 13.10(e)、(f))。

(4) 作合成弯矩 $M=\sqrt{M_H^2+M_V^2}$ 图(图 13.10(g))。

(5) 作转矩 T 图(图 13.10(h))。

(6) 作当量弯矩 $M_e=\sqrt{M^2+(\alpha T)^2}$ 图(图 13.10(i))。

(7) 强度计算。

① 确定危险截面。根据弯矩、转矩最大或弯矩、转矩较大和相对尺寸较小的原则选一个或几个危险截面。

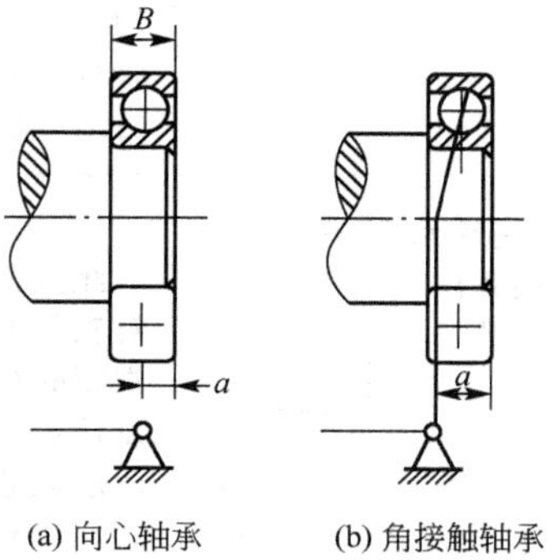

(a) 向心轴承 (b) 角接触轴承

图 13.9 轴的支反力作用点

② 按式(13－5)强度条件对危险截面进行强度校核。

[例 13－1] 如模块四图所示的带式输送机传动简图，试设计其中单级斜齿圆柱齿轮减速器的输出轴Ⅱ轴。根据例 9－1 设计，已知该轴输入功率 $P=2.25\text{kW}$，转速 $n=95.7\text{r/min}$，传递的转矩 $T=224.53\text{N}\cdot\text{m}$；根据例 11－2 设计，已知斜齿圆柱齿轮传动的分度圆直径$d_2=206.19\text{mm}$，齿宽 $b_2=41\text{mm}$，螺旋角 $\beta=14.59°$，右旋。其他条件与例 9－1 相同。

解：设计见下表

计算及说明	结果
1. 估算轴的最小直径 选轴的材料为 45 钢，正火处理，估计直径 $d<100\text{mm}$，由表 13－3 查得 $\sigma_B=600\text{MPa}$。查表 13－5，取 $C=120$。由式(13－2)得 $d\geqslant C\sqrt[3]{\frac{p}{n}}=120\times\sqrt[3]{\frac{2.25}{95.7}}=34.38\text{mm}$ 所求 d 值为受扭部分的最细处，即装联轴器处的轴径。但因该处有一个键槽，故轴径应增大 3%，即 $d=1.03\times34.38=35.41\text{mm}$ 为使所选的直径与联轴器的孔径相适应，需同时选择联轴器。根据该轴传递的转矩 $T=224.53\text{N}\cdot\text{m}$ 查设计手册，选用 LT7 型弹性套柱销联轴器，该联轴器传递的公称转矩为 $T_n=500\text{N}\cdot\text{m}$。其半联轴器的孔径 $d=40\text{mm}$，与轴配合部分长度 $L_1=84\text{mm}$ 2. 轴的结构设计 ① 拟订轴上零件装配方案 根据模块四图(b)斜齿轮减速器简图可知，输出轴上主要零件有齿轮、联轴器、轴承，根据这些主要零件的相互位置关系可确定装配方案，如图 13.10(a)所示。齿轮、套筒、左端轴承、轴承端盖、联轴器从轴的左端依次装入；右端轴承、轴承端盖从轴的右端依次装入 ② 初定各轴段直径和长度	材料：45 钢正火 $\sigma_B=600\text{MPa}$ LT7 型弹性套柱销联轴器 $T_n=500\text{N}\cdot\text{m}$ $d=40\text{mm}$ $L_1=84\text{mm}$

轴的位置	直径和长度/mm	说　明	
装联轴器段Ⅰ	$d_{\text{Ⅰ}}=40$	与联轴器内孔直径一致	$d_{\text{Ⅰ}}=40\text{mm}$
	$l_{\text{Ⅰ}}=82$	已知联轴器与轴配合部分长度 $L_1=84\text{mm}$，为保证轴端挡圈能压紧联轴器，此轴段长度应略小于联轴器轮毂宽度，故取长度为 $l_{\text{Ⅰ}}=L_1-2=84-2=82\text{mm}$	$l_{\text{Ⅰ}}=82\text{mm}$
装左轴承端盖段Ⅱ	$d_{\text{Ⅱ}}=46$	为满足联轴器的轴向固定要求而设一轴肩，由表 13－4 知，定位轴肩高度 $h=(0.07\sim0.1)d_{\text{Ⅰ}}=(0.07\sim0.1)\times40=(2.8\sim4)\text{mm}$，取 $h=3\text{mm}$，故 $d_{\text{Ⅱ}}=40+2\times3=46\text{mm}$	$d_{\text{Ⅱ}}=46\text{mm}$
	$l_{\text{Ⅱ}}=50$	此段长度包括两部分：为便于轴承端盖的拆装及对轴承加润滑剂，本例取轴承盖外端面与联轴器右端面的距离为 30mm；由减速器箱体及轴承盖的结构设计，取轴承左面与轴承盖外端面的距离(即轴承盖的总宽度)为 20mm。故该轴段长度为 $l_{\text{Ⅱ}}=30+20=50\text{mm}$	$l_{\text{Ⅱ}}=50\text{mm}$

（续）

轴的位置	直径和长度/mm	说　明	结果
装左轴承段Ⅲ	$d_{\text{Ⅲ}}=50$	因轴承要承受径向力和轴向力，故选用角接触球轴承，为便于从左端装拆，轴承内径应稍大于左轴承端盖段轴径，并符合滚动轴承标准内径，故取轴径为 $d_{\text{Ⅲ}}=46+2\times2=50$mm，初定轴承代号7210AC，其尺寸为 $d\times D\times B=50\times90\times20$	$d_{\text{Ⅲ}}=50$mm
	$l_{\text{Ⅲ}}=47$	此轴段长度包括四部分：轴承宽度 $B=20$mm；考虑到箱体的铸造误差，装配时留有余地，轴承右端面与箱体内壁的距离为5～10mm，取5mm；箱体内壁与齿轮左端面的距离为10～20mm，取20mm；齿轮轮毂宽度与齿轮处轴段长度之差为2mm，故该轴段长度为 $l_{\text{Ⅲ}}=20+5+20+2=47$mm	$l_{\text{Ⅲ}}=47$mm
齿轮段Ⅳ	$d_{\text{Ⅳ}}=54$	考虑齿轮从左端装入方便，齿轮孔径应大于左轴承段轴径，取 $d_{\text{Ⅳ}}=50+2\times2=54$mm	$d_{\text{Ⅳ}}=54$mm
	$l_{\text{Ⅳ}}=39$	已知齿轮轮毂宽度为 $b_2=41$mm，为保证套筒能压紧齿轮，此轴段长度应略小于齿轮轮毂宽度，故取长度 $l_{\text{Ⅳ}}=b_2-2=41-2=39$mm	$l_{\text{Ⅳ}}=39$mm
轴环段Ⅴ	$d_{\text{Ⅴ}}=64$	齿轮右端用轴环定位，按齿轮段轴径 $d=54$mm，得轴环高度 $h=(0.07\sim0.1)d_{\text{Ⅴ}}=(0.07\sim0.1)\times54=(3.78\sim5.4)$mm，取 $h=5$mm，故 $d_{\text{Ⅴ}}=54+2\times5=64$mm	$d_{\text{Ⅴ}}=64$mm
	$l_{\text{Ⅴ}}=12$	轴环宽度 $b=1.4h=1.4\times5=7$mm，取 $l_{\text{Ⅴ}}=b=12$mm	$l_{\text{Ⅴ}}=12$mm
右端轴承段Ⅵ	$d_{\text{Ⅵ}}=50$	Ⅲ段和Ⅵ段轴上轴承相同均为7210AC，故轴径相同	$d_{\text{Ⅵ}}=50$mm
	$l_{\text{Ⅵ}}=33$	齿轮相对于轴承对称布置，故其长度 $l_{\text{Ⅵ}}=B+5+20-b=20+5+20-12=33$mm	$l_{\text{Ⅵ}}=33$mm

③ 轴上零件的周向固定

齿轮及联轴器轴段均采用A型普通平键，按轴径及轮毂宽度查手册，齿轮段为键16×32(GB/T 1096—2003)；联轴器段为键12×70(GB/T 1096—2003)。为保证配合良好，选择齿轮与轴的配合为H7/r6；联轴器与轴的配合为H7/k6；滚动轴承与轴的周向定位靠过渡配合来保证，取配合为H7/m6

④ 其他尺寸

为加工方便，轴上轴肩过渡圆角半径 R 值如图13.10所示；轴端倒角为 $C2$

3. 齿轮的受力分析

① 轴传递的转矩

（续）

计算及说明	结果
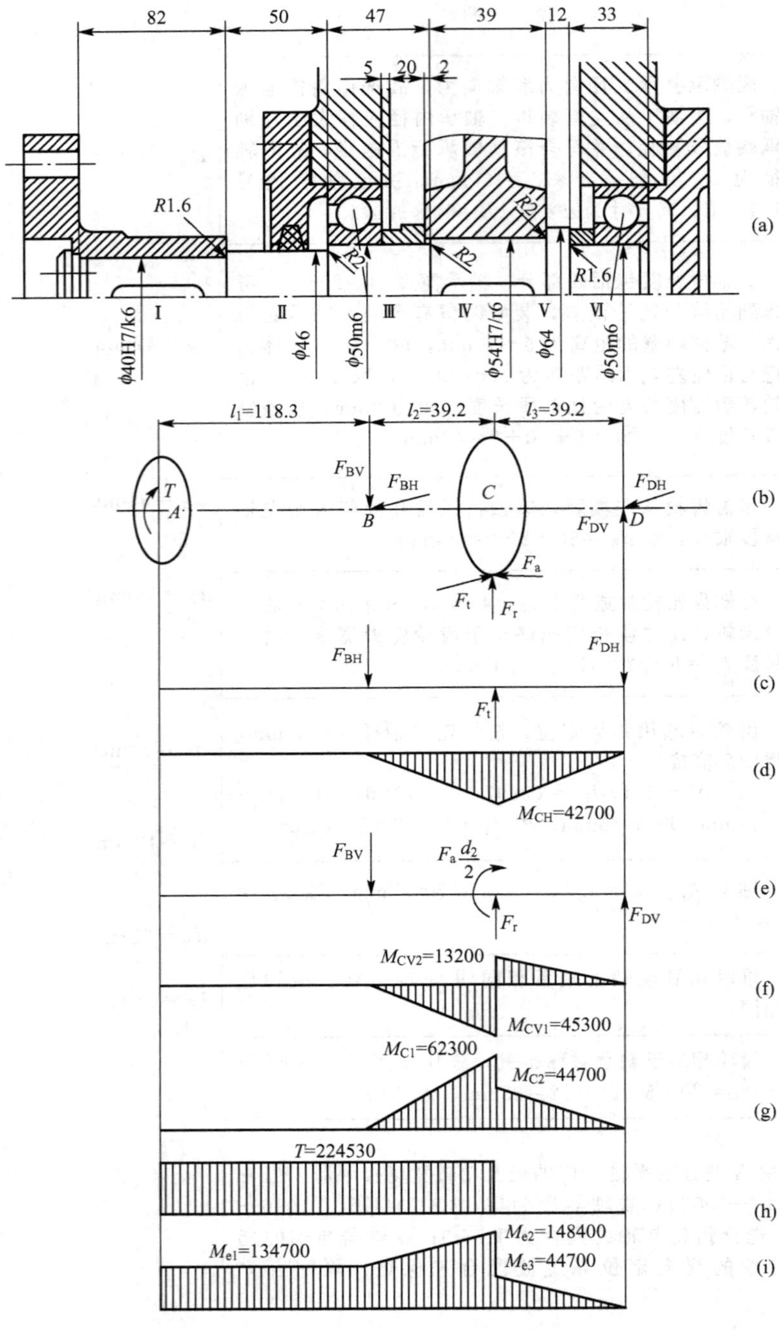 图 13.10　轴的载荷分析 $T=224.53\text{N}\cdot\text{m}$ ② 求轴上齿轮的作用力	$T=224.53\text{N}\cdot\text{m}$

（续）

计算及说明	结果
齿轮上的圆周力 $$F_t=\frac{2T}{d_2}=\frac{2\times 224530}{206.19}=2178\text{N}$$	$F_t=2178\text{N}$
齿轮上的径向力 $$F_r=\frac{F_t\tan\alpha_n}{\cos\beta}=\frac{2178\times\tan 20°}{\cos 14.59°}=819\text{N}$$	$F_r=819\text{N}$
齿轮上的轴向力 $$F_a=F_t\tan\beta=2178\times\tan 14.59°=567\text{N}$$	$F_a=567\text{N}$
圆周力、径向力和轴向力的方向如图 13.10(b)所示	
③ 确定轴的跨距 由设计手册查得 7210AC 型轴承的 a 值为 26.3mm，联轴器力作用点与左端轴承支反力作用点的距离为 $$l_1=L_1/2+l_{\text{II}}+a=84/2+50-26.3=118.3\text{mm}$$	$l_1=118.3\text{mm}$
左、右轴承的支反力作用点至齿轮力作用点的距离皆为 $$l_2=l_3=b_2/2+l_{\text{V}}+l_{\text{VI}}-a=41/2+12+33-26.3=39.2\text{mm}$$	$l_2=l_3=39.2\text{mm}$
4. 按弯扭合成应力校核轴的强度 ① 作轴的空间受力简图(图 13.10(b)) ② 作水平面受力图及弯矩 M_H 图(图 13.10(c)、(d)) 水平面支反力 $$F_{BH}=F_{DH}=\frac{F_t}{2}=2178/2=1089\text{N}$$	$F_{BH}=F_{DH}=1089\text{N}$
截面 C 处弯矩 $$M_{CH}=F_{BH}\times l_2=F_{DH}\times l_3=1089\times 39.2=42.7\times 10^3\text{N}\cdot\text{mm}$$	$M_{CH}=42.7\times 10^3\text{N}\cdot\text{mm}$
③ 作垂直面受力图及弯矩 M_V 图(图 13.10(e)、(f)) 垂直面支反力 $$F_{DV}=\frac{F_a\times\frac{d_2}{2}-F_r\times l_2}{l_2+l_3}=\frac{567\times\frac{206.19}{2}-819\times 39.2}{39.2+39.2}=336\text{N}$$	$F_{DV}=336\text{N}$
$$F_{BV}=F_r+F_{DV}=819+336=1155\text{N}$$	$F_{BV}=1155\text{N}$
截面 C 左边弯矩 $$M_{CV1}=F_{BV}\times l_2=1155\times 39.2=45.3\times 10^3\text{N}\cdot\text{mm}$$	$M_{CV1}=45.3\times 10^3\text{N}\cdot\text{mm}$
截面 C 右边弯矩 $$M_{CV2}=F_{DV}\times l_3=336\times 39.2=13.2\times 10^3\text{N}\cdot\text{mm}$$	$M_{CV2}=13.2\times 10^3\text{N}\cdot\text{mm}$
④ 作合成弯矩 M 图(图 13.10(g)) 截面 C 左边弯矩 $$M_{C1}=\sqrt{M_{CH}^2+M_{CV1}^2}=\sqrt{(42.7\times 10^3)^2+(45.3\times 10^3)^2}=62.3\times 10^3\text{N}\cdot\text{mm}$$	$M_{C1}=62.3\times 10^3\text{N}\cdot\text{mm}$
截面 C 右边弯矩 $$M_{C2}=\sqrt{M_{CH}^2+M_{CV2}^2}=\sqrt{(42.7\times 10^3)^2-(13.2\times 10^3)^2}=44.7\times 10^3\text{N}\cdot\text{mm}$$	$M_{C2}=44.7\times 10^3\text{N}\cdot\text{mm}$
⑤ 作转矩 T 图(图 13.10(h)) $$T=224.53\times 10^3\text{N}\cdot\text{mm}$$	
⑥ 作当量弯矩 M_e 图(图 13.10(i)) 因轴单向运转，取系数 $\alpha\approx 0.6$，轴各截面的当量弯矩为	

（续）

计算及说明	结果
$M_{e1}=\alpha T=0.6\times224.53\times10^3=134.7\times10^3\,\text{N}\cdot\text{mm}$	$M_{e1}=134.7\times10^3\,\text{N}\cdot\text{mm}$
$M_{e2}=\sqrt{M_{C1}^2+(\alpha T)^2}=\sqrt{(62.3\times10^3)^2+(0.6\times224.53\times10^3)^2}$ $=148.4\times10^3\,\text{N}\cdot\text{mm}$	$M_{e2}=148.4\times10^3\,\text{N}\cdot\text{mm}$
$M_{e3}=\sqrt{M_{C2}^2+(\alpha T)^2}=M_{C2}=44.7\times10^3\,\text{N}\cdot\text{mm}$	$M_{e3}=44.7\times10^3\,\text{N}\cdot\text{mm}$
⑦ 按当量弯矩校核轴的强度 由图 13.10(i)可见，截面 C 处当量弯矩最大，故应对此校核。由表 13－6 查得，对于 45 钢，$\sigma_B=600\text{MPa}$，$[\sigma_{-1b}]=55\text{MPa}$，故按式(13－5)得	$[\sigma_{-1b}]=55\text{MPa}$
$\sigma_e=\dfrac{M_e}{0.1d^3}=\dfrac{148.4\times10^3}{0.1\times54^3}=9.42\text{MPa}<[\sigma_{-1b}]$	$\sigma_e=9.42\text{MPa}$ 角接触球轴承 7210AC
故轴的强度满足 5. 绘制轴的零件工作图(图 13.11)	

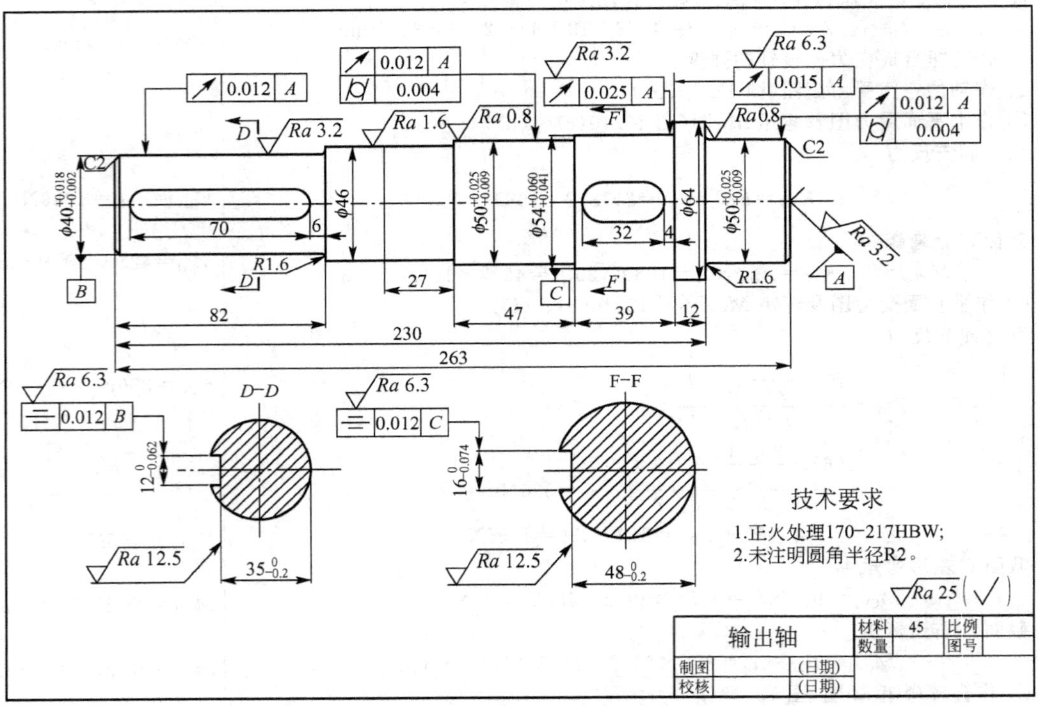

图 13.11　轴的零件工作图

13.4　轴的刚度计算

轴受弯矩作用会产生弯曲变形(图 13.12(a))，受转矩作用会产生扭转变形(图 13.12(b))。如果轴的刚度不够，就会影响轴的正常工作。例如电动机转子轴的挠度过大，会改变转子与定子的间隙而影响电动机的性能。又如机床主轴的刚度不够，将影响加工精度。因此，为了使轴不致因刚度不够而变形失效，对轴的刚度要求比较高时，需进行刚度校核计算。

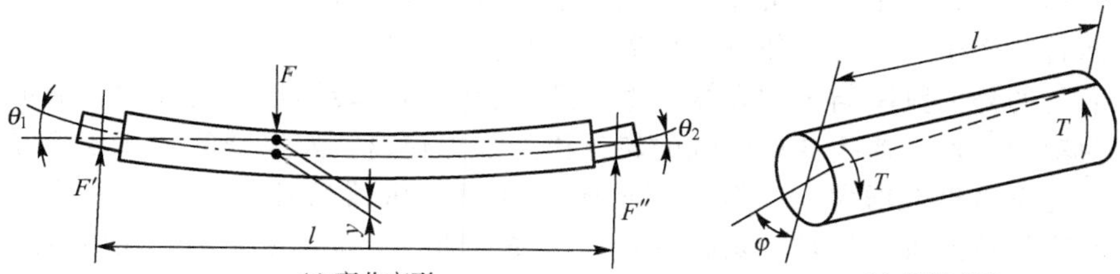

(a) 弯曲变形　　　　(b) 扭转变形

图 13.12　轴的变形

1. 弯曲刚度计算

弯曲刚度计算用来限制弯曲变形量，其变形量用挠度 y 和转角 θ 来表示，弯曲刚度条件为

$$\left.\begin{aligned} y &\leqslant [y] \\ \theta &\leqslant [\theta] \end{aligned}\right\} \tag{13-6}$$

式中　$[y]$、$[\theta]$ ——分别为许用挠度、许用转角，见表 13－7。

表 13－7　轴的许用变形量

变形种类	适用场合	许用值	变形种类	适用场合	许用值
许用挠度 $[y]$ /mm	一般用途的轴	$(0.0003 \sim 0.0005)l$	许用转角 $[\theta]$ /rad	滑动轴承	$\leqslant 0.001$
	刚度要求较高的轴	$\leqslant 0.0002l$		向心球轴承	$\leqslant 0.05$
	感应电动机轴	$\leqslant 0.1\Delta$		调心球轴承	$\leqslant 0.05$
	安装齿轮的轴	$(0.01 \sim 0.05)m_n$		圆柱滚子轴承	$\leqslant 0.0025$
	安装蜗轮的轴	$(0.02 \sim 0.05)m$		圆锥滚子轴承	$\leqslant 0.0016$
	l——支承间跨距； Δ——电动机定子与转子间的空隙； m_n——齿轮法面模数； m——蜗轮模数			安装齿轮处轴的截面	$0.001 \sim 0.002$
			每米长的许用扭转角 $[\varphi]$ /(°/m)	一般传动	$0.5 \sim 1$
				较精密的传动	$0.25 \sim 0.5$
				重要传动	< 0.25

计算轴在弯矩作用下所产生的挠度 y 和转角 θ 的方法很多。在材料力学课程中已研究过两种：①按挠度曲线的近似微分方程式积分求解；②变形能法。

2. 扭转刚度计算

扭转刚度计算用来限制扭转变形量，其变形量用扭转角 φ 来表示，扭转刚度条件为

$$\varphi \leqslant [\varphi] \tag{13-7}$$

式中　$[\varphi]$——许用扭转角，见表 13－7。

13.5　轴的临界转速简介

由于回转件的结构不对称、材质不均匀、加工有误差等原因，要使回转件的重心精确

地位于几何轴线上，几乎是不可能的。实际上，重心与几何轴线间一般总有一微小的偏心距，因而回转时产生离心力，使轴受到周期性载荷的干扰。

若轴所受的外力频率与轴的自振频率一致，会使轴运转不稳定而发生显著的振动，这种现象称为轴的共振。产生共振时轴的转速称为临界转速。如果轴的转速停滞在临界转速附近，轴的变形将迅速增大，以至达到使轴甚至整个机器破坏的程度。因此，对于重要的，尤其是高转速的轴必须计算其临界转速，并使轴的工作转速 n 避开临界转速 n_c。

轴的临界转速可以有许多个，最低的一个称为一阶临界转速，其余为二阶、三阶…。工作转速低于一阶临界转速的轴称为刚性轴；超过一阶临界转速的轴称为挠性轴。

习　　题

13-1　填空题

(1) 工作中只受弯矩不传递转矩的轴叫__________轴；只传递转矩不受弯矩的轴叫轴；同时承受弯矩和转矩的轴叫__________轴。

(2) 轴肩或轴环是一种常用的__________方法，它具有结构简单，__________可靠和能承受较大的__________等特点。

(3) 为便于零件的装拆、定位，一般机械中的轴多设计成__________形状。

(4) 在轴的初步计算中，轴的直径是按__________初步确定的。

(5) 需切削螺纹的轴段，应留有螺纹退刀槽，其主要目的是______________。

13-2　选择题

(1) 自行车的前轴____。

A. 是转动的心轴　　B. 是转轴　　C. 是固定心轴

(2) 当轴上安装的零件要承受轴向力时，采用____来进行轴向固定，所能承受的轴向力较大。

A. 圆螺母　　B. 紧定螺钉　　C. 弹性挡圈

(3) 按初估轴直径公式 $d \geqslant C\sqrt[3]{\frac{P}{n}}$ 计算出的直径，通常作为阶梯轴的____尺寸。

A. 最大处直径　　B. 中间段直径

C. 最小处直径　　D. 危险截面处直径

(4) 增加轴在截面变化处的过渡圆角半径，可以____。

A. 使零件的轴向定位比较可靠　　B. 降低应力集中，提高轴的疲劳强度

C. 使轴的加工方便

(5) 按弯扭合成计算轴的强度时，当量弯矩 $M_e=\sqrt{M^2+(\alpha T)^2}$，式中 α 是为了考虑转矩 T 与弯矩 M 产生的应力____。

A. 方向不同　　B. 循环特性可能不同

C. 类型不同　　D. 位置不同

13-3　思考题

(1) 如何选用轴的材料？

(2) 轴的结构设计应考虑哪几方面的问题？

(3) 轴上最常用的轴向定位和固定的结构是什么？

(4) 带式输送机减速器中，高速轴的直径大还是低速轴的直径大？为什么？

(5) 计算转轴疲劳强度时，为什么要在计算公式中的转矩前乘以系数 α？

13-4 分析计算题

(1) 在图 13.13 所示的齿轮减速器中，已知电动机的转速 $n=1470\text{r/min}$，传递的功率 $P=5.6\text{kW}$，轴材料的许用应力 $[\tau]=40\text{MPa}$。试确定减速器输入轴的最小直径。

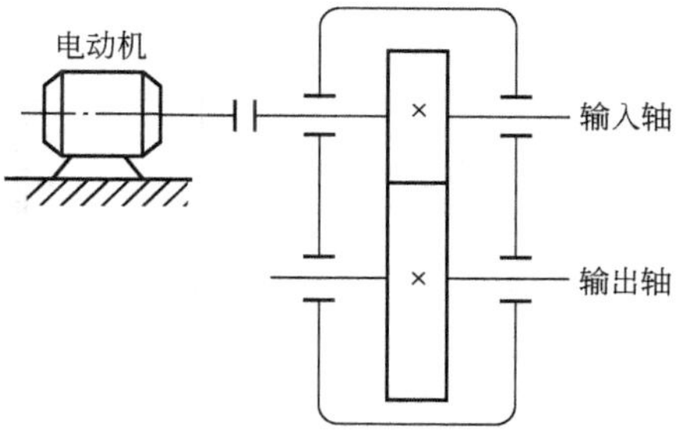

图 13.13 题 13-4(1)图

(2) 已知一转动轴直径 $d=35\text{mm}$，转速 $n=1440\text{r/min}$，如果轴上的扭转切应力不许超过 50MPa，问该轴能传递多大功率？

(3) 指出图 13.14 中轴的结构不合理的地方。

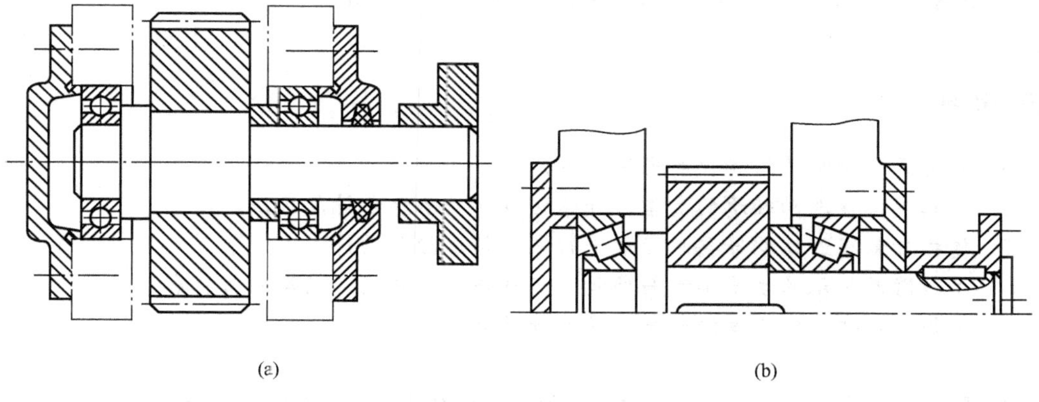

图 13.14 题 13-4(3)图

第14章 轴 承

教学提纲

本章主要介绍滚动轴承的结构、类型和代号；滚动轴承的类型选择；滚动轴承的失效形式和计算准则；滚动轴承的寿命计算；滚动轴承的组合设计；滑动轴承的类型、结构、材料、润滑剂和润滑装置；非液体摩擦滑动轴承的设计计算。

教学目标

1. 熟悉滚动轴承的结构、类型和代号。
2. 能正确选择滚动轴承的类型，并掌握滚动轴承寿命计算方法。
3. 根据外载荷、结构等要求，能进行滚动轴承组合设计。
4. 了解滑动轴承的主要类型与结构、润滑与润滑装置、轴承的材料和选择。
5. 掌握非液体摩擦径向滑动轴承的设计计算。

轴承用来支承轴或轴上回转零件，并保持轴的旋转精度，减少摩擦和磨损的部件。

根据轴承工作时表面摩擦的性质不同，轴承可分为滑动摩擦轴承(简称滑动轴承)和滚动摩擦轴承(简称滚动轴承)两大类。

14.1 滚动轴承的结构、类型和代号

14.1.1 滚动轴承的结构

滚动轴承的基本结构如图 14.1 所示，它是由内圈 1、外圈 2、滚动体 3 和保持架 4 组成的。内圈装在轴颈上，外圈装在轴承座孔内，通常外圈固定，内圈随轴回转。但也有外

圈回转，内圈不转或内、外圈分别按不同转速回转等情况，如汽车车轮的支承轴承，外圈支承在车轮轮毂的内孔中，随车轮一起转动，而内圈与固定在车架上的半轴套配合，为不动圈。内、外圈上一般制有弧形滚道，用以限制滚动体的轴向移动，并可降低滚动体与内、外圈上的接触应力，工作时，滚动体沿着内、外圈滚道间滚动。滚动体是滚动轴承中不可缺少的重要元件，它使相对运动表面间的滑动摩擦变为滚动摩擦。滚动体分为球和滚子两大类，滚子的形状有圆柱滚子、圆锥滚子、针形滚子和球面滚子等，如图 14.2 所示。保持架的作用是使滚动体均匀地隔开，防止运转时滚动体间彼此接触，以减小滚动体的摩擦和磨损。

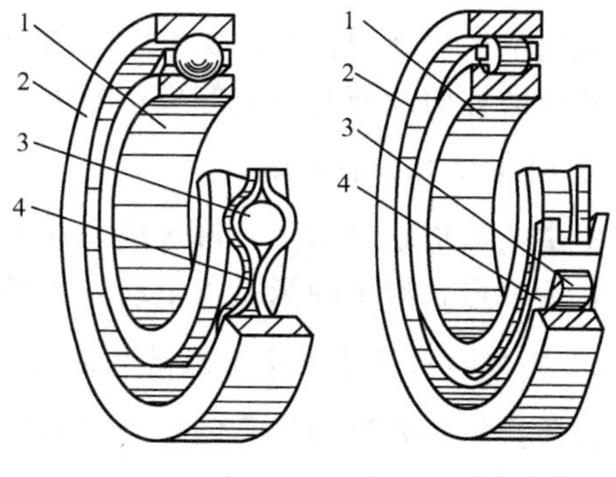

(a) 深沟球轴承　　(b) 圆柱滚子轴承

图 14.1　滚动轴承基本结构

1—内圈；2—外圈；3—滚动体；4—保持架

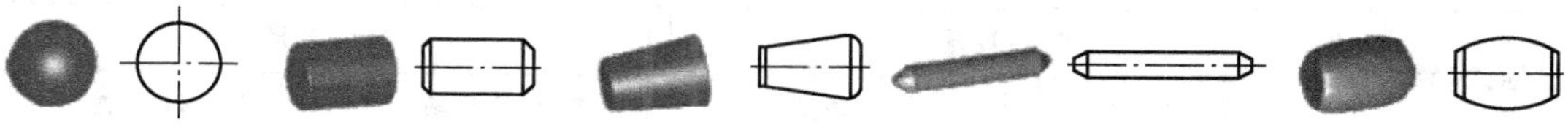

(a) 球　(b) 圆柱滚子　(c) 圆锥滚子　(d) 滚针　(e) 球面滚子

图 14.2　滚动体的形状

在某些情况下，滚动轴承可以没有内圈、外圈或保持架，这时的轴颈或轴承座起到了内圈或外圈的作用，此时的工作表面应具有相应的硬度和强度，但不能没有滚动体。除以上四个基本元件外，滚动轴承还可以增加其他特殊零件，如图 14.3 所示，在轴承的一面加有防尘罩。

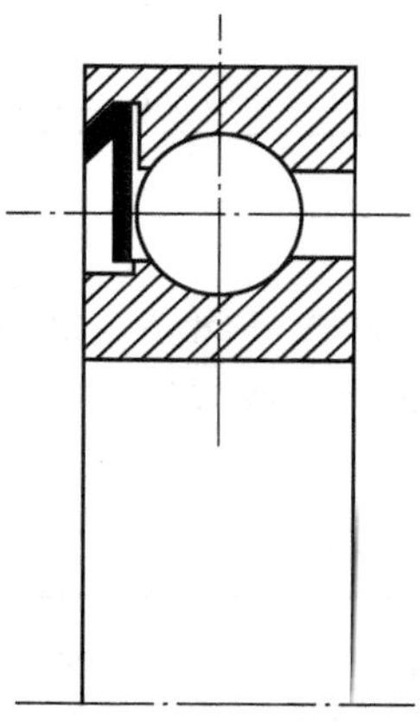

图 14.3　滚动轴承的特殊结构

轴承的内、外圈和滚动体，一般是用强度高、耐磨性好的轴承钢制造的。常用牌号有滚动轴承钢 GCr9、GCr15、GCr15SiMn 等，经过热处理后，硬度一般可达 60～65HRC，工作表面需经磨削、抛光。由于一般轴承的这些元件都经过 150℃的回火处理，所以通常当轴承的工作温度不高于 120℃时，零件的硬度不会下降。保持架有冲压式和实体式两种形式。冲压式保持架一般用低碳钢冲压后经铆接或焊接而成，它与滚动体间有较大的间隙。实体式保持架常用铜合金、铝合金、酚醛胶布或塑料等做成，有较好的定心准确度。

滚动轴承是标准件。由专门的轴承工厂成批生产，所以成本低，选用和更换都很方便。与滑动轴承相比，滚动轴承以滚动摩擦代替了滑动摩擦，具有摩擦阻力小，启动灵活，效率高，润滑与维护方便等优点。且能在较广泛的载荷、转速和工作温度范围内工作，因此，滚动轴承得到广泛的应用。但滚动轴承承受冲击载荷的能力较差，高速重载时噪声大，寿命较低，小批生产特殊滚动轴承时成本较高，径向外廓尺寸较大。

14.1.2 滚动轴承的主要类型

滚动轴承的类型繁多，有多种不同的分类方法。通常按滚动体的形状、公称接触角或承受载荷的方向及调心性能等进行分类。

1. 按滚动体形状分类

按滚动体形状的不同，可将滚动轴承分为球轴承和滚子轴承两种。球轴承是指滚动体的形状为球形，滚子轴承是指滚动体的形状为滚子。

2. 按公称接触角或承受载荷的方向分类

公称接触角是滚动轴承的一个重要参数，是指滚动体与外圈接触处的法线和轴承径向平面(垂直于轴承轴心线的平面)之间的夹角，用 α 表示。公称接触角反映了轴承承受轴向载荷的能力，公称接触角越大，承受轴向载荷的能力越强。按轴承能承受载荷方向或公称接触角的不同，滚动轴承可分为以下几种，见表 14-1。

表 14-1　各类轴承及其公称接触角

轴承种类	向心轴承		推力轴承	
	径向接触	向心角接触	推力角接触	轴向接触
公称接触角 α	$\alpha=0°$	$0°<\alpha\leqslant45°$	$45°<\alpha<90°$	$\alpha=90°$
图例	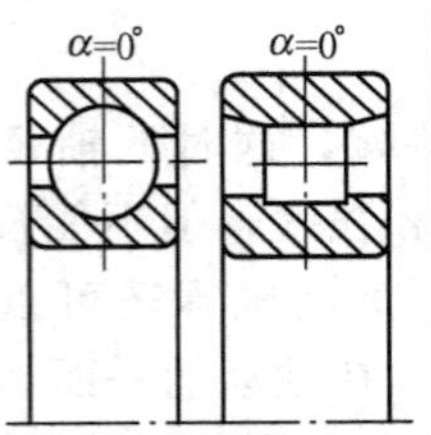	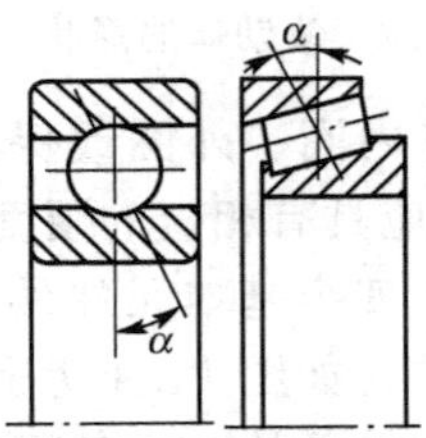	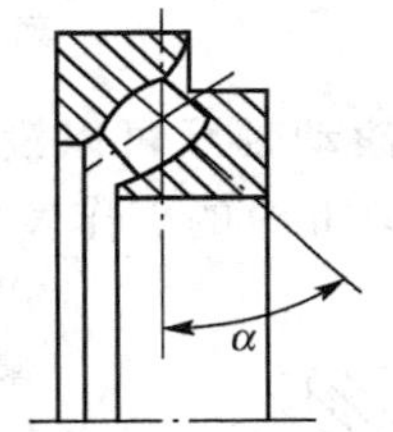	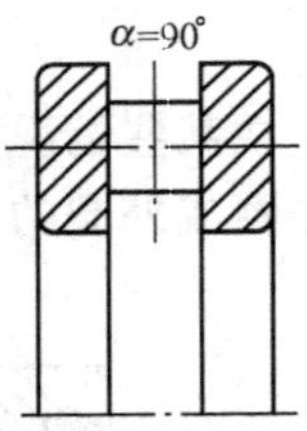

3. 按调心性能分类

按照轴承工作时能否调心，可以将轴承分为刚性轴承(轴承的内外圈轴线之间的允许偏斜角很小或为零)和调心轴承(轴承的内外圈轴线之间的允许偏斜角较大)两种。

常用滚动轴承的类型、结构、代号及特性见表 14-2。

表 14-2　常用滚动轴承的类型、结构、代号及特性

类型	代号	图例	承受载荷方向	极限转速	特性和应用
调心球轴承	1	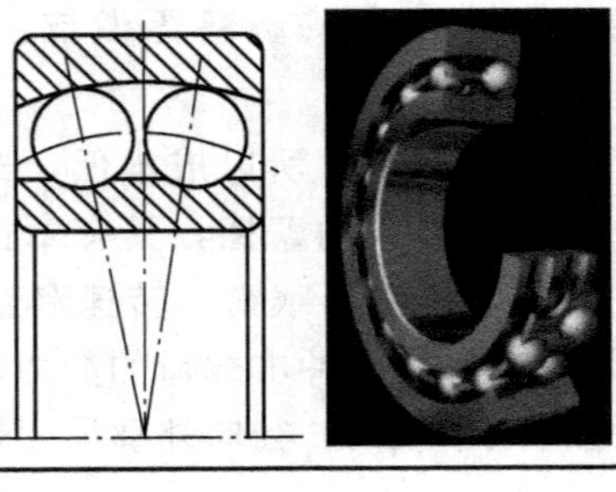	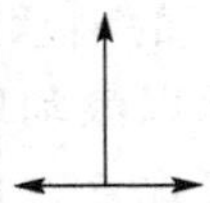	中	主要承受径向载荷，也可同时承受少量的双向轴向载荷。外圈滚道为球面，具有自动调心性能，适用于弯曲刚度小的轴

（续）

类型	代号	图例	承受载荷方向	极限转速	特性和应用
调心滚子轴承	2	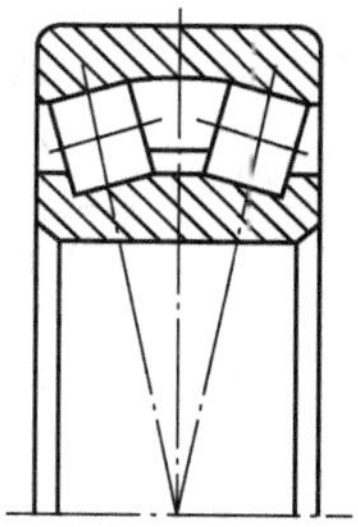 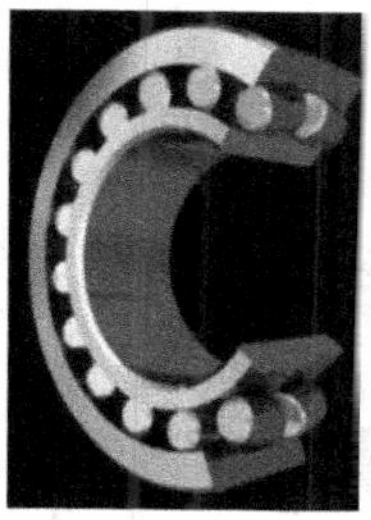		低	用于承受径向载荷，其承载能力比调心球轴承大，也能承受少量的双向轴向载荷。外圈滚道为球面，具有调心性能，适用于弯曲刚度小的轴
推力调心滚子轴承	2	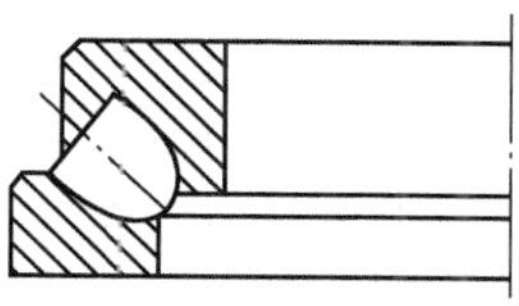 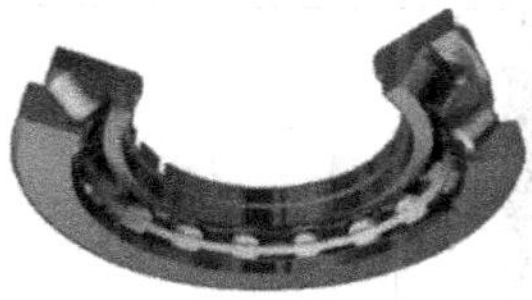	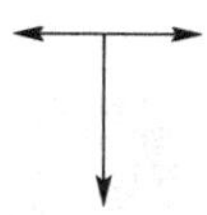	中	承受轴向载荷为主的径向、轴向联合载荷。外圈滚道为球面，调心性能好。常用于水轮机轴和起重机转盘等重型机械部件中
圆锥滚子轴承	3	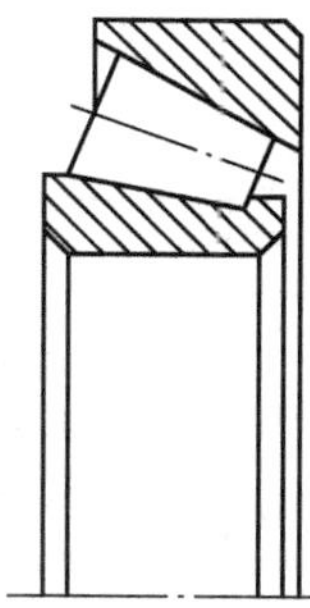 		中	能承受较大的径向载荷和单向轴向载荷。内外圈可分离，故轴承游隙可在安装时调整，通常成对使用，对称安装。适用于转速不太高，刚性较大的轴
推力球轴承	5	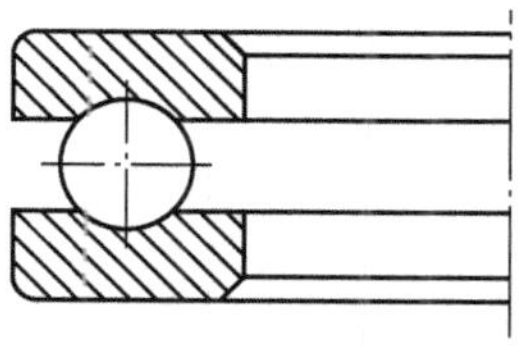  (a) 单向		低	单向推力球轴承（图(a)）只能承受单向轴向载荷。两个圈的内孔直径不一样大，内孔较小的是紧圈，与轴配合；内孔较大的是松圈，与机座固定在一起。双向推力球轴承（图(b)）可承受双向轴向力。适用于轴向力大而转速较低的场合

（续表）

类型	代号	图例	承受载荷方向	极限转速	特性和应用
推力球轴承	5	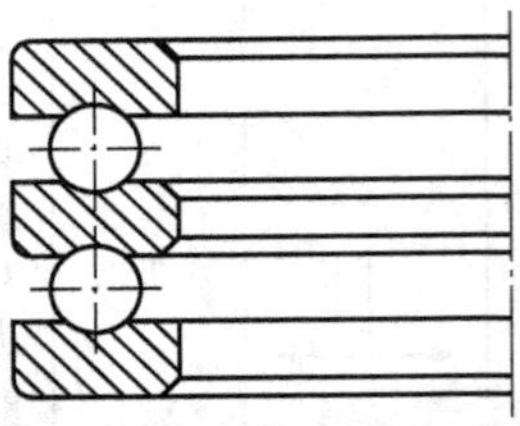  (b) 双向		低	单向推力球轴承（图(a)）只能承受单向轴向载荷。两个圈的内孔直径不一样大，内孔较小的是紧圈，与轴配合；内孔较大的是松圈，与机座固定在一起。双向推力球轴承（图(b)）可承受双向轴向力。适用于轴向力大而转速较低的场合
深沟球轴承	6	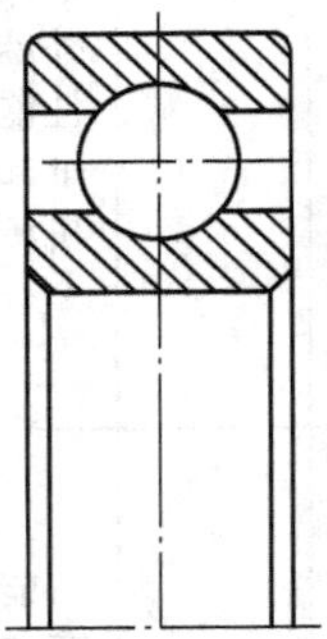 	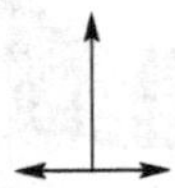	高	主要承受径向载荷，也可同时承受少量的双向轴向载荷。摩擦阻力小，极限转速高，结构简单，价格便宜，应用最广泛
角接触球轴承	7	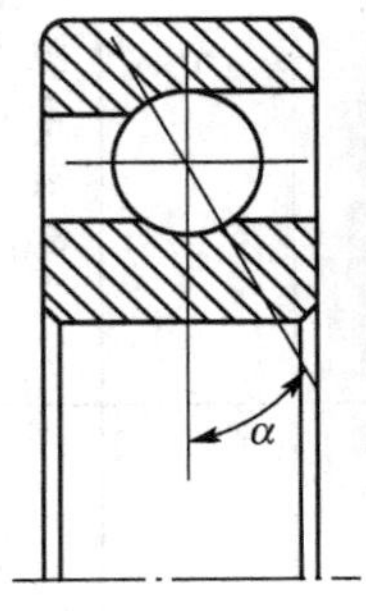 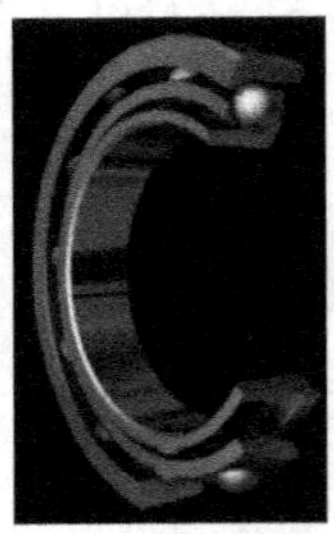		高	能同时承受径向载荷与单向轴向载荷，接触角 α 有 15°、25°和 40°三种。通常成对使用，对称安装。适用于转速较高、同时承受径向和轴向载荷的场合
推力圆柱滚子轴承	8	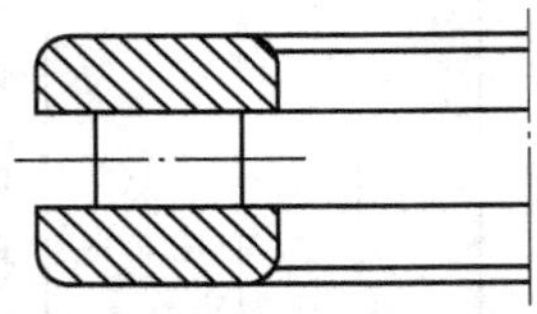 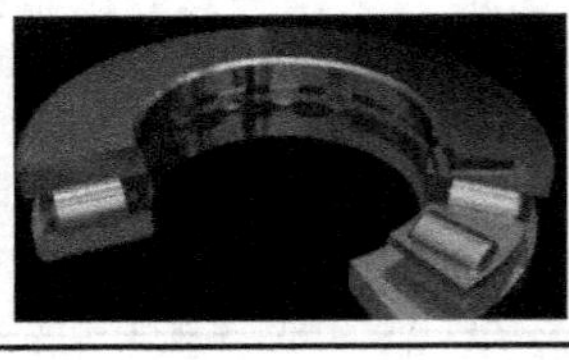		低	只能承受单向轴向载荷，承载能力比推力球轴承大得多，不允许轴线偏移。适用于轴向载荷大而不需调心的场合

（续表）

类型	代号	图例	承受载荷方向	极限转速	特性和应用
内圈无挡边的圆柱滚子轴承	N	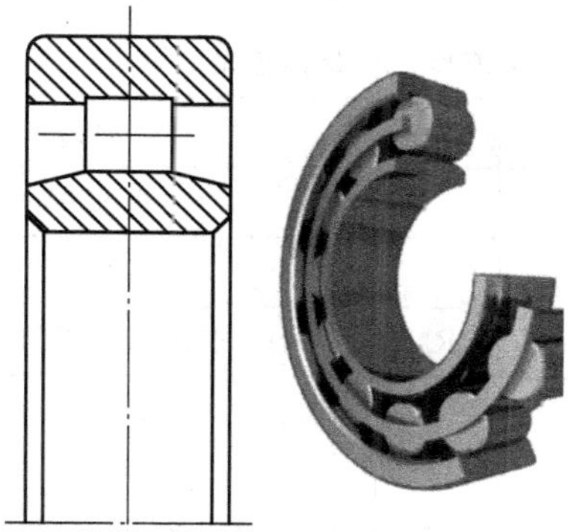	↑	高	只能承受径向载荷，不能承受轴向载荷。承受载荷能力比同尺寸的球轴承大，尤其是承受冲击载荷的能力大。内外圈沿轴线可分离。适用于刚性较大的轴，并要求轴承孔很好的对中
滚针轴承	NA	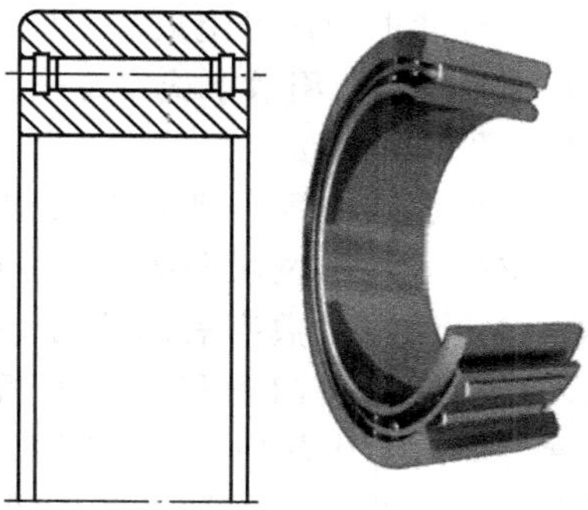	↑	低	只能承受径向载荷，不能承受轴向载荷。承载能力大。内外圈可分离。价格低廉。常用于转速较低而径向尺寸受限制的场合

14.1.3 滚动轴承代号

滚动轴承的类型很多，而每一类型的轴承中，在结构、尺寸、精度和技术要求等方面又各不相同。为了便于组织生产和合理选用，GB/T 272—1993 规定了滚动轴承的代号表示法。滚动轴承的代号用字母和数字表示，并由前置代号、基本代号和后置代号三部分构成。前置代号和后置代号是基本代号的补充，无须作说明时，可部分或全部省略。滚动轴承代号的构成见表 14－3。

表 14－3 滚动轴承代号的构成

<table>
<tr><th>前置代号</th><th colspan="5">基本代号</th><th colspan="8">后置代号</th></tr>
<tr><td rowspan="3">轴承分部件代号</td><td>五</td><td>四</td><td>三</td><td>二</td><td>一</td><td rowspan="3">内部结构代号</td><td rowspan="3">密封和防尘结构代号</td><td rowspan="3">保持架及其材料代号</td><td rowspan="3">特殊轴承材料代号</td><td rowspan="3">公差等级代号</td><td rowspan="3">游隙代号</td><td rowspan="3">多轴承配置代号</td><td rowspan="3">其他代号</td></tr>
<tr><td rowspan="2">类型代号</td><td colspan="2">尺寸系列代号</td><td colspan="2" rowspan="2">内径代号</td></tr>
<tr><td>宽度系列代号</td><td>直径系列代号</td></tr>
</table>

1. 前置代号

前置代号用字母来表示轴承分部件，代号及其含义见表 14－4。

表 14－4　滚动轴承前置代号及其含义

代号	含义	示例
L	可分离轴承的可分离内圈或外圈	LN207
K	轴承的滚动体和保持架组件	K81107
R	不带可分离内圈或外圈的轴承	RNU207，NU 表示内圈无挡边的圆柱滚子轴承

2. 基本代号

滚动轴承的基本代号是轴承代号的核心，表示轴承的类型结构和尺寸。由类型代号、尺寸系列代号和内径代号组成。

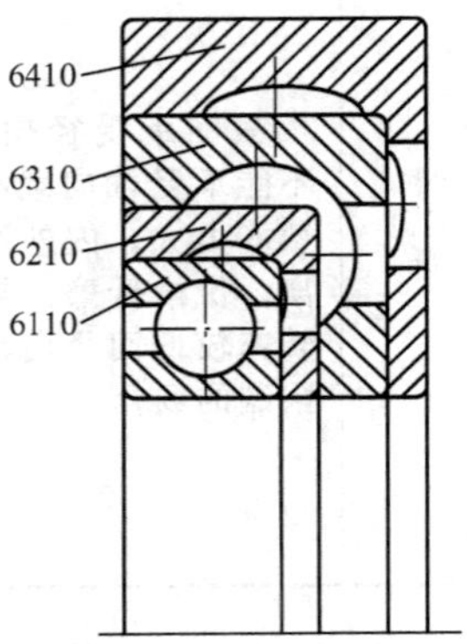

图 14.4　直径系列对比

(1) 类型代号。用数字或字母表示轴承的类型。常用类型代号见表 14－2。

(2) 尺寸系列代号。尺寸系列代号由两位数字组成。前一位数字表示宽度系列（向心轴承）或高度系列（推力轴承），后一位数字表示直径系列。宽度系列或高度系列是指结构、内径和外径都相同的轴承，在宽度或高度方面的变化系列。当宽度系列代号为“0”时可省略不标，但调心滚子轴承和圆锥滚子轴承不能省略。直径系列是指结构相同、内径相同的轴承在外径方面的变化系列。即对同一类型的轴承，相同的内径可以有不同的外径和不同的宽度。各直径系列轴承的尺寸对比如图 14.4 所示。常用的向心轴承和推力轴承的尺寸系列代号见表 14－5。

表 14－5　滚动轴承尺寸系列代号

直径系列代号	向心轴承								推力轴承			
	宽度系列代号								高度系列代号			
	8	0	1	2	3	4	5	6	7	9	1	2
	特窄	窄	正常	宽	特宽				特低	低	正常	正常
	尺寸系列代号											
7(超特轻)	—	—	17	—	37	—	—	—	—	—	—	—
8(超轻)	—	08	18	28	38	48	58	68	—	—	—	—
9(超轻)	—	09	19	29	39	49	59	69	—	—	—	—
0(特轻)	—	00	10	20	30	40	50	60	70	90	10	—
1(特轻)	—	01	11	21	31	41	51	61	71	91	11	—
2(轻)	82	02	12	22	32	42	52	62	72	92	12	22
3(中)	83	03	13	23	33	—	—	63	73	93	13	23
4(重)	—	04	—	24	—	—	—	—	74	94	14	24

(3) 内径代号。内径代号表示轴承内径的大小，用数字表示，表示方法见表 14-6。

表 14-6　滚动轴承内径代号

<table>
<tr><th colspan="2">轴承公称内径/mm</th><th>内径代号</th><th>实例</th></tr>
<tr><td colspan="2">0.6～10(非整数)</td><td rowspan="2">用公称内径毫米数直接表示，在其与尺寸系列代号之间用“/”分开</td><td>深沟球轴承 618/2.5
d=2.5mm</td></tr>
<tr><td colspan="2">1～10(整数)</td><td>深沟球轴承 619/5
d=5mm</td></tr>
<tr><td>10～17</td><td>10
12
15
17</td><td>00
01
02
03</td><td>深沟球轴承 6200
d=10mm</td></tr>
<tr><td colspan="2">20～480
(22、28、32 除外)</td><td>公称内径除以 5 的商数，商数为个位数时，需在商数左边加“0”，如 06</td><td>调心滚子轴承 23106
d=30mm</td></tr>
<tr><td colspan="2">≥500 以及 22、28、32</td><td>用公称内径毫米数直接表示，并在内径代号与尺寸系列代号之间用“/”分开</td><td>调心滚子轴承 231/500
d=500mm
深沟球轴承 62/28
d=28mm</td></tr>
</table>

3. 后置代号

后置代号用字母或字母加数字表示，用以说明轴承的内部结构、密封和防尘圈形状、材料、公差等级等，代号及其含义随技术内容不同而异。常用的几个代号如下：

(1) 内部结构代号。表示同一类型轴承的不同内部结构，用紧跟在基本代号后面的字母表示。如 C、AC、B 分别表示公称接触角 α=15°、25°、40°的角接触球轴承。

(2) 公差等级代号。按精度依次由低到高，轴承公差等级分为 0、6x、6、5、4、2 共 6 级，分别用代号/P0、/P6x、/P6、/P5、/P4、/P2 表示。0 级最低为普通级，应用最广，且/P0 在轴承代号中可省略不标。

(3) 游隙代号。游隙为滚动轴承中滚动体与内、外圈滚道之间的间隙。径向游隙是指一个套圈不动，另一个套圈沿径向从一极限位置移至另一极限位置的移动量。常用轴承的径向游隙有 1、2、0、3、4、5 共 6 组，游隙依次由小到大，0 组游隙是常用组别，可不标注。其余代号分别为/C1、/C2、/C3、/C4、/C5。

(4) 配置代号。配置代号表示成对使用的角接触轴承的配置形式，其中，/DF 表示面对面安装，/DB 表示背对背安装，/DT 表示串联安装。

[例 14-1] 说明下列轴承代号 7210AC/DB、62/22/P4 的含义。

解：1) 7210AC/DB

代号	代号类型	含义
7	类型代号	角接触球轴承
(0)2	尺寸系列代号	宽度系列代号 0 省略，直径系列代号 2
10	内径代号	轴承内径 $d=10\times5=50$mm
AC	内部结构代号	公称接触角 $\alpha=25°$
/DB	配置代号	两轴承背对背安装
(00)	公差等级代号和游隙代号	轴承公差等级为 0 级(省略)，游隙为 0 组(省略)

2) 62/22/P4

代号	代号类型	含义
6	类型代号	深沟球轴承
(0)2	尺寸系列代号	宽度系列代号 0 省略，直径系列代号 2
/22	内径代号	轴承内径 $d=22$mm
/P4	公差等级代号	轴承公差等级为 4 级

14.2 滚动轴承的类型选择

滚动轴承是标准件，设计滚动轴承时，首先要合理选择轴承类型，这就要求对各类轴承的性能特点有充分的了解，在此基础上综合考虑多种因素，如载荷的大小、方向和性质；转速的高低；机构尺寸的限制；刚度要求；调心性能；装拆方便性；经济性等因素，选择时可以参考以下几点原则。

1. 载荷的大小、方向和性质

在相同的外廓尺寸条件下，线接触的滚子轴承比点接触的球轴承承载能力和抗冲击能力都大，故载荷大、有振动和冲击时优先选择滚子轴承；反之，应选择球轴承。

当受纯径向载荷时，应选用向心轴承，如深沟球轴承、圆柱滚子轴承等；当受纯轴向载荷时，应选用推力轴承，如推力球轴承等；同时受径向载荷和轴向载荷作用时，应根据二者的相对大小来选择，当与径向载荷相比，轴向载荷较小时，可选用深沟球轴承或接触角不大的角接触球轴承及圆锥滚子轴承；当与径向载荷相比，轴向载荷较大时，可选用接触角较大的角接触球轴承及圆锥滚子轴承；当轴向载荷比径向载荷大很多时，可选用向心轴承和推力轴承组合安装的结构，以分别承受径向载荷和轴向载荷。

2. 轴承的转速

在一般转速情况下，转速高低对选择轴承类型不发生影响，只有在转速较高时，才考虑这个问题。轴承手册中列出了各种类型、各种尺寸轴承的极限转速 $n_{\lim}$(r/min)值。极限转速是指载荷不太大($P\leqslant0.1C$，P 为当量动载荷，C 为基本额定动载荷)，冷却条件正常，公差等级为/P0级轴承的最大允许转速。在设计时应使轴承在低于极限转速下工作。

通常球轴承的极限转速高于滚子轴承，因此当轴承转速较高时，宜选用球轴承。在同类型的轴承中，不同尺寸系列轴承其极限转速各不相同。

3. 调心性能要求

对于跨度大、弯曲变形大或多支点支承的轴，为适应轴的变形，应选用内、外圈轴线能有较大偏转角的调心轴承，如调心球轴承、调心滚子轴承(图 14.5)。

4. 拆装要求

经常拆装的轴承，可用分离型轴承，如圆锥滚子轴承和圆柱滚子轴承。如汽车车轮的轮毂轴承需经常拆装，故采用圆锥滚子轴承。

5. 安装尺寸要求

要求径向尺寸小，可选用适当的直径系列或滚针轴承；要求轴向尺寸小，可选择适当的宽度系列轴承。

6. 经济性要求

球轴承比滚子轴承价廉，所以只要满足使用要求，应优先选用球轴承。同型号不同公差等级轴承的差价悬殊，所以选择高精度轴承必须慎重。

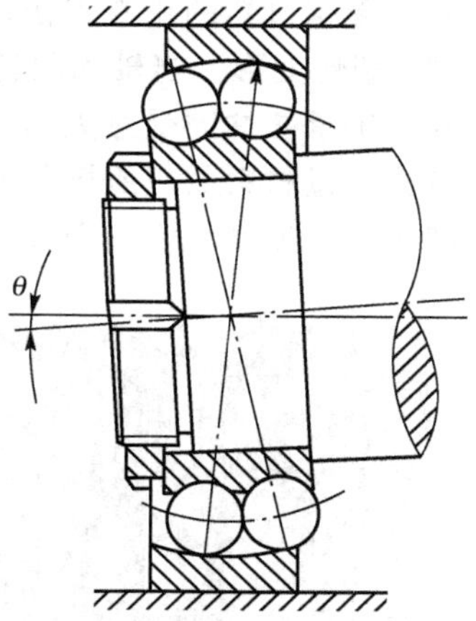

图 14.5 调心球轴承调心特性

14.3 滚动轴承的尺寸选择

14.3.1 滚动轴承的失效形式和设计准则

1. 向心轴承载荷的分布

滚动轴承在中心轴向载荷 F_a 的作用下，可认为载荷由各个滚动体均匀承受。当受纯径向载荷 F_r 作用时(图 14.6)，设轴承外圈固定，内圈转动，其各元件的受力情况如下：滚动体处于上半圈时不受载荷作用，当其转至下半圈时，载荷由小变大，达到最下面位置时，其载荷最大，然后又由大变小，到上半圈时不受载；内圈处于上半圈时不受载，当转到下半圈时，与滚动体接触的点或线受载荷作用，不同位置载荷的大小也不同，处于最下面与滚动体接触时载荷最大；外圈不动，在下半圈有滚动体接触的位置处受到载荷作用，且载荷的大小与接触点的位置有关，当接触点处于最下面位置时受力最大，不与滚动体接触的位置，其载荷等于零。由上述分析可知，滚动体及内、外圈滚道

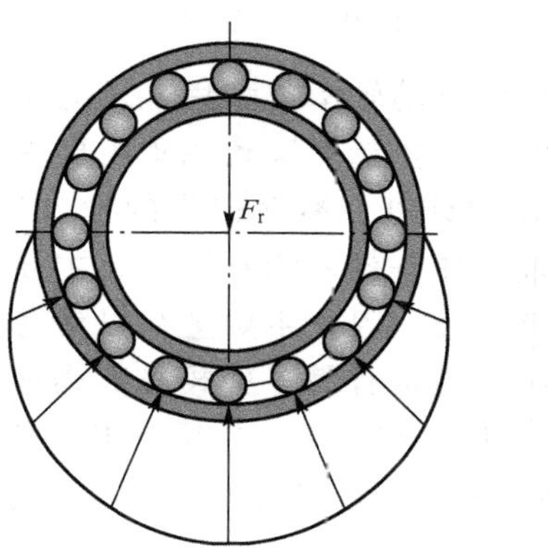

图 14.6 向心轴承中径向载荷的分布

上各点载荷为交变载荷，引起的应力为脉动循环的接触应力。

2. 滚动轴承的失效形式

(1) 疲劳点蚀。轴承在安装、润滑、维护良好的条件下工作时，由于各承载元件承受脉动循环变应力的反复作用，在各接触表面产生疲劳裂纹。随着应力循环次数的增加，裂纹进一步扩展，使表面金属材料发生局部剥落，产生疲劳点蚀(图 14.7)。疲劳点蚀是滚动轴承的主要失效形式。轴承在发生疲劳点蚀后，通常在运转时会产生振动和噪声，旋转精度下降，影响机器的正常工作。

(2) 塑性变形。当轴承的转速很低($n<10$r/min)或间歇摆动时，一般不会发生疲劳点蚀，此时轴承往往因受过大的静载荷或冲击载荷作用，使内、外圈滚道与滚动体接触处的局部应力超过材料的屈服极限而产生永久变形，形成不均匀的凹坑(图 14.8)，使轴承在运转中产生剧烈振动和噪声而失效。

图 14.7　滚动轴承的疲劳点蚀

图 14.8　滚动轴承的塑性变形

(3) 磨损。由于使用、维护不当或密封、润滑不良等原因，还可能引起轴承的磨粒磨损(图 14.9)。轴承在高速运转时，还可产生胶合磨损。所以，要限制最高转速，采取良好的润滑和密封措施。

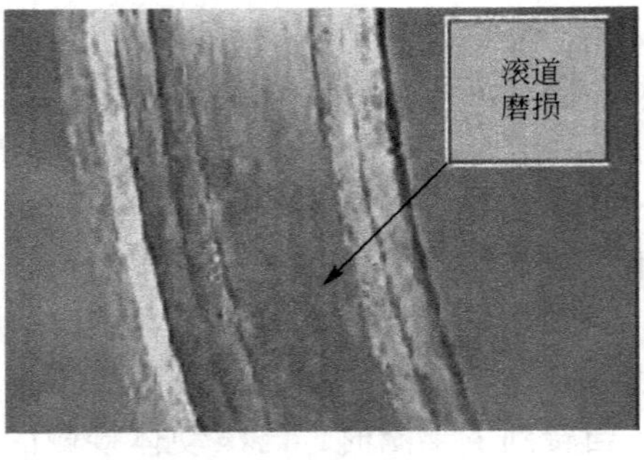

图 14.9　滚动轴承的磨损

3. 滚动轴承的设计准则

在确定滚动轴承类型后，还应确定其型号和尺寸，并要针对滚动轴承主要失效形式进行必要的计算。滚动轴承的设计准则是：对于一般工作条件的滚动轴承，主要失效形式是疲劳点蚀，因此主要进行以疲劳强度计算为依据的寿命计算，并校核静强度；对于不转动、间歇摆动或转速很低的轴承，可认为轴承各元件是在静应力作用下工作的，其失效形式是塑性变形，故主要进行静强度计算；对于高速轴承，除寿命计算外，还应校核极限转速，防止发生胶合。

14.3.2 滚动轴承的寿命计算

1. 滚动轴承的基本额定寿命

单个轴承中的任一元件出现疲劳点蚀前的实际运转总转数(r)，或在一定转速下的实际运转小时数(h)，称为该轴承的疲劳寿命。

由于制造精度、材料的均质程度的差异，即使是同种类型、同样材料、同样尺寸以及同一批生产出来的轴承，在完全相同的工作条件下进行运转实验，其轴承寿命是相当离散的，寿命相差几倍甚至几十倍。显然，用单个轴承的寿命作为轴承的寿命值是不当的。因此，在轴承寿命计算中，常用一定概率下的轴承寿命作为计算依据，这就是轴承的基本额定寿命。轴承的基本额定寿命是指一批相同型号的轴承，在同样条件下工作，其中90%的轴承未发生疲劳点蚀前转过的总转数，或在一定转速下总的工作小时数，分别用L_{10}(单位为10^6r)表示和L_h(单位为h)表示。可见，基本额定寿命与破坏概率有关。对于一批同型号轴承，有10%的轴承未达到基本额定寿命而提前失效，即失效概率为10%；有90%的轴承实际寿命超过基本额定寿命而正常工作，即可靠度为90%。

2. 滚动轴承的基本额定动载荷

滚动轴承的基本额定寿命与所受的载荷大小有关，载荷越大，引起的接触应力越大，轴承的基本额定寿命越短。滚动轴承的基本额定动载荷是指使轴承的基本额定寿命为10^6r时，轴承所能承受的最大载荷值，用C表示。基本额定动载荷对向心轴承而言，是指纯径向载荷，称为径向基本额定动载荷，用C_r表示；对于推力轴承而言，是指纯轴向载荷，称为轴向基本额定动载荷，用C_a表示。每一种型号轴承的C_r、C_a值可以在轴承手册中查出。基本额定动载荷代表了滚动轴承的承载能力。

3. 滚动轴承的寿命计算公式

当滚动轴承所受的载荷P恰为基本额定动载荷C时，其基本额定寿命是10^6r。但当所受的载荷$P\neq C$时，轴承的寿命为多少，这就是轴承寿命计算所要解决的一类问题。轴承寿命计算所要解决的另一类问题是，轴承在载荷P的作用下，要求轴承具有已知的基本额定寿命时，需要选用具有多大基本额定动载荷的轴承。下面就来讨论解决上述问题。

图14.10所示为在大量试验研究基础上得到的某型号轴承载荷-寿命曲线。该曲线表示轴承所受的载荷与基本额定寿命L_{10}之间的关系。曲线方程为

$$P^{\varepsilon}L_{10}=\text{常数} \tag{14-1}$$

式中 ε——寿命指数，球轴承$\varepsilon=3$，滚子轴承$\varepsilon=10/3$；

P——当量动载荷(N)。

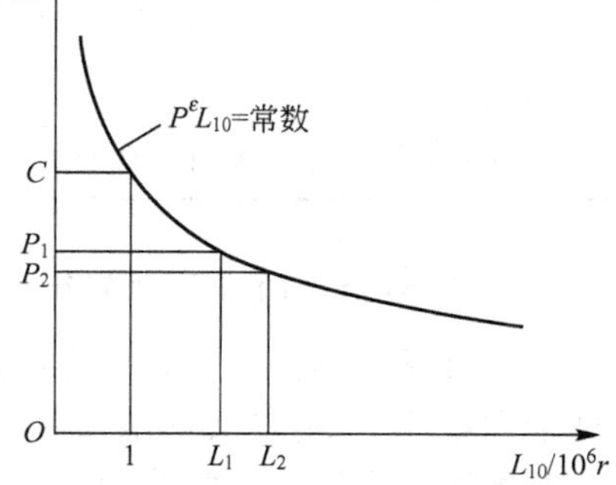

图14.10 轴承的载荷-寿命曲线

当$L_{10}=1$时，即$L_{10}=10^6r$，$P=C$，故有$P^{\varepsilon}L_{10}=C^{\varepsilon}\cdot 1$，则轴承寿命计算式为

$$L_{10}=\left(\frac{C}{P}\right)^{\varepsilon} \tag{14-2}$$

实际计算时，人们习惯以小时h表示轴承的寿命。

若轴承转速为 n(r/min)，则经换算得轴承寿命计算的另一表达式为

$$L_{10h}=\frac{10^6}{60n}\left(\frac{C}{P}\right)^{\varepsilon} \tag{14-3}$$

由于在轴承标准中列出的基本额定动载荷 C 仅适用于一般工作温度，如果轴承在温度高于 120°的环境下工作时，轴承元件材料的组织将发生变化，导致硬度降低，使轴承的基本额定动载荷值有所降低，故引入温度系数 f_t 予以修正。f_t 可查表 14-7。

表 14-7　温度系数 f_t

工作温度/℃	≤120	125	150	200	250	300	350
温度系数 f_t	1	0.95	0.9	0.8	0.7	0.6	0.5

进行上述修正后，寿命计算公式为

$$L_{10h}=\frac{10^6}{60n}\left(\frac{f_tC}{P}\right)^{\varepsilon} \tag{14-4}$$

若已知轴承转速 n 和当量动载荷 P 及轴承的预期寿命 L'_h，则轴承应能承受的额定动载荷 C' 为

$$C'=\frac{P}{f_t}\left(\frac{60nL'_h}{10^6}\right)^{\frac{1}{\varepsilon}} \tag{14-5}$$

式(14-4)和式(14-5)是设计计算时经常用到的计算公式，由此可确定轴承的基本额定寿命或尺寸型号。在选取滚动轴承时，必须使其基本额定寿命 L_{10h} 大于轴承的预期寿命 L'_h。各类机器中，轴承预期寿命 L'_h 列于表 14-8 中。

表 14-8　轴承预期寿命的参考值

机器类型		预期寿命 L'_h/h
不经常使用的仪器或设备，如闸门开闭装置等		500
航空发动机		500～2000
间断使用的机械	中断使用不致引起严重后果的手动机械、农业机械等，如手动工具等	4000～8000
	中断使用会引起严重后果的机械设备，如升降机、输送机、吊车等	8000～12000
每日工作 8h 的机械	利用率不高的齿轮传动、电动机等	12000～20000
	利用率较高的通风设备、机床等	20000～30000
每日工作 24h 的机械	一般可靠性的空气压缩机、电动机、水泵等	50000～60000
	高可靠性的电站设备、给排水装置等	>100000

4. *滚动轴承的当量动载荷*

在轴承的寿命计算公式中所用的载荷，对于只承受纯径向载荷 F_r 的向心轴承或只受纯轴向载荷 F_a 的推力轴承来说，即为外载荷 F_r、F_a。实际上，有些类型的轴承在许多场合常常同时承受径向载荷和轴向载荷，如深沟球轴承、角接触球轴承、圆锥滚子轴承等。而基本额定动载荷是在特定受载条件下得到的，即对向心轴承指纯径向载荷，推力轴承指

纯轴向载荷。为了能和基本额定动载荷进行比较，必须把实际作用的复合外载荷折算成与基本额定动载荷条件相同的一假想载荷，即纯径向或纯轴向载荷，并使在该假想载荷作用下轴承的寿命与在实际的复合载荷作用下轴承的寿命相同，则该假想载荷为当量动载荷，用 P 表示。它的计算公式为

$$P = XF_r + YF_a \tag{14-6}$$

式中　F_r、F_a——分别为轴承所受的径向载荷和轴向载荷；

X、Y——分别为径向动载荷系数和轴向动载荷系数，其值见表 14－9。

表 14－9　径向动载荷系数 X 和轴向动载荷系数 Y

轴承类型		相对轴向载荷 F_a/C_{0r}	e	$F_a/F_r>e$		$F_a/F_r\leqslant e$	
				X	Y	X	Y
深沟球轴承		0.014 0.028 0.056 0.084 0.11 0.17 0.28 0.42 0.56	0.19 0.22 0.26 0.28 0.30 0.34 0.38 0.42 0.44	0.56	2.30 1.99 1.71 1.55 1.45 1.31 1.15 1.04 1.00	1	0
角接触球轴承	$\alpha=15°$	0.015 0.029 0.058 0.087 0.12 0.17 0.29 0.44 0.58	0.38 0.40 0.43 0.46 0.47 0.50 0.55 0.56 0.56	0.44	1.47 1.40 1.30 1.23 1.19 1.12 1.02 1.00 1.00	1	0
角接触球轴承	$\alpha=25°$	—	0.68	0.41	0.87	1	0
角接触球轴承	$\alpha=40°$	—	1.14	0.35	0.57	1	0
圆锥滚子轴承		—	轴承手册	0.40	轴承手册	1	0
调心球轴承		—	轴承手册	0.65	轴承手册	1	轴承手册

注：1. C_{0r}为径向基本额定静载荷，单位为 N；

2. 对于表中未列出的相对轴向载荷值，可按线性插值法求出相应的 e、X、Y 值。

对于只能承受纯径向载荷 F_r 的轴承(如 N、NA 类轴承)

$$P = F_r$$

对于只能承受纯轴向载荷 F_a的轴承(如 5 类轴承)

$$P = F_a$$

式(14－6)求得的当量动载荷只是一个理论值。实际上，由于机器中振动、冲击和其他载荷的影响，该值与实际值往往有差别，故应将当量动载荷乘以一个根据经验而定的载荷系数 f_p进行修正，f_p 值见表 14－10。则实际计算时，轴承的当量动载荷为

$$P = f_p(XF_r + YF_a) \tag{14-7}$$

表 14-10 载荷系数 f_p

载荷性质	f_p	举例
无冲击或轻微冲击	1.0～1.2	电动机、汽轮机、通风机等
中等冲击	1.2～1.8	车辆、动力机械、起重机、造纸机、冶金机械、选矿机、水力机械、卷扬机、木材加工机械、传动装置、机床等
强大冲击	1.8～3.0	破碎机、轧钢机、钻探机、振动筛等

[例 14-2] 某轴上轴承受径向载荷 $F_{r1}=4500\text{N}$，轴向载荷 $F_{a1}=1590\text{N}$，轴的转速 $n=320\text{r/min}$，轴的直径 $d=50\text{mm}$，载荷平稳，工作温度低于 120°，要求轴承预期寿命为 14000h，试选择轴承型号。

解：设计见下表

计算与说明	结果
1. 初选轴承型号 根据轴承所受载荷及轴颈直径，初选 6210 型深沟球轴承，由设计手册查得 $C_r=35\text{kN}\quad C_{0r}=23.2\text{kN}$	初选 6210 型轴承 $C_r=35\text{kN}$ $C_{0r}=23.2\text{kN}$
2. 计算当量动载荷 因 $F_{a1}/C_{0r}=\dfrac{1590}{23200}=0.069$，查表 14-9，用插入法得 $e=0.27$	$e=0.27$
因为 $F_{a1}/F_{r1}=\dfrac{1590}{4500}=0.35>e$，查表 14-9，用插入法得 $X=0.56\quad Y=1.63$	$X=0.56$ $Y=1.63$
由表 14-10，取 $f_p=1.0$，由式(14-7)可得当量动载荷为 $P=f_p(XF_r+YF_a)=1.0\times(0.56\times4500+1.63\times1590)=5111.7\text{N}$	$P=5111.7\text{N}$
3. 校核轴承寿命 由表 14-7 可得 $f_t=1.0$，由式(14-4)可得 $L_{10h}=\dfrac{10^6}{60n}\left(\dfrac{f_tC}{P}\right)^\varepsilon=\dfrac{10^6}{60\times320}\left(\dfrac{1.0\times35000}{5111.7}\right)^3=16740\text{h}$	$L_{10h}=16740\text{h}$
因为 $L_{10h}>14000\text{h}$，满足寿命要求，故选用 6210 轴承合适	轴承 6210 合适

5. 角接触球轴承和圆锥滚子轴承轴向载荷的计算

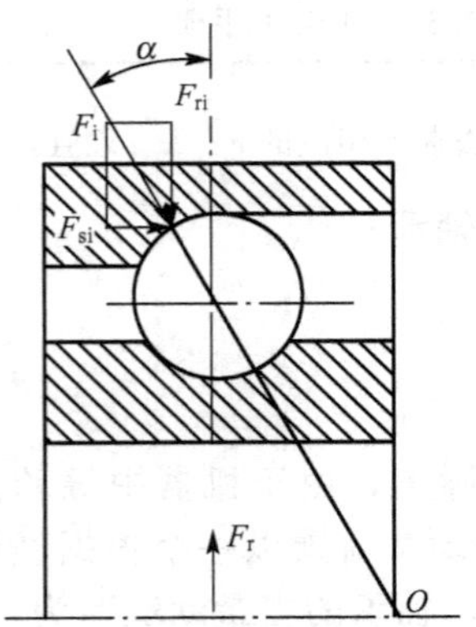

图 14.11 角接触球轴承内部轴向力和载荷作用中心

角接触球轴承和圆锥滚子轴承在承受径向载荷 F_r 时，因其结构特点，要产生内部轴向力 F_s，内部轴向力 F_s 等于轴承中承受载荷的各滚动体产生的附加轴向分力 $F_i\sin\alpha$ 之和，如图 14.11 所示。内部轴向力大小按表 14-11 中的公式计算，其方向总是由轴承外圈的宽边一端指向窄边一端，有迫使轴承内圈与外圈分离的趋势。

为了使角接触球轴承和圆锥滚子轴承的内部轴向力得到平衡，以免产生轴向窜动，轴承通常都要成对使用，对称安装。

图 14.12 所示为两种不同的安装方式，图 14.12(a)为两端轴承外圈窄边相对，称为正装或“面对面”安装；图 14.12(b)为两端轴承外圈宽边相对，称为反装或“背靠背”安装。

表 14－11 角接触球轴承和圆锥滚子轴承的内部轴向力 F_s

轴承类型	圆锥滚子轴承	角接触球轴承		
		70000C ($\alpha=15°$)	70000AC ($\alpha=25°$)	70000B ($\alpha=40°$)
内部轴向力 F_s	$\frac{F_r}{2Y}$(Y 是$\frac{F_a}{F_r}>e$ 时的轴向载荷系数)	eF_r (e 见表 14－9)	$0.68F_r$	$1.14F_r$

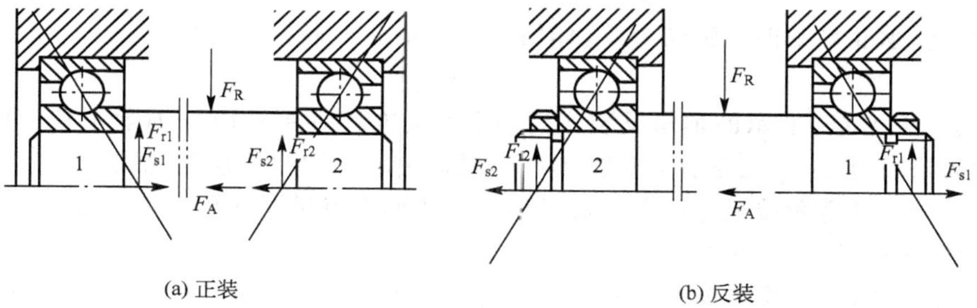

图 14.12 角接触球轴承安装方式

图 14.13(a)所示为一面对面安装的角接触球轴承，F_R和 F_A分别为作用在轴上的径向外载荷和轴向外载荷。根据力的径向平衡条件，由径向外载荷 F_R 计算出作用在两个轴承上的径向载荷 F_{r1}、F_{r2}，当 F_R的大小及作用位置固定时，径向载荷 F_{r1}、F_{r2}也就固定。由径向载荷产生的内部轴向力分别为 F_{s1}、F_{s2}。

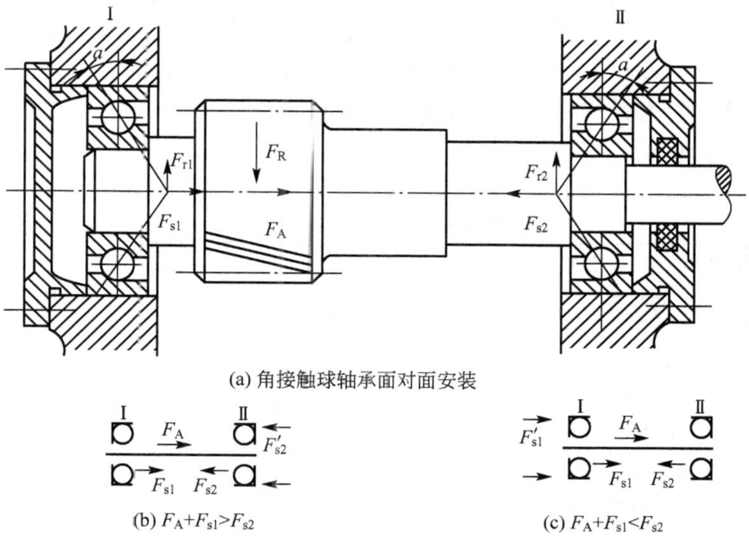

图 14.13 角接触球轴承轴向载荷分析

根据轴的平衡关系，按下列两种情况分析轴承所受的轴向力 F_a。

(1) $F_A+F_{s1}>F_{s2}$。如图 14.13(b)所示，轴系有向右移动的趋势，轴承Ⅱ由于被端盖顶住而被“压紧”为紧端；而轴承Ⅰ则被“放松”为松端。但实际上轴并没有移动。为了保持平衡，右端端盖将给轴承Ⅱ一个附加轴向力 F'_{s2}，重新达到平衡 $F_A+F_{s1}=F_{s2}+F'_{s2}$，由此可求得轴承Ⅱ上的轴向力为

$$F_{a2}=F_{s2}+F'_{s2}=F_A+F_{s1}$$

此时，轴承Ⅰ只受内部轴向力 F_{s1} 作用，即轴承Ⅰ上的轴向力为

$$F_{a1}=F_{s1}$$

(2) $F_A+F_{s1}<F_{s2}$。如图 14.13(c)所示，轴系有向左移动的趋势，此时轴承Ⅰ由于被端盖顶住而“压紧”为紧端，轴承Ⅱ则被“放松”为松端。为了保持平衡，左端端盖将给轴承Ⅰ一个附加轴向力 F'_{s1}，有 $F_A+F_{s1}+F'_{s1}=F_{s2}$，由此可求得轴承Ⅰ上的轴向力为

$$F_{a1}=F_{s1}+F'_{s1}=F_{s2}-F_A$$

此时，轴承Ⅱ只受内部轴向力 F_{s2} 作用，即轴承Ⅱ上的轴向力为

$$F_{a2}=F_{s2}$$

对于图 14.12(b)所示的轴承反装，当轴系有向左移动趋势时，轴承 1 被“压紧”，轴承 2 被“放松”；反之，轴系有向右移动趋势时，轴承 2 被“压紧”，轴承 1 被“放松”。

综上分析，计算角接触球轴承、圆锥滚子轴承轴向载荷的步骤和方法如下：

(1) 根据轴承的安装方式，确定内部轴向力的大小及方向。

(2) 判断全部轴向载荷合力的方向，确定被“压紧”的轴承及被“放松”的轴承。

(3) 被“压紧”轴承所受的轴向载荷，应为除了自身内部轴向力之外，其他所有轴向力的代数和；被“放松”轴承所受的轴向载荷，等于自身内部轴向力。

[例 14-3] 试选择模块四图(b)所示带式输送机中单级斜齿圆柱齿轮减速器输出轴上的一对轴承。根据例 13-1 设计(图 13.10(a))，初选轴由一对角接触球轴承 7210AC 支承，支承简图如图 14.14 所示。已知：轴向外载荷 $F_a=567\text{N}$(方向如图所示)，轴承径向载荷 $F_{BH}=F_{DH}=1089\text{N}$，$F_{BV}=1155\text{N}$，$F_{DV}=336\text{N}$，转速 $n=95.7\text{r/min}$。其他条件与例 9-1 相同。

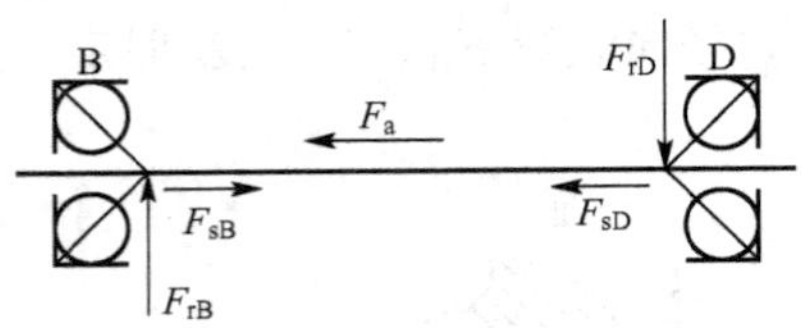

图 14.14　例 14-3 图

解：设计见下表

计算与说明	结果
1. 计算轴承所受的径向载荷 F_r $F_{rB}=\sqrt{F_{BH}^2+F_{BV}^2}=\sqrt{1089^2+1155^2}=1587.4\text{N}$ $F_{rD}=\sqrt{F_{DH}^2+F_{DV}^2}=\sqrt{1089^2+336^2}=1139.7\text{N}$	$F_{rB}=1587.4\text{N}$ $F_{rD}=1139.7\text{N}$
2. 计算轴承所受内部轴向力 F_s 查表 14-11，内部轴向力 F_s 为 $F_{sB}=0.68F_{rB}=0.68\times1587.4=1079.4\text{N}$ $F_{sD}=0.68F_{rD}=0.68\times1139.7=775\text{N}$ F_{SB}、F_{SD} 的指向如图 14.14 所示。	$F_{sB}=1079.4\text{N}$ $F_{sD}=775\text{N}$
3. 计算轴承所受的轴向载荷 F_a 因为 $F_A+F_{SD}=567+775=1342\text{N}>F_{SB}=1079.4\text{N}$，故轴系有向左移动的趋势，使轴承 B 被压紧，轴承 D 被放松，有	

（续）

计算及说明	结果
$F_{aB}=F_a+F_{SD}=1342\text{N}$ $F_{aD}=F_{SD}=775\text{N}$	$F_{aB}=1342\text{N}$ $F_{aD}=775\text{N}$
4. 计算轴承所受当量动载荷 P 由于载荷平稳，查表 14-10 取 $f_p=1.1$。由表 14-9 $\frac{F_{aB}}{F_{rB}}=\frac{1342}{1587.4}=0.85>e=0.68$，$X=0.41$，$Y=0.87$，则 $P_B=f_p(XF_{rB}+YF_{aB})=1.1\times(0.41\times1587.4+0.87\times1342)=2000\text{N}$ $\frac{F_{aD}}{F_{rD}}=\frac{775}{1139.7}=0.68=e$，$X=1$，$Y=0$，则 $P_D=f_p(XF_{rD}+YF_{aD})=1.1\times1139.7=1254\text{N}$	$f_p=1.1$ $P_B=2000\text{N}$ $P_D=1254\text{N}$
5. 计算轴承的寿命 L_{10h} 由设计手册查得，7210AC 轴承 $C_r=40.8\text{kN}$；查表 14-7，取 $f_t=1.0$。因为是球轴承，$\varepsilon=3$。又因为 $P_B>P_D$，由式(14-4)按 P_B 计算 $L_{10h}=\frac{10^6}{60n}\left(\frac{f_tC_r}{P_B}\right)^\varepsilon=\frac{10^6}{60\times95.7}\left(\frac{1.0\times40800}{2000}\right)^3=1478520\text{h}$	$C_r=40.8\text{kN}$ $f_t=1.0$ $L_{10h}=1478520\text{h}$
由表 14-8，输送机中轴承预期寿命为 8000～12000h，因为 L_{10h} 远远超过了预期寿命，故满足要求，采用 7210AC 角接触球轴承合适	采用 7210AC 角接触球轴承合适

14.3.3 滚动轴承的静强度计算

对于那些在工作载荷作用下基本不旋转的轴承(例如起重吊钩上用的推力轴承)，或者缓慢摆动以及转速极低的轴承，一般不会发生疲劳点蚀，其主要失效形式是由于载荷过大，在滚动体和滚道上产生过大的塑性变形，影响轴承旋转的精度和灵活性。因此，应按静强度来选择轴承的尺寸。轴承静强度计算的目的是防止轴承元件产生过大的塑性变形，以保证轴承正常工作。

对于每个不同型号的轴承在国家标准中都规定了不能超过的静载荷界限。在该静载荷作用下，受载最大的滚动体与套圈滚道接触处的接触应力达到某一特定值(调心球轴承为4600MPa，其他所有的向心球轴承为 2400MPa)，该静载荷称为轴承的基本额定静载荷，用 C_0(C_{0r}或 C_{0a})表示，使用时可查设计手册。

按静强度选择轴承的公式为

$$\frac{C_{0r}}{P_{0r}}\geqslant S_0 \text{或} \frac{C_{0a}}{P_{0a}}\geqslant S_0 \tag{14-8}$$

式中 C_{0r}——径向基本额定静载荷(N)，其值见设计手册；

C_{0a}——轴向基本额定静载荷(N)，其值见设计手册；

P_{0r}——径向当量静载荷(N)；

P_{0a}——轴向当量静载荷(N)；

S_0——静强度安全系数，其值见表 14-12。

当轴承上同时作用有径向载荷 F_r 和轴向载荷 F_a 时，也应折合成一个当量静载荷 P_0，其作用与基本额定静载荷相同。P_0 也为一假想的载荷，其含义与当量动载荷 P 相似，其计算公式为

$$\begin{cases} P_0=X_0F_r+Y_0F_a \\ P_0=F_r \quad \text{(取两式中计算值大者)} \end{cases} \tag{14-9}$$

式中 X_0——径向静载荷系数，可查相关手册；

Y_0——轴向静载荷系数，可查相关手册。

表 14-12 静强度安全系数

<table>
<tr><th rowspan="2">轴承使用情况</th><th rowspan="2">使用要求、载荷性质或使用场合</th><th colspan="2">S_0</th></tr>
<tr><th>球轴承</th><th>滚子轴承</th></tr>
<tr><td rowspan="3">旋转轴承</td><td>旋转精度及平稳性要求较高，或受冲击载荷</td><td>1.5～2</td><td>2.5～4</td></tr>
<tr><td>正常使用</td><td>0.5～2</td><td>1～3.5</td></tr>
<tr><td>旋转精度及平稳性要求较低，没有冲击或振动</td><td>0.5～2</td><td>1～3</td></tr>
<tr><td rowspan="2">静止或摆动的轴承</td><td>水坝闸门装置，大型起重吊钩(附加载荷小)</td><td colspan="2">≥1</td></tr>
<tr><td>吊桥，小型起重吊钩(附加载荷大)</td><td colspan="2">≥1.5～1.6</td></tr>
</table>

14.4 滚动轴承的组合设计

为保证滚动轴承的正常工作，除了要合理选择轴承的类型和尺寸外，还必须正确、合理地进行轴承的组合设计。轴承的组合设计主要解决的问题是：轴承的支承、调整、配合、装拆、润滑和密封等问题。

14.4.1 滚动轴承的支承结构方式

为防止轴工作时发生轴向窜动，保证轴及轴上零件相对机座有确定的工作位置，轴系必须固定。同时又要保证滚动轴承不致因轴受热膨胀而被卡死。

1. 两端固定式支承结构

对于两支点距离 $L \leqslant 350$mm 的短轴，或在工作中温升较小($t \leqslant 70$℃)的轴，可采用两端固定的方式，即两端支点中的每个支点分别承受一个方向的轴向力，限制轴一个方向的移动，两个支点合起来就限制了轴的双向移动。

轴向力不大时，可采用一对深沟球轴承支承，如图 14.15(a)所示，轴两端的轴承内圈用轴肩固定，外圈用轴承端盖固定，两端轴承分别作了双向轴向固定。轴向力较大时，则选用一对角接触球轴承支承(图 14.15(b))或一对圆锥滚子轴承支承(图 14.15(c))。为补偿轴的受热伸长，对于内部间隙不可调的轴承(如深沟球轴承)，在一端轴承外圈与端盖间应留有 0.25～0.4mm 的轴向间隙(间隙很小，结构图上不必画出)。但应注意轴向间隙不能太大，否则在轴开始工作时温度较低，由于过大的间隙而产生窜动。对于内部间隙可以调整的轴承(如角接触球轴承、圆锥滚子轴承)不必在外部留间隙，而在装配时，将轴向间隙留在轴承内部。

2. 一端固定、一端游动式支承结构

当轴的支点跨距较大($L > 350$mm)或工作温度较高($t > 70$℃)时，因这时轴的热伸长量

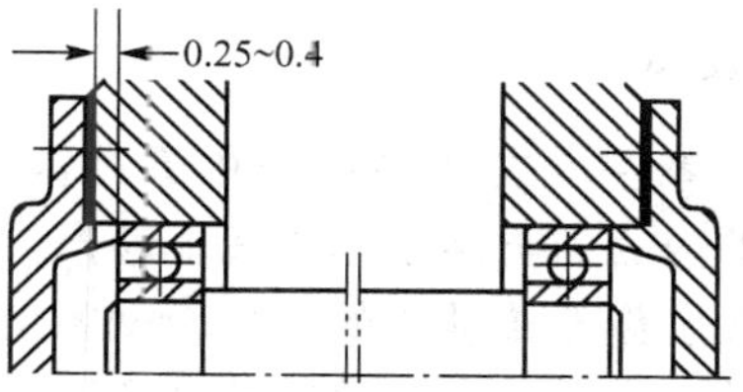

(a) 深沟球轴承支承

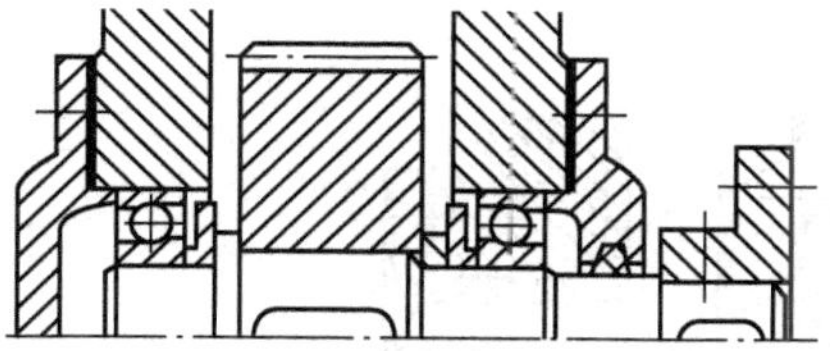

(b) 角接触球轴承支承

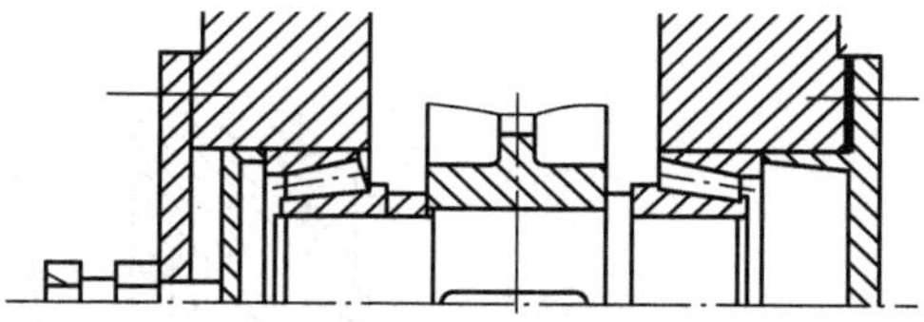

(c) 圆锥滚子轴承支承

图 14.15　两端固定式轴承支承

较大，采用上一种支承预留间隙的方式已不能满足要求，应采用一端固定、一端游动式支承结构，如图 14.16 所示。右端轴承的内、外圈两侧均轴向固定，限制轴的左右两个方向的移动，是固定端。而左端轴承可采用深沟球轴承作游动端，为防止轴承从轴上脱落，轴承内圈两侧应轴向固定，而其外圈两侧均不固定，且与轴承座孔之间是间隙配合，能沿轴承座孔轴向自由移动，补偿轴的热伸长变形。左端也可采用外圈无挡边的圆柱滚子轴承为游动端，这时轴承的内、外圈相对于轴和孔均双向固定，靠滚子在外圈内表面上的移动来保证轴的自由伸缩，如图 14.16(下半部)所示。

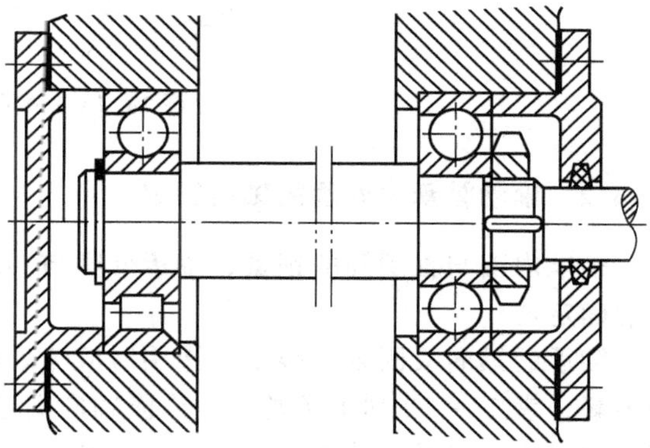

图 14.16　一端固定、一端游动式支承 Ⅰ

当轴向载荷较大时，固定支点可采用两个圆锥滚子轴承(或角接触球轴承)“正装”或“反装”组合在一起的结构，如图 14.17(a)所示；也可采用推力轴承和向心轴承组合在一起的结构，如图 14.17(b)所示。

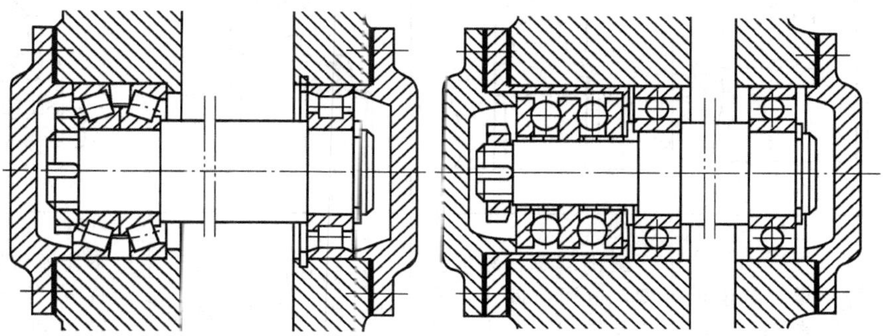

(a)　　　　(b)

图 14.17　一端固定、一端游动式支承 Ⅱ

3. 两端游动式支承结构

如图 14.18 所示，轴系左、右两端都采用圆柱滚子轴承，轴承的内、外圈都要求固定，以保证在轴承外圈的内表面与滚动体之间能够产生左右轴向游动。此种支承方式一般应用在双斜齿轮轴系或人字齿轮传动中的小齿轮轴系中。在人字齿轮轴系中，通常将小齿轮轴系做成两端游动式轴承支承，大齿轮轴系必须采用两端固定式轴承支承结构。该结构可避免人字齿轮传动中，由于加工误差导致的干涉甚至卡死现象。

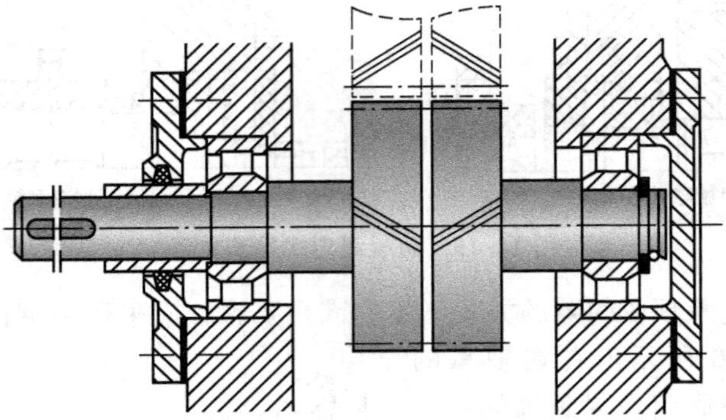

图 14.18　两端游动式支承

14.4.2　滚动轴承内外圈的轴向固定

轴承内圈与轴颈间的锁紧、轴承外圈与轴承座孔间的固定，都是为了实现轴在机器中的准确定位。

轴承的轴向紧固方式很多，选用时应考虑轴向载荷大小、转速高低、轴承类型及装拆等因素。表 14－13 列出了常用的内圈轴向固定方式及其特点；表 14－14 列出了常用的外圈轴向固定方式及其特点，可供设计时参考。

表 14－13　轴承内圈轴向固定方式及其特点

固定方式	用轴肩固定	用弹性挡圈固定	用圆螺母与止动垫圈固定	用轴端挡圈和螺钉固定
图例	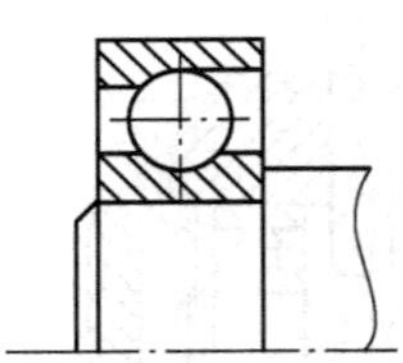	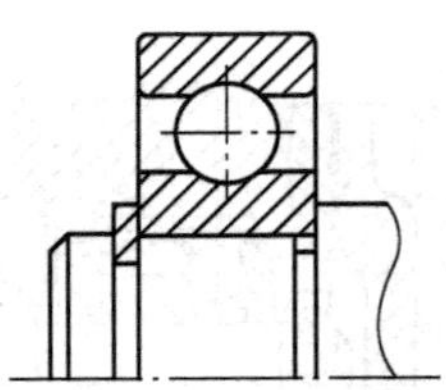	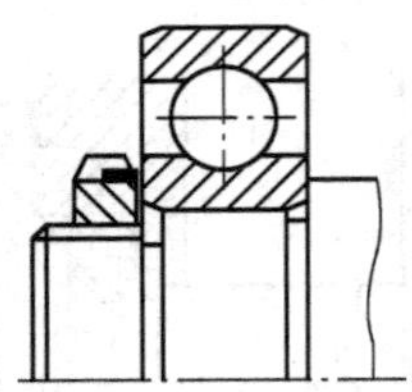	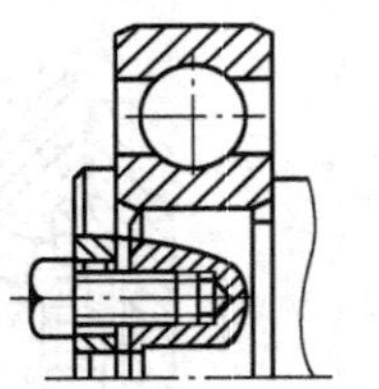
特点	结构简单，定位可靠，是最常见的形式	结构简单，装拆方便，占用空间小，多用于轴向力不大及转速不高的场合	结构简单，装拆方便，固定可靠，适用于高速、重载场合	不能调整轴承游隙，允许转速较高，多用于轴端切制螺纹有困难的场合

表 14-14　轴承外圈轴向固定方式及其特点

固定方式	用端盖固定	用孔用弹性挡圈固定	用止动卡环固定	用螺纹环的凸肩固定
图例	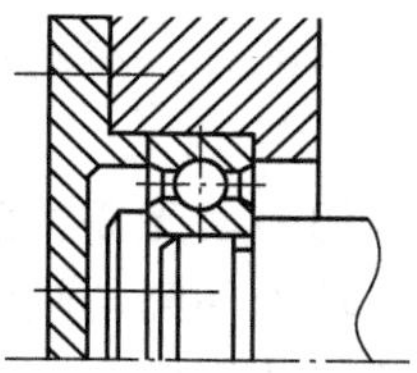	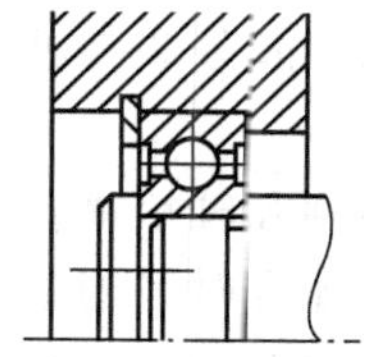	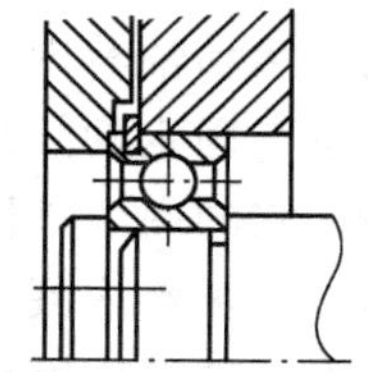	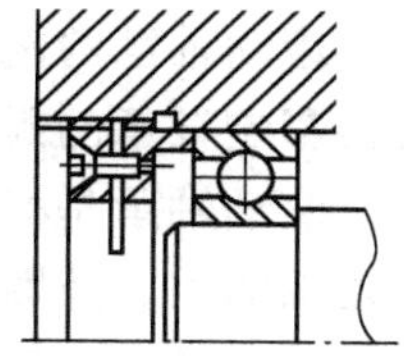
特点	结构简单，固定可靠，调整方便，用于高速及轴向力较大的各类轴承	结构简单，装拆方便，占用空间小，多用于向心类轴承	适用于机座上不便制作凸台，且外圈带有止动槽的深沟球轴承	在使用过程中，可以通过螺纹环调节间隙，进行轴向固定，通过螺钉实现防松

14.4.3　滚动轴承的调整

滚动轴承的调整包括轴承间隙的调整和轴系轴向位置的调整。

1. 轴承间隙的调整

轴承间隙的大小将影响轴承的旋转精度及传动零件工作的平稳性，故轴承间隙必须能够调整。轴承间隙调整的方法如下：

(1) 调整垫片。如图 14.15(a)所示，利用加减轴承端盖与箱体间垫片的厚度调整轴承间隙。

(2) 可调压盖。如图 14.19 所示，利用端盖上的调整螺钉推动压盖，移动滚动轴承外圈进行调整，调整后用螺母锁紧。

2. 轴系轴向位置的调整

轴系轴向位置调整的目的是使轴上零件有准确的工作位置，如蜗杆传动，要求蜗轮的中间平面必须通过蜗杆轴线；直齿锥齿轮传动，要求两锥齿轮的锥顶点必须重合。轴系轴向位置的调整是通过调整垫片来实现的。图 14.20 所示为小锥齿轮轴的轴承组合结构，轴承装在轴承套杯内，通过加减套杯与箱体间垫片的厚度来调整轴承套杯的轴向位置，即可调整小锥齿轮的轴向位置。通过加减套杯与端盖间垫片的厚度可调整轴承间隙。

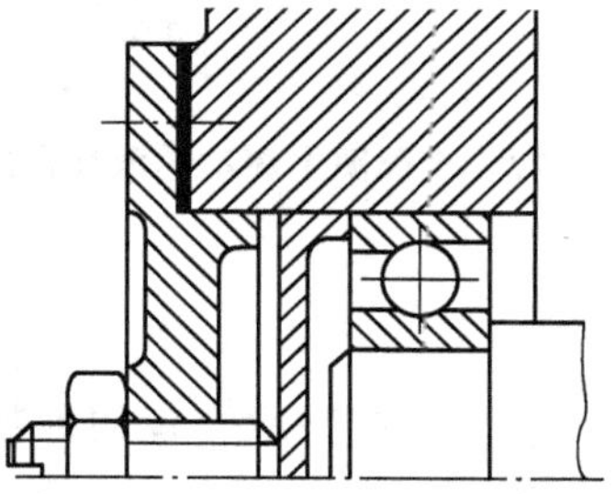

图 14.19　轴承间隙调整

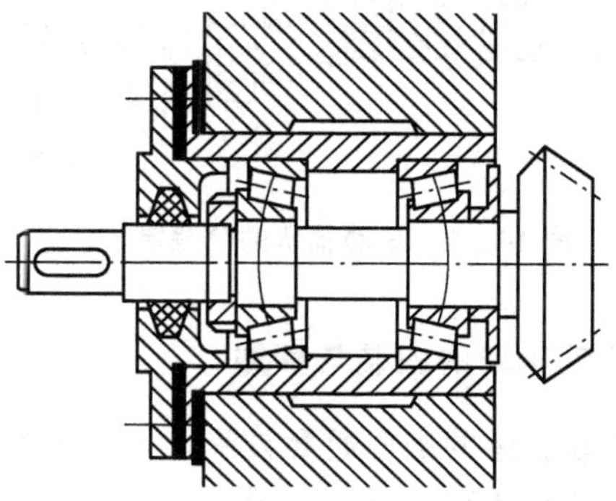

图 14.20　小锥齿轮轴的轴承组合结构

14.4.4 滚动轴承的配合

滚动轴承的配合是指滚动轴承内圈与轴颈及外圈与轴承座孔的配合。滚动轴承的配合直接影响轴承的周向定位与固定的效果。

滚动轴承是标准件，它的内、外圈与轴颈和轴承座孔相配合的表面无需再加工，所以以轴承的内、外圈为基准，轴承内圈与轴颈配合时采用基孔制，轴承外圈与轴承座孔配合时采用基轴制。滚动轴承多数是内圈随轴一起转动，外圈与轴承座孔固定在一起。为保证轴承内圈随轴一起旋转，防止其相对运动，轴承内圈与轴颈配合要有适当的过盈量，但过盈量不能太大，以保证拆卸方便及内圈材料不因产生过大的应力而变形或破坏。所以，滚动轴承的公差标准中，规定其内径和外径的公差带均为单向制，而且统一采用上偏差为零，下偏差为负值的分布，如图 14.21 所示。与普通圆柱公差标准中基孔制的尺寸公差带相比，滚动轴承内圈与轴颈的配合要紧一些；轴承外圈与轴承座孔的配合也稍紧一些。内圈与轴颈常取具有过盈量的过渡配合，如轴颈的公差采用 n6、m6、k6、js6 等；外圈与座孔常取较松的过渡配合，如座孔的公差采用 K7、J7、H7、G7 等。

在装配图中进行尺寸标注时，不需要标注滚动轴承的内圈或外圈的公差符号，只标注与之配合的轴颈和轴承座孔的公差符号，如图 14.22 所示。

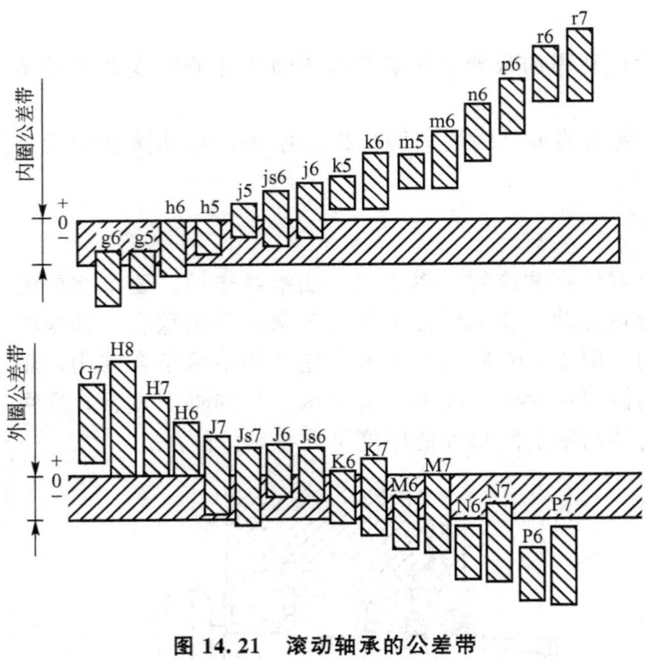

图 14.21 滚动轴承的公差带

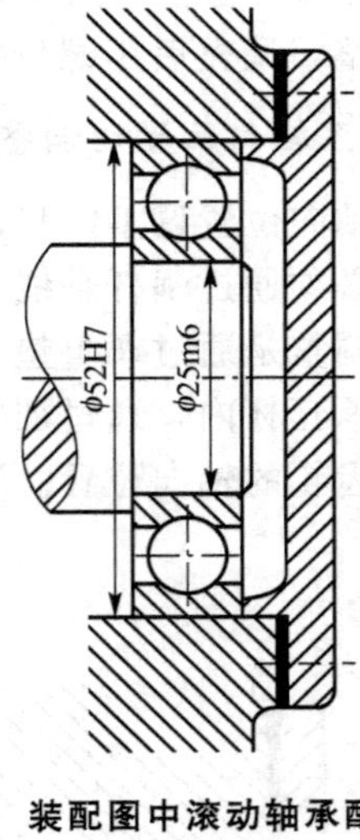

图 14.22 装配图中滚动轴承配合的标注

14.4.5 滚动轴承的安装与拆卸

由于滚动轴承的配合通常较紧，为便于拆装，防止损坏轴承，应采取合理的拆装方法。轴承安装有热套法和冷压法。所谓热套法就是将轴承放入油池中，加热至 80～100℃，由于热胀尺寸增大可套装在轴上。冷压法如图 14.23 所示，需有专用压套，用压力机压入。

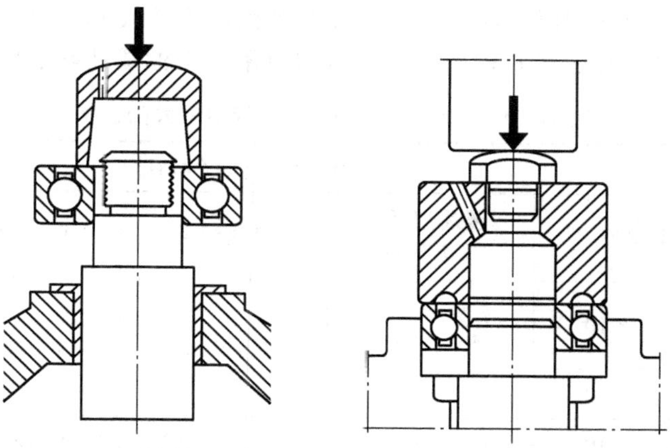

(a) 内圈施力　　(b) 内、外圈同时施力

图 14.23　冷压法安装滚动轴承

拆卸轴承时，可采用专用工具，图 14.24 所示为常见的滚动轴承拆卸情况。为便于拆卸，轴承的定位轴肩高度应低于轴承内圈高度，否则，难以放置拆卸工具的钩头。加力于外圈以拆卸轴承时，轴承座孔的结构也应留出拆卸高度。

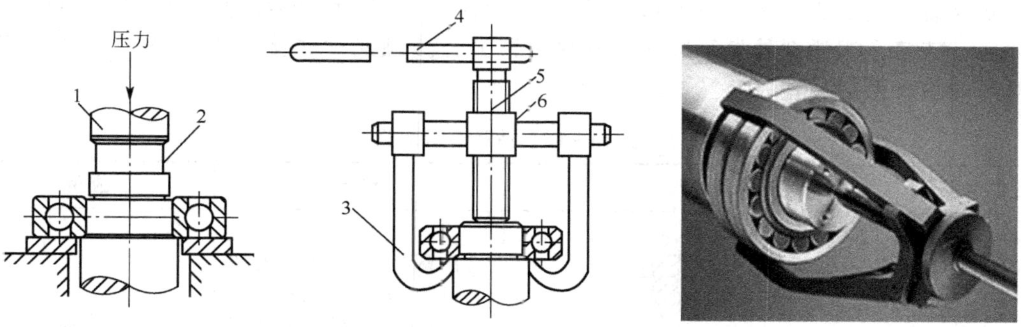

(a) 压力拆卸　　(b) 用顶拔器拆卸

图 14.24　滚动轴承的拆卸

1—压头；2—轴；3—钩爪；4—手柄；5—螺杆；6—螺母

14.4.6　滚动轴承的润滑

润滑对滚动轴承具有重要意义，润滑不仅可以减小摩擦与磨损，还可以起到散热、减小接触应力、防锈、吸振等作用。合理的润滑能够提高轴承的性能，延长轴承使用寿命。

轴承常用的润滑剂有润滑油及润滑脂两类。此外，也有使用固体润滑剂的。润滑方式和润滑剂的选用与轴承的速度有关，一般高速时采用润滑油，低速时采用润滑脂，可根据表征滚动轴承速度大小的速度因素 dn 值来确定(d 为滚动轴承内径，单位为 mm；n 为轴承转速，单位为 r/min)。表 14－15 可作为选择润滑剂与润滑方式时的参考。

一般情况下，滚动轴承多采用润滑脂润滑，其特点是黏度大，不易流失，便于密封和维护，承载能力强，且不需经常加油，但是转速较高时，功率损失较大。润滑脂在轴承中的填充量不要超过轴承内空隙的 1/3～1/2，否则轴承容易过热。油润滑适合于高速、高温条件下工作的轴承。润滑油的优点是摩擦阻力小，润滑可靠，具有冷却作用；缺点是对密封和供油的要求高。当采用浸油润滑时，要注意油面高度不要超过轴承中最低滚动体的中心，否则搅油损失大，轴承温升较高。高速时则应采用滴油或油雾润滑。

表 14－15　滚动轴承润滑剂与润滑方式的选择

轴承类型	dn/(mm·(r/min))				
	脂润滑	浸油润滑、飞溅润滑	滴油润滑	喷油润滑	油雾润滑
深沟球轴承 角接触球轴承	$\leqslant 1.6\times10^5$	$\leqslant 2.5\times10^5$	$\leqslant 4\times10^5$	$\leqslant 6\times10^5$	$>6\times10^5$
圆柱滚子轴承	$\leqslant 1.2\times10^5$				
圆锥滚子轴承	$\leqslant 1.0\times10^5$	$\leqslant 1.6\times10^5$	$\leqslant 2.3\times10^5$	$\leqslant 3\times10^5$	—
推力球轴承	$\leqslant 0.4\times10^5$	$\leqslant 0.6\times10^5$	$\leqslant 1.2\times10^5$	$\leqslant 1.5\times10^5$	—

14.4.7　滚动轴承的密封

轴承的密封是为了防止外部尘埃、水分及其他杂物进入轴承，并防止轴承内润滑剂流失。密封装置的型式很多，原理和作用也各不相同，使用时应根据轴承部件结构特点、工作环境、转速及润滑剂种类等选择。密封装置分为接触式和非接触式，表 14－16 为几种最常用的轴承密封装置。

表 14－16　轴承密封装置

密封类型		图例	特点	应用
非接触式密封	油沟密封	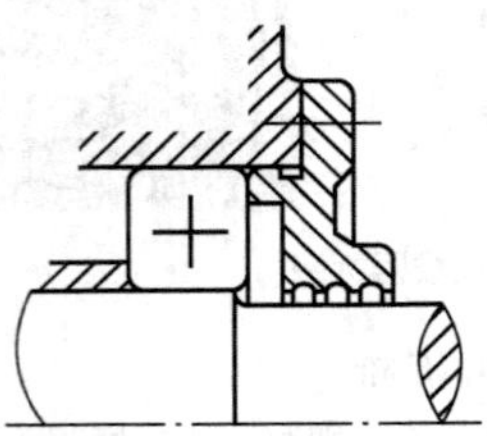	在端盖配合面上开 3 个以上宽 3～4mm、深 4～5mm 的沟槽，槽内填充润滑脂，增加密封效果	适用于脂润滑
	迷宫密封	径向曲路 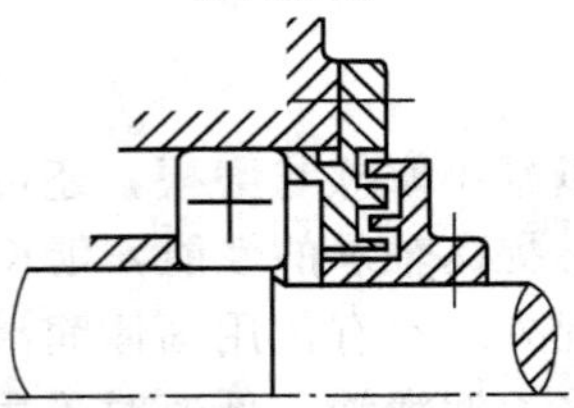 轴向曲路(只用于轴承端盖剖分结构) 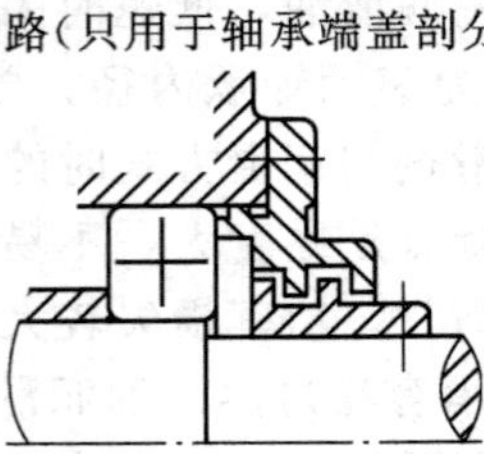	利用曲折狭缝密封，在间隙中填充润滑脂	适用于工作环境比较脏的场合，如金属切削机床的工作端。要求轴颈圆周速度小于 30m/s 的脂润滑和油润滑。轴向曲路只适用于剖分式结构中

（续）

密封类型		图例	特点	应用
接触式密封	毛毡密封	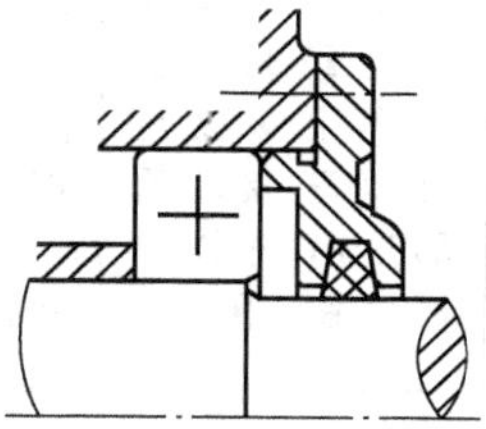	用羊毛毡填充在凹槽中，使毡圈与轴颈表面接触实现密封	用于干净环境中的脂润滑，一般接触处圆周速度不大于 4～5m/s，抛光轴可达 7～8m/s
	皮碗密封	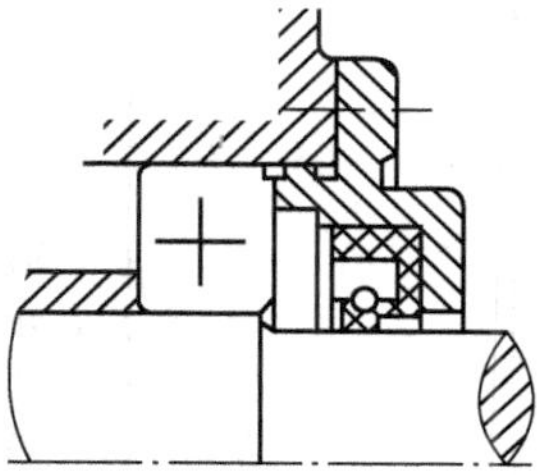	皮碗用弹簧圈把唇紧箍在轴上，密封唇朝向轴承，可以防止油泄出；密封唇朝向外可以防尘。皮碗密封若成对使用，密封唇一个朝向内侧，一个朝向外侧，既可以防止泄油又可以防尘	用于油润滑密封，滑动速度不大于7m/s，工作温度不大于 100℃

14.5 滑动轴承的类型、结构和材料

与滚动轴承一样，滑动轴承在机器中也起着支承轴的作用。滑动轴承的应用虽不及滚动轴承广泛，但由于其自身的一些独特优点，使其在某些特殊场合仍占有重要地位。滑动轴承包含零件少，元件间一般有润滑油膜存在，而且为面接触，所以其承载能力大，抗冲击强，噪声低，工作平稳可靠，回转精度高。在高速、重载、冲击、高精度、径向结构小、水或腐蚀介质等工作场合下，滑动轴承比滚动轴承具有更为优越的性能。此外，由于滑动轴承结构简单，制造容易，成本低，在水泥搅拌机、滚筒清砂机、破碎机等低速而带有冲击载荷的机械中，也常采用滑动轴承。

14.5.1 滑动轴承的类型

根据承受载荷的方向，滑动轴承主要分为向心滑动轴承(主要承受径向载荷)和推力滑动轴承(承受轴向载荷)。

根据轴颈和轴瓦间的摩擦状态，滑动轴承分为液体摩擦滑动轴承与非液体摩擦滑动轴承。下面主要介绍非液体摩擦滑动轴承。

1. 向心滑动轴承

向心滑动轴承的结构主要有整体式和剖分式两种形式，其类型、结构及应用见表 14 - 17。

表 14－17　滑动轴承的类型、结构及应用

轴承类型	图例	组成	特点及应用
整体式 向心 滑动轴承	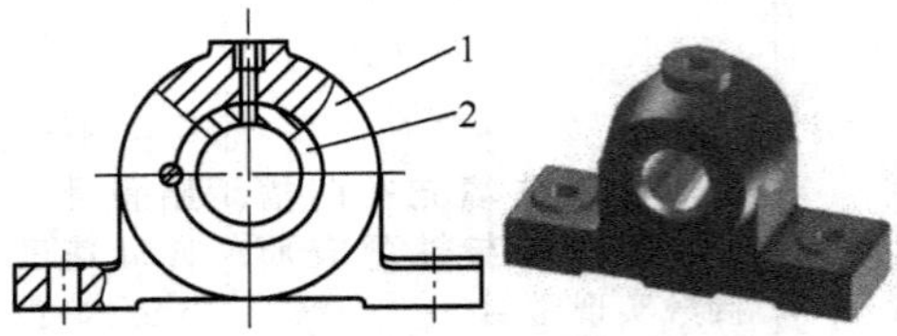 1—轴承座；2—轴瓦	由轴承座及轴瓦组成。轴承座用螺栓与机座联接，顶部设有安装油杯的螺纹孔	结构简单，成本低，但磨损后轴承的径向间隙无法调整，且装拆不如剖分式轴承方便 多用于轻载、低速、间歇工作的场合
剖分式 向心 滑动轴承	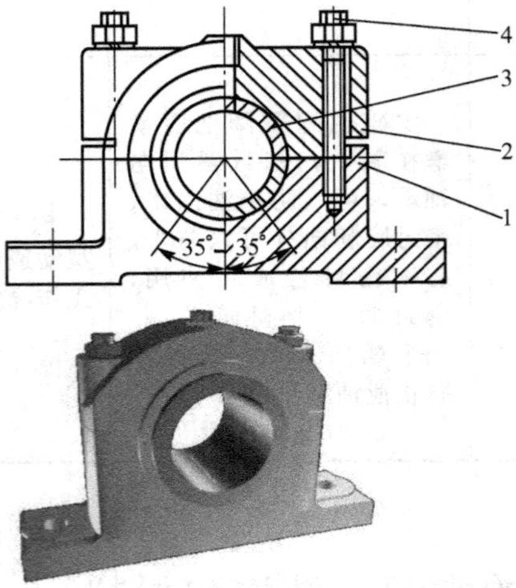 (a) 1—轴承座；2—轴承盖； 3—剖分轴瓦；4—双头螺柱 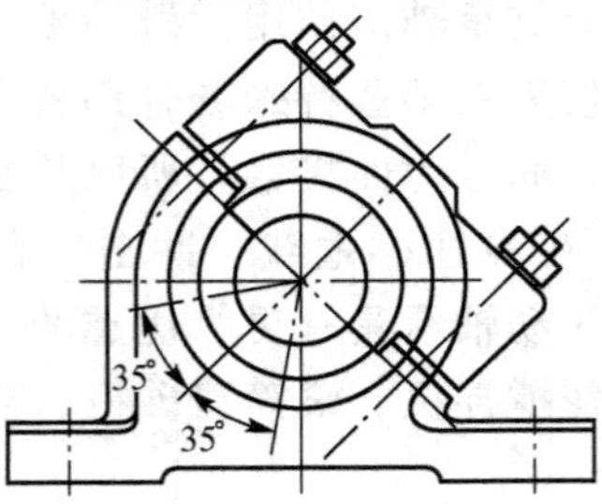 (b)	由轴承座、轴承盖、剖分轴瓦、双头螺柱等组成	轴承盖与轴承座间的剖分面最好与载荷方向垂直，多数轴承的剖分面是水平的(图(a))，也有剖分面是倾斜的(图(b))。在剖分面上设有阶梯形的定位止口，以便安装时对中。剖分面间放有垫片，以便磨损后调整轴承的径向间隙 剖分式滑动轴承由于间隙可以调整及装拆方便，故应用较广，并已标准化
自动调心 轴承	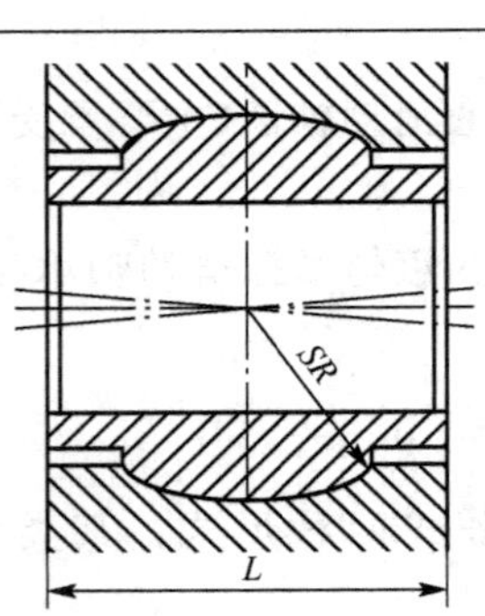	轴瓦外表面作成球面，与轴承座的球状内表面相配合	轴瓦可自动调位以适应轴颈在轴弯曲时产生的偏斜，从而可以避免轴颈与轴瓦的局部磨损 轴承的宽度 L 大于轴颈直径 d 的 1.5 倍时，或轴的刚度较小，或两轴难以保证同心时，皆宜采用自动调心轴承

2. 推力滑动轴承

工作时主要承受轴向载荷的滑动轴承称为推力滑动轴承。

图 14.25(a)所示为实心式推力滑动轴承，这种轴承结构简单，但由于轴颈端面与止推轴瓦组成摩擦副，工作面上相对滑动速度不等，易造成工作面上压强分布不均。所以常设计成如图 14.25(b)所示的空心轴颈或如图 14.25(c)所示的单环轴颈。当载荷较大时，可采用多环轴颈，如图 14.25(d)所示，这种结构的轴承能承受双向载荷。轴向接触环数目不宜过多，一般为 2～5 个，否则载荷分布不均现象较为严重。

推力滑动轴承结构简单，润滑方便，多用于低速、轻载的场合。

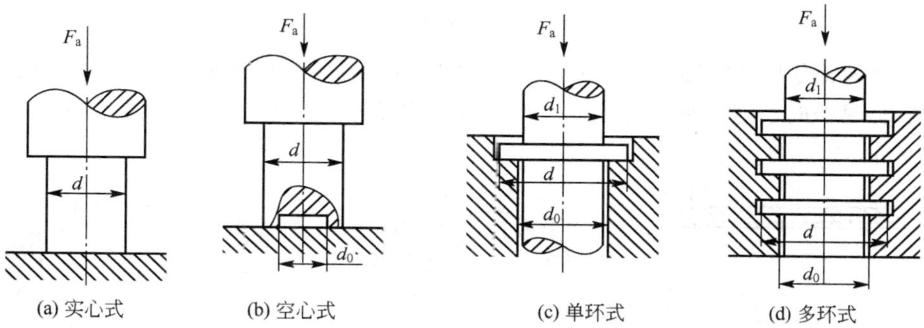

图 14.25 推力滑动轴承

14.5.2 轴瓦的结构

轴瓦安装在轴承座孔内，直接与轴接触。所以设计滑动轴承时，除了选择合适的轴瓦材料外，还应合理地设计轴瓦结构。

1. 轴承衬

对于重要轴承，为了改善轴瓦表面的摩擦性质，常在轴瓦基体内表面上浇铸一层或两层减摩性能好的材料，通常称为轴承衬，基体称为瓦背。轴承衬应可靠地贴合在轴瓦基体表面上，为此可采用图 14.26 所示的结合形式。轴承衬厚度通常由十分之几毫米到 6mm，直径大的取大值。

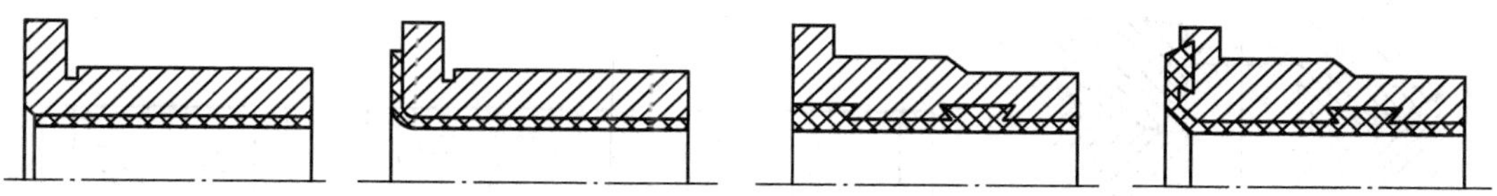

图 14.26 轴瓦与轴承衬结合形式

2. 轴瓦

轴瓦是滑动轴承的主要零件，有整体式轴瓦和剖分式轴瓦两种结构。

图 14.27 所示为整体式轴瓦(也称为轴套)，有无油沟(图 14.27(a))和有油沟(图 14.27(b))两种，用于整体式轴承。轴瓦和轴承座一般采用过盈配合。为使轴瓦在轴

承座孔内固定可靠，通常在轴瓦端部作出凸缘或用紧定螺钉固定(图 14.27(c))。轴瓦外径与内径之比一般为 1.15～1.2。

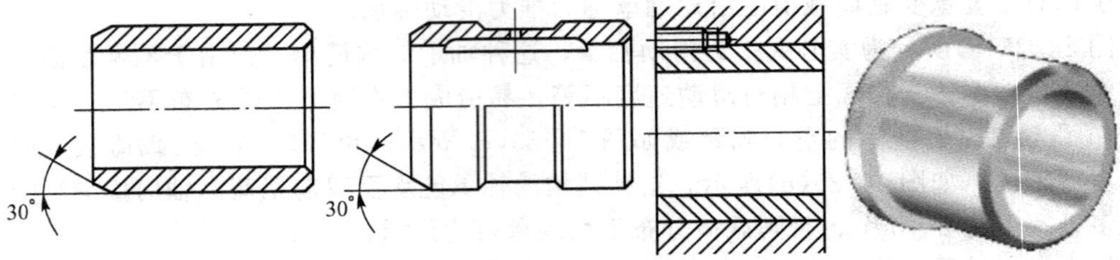

(a) 无油沟轴瓦　　(b) 有油沟轴瓦　　(c) 轴瓦固定

图 14.27　整体式轴瓦

剖分式轴瓦如图 14.28 所示，由上、下两半轴瓦组成，用于剖分式轴承。轴瓦两端的凸缘用来实现轴向固定，周向固定采用定位销，如图 14.29 所示。

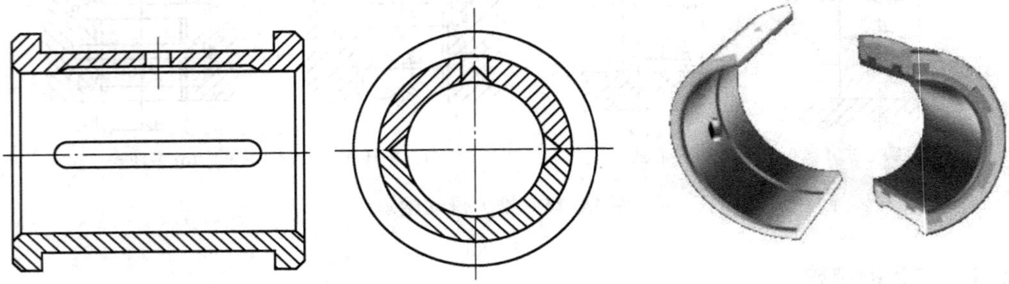

图 14.28　剖分式轴瓦

3. 油孔与油沟

为了便于向轴承内加注润滑剂，减小摩擦，通常在轴瓦上制出油孔与油沟，油孔用来供应润滑油，油沟用来输送润滑油。图 14.30 所示为几种常见的油沟。设计油孔、油沟时必须注意以下几个问题：油孔的位置应设置在油膜压力最小的非承载区，否则将降低油膜的承载能力；轴向油沟长度应为轴承宽度的 80%，以免润滑剂流失过多。

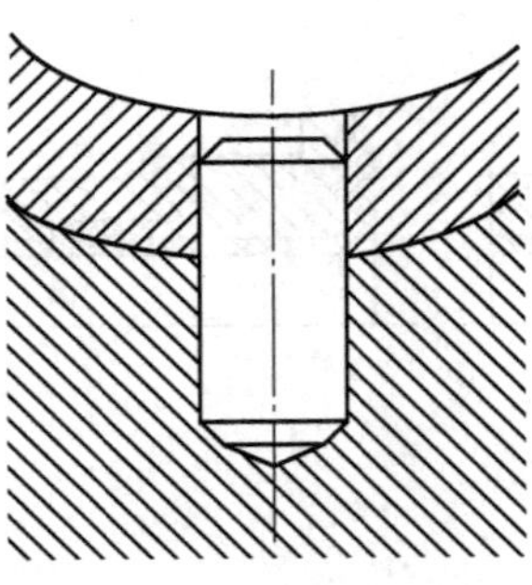

图 14.29　轴瓦的周向固定

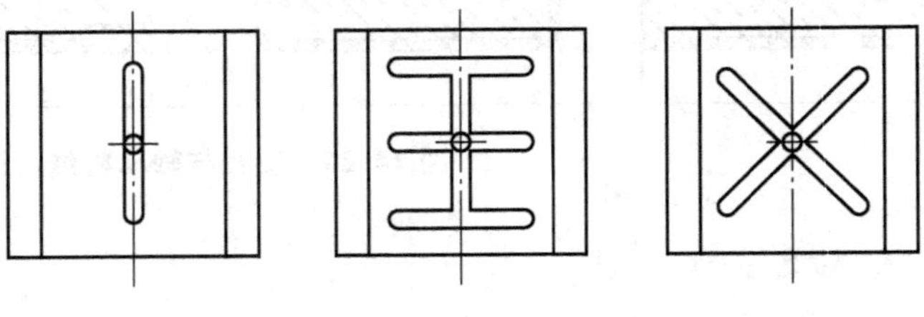

图 14.30　常见油沟形式

14.5.3 滑动轴承的材料

滑动轴承的材料是指与轴颈直接接触的轴瓦或轴承衬的材料。

1. 轴承盖和轴承座的材料

轴承盖和轴承座一般不与轴颈直接接触，主要起到支撑轴瓦的作用，常用灰铸铁制造。只在载荷较大及有冲击载荷时，才用铸钢制造。

2. 轴瓦材料

滑动轴承最常见的失效形式是轴瓦磨损、胶合(烧瓦)和疲劳破坏，如图 14.31 所示。根据失效形式要求轴瓦材料应具有以下性能：足够的强度(包括抗压强度、疲劳强度)；良好的减摩性、耐磨性和跑合性；较好的抗胶合性；较好的顺应性和嵌藏性；良好的导热性及加工工艺性等。

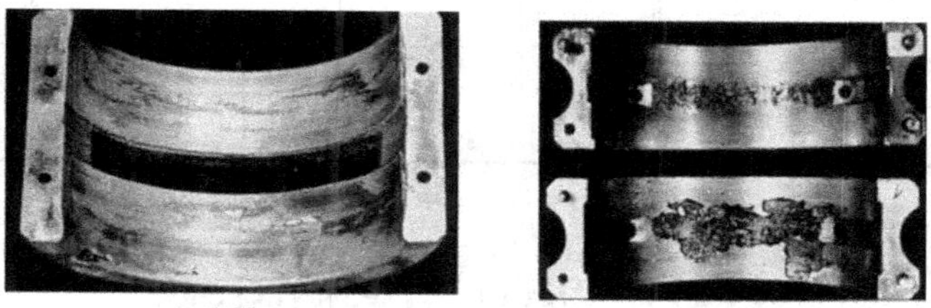

(a)磨损　　(b)胶合

图 14.31　滑动轴承的失效形式

应该指出的是，任何一种材料很难全面满足这些要求。因此在选材料时，应根据轴承的具体工作条件，有侧重地选用较合适的材料。

常用的轴瓦材料有以下几种：

(1) 轴承合金(巴氏合金)。轴承合金有锡锑轴承合金和铅锑轴承合金两类。这两类合金分别以锡、铅作为基体，加入适量的锑、铜制成。基体较软，使材料获得塑性，硬的锑、铜晶粒起抗磨作用。因此，这两类材料减摩性、跑合性好，抗胶合能力强，适用于高速和重载轴承。但合金的机械强度较低，价格较贵，故只用于作轴承衬材料。

(2) 铜合金。铜合金是常用的轴瓦材料。主要有锡青铜、铝青铜和铅青铜三种，青铜的强度高，减摩性、耐磨性和导热性都较好，但材料的硬度较高，不易跑合。它适用于中速重载、低速重载的场合。

(3) 铸铁。分为灰铸铁和球墨铸铁。材料中的片状或球状石墨成分在材料表面上覆盖后，可以形成一层起润滑作用的石墨层。这是这类材料可以用作轴瓦材料的主要原因。铸铁的性能不如轴承合金和铜合金，但价格低廉，适用于低速、轻载不重要的轴承。

(4) 粉末冶金。粉末冶金是一种多孔金属材料，由铜、铁、石墨等粉末经压制、烧结而成，若将轴承浸在润滑油中，使微孔中充满润滑油，则称为含油轴承，具有自润滑性能。但该材料韧性小，只适用于平稳的无冲击载荷及中、小速度情况下。

除了上述几种材料外，还可采用非金属材料，如塑料、尼龙、橡胶等作为轴瓦材料。

常用轴瓦材料的性能和应用见表 14-18。

表 14-18　常用轴瓦材料的性能及应用

材料	牌号	[p]/MPa	[v]/(m/s)	[pv]/(MPa·(m/s))	轴颈硬度/HBW	应用
锡锑轴承合金	ZSnSb11Cu6	25（平稳）	80	20	150	用作轴承衬，用于重载、高速的重要轴承，如汽轮机、高速的机床主轴的轴承等
	ZSnSb8Cu4	20（冲击）	60	15		
铅锑轴承合金	ZPbSb16Sn16Cu2	15	12	10	150	用于没有显著冲击的重载、中速的轴承，如车床、发电机的轴承
锡青铜	ZCuSn10Pl	15	10	15	300～400	用于重载、中速工作的轴承
铝青铜	ZCuAl10Fe3	15	4	12	280	用于润滑充分的低速、重载轴承
灰铸铁	HT150～HT250	2～4	0.5～1	1～4	200～250	用于不受冲击的低速、轻载轴承

14.6　滑动轴承的润滑

轴承润滑的目的是降低摩擦面的摩擦，减少磨损，提高效率，延长寿命，同时还有冷却、吸振、绝缘、防腐、密封和排污等作用。采用的润滑剂有气体、液体、半固体和固体物质，其中液体的润滑油和半固体的润滑脂被广泛采用。

14.6.1　润滑油及其选择

滑动轴承润滑油的选择，主要考虑润滑油的黏度和润滑性。

黏度是润滑油的重要性能指标，表示液体流动的内摩擦性能，黏度越大其流动性越差。润滑性表示润滑油在金属表面上的吸附能力。润滑性越大，对金属的吸附能力越强，油膜越容易形成。润滑油的选择应综合考虑轴承的承载量、轴颈转速、润滑方式、滑动轴承的表面粗糙度等因素。一般原则为：

(1) 在高速轻载的工作条件下，为了减小摩擦损耗可选择黏度小的润滑油，如选用N5或N7号机械油。

(2) 在重载或冲击载荷工作条件下，应采用润滑性大、黏度大的润滑油，以形成稳定的润滑膜，如选用N100和N150号机械油。

(3) 表面粗糙或未经跑合的表面应选择黏度高的润滑油。

(4) 一般要求的滑动轴承可选用N15、N22、N32号机械油。

我国石油产品使用的黏度指标是运动黏度。润滑油的黏度与温度有关，随温度的升高而降低。国家标准中规定的各种润滑油牌号的黏度是在40℃时测量的。滑动轴承润滑油选择可参考表14-19。

表 14-19 滑动轴承润滑油选择

轴颈圆圆周速度 v/(m/s)	p<3N/mm² 工作温度 t=10～60℃		p<3～7.5N/mm² 工作温度 t=10～60℃		p>7.5～30N/mm² 工作温度 t=20～80℃	
	运动黏度/(40/mm²·s⁻¹℃)	适用油牌号	运动黏度(40/mm²·s⁻¹℃)	适用油牌号	运动黏度(100/mm²·s⁻¹℃)	适用油牌号
<0.1	80～145	68、100、150、30号汽油机油	130～190	150、40号汽油机油	30～50	28号轧钢机油 38、52号气缸油
0.1～0.3	65～115	68、100、30号汽油机油	105～160	100、150、40号汽油机油	20～35	28号轧钢机油 38号气缸油
0.3～1.0	60～80	46、68、30号汽油机油 20号汽油机油	85～115	100、30号汽油机油	10～20	30、40号汽油机油 100、150、15、22号压缩机油
1.0～2.5	40～80	46、68、30号汽油机油 20号汽油机油	65～90	100、150、20号汽油机油		
5.0～9.0	15～50	15、22、32、20、30号汽油机油				
>9.0	5～22	7、10、15号汽油机油				

注：7～150为全损耗系统用油或液压油，p为轴承压强。

14.6.2 润滑脂及其选择

轴颈速度小于1～2m/s的滑动轴承可以采用润滑脂，润滑脂是润滑油与稠化剂的膏状混合物，主要用在速度低、载荷大、不经常加油、使用要求不高的场合。

选择润滑脂主要是考虑其针入度和滴点，通常可按轴承压强、滑动速度和工作温度参考表14-20选用。

表 14-20 滑动轴承润滑脂的选择

轴承压强 P/MPa	<1	1～6.5					>6.5
滑动速度 v/(m/s)	～1	0.5～5	～0.5	0.5～5	～0.5	～1	～0.5
最高工作温度/℃	75	55	75	120	110	50～100	60
适用脂牌号	钙基脂			2号钠基脂	1号钙钠基脂	2号锂基脂	2号压延基脂
	3号	2号	3号				

14.6.3 润滑装置

为了获得良好的润滑效果，除了正确选择润滑剂外，还需要正确选择润滑方法和相应的润滑装置。常见的润滑装置见表 14－21。

表 14－21 常见的润滑装置

润滑装置	图例	特点及应用
压注油杯	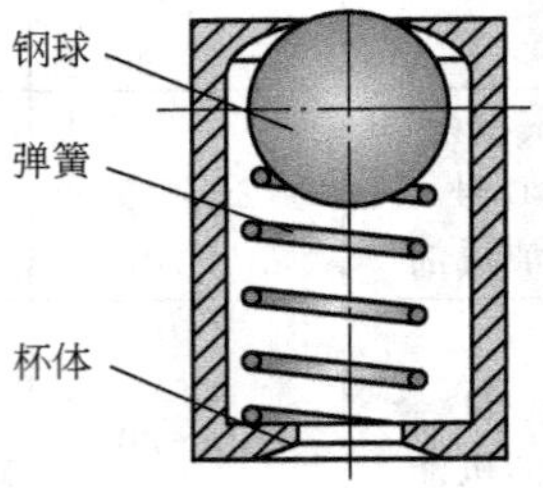 	注油杯中的弹簧和钢球可防止灰尘等进入轴承。手工定期向轴承加油，是小型、低速或间歇润滑机器的一种常见的润滑方式
旋套式注油杯	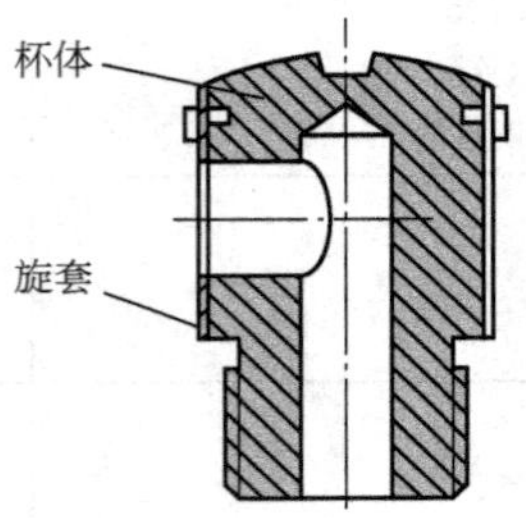 	手工加油润滑。打开旋套将润滑油通过油孔注入轴承。只适用于低速、轻载间歇工作和不重要的轴承
旋盖油杯	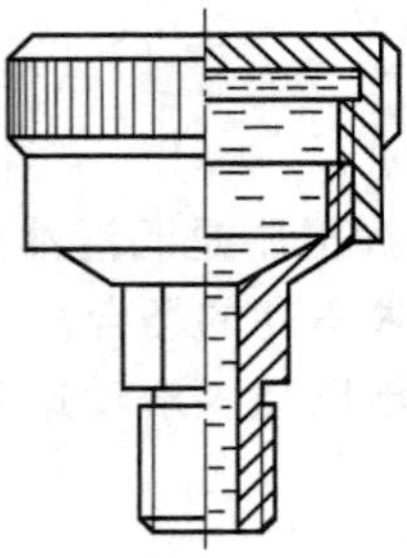 	油杯中填满润滑脂，定期旋转杯盖，使空腔体积减小而将润滑脂压入轴承内。它只能间歇供油
油芯式油杯	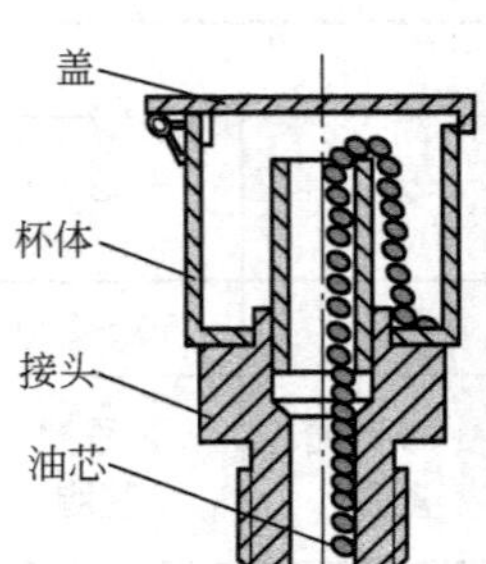 	依靠毛线或棉纱的毛细管作用，将油杯中的润滑油滴入轴承。供油是自动且连续的，但不能调节给油量，油杯中油面高时给油多，油面低时供油少，停车时仍在继续给油，直到流完为止

（续）

<table>
<tr><th>润滑装置</th><th>图例</th><th>特点及应用</th></tr>
<tr><td>针阀式油杯</td><td>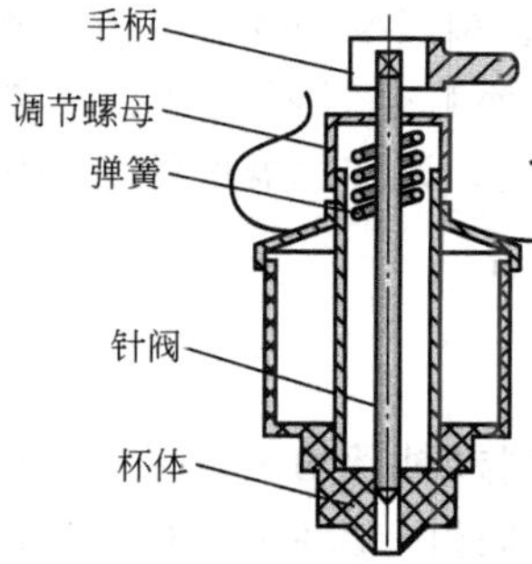

</td><td>油杯接头与轴承进油孔相连。手柄平放时，针阀因弹簧的推压而堵住底部油孔停止供油。直立手柄时，针阀被提起，油孔敞开，润滑油靠重力作用滴到轴颈上。调节螺母用来调节针阀下端开油口大小，以调节供油量。用于转速较高的轴承</td></tr>
<tr><td>压力循环润滑</td><td>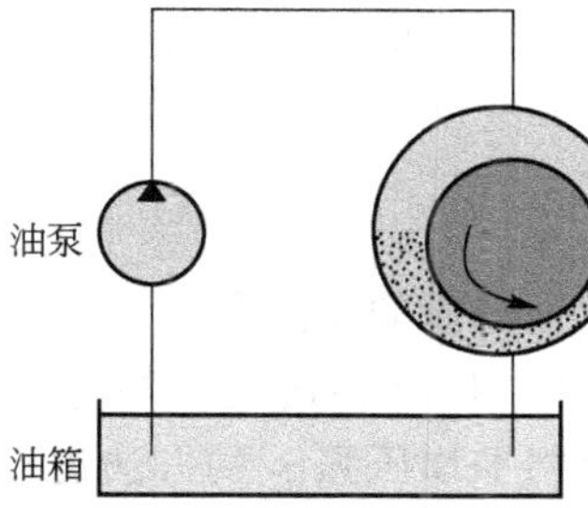
</td><td>利用油泵循环给油，给油量充足，供油压力只需 $5\times10^5\,N/m^2$。在油的循环系统中常配置过滤器、冷却器。还可以设置油压控制开关，当管路内油压下降时可以报警，或启动辅助油泵，或指令主机停车
这种供油方法安全可靠，但设备费用较高，常用于高速且精密的重要机器中</td></tr>
<tr><td>油环润滑</td><td>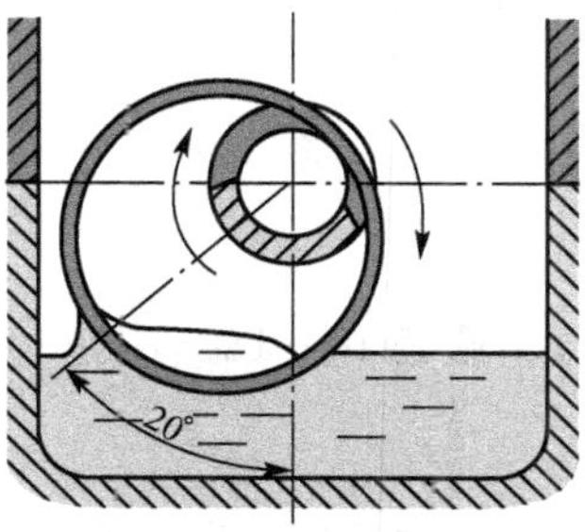
</td><td>在轴颈上套一油环，油环下部浸入油池中，当轴颈旋转时，靠摩擦力带动油环旋转，从而把润滑油引入轴承。当油环浸在油池内的深度约为直径的 1/4 时，供油量足以维持液体润滑状态的需要。常用于大型电动机的滑动轴承润滑</td></tr>
</table>

14.7 非液体摩擦滑动轴承的设计计算

对于速度较低、载荷不大、工作要求不高、难以维护等条件下工作的滑动轴承，要建立液体摩擦滑动状态，在技术上是有困难的，而且也是不经济、不必要的。在这些情况下，通常是设计成非液体摩擦滑动轴承。事实上，许多机器中的滑动轴承多为非液体摩擦滑动轴承。

14.7.1 非液体摩擦滑动轴承的设计准则

设计准则的确定取决于轴承的失效形式。滑动轴承的失效形式往往是几种失效形式并存，相互影响，很难将它们截然分开。非液体摩擦滑动轴承工作时，因其摩擦表面不能被润滑油完全隔开，只能形成边界油膜，可能存在局部金属表面的直接接触。因此，轴承工作表面的磨损和边界油膜的破坏导致工作表面的胶合是其主要失效形式。所以以维持轴颈和轴瓦间边界油膜不受破坏为设计准则。

目前，非液体摩擦滑动轴承的设计计算，主要是在轴承的直径 d 和长度 L 确定以后，进行压强 p 和压强与轴颈表面圆周速度 v 的乘积 pv 的验算。对于压力小的轴承，还要作圆周速度 v 的验算。实践证明，这种方法基本上能够保证轴承的工作能力。

14.7.2 非液体摩擦向心滑动轴承的设计计算

进行滑动轴承计算时，通常已知轴颈所受的径向载荷 F_r、轴的转速 n、轴颈的直径 d 和轴承的工作条件。轴承设计计算内容是：确定轴承的长径比 L/d，选择轴承材料，校核 p、pv、v 值。轴承的长径比一般取 $L/d=0.5\sim1.5$。

1. 验算平均压强 p 值

边界油膜的强度与轴瓦材料有关，还与摩擦表面的压力和温度有关。温度高、压力大边界膜容易破坏。设计非液体摩擦滑动轴承时一旦材料选定，则应限制温度、压力和速度。但计算每点的压力很困难，目前只能用限制平均压强 p 的办法进行条件性计算，以防止磨损发生。

$$p=\frac{F_r}{Ld}\leqslant[p] \tag{14-10}$$

式中 F_r——轴承承受的径向载荷(N)；

L——轴承长度(mm)；

d——轴颈直径(mm)；

$[p]$——轴承材料的许用平均压强(MPa)，见表 14-18。

2. 验算轴承的 pv 值

轴承温度对边界膜的影响很大。而轴承内各点的温度不同，目前尚无适用的温度计算公式。但 pv 值越大，摩擦功耗越大，发热量越大，轴承温升越大。所以为避免轴承过热产生胶合，可限制 pv 值。

$$pv=\frac{F_r}{Ld}\frac{\pi dn}{60\times1000}\leqslant[pv] \tag{14-11}$$

式中 n——轴的转速(r/min)；

v——轴颈圆周速度(m/s)；

$[pv]$——轴承材料的许用值(MPa·(m/s))，见表 14-18。

3. 验算轴承的 v 值

当 p 值很小时，即使 p 与 pv 值都在允许的范围内，也可能由于滑动速度过高而加速轴承磨损，所以还要验算 v 值。

$$v=\frac{\pi dn}{60\times1000}\leqslant[v] \tag{14-12}$$

式中 $[v]$——轴承材料的许用速度(m/s)，见表 14-18。

如以上几项计算不满足要求，可改选轴瓦材料，或改变几何参数。

14.7.3 非液体摩擦推力滑动轴承的设计计算

对于推力轴承只需要校核轴承的压强 p 及 pv 值。如图 14.25(c)所示的单环滑动轴承，其校核公式为

$$p=\frac{F_a}{\pi(d^2-d_0^2)/4}\leqslant[p] \tag{14-13}$$

式中 F_a——作用在轴承上的轴向载荷(N)；

d、d_0——分别为止推面的外圆直径和内圆直径(mm)；

$[p]$——轴承材料的许用平均压强(MPa)，见表 14-18。

$$pv_m\leqslant[pv_m] \tag{14-14}$$

式中 v_m——环形推力面的平均线速度(m/s)其值为

$$v_m=\frac{\pi d_m n}{60\times1000} \tag{14-15}$$

式中 d_m——环形推力面的平均直径(mm)，$d_m=(d+d_0)/2$。

$[pv_m]$——pv_m的许用值，由于该特征值是用平均直径计算的，轴承推力环边缘上的速度较大，所以$[pv_m]$值较表 14-18 中给定的值低一些。

如以上几项计算不满足要求，可改选轴瓦材料，或改变几何参数。

[例 14-4] 已知某滑动轴承主要承受径向载荷 $F_r=80\text{kN}$，轴颈的转速 $n=10\text{r/min}$，轴颈直径 $d=80\text{mm}$，试按非液体摩擦滑动轴承设计此轴承。

解：设计见下表

计算与说明	结果
1. 选择轴承的类型和轴承材料 为了装拆方便，选用剖分式结构的轴承。由于轴承所受载荷大，转速低，根据表 14-18，选用轴承材料为 ZCuAl10Fe3，$[p]=15\text{MPa}$，$[pv]=12\text{MPa}\cdot(\text{m/s})$，$[v]=4\text{m/s}$ 2. 选择轴承的长径比 取滑动轴承长径比 $L/d=1.1$，则轴承长度 $L=1.1\times d=1.1\times80=88\text{mm}$，取 $L=90\text{mm}$，则 $L/d=1.125$	剖分式结构 材料：ZCuAl10Fe3 $[p]=15\text{MPa}$ $[pv]=12\text{MPa}\cdot(\text{m/s})$ $[v]=4\text{m/s}$ $L=90\text{mm}$ $L/d=1.125$

（续）

计算及说明	结果
3. 轴承工作能力计算 (1) 校核压强 p $p=\frac{F_r}{Ld}=\frac{80\times10^3}{90\times80}=11.1\text{MPa}<[p]=15\text{MPa}$	$p=11.1\text{MPa}$
(2) 校核 pv 值 $pv=\frac{F_r}{Ld}\frac{\pi dn}{60\times1000}=11.1\times\frac{3.14\times80\times10}{60\times1000}=0.465\text{MPa}\cdot(\text{m/s})<[pv]$ 因为轴承转速较低，可不必校核速度 v 经校核，所设计的轴承符合使用要求	$pv=0.465\text{MPa}\cdot(\text{m/s})$ 轴承符合使用要求

阅读材料

轴承在航天飞机航天服中的应用

图 14.32 所示为神舟七号航天服。航天服是航天员能够完成空间任务的重要保障，它是按上半身、下半身和手臂分开裁剪缝制的。

上半身有一个硬质玻璃纤维壳是服装的支架，可支持主生命保障系统、服装的显示与控制盒、手臂、头盔、服装饮水袋、太空行走电气连接装具以及腰部密封环。下半身包括裤子、靴和腰部连接环。下半身在腰部还装有轴承，可保证身体的旋转和活动。服装上肢包括肩关节、上臂及手肘关节的轴承，有连接圈与服装上半身的玻璃纤维硬壳相连，航天员可多轴转动手臂。手套腕部由关节轴承使连接圈与服装手臂相连，实现手臂的旋转运动。

航天员在太空行走和执行任务都是靠手来完成的，手部关节的灵活性和可靠性是航天服研制的重点，关节轴承(图 14.33)在航天服臂部和手肘部分广泛使用。由于太空工作环境十分特殊，航天用轴承应满足高速、重载，高可靠性，使用环境的温度－250～350℃，轴承精度较高等运转条件。因此，在神舟七号航天服中使用的是气密关节轴承。

航空航天用轴承由于其工作环境恶劣，对轴承的结构、材料和工艺等方面提出了更高的要求。新型自润滑陶瓷轴承就是针对航空航天工业中恶劣环境下的调整、重载、低温、无润滑等工况而开发的，是新材料、新工艺、新结构的完美结合，具有耐高温、耐寒、耐磨、耐腐蚀、抗磁电绝缘、高转速等特性。

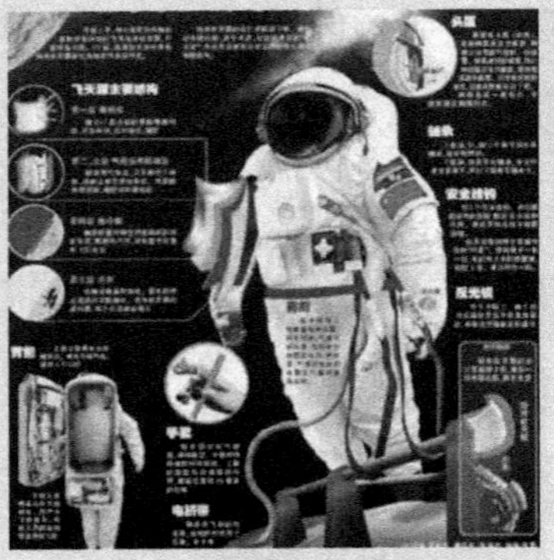

图 14.32　神舟七号航天服

图 14.33　关节轴承及应用

习　题

14－1　选择题

(1) 中等转速正常润滑的滚动轴承的主要失效形式是____。

A. 疲劳点蚀　　B. 塑性变形　　C. 胶合

(2) 按基本额定动载荷选定的滚动轴承，在预定的使用期限内其失效概率最大为____。

A. 1%　　B. 5%　　C. 10%　　D. 50%

(3) 外圈固定内圈随轴转动的滚动轴承，其内圈上任一点的接触应力为____。

A. 对称循环交变应力　　B. 静应力

C. 不稳定的脉动循环交变应力　　D. 稳定的脉动循环交变应力

(4) 角接触球轴承承受轴向载荷的能力，随公称接触角 α 的增大而____。

A. 增大　　B. 减小　　C. 不变

(5) 下列滚动轴承密封中，____是接触式密封。

A. 毡圈密封　　B. 油沟式密封

C. 迷宫式密封

(6) 滚动轴承中，为防止轴承发生疲劳点蚀，应进行____。

A. 疲劳寿命计算　　B. 静强度计算　　C. 极限转速验算

(7) 下列四种轴承中，____必须成对使用。

A. 深沟球轴承　　B. 圆锥滚子轴承

C. 推力球轴承　　D. 圆柱滚子轴承

(8) 保持其他条件不变，在合理范围内增大滑动轴承的长径比 L/d，滑动轴承的承载能力____。

A. 减小　　B. 增大

C. 不变　　D. 可能增大也可能减小

(9) 温度对润滑油黏度的影响是随着温度的升高，润滑油的黏度____。

A. 提高　　B. 不变　　C. 降低

(10) 含油轴承是采用____制成的。

A. 硬木　　B. 硬橡皮　　C. 粉末冶金　　D. 塑料

(11) 在非液体摩擦滑动轴承中，限制 p 值的主要目的是____。

A. 防止轴承衬材料过度磨损　　B. 防止轴承衬材料发生塑性变形

C. 防止轴承衬材料因压力过大而过度发热　　D. 防止出现过大摩擦阻力矩

14－2　判断题

(1) 滚动轴承的主要失效形式是磨损。(　　)

(2) 滚动轴承的基本额定动载荷是指轴承的基本额定寿命为 10^6 转时所能承受的最大载荷。(　　)

(3) 一批在同样载荷和同样工作条件下运转的同型号滚动轴承，其寿命相同。(　　)

(4) 滚动轴承尺寸系列代号表示轴承内径和外径的大小。(　　)

(5) 滚动轴承的当量动载荷是指轴承所受径向力与轴向力的代数和。(　　)

(6) 滚动轴承的内圈与轴的配合采用基轴制。(　　)

(7) 滑动轴承比滚动轴承承受更大的载荷。(　　)

(8) 滚动轴承的精度等级分为六个，其中 2 级精度最高。(　　)

(9) 推力轴承只能承受轴向载荷，不能承受径向载荷。(　　)

(10) 选用滑动轴承的润滑油时，转速越高，选用油的黏度越高。(　)

14－3　思考题

(1) 滚动轴承和滑动轴承各有什么优缺点？适用于什么场合？

(2) 滚动轴承的基本元件有哪些？各起什么作用？

(3) 滚动轴承常用类型有哪些？试画出其结构简图。

(4) 球轴承和滚子轴承各有什么特点？适用于什么场合？

(5) 选择滚动轴承的类型时要考虑哪些因素？

(6) 什么叫滚动轴承的基本额定寿命？什么叫基本额定动载荷？什么叫当量动载荷？

(7) 为什么角接触球轴承和圆锥滚子轴承要成对使用？

(8) 轴承内、外圈有哪些轴向固定方式？各有什么特点？

(9) 滚动轴承配合中的基准制是如何确定的？其公差带有什么特点？配合标注有何特点？

(10) 滚动轴承密封的作用是什么？密封装置有哪些？

(11) 试说明下列各轴承的内径有多大？哪个轴承公差等级最高？哪个轴承一般成对使用？哪个轴承不能承受径向载荷？哪个轴承不能承受轴向载荷？①圆柱滚子轴承 N308/P4；②深沟球轴承 6208/P2；③圆锥滚子轴承 30208；④推力球轴承 5308/P6。

(12) 滑动轴承材料选择时应满足哪些要求？

(13) 进行非液体摩擦滑动轴承的设计计算时，计算 p、pv、v 值各考虑什么问题？

14－4　设计计算题

(1) 某支承根据工作条件决定选用深沟球轴承。轴承轴向载荷 $F_A=2000N$，径向载荷 $F_R=5000N$，工作转速 $n=1250r/min$，载荷平稳，工作温度在 100℃以下，要求轴承寿命 $L'_h \geqslant 5000h$，轴承内径 $d=60mm$。试选择轴承型号。

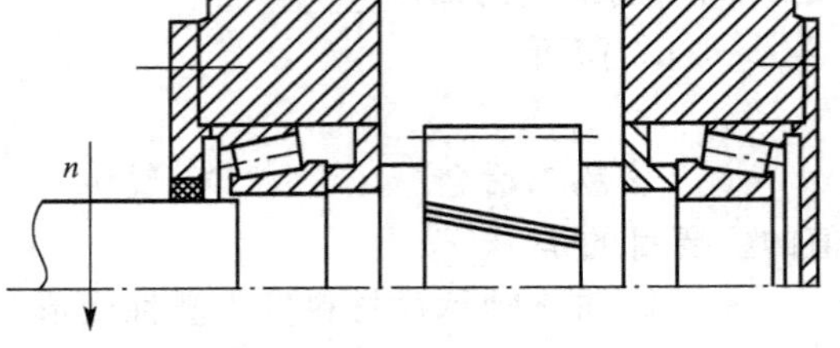

图 14.34　题 14－4(2)图

(2) 一齿轮轴的结构如图 14.34 所示，轴系由一对 30206 轴承支承。已知：两支点间的跨距为 200mm，齿轮位于两支点的中间。斜齿轮的模数 $m_n=2.5mm$，齿数 $Z=17$，螺旋角 $\beta=16.5°$，传递功率 $p=2.6kW$，齿轮轴转速 $n=384r/min$，有中等冲击，试求该轴承的寿命。

(3) 某一工程机械的传动装置中，根据工作条件决定采用一对角接触球轴承(图 14.35)。初选轴承型号为 7210AC ($\alpha=25°$)，已知轴承所受载荷 $F_{r1}=3000N$，$F_{r2}=1000N$，轴向外载荷 $F_A=800N$，轴的转速 $n=1460r/min$，轴承在常温下工作，运转中受中等冲击，轴承预期寿命 $L'_h=10000h$。

试求：① 说明轴承代号的意义；

② 计算轴承的内部轴向力 F_{s1}、F_{s2} 及轴向载荷 F_{a1}、F_{a2}；

③ 计算当量动载荷 P_1、P_2；

④ 计算轴承寿命，说明所选轴承型号是否恰当？

(4) 已知一对 7206AC 角接触球轴承支承的轴系(图 14.36)，轴上作用的径向载荷 $F_R=6000N$，轴向外载荷 $F_A=600N$。试计算轴承的轴向力 F_{a1}、F_{a2}。

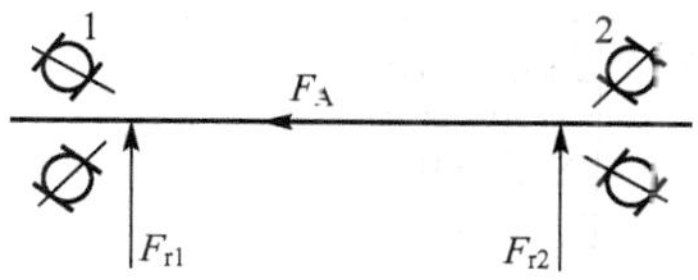

图 14.35 题 14-4(3)图

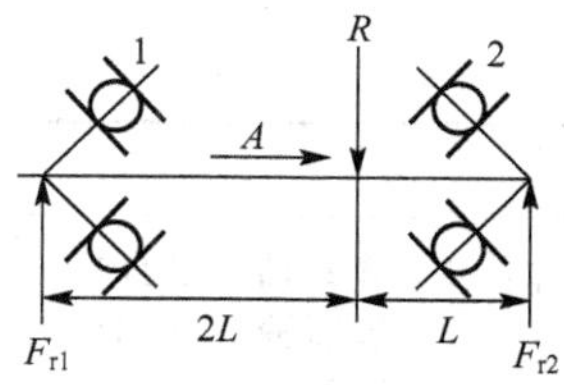

图 14.36 题 14-4(4)图

(5) 锥齿轮减速器的小锥齿轮轴，由两个型号为 30208 的圆锥滚子轴承支承(图 14.37)。已知轴的转速 $n=1450r/min$，轴承所受的径向载荷 $F_{r1}=600N$，$F_{r2}=2000N$，轴向外载荷 $F_A=250N$，运转过程中受中等冲击。试计算轴承寿命。

(6) 某机器主轴向心滑动轴承受径向载荷 $F_r=5kN$，轴的转速 $n=300r/min$，轴的直径 $d=160mm$，试按非液体摩擦滑动轴承设计此轴承。

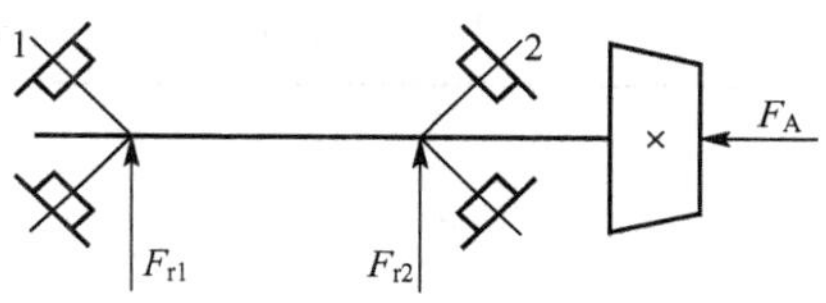

图 14.37 题 14-4(5)图

(7) 一非液体摩擦向心滑动轴承，轴颈直径 $d=100mm$，轴承宽度 $L=120mm$，轴承承受径向载荷 $F_r=150000N$，轴的转速 $n=200r/min$，轴颈材料为淬火钢，设选用轴瓦材料为 ZCuSn10Pb1，试进行轴承的校核设计计算，试验算该轴瓦材料选择是否合适。

(8) 有一非液体摩擦向心滑动轴承，已知轴的直径 $d=100mm$，轴瓦的长度 $L=100mm$，轴的转速 $n=1200r/min$，所选用轴瓦材料为 ZCuSn10P1，试问该滑动轴承允许承受多大的径向载荷？

(9) 已知某推力滑动轴承，其轴颈结构为空心(图 14.25(b))，大径 $d=120mm$，内径 $d_0=90mm$，轴颈部分淬火，转速 $n=300r/min$，轴瓦材料为青铜，试求该轴承能承受多大轴向载荷？

模块六　实　　训

实训项目任务书

实训名称	轴及滚动轴承的设计
实训目的	1. 掌握轴的设计方法及结构设计中应注意的问题； 2. 掌握轴的结构设计及轴的强度计算； 3. 正确选择滚动轴承的类型，掌握滚动轴承寿命计算方法
实训内容	根据模块四实训中所求得的轴的功率、转速和转矩及模块五实训中设计的斜齿圆柱齿轮参数，完成模块四实训图中的减速器输出轴(Ⅲ轴)及轴上支承轴承的设计
实训要求	1. 完成轴的结构设计； 2. 根据弯扭合成强度条件校核轴的强度； 3. 选择轴承类型，并通过轴承寿命计算校核所选轴承是否合适； 4. 用 A3 图纸绘制轴的零件工作图

模块七

联接件及其设计

教学导入

如模块七图所示，减速器中各零件之间需要通过某种形式相互联接，例如为了实现轴传递转矩的作用，轴与轴上零件——齿轮、带轮等必须同步运转，不允许相互之间产生相对转动，则轴与轴上零件需要用键9联接；为了减少轴与轴承之间的摩擦和磨损，轴与轴承之间采用过盈联接防止相对转动；为了将减速器的运动和动力传递给工作装置输送带，减速器的输出轴5与工作装置的输入轴——卷筒轴7必须相联，在该装置中通过联轴器6实现联接；减速器箱体内零件安装后，需将箱盖1与箱体2扣合，先用销3联接确定箱盖与箱体的相互位置，然后用螺栓进行联接；为了对轴承密封，轴承端部需安装轴承端盖8，通过螺钉与箱体联接。

上述的键、联轴器、销、螺栓、螺钉等均为联接件。在机械中，为了便于机器的制造、安装、运输、维修以及提高劳动生产率等，广泛地使用各种联接。

机械中的联接分为动联接和静联接两大类，动联接即在机器工作时，被联接的零(部)件之间可以有相对运动的联接，如构件之间的各种运动副联接；静联接即在机器工作时，被联接的零(部)件之间不允许产生相对运动的刚性联接。在本书中除了特别注明为动联接外，所用到的“联接”均指机械静联接。

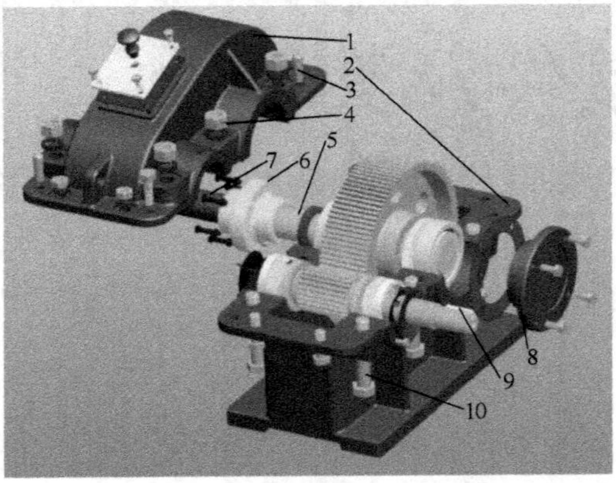

模块七图　减速器中零件之间的联接

1—箱盖；2—箱体；3—销；4—螺母；5—输出轴；6—联轴器；
7—卷筒轴；8—轴承端盖；9—键；10—螺栓

机械静联接按是否可拆分为可拆联接和不可拆联接两种。无需损伤联接中的任一零件就可拆开的联接称为可拆联接，常见的有螺纹联接、键联接、销联接及联轴器等；当拆开时至少要损伤联接中的一个零件的联接称为不可拆联接，常见的有铆接、焊接、胶接、粘结等。

机械静联接类型较多，在选择联接类型时应主要考虑使用要求和经济要求。当要求制造成本低廉时通常采用不可拆联接，不可拆联接的制造成本通常较可拆联接低廉；当考虑结构、安装、运输、维修等方面的要求时，采用可拆联接。在具体选择联接类型时，还须考虑联接的加工条件和被联接零件的材料、形状及尺寸等因素。例如，板件与板件的联接多选用螺纹联接、焊接、铆接或胶接；杆件与杆件的联接多选用螺纹联接或焊接；轴与轮毂的联接则常选用键、花键联接或过盈联接；轴与轴之间的联接采用联轴器或离合器等。有时也可综合使用两种联接。

本模块主要介绍机械静联接中的可拆联接，如螺纹联接、轴毂联接、联轴器和离合器、弹簧等联接的结构、类型、工作原理、设计理论或选用方法等内容。

第 15 章 螺纹联接

教学提纲

本章主要介绍螺纹的形成、分类和主要参数；螺纹联接基本类型及预紧、防松方法；螺栓组联接的设计与受力分析；单个螺栓联接的强度计算方法。

教学目标

1. 了解螺纹的形成与类型，了解各类螺纹联接件及螺纹联接的类型与特点。
2. 了解螺纹联接的预紧与防松方法。
3. 掌握螺栓组联接的受力分析和单个螺栓联接的强度计算方法。

15.1 螺纹联接的基本知识

15.1.1 螺纹的类型和应用

将一底边长度 ab 等于 πd_1 的直角三角形 abc 绕在直径为 d_1 的圆柱体上，并使底边 ab 绕在圆柱体的底边上，则它的斜边 ac 在圆柱体上便形成螺旋线。取任一平面图形，使它的一边靠在圆柱的母线上并沿螺旋线移动，移动时保持该图形的平面通过圆柱体的轴线，就可以得到相应的螺纹，如图 15.1 所示。

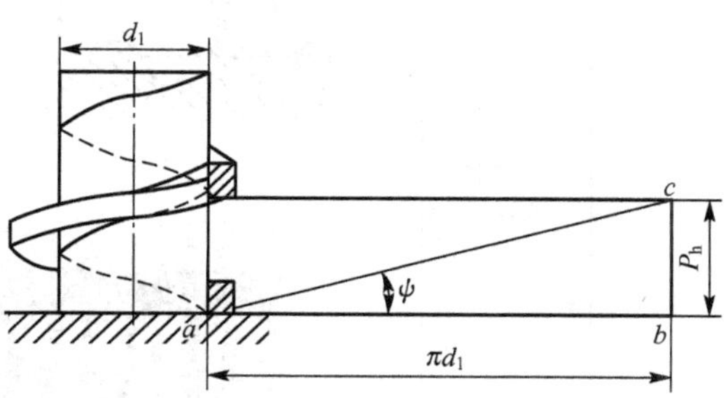

图 15.1　螺纹的形成

螺纹类型较多，按照形成螺纹的平面图形形状不同，螺纹可分为三角形螺纹、矩形螺纹、梯形螺纹和锯齿形螺纹等，除矩形螺纹外，其他螺纹都已标准化。螺纹类型、特点和应用见表 15－1。按照用途不同，螺纹分为联接用螺纹和传动用螺纹；按照螺旋线旋绕方向不同，螺纹可分为右旋螺纹和左旋螺纹，机械中一般采用右旋螺纹，有特殊要求的场合可采用左旋螺纹；按照螺旋线数目不同，螺纹可分为单线和多线螺纹，联接螺纹一般为单线；按照螺纹分布在圆柱体(或圆锥体)外(内)表面上不同，螺纹分为外(内)螺纹，外内螺纹旋合在一起构成螺旋副；按所采用单位制不同，螺纹可分为米制螺纹和英制螺纹，我国除管螺纹外，一般都采用米制螺纹。

表 15－1　常用螺纹的类型、特点和应用

螺纹类型		图例	特点和应用
联接螺纹(三角形螺纹)	普通螺纹	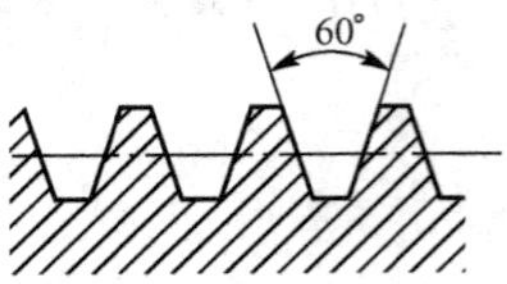 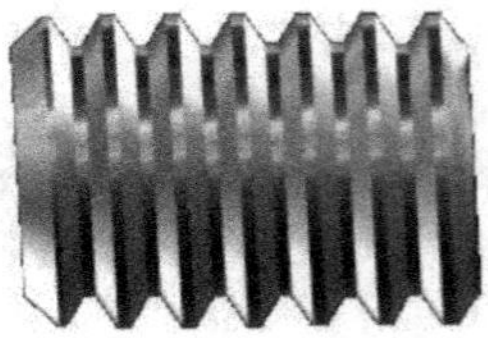	牙形为等边三角形，牙形角 $\alpha=60°$，同一公称直径的普通螺纹，按螺距大小的不同分为粗牙和细牙两种，螺距最大的一种是粗牙，其余均为细牙。细牙螺纹螺距小、升角小、自锁性较好，强度高，但不耐磨，易滑扣。一般联接都用粗牙螺纹，细牙螺纹常用于细小零件、薄壁管件或受冲击、振动和变载荷的场合，也可用作微调机构的调整螺纹
	圆柱管螺纹	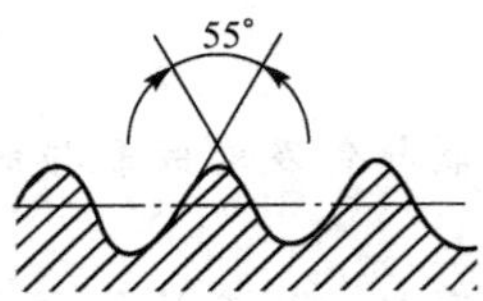 	牙形为等腰三角形，牙形角 $\alpha=55°$，圆柱管螺纹为英制细牙螺纹，公称直径为管的内径。牙顶有较大的圆角，内、外螺纹旋合后牙型间无径向间隙，多用于水、煤气、润滑和电缆管路等有紧密性要求的联接中
	圆锥管螺纹	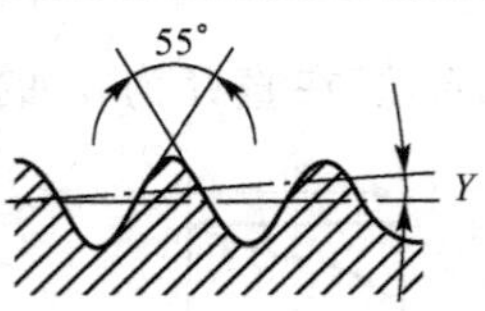 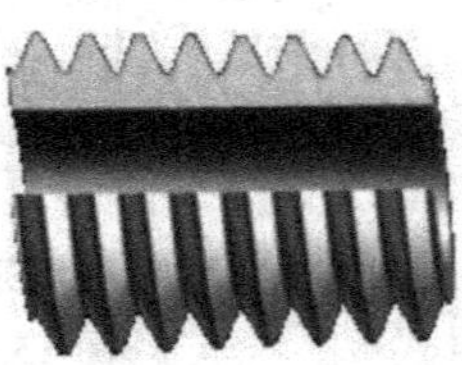	牙形为等腰三角形，牙形角 $\alpha=55°$，圆锥管螺纹多用于高温、高压或密封性要求高的管路联接中

（续）

螺纹类型		图例	特点和应用
传动螺纹	矩形螺纹	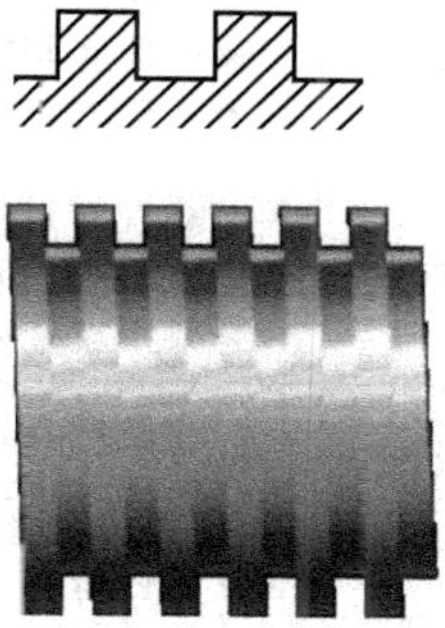	牙形为正方形，牙形角 $\alpha=0°$，其传动效率较其他螺纹都高，但牙根强度弱，螺纹磨损后难以补偿，使传动精度降低，目前已逐渐被梯形螺纹所代替
	梯形螺纹	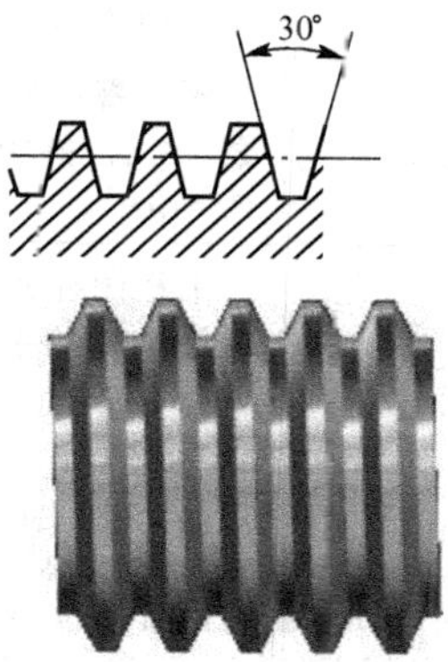	牙形为等腰梯形，牙形角 $\alpha=30°$，与矩形螺纹相比，传动效率略低，但其工艺性好，牙根强度高，对中性好，磨损后还可以调整间隙。它是最常用的传动螺纹
	锯齿形螺纹	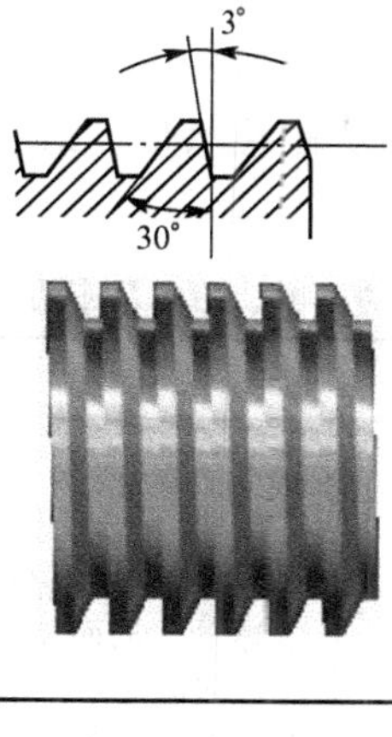	牙形为非等腰梯形，其工作面牙形斜角 $\beta=3°$，其非工作面牙型斜角为 30°。它兼有矩形螺纹传动效率高和梯形螺纹牙根强度高的特点，但只能用于单向受力的螺旋传动中

15.1.2 螺纹的主要参数

以普通螺纹为例说明螺纹的主要参数，见表 15－2。

表 15 - 2　螺纹的主要参数

图　　例	参数及符号	含　　义
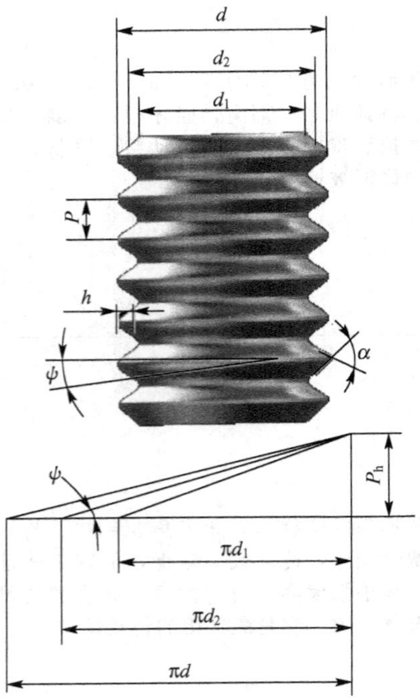	大径 $d(D)$	螺纹的最大直径，即与外螺纹牙顶或内螺纹牙底相重合的假想圆柱面直径，也称为公称直径
	小径 $d_1(D_1)$	螺纹的最小直径，即与外螺纹牙底或内螺纹牙顶相重合的假想圆柱面直径，一般为外螺纹危险剖面的计算直径
	中径 $d_2(D_2)$	在轴向剖面内，牙厚与牙间宽相等处的假想圆柱面的直径，$d_2 \approx 0.5(d+d_1)$
	螺距 P	在中径圆柱面的母线上，相邻两螺纹牙对应两点间的轴向距离
	导程 P_h	在中径圆柱面的母线上，同一螺旋线上相邻两牙对应两点间的轴向距离
	线数 n	螺纹螺旋线数目，一般为便于制造，线数 $n \leqslant 4$。螺距、导程、线数之间的关系为 $P_h = nP$
	螺旋升角 ψ	中径圆柱面上，螺旋线的切线与垂直于螺纹轴线的平面的夹角。由图可得 $\tan\psi = \dfrac{P_h}{\pi d_2} = \dfrac{nP}{\pi d_2}$
	牙型角 α	螺纹轴向平面内，螺纹牙型两侧边的夹角
	接触高度 h	内外螺纹旋合后的接触面的径向高度

标准螺纹的基本尺寸可查阅有关标准或手册。

15.1.3　螺纹联接的基本类型

螺纹联接的基本类型可分为螺栓联接、双头螺柱联接、螺钉联接和紧定螺钉联接，其类型、特点及应用见表 15 - 3。

表 15 - 3　螺纹联接的类型、特点及应用

类　　型		图　　例	特点及应用
螺栓联接	普通螺栓联接	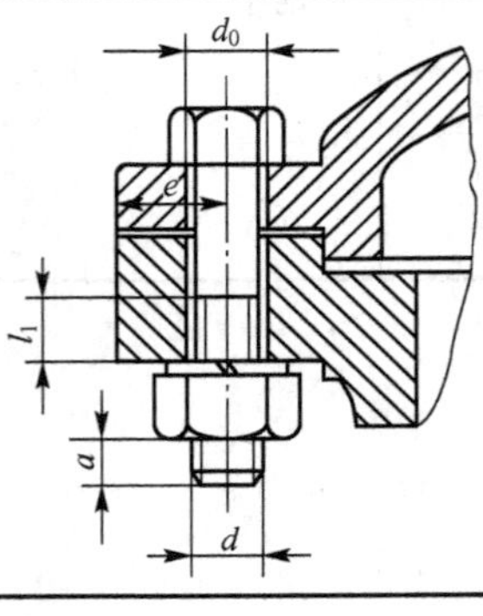	利用螺栓由螺纹一端穿过被联接件的通孔旋紧螺母，从而将被联接件联成一体。孔壁和螺栓杆之间存在一定的间隙。由于被联接件的孔不需要加工螺纹，结构简单，拆装方便，所以广泛应用于被联接件不太厚，便于加工成通孔的场合

（续）

类型		图例	特点及应用
螺栓联接	铰制孔螺栓联接	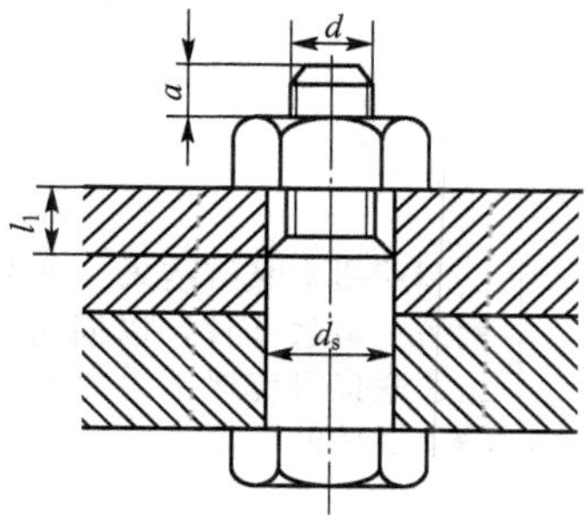	螺栓杆与被联接件孔壁间采用过渡配合，能精确固定被联接件的相对位置，被联接件的孔需要精加工，所以铰制孔螺栓联接兼有定位作用。广泛应用于被联接件不太厚，便于加工成通孔的场合
双头螺柱联接		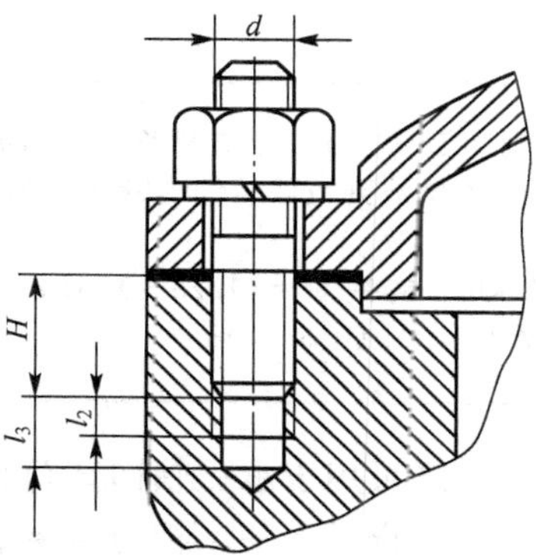	利用两端均有螺纹的螺柱，将其一端拧入较厚的被联接件螺纹孔中，另一端穿过其余被联接件的通孔，旋上螺母并拧紧，从而将被联接件联成一体。这种联接适用于一被联接件较厚不宜制成通孔，且联接需经常拆卸的场合
螺钉联接		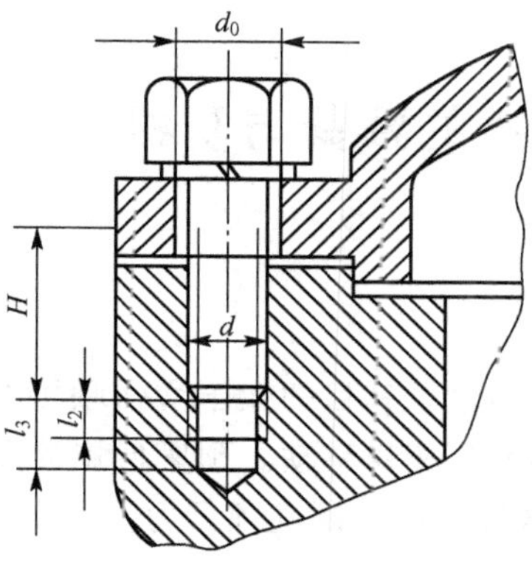	不使用螺母，而是利用螺栓穿过被联接件的通孔，直接拧入另一被联接件的螺纹孔内实现联接。这种联接在结构上比双头螺柱联接简单，但由于经常拆装易损坏螺纹孔，所以这种联接适用于被联接件较厚不宜制成通孔，且不经常拆卸的场合

（续）

类　型	图　例	特点及应用
紧定螺钉联接	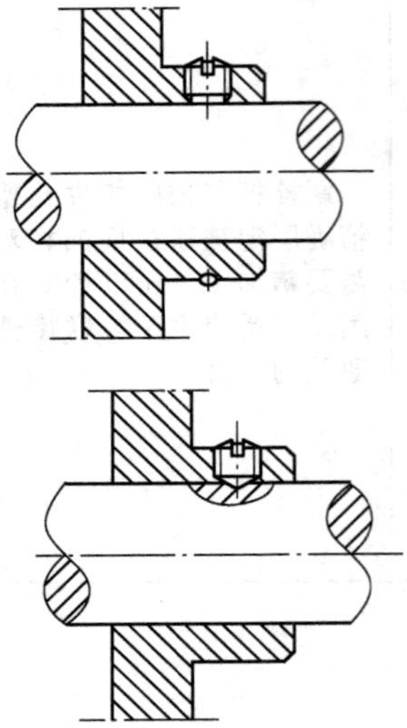	利用紧定螺钉旋入一被联接件，用其末端顶紧另一被联接件，以固定两者间的相对位置。这种联接可传递不大的力及转矩，多用于轴与轴上零件的固定

螺纹余留长度 l_1 静载荷 $l_1 \geqslant (0.3 \sim 0.5)d$，变载荷 $l_1 \geqslant 0.75d$，冲击载荷或弯曲载荷 $l_1 \geqslant d$，铰制孔螺栓联接 $l_1 \approx d$；螺纹伸出长度 $a \approx (0.2 \sim 0.3)d$；螺栓轴线到被联接件边缘的距离 $e = d + (3 \sim 6)\text{mm}$；通孔直径 $d_0 \approx 1.1d$

拧入深度 H，当螺孔零件材料为钢或青铜时，$H \approx d$；铸铁 $H = (1.25 \sim 1.5)d$；铝合金 $H = (1.5 \sim 2.5)d$。内螺纹余留长度 $l_2 \approx (2 \sim 2.5)P$，钻孔余量 $l_3 \approx l_2 + (0.5 \sim 1)d$

普通螺栓联接、双头螺柱联接、螺钉联接，既可用于承受轴向载荷也可用于承受横向载荷，当用来承受横向载荷时，主要靠被联接件接合面间的摩擦力传递载荷。无论是承受轴向载荷还是用于承受横向载荷，这些联接件都只受到沿轴向的拉力作用。

铰制孔螺栓联接只用于承受横向载荷，靠孔与螺栓杆间的挤压和螺栓杆上的剪切来承受载荷。铰制孔螺栓联接虽承受横向载荷的能力强，但由于孔需精加工、安装困难，故无特殊需要常采用普通螺栓联接、双头螺柱联接或螺钉联接来传递横向载荷。

15.2　螺纹联接的预紧与防松

15.2.1　螺纹联接的预紧

在装配时，绝大多数的螺纹联接都需要预紧，其目的在于增强联接的刚性、紧密性和可靠性，防止受载后被联接件间出现缝隙或发生相对移动。预紧后螺栓所受到的轴向拉力称为预紧力，用 F' 表示。对于重要的螺纹联接，应控制其预紧力。

1. 拧紧力矩

在拧紧螺母时，拧紧力矩 T 需要克服做相对运动的螺纹阻力矩 T_1 和螺母与被联接件

支承面间的摩擦阻力矩 T_2(图 15.2)，即

$$T=T_1+T_2 \qquad (15-1)$$

对于常用 M10～M68 的粗牙普通螺纹，式(15－1)可简化为

$$T\approx 0.2F'd \qquad (15-2)$$

式中　d——螺纹的公称直径(mm)；

F'——螺栓所受预紧力(N)。

2. 预紧力的控制

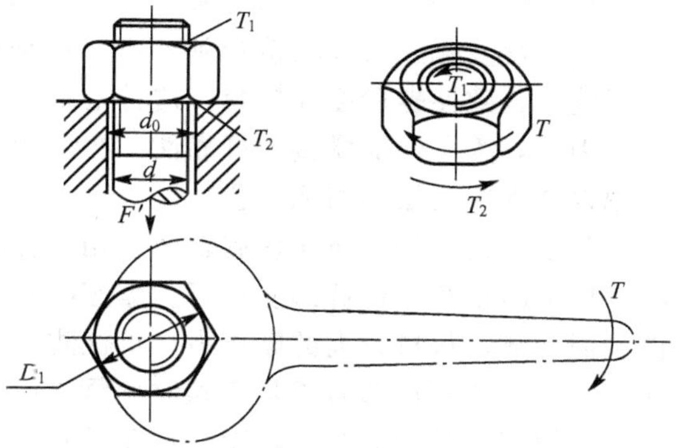

图 15.2　螺栓拧紧时的力矩

预紧力的大小应根据螺栓组受力和联接的工作要求来定，既不能过大，也不能过小。为了充分发挥螺栓的工作能力和保证预紧可靠，一般规定拧紧后，螺纹联接件的预紧应力不得大于其材料屈服极限的 80%。

对于普通场合使用的螺纹联接，必须有一套控制和测量预紧力的方法。常用的控制方法主要有力矩法、螺母转角法和测定螺栓伸长法三种。

力矩法是一种用力矩扳手来测定力矩的方法。图 15.3(a)所示为指针式力矩扳手，可通过指示表读出所加力矩的大小。图 15.3(b)所示为定力矩扳手，当拧紧力矩超过规定值时将产生打滑，不能对联接施加更大的力矩。可以通过扳手内装置调整扳手的最大工作力矩。

(a) 指针式力矩扳手

(b) 定力矩扳手

图 15.3　力矩扳手

螺母转角法是将螺母拧到与被联接件紧贴后，再旋转一定角度获得所需的预紧力。

测定螺栓长度法是用测量螺栓受力伸长后的弹性伸长量的办法来控制预紧力，这种方法常用于直径较大的螺栓。

小直径螺栓装配时不应施加过大的拧紧力矩，否则螺栓容易被拧断。因此，对重要的、有强度要求的螺栓联接，如无控制拧紧力矩的措施，而只能凭安装经验来拧紧螺栓时，不宜采用小于 M12 的螺栓。

15.2.2　螺纹联接的防松

联接用螺纹标准件都能满足自锁条件。拧紧螺母后，螺母或螺钉与被联接件支承面间

的摩擦力也有助于防止螺母松脱。因此在受静载荷和常温下，螺纹联接一般不会产生松动。若温度变化较大或联接受到冲击、振动以及不稳定载荷的作用，则摩擦力就会减小，甚至消失，致使螺母逐渐松脱，这种松脱会引起机器设备的严重损坏或造成重大的人身事故。因此，为了保证联接的可靠性，在设计和安装时必须按照工作条件、工作可靠性要求考虑设置螺纹防松结构或装置。

防松的目的就是防止螺旋副产生相对转动。根据工作原理的不同，防松可分为摩擦防松、机械防松和不可拆卸防松等。摩擦防松是使螺旋副元素间的摩擦力不随联接的外载荷波动而变化，保持较大的摩擦力。机械防松是利用便于更换的元件约束螺旋副，使之不能相对转动。不可拆卸防松是将螺纹拧紧之后，用点焊、冲点或在螺栓旋合部分涂粘结剂等办法把螺旋副转变为非运动副，从而排除相对转动的可能。表 15－4 所列是几种螺纹联接常用的防松方法。

表 15－4　螺纹联接常用的防松方法

<table>
<tr><th colspan="2">防松方法</th><th>结构形式</th><th>特点和应用</th></tr>
<tr><td rowspan="3">摩擦防松</td><td>对顶螺母</td><td>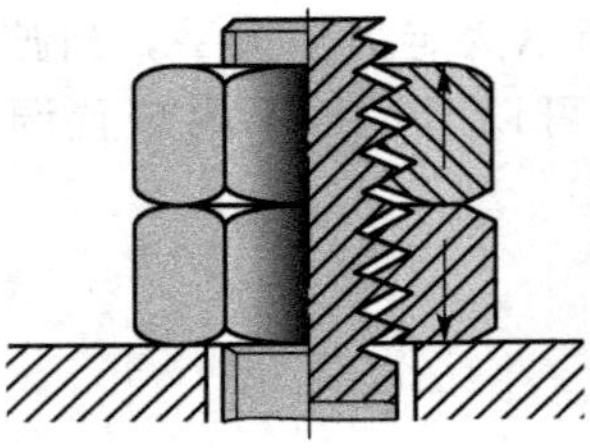 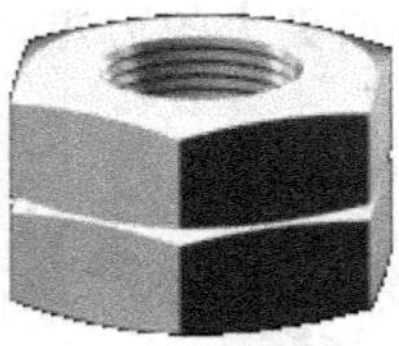</td><td>两螺母对顶拧紧后，使旋合螺纹间始终受到附加的压力和摩擦力的作用，从而起到防松作用。工作载荷有变动时，该摩擦力依然存在。下面的螺母螺纹牙受力较小，其高度可小些，但为了防止装错，两螺母的高度取成相等为宜。该结构简单，适用于平稳、低速和重载的联接</td></tr>
<tr><td>弹簧垫圈</td><td>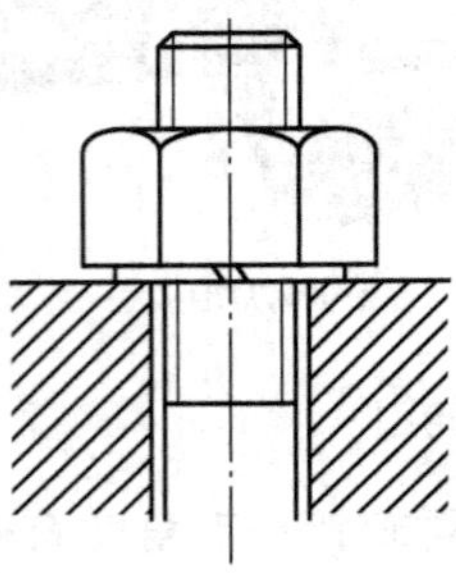 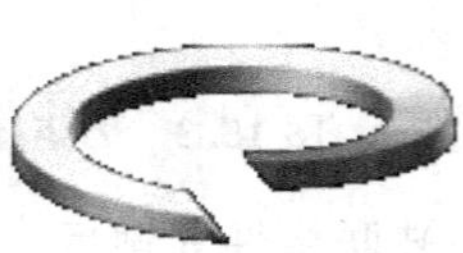</td><td>螺母拧紧后，靠垫圈压平面产生的弹性反力使旋合螺纹间压紧，同时垫圈斜口的尖端抵住被联接件的支撑面也有防松作用
该结构简单，防松方便，但在冲击振动的条件下，其防松效果较差。一般用于不重要的联接</td></tr>
<tr><td>自锁螺母</td><td>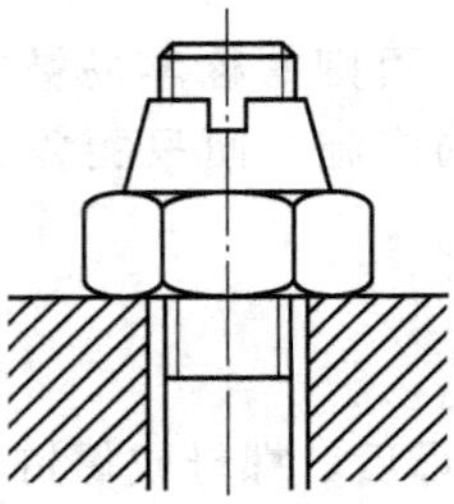 </td><td>螺母一端制成非圆形收口或开缝后径向收口，当螺母拧紧后，收口胀开，利用收口的弹力使旋合螺母间压紧。
该结构简单，防松可靠，可多次装拆而不降低防松功能，适用于较重要的联接</td></tr>
</table>

（续表）

防松方法		结构形式	特点和应用
机械防松	开口销与槽形螺母	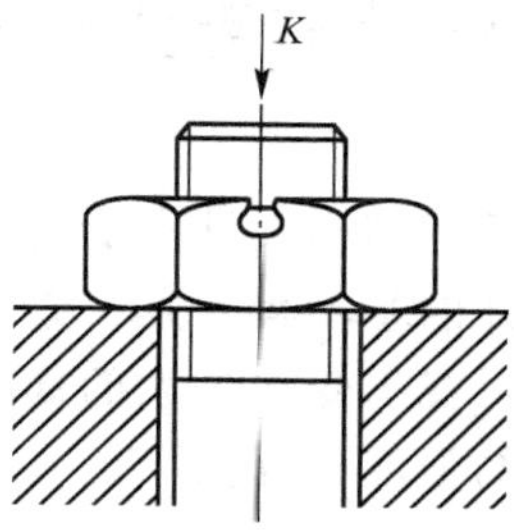 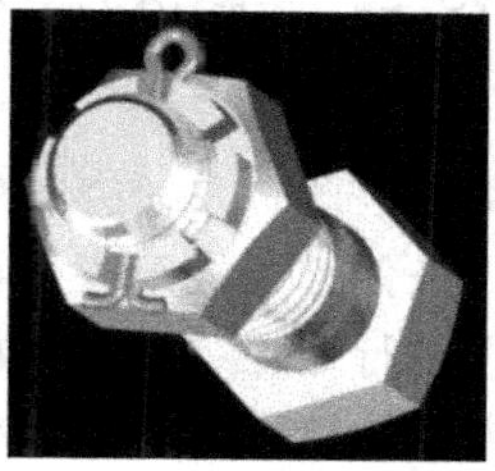	槽形螺母拧紧后将开口销穿入螺栓尾部小孔和螺母的槽内，并将开口销尾部掰开与螺母侧面贴紧。也可用普通螺母代替槽形螺母，但需拧紧螺母后再配钻销孔。适用于较大冲击、振动的高速机械中的联接
	止动垫圈	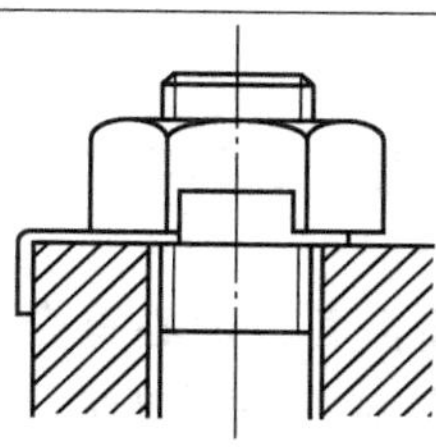 	螺母拧紧后，将单耳或双耳止动垫圈上的耳分别向螺母和被联接件的侧面折弯贴紧即可将螺母锁住 该结构简单，防松可靠
	串联钢丝	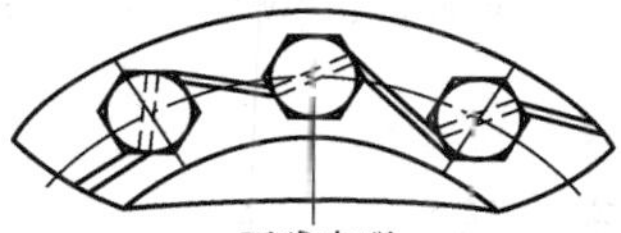 正确串联 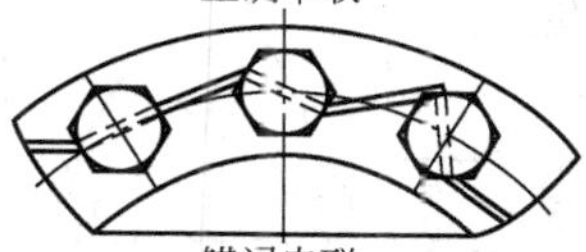 错误串联 	用低碳钢丝穿入螺钉头部的孔内，将各螺钉串联起来，使其相互制动。使用时必须注意钢丝的穿入方向（上图正确，下图错误）。适用于螺钉组联接，防松可靠，但装拆不方便
不可拆卸防松	冲点	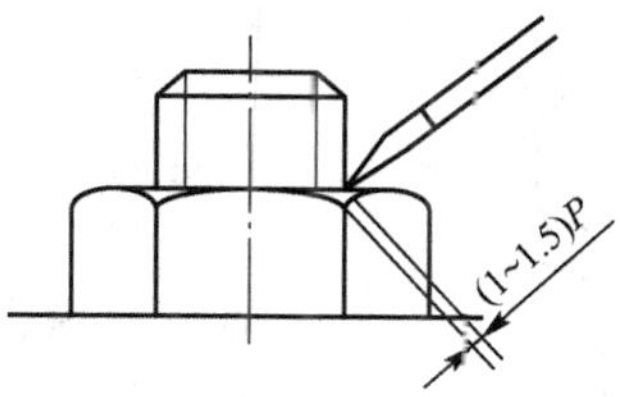	螺母拧紧后，利用冲头在螺栓末端与螺母的旋合处打冲，利用冲点防松。这种防松方式效果好，但拆卸后联接件不能重复使用。适用于不需要拆卸的特殊联接
	粘结	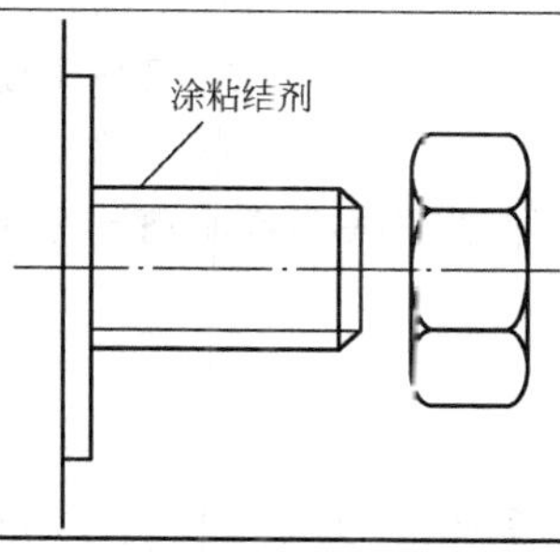	在旋合表面涂粘结剂，固化后即可防松

15.3 螺栓组联接的结构设计与受力分析

工程中螺栓多为成组使用，因此，须研究螺栓组的结构设计和受力分析，它是单个螺栓联接强度计算的基础和前提条件。螺栓组联接设计的基本程序是：先根据被联接件的结构进行螺栓组的结构设计；再进行螺栓组受力分析，找出受力最大的螺栓并确定其所受的工作载荷；最后，对受力最大的螺栓进行单个螺栓的强度计算。

15.3.1 螺栓组联接的结构设计

螺栓组联接的结构设计目的是为了确定被联接件接合面的形状、螺纹联接的类型、螺栓的数目等。其设计原则如下：

(1) 螺栓要尽量对称分布。螺栓组中心与联接接合面的形心重合，从而保证联接接合面受力比较均匀。联接接合面的几何形状通常都设计成轴对称的简单几何形状，如圆形、环形、矩形、三角形等(图 15.4)。对于圆周布置的螺栓，螺栓数目尽可能取偶数，这样有利于零件加工(分度、划线、钻孔)。

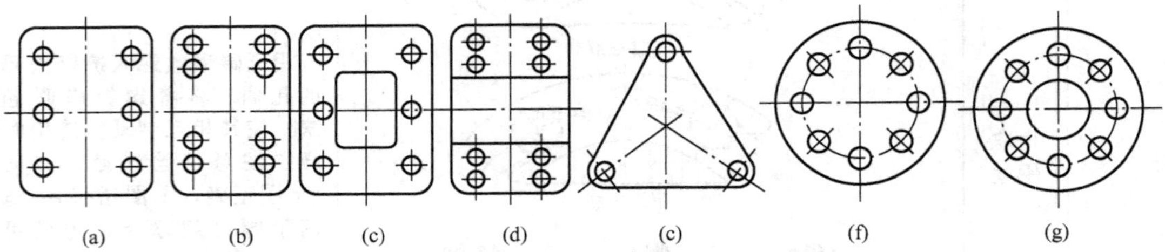

图 15.4 螺栓组联接常见的接合面形状

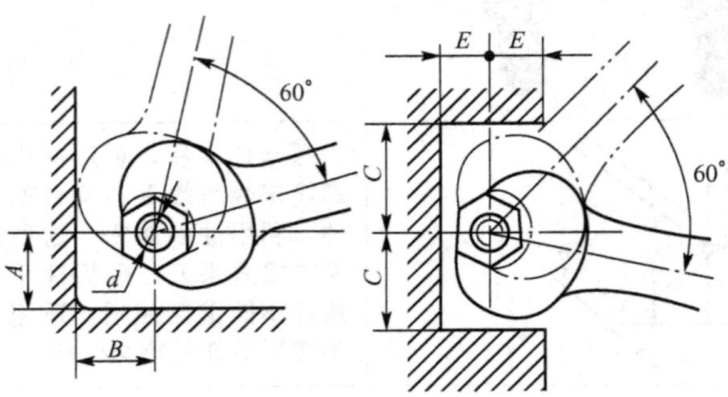

图 15.5 扳手空间

(2) 一组螺栓的规格(直径、长度、材料)应一致，有利于加工和美观。

(3) 设计合理的螺栓要有适当的间距和边距(图 15.5)，应满足扳手空间位置，以利于用扳手装拆，尺寸可查阅机械设计手册。

(4) 装配时，对于紧螺栓联接，应使每个螺栓的预紧程度(预紧力)尽量一致。

(5) 避免螺栓承受偏心载荷作用，保证被联接件上螺母和螺栓头的支撑面平整，并与螺栓轴线垂直。

15.3.2 螺栓组联接的受力分析

螺栓组受力分析的目的在于根据联接所受的载荷和螺栓的布置与结构求出受力最大的

螺栓及其所受载荷，然后按相应的单个螺栓的强度计算公式设计螺栓的直径或对螺栓进行强度校核。

理想假设：①被联接件为刚性体；②各个螺栓的材料、直径、长度和预紧力完全相同；③螺栓的应变在弹性范围内。

根据这个假设，讨论当作用于螺栓组的外载荷是轴向力和横向力时，螺栓组中受力最大的螺栓及其所受的力。

1．螺栓组联接受轴向载荷 F_Q 作用

如图 15.6 所示，作用于螺栓组几何形心的载荷为 F_Q，与螺栓轴线平行，联接采用的螺栓为普通螺栓，且每个螺栓所受的轴向工作载荷 F 相等。设有 z 个螺栓，每个螺栓所受的工作拉力为

$$F=\frac{F_Q}{z} \tag{15-3}$$

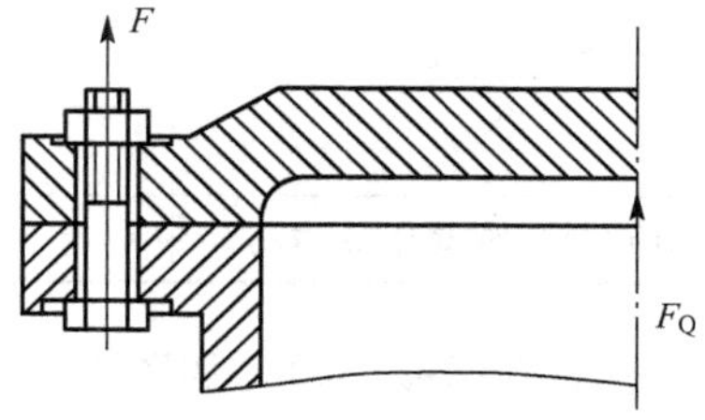

图 15.6 受轴向载荷作用的螺栓组联接

2．螺栓组联接受横向载荷 F_R 作用

如图 15.7 所示，受横向载荷 F_R 作用的螺栓组联接，载荷的作用线通过螺栓组的对称中心并与螺栓轴线垂直。联接采用的螺栓有两种形式：普通螺栓和铰制孔螺栓。如果采用普通螺栓联接，则螺栓只受拉力而不受剪切力作用；如果采用铰制孔用螺栓联接，则螺栓承受剪切力作用。

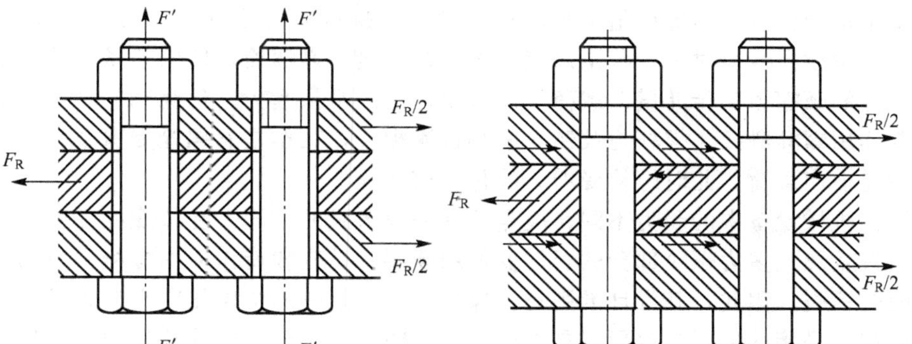

图 15.7 受横向载荷作用的螺栓组联接

(1) 普通螺栓联接。如图 15.7(a)所示，此时的螺栓在安装时每个螺栓受预紧力 F' 作用，而被联接件接合面间受夹紧力(正压力)作用，从而产生摩擦力与外载荷平衡。为保证接合间不产生相对滑移，接合面间产生的摩擦力必须大于或等于横向载荷，即

$$F'\cdot zfm\geqslant K_f\cdot F_R$$

$$F'\geqslant\frac{K_f\cdot F_R}{zfm} \tag{15-4}$$

式中 f——接合面间摩擦系数，见表 15-5；

K_f——可靠度系数，$K_f=1.1\sim1.5$；

m——接合面数。

表 15-5　联接接合面间的摩擦系数

被联接件	接合面的表面状态	摩擦系数 f
钢或铸铁零件	干燥的加工表面	0.10～0.16
	有油的加工表面	0.06～0.10
钢结构件	轧制表面，钢丝刷清理浮锈	0.30～0.35
	涂富锌漆	0.35～0.40
	喷砂处理	0.45～0.55
铸铁对砖料、混凝土或木材	干燥表面	0.40～0.45

(2) 铰制孔联接螺栓。如图 15.7(b)所示，螺栓杆与被联接件的孔壁直接接触，联接是靠螺栓杆的剪切和螺栓杆与被联接件的孔壁间的挤压作用来传递载荷的。假设每个螺栓所受横向力相等，则每个螺栓的横向工作载荷为

$$F=\frac{F_R}{z} \tag{15-5}$$

15.4　单个螺栓联接的强度计算

对单个螺栓而言，当螺栓组传递轴向载荷时，螺栓受的是轴向拉力，故称受拉螺栓。当螺栓组传递横向载荷时，一种是采用普通螺栓联接，靠螺栓联接的预紧力使被联接件接合面间产生的摩擦力来传递横向载荷，此时螺栓受的是预紧力，仍为轴向拉力。另一种是采用铰制孔用螺栓联接，螺杆与铰制孔间是过渡配合，工作是靠螺栓受剪及杆壁与孔相互挤压来传递横向载荷，此时螺栓受剪，故称受剪螺栓。

螺栓在机械设备中的受力不同，决定了其失效形式的不同。受拉螺栓受轴向静载荷作用时，其失效形式多为螺纹部分的塑性变形和断裂；受变载荷作用的螺栓失效形式多为螺栓杆的疲劳断裂。因此，其设计准则是：保证螺栓有足够的抗拉强度或疲劳强度。

受剪螺栓联接的主要失效形式是螺栓杆和孔壁间的压溃或螺栓杆被剪断，以及由于经常拆卸使螺纹牙间相互磨损而发生滑扣。其设计准则是：保证螺栓杆、孔壁的挤压强度或螺栓杆的抗剪强度。

螺栓联接的设计计算，就是根据其设计准则来确定螺纹小径 d_1，再根据有关标准来选定标准螺栓。这种方法同样也适用于双头螺柱、螺钉的强度计算。

15.4.1　普通螺栓联接的强度计算

根据工作状态的不同，受拉普通螺栓又分为松螺栓联接和紧螺栓联接两种。

1. 松螺栓联接的强度计算

图 15.8 所示为起重机吊钩联接螺栓。该螺栓在装配时不需拧紧，无工作载荷时螺

栓不受力，工作时螺栓受最大拉力为 F，为松螺栓联接。根据设计准则，其强度校核与设计计算式分别为

$$\sigma=\frac{4F}{\pi d_1^2}\leqslant[\sigma] \tag{15-6}$$

$$d_1\geqslant\sqrt{\frac{4F}{\pi[\sigma]}} \tag{15-7}$$

式中 F——螺杆承受的轴向工作载荷(N)；

d_1——螺纹小径(mm)；

$[\sigma]$——松螺栓联接的许用应力(MPa)。

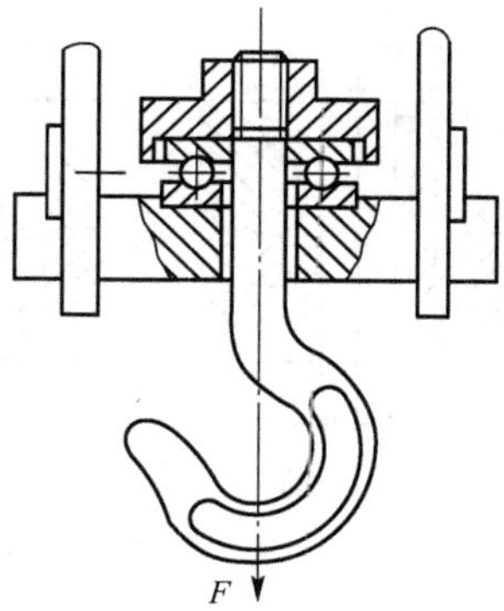

图 15.8 起重机吊钩联接螺栓

2. 紧螺栓联接的强度计算

(1) 受横向工作载荷的紧螺栓联接。图 15.7(a)所示为受横向工作载荷的紧螺栓联接。受横向外载荷的紧螺栓，除了受到预紧力 F' 的拉伸作用外，还受螺纹阻力矩 T 的扭转作用。它在螺纹危险截面上的拉伸应力 σ 和扭转切应力 τ 分别为

$$\sigma=\frac{4F'}{\pi d_1^2} \tag{15-8}$$

$$\tau=\frac{T}{\frac{\pi d_1^3}{16}}=\frac{F'\tan(\psi+\rho_V)\frac{d_2}{2}}{\frac{\pi d_1^3}{16}}=\tan(\psi+\rho_V)\frac{2d_2}{d_1}\sigma \tag{15-9}$$

对于 M10～M68 的普通螺栓，取 d_2、d_1 和 ψ 的平均值，并取 $\tan\rho_V=f_V=0.15$，则可得 $\tau=0.5\sigma$。

根据第四强度理论，螺栓当量应力 σ_e 为

$$\sigma_e=\sqrt{\sigma^2+3\tau^2}=\sqrt{\sigma^2+3\times(0.5\sigma)^2}\approx1.3\sigma$$

则螺栓的强度条件为

$$\frac{1.3\times4F'}{\pi d_1^2}\leqslant[\sigma] \tag{15-10}$$

设计计算式为

$$d_1\geqslant\sqrt{\frac{4\times1.3F'}{\pi[\sigma]}} \tag{15-11}$$

式中 F'——螺栓所受的轴向预紧力(N)；

d_1——螺纹小径(mm)；

$[\sigma]$——紧螺栓联接的许用应力(MPa)。

这种靠摩擦力来抵抗横向载荷的紧螺栓联接，要求有较大的预紧力。例如，当 $f=0.15$，$K_f=1.2$，$Z=2$，$m=1$ 时，$F'=4F_R$，其结果是使螺栓的结构尺寸加大。为了避免这种情况，可用各种减载零件来承受横向工作载荷，如图 15.9 所示。

这种结构中的螺栓联接的主要作用是保证联接，承受工作载荷较小，因此预紧力不必

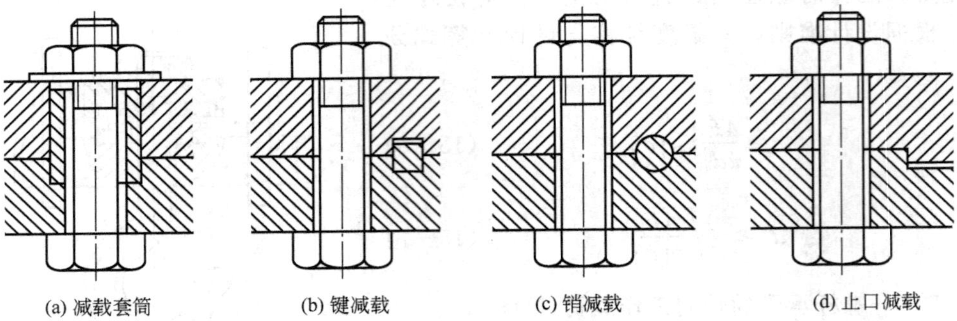

图 15.9　承受横向载荷的减载装置

很大。

(2) 受轴向工作载荷的紧螺栓联接。此类螺栓联接大多在气缸、油缸中的法兰联接等对紧密性要求较高的压力容器中使用。这种联接的受力和变形过程如图 15.10 所示。

图 15.10(a)为联接拧紧前，螺栓和被联接件均不受力作用；图 15.10(b)为联接拧紧后，在加工作载荷前只受预紧力 F' 作用，被联接件被压缩 δ_2，螺栓被拉长 δ_1；图 15.10(c)为加上工作载荷后，这时，螺栓所受拉力增大到 F_0，拉力增量为 F_0-F'，伸长增量为 $\Delta\delta_1$，而被联接件随着螺栓伸长而放松，此时被联接件的压力减小，由 F' 减少到 F''，F'' 称为“剩余预紧力”，压缩减小量为 $\Delta\delta_2$。根据上述分析可知，加载以后螺栓所受的总拉力 F_0 不是 F' 和工作载荷 F 之和，而是剩余预紧力 F'' 和 F 之和。即

$$F_0=F+F'' \tag{15-12}$$

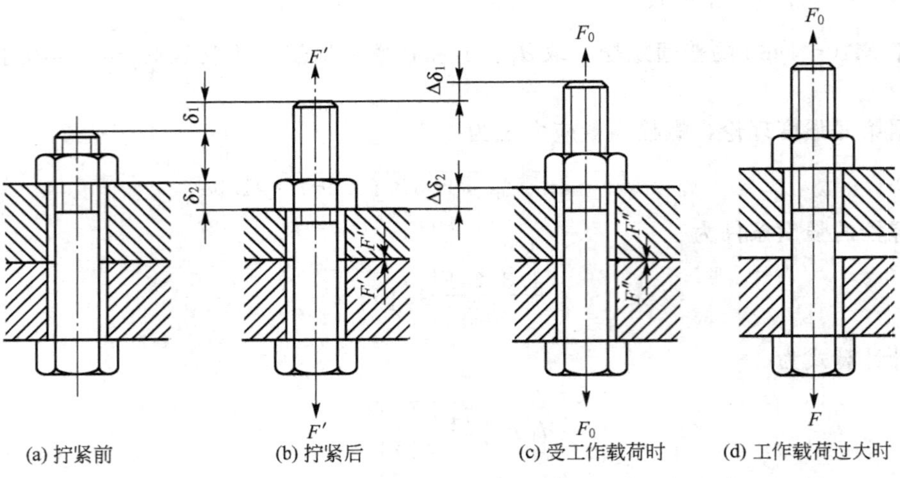

图 15.10　螺栓和被联接件的受力和变形

式中 F'' 值可参考如下取值范围：对有密封性要求的螺栓联接，取 $F''=(1.5\sim1.8)F$；在一般的螺栓联接中，当工作载荷稳定时，取 $F''=(0.2\sim0.6)F$；当工作载荷不稳定时，取 $F''=(0.6\sim1.0)F$。

考虑联接在工作载荷作用下可能补充拧紧，与前述紧螺栓联接类似，受轴向工作载荷紧螺栓联接的强度校核和设计公式为

$$\sigma=\frac{1.3F_0}{\frac{\pi d_1^2}{4}}\leqslant[\sigma] \tag{15-13}$$

$$d_1\geqslant\sqrt{\frac{4\times1.3F_0}{\pi[\sigma]}} \tag{15-14}$$

式中　F_0——螺栓所受总拉力(N)。

根据螺栓受工作载荷 F 的伸长增量与被联接件压缩变形减少增量的关系，可以推导出预紧力 F'与剩余预紧力 F''的关系为

$$F'=F''+\left(1-\frac{C_1}{C_1+C_2}\right)F \tag{15-15}$$

式中　C_1、C_2——分别为螺栓和被联接件的刚度，$\frac{C_1}{C_1+C_2}$称为“螺栓的相对刚性系数”，设计时，对于刚性被联接件，可根据垫片材料，参见表 15－6 选取。

表 15－6　螺栓相对刚性系数

垫片类型	$\frac{C_1}{C_1+C_2}$	垫片类型	$\frac{C_1}{C_1+C_2}$
金属垫片或无垫片	0.2～0.3	铜皮石棉垫片	0.8
皮革垫片	0.7	橡胶垫片	0.9

为了获得指定的剩余预紧力 F''，可以由式(15－15)计算预紧力 F'值，然后再由式(15－2)计算出扳手力矩 T 的大小，采用指针式力矩扳手控制 F'的大小。压力容器中的螺栓联接除了满足强度设计之外，还要有适当间距 t_0，通常 $3d\leqslant t_0\leqslant 7d$。

15.4.2　铰制孔螺栓联接强度计算

铰制孔用螺栓联接的受力如图 15.11 所示。

该联接受横向载荷 F，螺栓在接合面处受剪，并与被联接件孔壁相互挤压。根据设计准则，联接的剪切强度和挤压强度公式分别为

$$\tau=\frac{F}{\frac{1}{4}\pi m d_0^2}\leqslant[\tau] \tag{15-16}$$

$$\sigma_P=\frac{F}{d_0L_{min}}\leqslant[\sigma]_P \tag{15-17}$$

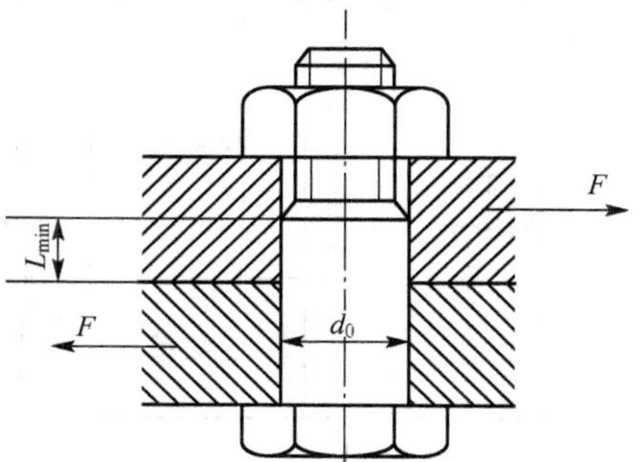

图 15.11　铰制孔用螺栓联接

式中　F——单个螺栓所受横向载荷(N)；

d_0——铰制孔螺栓剪切面直径(mm)；

L_{min}——螺栓杆与孔壁间挤压面的最小高度(mm)；

m——螺栓受剪的接合面数；

$[\tau]$——螺栓许用切应力(MPa)；

$[\sigma]_P$——螺栓或被联接件的许用挤压应力(MPa)。

15.4.3 螺纹联接的常用材料与许用应力

螺纹联接的常用材料见表 15-7。

螺纹联接的许用应力和安全系数分别见表 15-8 和表 15-9，供设计参考。国家标准规定螺栓、螺柱、螺钉的性能等级分为十级，标记代号分别为 3.6、4.6、4.8、5.6、5.8、6.8、8.8、9.8、10.9、12.9。代号小数点前的数字为公称抗拉强度 σ_b 的 1/100，小数点后面的数字为材料屈服极限 σ_s 与抗拉强度 σ_b 之比的 10 倍，即 $(\sigma_s/\sigma_b)\times10$。由此可根据性能等级计算其屈服极限 σ_s。

表 15-7 螺纹联接件常用材料及其拉伸机械性能(GB/T 699—1999，GB/T 700—1988 摘录)

钢号	拉伸强度 σ_{bmin}/MPa	屈服极限 σ_{smin}/MPa
10	335	205
Q215	335～410	205
Q235	375～460	235
35	530	315
45	600	355
40Cr	980	785

表 15-8 螺纹联接的许用应力和安全系数

联接情况	受载情况	许用应力 $[\sigma]$ 和安全系数 S
松联接	静载荷	$[\sigma]=\frac{\sigma_S}{S}$　　$S=1.2\sim1.7$
紧联接	静载荷	$[\sigma]=\frac{\sigma_S}{S}$ 控制预紧力时，$S=1.2\sim1.5$；不控制预紧力时，S 查表 15-9
铰制孔螺栓联接	静载荷	$[\tau]=\frac{\sigma_S}{2.5}$ 被联接件为钢，$[\sigma]_P=\frac{\sigma_S}{1.25}$ 被联接件为铸铁，$[\sigma]_P=\sigma_b/(2\sim2.5)$
铰制孔螺栓联接	变载荷	$[\tau]=\sigma_S/(3.5\sim5)$ $[\sigma]_P$ 按静载荷的 $[\sigma]_P$ 值降低 20%～30%

表 15-9 紧螺栓联接的安全系数(静载不控制预紧力时)

材料	螺栓		
	M6～M16	M16～M30	M30～M60
碳素钢	4～3	3～2	2～1.3
合金钢	5～4	4～2.5	2.5

15.4.4 提高螺栓联接强度的措施

螺栓联接承受轴向变载荷时，螺栓杆部分的疲劳断裂通常都发生在应力集中较严重的地方，即螺栓头部、螺纹收尾部和螺母支撑平面所在处的螺纹，如图 15.12 所示。以下简要说明影响螺栓联接强度的因素和提高强度的措施。

1. 降低螺栓总拉伸载荷 F_0 的变化范围

螺栓所受轴向工作载荷 F 在 $0\sim F$ 间变化时，可得螺栓总拉伸载荷 F_0 的变化范围为 $F'\sim\left(F'+\dfrac{C_1}{C_1+C_2}F\right)$，若减小螺栓刚度 C_1 或增大被联接件刚度 C_2 都可以减小 F_0 的变化范围。这对防止螺栓的疲劳损坏是十分有利的。

为了减小螺栓刚度，可减小螺栓光杆部分直径或采用空心螺杆(图 15.13)，有时也可增加螺栓的长度。

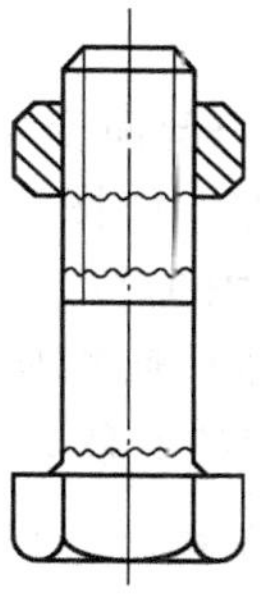

图 15.12　螺栓疲劳断裂的部位

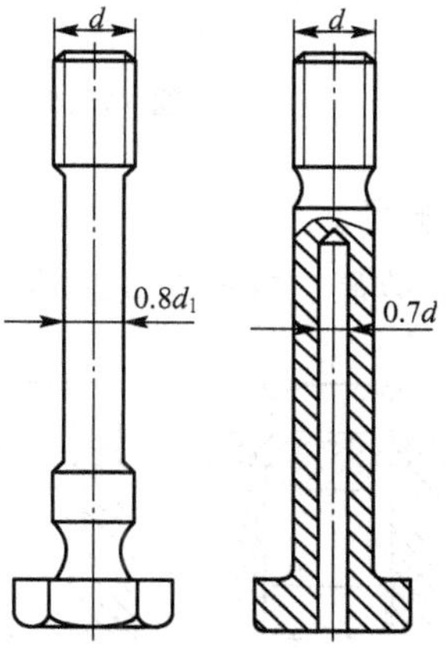

图 15.13　减小螺栓刚度的结构

若被联接件本身的刚度较大，但被联接件的接合面因需要密封而采用软垫片时(图 15.14)将降低其刚度。若采用金属薄垫片或采用 O 形圈作为密封元件(图 15.15)，则仍可保持被联接件原来的刚度值。

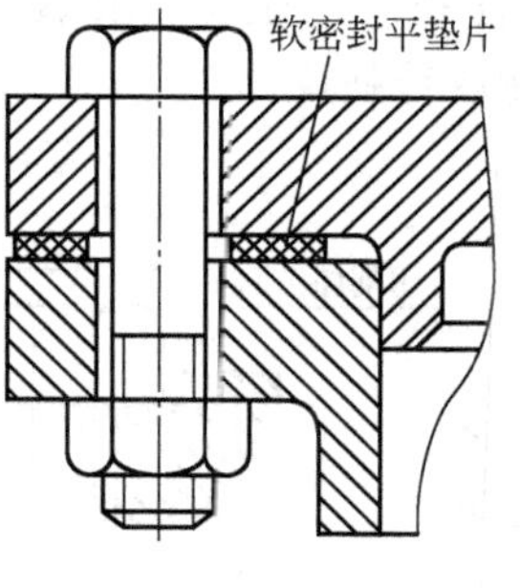

图 15.14　用软垫片密封

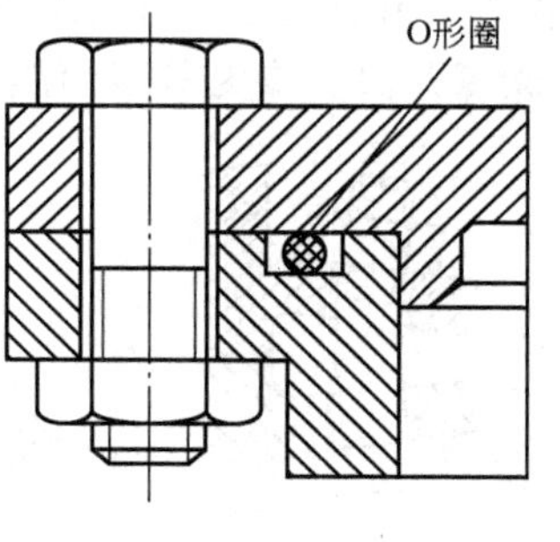

图 15.15　用 O 形圈密封

2. 改善螺纹牙间的载荷分布

采用普通螺母时，轴向载荷在旋合螺纹各圈间的分布是不均匀的，如图 15.16(a)所示，从螺母支承面算起，第一圈受载最大，以后各圈递减。理论分析和实验证明，旋合圈数越多，载荷分布不均的程度也越显著，到第 8～10 圈以后，螺纹几乎不受载荷。所以，采用圈数多的厚螺母，并不能提高联接强度。若采用图 15.16(b)所示的悬置螺母，有助于减少螺母与螺栓杆的螺距变化差，从而使载荷分布比较均匀。图 15.16(c)所示为环形螺母，其作用和悬置螺母相似。

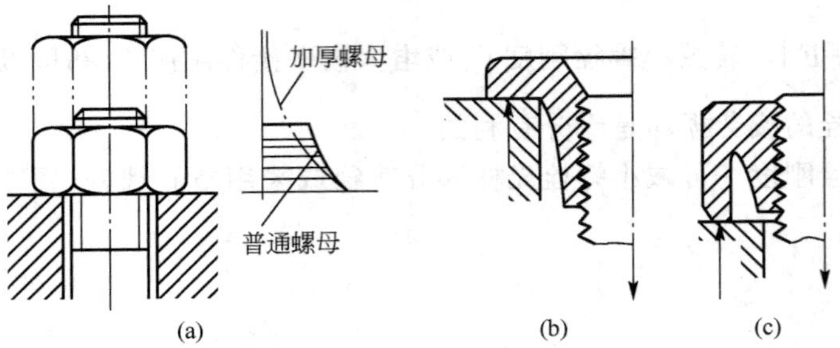

图 15.16　改善螺纹牙的载荷分布

3. 减小应力集中

螺纹的牙根和收尾、螺栓头到螺栓杆的过渡处、螺栓杆的剖面变化处，都是产生应力集中的地方。如图 15.17 所示，增大过渡处圆角(图(a))、切制卸载槽(图(b)、和图(c))都是使螺栓截面变化均匀、减小应力集中的有效方法。

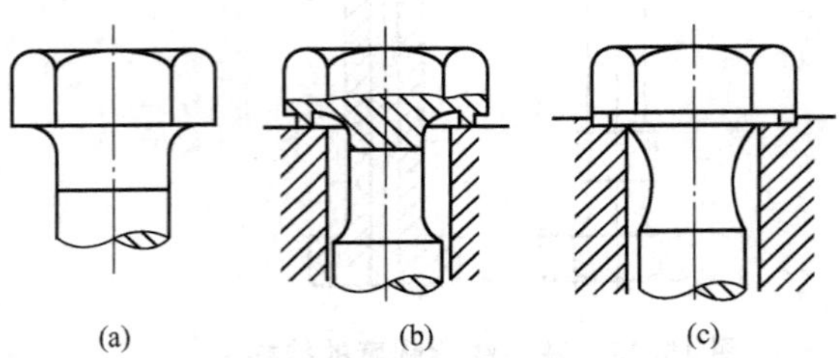

图 15.17　减小螺栓应力集中的方法

4. 避免或减小附加应力

如图 15.18 所示，如果螺栓受到附加弯曲应力作用，会对螺栓的强度有很大影响，应设法避免。因此，在铸铁或锻件等未加工表面上安装螺栓时，常采用凸台或沉头座等结构，经局部加工后可获得平整的支承面以减小附加弯曲的影响，如图 15.19 所示。

除上述方法外，在制造工艺上采取冷镦头部和辗压螺纹的螺栓，其疲劳强度比车制螺栓约高 30%，碳氮共渗、渗氮等表面热处理也能提高疲劳强度。

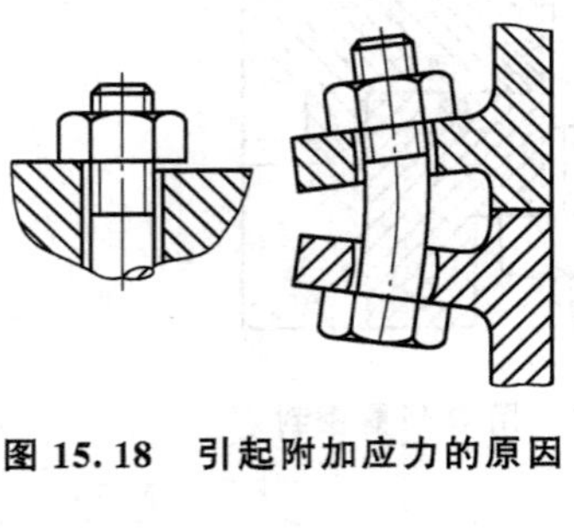

图 15.18　引起附加应力的原因

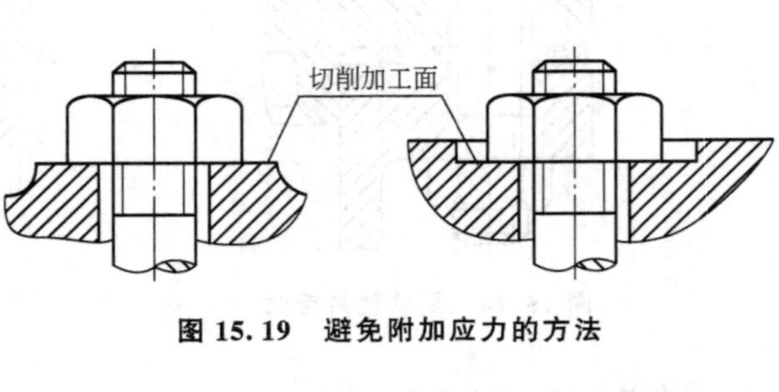

图 15.19　避免附加应力的方法

[例 15-1]　试设计一压力容器的螺栓联接(图 15.20)。已知：容器内压力 $p=1.5\text{MPa}$，气缸内径 $D=250\text{mm}$，螺栓分布的直径 $D_0=346\text{mm}$，凸缘与垫片厚度之和 $h=50\text{mm}$，为保证紧密性要求，螺栓间距不得大于 120mm。

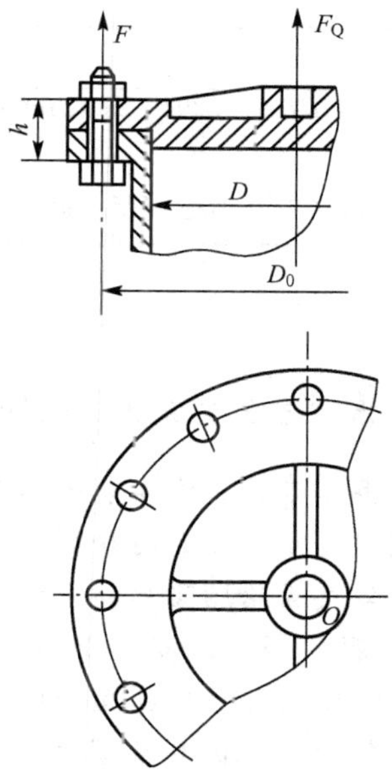

图 15.20 例 15－1 图

解：设计见下表

计算及说明	结果
1. 确定螺栓数目 由于压力容器中螺栓间距 $t_0 \leqslant 7d$，但 d 待求，先取螺栓间距 $t_0=100$mm，则螺栓个数 $$z=\frac{\pi D_0}{t_0}=\frac{3.14\times 346}{100}=10.9$$ 考虑螺栓孔的加工分度方便，取 $z=12$。	$z=12$
2. 选择螺栓材料 由表 15－7 选螺栓材料 35 钢，取 $\sigma_b=550$MPa，$\sigma_s=350$MPa。	螺栓材料 35 钢 $\sigma_b=550$MPa $\sigma_s=350$MPa
3. 计算螺栓所受总载荷 (1) 每个螺栓的工作载荷 F $$F=\frac{p\frac{\pi D^2}{4}}{z}=\frac{1.5\times\pi\times 250^2}{4\times 12}=6133\text{N}$$	$F=6133$N
(2) 求剩余预紧力 F'' 对压力容器有密封性要求，取 $F''=1.5F=1.5\times 6133=9200$N (3) 单个螺栓所受总拉力 F_0 $$F_0=F+F''=6133+9200=15333\text{N}$$	$F_0=15333$N
4. 选取螺栓的许用应力 由表 15－8，$[\sigma]=\sigma_s/S$。不控制预紧力，安全系数查表 15－9，设螺栓公称直径为 M16～M30 之间，取 $S=3$。故许用应力为 $$[\sigma]=\sigma_s/S=350/3=116.7\text{MPa}$$	$[\sigma]=116.7$MPa
5. 计算螺栓直径 由式(15－14)得 $$d_1\geqslant\sqrt{\frac{4\times 1.3F_0}{\pi[\sigma]}}=\sqrt{\frac{4\times 1.3\times 15333}{3.14\times 116.7}}=14.75\text{mm}$$	M18×70 $d_1=15.294$

（续）

计算及说明	结果
由设计手册选用 M18×70 的普通螺栓，$d_1=15.294>14.75$mm，且 M18 位于 M16～M30 之间 螺栓间距 $t_0=\frac{\pi D_0}{Z}=\frac{3.14\times346}{12}=91\text{mm}<7d$，所选间距合适	$t_0=91$mm

阅读材料

楔形螺纹技术在商用车上的应用

图 15.21 所示为装配好的商务车车轮。汽车装配离不开螺纹紧固件。但普通螺纹紧固件有一个致命的弱点，即在剧烈震动中会自行松脱，继而导致被连接部件发生疲劳破坏，从而使部件及整车损坏、解体甚至轮胎飞出的重大事故。

为解决普通螺纹紧固件的松脱问题，汽车行业采用锁片、销钉、有效力矩型螺母等，在一定程度上延缓了普通螺纹紧固件自行松脱的时间，但却无法根本解决问题。楔形螺纹是一种新型的，不加任何锁紧机构但具有锁紧功能的内螺纹，其牙型与普通内螺纹的区别是在内螺纹的大径上有一个 30°的楔形斜面(图 15.22)，在与标准的外螺纹相配合时(图 15.23)，其外螺纹的牙顶会紧紧地抵压在内螺纹的楔形斜面上，而产生螺纹干扰锁紧。这种锁紧是沿着整个螺纹旋合长度形成一种连续不断的螺纹锁紧，其夹紧力可均匀地分布在各个螺纹上，从根本上解决了紧固件松脱问题。

由于楔形螺纹锁紧紧固件比其他锁紧紧固件具有更大夹紧力、承载均匀和易于装配等优点，已成功地应用到商用车领域，并且从机械产品到建筑设备等各个领域也得到了广泛应用。随着这种楔形螺纹锁紧的推广，应用领域将越来越广泛。

图 15.21　螺纹联接在汽车中的应用

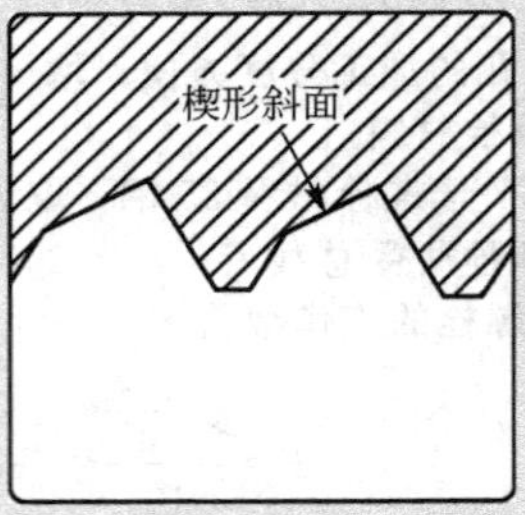

图 15.22　楔形锁紧螺纹牙形

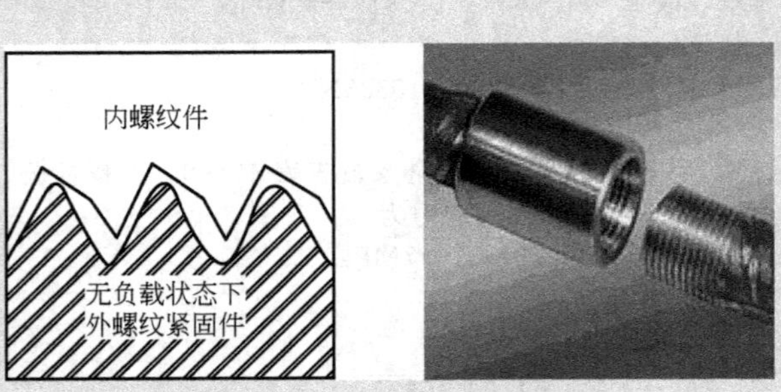

图 15.23　楔形螺纹联接

习　　题

15－1　填空题

(1) 三角形螺纹的牙型角 α=________，适用于__________；而梯形螺纹的牙型角 α=________，适用于____________。

(2) 螺栓联接和双头螺柱联接必须有____________相配才能实现联接。

(3) 螺纹联接预紧的目的是____________________________。

(4) 螺纹联接防松的根本问题是____________________，其防松方法有________、________和________。

(5) 被联接件受横向载荷作用时，若采用普通螺栓联接，则螺栓受________载荷作用，可能发生的失效形式为________。

15－2　选择题

(1) 当螺纹公称直径、牙型角、螺纹线数相同时，细牙螺纹的自锁性能比粗牙螺纹的自锁性能____。

A. 好　　B. 相同　　C. 差　　D. 不一定

(2) 用于联接的螺纹多为普通螺纹，这是因为普通螺纹____。

A. 传动效率高　　B. 防振性能好

C. 牙根强度高，自锁性能好　　D. 自锁性能差

(3) 在下列四种具有相同公称直径和螺距，并采用相同配对材料的螺旋副中，自锁性最好的是____。

A. 双线矩形螺旋副　　B. 单线梯形螺旋副

C. 双线普通螺旋副　　D. 单线普通螺旋副

(4) 当两个被联接件不太厚，便于加工成通孔时，宜采用____。

A. 螺栓联接　　B. 双头螺柱联接

C. 螺钉联接　　D. 紧定螺钉联接

(5) 承受横向载荷作用的铰制孔螺栓联接，其螺栓受____。

A. 剪切作用　　B. 拉伸作用

C. 剪切和拉伸作用　　D. 既可能受剪切，也可能受挤压作用

(6) 被联接件受横向载荷作用时，若采用一组普通螺栓联接，则载荷靠____来传递。

A. 螺栓的剪切力　　B. 接合面间的摩擦力

C. 螺栓的挤压力　　D. 螺栓的剪切和挤压

15－3　思考题

(1) 螺纹联接有哪几种类型？各有何特点？在实际机械的螺纹联接中找出应用实例。

(2) 重要螺纹联接中，预紧力如何控制？

(3) 螺纹联接为什么要防松？试按防松原理举例说明各种防松方法。

(4) 螺栓组结构设计要点包括哪些内容？

(5) 受轴向工作载荷的紧螺栓联接，螺栓所受总轴向载荷 F_0 为什么不等于预紧力 F' 与轴向工作载荷 F 的代数和？

(6) 常用的提高螺栓联接强度的措施有哪些？

15-4 设计计算题

(1) 某拉杆螺纹联接，在工作中经常转动螺母，以调节拉杆长度。已知：拉杆所受载荷为 $F=20\text{kN}$，且拉杆材料为 Q235 钢。试求拉杆的螺纹直径。

(2) 有一受预紧力 F' 和轴向工作载荷 $F=1000\text{N}$ 作用的紧螺栓联接，已知预紧力 $F'=1000\text{N}$，螺栓的刚度 C_1 与被联接件的刚度 C_2 相等。试计算该螺栓所受的总拉力 F_0 和剩余预紧力 F''。在预紧力 F' 不变的条件下，若保证被联接件间不出现缝隙，该螺栓的最大轴向工作载荷 F_{max} 为多少？

(3) 如图 15.24 所示，缸体与缸盖凸缘用普通螺栓联接，已知气缸内径 $D=100\text{mm}$，气缸内气体压强 $p=1\text{MPa}$，螺栓均匀分布于 $D_0=140\text{mm}$ 的圆周上，结合面间采用橡胶垫片，试设计该螺栓组联接的螺栓数目与螺栓的公称尺寸。

(4) 用两个 M10 的螺钉固定一牵曳钩，如图 15.25 所示，若螺钉的性能等级为 4.8 级，装配时控制预紧力，接合面摩擦系数 $f=0.15$，求其允许的牵曳力 F。

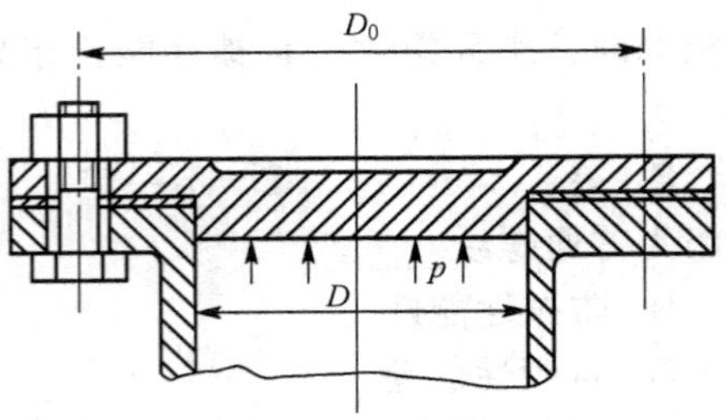

图 15.24 题 15-4(3)图

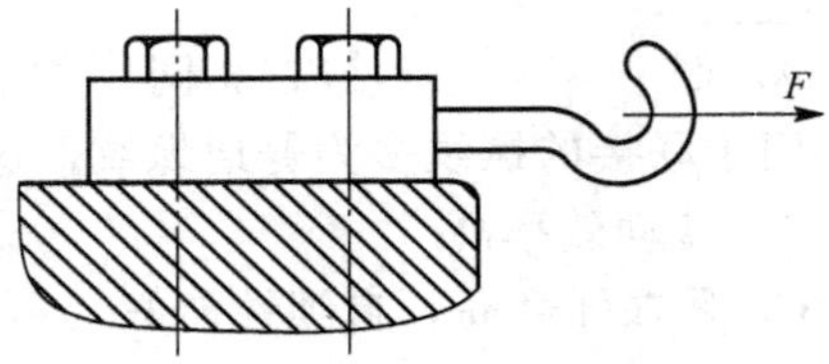

图 15.25 题 15-4(4)图

(5) 图 15.26 所示的方形盖板用 4 个 M16 螺钉与箱体联接，在盖板中心 O 点装有吊环。已知 $Q=20\text{kN}$，螺钉的强度级别为 6.8 级。当剩余预紧力 $F''=0.6F$ 时，校核螺钉的强度。

(6) 图 15.27 所示的联接由 2 个 M20 的螺栓组成，螺栓的性能等级为 5.8 级，安装时不控制预紧力，被联接件接合面的摩擦系数 $f=0.1$，可靠度系数 $K_f=1.2$。试计算该联接许可传递的静载荷 F_R。

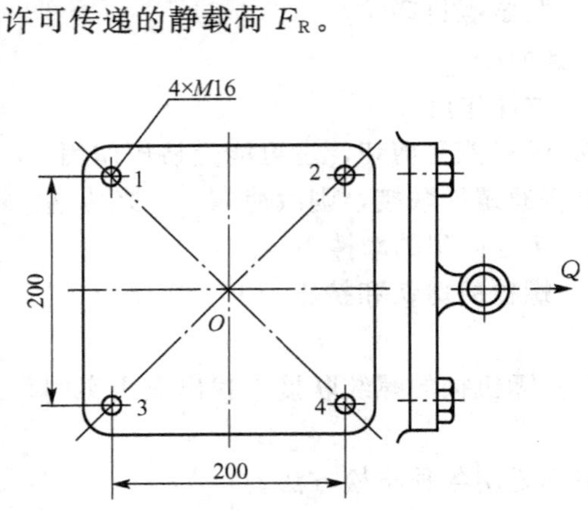

图 15.26 题 15-4(5)图

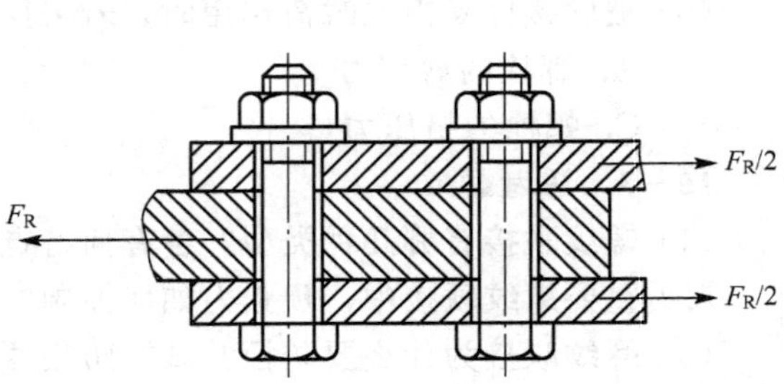

图 15.27 题 15-4(6)图

第16章 轴毂联接

教学提纲

本章主要介绍键联接、花键联接、销联接与过盈联接的工作原理、类型、特点和应用；键联接和花键联接的设计计算。

教学目标

1. 了解键联接、花键联接、销联接和过盈联接类型、特点和应用。
2. 掌握各种联接的工作原理。
3. 掌握平键联接的尺寸选择和强度计算。

轴毂联接的功用主要是实现轴与轴上零件(如齿轮、带轮、飞轮等)轮毂之间的周向固定并传递运动和转矩，有的还可以实现轴上零件的轴向固定或轴向移动。轴毂联接的类型很多，常用的有键联接、花键联接、销联接和过盈联接等。

16.1 键 联 接

16.1.1 键联接的类型及特点

键是标准件，键联接种类较多，常用的有平键、半圆键、楔键和切向键等，其类型及特点见表16－1。

表 16-1　键联接的类型及特点

<table>
<tr><th colspan="2">类型</th><th>图例</th><th>工作原理</th><th>特点及应用</th></tr>
<tr><td rowspan="3">平键联接</td><td>普通型平键</td><td>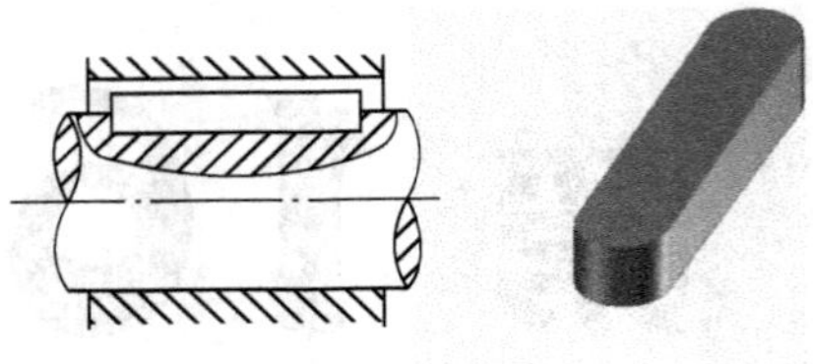
(a) 圆头平键(A型)
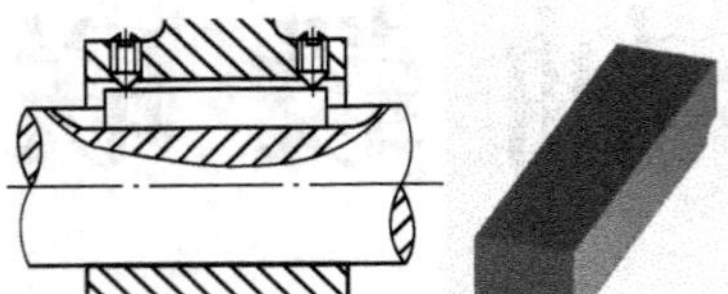
(b) 平头平键(B型)
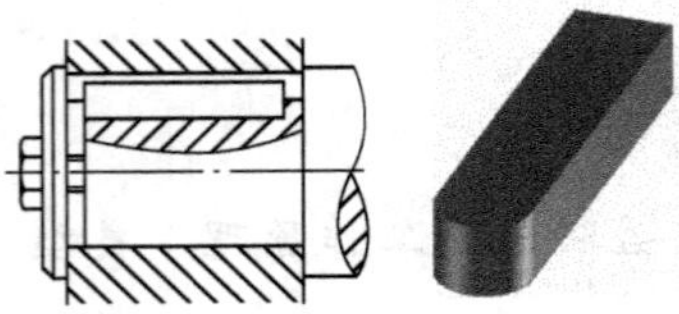
(c) 单圆头平键(C型)
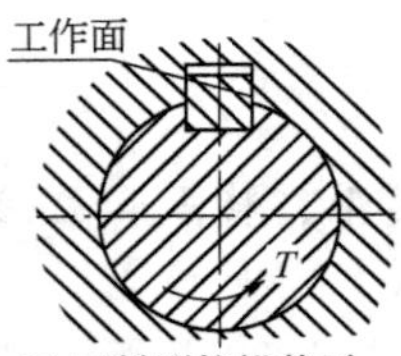

(d) 平键联接横截面</td><td rowspan="3">平键联接工作时，靠键与键槽的侧面相互挤压传递动力，因此，键的两侧面是工作面，上下表面为非工作面，键的上表面与轮毂键槽底面间留有间隙。但平键联接不能实现轴上零件的轴向固定，不能承受轴向力</td><td>普通型平键用于轴毂间无相对轴向移动的静联接。根据键端部形状不同，普通型平键分为圆头(A 型)、平头(B 型)和单圆头(C 型)三种。其中，A 型键和 C 型键轴上键槽用指状铣刀铣出，键与键槽形状相同，键在键槽中固定较好，但轴上键槽端部对轴引起的应力集中较大；B 型键轴上键槽用盘形铣刀铣出，键槽对轴引起的应力集中较小，但键在槽中固定不好，所以对于尺寸大的键，宜用紧定螺钉固定在轴上的键槽中，以防松动。A、B 型键常用于轴的中部，C 型键则用于轴的端部
平键联接结构简单，装拆方便，轴与轮毂的对中性较好，因而应用十分广泛</td></tr>
<tr><td>导向型平键</td><td>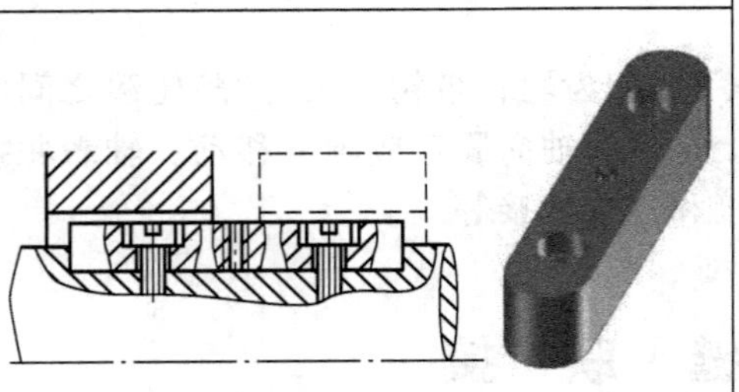</td><td>用于动联接。导向型平键是一种较长的平键，需用螺钉固定在轴上的键槽中，使轮毂沿键做轴向移动。为便于拆装，在键中部制出起键螺纹孔
适用于轴上零件轴向移动量不大的联接，如变速箱中的滑移齿轮</td></tr>
<tr><td>滑键</td><td>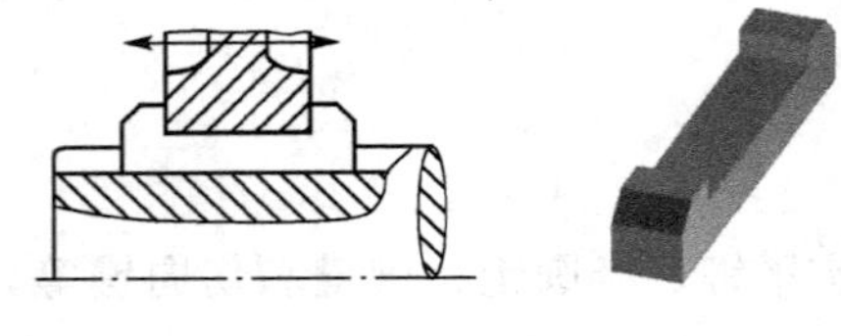
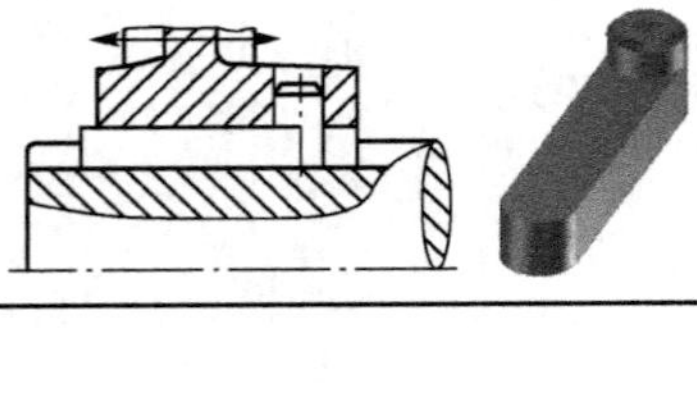</td><td>若轴上零件移动距离较大时，为避免制造过长的导向型平键，可采用滑键联接。滑键固定在轮毂上，键随轮毂一同沿着轴上键槽移动，所以轴上需铣出较长的键槽。滑键在轮毂上常有两种固定方式</td></tr>
</table>

（续）

<table>
<tr><th colspan="2">类型</th><th>图例</th><th>工作原理</th><th>特点及应用</th></tr>
<tr><td colspan="2">半圆键</td><td>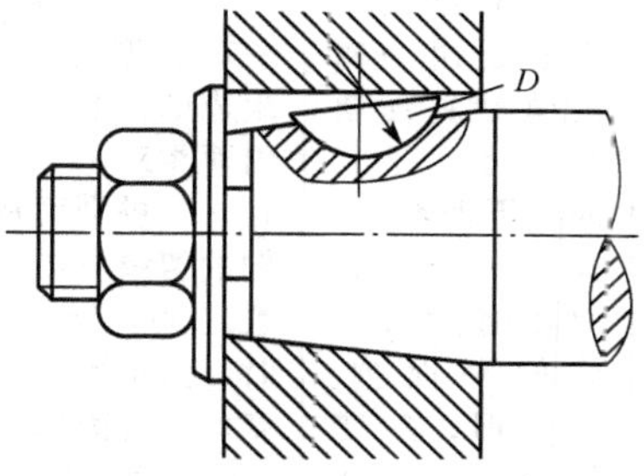

</td><td>半圆键工作面也是两侧面，工作时，靠其侧面相互挤压来传递转矩</td><td>用于静联接。轴上键槽用尺寸与半圆键相同的半圆键铣刀铣出，因而键在槽中能绕其几何中心摆动，以适应轮毂中键槽的斜度
这种键联接工艺性较好，装配方便，尤其适用于锥形轴端与轮毂的联接。但轴上键槽较深，较大地削弱了轴的强度。所以，半圆键联接一般只适用于轻载或辅助性的联接</td></tr>
<tr><td rowspan="2">楔键</td><td>普通型楔键</td><td>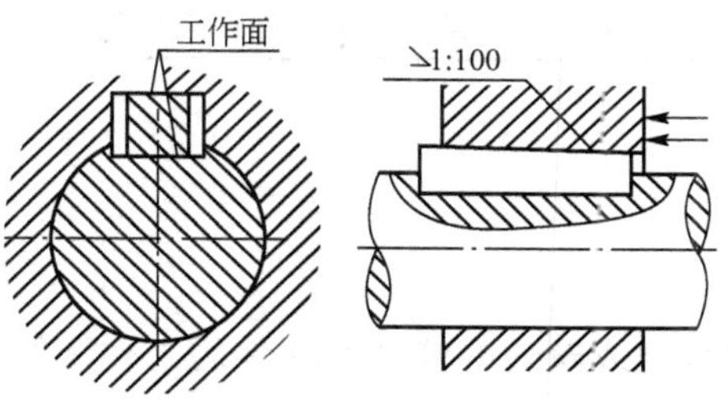

(a) 圆头普通楔键
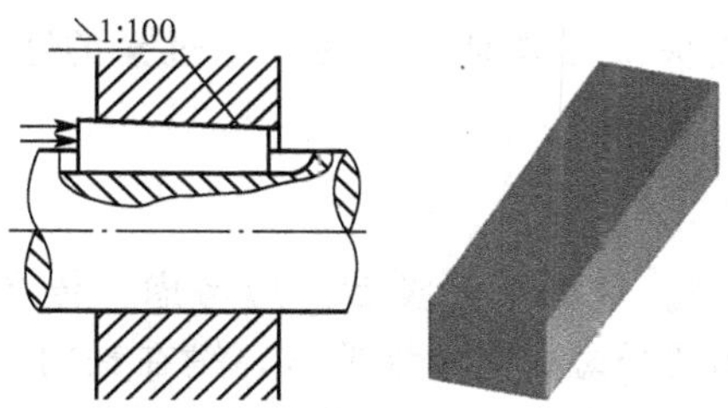

(b) 平头普通楔键</td><td rowspan="2">楔键装配后，键即楔紧在轴和轮毂的键槽里，所以，键的上下两面是工作面。工作时，靠键楔紧后键与键槽接触处产生的摩擦力来传递转矩，同时还可以承受单向的轴向载荷，对轮毂起到单向的轴向固定作用。楔键的两侧面与键槽侧面间有很小的间隙</td><td rowspan="2">用于静联接。键的上表面和与它相配合的轮毂键槽底面均具有 1 ∶ 100 的斜度。普通型楔键有圆头、平头和单圆头三种形式。装配时，圆头楔键要先放入轴上键槽中，然后打紧轮毂；平头、单圆头和钩头楔键则在轮毂装好后才将键放入键槽并打紧。钩头楔键的钩头供拆卸用
楔键联接在传递有冲击和振动的较大转矩时，仍能保证联接的可靠性。但由于键楔紧后，轴与轮毂的配合产生偏心，因此主要用于毂类零件的定心精度要求不高和低转速的场合</td></tr>
<tr><td>钩头型楔键</td><td>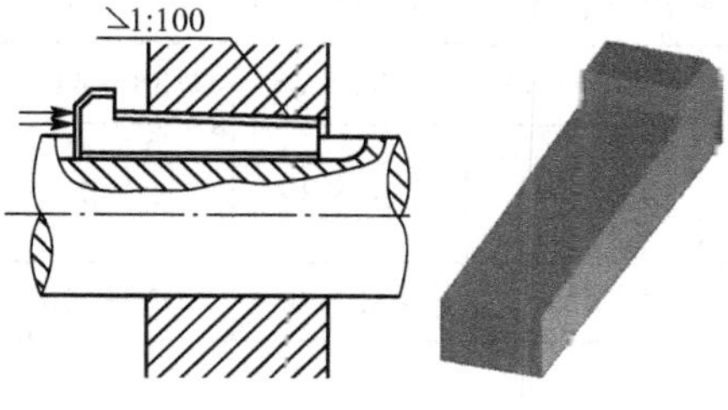
</td></tr>
</table>

（续）

类型	图例	工作原理	特点及应用
切向键	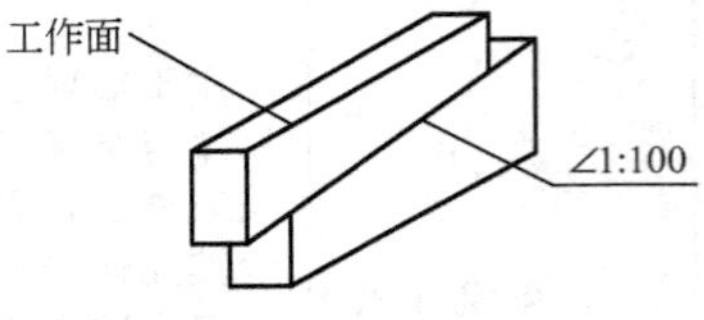 (a) 切向键 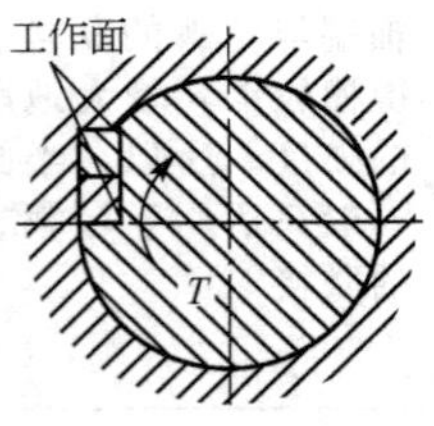 (b) 传递单向转矩 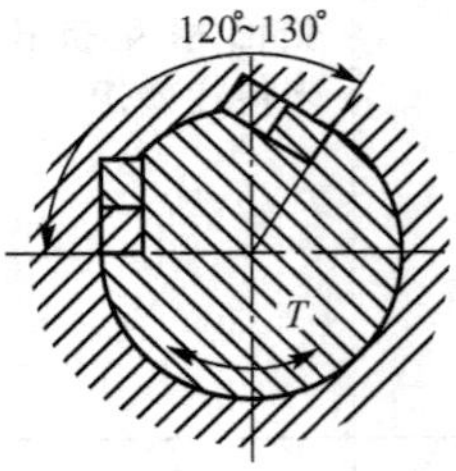 (c) 传递双向转矩	切向键的工作面是由一对楔键沿斜面拼合后相互平行的上下两窄面，其中一个工作面在通过轴心线的平面内。工作时，靠工作面上的挤压力来传递转矩。用一个切向键时，只能传递单向转矩；当要传递双向转矩时，必须用两个切向键	用于静联接。切向键是由一对斜度为 1∶100 的楔键组成的。装配时，两键以其斜面相对，分别从轮毂两端打入，拼合而成的切向键沿轴的切线方向楔紧在轴与轮毂之间。当用两个切向键时，为不致严重削弱轴的强度，两者间的夹角为 120°～130°。由于切向键的键槽对轴的削弱较大，因此常用在直径大于 100mm 的轴上。切向键承载能力很大，用于传递转距大、对中性要求不高的场合，例如大型带轮、大型飞轮、矿山用大型绞车的卷筒及齿轮等

16.1.2 平键联接的选用和强度计算

1. 平键联接的失效形式

普通型平键为静联接，其主要失效形式是键或轮毂中较弱的零件的工作面被压溃，当严重过载时也可能发生键体的剪断。一般只需要对普通型平键联接进行挤压强度校核，而不必进行剪切强度校核。

导向型平键和滑键联接为动联接，其主要失效形式是工作面产生过量的磨损，因此，对其应进行耐磨性计算，限制压强。

2. 平键联接的设计计算

平键已经标准化，设计时先选择平键类型。选择平键类型时应考虑：传递转矩的大小；轴上零件是否需要沿轴向移动及滑移距离的长短；对中性要求；键在轴的中间还是端部等。然后确定键的尺寸。键的主要尺寸为其剖面尺寸(键宽 $b\times$ 键高 h)与长度 L。键的剖面尺寸 $b\times h$ 根据轴的直径 d 从标准中选取；键的长度 L 一般可按轮毂的长度选定，即键长略短于轮毂长，并符合标准规定的长度系列。普通型平键的主要尺寸见表 16-2。

表 16-2 普通型平键的主要尺寸(GB/T 1096—2003) （单位：mm）

轴的直径 d	>10～12	>12～17	>17～22	>22～30	>30～38	>38～44	>44～50
键宽 $b\times$ 键高 h	4×4	5×5	6×6	8×7	10×8	12×8	14×9
轴的直径 d	>50～58	>58～65	>65～75	>75～85	>85～95	>95～110	>110～130
键宽 $b\times$ 键高 h	16×10	18×11	20×12	22×14	25×14	28×16	32×18

（续）

键的长度 L 系列	6，8，10，12，14，16，18，20，22，25，28，32，36，40，45，50，56，63，70，80，90，100，110，125，140，160，180，200，220，250，280，320，360，400，450，500

在键的类型及尺寸选取之后，还应进行键联接的强度校核计算。如果忽略平键联接中的摩擦，其受力情况如图 16.1 所示。设载荷沿键长和键高均匀分布，则普通型平键静联接的挤压强度条件为

$$\sigma_p=\frac{F}{kl}=\frac{2T}{dkl}\leqslant[\sigma_p] \qquad (16-1)$$

对导向型平键和滑键等动联接，其耐磨性计算条件为

$$p=\frac{2T}{dkl}\leqslant[p] \qquad (16-2)$$

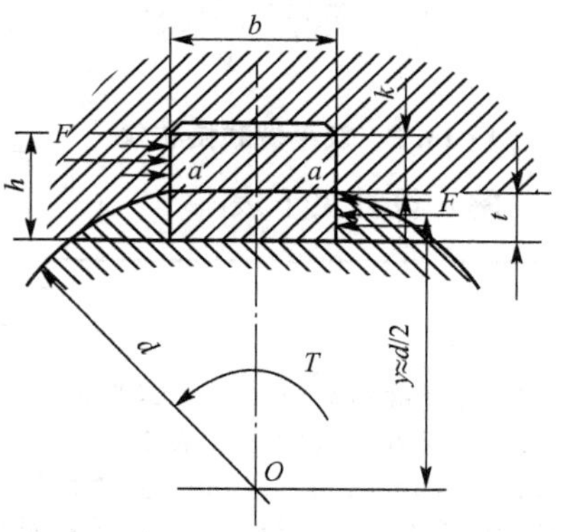

图 16.1 平键联接受力情况

式中 σ_p——挤压应力(MPa)；

F——挤压力(N)；

k——键与轮毂槽的接触高度(mm)，近似可取 $k=h/2$，其中 h 为键的高度(mm)；

l——键的工作长度(mm)，圆头平键 $l=L-b$，平头平键 $l=L$，单圆头平键 $l=L-0.5b$，其中 L 为键的公称长度(mm)，b 为键的宽度(mm)；

T——传递的转矩(N·mm)；

d——轴径(mm)；

p——压强(MPa)；

$[\sigma_p]$——键、轮毂、轴三者中较弱材料的许用挤压应力(MPa)，见表 16-3；

$[p]$——键、轮毂、轴三者中较弱材料的许用压强(MPa)，见表 16-3。

表 16-3 键联接的许用挤压应力和许用压强 （单位：MPa）

许用值种类	联接方式	联接零件中较弱零件材料	载荷性质		
			载荷平稳	轻微冲击	冲击
$[\sigma_p]$	静联接	钢	125～150	100～120	60～90
		铸铁	70～80	50～60	30～45
$[p]$	动联接	钢	50	40	30

若联接强度不够，一般的方法是：①增大键的工作长度和轮毂长，但键长一般不超过 $2.5d$；②增加键的数量，采用两平键时两键应相隔 180°布置(图 16.2)，此时考虑到载荷

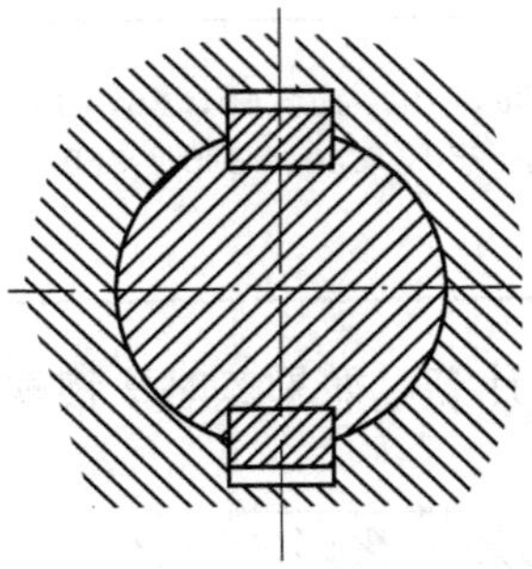

图 16.2　双平键联接布置

在两键上分布不均匀，只能按 1.5 个键校核联接强度；③改换联接件中较弱零件的材料，如将铸钢材料换为钢。

键的材料一般采用抗拉强度 σ_b 不小于 600MPa 的碳素钢，通常用 45 钢。当轮毂用有色金属或非金属材料时，键可用 20 钢或 Q235。

[例 16-1]　试设计模块四图(b)带式输送机中单级斜齿圆柱齿轮减速器输出轴上齿轮轴段的键联接。根据例 13-1 设计(图 13.10(a))，已知装齿轮处轴的直径 $d=54$mm，齿轮轮毂宽度为 41mm，传递转矩 $T=224.53$N·m。其他条件与例 9-1 相同。

解：设计见下表

计算及说明	结果
1. 选择键的类型　选 A 型普通平键 2. 确定键的尺寸　由表 16-2 可知，$d>50\sim58$mm 时，键剖面尺寸应选为：$b=16$mm，$h=10$mm；参考齿轮轮毂宽度及键长 L 的尺寸系列，取 $L=32$mm(静联接，一般键长可比轮毂宽度小 5～10mm)。所选 A 型普通平键标记为：键 16×32(GB/T 1096—2003)	A 型普通平键 $b=16$mm $h=10$mm $L=32$mm 键 16 × 32 (GB/T 1096—2003)
3. 强度校核　挤压强度按式(16-1)，并取 $k=h/2$，$l=L-b$，工作表面的挤压应力为 $\sigma_P=2T/dkl=\dfrac{2\times224530}{54\times(10/2)\times(32-16)}=103.95\text{MPa}$ 齿轮材料为 45 钢，且载荷平稳，由表 16-3 可知，许用挤压应力 $[\sigma_p]=125\sim150$MPa。$\sigma_P=103.95\text{MPa}<[\sigma_p]$，故联接能满足挤压强度要求	$\sigma_P=103.95$MPa $[\sigma_p]=125\sim150$MPa 强度满足

16.2 花 键 联 接

花键联接是由带有多个纵向键齿的轴(外花键)与毂孔(内花键)组成的，如图 16.3 所示。花键可视为由多个平键组成，键齿侧面为工作面，依靠内、外花键齿侧的相互挤压传递转矩。花键可用于静联接，也可用于动联接。

(a) 外花键　　(b) 内花键　　(c) 花键联接

图 16.3　花键组成

16.2.1 花键联接的类型及特点

花键联接可以看作是平键联接在数目上的发展。但是，由于结构型式和制造工艺的不同，与平键联接相比较，花键联接在强度、工艺和使用方面有以下优点：

(1) 因为在轴上与毂孔上直接而匀称地制出较多的齿与槽，齿数增多，总接触面积增大，因而可承受较大的载荷，联接受力较为均匀。

(2) 因槽较浅，齿根处应力集中较小，轴与毂的强度削弱较小。

(3) 轴上零件与轴的对中性好(对高速及精密机器很重要)，导向性较好(对动联接很重要)。

(4) 可用磨削的方法提高加工精度及联接质量。

花键联接的缺点是齿根处仍有应力集中；有时需要专门设备加工，成本较高。因此，花键联接适用于定心精度要求高、载荷大或经常滑移的联接。

按花键齿形不同，可分为矩形花键和渐开线花键两类，均已标准化。

1. 矩形花键

如图 16.4 所示，矩形花键两侧面为相互平行的平面，易加工，应用广泛。矩形花键的定心方式为小径定心，即外花键和内花键的小径为配合面。其特点是定心精度高，定心的稳定性好，能用磨削的方法消除热处理引起的变形。

按齿高的不同，矩形花键的齿形尺寸在标准中规定了两个系列，即轻系列和中系列。轻系列的承载能力较小，多用于静联接或轻载联接；中系列多用于中等载荷的联接。

2. 渐开线花键

渐开线花键的齿廓为渐开线，分度圆压力角有 30°和 45°两种，如图 16.5 所示。齿顶高分别为 0.5m 和 0.4m，此处 m 为模数。与渐开线齿轮相比，渐开线花键齿较短，齿根较宽，不发生根切的最小齿数较少。

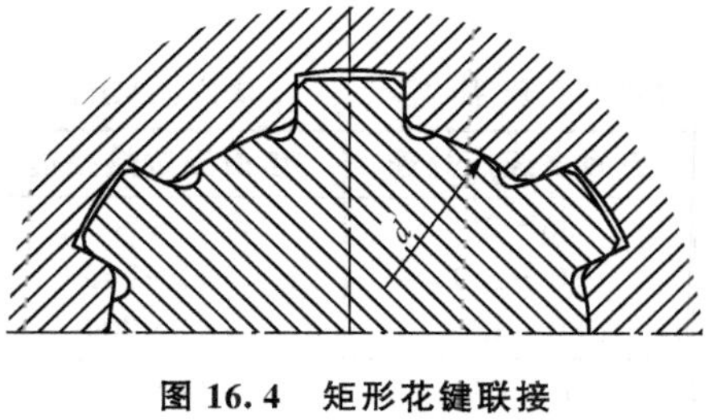

图 16.4 矩形花键联接

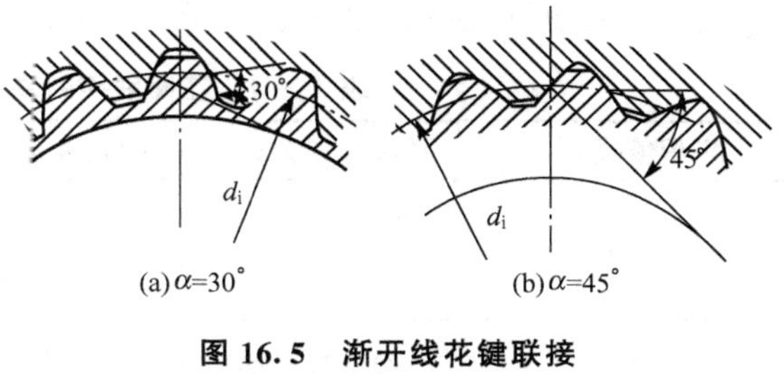

图 16.5 渐开线花键联接

渐开线花键可以用制造齿轮的方法来加工，工艺性较好，制造精度也较高，花键齿的根部强度高，应力集中小，易于定心，当传递的转矩较大且轴径也大时，宜采用渐开线花键联接。压力角为 45°的渐开线花键，由于齿形钝而短，与压力角为 30°的渐开线花键相比，对联接件强度的削弱较少，但齿的工作面高度较小，故承载能力较低，多用于载荷较轻，直径较小的静联接，特别适用于薄壁零件的轴毂联接。

渐开线花键的定心方式为齿形定心。当齿受载时，齿上有径向力，能起到自动定心作用，有利于各齿均匀承载。

16.2.2 花键联接的设计

花键联接的设计与键联接相似，首先根据联接的结构特点、使用要求和工作条件选定花键联接的类型和尺寸，然后进行必要的强度校核计算。

花键联接的主要失效形式是工作面被压溃(静联接)或工作面过度磨损(动联接)。因此，静联接通常按工作面的挤压强度进行计算，动联接则按工作面的耐磨性进行计算。花键联接的受力情况如图 16.6 所示。假定载荷在键的工作面上均匀分布，每个齿工作面上压力的合力 F 作用在平均直径 d_m 处，即传递的转矩 $T=zF\times d_m/2$，并引入系数 ψ 来考虑实际载荷在各花键齿上分配不均的影响，则花键联接的强度条件如下。

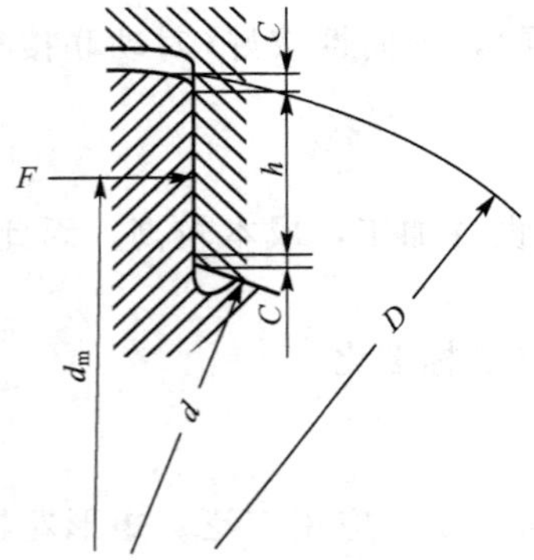

图 16.6 花键联接受力情况

静联接 $$\sigma_p=\frac{2T\times10^3}{\psi zhld_m}\leqslant[\sigma_p] \tag{16-3}$$

动联接 $$p=\frac{2T\times10^3}{\psi zhld_m}\leqslant[p] \tag{16-4}$$

式中 ψ——载荷分配不均系数，与齿数多少有关，一般取 $\psi=0.7\sim0.8$，齿数多时取偏小值；

z——花键的齿数；

l——齿的工作长度(mm)；

h——花键齿侧面的工作高度(mm)，矩形花键 $h=\left[\frac{D-d}{2}-2C\right]$，其中 D 为外花键的大径(mm)，d 为内花键的小径(mm)，C 为倒角尺寸(mm)；渐开线花键 $h=m$ ($\alpha=30°$)，$h=0.8m$ ($\alpha=45°$)，m 为模数；

d_m——花键的平均直径(mm)，矩形花键 $d_m=\frac{D+d}{2}$，渐开线花键 $d_m=d_i$，d_i 为分度圆直径(mm)；

$[\sigma_p]$——花键联接的许用挤压应力(MPa)，见表 16-4；

$[p]$——花键联接的许用压强(MPa)，见表 16-4。

表 16-4 花键联接的许用挤压应力和许用压强 (单位：MPa)

许用值类别	联接工作方式	使用和制造情况	齿面未经热处理	齿面经过热处理
$[\sigma_p]$	静联接	不良 中等 良好	35～50 60～100 80～120	40～70 100～140 120～200
$[p]$	空载下移动的动联接	不良 中等 良好	15～20 20～30 25～40	20～35 30～60 40～70
	在载荷作用下移动的动联接	不良 中等 良好	— — —	3～10 5～15 10～20

注：(1) 使用和制造情况不良是指受变载荷，有双向冲击、振动频率高和振幅大、润滑不良(对动联接)、材料硬度不高或精度不高等。

(2) 同一情况下，$[\sigma_p]$ 或 $[p]$ 的较小值用于工作时间长和重要的场合。

花键材料采用抗拉强度极限不低于 600MPa 的高强度钢。

16.3 销 联 接

销联接的作用主要是：用于确定零件之间的相互位置，一般称为定位销，如图 16.7(a)、(b)所示；可传递不大的转矩，一般称为联接销，如图 16.7(c)所示；作为安全保护中的过载保护元件，一般称为安全销，如图 16.7(d)所示。

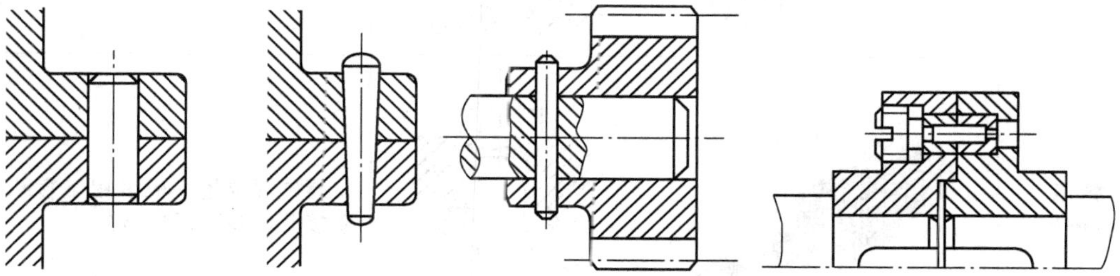

(a) 圆柱定位销　(b) 圆锥定位销　(c) 联接销　(d) 安全销

图 16.7 销联接

销是标准件，基本形式有圆柱销和圆锥销两种，其他形式都由此演化而来，例如内螺纹圆锥销、螺尾圆锥销、开尾圆锥销、槽销和开口销等。销联接类型及特点见表 16－5。

表 16－5 销联接类型及特点

类型	图例	特点及应用
圆柱销	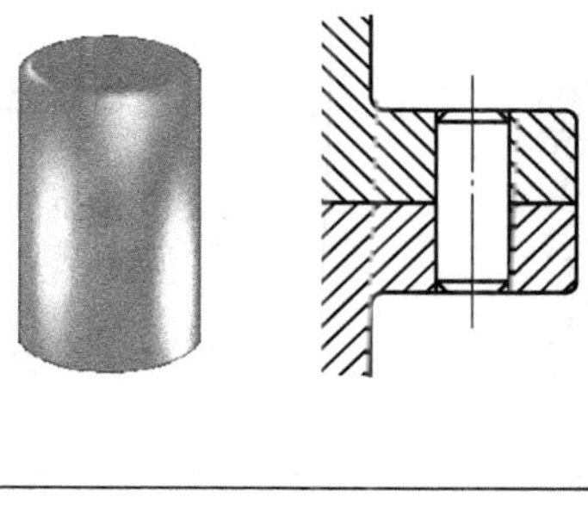	圆柱销是靠销和孔过盈配合固定在孔中的，经过多次拆装后，会降低联接的紧固性及定位精度，所以圆柱销只宜用于不常拆卸处。销孔需铰制
圆锥销	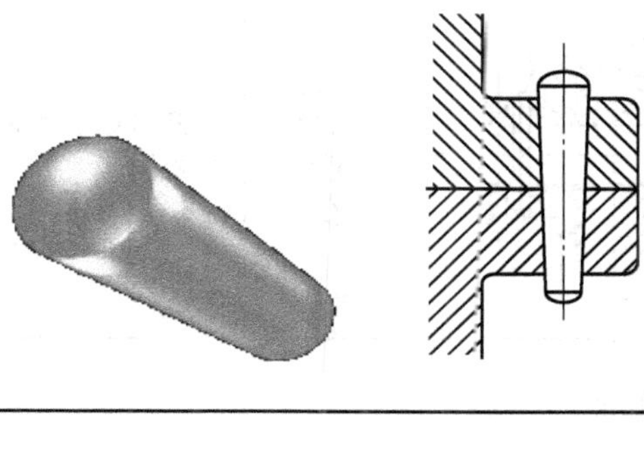	圆锥销具有 1∶50 的锥度，其小头直径为标准值。圆锥销拆装比较方便，有可靠的自锁性能，定位精度高于圆柱销，且在同一销孔中经多次拆装不会影响被联接零件的相互位置精度。因此，圆锥销应用广泛，尤其适用于需要经常拆装的场合。销孔需铰制

（续）

类型	图例	特点及应用
内螺纹圆锥销	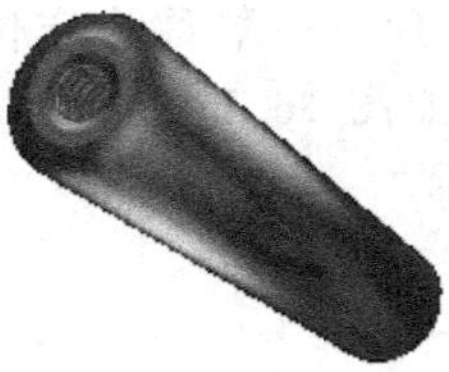 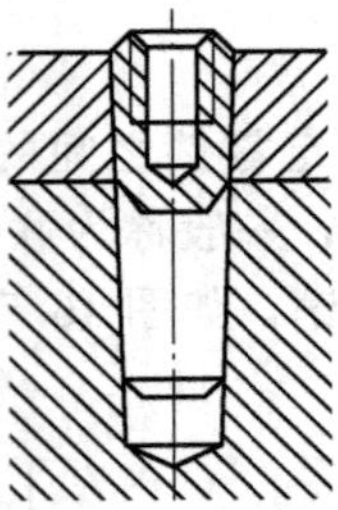	内螺纹圆锥销一般多用于盲孔的联接及拆装不便的场合
螺尾圆锥销	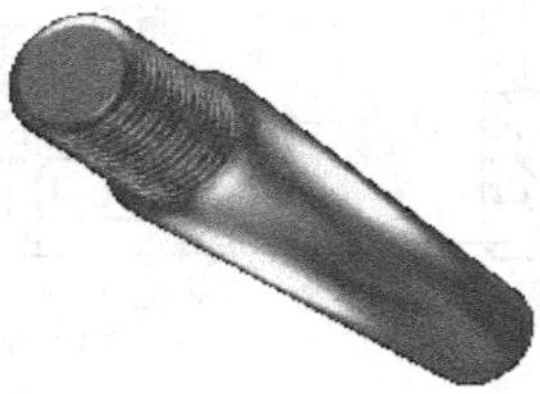 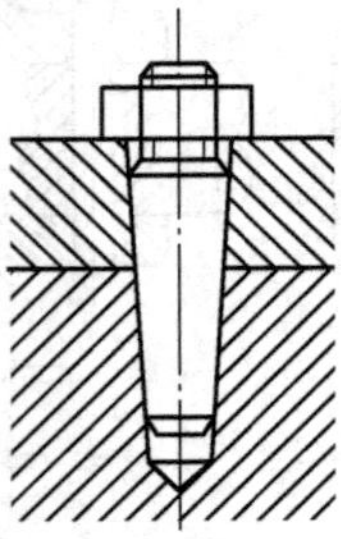	螺尾圆锥销一般多用于盲孔的联接及拆装不便的场合
开尾圆锥销	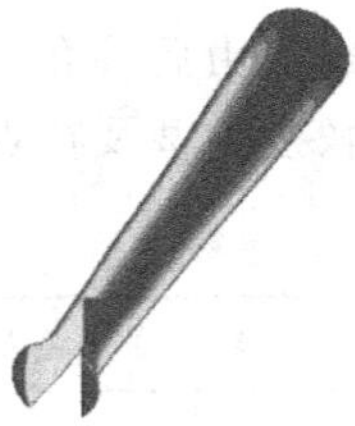 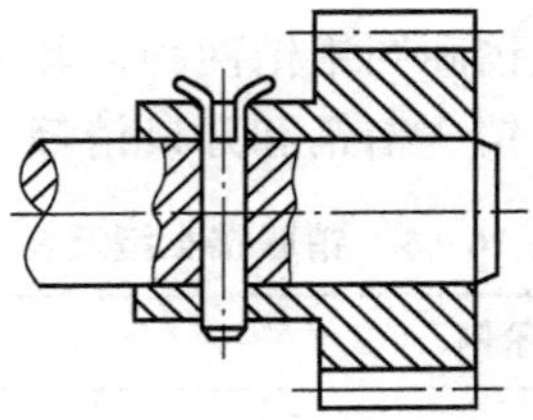	开尾圆锥销用于受冲击、振动的场合
槽销		槽销上有三条纵向沟槽，槽销打入销孔后，由于凹槽产生收缩变形而挤紧在销孔中。多用于传递载荷，对于受振动载荷的联接也适用。销孔无需铰制，加工方便，可多次拆装
开口销	 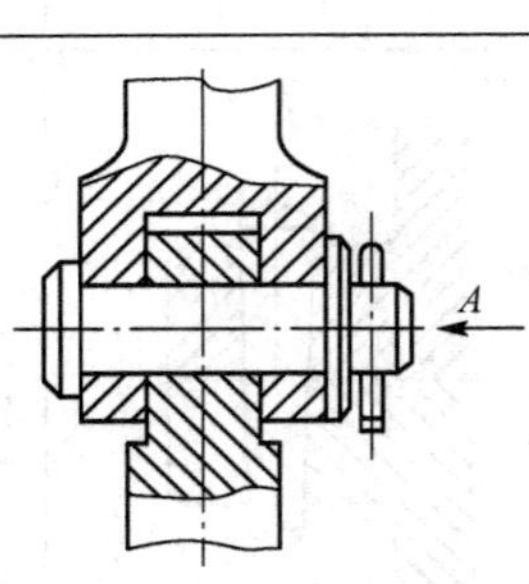 	开口销装配时将尾部分开，以防松脱

销一般用 35 钢、45 钢等材料制造。

16.4 过盈联接

过盈联接是利用包容件(轮毂)和被包容件(轴)间的过盈配合实现的联接。由于材料具有弹性，配合后在两者的配合面间产生径向压力，工作时靠此压力所产生的摩擦力来传递转矩及轴向力，如图16.8所示。过盈联接的配合面通常为圆柱面，也有为圆锥面的。

这种联接结构简单，定心性较好，承载能力较高，并能在变载荷及冲击的情况下工作。由于其承载能力主要取决于装配过盈量的大小，故对配合面的加工精度要求较高。装配不便，不易用于经常拆装的场合。常与平键联合使用以承受大的变载、振动和冲击载荷。

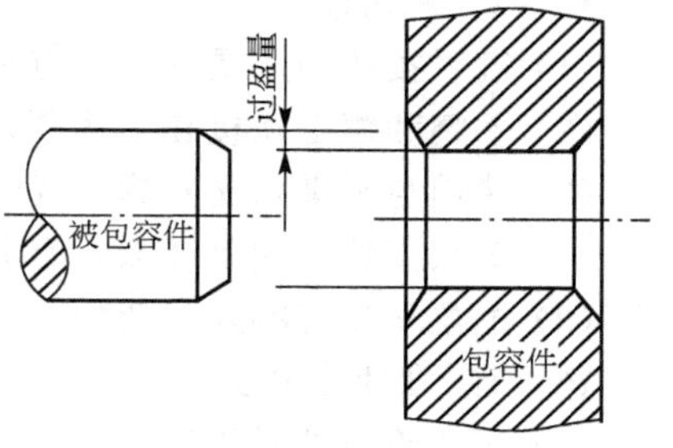

图16.8 过盈联接

圆柱面过盈联接的过盈量或尺寸较小时，一般用压入法装配；过盈量或尺寸较大时，常用温差法(加热包容件或冷却被包容件)装配；大型零件的圆锥面过盈联接可以用高压油进行拆装。

习 题

16-1 选择题

(1) 普通平键联接的主要用途是使轴与轮毂之间____。
A. 沿轴向固定并传递轴向力　　B. 安装与拆卸方便
C. 沿周向固定并传递转矩

(2) 普通平键的工作面是____，工作时靠工作面的相互挤压来传递转矩。
A. 键的上下面　　B. 键的两侧面

(3) 轴上可移动的变速齿轮与轴的联接可选用____。
A. 普通平键　　B. 滑键　　C. 楔键

(4) 能够构成紧键联接(即楔紧)的两种键是____。
A. 楔键和半圆键　　B. 平键和切向键
C. 半圆键和切向键　　D. 楔键和切向键

(5) 对于平键，静连接的主要失效形式是____，动联接的主要失效形式是____。
A. 工作面过度磨损　　B. 键被剪断
C. 键被弯断　　D. 工作面的压溃

(6) 键的剖面尺寸主要是根据____按标准来选择。
A. 传递功率的大小　　B. 轮毂的长度
C. 轴的直径　　D. 传递转矩的大小

(7) 键的长度主要是根据____按标准来选择。
A. 传递功率的大小　　B. 轮毂的长度
C. 轴的直径　　D. 传递转矩的大小

(8) 在同一轴段上，若采用两个平键联接，一般两键____布置。

A. 在同一母线　　B. 相隔 90°

C. 相隔 120°　　D. 相隔 180°

(9) 设计键联接的几项主要内容是：a 按轮毂长度选择键的长度；b 按工作要求选择键的类型；c 按内径选择键的剖面尺寸；d 进行必要的强度校核。具体设计时一般顺序为____。

A. c－d－b－a　B. b－c－a－d　C. a－c－b－d

16－2　思考题

(1) 键联接的功用是什么？有哪些结构类型？

(2) 平键和楔键联接在工作原理上有什么不同？各有什么特点？

(3) 花键与平键相比有哪些优缺点？花键有哪几种？都如何定心？

(4) 销联接的功用是什么？有哪些结构类型？

(5) 过盈联接有哪几种装配方法？

16－3　设计计算题

(1) 一带轮与轴采用平键联接，带轮材料为铸铁，轴和键的材料均为 45 钢，轴径 $d=80$mm，带轮轮毂宽 $B=150$mm，传递功率 $P=5$kW，转速 $n=135$r/min，载荷有轻微冲击。试确定平键的类型及尺寸，并校核其强度。

(2) 在一直径 $d=80$mm 的轴端，安装一钢制直齿圆柱齿轮(图 16.9)，轮毂宽度 $B=1.5d$，且载荷有轻微冲击，试选择键的尺寸，并计算其能传递的最大转矩。

(3) 图 16.10 所示为变速箱中的双联滑移齿轮，传递的额定功率 $P=4$kW，转速 $n=250$r/min。齿轮在空载下移动，工作情况良好。试选择花键类型和尺寸，并校核联接的强度。

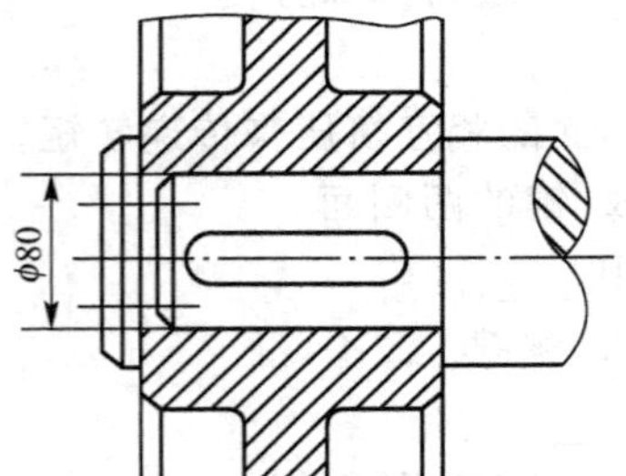

图 16.9　题 16－3(2)图

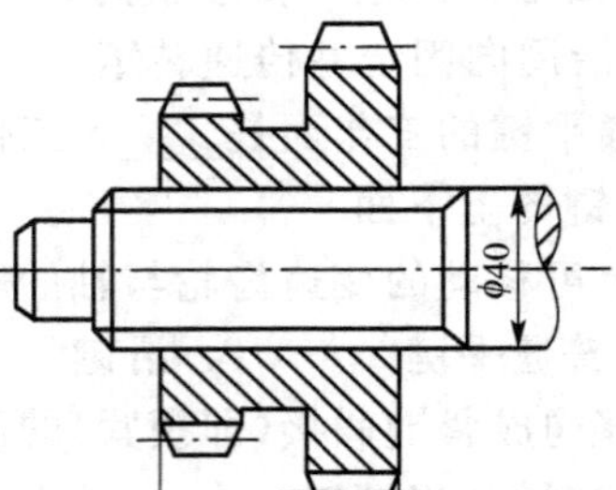

图 16.10　题 16－3(3)图

第17章 联轴器和离合器

教学提纲

本章主要介绍几种典型的联轴器和离合器的工作原理、类型、特点和应用。

教学目标

1. 了解常用联轴器与离合器的工作原理、结构、特点和应用。
2. 掌握联轴器的选用原则。

联轴器和离合器都是机械传动中常用的部件。图 17.1 所示为液体搅拌机，减速器 2 输出轴与搅拌轴 5 通过凸缘联轴器 4 相联，将电动机的运动和动力传递给搅拌轴，以实现液体搅拌的目的。所以，联轴器和离合器主要用来实现轴与轴的联接，有时也联接轴与其他回转零件，如齿轮、带轮等，使它们一起旋转并传递运动和动力；有时也可作为一种安全装置用来防止被联接件承受过大的载荷，起到过载保护的作用。

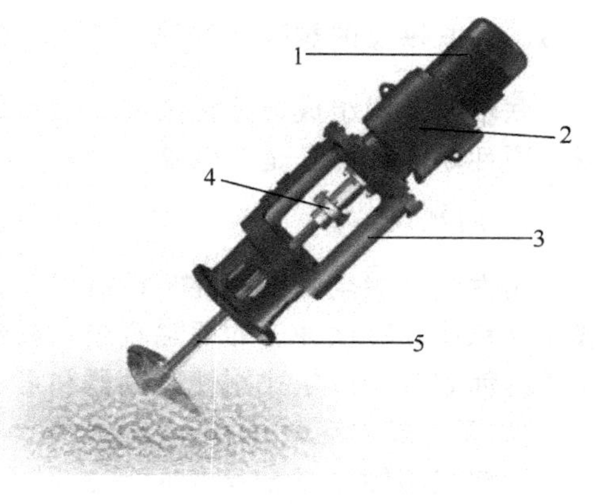

图 17.1 液体搅拌机

1—电动机；2—减速器；3—机架；4—凸缘联轴器；5—搅拌轴

联轴器与离合器的不同之处是：用联轴器联接两轴时，在机器运转时两轴是不能分离的，只有在机器停止运转后，经过拆卸才能使两轴分离；而用离合器联接两轴时，在机器运转过程中，可以根据工作需要随时接合或分离两轴，机器不需停车，从而达到操纵机器传动系统的断续，以便进行变速及换向。

联轴器和离合器的种类很多，其中大多已标准化和系列化。设计时可根据工作要求，先选定合适的类型，再按被联接轴的直径、转矩和转速从有关手册中查出相应的型号和尺寸。必要时再验算其中主要工作零件的强度和其他性能。

17.1 联 轴 器

联轴器一般由两个半联轴器及联接件组成。通常两个半联轴器分别与主、从动轴采用键联接。

联轴器联接的两轴常属于两个不同的机器或部件，理论上被联接的两轴应该是共线的，但由于制造和安装的误差、运转时零件的受载变形、轴承的磨损、温度的变化、基础下沉和转动零件的不平衡等原因，都可使被联接的两轴相对位置发生变化，出现如图 17.2 所示的相对位移和偏斜。由此可知，联轴器除了能传递所需的转矩外，还应具有补偿两轴线的相对位移或偏斜、减振与缓和冲击及保护机器等性能。

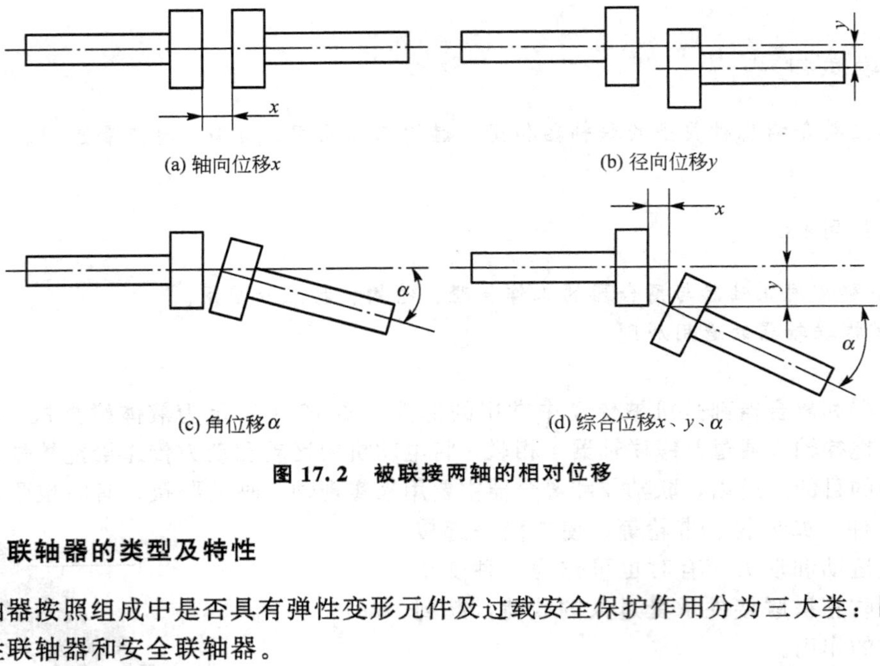

(a) 轴向位移x　(b) 径向位移y

(c) 角位移α　(d) 综合位移x、y、α

图 17.2　被联接两轴的相对位移

17.1.1　联轴器的类型及特性

联轴器按照组成中是否具有弹性变形元件及过载安全保护作用分为三大类：刚性联轴器、弹性联轴器和安全联轴器。

1. 刚性联轴器

刚性联轴器全部由刚性零件组成，将两轴联接成刚体，没有缓冲减振能力，故适用于载荷平稳或有轻微冲击的两轴联接。在刚性联轴器中，还可以根据它能否补偿被联接两轴间的位移划分为固定式刚性联轴器和可移式刚性联轴器两大类。

1）固定式刚性联轴器

固定式刚性联轴器结构简单、零件少、质量轻、制造容易、成本低，在一些转速不高、载荷平稳的场合应用广泛。固定式刚性联轴器不具有补偿两轴相对位移的能力，如果安装调整时未达到对中要求或工作中因轴承磨损等原因引起两轴相对位移，将产生附加载荷，影响传动性能和使用寿命。为了减轻附加载荷的影响，所联两轴应采用刚度大而且稳固的轴承，同时应使所联两轴的中心线严格对中。

固定式刚性联轴器常用的有凸缘联轴器、套筒联轴器和夹壳联轴器，见表 17－1。

表 17－1 常用的固定式刚性联轴器的结构及特点

(1) 凸缘联轴器	
图例	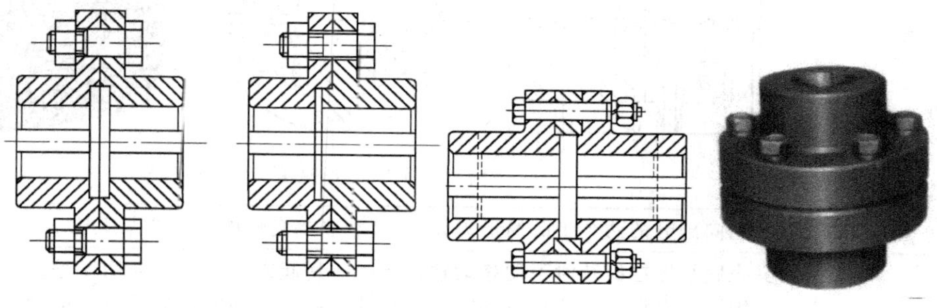 (a) GY型铰制孔螺栓对中 (b) GYS型凸肩和凹槽对中 (c) GYH型对中环对中
组成	由两个带凸缘的半联轴器和联接螺栓等组成
特点及应用	凸缘联轴器是固定式刚性联轴器中应用最广的一种，有三种对中方式。图(a)所示结构是靠铰制孔螺栓来实现两轴对中的，靠螺栓杆承受剪切及螺栓杆与孔壁间的挤压来传递转矩；图(b)是靠一个半联轴器上的凸肩与另一个半联轴器上的凹槽相配实现对中的，用普通螺栓联接，依靠螺栓拧紧后两个半联轴器接触面间的摩擦力传递转矩。当尺寸相同时，前者可传递较大的转矩，而且在装拆时不需要使轴做轴向移动，但铰孔加工较麻烦；图(c)是靠两半联轴器之间的对中环对中的。 凸缘联轴器结构简单，制造成本低，工作可靠，拆装较方便，可传递较大转矩，主要用于联接载荷平稳，要求对中性较高的两轴
(2) 套筒联轴器	
图例	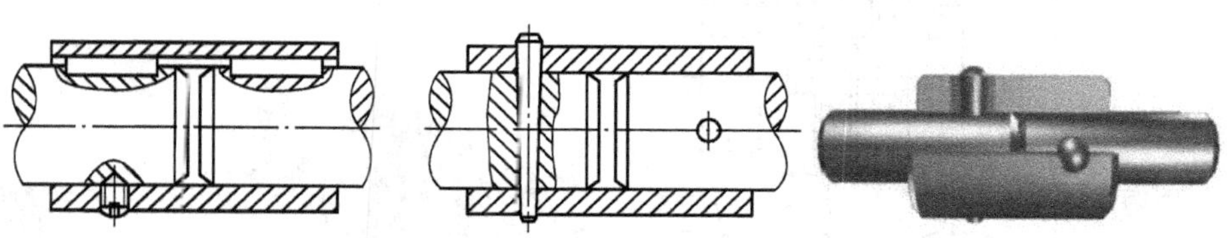 (a) 键联接 (b) 销联接
组成	由联接两轴轴端的套筒和联接零件(销或键)构成
特点及应用	套筒联轴器是最简单的联轴器。其结构简单，径向尺寸小，制造容易，成本低。但装拆时轴需作较大的轴向移动。多用于两轴对中严格、传递转矩较小、低速且较为平稳的场合(例如机床)

（续）

(3) 夹壳联轴器	
图例	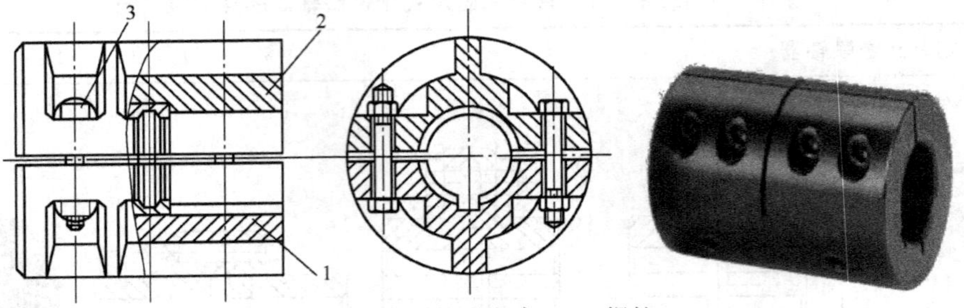 1、2—半圆筒形夹壳；3—螺栓
组成	由纵向剖分的两个半圆筒形夹壳 1、2 和联接它们的螺栓 3 所组成
特点及应用	夹壳联轴器在拆装时不用移动轴，所以使用起来很方便。常用于垂直传动的轴。为了使两轴对中方便并使联轴器固定在垂直轴上，在两轴的端部还有一部分半环，固定在轴端相应的环形槽中。夹壳材料一般为铸铁，少数用钢 中小尺寸的夹壳联轴器主要依靠夹壳和轴之间的摩擦力来传递转矩；大尺寸的夹壳联轴器主要用键传递转矩。为了改善平衡状况，螺栓应正、倒相间安装。夹壳联轴器主要用于载荷平稳的低速场合

2）可移式刚性联轴器

可移式刚性联轴器的组成元件都是刚性件，故承载能力较大。它依靠零件之间的刚性相对移动对两轴间的位移误差有一定的补偿作用。用于两轴有一定限度的轴线位移场合，但不宜用于有冲击振动的场合。这类联轴器补偿两轴间的相对位移时，其元件间有相对滑动，为了减轻摩擦，提高传动效率，应重视联轴器的润滑。

常用的可移式刚性联轴器有十字滑块联轴器、万向联轴器和齿式联轴器等，见表 17－2。

表 17－2　常用的可移式刚性联轴器的结构及特点

(1) 十字滑块联轴器	
图例	 1、3—半联轴器；2—十字滑块
组成	由两个半联轴器 1、3 与十字滑块 2 组成
特点及应用	十字滑块 2 两侧互相垂直的凸牙分别与两个半联轴器的凹槽组成移动副。工作时，十字滑块随两轴转动，同时又相对于两轴移动以补偿两轴的径向位移。这种联轴器允许的径向位移较大，并允许有不大的角度位移和轴向位移。由于十字滑块偏心回转会产生离心力，故不宜用于有剧烈冲击的高速场合。为了减少十字滑块相对移动时的磨损及提高传动效率，需要定期进行润滑

（续）

（2）万向联轴器

图例	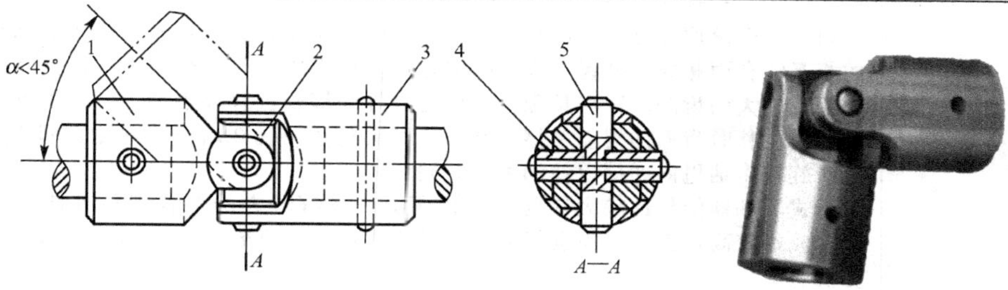(a) 单万向联轴器 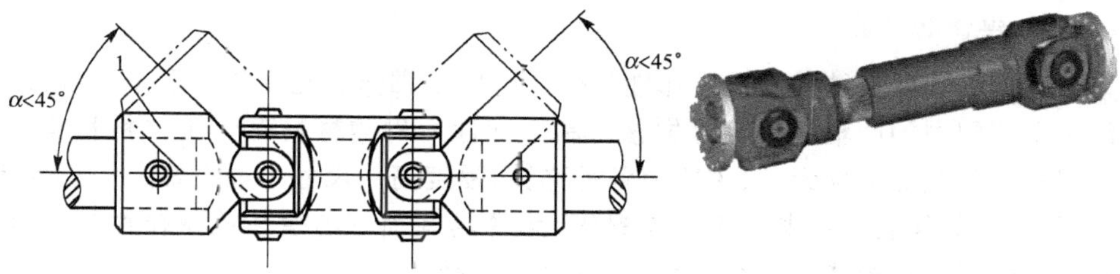(b) 双万向联轴器 1、3—叉形接头；2—十字形接头；4、5—轴销
组成	由两个叉形接头 1、3(半联轴器)、一个十字形接头 2 和轴销 4、5 组成
特点及应用	允许两轴间有较大的角度偏差，两轴夹角 α 最大可达 45°，而且夹角改变仍可正常传动。单万向联轴器(图(a))主、从动轴角速度不同步。当主动轴以等角速度回转时，从动轴的角速度将在一定范围内作周期性变化，这将在传动中引起附加动载荷，所以它很少在机器中单个使用。为了消除这一缺点，常将单万向联轴器成对使用，即双万向联轴器(图(b)) 万向联轴器结构紧凑，维护方便，能够补偿较大的角位移，广泛应用于汽车、拖拉机、轧钢机和金属切削机床中

（3）齿式联轴器

图例	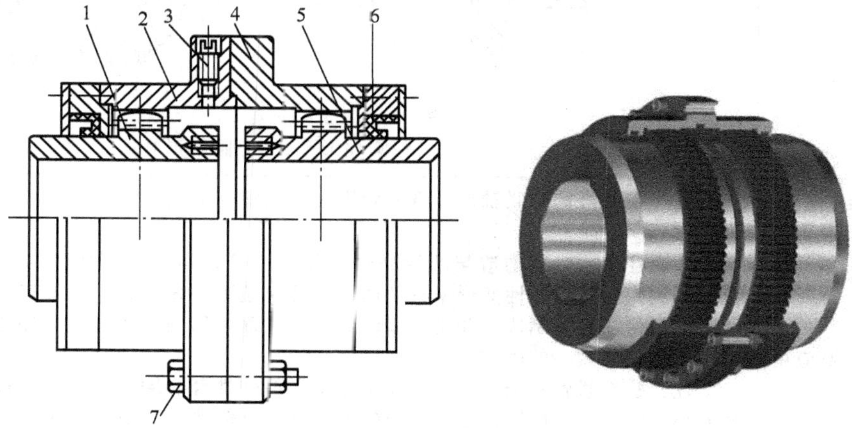1、5—内套筒；2、4—外壳；3—注油孔；6—密封圈；7—螺栓

（续）

组成	由两个具有外齿的内套筒1、5和两个具有内齿和凸缘的外壳2、4组成
特点及应用	两个内套筒用键分别与两轴相联，两个外壳用螺栓相联，外壳与内套筒通过内、外齿的相互啮合而相联。外齿的齿顶做成球面，球面中心位于轴线上，齿侧制成鼓形，轮齿间留有较大的齿侧间隙和顶隙，因此有良好的综合位移补偿能力。为了减小齿式联轴器在补偿位移时齿面的滑动摩擦和磨损，可通过注油孔3向壳体内注入润滑油，并通过内套筒旋转将油甩向四周以便润滑啮合轮齿 齿式联轴器能传递较大转矩，工作可靠，具有较大的综合位移补偿能力，但结构复杂，成本较高，工作时需良好的润滑，通常用于正反转多变、起动频繁、高速重载的重型机械中

2. 弹性联轴器

弹性联轴器在结构中设有弹性元件，可以依靠弹性元件的变形来缓冲减振，还可以补偿一定范围内的两轴间的相对位移。制造弹性元件的材料有金属材料和非金属材料两种。金属材料制成的弹性元件(主要为各种弹簧)强度高，尺寸小而寿命长，但制造成本高；非金属材料(如橡胶、尼龙、工程塑料等)元件具有良好的缓冲或减振性能，重量轻、便宜，但强度较低，承载能力较小，易老化，寿命较低。

目前，弹性联轴器应用较为广泛，品种也越来越多，常用的有弹性套柱销联轴器、弹性柱销联轴器、梅花形弹性联轴器、轮胎式联轴器等，见表17－3。

表17－3　常用的弹性联轴器结构及特点

(1) 弹性套柱销联轴器	
图例	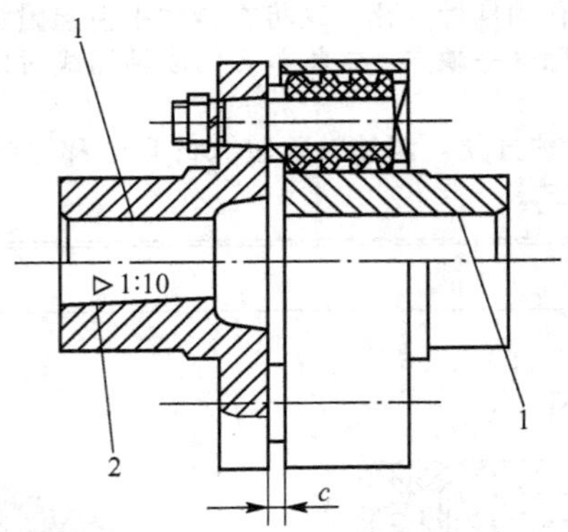 1—圆柱形孔；2—圆锥形孔
组成	由两个带凸缘的半联轴器和套有弹性套的柱销等组成
特点及应用	弹性套柱销联轴器构造与凸缘联轴器相似，只是用套有弹性套的柱销代替了联接螺栓，利用弹性套的弹性变形来补偿两轴的径向位移和角位移，并具有缓冲减振作用。弹性套常用耐油橡胶制成，并制成齿形或鼓形截面以增强弹性。为了补偿轴向位移，安装时应留出相应大小的间隙 c 弹性套柱销联轴器结构简单，装拆方便，但弹性套易磨损，寿命较短，主要用于冲击载荷小，经常正、反转，起动频繁的中、小功率传动中，是弹性联轴器中应用最广泛的一种

（续）

（2）弹性柱销联轴器	
图例	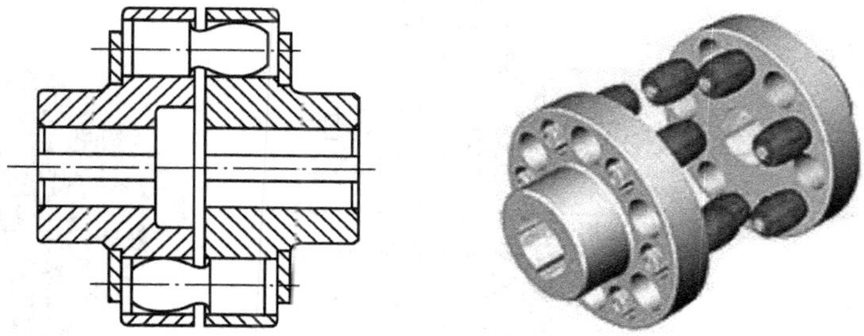
组成	由两个带凸缘的半联轴器和弹性柱销等组成
特点及应用	弹性柱销联轴器结构与弹性套柱销联轴器相似，主要区别是利用若干个非金属材料制成的柱销置于两个半联轴器凸缘的孔中，以实现两轴的联接。柱销通常用尼龙制成，而尼龙具有一定的弹性。为了防止柱销脱出，在柱销两端配置挡圈 弹性柱销联轴器结构简单，加工容易，更换柱销方便。由于尼龙柱销的弹性不如橡胶，故补偿位移量不大，有一定的吸振能力，但强度高，传递转矩较大，耐磨性好，寿命长，一般用于正、反向运转，起动频繁，转速较高的场合
（3）梅花形弹性联轴器	
图例	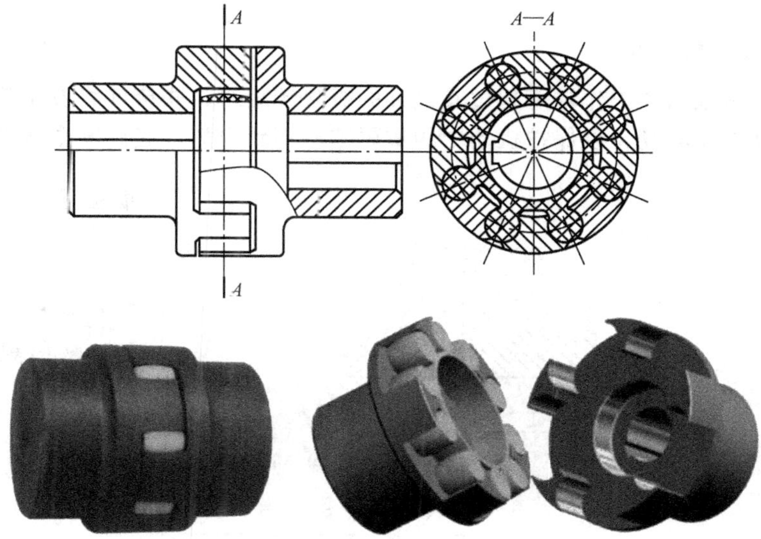
组成	由两个带凸牙的半联轴器和呈梅花形的弹性元件组成
特点及应用	弹性元件置于两半联轴器的凸牙之间，工作时，弹性元件受径向挤压以传递转矩。并通过弹性元件的弹性变形，具有缓冲吸振能力，并且有较大的补偿两轴线相对综合位移的能力 弹性元件用聚氨酯橡胶及尼龙等材料制成，其强度高，耐磨性好，传递转矩较大，使用寿命长。梅花形弹性联轴器还具有结构简单，装拆方便，径向尺寸小等特点，适用于各种机械传动

（续）

(4) 轮胎式联轴器	
图例	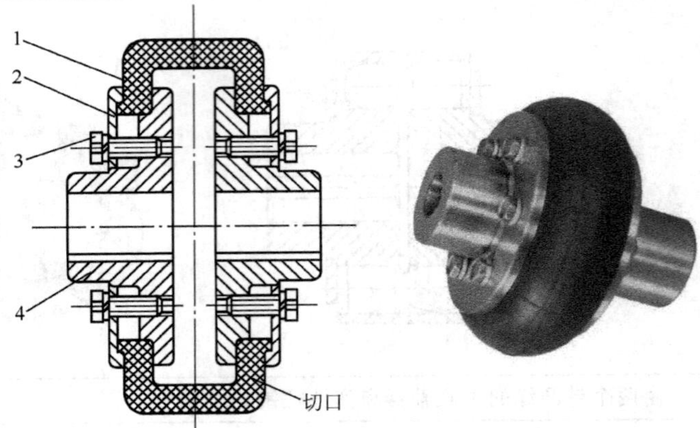 1—轮胎；2—压板；3—螺钉；4—半联轴器
组成	由两个半联轴器、弹性元件(轮胎)、压板和螺钉组成
特点及应用	轮胎式联轴器的弹性元件是由橡胶或橡胶织物制成的轮胎 1，利用压板 2 和螺钉 3 与两个半联轴器 4 相联接，依靠拧紧螺钉在轮胎与凸缘端面之间产生的摩擦力来传递转矩 这种联轴器弹性大，易变形，其补偿位移能力和缓冲减振性能都比较强，并且使用寿命长，不需润滑。径向尺寸比其他联轴器大，但轴向尺寸较小。适用于潮湿、多尘、冲击大、起动频繁以及相对位移较大的场合

3. 安全联轴器

安全联轴器在工作转矩超过其允许的极限转矩时，联接件将发生折断或脱开从而使从动轴自动停止转动，以保护机器中的重要零件不致损坏，起到安全保护作用。

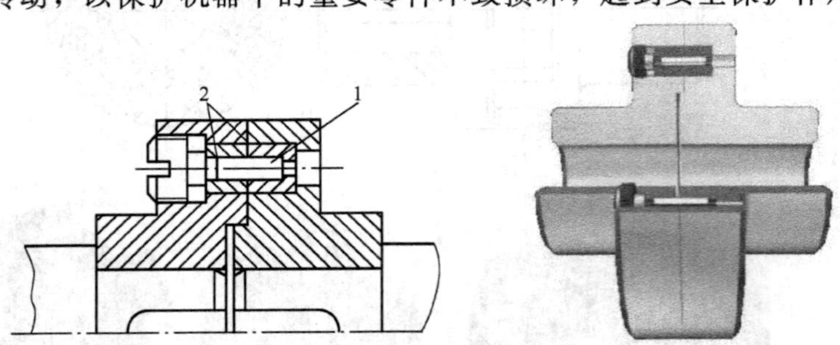

(a) 单剪

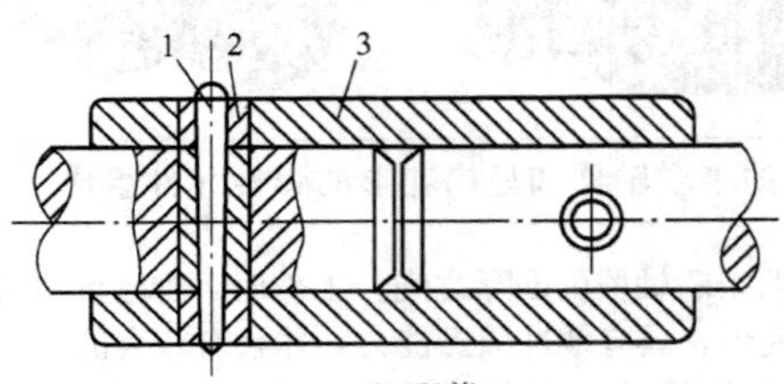

(b) 双剪

图 17.3 安全联轴器

1—销钉；2—套管；3—套筒

安全联轴器有单剪(图 17.3(a))和双剪(图 17.3(b))两种。单剪式安全联轴器的结构类似于凸缘联轴器，但不用螺栓联接，而用特定的销钉代替联接螺栓，销钉装入经过淬火的两段钢制套管中。当载荷超过限定值时，销钉被剪断，转矩的传递被终止。

这种安全联轴器结构简单，但在更换销钉时必须停机操作，也不能补偿两轴的相对位移。所以，这种联轴器不宜用在经常发生过载而需更换销钉的场合，也不宜用在被联两轴对中不易保证的场合。

17.1.2 联轴器的选择

一般根据受荷情况、计算转矩、轴端直径、工作转速及两轴相对位置等来选择联轴器。

1. 类型的确定

全面了解常用联轴器的特点、应用范围及使用场合是正确选用联轴器类型的前提。其选用的原则为：低速、刚性大的轴，选用固定式联轴器；低速、刚性小的轴或长轴，选用可移式刚性联轴器；大功率重载传动，选用齿式联轴器；高速且有冲击或振动的轴，选用弹性联轴器；轴线相交的两轴，选用万向联轴器；有严重冲击或要求减振的传动，选用轮胎联轴器；有过载安全保护要求的，选用安全联轴器。

2. 型号的确定

类型确定以后，再根据转矩 T、轴端直径 d 及转速 n 等从有关标准手册中选择联轴器型号和尺寸。选择时应满足：

(1) 联轴器计算转矩 T_{ca}(N·mm)应小于或等于所选型号的公称转矩 T_n，即

$$T_{ca} \leqslant T_n$$

(2) 联轴器工作转速 n 应小于或等于所选型号的许用转速 $[n]$，即

$$n \leqslant [n]$$

(3) 被联接两轴直径在所选型号的孔径范围内，即

$$d_{min} \leqslant d \leqslant d_{max}$$

联轴器的计算转矩可按式(17-1)计算

$$T_{ca} = KT \tag{17-1}$$

式中 T——联轴器传递的名义转矩(N·mm)；

K——工作情况系数，见表 17-4。

表 17-4 工作情况系数 K

工 作 机	原动机为电动机
发电机、小型通风机、小型离心泵	1.3
透平压缩机、木工机械、输送机	1.5
搅拌机、增压泵、有飞轮的压缩机、冲床	1.7
织布机、水泥搅拌机、拖拉机	1.9
挖掘机、起重机、碎石机、造纸机	2.3

[例 17-1] 试选择模块四图 (b)带式输送机中斜齿圆柱齿轮减速器输出轴与卷筒轴之间的联轴器型号。根据例 13-1 设计，已知减速器输出轴功率 $P=2.25$kW，转速 $n=$

95.7r/min，传递的转矩 $T=224.53\text{N}\cdot\text{m}$，输出轴安装联轴器轴段直径 $d=40\text{mm}$。经初估轴的直径计算，卷筒轴安装联轴器轴段直径 $d=35\text{mm}$。

解：设计见下表

计算及说明	结果
1. 选择联轴器类型 为了缓和冲击和减轻振动，选用弹性套柱销联轴器	弹性套柱销联轴器
2. 求计算转矩 由表 17-4 查得，工作机为输送机时工作情况系数 $K=1.5$。由式(17-1)得计算转矩 $T_{ca}=KT=1.5\times224.53=337\text{N}\cdot\text{m}$	$T_{ca}=337\text{N}\cdot\text{m}$
3. 确定联轴器型号 由设计手册选取弹性套柱销联轴器型号为 LT7，该联轴器的公称转矩为 500N·m；半联轴器材料为铸铁时，许用转速为 2800r/min，以上数据均能满足本题的要求，故合适。LT7 联轴器允许的轴孔直径在 40～48mm 之间，故输出轴与卷筒轴安装联轴器轴段直径均为 40mm	型号为 LT7
联轴器的标记为：LT7 联轴器 J40×84(GB/T 4323—2002)	LT7 联轴器 J40×84 (GB/T 4323—2002)

17.2 离　合　器

由于离合器在机器工作中能随时使被联接两轴分离或接合，因此，对离合器的基本要求如下：

(1) 离、合迅速，平稳无冲击，分离彻底，动作准确可靠；

(2) 操纵方便省力，易于制造，调整维修方便；

(3) 接合元件耐磨性高，寿命长，散热条件好；

(4) 结构简单，重量轻，惯性小，外形尺寸小，工作安全。

离合器的类型很多，常用的有牙嵌式和摩擦式两类，见表 17-5。

表 17-5　常用的离合器结构及特点

1. 牙嵌式离合器	
图例	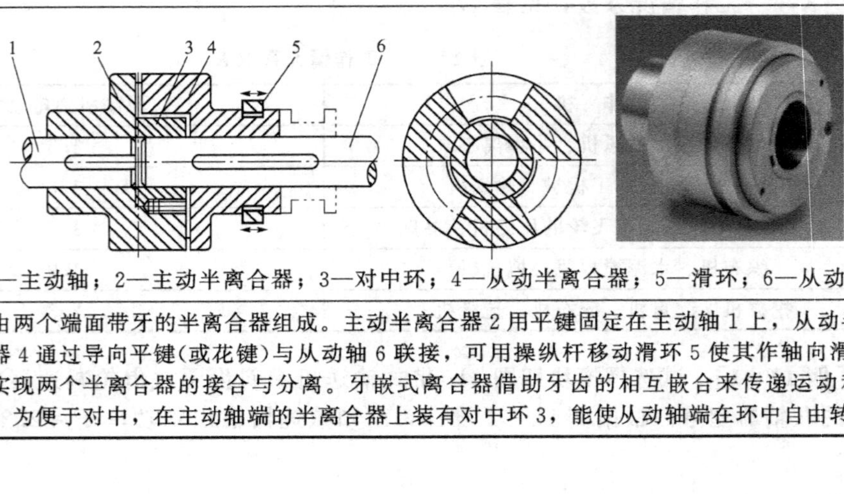 1—主动轴；2—主动半离合器；3—对中环；4—从动半离合器；5—滑环；6—从动轴
工作原理	由两个端面带牙的半离合器组成。主动半离合器 2 用平键固定在主动轴 1 上，从动半离合器 4 通过导向平键(或花键)与从动轴 6 联接，可用操纵杆移动滑环 5 使其作轴向滑移，以实现两个半离合器的接合与分离。牙嵌式离合器借助牙齿的相互嵌合来传递运动和转矩。为便于对中，在主动轴端的半离合器上装有对中环 3，能使从动轴端在环中自由转动

（续）

（1）牙嵌式离合器		
特点及应用		牙嵌离合器结构简单，外廓尺寸小，工作可靠，能传递较大的转矩，故应用广泛。但在运转时接合有冲击，容易打坏牙，故只能在低速或静止状态下接合
2. 圆盘摩擦式离合器		
单盘摩擦式离合器	图例	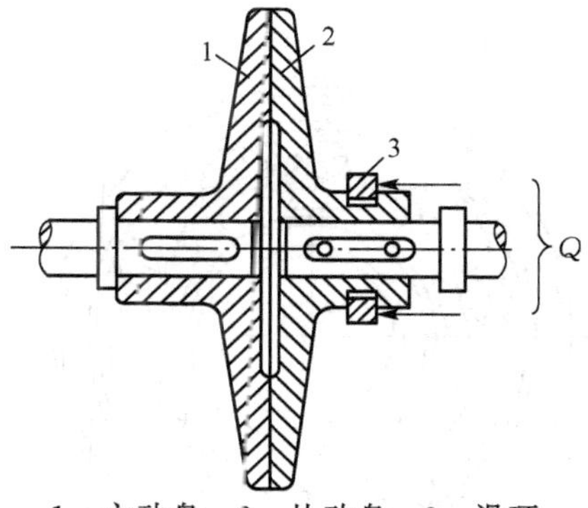1—主动盘；2—从动盘；3—滑环
	工作原理	主动盘 1 固结在主动轴上，从动盘 2 与从动轴相联可沿从动轴上的导向平键滑动，滑环 3 使两圆盘实现结合或分离动作。工作时正压力 Q 在两个圆盘接触面间产生摩擦力，以传递转矩
	特点及应用	单盘摩擦式离合器结构简单，散热性好，分离彻底，但传递转矩不大，适用于传递转矩小的轻型机械（如包装机械、纺织机械等）
多盘摩擦式离合器	图例	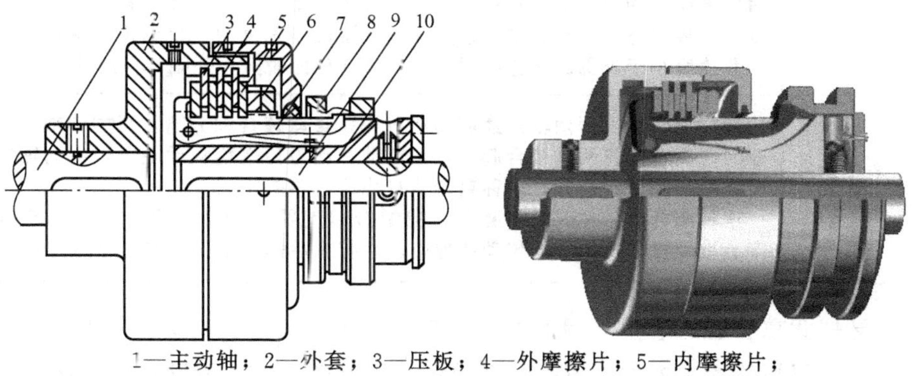1—主动轴；2—外套；3—压板；4—外摩擦片；5—内摩擦片； 6—双螺母；7—杠杆；8—滑环；9—从动轴；10—内套
	工作原理	它有两组摩擦盘。主动轴 1 与外套 2 相联接，从动轴 9 与内套 10 联接。外套内装有一组外摩擦片 4，可以沿外套的内槽移动，并随外套一起回转。内摩擦片 5 与内套的纵向凹槽相联接，可以沿内套上的槽滑动，并可带动内套回转。当滑环 8 在操纵杆的作用下向左移动时，通过杠杆 7 将内、外摩擦片压紧，离合器处于接合状态；若滑环向右移动，杠杆不再压紧摩擦片，离合器即分离。双螺母 6 用来调整摩擦片间的间隙大小
	特点及应用	在传递大转矩情况下，因受摩擦盘尺寸的限制不宜应用单盘摩擦式离合器，这时要采用多盘摩擦式离合器

（续）

摩擦式离合器与牙嵌式离合器比较	优点：两轴能在不同速度下接合；接合和分离过程比较平稳，冲击振动小；从动轴的加速时间和所传递的最大转矩可以调节；过载时摩擦面间将发生打滑，避免其他零件受到损坏。 缺点：结构复杂，成本高，当产生滑动时不能保证被联接两轴间的精确同步转动
3. 滚柱式超越离合器	
图例	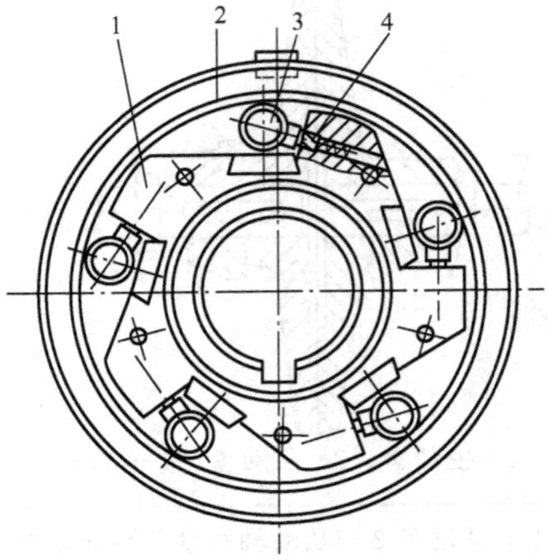  1—星轮；2—外圈；3—滚柱；4—弹簧顶杆
工作原理	由星轮 1、外圈 2、滚柱 3 和弹簧顶杆 4 组成。滚柱被弹簧顶杆压向楔形槽的狭窄部位，与外圈和星轮接触。当星轮为主动件并沿顺时针方向转动时，滚柱在摩擦力的作用下被楔紧在槽内，星轮借助摩擦力带动外圈同步转动，离合器处于接合状态。当星轮逆时针方向转动时，滚柱被带到楔形槽的较宽部位，星轮无法带动外圈一起转动，离合器处于分离状态。即星轮的角速度大于外圈的角速度时，星轮可以带动外圈转动，当星轮的角速度小于外圈的角速度时，星轮将与外圈脱开，外圈自行向前转动
特点及应用	超越离合器根据两轴角速度的相对关系自动接合和分离。当主动轴转速大于从动轴转速时，离合器将两轴接合起来，把运动和动力传递给从动轴；当主动轴转速小于从动轴时，两轴脱开。因此，这种离合器只能传递单向转矩 这种离合器工作时没有噪声，但制造精度要求较高，故适用于高速传动，常用于汽车、拖拉机和机床等的传动装置中，自行车后轴上也安装有超越离合器

牙嵌式离合器的牙型常用的有三角形、矩形、梯形、锯齿形，其径向剖面如图 17.4 所示。三角形牙多用于轻载情况，容易接合、分离，但牙尖强度低。矩形牙没有轴向力，但不便于接合，分离也困难，磨损后无法补偿，所以很少使用，仅用于静止时手动接合。梯形牙的侧面制成 2°～8°的斜角，牙根强度较高，能传递较大的转矩，并可补偿磨损而产生的齿侧间隙，从而减少冲击，接合与分离比较容易，因此梯形牙应用较广。三角形、矩形、梯形牙都可以双向工作。而锯齿形牙只能传递单向转矩，实现单向工作，但它的牙根强度很高，传递转矩很大，当反转时由于有较大的轴向力而迫使离合器自行分离，所以只能用于特定的场合。

摩擦式离合器中的摩擦片结构如图 17.5 所示。摩擦片材料常用淬火钢片或压制石棉片制成。摩擦片数目多，可以增大所传递的转矩。但片数过多，将使各层间压力分布不均

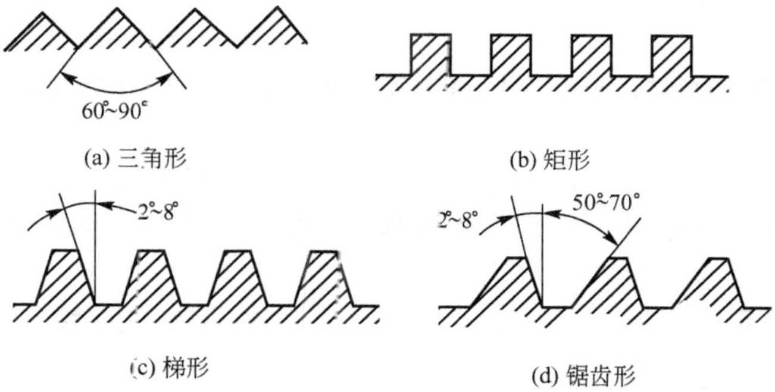

(a) 三角形　(b) 矩形　(c) 梯形　(d) 锯齿形

图 17.4　牙嵌式离合器的牙型

匀，影响离合器的灵活性，所以一般不超过 12～15 片。接合面的材料对摩擦式离合器的正常工作影响很大，因此要正确匹配摩擦材料。接合面材料不仅要有较大的摩擦系数，而且要耐磨、耐高温。润滑不完善的离合器可采用铸铁与铸铁或铸铁与钢材料。在干摩擦下工作的离合器，最好采用铸铁与混有塑料的石棉制品。

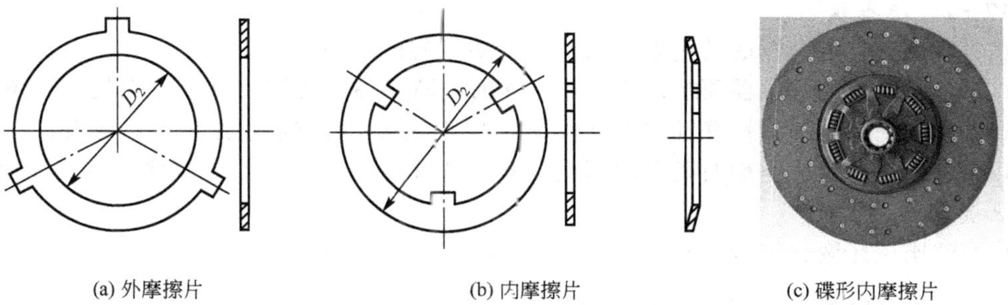

(a) 外摩擦片　(b) 内摩擦片　(c) 碟形内摩擦片

图 17.5　摩擦式离合器中的摩擦片

习　　题

17－1　选择题

(1) 联轴器和离合器的主要作用是____。

A. 联接两轴，使其一同旋转并传递转矩　B. 补偿两轴的相对位移

C. 防止机器发生过载　D. 缓和冲击和振动

(2) 联轴器与离合器的根本区别在于____。

A. 联轴器只能用来联接两根轴；离合器还可用来联接轴上的其他回转零件

B. 联轴器只能用来传递转矩；离合器除传递转矩外，还可用作安全、定向或起动装置

C. 要把被联轴器联接的两轴分开，需要使机器停车进行拆卸；离合器可在机器工作过程中随时使两轴接合或分离

(3) 弹性套柱销联轴器属于____联轴器。

A. 固定式刚性　　B. 可移式刚性

C. 弹性　　D. 安全

(4) 使用____离合器时，只能在低速或停车后离合，否则会产生严重冲击甚至损坏离合器。

A. 超越　　B. 牙嵌式　　C. 摩擦式

(5) 在载荷平稳，冲击不大，但两轴线具有一定程度的相对位移量的情况下，通常宜采用____联轴器。

A. 固定式刚性　　B. 可移式刚性

C. 弹性　　D. 安全

(6) 对于工作载荷平稳，转速稳定且对中性好的两轴，宜选用____联轴器。

A. 刚性凸缘　　B. 十字滑块

C. 弹性柱销

(7) 某机器的两轴，要求在任何转速下都能接合，应选择____。

A. 摩擦式离合器　　B. 凸缘联轴器

C. 弹性联轴器　　D. 牙嵌式离合器

17-2　思考题

(1) 联轴器和离合器的功用是什么？两者功用有何不同？

(2) 为什么有的联轴器要求严格对中，而有的联轴器则可以允许有较大的综合位移？

(3) 刚性联轴器和弹性联轴器有何优缺点？各举例说明它们适用于什么场合。

(4) 选择联轴器的类型时要考虑哪些因素？选择原则是什么？确定联轴器的型号应满足什么要求？

(5) 试比较牙嵌式离合器和摩擦式离合器的特点和应用。

(6) 解释联轴器的标记：LT3 联轴器$\dfrac{\mathrm{ZC}16\times30}{\mathrm{JB}18\times30}$(GB/T 4323—2002)。

17-3　设计计算题

(1) 电动机与增压油泵用联轴器相联。已知电动机功率 $P=7.5\mathrm{kW}$，转速 $n=960\mathrm{r/min}$，电动机伸出轴端的直径 $d_1=42\mathrm{mm}$，油泵轴的直径 $d_2=45\mathrm{mm}$，试选择联轴器型号。

第18章 弹　　簧

教学提纲

本章主要介绍弹簧的功用、类型、结构形式、制造方法及材料；圆柱螺旋压缩(拉伸)弹簧的设计计算方法。

教学目标

1. 了解弹簧的功用、类型、结构形式、制造方法及材料。
2. 掌握弹簧的应力、变形及特性曲线。
3. 掌握圆柱螺旋弹簧的设计计算。

18.1　概　　述

弹簧是机械设备中广泛应用的一种弹性元件。它是利用材料的弹性和结构特点，通过变形提供弹性力和储存能量来进行工作的。与多数零件不同，对弹簧的主要要求是弹性好，能多次重复地随外载荷的大小作相应的弹性变形，卸载后又能立即恢复原状。

18.1.1　弹簧的功用

弹簧的主要功用有：①控制机构的运动或零件的位置，例如离合器、凸轮机构、阀门及调速器中的弹簧；②缓冲及吸振，例如汽车、火车车厢下的减振弹簧，各种缓冲器中的弹簧；③储存能量作为动力源，例如机械钟表、仪器、玩具等使用的发条，枪栓弹簧；④测量力和力矩的大小，例如弹簧秤、测力器中的弹簧等。

18.1.2　弹簧的种类

弹簧的种类繁多，按受力情况，弹簧主要分为拉伸弹簧、压缩弹簧、扭转弹簧和弯曲弹簧；按照弹簧的形状，又可分为螺旋弹簧、碟形弹簧、环形弹簧、板弹簧、盘簧等。表 18－1列出了弹簧的基本类型。

表 18－1　弹簧的基本类型

类型	图例	受载情况	特点和应用
螺旋弹簧	 圆柱形	拉伸	螺旋弹簧是由圆形截面弹簧丝卷绕而成。这种弹簧结构简单，制造方便，应用最广
	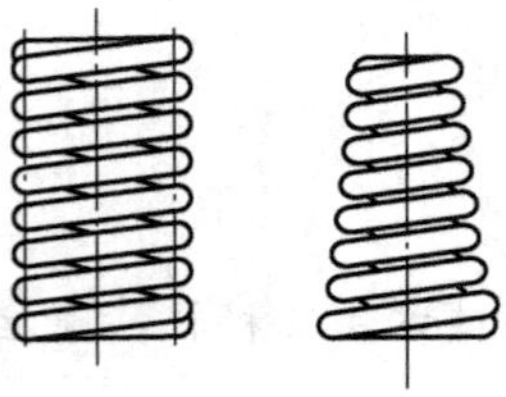 (a) 圆柱形　(b) 圆锥形	压缩	
	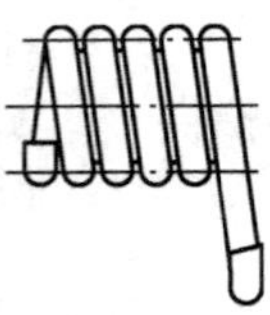 圆柱形	扭转	
环形弹簧	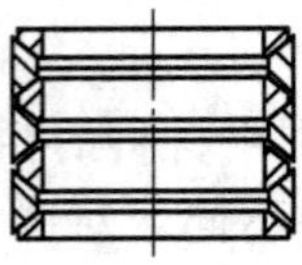	压缩	环形弹簧能够承受较大的冲击，缓冲吸振能力较强，多用于缓冲弹簧
碟形弹簧	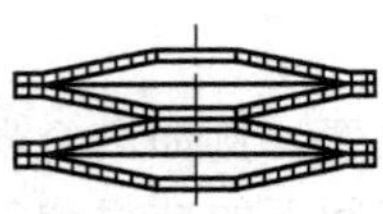	压缩	蝶形弹簧能够承受较大的冲击，缓冲吸振能力较强，常用在重型机械和飞机中作为强力缓冲和减振弹簧
盘簧	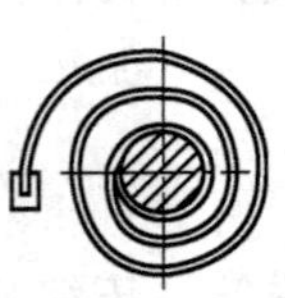	扭转	按结构分为非接触型和接触型两种。由于圈数较多，储存能量大，多用于钟表、仪器中的储能元件

（续）

类型	图例	受载情况	特点和应用
板簧	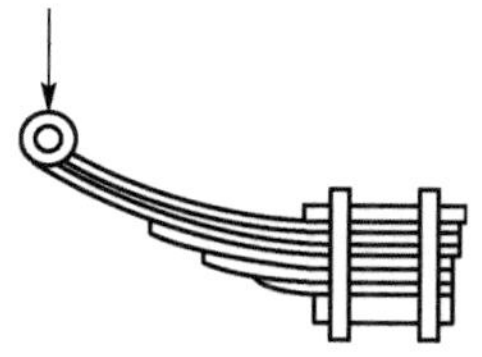	弯曲	板弹簧是由多层长度不同的弹簧钢板叠合而成的，主要承受弯矩。由于板与板间的摩擦，使板弹簧的加载特性线与卸载特性线不重合，缓冲减振的能力较强。多用于火车、汽车的减振装置

18.1.3 弹簧的结构

以圆柱螺旋弹簧为例分析弹簧的结构。

1. 拉伸弹簧的结构

拉伸弹簧是用圆形弹簧丝卷绕而成的，在卷制时各圈弹簧相互并紧接触，即弹簧间距为零，其结构如图 18.1 所示。端部制成钩环形式，以便安装和加载。端部结构形式如图 18.2 所示。

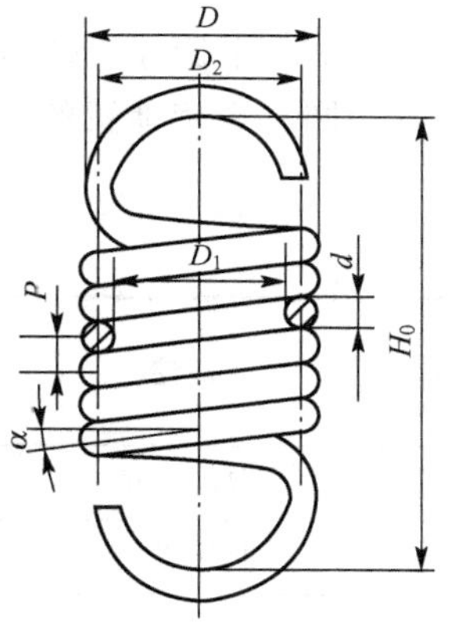

图 18.1 圆柱螺旋拉伸弹簧

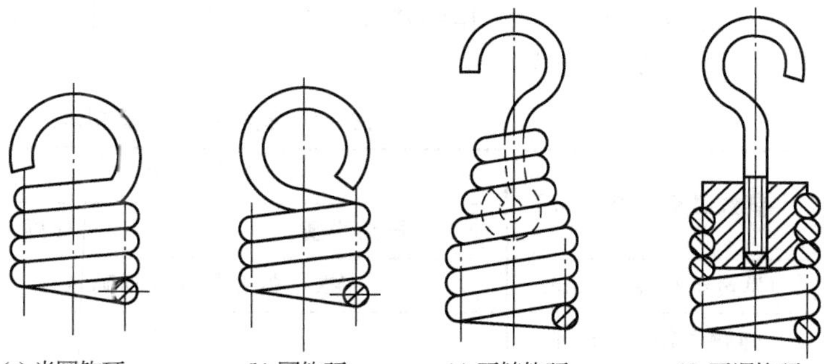

(a) 半圆钩环 (b) 圆钩环 (c) 可转钩环 (d) 可调钩环

图 18.2 拉伸弹簧的端部结构形式

半圆钩环和圆钩环结构简单，制造方便，但这两种钩环的弯曲应力较大，只适用于中小载荷和不重要的地方。可调钩环和可转钩环适用于受变载荷情况，但成本较高。

2. 压缩弹簧的结构

圆柱螺旋压缩弹簧的结构如图 18.3 所示。其中 H_0为弹簧的自由高度，p 为节距。在自由状态下，各圈均留有一定的间距，以备受载时变形。当弹簧受到最大工作载荷时，弹簧各圈之间仍应留有适当的间隙，使弹簧在压缩后仍能保持一定的弹力，这个间隙称为余隙。一般情况下可取余隙为 0.1 倍的簧丝直径。

压缩弹簧两端各有$\frac{3}{4}$～1 $\frac{3}{4}$圈并紧，以使弹簧保持平直。工作时这几圈不参与弹性变形，称为支承圈或死圈。常见的支承圈端部结构有并紧不磨平端(图 18.4(a))和并紧磨平端(图 18.4(b))两种。为使弹簧端面与轴线垂直，重要弹簧端部磨平部分应不小于$\frac{3}{4}$圈，末端厚度应接近于$\frac{d}{4}$，d 为弹簧丝直径。

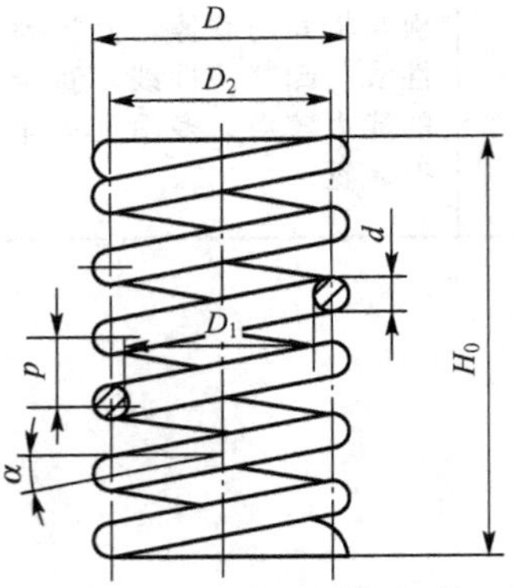

图 18.3　圆柱螺旋压缩弹簧

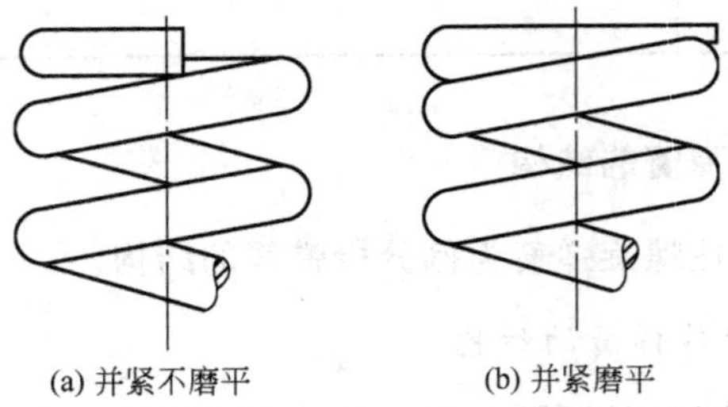

图 18.4　压缩弹簧端部结构

18.1.4　圆柱螺旋弹簧的几何尺寸

圆柱螺旋弹簧的主要几何参数有：弹簧外径 D、中径 D_2、内径 D_1、节距 p、螺旋升角 α、自由高度 H_0、工作圈数 n、簧丝直径 d 及簧丝展开长度 L 等。圆柱螺旋弹簧的几何尺寸计算见表 18－2。

表 18－2　圆柱螺旋弹簧几何尺寸计算

参数名称及其代号	计算公式		备注
	压缩弹簧	拉伸弹簧	
弹簧丝直径 d/mm	根据强度条件计算确定		取标准值
弹簧中径 D_2/mm	$D_2=Cd$		取标准值
弹簧外径 D/mm	$D=D_2+d$		
弹簧内径 D_1/mm	$D_1=D_2-d$		
旋绕比 C	$C=D_2/d$		一般 $4\leqslant C\leqslant 16$，常用 5～8
节距 p/mm	$p=(0.28\sim 0.5)D_2$	$p=d$	
工作圈数 n	根据工作条件确定		一般 $n>2$
总圈数 n_1	$n_1=n+(1.5\sim 2.5)$	$n_1=n$	
自由高度 H_0/mm	两端磨平 $H_0=np+(n_1-n-0.5)d$ 两端不磨平 $H_0=np+(n_1-n+1)d$	$H_0=np+$挂钩轴向尺寸	

（续）

参数名称及其代号	计算公式		备注
	压缩弹簧	拉伸弹簧	
间距 δ/mm	$\delta=p-d$	$\delta=0$	压缩弹簧工作时最小轴向间隙 $\delta_1=0.1d\geqslant0.2\text{mm}$
螺旋升角 α/(°)	$\alpha=\arctan\dfrac{t}{\pi D_2}$		对压缩弹簧推荐 $\alpha=5°\sim9°$
弹簧丝展开长度 L/mm	$L=\pi D_2 n_1/\cos\alpha$	$L=\pi D_2 n$＋挂钩展开长度	

18.2　弹簧的材料与制造

18.2.1　弹簧的材料

弹簧常受变载荷或冲击载荷作用，为了保证正常工作，弹簧材料必须具有足够高的弹性极限和疲劳极限，一定的冲击韧性、塑性和良好的热处理性能等。常用的弹簧材料有：碳素弹簧钢、合金弹簧钢、不锈钢及铜合金等。几种主要弹簧材料的使用性能见表 18－3。近年来，非金属材料(如塑料、橡胶等)弹簧也有很大的发展。

表 18－3　螺旋弹簧常用材料的许用应力、特点及应用

类别	材料代号	许用应力[τ]/MPa			推荐硬度/HRC	推荐使用温度/℃	特性及用途
		Ⅰ类	Ⅱ类	Ⅲ类			
钢丝	碳素弹簧钢丝 B、C、D 级	$0.3\sigma_b$	$0.4\sigma_b$	$0.5\sigma_b$	—	－40～120	强度高、加工性能好，适用于小尺寸弹簧
	65Mn						
	60Si2Mn	480	640	800	45～50	－40～200	弹性好，适用于大载荷弹簧
	60Si2MnA						
	50CrVA	450	600	750		－40～210	疲劳性及淬透性好
不锈钢丝	1Cr18Ni9	330	440	550		－250～290	耐腐蚀，耐高温，适用于做小弹簧
	1Cr18Ni9Ti						
	4Cr13	450	600	750	48～53	－40～300	耐腐蚀、耐高温，适用于做大弹簧
铜合金	QSi3－1	270	360	450	90～100(HBW)	－40～120	耐腐蚀性好，防磁性好，弹性好
	QBe2	360	450	560	37～40	－40～120	耐腐蚀，防磁性，导电性，弹性好

18.2.2 弹簧的制造

弹簧的制造工艺过程包括卷绕、两端加工(指压簧)或挂钩的制作(指拉簧和扭簧)、热处理和工艺试验。

弹簧的卷绕方法有冷卷法和热卷法。弹簧丝直径在 8mm 以下的用冷卷法，直径大于 8mm 的用热卷法。冷态下卷制的弹簧用冷拉的、经预热处理的优质碳素弹簧钢丝，卷成后一般不再经淬火处理，只经低温回火以消除内应力。在热态下卷制的弹簧卷成后必须经过热处理，通常进行淬火和回火处理。

弹簧制成后，如再进行强压处理，可提高承载能力。强压处理是指将弹簧预先压制到超过材料的屈服极限，并保持一段时间后卸载，使簧丝表面层产生与工作应力方向相反的残余应力，受载时可抵消一部分工作应力，提高弹簧的承载能力。强压处理后不允许再进行任何热处理。

18.3 圆柱螺旋压缩(拉伸)弹簧的设计

18.3.1 弹簧的特性曲线

工作在弹性变形范围内的弹簧，承受轴向载荷后将发生弹性变形。如图 18.5 所示，圆柱螺旋压缩弹簧受载荷 F 作用而产生压缩变形。若取纵坐标表示弹簧承受的载荷 F，横坐标表示弹簧的弹性变形 λ，可得到弹簧的载荷-变形曲线，这样的曲线称为弹簧的特性曲线。为了使弹簧稳定地处于工作位置，通常预加一个最小工作载荷 F_1，这时弹簧的变形量为 λ_1，长度为 H_1；当弹簧受到最大工作载荷 F_2 作用时，变形量为 λ_2，长度为 H_2。最大工作载荷下的变形量 λ_2 与最小工作载荷下的变形量 λ_1 之差，称为弹簧的工作行程，用 λ_0 表示，即

$$\lambda_0=\lambda_2-\lambda_1 \tag{18-1}$$

使弹簧丝的应力达到材料弹性极限时的载荷 $F_{\lim}$ 称为极限载荷。在其作用下，弹簧的变形量为 $\lambda_{\lim}$，长度为 $H_{\lim}$。

通常取弹簧的最小工作载荷 $F_1=(0.1\sim0.5)F_2$。最大工作载荷 F_2 由弹簧在机构中的工作条件决定，但不应达到极限载荷 $F_{\lim}$，一般取 $F_2\leqslant0.8F_{\lim}$。在弹性极限范围内，对于节距相等的圆柱螺旋弹簧，其载荷与变形基本呈线性关系，即认为

$$\frac{F_1}{\lambda_1}=\frac{F_2}{\lambda_2}=k \tag{18-2}$$

式中 k——弹簧的刚度，是表示弹簧特性的主要参数之一。刚度越大，弹簧产生单位变形所需要的力越大，因此弹簧的弹力也越大。

受载和变形的关系，对于圆柱螺旋拉伸弹簧和圆柱螺旋压缩弹簧都是一样的，不同的只是一个受拉力作用，产生拉伸变形，另一个受压力作用，产生压缩变形，故不再对圆柱螺旋拉伸弹簧进行受力分析。图 18.6 所示为圆柱螺旋拉伸弹簧的特性曲线，图(a)为无预应力的特性曲线，图(b)是有预应力的特性曲线。对于有预应力的圆柱螺旋拉伸弹簧，受

载时先要抵消卷制时在各圈之间产生的预压力 F_0，然后才开始变形。因此，在确定弹簧的最小工作载荷时，应使 $F_1>F_0$，并以 F_1-F_0 和 F_2-F_0 分别代替式(18－2)中的 F_1 和 F_2 计算弹簧的刚度。

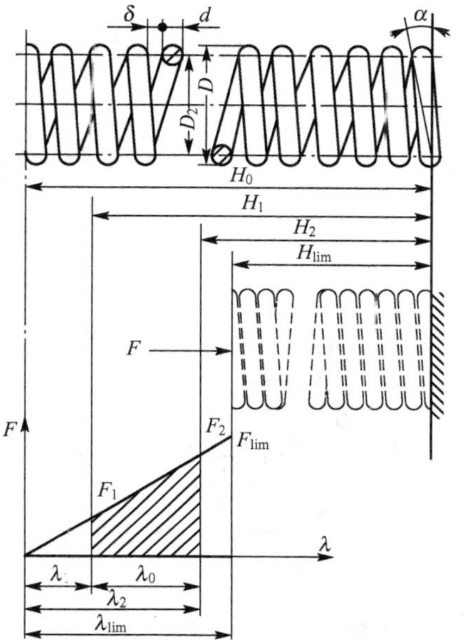

图 18.5　圆柱螺旋压缩弹簧的特性曲线

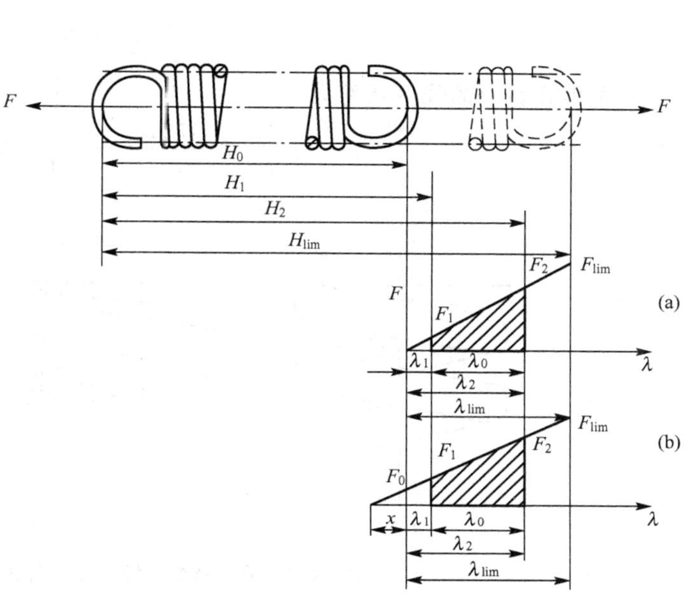

图 18.6　圆柱螺旋拉伸弹簧的特性曲线

弹簧特性曲线应绘制在弹簧的零件工作图中，作为检验和试验的依据之一。在设计弹簧时，利用特性曲线分析载荷与变形的关系也比较方便。但是，一般弹簧的特性曲线并非直线，如圆锥弹簧和变节距($p\neq$常数)弹簧。圆柱螺旋弹簧的特性曲线只是近似的直线，矩形截面弹簧的特性曲线近似直线的程度比圆形截面弹簧的好。

18.3.2　弹簧受载时的应力、变形和稳定性计算

下面讨论在Ⅲ类载荷（静载荷）作用下弹簧的应力、变形和稳定性计算。

1. 应力计算

应力计算的目的是确定弹簧丝的直径。图 18.7(b)所示为图 18.7(a)中的压缩弹簧被截去下部，截面通过弹簧的轴线。弹簧中径为 D_2，弹簧丝直径为 d，轴向力 F 作用在弹簧的轴线上。该截面上作用着剪力 F 和扭矩 $T=F\dfrac{D_2}{2}$。

由于弹簧的螺旋升角 α 很小(通常在 5°～9°)，为简化计算，把该截面作为弹簧丝的法截面，即截面积为圆面积；同时考虑到剪力引起的应力远比扭矩引起的应力小，也将其略去。由材料力学可知，弹簧丝截面上的最大应力为

$$\tau_{\max}=\frac{T}{W_T}=\frac{F\dfrac{D_2}{2}}{\dfrac{\pi d^3}{16}}=\frac{8FD_2}{\pi d^3}$$

精确的分析应该计入弹簧丝升角和曲率的影响，此时弹簧丝截面上应力分布如图 18.7(c)所示，在其内侧 M 点处有最大值。为补偿上述简化计算带来的误差，引入曲度系数 K，且令 $C=\frac{D_2}{d}$，C 称为旋绕比，则曲度系数 K 按下式计算

$$K=\frac{4C-1}{4C-4}+\frac{0.615}{C} \tag{18-3}$$

可得弹簧丝的强度条件为

$$\tau_{max}=K\frac{8FD_2}{\pi d^3}=KC\frac{8F}{\pi d^2}\leqslant[\tau] \tag{18-4}$$

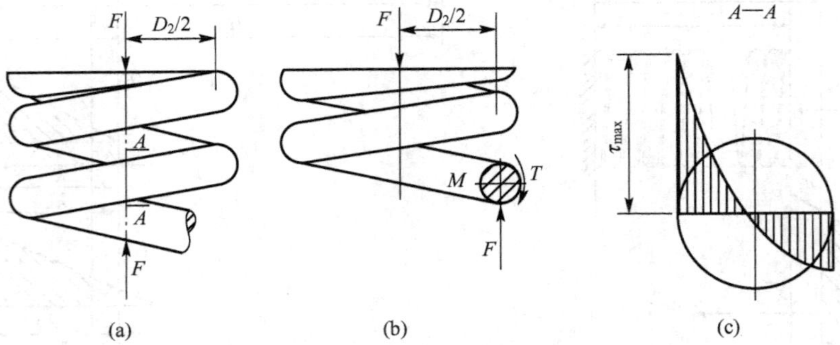

图 18.7　圆柱螺旋压缩弹簧的受力及应力分析

则弹簧丝直径

$$d\geqslant\sqrt{\frac{8KFC}{\pi[\tau]}}=1.6\sqrt{\frac{KFC}{[\tau]}} \tag{18-5}$$

式中　$[\tau]$——弹簧材料的许用应力(MPa)，见表 18-3；

其余各参数的量纲：F(N)、D_2(mm)、d(mm)、τ_{max}(MPa)。

2. 变形计算

变形计算的目的是确定弹簧的有效圈数，即工作圈数。由材料力学可知，有效圈数为 n 的压缩弹簧在载荷 F 的作用下，其轴向变形量为

$$\lambda=\frac{8FD_2^3n}{Gd^4}=\frac{8FC^3n}{Gd} \tag{18-6}$$

于是，弹簧圈数

$$n=\frac{G\lambda d}{8FC^3}=\frac{Gd}{8kC^3} \tag{18-7}$$

式中　λ——弹簧变形量(mm)；

G——弹簧材料的切变模量(MPa)，钢：$G=8\times10^4$MPa，青铜：$G=4\times10^4$MPa。

式(18-5)、式(18-7)适用于压缩弹簧和无预应力的拉伸弹簧。对于有预应力的拉伸弹簧，应以 $F-F_0$ 代替式中的 F。

旋绕比和弹簧刚度是弹簧设计中的两个重要参数。由式(18-7)可知，弹簧刚度

$$k=\frac{F}{\lambda}=\frac{Gd}{8C^3n} \tag{18-8}$$

可见，旋绕比 C 对弹簧刚度 k 影响很大。在弹簧丝直径 d 和其他条件相同的情况下，

C 值越小，k 越大，弹簧越硬，卷制就越困难，因此 C 值不宜取得过小；反之，C 值也不可取得过大，否则弹簧刚度过小，工作时易颤动。设计时，一般取 $C=5\sim10$。不同弹簧丝直径推荐用的旋绕比见表 18－4。

G、d、C、n 对弹簧刚度都有影响，设计时应综合考虑这些因素。

表 18－4　旋绕比 C 的荐用值

弹簧丝直径 d/mm	0.2～0.4	0.5～1.0	1.1～2.2	2.5～6	7.0～16	≥18
旋绕比 C	7～14	5～12	5～10	4～9	4～8	4～6

3. 压缩弹簧的稳定性计算

对于圆柱螺旋压缩弹簧，当高度较大、弹簧直径较小时，受力后容易失去稳定性而产生较大的侧向弯曲(图 18.8(a))，使得弹簧不能正常工作。将弹簧的自由高度 H_0 与中径 D_2 的比值称为高径比 b，即 $b=H_0/D_2$。为了保证压缩弹簧的稳定性，应校核其高径比：当弹簧两端为固定端(图 18.9（a))时，取 $b\leqslant5.3$；当弹簧一端为固定端，另一端为自由转动端(图 18.9(b))时，取 $b\leqslant3.7$；当弹簧两端均为自由转动端时，取 $b\leqslant2.6$。如果不满足上述条件，应重新选取参数计算，也可通过加装导杆或导套来提高弹簧的稳定性(图 18.8(b)、(c))。

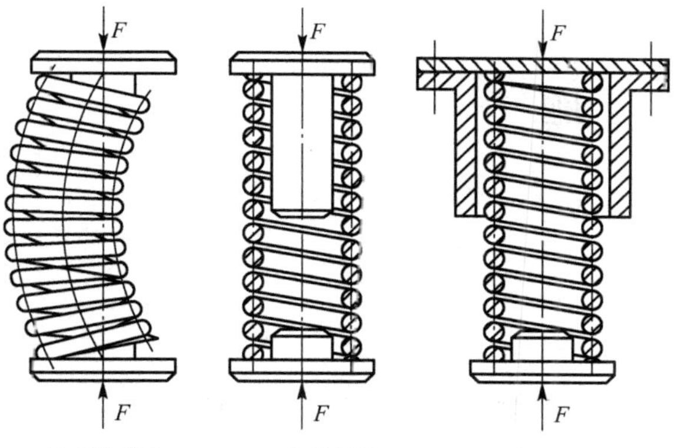

(a) 侧向弯曲　(b) 加装导杆　(c) 加装导套

图 18.8　压缩弹簧的稳定性

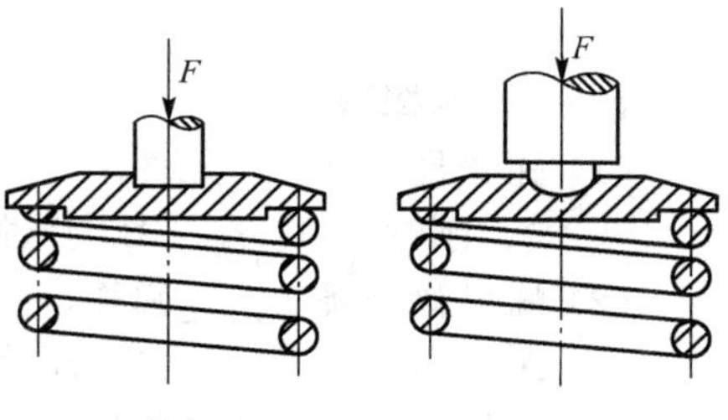

(a) 固定端　(b) 自由转动端

图 18.9　压缩弹簧的支撑

阅读材料

板簧在汽车中的应用

板簧是由不少于 1 片的弹簧钢叠加组合而成的板状弹簧。工作时，依靠板与板之间的摩擦力而具有较高的缓冲和减振性能，广泛应用于汽车、拖拉机和铁道车辆的悬架系统。

图 18.10 所示为板簧在汽车中的应用。汽车板弹簧也称钢板弹簧，通常安装在汽车车架与车轮之间，是汽车悬架中应用最广泛的一种利用弹性来工作的机械零件，由若干片等宽但不等长的合金弹簧片组合而成的一根近似等强度的弹性梁。安装好后两端自然

向上弯曲，当路面对轮子的冲击力传来时，钢板产生变形，起到缓冲、减振的作用，纵向布置时还具有传力的作用。钢板弹簧在载荷作用下变形，各片之间因相对滑动而产生摩擦，可促使车架的振动衰减，起到减振器的作用。

图 18.10　板簧在汽车中的应用

板弹簧是汽车专用零件，承受着汽车重量及载重，是在恶劣条件下工作的受力零件。有前簧、后簧、主簧和副簧之分。由于其工作条件不好，容易损坏，故是汽车上的易损件之一。

习　　题

18－1　选择题

(1) 弹簧是一种____元件。

A. 刚性　　B. 弹性

(2) 蝶形弹簧属于____弹簧。

A. 拉伸　　B. 压缩　　C. 扭转　　D. 弯曲

(3) 圆柱螺旋弹簧的旋绕比是____的比值。

A. 弹簧丝直径 d 与中径 D_2　　B. 中径 D_2 与弹簧丝直径 d

C. 自由高度 H_0 与弹簧丝直径 d　　D. 弹簧丝直径 d 与自由高度 H_0

(4) 旋绕比选的过小则弹簧____。

A. 易产生失稳现象　　B. 刚度过小，易颤动

C. 尺寸过大，结构不紧凑　　D. 卷绕困难，且工作时内侧应力大

(5) 圆柱螺旋压缩弹簧的最大应力发生在弹簧丝法向剖面的____。

A. 内侧　　B. 外侧　　C. 中心　　D. 任意位置

18－2　思考题

(1) 弹簧的功用是什么？有哪些类型？

(2) 对弹簧材料的主要要求是什么？常用弹簧材料有哪些？

(3) 圆柱螺旋弹簧的主要参数有哪些？

(4) 什么是弹簧的特性曲线？

(5) 对圆柱螺旋弹簧进行应力计算和变形计算的目的是什么？如何计算？

(6) 在什么情况下压缩弹簧会出现失稳现象？可采用哪些措施来提高弹簧的稳定性？

18－3　设计计算题

(1) 某Ⅱ类圆柱螺旋压缩弹簧材料为Ⅲ级碳素弹簧钢丝，$D_2=40\text{mm}$，$d=5\text{mm}$，$n=6$。试求该弹簧所能承受的最大工作载荷以及相应的变形量。

(2) 设计一受静载荷的圆柱螺旋压缩弹簧，两端固定，使用条件一般。当弹簧受工作载荷为1500N时，弹簧变形量为39mm，要求弹簧自由高度H_0为180mm。

模块七　实　　训

实训项目任务书

实训名称	键及联轴器的设计
实训目的	1. 掌握平键联接的工作原理及尺寸选择和强度计算； 2. 掌握联轴器的选用原则
实训内容	根据模块四实训中所求得的轴的功率、转速和转矩及模块六实训中设计的轴，完成模块四实训图中减速器的输出轴(Ⅲ轴)与滚筒轴之间的联轴器及联轴器与轴周向固定的平键联接设计
实训要求	1. 选择平键类型、尺寸并校核强度； 2. 选择联轴器型号，并进行正确标记

参考文献

[1] 杨可桢，程光蕴. 机械设计基础 [M]. 4版. 北京：高等教育出版社，1999.
[2] 张莹. 机械设计基础 [M]. 北京：机械工业出版社，1997.
[3] 濮良贵. 机械设计 [M]. 8版. 北京：高等教育出版社，2006.
[4] 门艳忠. 机械设计 [M]. 北京：北京大学出版社，2010.
[5] 孙建东，李春书. 机械设计基础 [M]. 北京：清华大学出版社，2007.
[6] 马秋生. 机械设计基础 [M]. 北京：机械工业出版社，2005.
[7] 郑甲红，朱建儒，刘喜平. 机械原理 [M]. 北京：机械工业出版社，2006.
[8] 吴宗泽，罗圣国. 机械设计课程设计手册 [M]. 3版. 北京：高等教育出版社，2006.
[9] 王慧，吕宏. 机械设计课程设计 [M]. 北京：北京大学出版社，2011.
[10] 殷玉枫. 机械设计课程设计 [M]. 北京：机械工业出版社，2006.
[11] 王少岩. 机械设计基础实训指导 [M]. 大连：大连理工大学出版社，2006.
[12] 吕宏. 机械设计 [M]. 北京：北京大学出版社，2009.
[13] 曲玉峰，关晓平. 机械设计基础 [M]. 北京：北京大学出版社，2008.
[14] 刘莹，吴宗泽. 机械设计教程 [M]. 2版. 北京：机械工业出版社，2009.
[15] 邱宣怀. 机械设计 [M]. 4版. 北京：高等教育出版社，2004.
[16] 李威，王小群. 机械设计基础 [M]. 2版. 北京：机械工业出版社，2009.
[17] 阎秀华，苗淑杰. 机械设计与制造基础 [M]. 北京：机械工业出版社，2002.
[18] 周玉丰. 机械设计基础 [M]. 北京：机械工业出版社，2009.
[19] 中国机械工业教育协会. 机械设计基础 [M]. 北京：机械工业出版社，2008.
[20] 国家标准. GB/T 5782—2000. 六角头螺栓 [S]. 北京：中国标准出版社，2001.
[21] 国家标准. GB/T 6170—2000. Ⅰ型六角螺母 [S]. 北京：中国标准出版社，2001.

参考文献

[1] [illegible]
[2] [illegible]
[3] [illegible]
[4] [illegible]
[5] [illegible]
[6] [illegible]
[7] [illegible]
[8] [illegible]
[9] [illegible]
[10] [illegible]
[11] [illegible]
[12] [illegible]
[13] [illegible]
[14] [illegible]
[15] [illegible]
[16] [illegible]
[17] [illegible]
[18] [illegible]
[19] [illegible]
[20] [illegible]